上海政法学院学术文库

佘山学人的美学建树

SHESHAN XUEREN DE MEIXUE JIANSHU

祁志祥◎主　编

曾　嵘◎副主编

中国政法大学出版社

2022·北京

图书在版编目（ＣＩＰ）数据

佘山学人的美学建树/祁志祥主编.—北京：中国政法大学出版社，2022.5
ISBN 978-7-5764-0275-9

Ⅰ.①佘… Ⅱ.①祁… Ⅲ.①美学－文集 Ⅳ.①B83-53

中国版本图书馆 CIP 数据核字(2022)第 006869 号

出 版 者	中国政法大学出版社
地　　址	北京市海淀区西土城路 25 号
邮寄地址	北京 100088 信箱 8034 分箱　邮编 100088
网　　址	http://www.cuplpress.com（网络实名：中国政法大学出版社）
电　　话	010-58908285(总编室) 58908433（编辑部） 58908334(邮购部)
承　　印	固安华明印业有限公司
开　　本	720mm × 960mm　1/16
印　　张	32.25
字　　数	520 千字
版　　次	2022 年 5 月第 1 版
印　　次	2022 年 5 月第 1 次印刷
定　　价	129.00 元

上海政法学院学术著作编审委员会

大学者，大学问也。唯有博大学问之追求，才不负大学之谓；唯有学问之厚实精深，方不负大师之名。学术研究作为大学与生俱来的功能，也是衡量大学办学成效的重要标准之一。上海政法学院自建校以来，以培养人才、服务社会为己任，坚持教学与科研并重，专业与学科并举，不断推进学术创新和学科发展，逐渐形成了自身的办学特色。

学科为学术之基。我校学科门类经历了一个从单一性向多科性发展的过程。法学作为我校优势学科，上海市一流学科、高原学科，积数十年之功，枝繁叶茂，先后建立了法学理论、行政法学、刑法学、监狱学、民商法学、国际法学、经济法学、环境与资源保护法学、诉讼法学等一批二级学科。2016年获批法学一级学科硕士点，为法学学科建设的又一标志性成果，法学学科群日渐完备，学科特色日益彰显。以法学学科发端，历经数轮布局调整，又生政治学、社会学、经济学、管理学、文学、哲学，再生教育学、艺术学等诸学科，目前已形成以法学为主干，多学科协调发展的学科体系，学科布局日臻完善，学科交叉日趋活跃。正是学科的不断拓展与提升，为学术科研提供了重要的基础和支撑，促进了学术研究的兴旺与繁荣。

学术为学科之核。学校支持和鼓励教师特别是青年教师钻研学术，从事研究。如建立科研激励机制，资助学术著作出版，设立青年教师科研基金，创建创新性学科团队，等等。再者，学校积极服务国家战略和地方建设，先后获批建立了中国-上海合作组织国际司法交流合作培训基地、最高人民法院民四庭"一带一路"司法研究基地、司法部中国-上海合作组织法律服务委员会合作交流基地、上海市"一带一路"安全合作与中国海外利益保护协同创新中心、上海教育立法咨询与服务研究基地等，为学术研究提供了一系列重要平台。以这些平台为依托，以问题为导向，以学术资源优化整合为举措，涌现了一批学术骨干，取得了一批研究成果，亦促进了学科的不断发展与深化。在巩固传统学科优势的基础上，在国家安全、国际政治、国际司法、国际贸易、海洋法、人工智能法、教育法、体育法等领域开疆辟土，崭露头角，获得了一定的学术影响力和知名度。

学校坚持改革创新、开放包容、追求卓越之上政精神，形成了百舸争流、百花齐放之学术氛围，产生了一批又一批科研成果和学术精品，为人才培养、社会服务和文化传承与创新提供了有力的支撑。上者，高也。学术之高，在于挺立学术前沿，引领学术方向。"论天下之精微，理万物之是非"。潜心学术，孜孜以求，探索不止，才能产出精品力作，流传于世，惠及于民。政者，正也。学术之正，在于有正气，守正道。从事学术研究，需坚守大学使命，锤炼学术品格，胸怀天下，崇真向美，耐得住寂寞，守得住清贫，久久为功，方能有所成就。

好花还须绿叶扶。为了更好地推动学术创新和学术繁荣，展示上政学者的学术风采，促进上政学者的学术成长，我们特设立上海政法学院学术文库，旨在资助有学术价值、学术创新和学术积淀的学术著作公开出版，以襃作者，以飨读者。我们期望借助上海政法学院学术文库这一学术平台，引领上政学者在人类灿烂的知识宝库里探索奥秘、追求真理和实现梦想。

3000 年前有哲人说：头脑不是被填充的容器，而是需要被点燃的火把。那么，就让上海政法学院学术文库成为点燃上政人学术智慧的火种，让上政学术传统薪火相传，让上政精神通过一代一代学人从佘山脚下启程，走向中国，走向世界！

愿上海政法学院学术文库的光辉照亮上政人的学术之路！

上海政法学院校长　刘晓红

前言

上海有座美丽的山，她的名字叫"佘山"。

佘山脚下有唯一的一座高等学府，这就是上海政法学院。低头费吟哦，抬头见佘山。这是上政学者得天独厚的景观和浪漫。

因而，"佘山学人"，成了上海政法学院学者人无我有的名片。

这是一座年轻的学府，像仲夏一样生机勃勃，花木葱茏；这是一座花园式的学府，唯美是她不二的标签；这是一座正在从"学院"向"大学"迈进的学府，对美育和艺术教育的重视与日俱增。

于是，2010 年，我从上海财经大学被召唤到了这里。这些年，这里又陆续聚集了一批从事美育和艺术教育的师资，默默从事着美学的探寻。无论从规模到成果，都成了些气候。两年前成立了上海政法学院文艺美学研究中心。现有文学博士 4 名，影视学博士 2 名，音乐学博士 1 名硕士 1 名，美术学博士 1 名，文化学博士 1 名，翻译学硕士 1 名。其中教授 1 名，副教授 4 名。

本人作为中心负责人和团队带头人，从研究中国古代文艺理论起家，拓展到美学的一般原理、中国古代美学史、中国现当代美学史、佛教美学及中国佛教美学史。出版《中国古代文学原理》，完成了"中国文学批评史"向"中国古代文论体系"建构的转换，使"十一五"国家级高教规划教材《中国古代文学理论》得以落地。出版《乐感美学》，提出以"美是有价值的乐感对象"为核心的"乐感美学"学说。在完成学界第一部《中国美学通史》（古代部分）和《中国现当代美学史》的基础上，又出版了国内外第一部《中国美学全史》。另在佛教美学这个艰难的交叉领域辛勤跋涉，完成、出版了《佛教美学》《佛教美学新编》《中国佛教美学史》。除佛教美学由于有很强的专业性，别人很难置评外，《乐感美学》《中国美学全史》《中国现当代美学史》《中国古代文学理论》都获得了一定的学术反响。而这一切，大多来自佘山脚下的艰苦劳作。

曾嵘是毕业于上海音乐学院的音乐学博士，目前在文艺美学研究中心担任副主任，纪录片学院担任副教授。她以特有的音乐学素养研究南方越剧的审美特征有所成就，曾经拿到过上海市哲社项目。希望她以此为基础再接再厉，深入拓展，争取拿到国家社科基金项目。

肖进博士师从南京大学名师吴俊，侧重于现当代文学时代特征及个案的研究，成果迭出。本书收有他的相关成果四篇，可窥一斑。作为中青年才俊，几年前从上海对外经贸大学引进到上海政法学院，成为从事美学探寻的佘山学人中的一员。希望佘山能成为他登高望远、更上层楼的福地。

徐红、马婷均为影视学博士，纪录片学院副教授，文艺美学研究中心研究员。徐红侧重于当下影视美学一般现象的学理分析，马婷侧重于热点影视作品的追踪评论。论文发表的刊物品级都比较高，有理由唤起人们对其未来学术前景的期待。

高翔博士受学于创意写作，致力于创意写作，是网红诗人。他源于创作经验的创意写作研究颇有特色。理论研究与文学创作运用的是两种不同的思维方式。希望年轻的高翔处理好二者关系，在创意写作的美学理论分析抽象方面步步为营，不断出新。

谢彩博士毕业于武汉大学文艺学专业，也是网红作家。她提交了一篇发表在《文汇报》上的探讨佛教艺术的论文。王珏是年轻的美术学博士，杨浦区滨江的空间美学设计体现了他的美术学背景。青年教师郭丽娟是音乐学硕士，承担着艺术公共课教学，同时在纪录片学院任教。她关于大学生音乐教学及音乐在纪录片中如何运用的思考，靠船下篙，给人颇多启示。

于是就有了这部"佘山学人"的美学成果集呈现在您的面前。

在繁花似锦的当代中国美学之林中，希望您能记住：

在上海的佘山脚下，有一群辛勤从事美学耕耘的人们，他们的付出，他们的贡献，他们的建树！

祁志祥

佘山·上海政法学院

2021 年 12 月 30 日

目 录 / CONTENTS

"乐感美学"学说的创构及评论

　　主编插白："乐感美学"是佘山学人祁志祥主持的 2015 年国家社会科学基金后期资助项目，完成后于 2016 年 3 月出版。面对学界美学本质取消主义、解构主义的现状，作者吸取当代美学研究的关系论成果，从审美实践出发，明确提出"美"与"丑"是有分别的，"美"是有义界、本质的，"美"不是历史上曾经说的什么什么，而是"有价值的乐感对象"。"快乐"和"价值"是"美"的双重维度。只要你给别人带去健康的有价值的快乐，你就是美的创造者。作者用 4 编、14 章、60 万字的篇幅论证"美是有价值的乐感对象"，建构起层次丰富、思理绵密的"乐感美学"学说。2016 年 6 月下旬，上海市美学学会、上海市哲学学会、上海市伦理学学会与北京大学出版社、《人文杂志》社联合举办"重构美学的形上之维暨《乐感美学》研讨会"。来自上海和全国的专家对《乐感美学》新说的提出给予好评。复旦大学陆扬教授认为《乐感美学》是一部关于"美"的"百科全书"。辽宁大学高楠教授认为"乐感美学"将会引发中国当代美学界的"地震"效应。哈尔滨师大冯毓云教授认为以"乐感"为标志的美学学说必将在中国美学史上"独领风骚"。[1]这里除收录上述三位名家的评论外，还收录了曾繁仁、汪济生、杨守森、马大康、赖大仁、李西建、寇鹏程等前辈、时贤的文章。他们或肯定、或对话、或由此引发话题展开新的探讨，可以见出"乐感美学"引发的社会反响之一斑。

---

　　〔1〕 见《社会科学报》2016 年 7 月 25 日报道，作者：孙沛莹。详参寇鹏程："重构美学的形上学——《乐感美学》研讨会综述"，载《上海文化》2016 年第 8 期。孙沛莹、李纲耀："《乐感美学》：美学体系重建的新界碑——'重构美学的形上之维'高端论坛暨《乐感美学》研讨会综述"，载《黑龙江社会科学》2017 年第 1 期。

第一节　"乐感美学"原理的逻辑建构[1]

　　新世纪以来，美学正在经历一场反本质主义的解构浪潮。一味解构之后美学往何处去，这是解构主义美学本身暴露的理论危机，它向美学界提出了新的问题。正是在这种背景下，许多学者都不约而同地提出了重构美学的形上维度话题。笔者最近完成的国家社科基金课题"乐感美学"就是这方面的一部思考比较系统的成果。[2]

　　为了避免引起误解，笔者先来说明一下"乐感美学"的涵义。

　　首先，"乐感美学"不是"乐感文化"。"乐感文化"说是李泽厚先生1985 年春在一次题为"试谈中国的智慧"讲演中提出的，收录在《中国古代思想史论》中，后来在《华夏美学》中又有所发挥。"乐感文化"是对中国古代文化特色的一种概括，与西方的"罪感文化"相对。本文所探讨的"乐感美学"是对以"乐感"为基本特质和核心的美学体系的一种思考和建构，而不是对中国传统文化特征的研究与概括。

　　其次，"乐感美学"不是指中国传统的美学形态。2010 年，劳承万先生在中国社会科学出版社出版了《中国古代美学（乐学）形态论》一书，他将中国古代美学形态概括为"乐（lè）学"。"乐感美学"诚然从中国古代的美学形态"乐学"中吸取了诸多有益资源，但它不是中国古代美学原理的提炼，而是综合中外古今美学理论资源、结合审美实践对美学的一般原理的概括。

　　再次，"乐感美学"不是"乐感审美学"。近几年来，伴随着美学研究中心从"美"向"审美"的转变，一些学者主张将"美学"易名为"审美学"。如王建疆在 2008 年第 6 期《社会科学战线》发表"是美学还是审美学"一文提出："美学表面上看起来研究的是美，而非审美，但实际上却研究的是审美。""就美学的实际存在而言，确切地说它应该是审美感性学，简称审美学，而不是什么美学。"笔者依据"美学"创始人鲍姆嘉通、黑格尔以及最早将"美学"引进中国的先驱者蔡元培、萧公弼、吕澂、范寿康、陈望道等人的用

　　〔1〕　作者祁志祥，上海政法学院文艺美学研究中心教授，上海交通大学人文学院访问教授。本文原载《文艺理论研究》2016 年第 3 期。
　　〔2〕　详参祁志祥：《乐感美学》，北京大学出版社 2016 年版。

法，坚持美学是研究美的本质和规律的"美之学"的传统学科定义。[1]"乐感"正是对"美"的最基本的特质、性能的概括。所以称"乐感美学"，而不称"乐感审美学"。"乐感美学"是聚焦美的乐感特性之哲学。

最后，"乐感美学"不是解构之学，而是建构之学，是美学原理之重构，力图站在新的立场，建设一种更加符合审美实践的新美学原理。解构主义美学否定传统的实体论美学，固然有一定道理，但反传统、反本质、反规律、反理性，一路反下来，只有否定、没有建设，只有解构、没有建构，只有开放、没有边际，令人如堕烟雾，不知所从，结果可能更加糟糕。有鉴于此，我们将以一种建设性的态度，在吸收解构主义美学否定实体论的合理性的基础上，对美学原理重新加以建构。

一、缘起、方法与学科定义

美学作为美之哲学，西方的美学学科先驱者做得并不太好。

"美学之父"鲍姆嘉通提出"美学"学科概念时，美学是指"美的哲学"。由于他认为"美"是"感性知识的完善"，所以美学作为"美"的哲学就成为"感性学"或"感觉学"。但他并没有建构起严密、丰富的"美的哲学"体系，所以，"美的哲学"作为"感性学"或"感觉学"，尚留下了一片空白。

康德沿着鲍姆嘉通的思路，聚焦"美"的分析，在这方面作出巨大贡献，但他分析的"美"的四大特性其实只是"自由美""形式美"的特征，并不能有效说明"附庸美""道德美"的特征。就是说，在康德关于"自由美"与"附庸美"、"形式美"与"道德美"概念的使用、解说之间，存在着各自为政、互不通约的逻辑矛盾。在"自由美"与"附庸美"、"形式美"与"道德美"之上，"美"的共同属性、特征是什么，尚需人们去继续追寻。

黑格尔研究的"美学"也是"美的哲学"涵义。由于他认为只有艺术中才有美，所以美学就只是"艺术哲学"。黑格尔虽然在"'美的艺术'哲学"的系统建构上作出很大贡献，但由于他认为自然、生活中没有美，因而取消了现实美的研究，使美学研究的范围缩小在艺术的有限天地内，留下的缺憾

---

[1] 详参祁志祥："'美学'是'审美学'吗？"，载《哲学动态》2012 年第 9 期。

也不容否认。

鲍姆嘉通、康德、黑格尔作为"美的哲学"的先驱，奠定了"美学是美的哲学"的学科定义，为19世纪末、20世纪初世界各国辞典的"美学"词条所采纳。20世纪初，在"美学"作为一门新的研究感觉、情感规律的科学学科介绍到中国学界的时候，基本上都持这种看法。如萧公弼1917年在《寸心》杂志上发表《美学》的"概论"部分，指出："美学者（Aesthetics），哲学之流别。其学'固取资于感觉界，而其范围则在研究吾人美丑之感觉之原因也'。"[1]"美学者，感情之哲学。"[2]1923年，吕澂出版《美学概论》，指出"美学……实则关于美之学也"，"为美学之对象者，必为美也"。[3]1927年，陈望道出版《美学概论》，指出"美学"即"关于美的学问"。[4]蔡元培在给金公亮《美学原论》作的序言中指出："通常研究美学的，其对象不外乎'艺术'、'美感'与'美'三种。以艺术为研究对象的，大多着重在'何者为美'的问题；以美感为研究对象的，大多致力于'何以感美'的问题；以美为研究对象的，却就'美是什么'这问题来加以探讨。我以为'何者为美'、'何以感美'这种问题虽然重要，但不是根本问题；根本问题还在'美是什么'。单就艺术或美感方面来讨论，自亦很好；但根本问题的解决，我以为尤其重要。"[5]后人沿着这个思路，从事着"美"的探索，取得了不少成绩。不过，也出现了一些问题，其中最突出的问题是由于误把"美"的"本质"当作纯客观的"实体"和客观世界中存在的永恒不变的唯一"本体"，不明白"美"实际上乃是人们对于契合自己属性需求的有价值的乐感对象的一种主观评价，具有动态性；不明白同一事物既可以显现为"美"，也可能显现为"丑"，可以呈现为"美"的事物多种多样，不存在唯一的、不变的、终极的"美本体"，因而使这种机械唯物论的美学研究走进了死胡同。

当代中国美学吸收了西方解构主义哲学学说和存在论、现象学美学的研究成果，对传统的唯物论美学聚焦美的实体研究的缺陷作了清醒地反思和批

〔1〕 叶朗总主编：《中国历代美学文库》（近代卷下），高等教育出版社2003年版，第641页。
〔2〕 叶朗总主编：《中国历代美学文库》（近代卷下），高等教育出版社2003年版，第643页。
〔3〕 详参吕澂：《美学概论》，商务印书馆1923年版，第1页。
〔4〕 详参陈望道：《美学概论》，上海民智书局1927年版，第13页。
〔5〕 ［英］罗泰尔：《美学原论》，金公亮编译，正中书局1936年版，"序"第2页。

判，自有积极的纠偏意义。但一味否定美本质研究的合理性，完全取消对"美"的统一性研究的必要性，因为否定"主客对立"乃至取消"主客二分"，甚至主张用单纯研究审美活动、描述审美文化现象的"审美学"代替作为"美的哲学"的传统"美学"，使美学研究变成了"有学无美"、有名无实的研究。只有现象描述，没有本质概括，只有知识陈列，没有思想提炼，美学的理论表述因而变得碎片化，没有逻辑体系可言，陷入了另一种误区。这已经引起国内不少学者的重新反思。

其实，如果我们不是在形而上学实体论的意义上理解"本质"一词，而是把"本质"视为复杂现象背后统一的属性、原因、特征、规律，那么，"本质"是存在的、不可否定的。否定了它，必然导致"理论"自身的异化和"哲学"自身的瓦解。今天，站在否定之否定、不断扬弃完善的新的历史高度，从审美实践和审美经验出发，在避免机械唯物论缺陷的前提下，对"美"的现象背后的统一性加以研究，以古今并尊、转益多师的态度，对古今历史上各种美学成果加以综合吸收，不仅可以弥补传统美学关于"美的哲学"建构的不足，而且可以补救解构主义美学的矫枉过正之处，为反本质主义美学潮流盛行的当下提供另一种不同的思考维度。

美学研究的成果更新离不开美学研究的方法更新。笔者借用当代西方后现代学者的概念，标举以"重构"为标志的"建设性后现代"方法，并根据自己的独特理解赋予特殊的阐释，力图贯彻到"乐感美学"理论的建设中。在笔者看来，"建设性后现代"方法的精髓，是传统与现代并取，反对以今非古；本质与现象并尊，反对"去本质化""去体系化"；感受与思辨并重，反对"去理性化""去思想化"；主体与客体兼顾，在物我交融中坚持主客二分。笔者期望藉此为深化美学研究、提升理论水准、更为圆满地解释审美现象提供新的方法论保障。[1]

如前所述，美学研究无法回避"美"，而且应当聚焦"美"。"美"的基本性能、特质是什么呢？就是能给生命体带来快乐、愉悦的感觉，也就是"快感"或者叫"乐感"。按照人们常有的理解，往往以为"快感"与官能快乐联系较近，与精神快乐距离较远。提美是一种"快感对象"，很容易给人造成美是官能快乐对象的误解。所以，笔者借用李泽厚提出的"乐感"概念，

---

〔1〕　详参祁志祥："'重构'：'建设性后现代'方法论阐释"，载《学习与探索》2015 年第 9 期。

指称"美"令人愉快的基本性能和特质。李泽厚津津乐道的"乐感"源于孔子。这种"乐感"既包含无害于生命存在的感官快乐，也包含克制有害的感官快乐的精神快乐，这就是"孔颜乐处"："昔夫子之贤回也，以乐；而其与曾点也，以童冠咏歌……颜之乐，点之歌，圣门之所谓真儒也。"[1]孔子所向往的曾点"风乎舞雩""以童冠咏歌"式的"乐"，大抵属于无害于生命存在的感官快乐；孔子所称道的颜回安贫乐道式的"乐"，大抵属于有益于生命存在的精神快乐。"美"就是存在于现实和艺术中的"有价值的乐感对象"。

在坚持美学是聚焦"美"的哲学分支这一基本学科定义的前提下，"乐感美学"从"美"的"乐感"性能、特质出发，剖析、探讨、演绎、推导出由"美的语义""美的范畴""美的根源""美的特征""美的规律"构成的本质论，由"美的形态""美的领域""美的风格"构成的现象论，以及由"美感的本质与特征""美感的心理元素""审美的基本方法""美感的结构与机制"构成的美感论，力图建构起由"有价值的乐感对象"这一核心观念辐射开来的新美学原理体系。

二、本质论

当下美学侧重于否定"美的本质"，其实在审美实践中，"美的本质"作为美的现象背后的统一性是客观存在的，它通常被表现为"美的语义""美的范畴""美的根源""美的规律""美的特征"。

用必有体。在某个语词所指称的现象、行迹之后，必定有万变不离其宗的本体，这个本体表现为具有稳定性、统一性的语义。"美"这个词的统一语义是什么呢？在日常生活中，凡是一眼见到就使人愉快的对象，人们就把它叫做"美"。美是"愉快的对象"或"客观化的愉快"。这是"美"的原始语义和基本语义，"美"是表示"愉快""乐感"的"情感语言"。不过，是不是所有的乐感对象都是"美"呢？显然不是。可卡因、卖淫等可能带来快感，但人们决不会认同它们是"美"。可见，"美"不同于一般的乐感对象，而是神圣的价值符号，指对生命有益、也就是有价值的那部分乐感对象。这是

---

[1] （明）袁宏道："寿存斋张公七十序"，载（明）袁宏道：《袁宏道集笺校》（下），钱伯城笺校，上海古籍出版社 2008 年版，第 1541~1542 页。

"美"的特殊语义，也是"美"的完整涵义。[1]

　　能够与主体构成"对象"关系的是五官和心灵，因此，从"美"所覆盖的范围来说，美是"有价值的五官快感对象"和"心灵愉快对象"。"有价值的五官快感对象"构成"形式美"，"有价值的心灵愉快对象"构成"内涵美"。关于"形式美"，应当注意的是既要防止狭隘化，又要防止泛化。所谓"狭隘化"，即不顾审美实践，从理论家的一厢情愿出发，将形式美局限在视觉、听觉愉快对象的范围内，而将其它三觉的愉快对象排除在外。事实上，形式美不只是视觉、听觉快感的对象，也是味觉、嗅觉、触觉快感的对象。所谓"泛化"，是将形式美视为给生命体的一切官能带来快感的事物，比如氧气给呼吸系统带来快感，盐水给病体带来快感，排泄给肛门带来快感。氧气、盐水、排泄之类只是善，而不是美，因为机体在感受快乐的同时，已将引起快感的物质消耗掉，无法构成生命主体感官所面对的快感对象。此外值得注意的是：目好美色，耳好美声，口好美味，鼻好香气，肌肤好舒适之物，适合主体需要的五官快感对象是美的事物，但超过主体需要、伤害主体生命的五官快感对象就是丑的玩物，所以，形式美只能是"有价值"的五官快感对象。关于"内涵美"，同样值得注意的是，并非所有的心灵乐感对象都是美。一般说来，心灵作为精神的主宰，懂得按照有益于生命存在的理性规范去控制过度的官能快感追求，所以心灵的乐感对象大多体现为美；但心灵如果走火入魔，误入邪道，其乐感对象就不是美，而是面目可憎的丑，如邪教组织者眼中的人体炸弹、恐怖袭击等。所以，即便在心灵乐感对象前，仍需加上"有价值"的限定。事物因内涵而令人快乐的美，只能是"有价值的心灵乐感对象"。[2]

　　既然"美"是一种"有价值的乐感对象"，那么，只要有感觉器官的生命体都有自己的乐感对象、自己的美，因此，从逻辑上说，"美"就不能只是人类才拥有的专利，它是为一切有快感功能的动物生命体而存在的，就是说，动物也有自己有价值的乐感对象、自己的美。动物感受、认可的美或许与人类认可的美呈现出某种交叉重合之处，但动物认可的美与人类认可的美并不

---

　　〔1〕　详参祁志祥："'美'的原始语义考察：美是'愉快的对象'或'客观化的愉快'"，载《广东社会科学》2013年第5期；祁志祥："'美'的特殊语义：美是有价值的五官快感对象与心灵愉悦对象"，载《学习与探索》2013年第9期。
　　〔2〕　详参祁志祥："论内涵美的构成规律"，载《贵州社会科学》2014年第3期；祁志祥："论形式美的构成规律"，载《广东社会科学》2015年第4期。

完全相同。不同的物种有不同的物种属性、不同的审美尺度，因而就有不同的乐感对象、不同的美。不仅人类认可的美与其他动物不尽相同，即便不同物种的动物也有不同的美。应当破除传统美学人类中心主义的价值立场和思维模式，站在万物平等的生态立场去审视天下万物，承认物物有美，追求美美与共。在这个问题上，我们既要承认、兼顾其他动物感受的美，懂得认识并按照动物认可的审美尺度设身处地地从事美的创造，在与其他动物之美的和谐共存中追求、发展人类认可的美，也要注重欣赏、研究和创造人类认可的美，使人类生活得更加美好和幸福。

属必有种。"美"是一个属概念，在它下面，还可分解出一系列种概念，诸如"优美"与"壮美"、"崇高"与"滑稽"、"悲剧"与"喜剧"。它们作为"美"所统辖的子范畴，以不同方式与"有价值的乐感对象"相联系，进一步丰富和充实了"美"的属概念。"优美"是温柔、单纯、和谐的乐感对象，特点是体积小巧、重量轻盈、运动舒缓、音响宁静、线条圆润、光色中和、质地光滑、触感柔软；而"壮美"是复杂的、刚劲的、令人惊叹而不失和谐的乐感对象，特点是体积巨大、厚重有力、富于动感、直露奔放、棱角分明、光色强烈、质地粗糙、触感坚硬。"崇高"是包含痛感，令人震撼、仰慕的乐感对象，特点是唤起审美主体关于对象外在形象和内在精神无限强大的想象；而"滑稽"是自感优越、令人发笑、有点苦涩的乐感对象，特点是无害的荒谬悖理。"滑稽"分"肯定性滑稽"与"否定性滑稽"。"肯定性滑稽"一般以"幽默"的形态出现，它制造出一系列令人捧腹的荒谬悖理而又无害的笑话，显示出一种过人智慧，令人击节赞赏。"否定性滑稽"以无伤大雅的"怪诞""荒谬"形式，成为人们嘲笑、挪揄的对象，博得不以为然的笑声。"悲剧"原是表现崇高人物毁灭的艺术美范畴，后来也用以指现实生活中好人遭遇不幸的审美现象，是夹杂着刺激、撕裂、敬畏等痛感，导致怜悯同情、心灵净化的乐感对象。"喜剧"原是表现生活中滑稽可笑现象的艺术美范畴，后来也泛指现实生活中具有"可笑性"的审美现象。"笑"有肯定性与否定性之分。歌颂性喜剧产生肯定性的笑，是具有欣赏性、肯定性的笑中取乐对象；讽刺性喜剧产生否定性的笑，是具有嘲弄性、批判性的笑中取乐对象。[1]

---

〔1〕 详参祁志祥："'崇高'检讨——美的范畴研究系列之二"，载《社会科学研究》2015年第3期；祁志祥："论悲剧与喜剧——美的范畴研究系列之四"，载《人文杂志》2015年第7期。

事必有因。"美"对生命主体而言何以成为有价值的乐感对象呢？易言之，美的原因、根源是什么呢？就是"适性"。"适"，适合、顺应；"性"，本性。值得注意的是，这个"性"，是审美主体之性（目的性）与审美客体之性（规律性）的对立统一。一般说来，审美对象适合审美主体的生理、心理需求，就会唤起审美主体的愉快感，进而被审美主体感受、认可为美。对象因适合主体之性而被主体认可为美，包括审美客体适合审美主体的物种本性、习俗个性或功用目的而美，审美客体与审美主体同构共感而美，通过人化自然走向物我合一，主客体双向交流达到心物冥合而美诸种表现形态。人类具有其他动物所不及的高度发达的理性智慧，因而人类不仅会按照人类主体"内在固有的尺度"从事审美，进而感受对象适合主体尺度的美（合目的美），而且能够认识审美对象的本质规律，懂得按照"任何物种的尺度"进行审美，承认并感受客观外物适合自己本性的美（合规律美），从而破除人类中心主义审美传统，走向物物有爱、美美与共的生态美学。

成必有道。既然美是"有价值的乐感对象"，其成因是"适性"，那么，所以成为这些"适性"的"有价值的乐感对象"的法则、规律是什么呢？栗伯士曾经指出：美学的任务之一就是"分析确定由美的物象引起之美感性质，又发见物象所以能引起美感之必备条件作用之法则"[1]。栗伯士所说的"物象所以能引起美感之法则"，大约就相当于"美的规律"。"美的规律"实际上乃是引起有价值的普遍快感的法则。形式美的构成法则主要体现为"单一纯粹""整齐一律""对称比例""错综对比""和谐节奏"。内涵美的构成法则主要体现为"理念的感性显现"和"给自然灌注生气"。无论善的理念还是真的理念，要转化为美，必须赋予合适的感性形象。借用黑格尔的话，就叫"美就是理念的感性显现"，借用中国古代的话，就叫"立象以尽意"。好生恶死是生命主体的本能欲求。人总是视自己的生命存活以及自然中那些生机勃勃的物象为天地间最大的美。审美主体通过给自然灌注心灵意蕴，赋予无生命的自然物以勃勃生气，并赋予自然物各部分形象的统一性、整体性和有机性等，通过给艺术品灌注正气、真气以及艺术形式元素之间的阴阳组合，赋予艺术作品以鲜活的生命，这是内涵美创造的另一重要规律。借用黑格尔的话说就叫"生气灌注"，化用中国古代美学的话说就叫"生气为美"。对于

---

[1] 转引自吕澂：《美学概论》，商务印书馆1923年版，第2页。

身体没有毛病、生理没有缺陷、排除了主观情感好恶成见、拥有客观公正的审美心态的主体而言，任何事物只要符合上述规律，就会被视为美的对象。

物必有类。类是种类、特征。"美"作为"有价值的乐感对象"，呈现出哪些不同于其他概念的类别特征呢？笔者认为有六种特征。一是它的"愉快性"。即美的事物具有使审美主体悦乐的属性和功能。这是"真"与"善"未必具备的，也与使审美主体不快的"丑"区分开来。二是它的"形象性"。无论美采取什么样的形态，都必须具备诉诸感官的感性形象。形式美中五官对应的形式本身就是直接引起乐感的形象。内涵美的实质是给"真"与"善"的意蕴加上合适的形象。离开了诉诸感官的形象，就无所谓令感官快乐的形式美；离开了合适的形象外壳，"真"与"善"也不会转化为生动感人的"美"。三是"价值性"。所谓"价值"，是有益于生命存在、为生命体所宝贵的一种属性，它的内涵外延比"真""善"还大。一种非"真"非"善"的对象，比如悦目之色、悦耳之声、悦口之味、悦鼻之香、悦肤之物，也许说不上蕴含什么真理，符合什么道德，但只要为生命所需，不危害生命存在，对生命主体来说就具有价值。无价值、反价值的东西虽然可以带来快感，但却不是美而是丑。四是它的"客观性"。五是它的"主观性"。这两种特征是由美的价值性特征决定的。价值既然对生命主体有益，就为生命主体所珍惜和重视。价值将客体与主体联系了起来，因而，美既具有是否适合主体、是否有益于主体的客观性特征，又具有客体是否契合审美主体，为主体所感动、认同的主体性特征。美的客观性特征，决定了美的稳定性和普遍有效性，决定了共同美以及普适的审美标准的存在，不能"因为人们在高级审美领域存在着趣味的差异性，就走向相对主义的极端"[1]。而美是否契合审美主体，为审美主体所认同感动的主体性特征，决定了美所产生的乐感反应的差异性、丰富性，决定了不能通约的美的民族性和历史性。[2]六是"流动性"。美是有价值的乐感对象。同一事物，当它对主体说来成为有价值的乐感对象时，它就是美的，反之就是不美的、甚至是丑的。美不是一种固定的事物或实体，而是一种流动性范畴。

---

〔1〕 汪济生：《系统进化论美学观》，北京大学出版社 1987 年版，第 6 页。

〔2〕 详参祁志祥："论美的愉快性、形象性、价值性——美的特征研究之一"，载《文艺理论研究》2013 年第 3 期；祁志祥："建设性后现代视阈下的美的客观性与主观性问题——美的特征研究之二"，载《社会科学》2014 年第 2 期。

三、现象论

大千世界，美的现象琳琅满目，多姿多彩。关于美的现象，美学界有多种划分，比较随意、颇为零乱。笔者综合比较，反复权衡，将形式美与内涵美划归"美的形态"，将现实美与艺术美（含自然美与人工美）划归"美的领域"，将阳刚美与阴柔美划归"美的风格"。

"美"的形态千变万化，大体上可分为"形式美"与"内涵美"。传统的西方美学将形式美限制在视听觉快感的范围内，认为形式美是视听觉快感的对象。然而在审美实践中，美不仅是视听觉的快感对象，也是味觉、嗅觉、触觉快感的对象。由于食、色欲求在人的本能中是最为基本的，因而，与食欲联系密切的味觉美与色欲联系密切的性感美在形式美中占有更重要的基础地位。用"美"来指称味觉对象是世界各民族的共有习惯。不仅"美食""美酒""甘美""甜美""鲜美""肥美""美滋滋"等是中国人的常用词语，将至高无上的"涅槃"之美比为"甘露""醍醐"之味也是印度佛经的一贯传统，而且在西方世界的审美实践中，"美"与"味"也是融为一体而言的。如法语的 savoureux，德语的 delikatesse、delikatdainty，英语的 delicacy、delicate、delicious、savoriness、savor、savoury、nice 都有"美味"或"美味的"之意。[1]当我们将探寻美的触角伸展到味觉快适对象范围的时候，中国传统的美食文化、美酒文化以及美茗文化的美学神韵则得到令人如痴如醉的开显。[2]触觉美又叫肤觉美，因为它联系着肉欲的性感美，过去在西方美学理论史上是讳莫如深的。其实，性感美在中外原初的人类历史上雄辩地存在于各种性崇拜、特别是生殖器崇拜的文化风俗之中。尽管后世的道德文明产生的"不洁""污秽""羞耻"概念遮掩了性感对象为美的真相，然而随着当代审美实践的世俗化潮流，性感美正在经历着返璞归真的历程。性作为维持人类生命存在和繁衍的不可或缺的元素，在生生为美的美学视野下也重新获得了它的合法性。可以说，只要对个体生命和相关的社会生命没有危害，易言之，只要符合社会的法律规范和道德规范，性快感的对象就被认可为是美的。

---

〔1〕　详参［日］笠原仲二：《古代中国人的美意识》，杨若薇译，生活·读书·新知三联书店1988年版，第11~12页。
〔2〕　详参祁志祥："东西'味美'思想比较研究"，载《人文杂志》2012年第6期。

食色美之外，嗅觉美与味觉美联系得最为紧密。味觉美往往伴随着嗅之香。美食、美酒、美茗往往口之未尝而鼻已先觉，所以中国古代美学提出"妙境可能先鼻观"。人们通常将带来怡人芳香的事物视为嗅觉美。自然界中最典型的嗅觉美是花香之美。生活用品中最典型的嗅觉美是人们从花香中提炼而成的各种香型的香水之美。视觉美与听觉美因为距离人的基本的食色欲望最远，所以古来受到西方美学理论的肯定和青睐，是没有争议的形式美概念，不过对它们的探讨尚待深入和细化。[1] 视觉美不仅表现为形象美、线条美，而且表现为色彩美、光明美。听觉美表现为自然界的音响美和人工创作的音乐美。人的五觉感官不仅可以各司其职感知外物，而且可以相互联手构成联觉，形成通感美。在欣赏汉字艺术作品的审美活动中，字面意义唤起的直觉意象美与字内意义传达的所指无关，也属于一种形式美。比如"夜夜龙泉壁上鸣"唤起的黄色泉水在山涧石壁上哗哗流淌的直觉意象美即然。其实秋瑾这句诗表达的真实用意是每天都在练剑习武，渴望早日杀敌报国。

内涵美主要表现为真、善的形象美，也就是本体美、知识美与道德美、功利美；此外还表现为情感的物化美、意蕴的象征美以及想象美、悬念美。内涵美的复杂性，在于往往以形式美的形态呈现，易与形式美混淆，比如喜庆的红色、尊贵的黄色、宁静的蓝色、温馨的绿色。形式美与内涵美往往同时并存于一个物体中。在这种情况下，形式美只有在确保与内涵美不相冲突的前提下才得以成立。如果给五觉带来快感的对象形式为心灵判断的内涵美标准所不容，就不是美而是丑。决定事物整体美学属性的不是形式，而是内涵。如果一个事物外表艳丽，但内质丑恶，那么它的整体美学属性无疑是丑的。

"美"存在于哪些领域呢？存在于现实与艺术中，存在于自然物品与人工制品中。由于自然美属于现实美中的一部分，人工美中的社会美与艺术美与现实美与艺术美相交叉，因此，"美的领域"就主要体现为"现实美"与"艺术美"。

"现实美"具体分为两种类型，一是非人为的"自然美"，一是人为的"社会美"。所谓"自然美"，是指自然物中不假人力而令人愉快的那些性质

---

[1] 详参祁志祥："审美经验中的，以香为美——嗅觉美初探"，载《江西社会科学》2014年第7期。

或具有这种性质的物象。对于自然美，美学史上存有两种态度。一是认为自然物无美可言，美只存在于艺术中，是艺术品的特点和专利。这种观点以黑格尔为代表。另一种观点与此截然相反，不仅认为自然物中有美，甚至认为一切自然物都是美的，所谓"自然全美"，这种观点的代表人物是当代加拿大环境美学家加尔松。平心而论，这两种观点都有片面之处。按照约定俗成的审美习惯，人们总是把自然物中那些普遍令人愉快的性质或具有这种性质的物象称作"自然美"，美不仅存在于艺术作品中，而且存在于自然事物中。自然物中有的令人赏心悦目，被称作"美"；有的令人呕心不快，被称为"丑"，比如灰尘、垃圾、臭水沟、腐烂的动物尸体等。因此，卡尔松等人抛出的"自然全美"论是不合事实、难以成立的。自然物的美，或在于令五觉愉快的对象形式，如花之容、玉之貌；或在于对象形体象征的令审美主体精神愉悦的人格意蕴，如花之韵、玉之神。自然物的形式美源于对象形式天然契合审美主体五官的生理结构阈值，是美的客观性、物质性的雄辩证明；自然物的意蕴美出自审美主体心灵的物化，这是美的主观性、象征性的充分彰显。[1]"社会美"是人类生活中存在于艺术之外而又为人工创造的令人愉快的社会现象。"人"是社会生活的中心。社会美首先表现为人物身心的美。人的形体有美丑之别，作为社会美的人的身体美包括美容美发、健身锻炼等塑造的形体美，人的心灵美包括道德教化、知识武装等塑造的灵魂美、行为美。人的生存主要依赖人类自身创造的劳动成果。劳动成果不仅以满足人的实用需求的实物形象产生令人愉快的功利美，而且在外观上日趋满足消费者的五觉愉快而具有超功利的形式美。人类在美化自己的身心、创造兼有功利美和形式美的劳动成果的同时，还通过各种手段美化自己的生活环境，使日常生活日益趋于"审美化"。在社会生产力空前提高、科技文明不断发展的时代背景下，"日常生活的审美化"是人类追求美好生活的必然结果。[2]

与"社会美"相较，"艺术美"虽然也是人工产物，虽然也可以承载某种功利内涵，但它是以满足读者超实用功利的愉悦需求为基本特征的。艺术美依据与现实的审美关系呈现为现实本有的"艺术题材美"与现实中原来不

---

〔1〕 详参祁志祥："自然美新论"，载《社会科学战线》2015年第4期。

〔2〕 详参祁志祥："社会美的系统厘析——现实美研究系列之二"，载《吉首大学学报》（社会科学版）2015年第2期。

存在的"艺术创造美"。艺术题材的美说到底属于一种现实美,它虽然参与了艺术美的构成,但并不决定艺术美,就是说,反映丑的现实题材的艺术作品也可以是美的艺术作品。不过,由于艺术媒介不同,产生的美丑效果有强弱之分。作为观念艺术的文学体裁在反映丑的题材时,不快反应不那么强烈,因而文学拥有反映丑的题材的更大权利;而造型艺术反映的丑的现实题材产生的不快反应过于强烈,故而在反映丑的现实题材的范围、方式上受到更多的限制。真正体现艺术美价值、决定艺术美特征的关键因素是艺术所创造的美。这种美表现为三种形态。一是逼真的艺术形象美,指艺术形象对现实题材惟妙惟肖地刻画可产生悦人的审美效果;二是艺术的主观精神美,指艺术家在反映现实题材时流露的积极健康的价值取向和道德精神;三是艺术媒介结构的纯形式美,指艺术媒介组成的纯形式结构因为符合审美规律产生的普遍令人愉快的"意味"。艺术创造的美保证了艺术在反映任何现实题材时都可以获得美,从而不受题材美丑的限制。艺术既可以因美丽地描写了美的现实题材而"锦上添花",获得双重的审美效果,也可以因美丽地描绘了丑陋的现实题材而"化丑为美",形成艺术史上"丑中有美"的动人奇观。传统的古典艺术热衷于美的现实题材的美的再现;后来艺术家发现在丑陋的题材上照样可以完成美的艺术杰作,于是突破现实美的限制,致力于创造艺术形象的逼真美、艺术家传达的精神美和艺术媒介组合的纯形式美。要之,无论通过艺术反映的题材美途径,还是通过艺术创造的形象美、精神美、纯形式美途径,令人愉快的"美"构成了西方传统艺术的根本特征。[1]而在西方现代艺术乃至后现代艺术中,"美"的特征逐渐被消解。其步骤大体是先取消古代艺术(如古希腊雕塑)钟情的题材美,将题材范围转向丑的事物,继而取消艺术形象的逼真美、艺术表现的精神美和艺术媒介的纯形式美,令人不快、触目惊心的丑成为现代艺术的标志,以"美"为特征的艺术随之消亡。

"美"的现象丰富多彩,广泛存在于人类生活的方方面面,成为一种范围极广的文化现象。从风格上区分,则呈现为"阳刚美"与"阴柔美"。"阳刚美"与"阴柔美"也属于基本的美的范畴,与"优美"和"壮美"的范畴存在某种交叉,但有微妙差别。一是"阳刚美"与"阴柔美"是中国美学发明

---

〔1〕 详参祁志祥:"艺术美的构成分析——兼论艺术与现实的双重审美关系及艺术中的化丑为美问题",载《人文杂志》2014 年第 10 期。

的范畴，而"优美"和"壮美"则属于西方美学阐释的范畴，它们在范畴涵义的厘定论析方面并不完全重合；二是"阳刚美"与"阴柔美"外延比"优美"和"壮美"要大，还涵盖着"崇高"与"滑稽"、"悲剧"与"喜剧"的范畴，囊括着美学之外广泛的文化现象，是对文化现象审美风格取向的概括，所以划归"美的风格"范畴更加合适。其间奥妙，当细细体会。"阳刚美"与"阴柔美"的概念源于中国传统文化，也常被用来说明中国传统文化。在中国传统文化视阈里，中国南方与北方不同的地理环境决定了不同的审美文化，如孔子分"南方之强"与"北方之强"，禅宗分南宗北宗，《北史》《隋书》论文章学术有南北之别，董其昌论画分"南北二宗"，徐渭论曲分"南曲北调"，阮元论书分"南派北派"，刘熙载论"南书北书"，康有为论"北碑南帖"，刘师培论"南北文学"，等等。这种南北方文化的不同，整体上体现为北方重理，南方唯情；北方质实，南方空灵；北方朴素，南方流丽；北方彪悍，南方典雅；北方豪放，南方含蓄；北方繁复，南方简约；北方粗犷，南方细腻。一句话，北方崇尚"阳刚"之美，南方偏爱"阴柔"之美。

中国古代是一个文官社会、诗歌国度。"阳刚美"与"阴柔美"这两种风格美追求又体现在中国古代以诗歌为代表的文艺创作与评论中，其中，"阳刚美"凝聚为对"风骨"的推尊，"阴柔美"凝聚为对"平淡"的崇尚。中国传统文艺美学追慕的"风骨"美，是作家以儒家的入世精神、忠贞胸怀，以及炽热的情感、直露的表白、阔大的气象、刚健的力量创造的一种艺术风格，它具有"感发志意"的强大教化功能和席卷人心的巨大震撼力，使人在警醒之中自我检省，焕发出一种激越奋发、积极向上之情。中国传统文艺美学所推崇的"平淡"美，则是作家用道释的精神、淡泊的胸怀、娴静的心态、平和的情感和高超的技巧创造的一种艺术风格，它洋溢着出世的理想，浸润着温婉的情调，饱含着深厚的意蕴，形式朴素自然而又符合美的规律，能够普遍有效地引起读者丰腴的感受和回味，使人在悦乐之中保持镇定和谐。

四、美感论

自然与社会、现实与艺术中呈现出形形色色、千姿百态的令人悦目赏心的形式美与内涵美，对此加以感受、体验和欣赏，就是"美感活动"，或者叫"审美活动"。由此获得的愉快感受，就是"美感"，或者叫"审美经验"。传统美学理论中，"美"有时仅指"快感"，"美感论"有时以"美论"的形态出现。这就要求我们将貌似"美论"的"美感论"纳入审美活动的考察视野。

美作为有价值的乐感对象，逻辑推衍的自然结果是，乐感对象的审美主体未必是人，有感觉功能的动物都可以充当审美主体。这已得到许多生物学、动物学研究成果的佐证。在崇尚物物有美的生态美学大视野的今天，任何囿于传统成见对动物有美感的否定，不仅有害，而且显得不合时宜。当然，我们人类讨论美感，毫无疑问应将审美主体的重点放在人类身上，着力研究人类的审美活动。

人的美感活动是审美主体对有价值的乐感对象的经验把握。愉快性、直觉性、反应性是美感的三个基本特征。美感作为乐感对象的拥抱和感知，愉快性是其显著特征。美感的愉快性与美的愉快性的根本不同，是美使审美主体愉快，自身并无乐感可言，而美感则是审美主体愉快，自身就是乐感。在对象之美中，愉快只是功能特征，就是说美具有产生愉快的功能；而在审美主体的美感中，愉快就是美感自身的属性特征。直觉性特征是指美感判断是不假思索的直觉判断。美感的直觉性是由美的形象性决定的。五觉对象的形式美直接作用于人的五官，因契合五官的生理需要立刻引起五觉愉快，美感判断的直觉性特征相当明显。内涵美寄托在某种特定的感性形象中，以此作用于审美主体的感官，再因条件反射性的精神满足而呈现为直接感受和直觉判断。美感不同于意识反映，而是一种情感反应。从情感与外物的关系来看，情感是主体对外物的"反应"而非"反映"，是主体对外物的"态度"而非"认识"，是主体对外物自发的"评价"而非自觉的"意识"。意识的反映活动只是单纯的由物及我的客观认识活动，情感反应活动则是由物及我与由我及物的双向活动，打着强烈的主体烙印。美感作为一种情感反应，自然也不例外。所谓"反应"，指动物生命体受到刺激后引起的相应情感活动。人受外界刺激产生的情感反应，主要有"喜、怒、哀、乐、爱、恶、欲"等"七情"。其中，"喜""乐""爱""欲"属于美感活动，"怒""哀""恶"属于丑感活动。情感反应的心理机制是"反射活动"。反射活动分为"无条件反射"（又称一级反射）与"条件反射"（又称二级、三级反射），二者分别对应着形式美与内涵美。五觉形式美的美感活动属于"无条件反射"，中枢内涵美的美感活动属于"条件反射"。传统美学总是强调"美感"与"快感"的不同，这个不同究竟是什么呢？其实它们所说的"快感"不外是"一级反射机制所引发的肯定性感觉"；而它们所说的"美感"可以说是"由二级、三级反射机制所引发的肯定性感觉"。"所谓美感和快感的区别，说到底，也就是由反射机制级别不同而区别开来的不同层次的快乐体验罢了。"[1]在笔者看来，只要是有价值的乐感，无论是由无条件的一级反射机制引发的官能快感，还是由有条件的二级、三级反射机制引发的中枢喜悦，都属于美感。

美感构成的心理元素有哪些呢？原有的美学论著往往在美论中将美区分为不同形态，但在美感论中却不加分别地一锅煮；新出的美学原理则取消美论，只谈审美，结果在美感元素的分析上愈说愈随意、愈糊涂，令人难以信服。笔者认为，美的形态不同，美感的心理成分也不同。对形式之美的感受主要体现为感觉、情感、表象，对内涵之美的感受则在感觉、情感、表象之外，还要加上想象、联想、理解。感觉、情感、表象是美感的基本元素，想象、联想、理解是美感的充分元素。没有想象、联想和理解，美感活动照样可以发生；加上想象、联想和理解，美感活动将更为丰富深刻。

美感活动中基本的审美方法是什么呢？是"直觉"与"回味"相结合、"反映"与"生成"相结合的方法。与美分形式美与内涵美两种形态相应，审美方法就呈现为对形式美的"直觉"与对内涵美的"回味"。用"直觉"的方法对待内涵美，无疑不能充分领会其奥妙；用"回味"的方法对待形式美，无异小题大做，会陷于牵强附会。美感活动是客观认识活动与主观创造活动的辩证统一。作为客观认识活动，美感活动是由物及我的、对客观对象审美属性的忠实反映活动；作为主观创造活动，审美活动是由我及物的、对审美对象的审美价值的创造生成活动。因此，美感把握审美对象的美，必须兼顾"反映"的方法和"生成"的方法。

美感中审美判断的结构与心理机制如何呢？从结构上看，审美判断有"分立判断"与"综合判断"之分。"分立判断"指分别着眼于审美对象的形式因素或内涵因素作出的审美判断，"综合判断"指综合审美对象的形式和内涵对事物的整体审美属性作出的审美判断。在对事物整体属性的综合审美判断中，关于内涵的审美判断起主导、决定作用。从审美的心理机制上看，审

---

[1] 汪济生：《美感概论：关于美感的结构与功能》，俞晨玮译，上海科学技术文献出版社2008年版，第21页。

美反应的兴奋程度与审美刺激的频率密切相关。当审美主体反复接受审美对象强度、容量同样的刺激的时候，审美反应就逐渐弱化，从而产生"审美麻木"，直至"审美疲劳"，从而走向对"审美新变""审美时尚"的追求。美感的心理历程，就是在总体保障审美对象与审美主体生命共振的大前提下，不断由"审美麻木"走向"审美新变"、"审美疲劳"走向"审美时尚"的往复过程，或者说是不断由乏味的"自动化"走向新奇的"陌生化"、再走向和谐的"常规化"和乏味的"自动化"的循环过程。令人激动不已的美感就处在审美主体与审美对象既不失和谐共振，又生生不息、光景常新的创造洪流中。

第二节　反思·对话·共建[1]

祁志祥教授的国家社科基金后期资助项目《乐感美学》出版了。这是一本经过深思熟虑的论著，初读一过，收获良多。

这是一本给包括我在内的很多学界同仁以反思的论著。因为本书以"建设性的后现代"为基本方法，力主传统与现代并取、本质与现象并尊、感受与思辨并重、主体与客体兼顾，反对以今非古，反对去本质化，反对去理性化，等等。本书对于新时期以来开始发展的存在论与现象学美学提出异议，目的是"提供另一种不同的思考维度"。本人恰好是祁志祥教授本书所指的存在论与现象学美学的倡导者之一，因此该书的确给本人以反思的机会。随着阅读本书的进展，我不断地反思自己近十多年来的研究工作，进入与作者的对话之中。美学是哲学之一维，是自由思想的广阔空间，因此，越是有更多的不同声音，越是能够促进人们的思考与学术的发展。本书的出版的确给包括我在内的诸多学人提供了反思的空间，是促使我们深入思考的一个机遇。

本书非常重要的一个特点是具有自己的学术立场和学术观点，论述翔实而富有条理，知识面深广，且有极强的现实针对性。志祥教授是从事中国古代美学研究的，著有三卷本的《中国美学通史》和《中国美学原理》《佛教美学》等，见解独到，给人启发。他还撰有其他多种论著，如《中国古代文

---

〔1〕　作者曾繁仁，山东大学文艺美学研究中心名誉主任，生态美学代表人物。曾任山东大学校长。本文原载《中华读书报》2016 年 5 月 25 日。

学理论》《人学原理》《国学人文导论》等，涉及的领域非常广泛。本书发扬了作者学术面深广的特点，体现了极强的综合性。其对于"美是有价值的乐感对象"的论述广泛涉及古今中外，有强大的理论和现实依据。而且，志祥教授的论述广泛涉及当代美学与文学艺术的各种问题，诸如本质与反本质、解构与建构、现象学美学、日常生活审美化、美的终结、生态美学、行为艺术，等等，对于这些问题都有自己独特的解答。打开本书，感到仿佛是一部百科全书，举凡美学研究的各种问题几乎都能在其中找到答案。

本书的另一特点是在兼顾西方美学成果的情况下吸收了许多中国古典美学资源，这在同类著作中是比较少见的。例如，本书在基本概念方面使用了壮美、阴柔、阳刚、适性，等等中国古典美学概念，在各种观点的论证中都尽量使用了中国古典美学材料，并与现代美学相联系，具有古今汇通的特点。本书还采取了特有的生态美学视角，在生态平等理论的指导下，论证了动物也具有审美能力的问题；在分析人感受对象形式美的五觉审美能力时，则运用了量化的生物感觉表达方式。这些都显示了作者试图突破与创新的努力，使人耳目一新。

在这里需要说明的是本人是力主当代中国美学由认识论到存在论转型的，同时也认为现象学方法是当代美学研究的一种相对比较科学的方法，现象学与存在论是本人所强调的生态美学的哲学立场。当代中国美学研究由认识论到存在论的转型以及对现象学方法的运用是一种历史的必然。长期以来，我国在苏联时期僵化的机械唯物论影响下，尊奉一种唯物与唯心二分对立是两条哲学路线、两条政治路线斗争的思维理路，在美学领域将这种机械唯物主义奉若神明，以是否承认美的客观性作为正确与错误的标准。文学领域遵循的是现实主义与浪漫主义两种创作方法的斗争，美学领域则是客观美与主观美的斗争，我国美学的发展受到严重制约，在很大程度上脱离了国际美学研究的大道。1978年之后，我们有了学习、借鉴当代国际哲学与美学的机会，发现当代存在论哲学与现象学方法是黑格尔逝世后西方理论家挣脱工业革命时期工具理性主客二分对立哲学与美学的重要成果，甚至马克思也在其《关于费尔巴哈的提纲》中批判了旧唯物主义只从客体或直观形式观察事物与现实的弊端，而主张从感性与实践方面观察事物，实际上已经包含某种现象学与存在论的内涵。其实，现代西方哲学中的叔本华与尼采的生命论哲学、杜威的实用主义哲学、分析哲学、存在论哲学等，都是试图通过某种途径将传统的工具理性哲学中的主客二分加以"悬搁"的，因此这些哲学和美学都是广义上的现象学。而存在论哲学与美学则是现象学方法更加彻底的实践。在我国美学界，这种现象学方法也逐步被运用。著名美学家蒋孔阳曾经在其1993年出版的《美学新论》中论述了美与美感的关系问题。他认为从存在与意识关系的哲学角度看当然是先有美然后有美感，但从审美的实际看则美与美感犹如火与光那样同时诞生同时存在并无先后之分，这实际上已经将美与美感的对立加以了悬搁。所以美与美感的对立在现实中是不存在的。例如，美是乐感对象，而美感是乐感本身，这其实是对于"乐感"这一件事情的两种语言表达，还是说的乐感这一件事。其实，美与美感在现实中乃至在论述中是难以区分的。此外值得指出的是，人们对于现象学美学也存有诸多不准确的表达与误读。如关于本体与本质的关系问题，现象学哲学与美学并不同意所谓"中心性"的本质研究，但从来也没有抹杀本体的研究，都强调由"存在者"进入作为本体的"存在"，这实际上是一种本体的研究方法与思考路径。至于是否有客观美的问题，现象学与存在论美学力主审美是人与对象的一种关系，审美对象也是一种关系性概念，但并不否认对象所具有的客观存在的审美质素与艺术质素，正是这些质素使得某些事物可能成为审美对象。不过，审美归根结底还是一种主客体之间的关系，这些"质素"在没有被审美之前是处于一种沉睡状态的。

当然值得指出的是，现象学方法与本质论方法是当代美学研究中两种不同的治学方法与致思路径。前者是将美学作为人文学科，坚持美学是人学，审美是人的一种肯定性的情感经验，因此更多使用的是对这种经验的描述性论述。而"本质论"则是试图从某种逻辑起点出发的研究方法。这种本质论研究方法与致思路径，当然承认美的客观性、概念的逻辑起点等。我个人认为这种逻辑的研究方法也不失为一种可以运用的有效方法。当代我国美学大量存在的实践论美学很多就是使用的这种方法，本书也运用了这种方法。我认为这种方法完全可以在建设性后现代的视阈下得到新的发展，与现象学方法等相互讨论，共同推动美学研究的进步。在这个意义上，我由衷祝贺贺志祥教授在基本美学原理研究方面取得的重要成果。

第三节 乐感美学批判[1]

一、何为"批判"

为避免误解，首先申明题义。本文标题中的"批判"，并不是拿起笔做刀枪的彼特定时期大批判的意思，反之出于效法康德《纯粹理性批判》《实践理性批判》《判断力批判》，布尔迪厄《区隔：判断力的社会批判》这些划时代著作的标题风格，力求对述评对象，给出一个比较全面，而又不人云亦云的个人判断，即便是东施效颦也罢。这不是故弄玄虚、布局迷阵，李泽厚落难时期写《批判哲学的批判——康德述评》，早有榜样在先。批判（critique）者，按照维基百科的介绍，源自希腊语 κριτική，意谓判断的机制，即对某人某物作出价值评判，更具体说，是对一个特定的话语对象展开深入分析，给出一个系统的学理研究报告。或许康德《判断力批判》中下面这一段话可以稍见端倪：

> 即令是把一个概念从属于一个经验的条件的，可是如果我们是把它看作包含在所说的对象的另一个概念之内的，我们仍然是独断地来处理它的，由于这个概念是构成理性的一个原理的，而且是按照着这个原理来确定它的。但是，如果我们只在于它对于我们的认识能力的关系上，因而也就是在它对于我们思维它的种种主观的条件的关系上来看待它，而并不企图关于它的对象作出任何决定，那末我们就只是在批判上来处理这个概念。所以概念的独断处理就是对确定性判断力的有权威的处理，而批判的处理只是对于反思判断力才是有权威的一种处理。[2]

以上译文出自先辈韦卓民先生手笔，因为时代原因可能比较晦涩，但是意思是清楚的，那就是对于特定概念的独断处理和批判处理，两者适成对照，先者是根据概念的先验客观原理来作判断，所以高屋建瓴，确凿无疑。后者是根据我们的认知能力来作判断，所以局限于我们自己的主观思考条件，不

---

〔1〕 作者陆扬，复旦大学中文系教授。本文原载《上海文化》2018 年第 2 期。
〔2〕 ［德］康德：《判断力批判》（下卷），韦卓民译，商务印书馆 1987 年版，第 49 页。

可能斩钉截铁，一言九鼎。康德这个独断和批判的区分可以给人深刻印象，我自忖才疏学浅，心拙口夯，哪里敢奢望独断，所能贡献的，唯有搜索枯肠，提供一点批判心得罢了。

祁志祥教授的《乐感美学》皇皇60万字，是近年学界少见的美学理论建树大著。但凡建树理论，每每高瞻远瞩、天马行空，热衷形而上的艰涩思辨，往往忽略甚至不屑实证材料的收集。是以上个世纪90年代起，就有"理论死了""后理论时代"诸种说法迭起，责怪理论只顾自说自话，高谈阔论，却很少顾及文本本身。这在作者开篇交代的此书写作缘起，也有所反应，祁志祥说：

> 世纪之交以来，美学正在经历一场反本质主义的解构浪潮，一味解构之后美学往何处去，这是解构主义美学本身暴露的理论危机，它向美学界提出了新的问题。正是在这种背景下，许多学者都不约而同地提出了重构美学的形上维度话题。《乐感美学》就是这方面的一部思考比较系统的成果。[1]

所谓"解构主义美学"应是一个比较笼统的说法，作者当年热心后实践美学，或者正也可以纳入这个解构浪潮。但是《乐感美学》肯定不属于云里雾里、高高在上的高头讲章，它旁征博引、中西并举，枚举浩瀚资料辅以论证，堪称美和美感研究，以及日常生活美学的一部百科全书。在近年不断面世的一批美学著述中，它无疑是别具高格的。

《乐感美学》是本书作者酝酿有年，精心打造出来的高牙大纛。这面大旗的背后不是礼乐文化中的乐感，如《乐记》所谓的"礼者，殊事合敬者也。乐者，异文合爱者也。"而是寓教于乐中的乐感。即是说，突破寄寓在教诲、教谕、教训、教导中的理性主义藩篱，高扬长久被传统美学排斥在边缘地位的快乐愉悦情感。对此该书第二章"美学：从'美的哲学'到'乐感之学'"开篇就说得明白：美学学科无论从历史上看还是从当代审美实践来看，都可以定义为以研究"美"为中心的"美的哲学"，而"由于使主体快乐的'乐感'是美的最基本的特质和性能，所以'美的哲学'又可易名为'乐感的

---

[1] 祁志祥：《乐感美学》，北京大学出版社2016年版，第1页。

哲学'。这种作为'乐感哲学'的'美学'原理,简称为'乐感美学'。"[1]

二、从美的哲学到乐感美学

从美的哲学到乐感美学,志祥的上述说明不似相当一部分美学的学科定义含糊其辞、瞻前顾后,力求兼收并蓄将方方面面的考量一网打尽。它简单明了,断言美学就是研究"美"为其核心的学问,有鉴于审美主体的快乐愉悦情感是为美的最基本特质,是以这一"美的哲学"可以简称为"乐感美学"。举凡理论构架,一个常见的通例毋宁说便是拖泥带水,面面俱到,结果叫人读下来一头雾水,反而更加迷糊起来。像祁志祥这样当断就断,要言不烦的定义方式,是并不多见的。

但是即便如此,十全十美的美学定义无论是在理论层面还是在实践层面上,实际上压根就没有可能,这个定义也还是很有开拓余地。黑格尔《美学》开篇也谈到美学的定义问题,他指出 Aesthetik 这个源自鲍姆嘉通,本来是指感性学的希腊古词用来命名当今的美学有点名不副实,因为在当时德国:

> 人们通常从艺术作品所应引起的愉快、惊赞、恐惧、哀怜之类情感去看艺术作品。由于"伊斯特惕克"这个名称不恰当,说得更精确一点,很肤浅,有些人想找出另外的名称,例如"卡力斯惕克"(Kallistik)。但是这个名称也还不妥,因为所指的科学所讨论的并非一般的美,而只是艺术的美。[2]

黑格尔认为美学研究的对象是艺术,所以随着绝对精神愈益抽象化的发展过程,艺术将被宗教替代,最终归于哲学。志祥以美学为"美的哲学",这是黑格尔上文枚举的典型的希腊传统 Kallistik,至少在今天来看,它比较黑格尔独钟艺术的美学宏论,应是更具有普遍性。而以"乐感"来命名自己多年来精心构架的美学体系,诚如作者接下来的交代,足以显示他同样将审美经验也一并收纳进来,是以美学最终被定义为研究美及其审美经验的哲学学科。我们可以注意,当年黑格尔情有独钟的艺术,恰恰在志祥的乐感美学新定义

---

[1] 详参祁志祥:《乐感美学》,北京大学出版社 2016 年版,第 35 页。
[2] [德]黑格尔:《美学》(第 1 卷),朱光潜译,商务印书馆 1979 年版,第 3 页。

中缺场。这或许是今日艺术命乖运蹇与生活本身日益混沌无分现状的理论写照。

那么，"乐感"的具体内涵又是什么？作者对于乐感美学的论证，是围绕"美是什么"这个传统美学的元命题展开的。志祥意识到在宏大叙事风光不再的今天，这个话题或许不合时宜，故而引李泽厚《美学四讲》中谓松涛海语、月色花颜，从衣着到住房，从人体到艺术，大千世界何其复杂奇妙，是不是存在某种共同东西可作为思考对象的观点，以及朱立元等"美"的本质问题不可能回避的主张，坚持"美"是名词也是形容词，在其所概括的现象背后，应有可能来探究一个统一语义。为此作者一如既往，引经据典，论证美同"乐感"的必然联系。其中有两个命题值得注意：

其一是作者给美规定的基本义项：美是愉快的对象，或者说，客观化的愉快。审美带来愉悦是我们天经地义的感觉经验，美学史上相关论述汗牛充栋。所以志祥轻而易举，将洋洋洒洒的材料分门归类，标举托马斯·阿奎那名言"凡是一眼见到就使人愉快的东西才叫做美的"为"美"的原始语义。进而引证赫西俄德、伊壁鸠鲁、斯宾诺莎、沃尔夫、休谟、博克、康德、费希特、狄德罗、鲍桑葵、尼采，以及许多国内名家，说明美必然给人带来快感，而快感的另一个名称，即为乐感。在此原始语义上，志祥论证美是表示乐感的情感语言。美指称乐感，志祥认为在中西词源学上久有渊源。如许慎《说文》释"美"为"甘"，复释"甘""甜"为"美"，即是说明"美"是一种快适的感觉，又王弼《老子道德经注》说，"美者，人心之所进乐也；恶者，人心之所恶疾也。美恶，犹喜怒也。善不善，犹是非也。"这里的"进乐"即为喜好，与恶疾相对。至于乐感或者说快感与情感语言有什么关系，志祥举证 I. A. 瑞恰兹说过"美"是一种情感语言，它说明的不是对象的客观属性，而是我们的一种情感态度。进而他特别强调，"美"作为情感语言不是各式各样所有情感，而是专指肯定的、积极的愉快的乐感，故而瑞恰兹、维特根斯坦等人偏偏因为美是某种"情感语言"而否认美具有统一性，令人匪夷所思。

其二是作者赐予美的完整语义：美是有价值的五官快感和心灵愉悦对象。这个"完整语义"大体可视为乐感美学之一美的本质定义。可以说，比较以往注重心灵美，排斥肉欲快感的传统美学认知，这个定义将历来游走在审美边缘的味觉、触觉和嗅觉一并收列进来，无疑具有鲜明的反本质主义解构意识。此种意识大多数时候是作者针锋相对的批评对象，但正所谓解构主义从反传统起步，到本身终而被纳入传统，或许我们可以回味德里达当年的一句名言：我们都是解构主义者。即便如此，志祥还是不吝笔墨，在"有价值"方面大做了一块文章。背靠自己曾经耕耘有年的后实践生命美学，志祥给予价值的说明是，凡是增进有机体生存的就有价值，或曰有正价值；凡是威胁机体生存的就无价值，或曰有负价值。这样来看乐感美学，便不失为一种如火如荼助燃生命的快乐美学，诚如作者所言：

> 正是快感有益于机体生存、受机体欢迎的价值性，使得人们在最初的审美经验中不假思索地将一切引起快乐的对象都叫做"美"。然而另一方面，机体按其天性对于快乐的追求是无止境的，对乐感对象的过度追求又会伤害机体，危及生命的生存，具有负价值，与所要求的价值性背道而驰。所谓"有价值"，指对生命有益。[1]

这里作者涉及乐感美学的一个根本问题，即是不是一切快乐的感觉，都可以按部就班，纳入乐感美学的阐释路径？过去的 20 世纪里被认为是高涨"欲望"的世纪，"欲望"被认为是反抗资本主义意识形态的原动力。是以米歇尔·福柯这样追求出格出轨高强度快乐而自食其果的例子，被认为是英雄末路的悲剧。但是志祥很显然不屑此道，他兜了一个圈子，终究是回归到了适可而止的中庸之道。

之所以说志祥是有意无意之间从解构起步，然而终究又是回归了传统，涉及《乐感美学》阅读下来一个很直观的感受，那就是它多多少少呼应了近年方兴未艾的身体美学建构努力。虽然志祥倡导的乐感中规中矩，从不鼓吹形形色色离奇出格的快感追求，但是将五官感觉一并纳入乐感美学，并且如上所言，不假思索将一切引起快乐的对象都叫做"美"，可以视为乐感美学有待升华的基础原始材料，势必就让人联想到身体的主题。而身体不光是欲望的主体（它当然也是乐感美学，以及一切愿意不愿意让它登堂入室的哲学和美学的主体），同样也是美学研究中长久缺场的一个客体。事实上，特里·伊格尔顿早在 1990 年写《美学意识形态》，所标举的关键词便是身体。该书"导言"部分，伊格尔顿承认他并不讳言自己一定程度上，倾向于为"身体"

---

[1] 祁志祥：《乐感美学》，北京大学出版社 2016 年版，第 65 页。

这个时髦主题辩护：

对身体的重要性的重新发现已经成为新近的激进思想所取得的最宝贵的成就之一，我希望本书可被视为是从新的取向来扩展探索问题的高产线。同时，由于对身体、对快感和体表、区域和技术的深思扮演着不那么直接的身体政治的便利的替代品角色，也扮演着伦理代用品的角色，所以如果感受不到这一点，要想读懂罗兰·巴特或米歇尔·福柯的晚期的著作将是十分困难的。[1]

正所谓三十年河东、三十年河西，当年伊格尔顿多少还有些惴惴不安的身体辩护词，在今天已经成为理所当然的话题。在身体的基础上来谈美学，我们发现伊格尔顿的相关论述，与多年以后祁志祥的乐感美学论证，一定程度上也是不谋而合。伊格尔顿指出，美学在鲍姆嘉通的最初阐释中，指的不是艺术，而是与抽象概念相对照的全部知觉和感觉领域。由此我们的全部感性生活：爱和厌恶、外部世界如何刺激体表、我们一切过目不忘和刻骨铭心的现象，悉尽被纳入美学关注的对象。简言之，美学关注人类最粗俗、最可触知的方面，但是笛卡尔理性主义哲学一路流行下来，美学的这一朴素唯物主义特质，这一身体对于有理论的反叛冲动，恰恰是给忽略了。

三、回归感性的困顿

在这一比较中来看志祥的《乐感美学》，应是呼应了伊格尔顿上述回归感性，以重申感性来反抗资产阶级理性的审美意识形态。休谟在其《论趣味的标准》中判定快感趣味具有太多的个人色彩，言人人殊、了无定准，要寻求客观标准，是明知不可为而勉力为之。在志祥看来，西方的这类"趣味无争辩"美学观念，是否定美的共同规律和普遍标准，远不及中国古代美学中的相关论述来得稳妥。对此他举证《孟子》"天下之口相似""天下之耳相似"，认为这说明人的生理结构和心理取向相同，因而感觉愉快和心灵愉悦的美也就相同。是以"至于子都，天下莫不知其姣也，不知子都之姣者，无目者也"（《孟子·告子上》）即便"入鲍鱼之肆，久而不闻其臭"（《孔子家语·六本》）也并不因此而否定鲍鱼本身的恶臭。是以乐感或者说快感，无论是作

---

〔1〕 详参［英］特里·伊格尔顿：《美学意识形态》，王杰、付德根、麦永雄译，中央编译出版社 2013 年版，第 7 页。

为口腹之欲的低级趣味，还是作为心灵愉悦的高级趣味，在志祥看来，都具有毋庸置疑的普遍性和客观性，并以此作为中国美学和西方美学的一个分野。可以说，重申感性，同时致力于论证感性的普遍性和客观性，是《乐感美学》一个极具时代特色的鲜明特征。

在一定程度上，我更倾向于视《乐感美学》为一部生活美学的开拓性大著。从体系编排上看，《乐感美学》相对稳健，并不以标新立异取胜。它的四大板块构架中，第一编"导论"谈后现代语境下美学作为"美的哲学"，何以走向"乐感之学"；第二编"本质论"分别谈美的定义、范畴、起因、规律和特征；第三编"现象论"谈美的形态、领域和风格；最后一编美感论细数美感构成的心理元素，依然也还是感受、情感、表象、想象、联想，及至理解这一理性因素。但是深入阅读进去，便有惊诧和欣喜在不经意之间，滚滚而来。且举一例，第八章第一节"形式美的表现形态"，作者一反传统美学教材的习惯写法，津津乐道大谈味觉美、嗅觉美、视觉美、听觉美和肤觉美。这无关志祥饕餮好色，他中所援引的休谟的一段话，就足以使令人肃然动容：

> 一个对象如果借着任何独立的性质、使我们接近食物，那个对象也就自然地增加我们的食欲；正如在另一方面，凡使我们厌恶食物的任何东西都是和饥饿矛盾的，并减低我们的食欲。很显然，美具有第一种效果，丑具有第二种效果；因为这种缘故，所以美就使我们对食物发生强烈的欲望，而丑却足以使我们对烹调术所发明的最美味的菜肴感到厌恶。[1]

本着这一认知，作者大量援引古籍，高谈阔论中国的美食传统，如被定义为奠定了中国古代美学味觉美思想理论基础的《吕氏春秋·本味篇》："肉之美者：猩猩之唇，獾獾之炙，隽觾之翠，述荡之掔，旄象之约……鱼之美者：洞庭之鳟，东海之鲕。醴水之鱼，名曰朱鳖，六足，有珠百碧。藿水之鱼，名曰鳐，其状若鲤而有翼。"想象猩猩的嘴唇、獾子的脚掌出现在盘中餐里的情景吧。隽觾早给吃尾巴吃绝种了，还有大象的鼻子！今天又谁以它为绝佳美味呢？志祥前面曾鼎力论证动物也有美感，以此呼应当今呼声日高的生态美学倡议，联想下来，感觉到我们祖先的口味变态而又残忍。与其说它

---

[1] ［英］大卫·休谟：《人性论》，关文运译，商务印书馆1983年版，第433页。祁志祥：《乐感美学》，北京大学出版社2016年版，第248页。

是中华文化的荣耀，不如说它是中华文化的耻辱。考虑到从口味到趣味的升华，从来就是一个与时俱进的社会和历史过程，志祥对中国美食文化的归纳，终究还是历史主义地还原了我们昔年辉煌的美食乐感。

如作者指出中国饮食文化的美，可以从以下六个方面来进行概括：首先是选料精良，这是美食的基础。如满汉全席中的山八珍：驼峰、熊掌、猴脑、猩唇、象拢、豹胎、犀尾、鹿筋；其次是刀工细巧；再次是火候独到；从次是技法丰富，有炒、爆、炸、烹、溜、煎、贴、烩、扒、烧、炖、焖、氽等诸法不赘；然后是调和五味；最后是情调优雅，富有艺术性。这一方面见于菜名，如龙凤呈祥、孔雀开屏、喜鹊登梅等，一方面又见于精美食器，如彩陶的粗犷之美、瓷器的清雅之美、铜器的庄重之美、漆器的透逸之美、金银器的辉煌之美，皆与美食相映生辉。一如杜甫《丽人行》诗云："紫驼之峰出翠釜，水精之盘行素鳞。犀箸厌饫久未下，鸾刀缕切空纷纶。"美食美器相得益彰，美轮美奂、淋漓尽致。

从中国古代士大夫精致生活中来梳理锦衣玉食，一掷千金的"日常生活审美化"，不仅是《乐感美学》，事实上也是当今生活美学本土资料引证的一个主流倾向。《乐感美学》凡述及此道，每每汪洋恣肆、博古通今。在我看来，作者有意无意之间，是完成了一部生活美学的百科全书。但是我总觉得，人生的快乐不过是在转瞬即逝之间，诚如我们的欲望不断增生新的欲望，令意志挣扎永无绝期，我们的快乐也不过是镜花水月，在人生漫长的艰辛和苦难岁月中显得苍白寂寥。斯宾诺莎《伦理学》以快乐、痛苦和欲望为人类的三种最基本情感，他给予快乐的定义是，"快乐是一个人从较小的圆满到较大的圆满的过渡。"[1]换言之，快乐就是欲望的满足，然后刺激生成新的欲望，假如我们的快乐期望持久下去的话，那么欲望又是什么？斯宾诺莎的说明是，所谓欲望，"我认为是指人的一切努力、本能、冲动，意愿等情绪，这些情绪随人的身体的状态的变化而变化，甚至常常是互相反对的，而人却被它们拖拽着时而这里，时而那里，不知道他应该朝着什么方向前进。"[2]

斯宾诺莎的《伦理学》是今日西方文论和美学界所谓"情感转向"（the affective turn）的第一理论基础。比照它来读志祥的《乐感美学》，我终究还

---

〔1〕 ［荷兰］斯宾诺莎：《伦理学》，贺麟译，商务印书馆2011年版，第151页。
〔2〕 ［荷兰］斯宾诺莎：《伦理学》，贺麟译，商务印书馆2011年版，第151页。

是纳闷，作者不遗余力高扬从感性到理性的一应快感即乐感之时，何以就不曾更多来写一写从来从大众到精英阶层的几无幸免的苦难和忧患意识呢。

第四节 当代中国美学前沿的坚实界碑[1]

《乐感美学》之前，祁志祥先生已经出版过十几部美学专著。如果是以创作丰富自娱，这些已经是绰绰有余了。但他却仍然笔耕不辍，因为他觉得还没有实现自己对美学的更高追求——重构更令人满意的美学原理，更圆满地解释审美现象和审美经验。这部四编、十四章、60万字的《乐感美学》就是要实现自己的这一学术理想。时下的美学原理从否定传统美学形而上学实体论出发一般不谈美的本质，《乐感美学》从本质作为一事物现象背后的统一性的涵义出发，指出美的本质不可取消，在吸收存在论、现象学美学合理成分的前提下坚持美学研究的形上追求，并付诸艰苦的实践。这种拨开众流、矢志求真的独立精神和学术勇气相当难能可贵。

与时下许多美学原理著作一窝蜂地从众说纷纭的审美及艺术入手展开对美学体系的建构不同，《乐感美学》的主体部分是美论和与之呼应的美感论；美论中包括由美的语义、范畴、原因、规律、特征构成的本质论和由美的形态、领域、风格构成的现象论。通观全书，笔者深感有如下几点值得充分肯定。

一、推敲命题，巧破疑难。祁志祥先生揭示，美的最基本的性能是能普遍必然地产生愉快感，这种愉快感既包括五觉生理性快感，也包括中枢精神性愉悦。为了避免以"快感"界定美的性能所可能带来的习惯性片面性误解，他借用中国传统美学中的"乐感"一词统括感官快感和精神愉快。一部美学原理，实际上就是基于美的乐感性能逐层精雕细刻构筑起来的美学大厦。美学作为追问美的本体、建构美的规范、指导美的实践的学科，取名《乐感美学》可谓用心良苦，意即"乐感之美之学"。"乐感"一词的最终选定和使用，基本上实现了对其独特美学思考的概括性准确表达。

二、以史为鉴，精校准星。祁志祥先生意识到在美学研究中正确的方法论对得出正确的结论有着极端的重要性。方法不当的研究，较之准星没有调

---

〔1〕 作者汪济生，上海交通大学人文学院教授。本文原载《学习与探索》2017年第2期。

精准的射击后果更为严重，会导致"失之毫厘，谬以千里"的错误结论。所以，祁志祥先生在全书的导论第一章，就以不小的篇幅来检讨前人的研究方法和思路的得失，探索自己前行的道路，最终确定了自己"建设性后现代"的研究方法和路径，并在全书的探索行程中一以贯之，取得了令人信服的成果。

三、广谒前贤，平等对话。祁志祥先生每阐述一个重要命题，都要广泛列述古今中外美学前贤、前辈、前行者的有价值的观点，几乎到了不厌其烦的程度。但我们不能说他是在向读者"炫耀"其丰厚的美学史积累。为了有依据地推出、确立一种"新说"，周详地审视已有的纷纭之说，对于多数美学爱好者和学人来说，应该是有益的。在审视这些已有之说时，祁志祥先生并不受这些"学说"持有者身份、地位、名望等因素的影响。无论他们是美学史上的巨擘，还是自己同时代的权威，抑或是自己的晚辈，都坚持平等对话，有对说对，有错说错，一切以事实为准绳，绝不说含含糊糊、模棱两可的滑头话，有时用语还相当犀利，体现了一个学人应有的学术品格。

四、取舍唯真，博采众长。祁志祥先生在自己庞大的"建设性后现代"体系"重构"中，无疑要对前行者的已有成果有所取用，但目的并不是用各种华丽的羽毛来装饰自己，而是使自己的成果具有最大的真理含量。所以，他对前行者分辨、汲取、扬弃的标尺是他们所论的真理含量如何、解决学术问题的实际水准如何。真实合理的则肯定、取用，似是而非的则批评、抛弃；所取用者，均注明出处，既不沧海遗珠，也不掠人之美。正是这种态度，使《乐感美学》迄今最大幅度地实现了博采众长，而又体现了作者光明磊落的风范。

五、古典新用，异彩纷呈。祁志祥先生在新美学体系的建构中，常常引用中国传统古典文论、艺术论中的材料，来说明他所要阐述的美学原理。且举例之精当、精彩，常常出人意表。这是他精通美学史，尤其是有中国美学史学养的厚积薄发。美学界有一种看法，认为中国古典传统的美学思想不够成熟，缺乏庞大、严密、理论思辨性强的体系。但祁志祥先生的努力，却使我们更清楚地看到，中国古典传统文论、艺术论中富有许多体验精微、表述华美、思想深邃的精粹；而且这些精粹完全可以和现代科学的美学思想体系妙合无垠地融合为一体，共同构筑成跨越国界、文化界的现代的前卫的美学思想体系。

六、锐意出新，严求自洽。《乐感美学》是一部多方面锐意出新的著作。例如：它对形式美与内涵美的阐释；它阐述的五种感官审美机制同一说；它主张的动物有美感说及动物美感与人类美感异同说；它创建的分立判断与综合判断的概念；它重视美乐却又对其引发对象——美——的浓墨重彩的条分缕析，如此等等。祁志祥先生关于美的定义有一个变化过程。最初认为美是普遍快感的对象，现在则将美解释为"有价值的乐感对象"。这是一个较真的学者为了探求美学真理不怕挑战自我、不断自我更新、思考更缜密的体现。基于这个核心观点的《乐感美学》作为紧扣审美实践，从古今中外美学成果积聚的若干共识的约简、过滤、综合、组织中重建起来的美学原理体系，足以构成当代中国美学学术前沿的一个坚实界碑和弥足珍贵的新起点。

值得一提的是《乐感美学》的文风：既华彩频现，又质朴实在。叙述与美有关的现象或案例，文字不美自然形成反讽，令人扫兴；但演绎逻辑思辨，描述体系结构，因文害义也是大忌。祁志祥先生基本做到了两者之间的平衡。这和他的著述是为了将美和美感的问题说清楚，进而也让大众读者看明白这一目标相吻合。时下美学领域让人读不懂的"天书"不少。而《乐感美学》的文字与此形成鲜明对照，恰恰树立了一种优秀的典范。

第五节 《乐感美学》的多重建设性向度评析[1]

读过不少美学原理一类的著作，但当收到祁志祥先生新近出版的《乐感美学》时，还是有眼前突然一亮的感觉。读完这本沉甸甸的美学巨著，心中油然升起了浓浓的敬佩之情：敬佩祁先生以学业为重、追求真理的精神！敬佩祁先生逆解构主义、本质主义大潮的叛逆勇气！敬佩祁先生在长达六年的岁月中，执着、顽强地建构一种全新的美学理论的壮举！有志者事竟成，以独特范畴"乐感"命名的"乐感美学"，自觉地运用了当代国际上最前沿、迄今为止被公认最科学的、最正确的方法论——建构主义思想方法，对古今中外美学乃至心理学、生物学、考古学、文化学、生态学等学科的知识进行了全面的辨析、综合，将之与"乐感"融为一炉，构建了一种全新的乐感美

〔1〕 作者冯毓云，哈尔滨师范大学教授，文艺学学科带头人。本文原载《中国图书评论》2017年第3期。

学原理，必将在中国美学史上独领风骚。

《乐感美学》之所以获得成功，并给人以耳目一新之感，我认为主要源于《乐感美学》的多重建设性向度。

一、建设性的学术立场和自觉意识

祁先生在《乐感美学》后记中，谈到他撰写《乐感美学》的初衷时说：有感于国内现有的美学教材"不尽人意"，在"2008 年完成出版《中国美学通史》的巨大工程后，我便将主要精力放在新美学原理的建构上"。[1]新美学原理如何建构？当时美学正面临着"解构主义美学否定传统的实体美学"，美学学科形而上的思想品格受到质疑的学术困境。面对"只有否定，没有建设，只有解构，没有建构，只有开放，没有边际"的解构主义大潮，作者义无反顾地选择了建构主义的学术立场和方法论，"以一种建设性的态度，在吸收解构主义美学否定实体论美学的合理性的基础上，对美学原理重新加以建构"。[2]为此，作者特别重视建设性后现代的思维方法，在《乐感美学》的首章，他专门对建设性后现代的思维方法作了详实的、科学的、辩证的阐释。纵观西方百年来的文化和学术思潮，19 世纪 60 年代兴起的现代主义思潮和 20 世纪五六十年代兴起的后现代主义思潮有一个共同的特点，即都是站在敌对的立场，解构、批判甚至颠覆西方现代性的自反性所带来的种种弊端，形成了一种破坏资产阶级价值观的敌对文化，并影响着当今所有的文化设施和文化体制，每一代人都接受了敌对文化的价值观和艺术宗旨。美国著名学者丹尼尔·贝尔对此一针见血地指出："新一代人都以敌对文化从上一代那里获得的成就为基点出发，用横扫一切的方式宣布，现存制度代表着落后的保守主义或压制势力，所以，要在拓宽的潮涌中发动对社会机构的新攻势。"[3]丹尼尔·贝尔将现代主义思潮和后现代主义思潮联系起来进行历时性地比较，一方面看到二者在文化逻辑上的连续性，这种连续性表现为：一是以敌对的姿态批判、解构、颠覆西方的理性主义文化、官僚体制的社会结构。二是都张扬自我表现、非理性、欲望和感观刺激。三是都为了达到无限制的自我发

---

〔1〕 祁志祥：《乐感美学》，北京大学出版社 2016 年版，第 531 页。

〔2〕 祁志祥：《乐感美学》，北京大学出版社 2016 年版，第 1 页。

〔3〕 ［美］丹尼尔·贝尔：《资本主义文化矛盾》，严蓓雯译，江苏人民出版社 2007 年版，第 41 页。

展和绝对自由之目的。但另一方面二者存有不同。如果说现代主义还恪守审美自律，站在精英立场，有节制地去行使自己的批判使命的话，那么，后现代主义则放弃了艺术自律，以一种毫无节制的解构态势走向反文化、反艺术的死胡同。它"完全用本能来代替"，"只有冲动和快感是真实的""它以解放、色情、冲动自由等等之类为名为攻击价值观和'普通人'行为的动机提供了心理先锋"……丹尼尔·贝尔如是评价解构主义后现代思潮。[1]面对解构主义后现代文化思潮给当代人类生存带来的重重困境，20世纪70年代，西方有不少明察秋毫的思想家和学者反思解构主义思潮的弊端，引发了西方学术界整体性的建构性转向。

西方建构主义转向不是发生在某一领域，亦不是个别学科的单一方法论。20世纪70年代以来，尤其是到了90年代，建构主义已经成为西方文化总体性的、全局性的思潮，并衍生出一套具有学理性、科学性、系统性、针对性和实践性的方法论，成为当代思想家和学者阐释并解决当代社会文化问题的有效的学术立场和方法。在教育领域，建构主义促进了教育的行为主义向认知主义的转向，破除了机械、被动的获取知识的反映论模式，确立了认知主体对知识建构的能动性，强调知识的生成是客观性与主观性交互内化的结晶；在社会学领域，90年代兴起了知识社会学理论，在探讨知识和社会一体化的关系中，摒弃了将"知识看成纯粹的、自为的和自足的"传统认识论和知识决定社会论，吸纳了知识与社会的关联论、亲和论和互动论的合理内核，提出了任何知识都"负载利益、负载实践、负载文化和负载情境"，"知识也是一种社会建构的产物"的理论；[2]在科学领域，1996年发生在西方的科学大战，引发了对科学知识是否具有纯客观性的大讨论：科学表征论认为科学知识是自然实在的客观表征，容不得丝毫的人为因素，判断科学知识的真伪只能依据经验事实和实验结果。科学表征论确立了科学理性作为知识之冠的合法性地位，导致了科学霸权的横行。科学作为一把双刃剑的负面性自我膨胀的现实促使人们反思科学表征论的合法性，于是与其相对立的科学建构论顺势崛起。科学建构论认为："科学知识与其他知识并没有本质不同，因此应被

〔1〕 详参［美］丹尼尔·贝尔：《资本主义文化矛盾》，严蓓雯译，江苏人民出版社2007年版，第52~53页。

〔2〕 详参黄晓慧、黄甫全："从决定论到建构论——知识社会学理论发展轨迹考略"，载《学术研究》2008年第1期。

同等看待；科学知识的有效性取决于集体信念与磋商；科学是价值负载的科学家主观建构的产物；利益、权威与地位等社会因素在科学活动中起决定作用。"[1]在美学领域，以德国学者韦尔施为代表的美学家自觉地运用建构主义思想，将审美知识纳入社会的框架之中，将审美知识的缘起、拓展和功能都置于美学-社会、主观-客观对话互动的关系之中加以考查，以建构主义美学消解美学与社会、审美知识的内在构成性与外在构成性、审美的主观性与客观性、美学的解构与建构的对立，走出一条开放的、多元的、生产性的、综合的、跨学科的超越美学之路。

从上述对建构主义思潮的简略勾勒来看，足见西方在 20 世纪 70 年代到 90 年代期间，建构主义在文化的各个领域如雨后春笋、势如破竹般迅猛发展起来，至今锐不可当。为什么建构主义思潮有如此强大的学术生命力？建设性后现代主义代表人物大卫·格里芬极为精辟地回答了这一问题，他指出："此类后现代思想的建设性活动不仅局限于一种修正后的世界观；它同样是关于一个与一种新的世界观互倚的后现代世界。一个后现代世界一方面将涉及具有后现代精神的后现代的个人，另一方面，它最终要包含一个后现代的社会和后现代的全球秩序。超越现代世界将意味着超越现代社会存在的个人主义、人类中心主义论、夫权制、机械化、经济主义、消费主义、民族主义和军国主义。建设性后现代思想为我们时代的生态、和平、女权及其他解放运动提供了依据。"[2]

祁志祥先生在详实梳理西方传统美学、现代美学和中国美学发展理路时，深感传统实体论美学陷入"机械唯物论"的"死胡同"：解构主义美学"一味否定美的本质研究的合理性，完全取消对'美'的统一性研究的必要性，否定'主客二分'的审美认识方法和美学研究方法"，用"'审美学'代替作为'美的哲学'的传统'美学'，使美学研究变成'有学无美'、有名无实的研究。"[3]如何走出传统美学和解构主义美学的两难困境，对于作者而言，确立科学的学术立场，选择有效的方法论至关重要。祁志祥先生以敏锐的学术

---

〔1〕 刘翠霞、林聚任："表征危机与建构主义思潮的兴起——从对'科学大战'的反思谈起"，载《东南大学学报（哲学社会科学版）》2012 年第 5 期。

〔2〕 [美] 大卫·格里芬主编：《后现代科学——科学魅力的再现》，马季方译，中央编译出版社 1995 年版，英文版序言第 18 页。

〔3〕 祁志祥：《乐感美学》，北京大学出版社 2016 年版，"前言"第 3 页。

眼光、自觉的方法论意识、前沿性的学术通晓和前瞻性的学术预测，捕捉到西方学术整体性的建构性转向大趋势和建构主义方法的精粹，在一部美学著作中，以第一章的显著位置，近两万多字的篇幅专门阐释建构主义方法，这在现有的美学原理著作中也是罕见的。

在《乐感美学》第一章"重构：'建设性后现代'的方法论阐释"中，对解构性后现代的利与弊、建设性后现代的精与髓都作了深邃的透视和析辨，其目的是要为《乐感美学》探寻到一种既科学又有学术生命力的学术立场、方法论基础和立论原则。作者在前言部分明确了这一宗旨："美学研究的成果更新离不开美学研究方法更新。笔者借用当代西方后现代学者的概念，标举以'重构'为标志的'建设性后现代'方法，并根据自己的独特理解赋予特殊阐释，力图贯彻到'乐感美学'理论的建设中。在笔者看来，'建设性后现代'方法的精髓，是传统与现代并取、反对以今非古；本质与现象并尊、反对'去本质化'、去'系统化'；感受与思辨并重、反对'去理性化'，'去思想化'、主体与客体兼顾，在物我交融中坚持主客二分。"[1] "传统与现代并取""本质与现象并尊""感受与思辨并重""主体与客体兼顾"这几个提法，不仅体现了对传统美学的承续与反思、对解构主义美学的吸收和纠偏，而且也是为《乐感美学》制定的方法论原则。通读《乐感美学》各章各节，其中的阐释方法、知识结构、论证逻辑和美学观念都有效地体现了上述原则，这才使《乐感美学》在传统与现代、本质与现象、感受与思辨、主体与客体的间性中游刃有余，既走出了传统美学的绝对化、单一化、静态化的本质主义条框，又避免了解构主义无本质的虚无主义和相对主义的怪圈，实践了建设性后现代主义创始人怀特海所主张的对"理性的深度使用，我们应当发展假设并且证实他们。我们相信我们探索的相似故事应当是尽可能合理"的思想。

二、《乐感美学》的有机整合精神

有机整合精神是建设性后现代主义的重要特征。这种有机整合不同于现代性的总体性和宏大叙事，它强调在保留差异性、多元性的前提下的整体性和统一性。《乐感美学》体现的建设性后现代主义有机整合精神呈现出与众不同的特色：

---

〔1〕 祁志祥：《乐感美学》，北京大学出版社 2016 年版，"前言"第 3 页。

1. 作者为了"重构美学的形而上维度话题"，他需要探寻到一个可以"综合中外古今美学理论资源、结合审美实践对美学的一般原理的概括"。[1]《乐感美学》以"美是有价值的愉悦对象——乐感"的美学范畴将古今中外有关的美学知识进行了有机整合。从时间跨度看，这种整合囊括了人类自美学诞生以来的学术思想：西方从古希腊至今的美学思想、中国从先秦至今的美学思想等统统包容其中；从空间位移看，这种整合横跨世界各国、各民族的各种美学思想，特别值得注意的是，《乐感美学》加强了中国、日本和印度的美学思想的整合；从美学思想和审美经验看，这种整合既有经典的，又有流变的；既有精英的、亦有大众的；既有文学的，亦有艺术的；既有艺术的，亦有文化的；既有形而上的思想追踪，亦有形而下的现象描绘。一部《乐感美学》，引证材料之丰、论证问题之多、涵盖学术领域之广、辨析反思之锐，是现有很多美学著作少有的，在某种程度上看，这也是该著作独具一格的学术风格。一部《乐感美学》仿佛美学的百科全书，它不仅为我们追问美的本质提供了的可供想象、对话、思考和辨析的学术空间，而且通过这样的知识整合，让我们真正把握"乐感"这个核心概念是在美学思想和审美经验的不断流变中"相互内在"地生成和构成的，因而"美是有价值的愉悦对象——乐感"成为建构《乐感美学》的逻辑起点就具有了合理性和科学性。

我之所以认为"美是有价值的愉悦对象——乐感"美学范畴体现出有机整合精神，原因还在于这个范畴是牵一发而动全身的美的系统质。传统美学将美看作实体性的某单一本质，并将这一单本质普适化、绝对化、静态化，故然必须改弦易辙，但并不必要虚无地去本质化。按照系统论的观点，世界上万事万物都是以系统的方式存在，各个系统内部具有无数子系统，按照非线性的方式构成，呈现出多向、多维的质的规定性，但其中始终存在着系统质。系统质是"事物从属于其系统和系统的整体而显示出来的一种'总和的或整体的质'"[2]。"美是有价值的愉悦对象——乐感"范畴正是这种系统质的美学本质的科学概括。为什么"美是有价值的愉悦对象——乐感"范畴是美的系统质？第一，正如作者所言：美的基本性能和特质就是"能给生命

---

[1] 祁志祥：《乐感美学》，北京大学出版社2016年版，"前言"第1页。

[2] 冯毓云：《文艺学与方法论》，社会科学文献出版社2002年版，第180页。

体带来快乐、愉悦的感觉，也就是'快感'或者叫'乐感'"[1]，但它是蕴含着有价值的精神内涵的乐感。第二，"美是有价值的愉悦对象——乐感"范畴突破了美学史长时段对"美"的特定的、具体的内涵的悬置，一改抽象空洞的学术表述，而使"美"的阐释具有了具体指向的属性。第三，"美是有价值的愉悦对象——乐感"范畴的辐射力可以涵盖美学原理的方方面面，成为作者所构筑的美学理论大厦的钢筋骨架。正如作者所设想的那样："'乐感美学'从'美'的'乐感'性能、特质出发，演绎、推导、剖析、探讨由'美的语义''美的范畴''美的根源''美的特性''美的规律'构成的本质论，由'美的形态''美的领域''美的风格'构成的现象论，以及由'美感的本质与特征''美感的心理元素''审美的基本方法''美感的结构与机制'构成的美感论，力图建构起由'有价值的乐感对象'这一核心观念辐射开来的美学原理体系"[2]。第四，《乐感美学》与韦尔施的《重构美学》相比较而言，韦尔施的《重构美学》通过对建构认识论审美化的理论资源历史脉络的梳理，敏锐地发现西方从近代到当代、从科学到人文始终贯穿着一条建构主义思想的红线：康德开创了主体认知建构的先天能力理论，成为建构主义的先河；尼采高举人以追求自由为目的来对现实的建构的理论大旗，追寻构筑诗意性、虚构性和流动性理想世界，不愧为伟大的建构主义天才；奥托·纽拉斯用航海的隐喻来描述人始终处于对世界的建构进程之中；卡尔·波普尔怀抱着人通过建构，将一个"摇摇欲坠和不稳定的"世界变成一个"坚实、安全的"世界的理想；[3]保罗·法伊阿本德坚信人的"思想的风格说真理是什么，真理就是什么"[4]的信条；理查德·罗蒂寄望于"诗性化的文化"[5]。从近代到当代，哲学家们从不同的角度肯定了现实、真理和知识都是通过主体的人建构的，尤其是审美地建构而来的，因此，审美的建构是一切建构的基础。"我们的认知就其根本特征而言，是审美地构成的""认知和现实的存在模式

---

[1] 祁志祥：《乐感美学》，北京大学出版社 2016 年版，"前言"第 3 页。

[2] 祁志祥：《乐感美学》，北京大学出版社 2016 年版，"前言"第 4 页。

[3] 详参［英］卡尔·波普尔：《科学发现的逻辑》，转引自［德］沃尔夫冈·韦尔施：《重构美学》，陆扬、张岩冰译，上海译文出版社 2002 年版，第 36 页。

[4] ［法］保罗·法伊阿本德：《作为艺术的科学》，转引自［德］沃尔夫冈·韦尔施：《重构美学》，陆扬、张岩冰译，上海译文出版社 2002 年版，第 37 页。

[5] ［美］理查德·罗蒂：《偶然，反讽与团结》，转引自［德］沃尔夫冈·韦尔施：《重构美学》，陆扬、张岩冰译，上海译文出版社 2002 年版，第 37 页。

是审美的"[1]。我们应该承认，在学术史上，对美学的感性学的深入阐释和研究比比皆是，但从建构主义的角度发现传统感性学的审美建构思想精髓，唯有韦尔施，将审美感性学提升到"现实的审美建构"的元美学高度，非韦尔施莫属，这充分彰显出作为建设性后现代思想家超越后现代思想的独步当时的学术眼光和胸怀，但韦尔施的元美学建构仍然是一种认识论的美学，对美的实质性本质没有作出更多的阐释。祁志祥先生的《乐感美学》同样运用了建构主义的方法论，但它是以美的特定本质——"乐感"为逻辑起点，建构的是一种超出一般美学哲学的形而上和形而下相通融的美学原理，我称之这种美学原理为"自律性的美学原理"。这种"自律性的美学原理"在最大限度的跨学科的视野下，对"美是有价值的愉悦对象——乐感"美的系统质作了大特写的凸显，论起来如此高屋建瓴、游刃有余；如此鞭辟入里、隽言妙语；如此层层剥茧、切中肯綮。自古以来，对"美"阐释就是一道美学领域的"哥德巴赫猜想"，引无数学者竞折腰，即便如此，学术界对"何为美"的追问永远在路上。可喜的是，祁志祥先生在对"何为美"追问的路上，不畏艰险、锲而不舍去探寻"美"真谛，为美学史贡献出别具一格的美学原理！

2. 建设性后现代主义有机整合方法反对非此即彼的二元对立思维，提倡一种我中有你、你中有我，相互联系、相互依存、相互内在的亦此亦彼的思维方式。《乐感美学》提出的"美是有价值的愉悦对象——乐感"命题本身就蕴含着审美客体与审美主体是我中有你、你中有我，相互联系、相互依存、相互内在的亦此亦彼的关系。作者在论证过程中，在针对用审美学取代美学的论题时，虽然特别强调审美客体（如自然美）存在的合法性，但在论证"美的原因"时，开创性提出了"乐感源于'适性'——适性为美"的命题。作者从客观事物适合主体物种本性、客体与主体同构共感、从人化自然到物我合一、对象适合主体个性而美、主客体双向交流创造对象的适性之美六个层次论证了主观适性之美。作者进一步从"物适其性""适性之美的多样性""生态美学""生命美学"四个层次论证了客体的适性之美。虽然作者对主观适性之美和客体的适性之美是分而论之，但是无论从作者拟定的标题还

---

〔1〕 ［德］沃尔夫冈·韦尔施：《重构美学》，陆扬、张岩冰译，上海译文出版社 2002 年版，第69 页。

是阐释的内容看，主体与客体的适性之美是缠绕在一起、不可分隔的，否则就不可能达到"适性之美"最高境界，可见《乐感美学》的立论的逻辑起点，或说基石本身就是主客互为的结晶，是"主体与客体兼顾，在物我交融中坚持主客二分"原则的体现。

三、《乐感美学》的实践性品格

王治河在为大卫·格里芬编撰的《后现代科学》一书作"代序"时，提出一个令人深思的话题，即为什么后现代主义会具有这种建设性向度呢？王治河给出了三种缘由，其中一个缘由是说后现代思想家大多是"操心之人"。"他（她）们既不是玩世不恭的颓废派，更不是一群唯天下不乱的'造反派'，而是一些严肃的思想家，是一些操心人类命运，具有古道热肠的人。"〔1〕正因为他们对现代性自反性带来的种种危及人类生存的困境一目了然、深恶痛绝，对消极的后现代主义的犬儒主义和愤世嫉俗派的藐视，才开创了具有鲜明建设性指向的后现代主义思想，以区别以解构为指向的解构主义后现代。建设性后现代主义强调思想的实践性品格，格里芬说："我们同时需要思想和行动，有时最大的思想来自于行动。"〔2〕《乐感美学》以建设性为宗旨，坚信新的美学原理必须能够对现实的审美实践涌现出来的问题进行合理性的审视和回答，所以，它一改传统美学的体例，将美学阐释分为形而上的本质论和形而下的现象论两编。形而下的现象论主要面对当下的审美现实，对形式美和内涵美的种种形态进行全景式的展现；对中国传统的美食文化、美酒文化、美茗文化等审美文化作出特写式的凸显；对科学美、日常生活审美化、审美时尚与审美疲劳、现代艺术中的反艺术、生态美学等的美学前沿问题、热点问题给予更多的关注与评述。正是由于作者坚守了"思想来自于行动"的实践性品格，一部《乐感美学》一改纯抽象的词语阐释风格，从语义阐释到语用功能上都增添了生气盎然的情趣。黑格尔提倡"生命灌注的美"才是最高境界的美，美学著作要达到"生命灌注的美"，唯其源于生活、源于实践！在

〔1〕［美］大卫·格里芬主编：《后现代科学——科学魅力的再现》，马季方译，中央编译出版社 1995 年版。

〔2〕［美］大卫·格里芬主编：《后现代科学——科学魅力的再现》，马季方译，中央编译出版社 1995 年版。

这一点上,《乐感美学》较之于其他美学论著,应该说是具有创造性的。

建设性后现代主义以建设性为宗旨,建设不是复制,而是一种创造性的行为,建设性后现代主义思想家都特别看重创造性。格里芬说创造性是人生俱来的本性,人通过创造性的行为发挥自身的潜能,获得自身生活的条件,积备为他人奉献的才能和资源。祁先生是博学博才,豪情灵动的学者,又是一位有责任担当的学者,在建设性美学的路上,他积累多年,探索多年,另辟蹊径,执着诉求,为中国美学贡献出具有多重建设性向度的别一样的美学专著,仅就其创新性而言,难能可贵,值得为其点赞!

第六节 美从"乐"处寻:《乐感美学》的独到发现[1]

祁志祥教授在《乐感美学》一书中,以开放的理论视野,辩证的研究方法,传统与现代并取,主体与客体兼顾,既反对去本质化,也反对唯一本质化的理论原则,紧密结合人类审美活动的实际,充分翔实地论证了他所提出的"美是有价值的乐感对象"这一美学原理,建构了"乐感美学"这一新的、富有创见性的美学体系。其论断及相关论述,能够更有说服力地揭示美的本质及人类审美活动的成因,有助于我们更为深入地认识人类审美活动的奥妙,亦从整体上丰富与完善了中国当代美学理论。

美从何处寻?美在哪儿?美是什么?这是古今中外许多美学家苦苦探求、作出过各种回答的基本美学问题,涉及的实际亦乃一般所说的美的"本质"问题。缘其已有回答,均存罅漏,因而也就成为美学研究领域中的千古难题。20世纪以来,西方不少美学家疑其无解,多已规避;在中国当代美学界,"反本质"论的美学观,也早已颇具声势。在这样的美学格局中,祁志祥教授仍坚执于建构性的本质主义立场,提出了"美是一种有价值的乐感对象"这一新的命题,写出了皇皇60万言的《乐感美学》,其锐意开拓的胆识与气魄,本身就给人鼓舞,就令人振奋。

作者在这部著作的开篇即明确表示了对美学领域反本质主义的解构性思潮的忧虑:"一味解构之后美学往何处去,这是解构主义美学本身暴露的理论

---

[1] 作者杨守森,山东师范大学文学院教授,文艺学学科带头人。本文原载《上海文化》2018年第2期。

危机"[1]。这的确是值得我们深思的问题，形而上的本质论思维，固存缺陷，但如同西方后现代解构主义思潮那样，彻底反叛逻格斯中心主义，导致的结果只能是不可知论与虚无主义，亦势必导致在人类的某些认识领域，无所谓是非，也无所谓真理与谬误了，乃至人类的认知活动本身，都值得怀疑了。同样，在美学领域，亦会如同作者所指出的，如果知难而退，放弃了对"美是什么"的追问，只能"削弱美学的理论品格，造成美学研究的表象化和肤浅化，危及美学学科的存在必要"[2]。作者强调，事实上，无论在艺术创作、社会生活，还是人生修养中，毕竟离不开"美"，因而也就存在着客观的"美的规律"，如果不予以总结探讨，就无法用美学指导人们的生活与实践，就会丧失美学学科应有的使命。正因如此，作者坚信，人们在使用"美"这个术语时，一定是存在统一语义的；人们所面对的"美"的现象，无论是现成的还是生成的，背后是必存统一性的；人们用"美"所指称的各种事物，是必会具有共同属性的。因而"'美的本质'就是可以探讨的，是不可取消的，也是不应该取消的"[3]。作者的这些思辨、见解与研判，无疑是有说服力的，有助于消除人们在探讨美的"本质"问题时的困惑，有助于促进相关美学问题研究的深入。

先前已写作出版过《中国美学原理》《中国美学通史》，对西方美学亦有深厚修养的祁志祥当然清楚，传统本质论的美学观也存在着如下缺陷：许多学者的视野往往集中于客观事物本身，而误将"美"的存在当作纯客观的物理性"实体"了，当作客观世界中存在的唯一"本体"了，从而也就使其研究陷入了机械唯物论的误区。因而，作者在坚守本质论立场的同时，又充分肯定了反本质主义的积极因素，认为"反本质主义告诫我们，美作为一种客观实体、'自在之物'，是不存在的，在美本质问题上不要陷入'实体'论思路，这同样是有积极的警醒意义的"[4]。这样一来，又如何探讨美的"本体"及"本质"之类问题呢？作者的看法是：在"美是什么"的追问中，除了指美的"实体"是什么这类思维误区值得反思、防范之外，关于"美"所指称的各种现象背后的统一性是什么，"美"这个词语的统一涵义是什么之类

〔1〕 祁志祥：《乐感美学》，北京大学出版社 2016 年版，第 1 页。
〔2〕 祁志祥：《乐感美学》，北京大学出版社 2016 年版，第 48 页。
〔3〕 祁志祥：《乐感美学》，北京大学出版社 2016 年版，第 54 页。
〔4〕 祁志祥：《乐感美学》，北京大学出版社 2016 年版，第 16 页。

问题，还是"可以追问的，也是应当加以追问的"〔1〕。据此而追问的"美的本质"，当然也就不再是传统美学的本质观力图说清楚的事物的唯一实体属性，而应是复杂现象背后的统一属性、原因、特征及其规律了。综上所述，可以看出，作者虽在坚守本质论立场，但与传统的本质论视野已有根本性的区别。对此，作者自己在"导论"的第一章中也已特别予以申明，他要奉行的是传统与现代并取，本质与现象并尊，感受与思辨并重，主体与客体兼顾，既反对去本质化，也反对唯一本质化的原则。可以说，这样的理论原则，是值得充分肯定的，既体现了开放的现代学术视野，又可避免反本质主义易导致的相对主义、虚无主义之类偏颇；既可拓展形而上理论研究的路径，又可避免僵滞的机械唯物论的弊端。也正是这样的理论原则，保障了这部《乐感美学》，虽基于本质论，但又超越了传统本质论美学的创新意义。

作者正是由开放的理论视野出发，经由深入细致的思考，明确回答了不同于传统本质论的"美"所指称的各种现象的共同属性是什么，"美"这个词语的统一涵义是什么的问题。作者的回答是：这共同属性、这统一性的涵义就是"乐感"。人们所体验到的"美感"，都必是以"乐感"为基础的。比如人们在面对一棵树、一朵花、一只鸟等许多不同事物时，即使在十分不同的情况下，之所以都会给人以"美感"，都会让人得出"美"的共同判断，关键原因即在于"它们都能给人带来快乐感"〔2〕，这就足以证明，美的对象，首先是给人"乐感"的对象，"美"实际上是表示"乐感"的"情感语言"〔3〕。因此，能够使主体产生快乐的"乐感"，当然也就是美的最具统一性的基本特质。与历史上已有的"美是充实""美是生活""美是自由""美是人的本质力量的对象化"之类观念相比，作者所提出的美在"乐感"，应当说是更为切合人类的审美常识与实际审美经验的，也是最具通约性与共识性的。以事实来看，人们的审美判断（美感）的产生，确乎无一不是以"乐感"为前提条件的，世上恐怕找不到不是基于乐感而生成的美感活动。

客观事物何以会给人"乐感"？"乐感"又何以化为"美感"？这是"乐感美学"能否成立的根基。对此根本问题，作者经由深入思考，富有创见性

---

〔1〕 祁志祥：《乐感美学》，北京大学出版社 2016 年版，第 16 页。
〔2〕 祁志祥：《乐感美学》，北京大学出版社 2016 年版，第 59 页。
〔3〕 祁志祥：《乐感美学》，北京大学出版社 2016 年版，第 60 页。

地提出了"适性""主观适性之美"与"客观适性之美"等重要理论范畴，并借助这些特定范畴，详细阐明了"乐感"，以及由"乐感"至"美感"的生成机制。作者所说的"适性"是指：客观对象之所以给人"乐感"，是因其属性"适合"了审美主体之性或自身生命属性，进而也就形成了"主观适性之美"与"客观适性之美"。作者所说的"主观适性之美"，是指因客观对象契合了审美主体的物种属性或在后天习俗中产生的个性需要而产生的一种快乐的美感反应，如体现物种属性的形体、光泽、声音、气味等，体现个性需要的道德规范、是非标准等；"客观适性之美"是指因客观对象适合了自身的物种属性、生命本性而令人产生"乐感"而被视之为美，如凫胫之短、鹤胫之长、山之高、谷之低，虽各个不同，但因各适其性，也就可以给人各个不同的美感。这"主观适性"与"客观适性"之间，有时自然难免存在对立，即有的对象，虽然符合自身的客观本性要求，但未必符合审美主体的本性欲求。作者认为，在此情况下，因人类的理性与智慧，亦会尊重其他物种的生命特征，而承认其适性之美。因而也就可以得出如下结论了：不论"主观适性之美"还是"客观适性之美"，均是根源审美主体对客观事物的"适性"感。作者就是这样，抓住"适性"这一关节点，更为合乎实际地揭示了人们指称对象为"美"的具有统一性的根本原因，同时亦使其"乐感"美学，立足于坚实的客观根基，而不至使之成为玄想臆测。作者所提出的"主观适性之美"，其意旨虽近于美学史上的主客观统一说，但据此而进行的论证与阐释，无疑更为清晰透彻，亦更见理论深度。作者对"客观适性之美"的肯定，亦别具意义，这就是：破除了传统美学中的人类中心主义的思维方式与价值立场，为现代生态美学的发展提供了理论支持。

由其相关分析，我们还可进一步了然，作者何以既强调"美是什么"是可以追问的，同时又否定机械唯物论所认为的唯一的、不变的、终极的所谓美的"本体"的存在。其道理在于，在人类的审美活动中，审美主体的"乐感"，只是客观对象的某些或某一方面的"性质"使然，而这"性质"，显然也就并非客观对象本身；这被"感"的客观对象，也就并非美的"本体"了。虽然，实体性的美的"本体"不存在，但客观事物是存在的，其性质与能够构成主体审美感觉的"乐感"之间的关联是存在的，因而关于"美是什么"的问题，也就可以由此入手进行探讨了。作者正是由此入手进行的探讨，不仅为美学研究确立了更为合理的"乐感"这一基点，同时，亦可让人更为清楚地看出一般知识认知与审美认知之间的根本区别，即前者是理性的，后者是情感的；前者客观存在是决定性的，后者客观存在与主体意识同等重要。从中体现出的，亦正乃作者所申明的主体与客体兼顾之原则。

对于人类审美活动的奥妙，仅由"乐感"着眼，当然还是有问题的。因为一般的"乐感"，虽是"美感"构成的基础，但许多事实证明，并非只要给人"乐感"的对象就是美的对象，美的对象，又决不等同于一般的乐感对象。正是据此，作者进而完善了自己的命题"美是有价值的乐感对象"[1]；"'美'实际上乃是人们对于契合自己属性需求的有价值的乐感对象的一种主观评价"[2]。作者所说的"有价值"，是指给人美感的事物，同时必会具备这样的特征，即对审美主体的生命存在有益而无害。作者指出，这价值，具体又体现在五官快感与心灵愉悦两个层面。前者的价值在于，因视觉、听觉、嗅觉、味觉、肤觉五觉对象契合了审美主体五官的生理结构阈值，从而使之处于一种有益于生命机体的协调平衡状态；后者的价值在于，因外在感性形象契合了审美主体内心深处的情感诉求与道德、科学及其他方面的功利期待，从而可给人以如痴如醉的幸福的"高峰体验"，能够激起人们对审美人生的向往。在作者的命题中，对于"乐感"的"有价值"的这一明确限定，至关重要。人类面对事物产生的基于"乐感"的"美感"，说到底，是一种价值判断，即如强调审美无关功利的康德，也还是从实用功利角度，肯定了"附庸美"的存在。对于他所推崇的"纯粹美"，也还是从精神价值的角度，认为"美是道德的象征"；对于"艺术美"的论述，亦非曾遭批判的"形式主义"，而是亦从价值立场出发，明确强调过"艺术永远先有一目的作为它的起因"[3]，只是应按艺术规则，做到"像似无意图的"[4]。事实上，从有益于人生，有益于人的生命存在这样的广义价值观来看，凡没有价值的事物，是不可能让人产生"乐感"及"美感"的。因而作者将"价值"之有无，视为界分"美"与"非美"的关键，是具有根本性的理论意义的。正是依据"价值"之有无，作者认为，诸如可卡因、卖淫之类，虽亦可给人"乐感"，但或因有害于人的生命机体，或因有违社会的伦理道德，就不能认为是

---

〔1〕 祁志祥：《乐感美学》，北京大学出版社 2016 年版，第 85 页。

〔2〕 祁志祥：《乐感美学》，北京大学出版社 2016 年版，第 2 页。

〔3〕 ［德］康德：《批判力批评》（上卷），宗白华译，商务印书馆 1964 年版，第 157 页。

〔4〕 ［德］康德：《批判力批评》（上卷），宗白华译，商务印书馆 1964 年版，第 152 页。

"美"。作者正是通过这样一种"价值"限定，明确划清了一般客观物象与审美对象之间的界限，从而使其建构的"乐感"美学体系，在学理方面更为严密。

由上述两个层面入手，作者还指出，在审美活动中，基于五官的肉体快乐与基于内涵的心灵快乐虽然都很重要，但"追求肉体的快乐及其对象的美，往往导致精神快乐及其对象的美的牺牲；反之，至美的精神快乐常常包含在对肉体快感的克制与否定中"[1]。面对这样一种肉体快乐与精神快乐之间的冲突，审美主体又如何生成"有价值"的"乐感"？对此，作者的看法是，人类毕竟不是动物，有着不同于肉体、能够控制肉体、驾驭肉体的崇高的心灵、精神与灵魂，与肉体快乐相比，其精神快乐的价值要大得多。因而在审美活动中，会"以精神快乐为更高追求，要以精神快乐统帅官能快乐，从而使自己活成真正意义上的'人'"[2]。作者的这些论述，又深化了其"美是一种有价值的乐感对象"的命题，即"美不仅是有价值的五官快感的对象，也是符合真善要求的心灵愉悦的对象"[3]。

从中外美学史上来看，虽早已不乏由"乐感"角度对美学问题进行的探讨，如作者在这部著作中所引述的亚里士多德所说的"美是自身就具有价值并同时给人愉快的东西"；康德所说的"美是无一切利害关系的愉快的对象"；车尔尼雪夫斯基所说的"美的事物在人心中所唤起的感觉，是类似我们当着亲爱的人面前时洋溢于我们心中的那种愉悦"；李泽厚所说的"凡是能够使人得到审美愉快的欣赏对象就都叫作美"，等等，但尚乏立足于此的深入系统探讨，有的见解且存偏颇，或不无自相矛盾之处。祁志祥教授则是基于自己的广博阅历，以开放的理论视野，辩证的研究方法，紧密结合人类审美活动的实际，充分翔实地论证了他所提出的"美是有价值的乐感对象"这一美学原理，建构了"乐感美学"这一新的、富有创见性的美学体系。其论断及相关论述，能够更有说服力地揭示美的本质及人类审美活动形成的原因，有助于我们更为深入地认识人类审美活动的奥妙，亦从整体上丰富与完善了中国当代美学理论。

---

〔1〕 祁志祥：《乐感美学》，北京大学出版社 2016 年版，第 67 页。
〔2〕 祁志祥：《乐感美学》，北京大学出版社 2016 年版，第 346 页。
〔3〕 祁志祥：《乐感美学》，北京大学出版社 2016 年版，第 77 页。

这部著作，值得肯定之处还在于，其中融汇了古今中外丰富浩繁的美学观念，综合吸取了其中的合理成分，这就使作者关于"乐感美学"的思考，是建立在广博的知识背景之上的，可便于读者在比较辨析中理解其美学观念，把握其独特价值。与传统美学理论所认为的美感源于视觉和听觉不同，作者还特别强调并充分论述了味觉、嗅觉、触觉等都可产生美感的问题，如源于味觉之甘甜，源于嗅觉之芳香，源于触觉之光滑柔软，都会给人快感、乐感，都能介入美感的生成，从而拓展了美学研究的范围。此外，作者在论述过程中提出的诸多相关具体见解，亦往往别具启示意义。如针对有关学者提出的将"美学"改为"审美学"的主张，作者的质疑是有力的：如果"'美'说不清楚，'审美活动''审美关系'又怎能说得清楚"[1]。其看法也就更为令人信服："美学"不可能为"审美学"所取代，因为"审美"，仍"必须以'美'为存在前提，因此，对'美'的追问是美学研究回避不了的问题，也是美学研究的中心问题"[2]。如在论及黑格尔的美学时指出，黑格尔虽有否定"自然美"的言论，而实际上，他本人也曾意识到自己的看法有些武断，又有"理念的最浅近的客观存在就是自然，第一种美就是自然美"之类论述，且亦探讨过自然美的原因、特征和规律等。这类辨析，有助于人们更为准确全面地把握黑格尔的美学思想。又如对已为国内学术界广泛认可的源自西方学者的"日常生活审美化"一语，作者认为，由于"审美"涵义的过于宽泛，其原文中的"aestheticization"，译为"美化"更为贴切，并具体指出，作为现代社会生活的特殊现象，这"美化"指的应是现实生活对象客观形式的美化，或生活用品、环境及生活主体的艺术化，而非指早在原始社会就有的客观效应的美化或任何时候都能存在的主观臆造的美化。[3]这些见解，亦有助于我们更为切实、更有效果地从美学角度介入中国当代现实问题的研究。

由于美学现象本身的复杂，迄今为止，无论何一美学体系，都尚难完满。同样，作者在这部《乐感美学》中涉及的有些问题，也还有待深究。如作者认为，构成对象的普遍、稳定的客观性质的法则，就是"美的规律"。"对于身体没有毛病，生理没有缺陷，排除了主观情感偏见，拥有客观公正的审美

---

[1]　祁志祥：《乐感美学》，北京大学出版社 2016 年版，第 47 页。
[2]　祁志祥：《乐感美学》，北京大学出版社 2016 年版，第 37~38 页。
[3]　详参祁志祥：《乐感美学》，北京大学出版社 2016 年版，第 385 页。

心态的主体而言，任何事物只要符合上述规律，就被视为美的对象"[1]；"对于生理没有缺陷，心理没有怪癖的审美主体而言，任何事物只要按这种'美的规律'创造出来，就是美的事物"[2]。我们知道，审美本质上是一种情感活动，而情感的本质就是主观性的，就多见"情人眼里出西施"之类特征，因而在许多具体审美活动中，如何才能做到作者所希望的"排除主观情感偏见"的理想化的客观公正，且怎样才算得上"身体没有毛病，生理没有缺陷"，标准如何确定等，就还需要进一步探讨了。至于作家、艺术家的生命状态与审美心态及创作之间的关系，也是复杂的。要创作出美的艺术，身心健康的"美"的创作主体是重要的，但还要注意到，历史上有不少作家、艺术家，如西方的弥尔顿、贝多芬、拜伦、陀思妥耶夫斯基、卡夫卡、梵高、安徒生，中国的司马迁、徐渭等，或是有身体残疾、生理缺陷，或是不无心理怪癖的，他们照样创作出了"符合美的规律"的伟大作品。对此现象，也还应做出更为科学的阐释。另如作者所论述的，人们认为美的，一定是产生了有价值的乐感的对象，认为丑的，一定是产生了不乐感的对象，这在现实中没什么问题，在艺术中，情况则大为不同。对此，作者虽有明确的区分辨析，但总感觉其"乐感"美学原理，在解释艺术美方面，似不如在解释现实美方面更为普适有效。例如当人们面对罗丹的雕塑《老妓》（《欧米哀尔》）、波德莱尔的诗歌《恶之花》、卡夫卡的小说《变形记》之类作品时，即使施之以作者所提出的"综合审美判断"，也还是不太容易产生如同面对现实中给人美感的事物那样一种能够"普遍令人快乐"的"乐感"，但却无法否定这类作品的艺术价值。即使认为人们面对上述作品时产生的同是"乐感"，亦毕竟与现实性的"乐感"不同，对此不同，似也还有待予以更为充分的分析论证。对于上述相关问题，如能进一步完善，相信所建构的"乐感美学"体系，必会更为坚实，也会更具普适意义。

---

[1] 祁志祥：《乐感美学》，北京大学出版社 2016 年版，第 7 页。
[2] 祁志祥：《乐感美学》，北京大学出版社 2016 年版，第 181~182 页。

第七节 从"乐感"探寻美学的理论基点[1]

一

美学正面临着前所未遇的尴尬境地：一方面，审美从它世袭的文学艺术领地被驱逐，原本独享的特权被剥夺了，以至于不时有学者对文学艺术与审美相联姻的合法性提出质疑和指控；另一方面，成为"流浪汉"浪迹天涯的美却因此四海为家，不仅致使日常生活审美化，甚至竟连认识论也连带着被审美化。当文学艺术有意撇清与审美的干系，当审美混迹于日常生活，以致失去自身的边界，美学确实濒临生死存亡的危机并似乎正在走向终结。正当此际，祁志祥的60万字皇皇大著《乐感美学》问世了，这不能不令人惊诧且钦佩。

祁志祥是以"建设性后现代"方法来实现重构现代美学的雄心的。痛感于"否定性后现代"对美学的解构，以致陷入极端主义和虚无主义，他呼吁美学应该把握以"重构"为标志的"建设性后现代"方法的精髓，"在解构的基础上建构"，而且身体力行，以其切实的美学建设实绩来实践自己的学术抱负。无论是掌握资料的丰富翔实，还是理论视野的开阔深邃，专著都可谓轶类超群、独步一时。

《乐感美学》对历来各种美学观做了简要而深入的批判，既批评机械唯物论美学把美的本质视为一种客观事物固有不变的"实体"，又反对存在论美学和解构主义搁置美的本质问题，乃至"去本质化"的做派，同时，又不简单抛弃各种研究方法及其成果，而是在批判过程中予以厘清，博采旁搜，去伪存真，灵活运用。在专著中，作者就兼收并蓄地利用语义分析、审美心理学、认识论美学、现象学美学、存在论美学，乃至解构主义和后现代思想。审美作为一种人类活动，它与人的特性密切相关，人的丰富性、复杂性决定着审美的丰富性和复杂性。我们不可能从某个单一的理论视角来穷尽人的特性，同样，也不可能用某一特定理论来规定审美及美，任何单一的视角都是对审

---

[1] 作者马大康，温州大学文学院教授。曾任温州大学校长。本文原载《人文杂志》2016年第12期。

美及美的恣意宰割，最终致使活生生的审美及美退化为僵死的躯壳。然而，采用多种理论方法和思想又非凑成一个理论拼盘，而需要充分考察理论跟研究对象及其相关层面的适应性，考察诸理论间的兼容性，应该说，《乐感美学》比较自觉地意识到这一要求。用作者的话来说，就是"在解构的基础上重构，在批判的基础上肯定，在否定的基础上建设……就是古代与现代并取，本质与现象并尊，思辨与感受并重，唯物论与存在论结合，现成论与生成论结合，客观主义与主观主义兼顾，主客二分与主客互动兼顾，以美是一种乐感对象为理论原点，按照逻辑与实证相结合的原则重构一个新的'乐感美学'体系，以图为人们认识美的奥秘，掌握美的规律，指导审美实践，美化自我人生提供有益参考。"[1]

理论研究最大忌讳是从理论到理论，并以理论粗暴地裁剪现实，甚至不顾及实际，不顾及常识。即便常识不可避免地包含着谬误，但是，假如理论因此就不顾常识，势必让理论自身堕落为空中楼阁。理论必须面对常识并对常识做出自己的解释。《乐感美学》另一个重要特点就是直面常识，甚至以常识为出发点来进行理论阐释。从常识出发就是从审美感受的实际现象出发。审美和美是离不开愉悦感的，这是不容忽视的共同的感受，是常识，《乐感美学》就以此作为自己的理论基石。美即乐感对象，却并非所有使人愉悦的对象都是美，它还必须有益于生命，也就是说，必须对人有价值，因此，美是"有价值的乐感对象"。论著从"乐感"这一常识出发，一步步进行理论归纳和限定，以严密的逻辑渐次剥露出美的本质，对"什么是美"这一问题做出很好的解答。

专著以"乐感"作为基本性质对美做出界定，这就把美的范围大为拓展了。美不再如西方美学家所说仅限于视觉和听觉，凡是能引起乐感的味觉、嗅觉、触觉等五官感觉都可产生美感。在特别容易引起争议的味、嗅、触觉方面，专著用较大篇幅做出论述，兼及中西文化，儒道佛诸家，以至美食文化、美酒文化、茶文化等，以极其丰富的文化事实无可辩驳地阐明人的五官感觉与审美及美的相关性，并最终把乐感归结为审美对象的普遍特性，即美的本质。同时，也把专著的中心观点"美是有价值的乐感对象"的创新性揭示出来了："乐感美学"不是"乐感文化"，仅限于对中国古代文化特色的一

---

〔1〕 祁志祥：《乐感美学》，北京大学出版社 2016 年版，第 9 页。

种概括，也不是指中国传统的美学形态，而是综合中西古今美学理论资源，结合审美实践对美学一般原理的概括。并且"乐感美学"也不是"乐感审美学"，其理论基点和最终目标是"美"的本质和规律，是对美最基本的特质、性能的概括，是在美的本质问题遭逢解构之后的"建构之学"，是美学原理之重构。不可否认，《乐感美学》所做的美学之思，为美学研究开辟了新路径，切切实实地推进了当代美学建设。

除以上所述特点之外，专著还指出"乐感源于适性"，并分别从"主观的适性之美"和"客观的适性之美"对"适性"做了透彻阐释，阐明正是"适性"使客观事物成为"乐感对象"，也即"美"。在阐述"壮美"与"崇高"等一系列美学范畴的联系和区别时，专著也在综合诸说的基础上做出清晰的归纳，进一步厘清了这些美学范畴。

二

当《乐感美学》力图将种种美学方法和审美现象都囊括其中，也就难免造成某些内在的不协调和裂罅，然而，这也恰恰是它的价值所在。一部打磨得极其精致、严丝合缝地符合逻辑的著作，几乎不可能发人深思，相反，正是著作中的某些不协调、裂罅和矛盾，才给读者留下思想的空间，启发读者继续思考，努力去破解疑难。其中一个主要的问题是理论基点的游移。

其实，"乐感"本身所强调的是"审美特征"或审美主体的"主观感受"，它表述了审美活动的一种性质，是在审美关系中产生的，是由特定"活动"和"关系"所造成的主体感受，而专著为了贯彻"美学就是以研究'美'为中心的'美的哲学'"[1]这一主张，不得不把"乐感"对象化为"乐感对象"。但是，"乐"毕竟不同于"美"，"美"早已被对象化而成为对象的某种品质，而"乐"则尚未被对象化，也难以作为对象的一种品质，离开主体、离开活动、离开关系，"乐"就无所附丽了。这就是为什么我们经常惊叹于某个事物"美"，却几乎不会说某个事物"乐"的原因。"乐感之学"理应是"审美之学"，而非"美的哲学"，可是，专著却把"乐感之学"等同于"美的哲学"，于是，"乐感之学"也因而变成"'乐感的对象'的哲学"了，由此造成理论基点的转移。专著就游移于两个理论基点之间。《乐感美

---

[1] 祁志祥：《乐感美学》，北京大学出版社 2016 年版，第 35 页。

学》的作者已经找到打开美学大门的钥匙，登堂入室，触及美学的理论基点，可是，原有的理论观念却又阻碍他彻底转移自己的立足点，以致与原本可以捕捉到的更为丰富、更有深度的理论见解失之交臂。理论基点的游移在论及"美的特征"时较为显著。譬如，专著提出的美的"形象性""客观性"属于对象的特征，而"愉快性"却本应属于主观体验和活动的特征，"价值性"又必须处于主客体关系之中，至于"主观性"则只能针对审美主体而言，而一旦考虑美的流动性，似乎又解构了美的客观性，实际上已经把理论基点转移到审美活动的历史性上。正是在美的特征归纳中，我们不能不感到：宛若中国画似的"移步换景"，专著也因理论基点不稳定而造成诸特征间的逻辑矛盾和相互解构。

假如我们不拘泥于"美学就是以研究'美'为中心的'美的哲学'"这个观念，而是将"乐感"这一理论基点贯彻到底，并再向前推进一步，以"活动"为基点来研究"审美"及"美"，或者如朱立元所主张的"用生成论取代现成论"，肯定"活动在先"，美在审美活动中"动态地生成"[1]，那么，这种美学观是并不会导致"反本质主义"和"虚无主义"，以至于解构美学的可怕后果的。相反地，正是审美以"活动"把主体、客体以及关系都联系在一起，并体现着上述各方面特征：审美活动中的对象必须具有形象性；审美活动过程则必定会带来愉快性；审美作为一种历史生成的活动它是客观存在的，其活动的特征不能不是客观性的，并且在活动发展的历史过程中经过选择和塑造而形成与人相适应且给予人愉悦的对象，这就是美，其特征也就具有客观性，而主客体之间的关系则必然具有价值性；既然审美活动是主客体共同参与建构的，除了客观性，它同时又受到审美主体的影响而具有主观性；当历史境况发生变化，审美活动也势必随之重构而引发审美特征的流动性，以及美的对象特征的流动性。"活动"优先，恰恰是一种唯物主义，而且是历史主义的世界观，它可以更为恰切地揭示审美及美的本质、规律和特征。眼睛紧紧盯住对象，盯住美的本质，把对美的本质的思考作为理论出发点，要么难免落入本质主义的陷阱，要么在描述美的特征的同时又不断消解特征。

我们采用审美是一种"活动"而非"实践"的说法，是因为"实践"有

---

〔1〕 朱立元："我为何走向实践存在论美学"，载《文艺争鸣》2008 年第 11 期。

着相对确定的意涵，它一般意指"目的性活动"，不能囊括所有类型的人类活动。只有以"活动"为理论基点，我们才可能真正落实"建构性后现代主义"的思想方法，并根据活动的具体状况，把其他各种研究方法有效地结合起来。人类活动是客观存在的，并且是历史性的，它既不断改变着历史，同时又被历史所塑造。审美就生成于人类活动的历史过程中，是人类活动既分化又融合的成果，由此生成一种具有独特性的人类活动。正是在人类活动发展演变过程中，那些与人的生命相适应并带来愉悦感的活动作为"审美"逐渐分离出来，与此相对应，那些在活动中与生命相谐调、令人愉悦的对象就成为"美"的对象。"审美"及"美"就是人类对那些独特的活动，以及在活动中"筛选"和"塑造"出来的对象的命名，也是对其他具有相类似特征的对象的命名。相反，在人类尚未形成语言及意识之前，世界及万物是混沌不明的，并不以"人的对象"的方式存在，更不可能以"美的对象"的方式存在。从这个角度说，美也即人的生命活动的对象化。人在把客观世界作为自己的对象看待的同时，也以自己的生命活动同化了世界，从而生成了"美"的对象。"任何实际的活动，假如它们是完整的，并且是在自身冲动的驱动下得到实现的话，都将具有审美性质。"[1]

我们所说的"活动在先"所强调的是逻辑关系在先，而非时间关系在先，强调在人类"活动"的历史过程中，生成和分化出了"审美"这一独特性活动，同时筛选和塑造出"美"的独特对象，也塑造出能够审美的人。审美、美、审美主体共同生成于人类活动的历史发展过程。人们之所以误认为"美"先于"审美"，是因为"美"已经被选择和塑造出来了，它是确定的、客观存在的对象，其他具有类似特征的对象同样也是确定的、客观存在的，它们易于把握，而"审美"却是流动的、非实体性的，难以把握。由于审美、美和审美主体是在历史过程中共同形成的，因此，具有美的特征的对象就极容易引发人的审美活动，共同建构审美"中介"，并激起审美主体的审美感性。这正是某些美学家误以为"美"在逻辑上先于"审美"的原因。

需要指出的是，"美的对象"与"审美对象"不同：前者指客观存在的对象，因具有某些特征而被称为"美的对象"；后者则指在审美活动中生成的审美"中介"，或曰"审美幻象"，它只存在于审美活动中。美的对象是在人

---

[1] [美] 杜威：《艺术即经验》，高建平译，商务印书馆 2005 年版，第 42 页。

类活动历史发展过程中和审美一起被分离出来和被塑造出来的对象，是一种客观存在；审美对象则是在审美活动的当下瞬间生成的，它不仅有客观性，又有主观性，是主客体双方共同建构的，倏忽即逝的。朱立元所说美在"当下生成"正是强调"审美对象"之美，一种飘忽的审美幻象之美，而非预先存在的某些客观特征，也即"美的对象"之美；人们则习惯于把美的对象称为"美"，而难以把握审美中介，也即审美对象之美。两种说法很容易发生抵牾，为避免误解，我们特意在此做出厘清。

总而言之，从历史角度来看，"美"只能随"审美"在人类活动发展过程同时产生，它是"生成"的，在人类审美活动产生之前，自然只不过是客观存在，无所谓美不美；而从当下的审美活动来看，"美"则是"预成"的，因为它已然作为客体预先存在着了，又是"生成"的，因为只有在审美的当下，主客体相互作用而建构起审美对象。这是两个不同的考察维度：在历史过程中，美是生成的；在当下审美活动中，美既是预成的又是生成的。不同观点间的论争其实把两种不同视角相混淆了。

人类活动的生成和分化往往并没有形成明显的断裂，存在模糊的中间带，如何划界，如何命名，取决于文化权力，不同文化背景的民族只能依据各自的理解和判断来划分，因此划界方式就不能不存在差异。当然，这种划界并非任意的，却也不是绝对的。这正是中西方对审美及美的规定有所不同又可以相互沟通和商讨的原因。审美及美只能在人类活动发展过程中分化而形成，因此，研究美学也就必须以"活动"作为理论基点，在人类活动发展过程中考察、研究审美及美。同时，也要在"活动"的视野中考察、研究当下的审美及美。人类活动的客观性决定着审美及美的客观性，人类活动的历史性决定着审美及美的历史性。从相对短的时段来看，审美及美具有稳定的性质，但从长时间来看则不能不随文化环境和活动的变迁而发生变化。在美的不同形态中，由于"形式美"是在人类活动的漫长过程中积淀的，是人类生命活动在历史的不断淘洗中抽象出来的形式结构，它被对象化在物质对象上，与人的生命密切相关，因而往往比"内涵美"更具有稳定性和普遍性。

三

与理论基点的选择相一致，《乐感美学》承认审美活动的二重性：既发生主客体融合，又存在主客体二分的现象，但是，专著更注重主客体二分，并以"二分"作为理论前提。"在审美认识中，主客体既相互交融，又恪守二分，主客体二分不仅是主客体合一的前提，也是检验和衡量主客体交融的审美认识是否正确的依据。"[1]专著一再强调："在如何对待'主客二分'审美认识方法和理论研究方法的问题上，'建设性后现代'方法论既反对客观主义的'主客对立'，也反对主观主义的'主客不分'，主张兼顾主体与客体，在主客互动、交流、融合中恪守'主客二分'，在'主客二分'的前提下和无伤大雅的范围内包容主客合一，从而为'乐感美学'理论的重构提供有益的方法论保障。"[2]基于这种认识，专著一方面尝试把现象学美学、存在论美学与认识论美学相调和；另一方面又始终坚持以认识论美学作为专著的方法论基础。可遗憾的是专著尚未深入考察审美活动的具体过程，没有楬橥"主客合一"与"主客二分"的内在机制，这就无法在不同的理论方法间建立互洽关系，难免造成理论方法的游移和不协调，乃至自相抵牾。

如果我们以"活动"为理论基点，深入剖析审美活动的内在过程和机制，就不难发现：审美活动中的"主客合一"与"主客二分"分别取决于无意识与意识的结构，而无意识与意识则又取决于"行为语言"与"言语行为"的结构[3]。审美活动其实是最充分、最完整地调动了作为整体的人本身，它把人的意识与无意识潜能都充分挖掘出来，把"言语行为记忆"与"行为语言记忆"都充分激发出来了。审美活动是一种意识与无意识、言语行为记忆与行为语言记忆深度合作的独特的活动。

人的意识是言语行为记忆建构起来的，而无意识则是由行为语言记忆所建构。弗洛伊德就认为，在意识活动中"物表象"必须与"词表象"相结合，离开"词表象"，单纯的"物表象"就只能是无意识。如果用一种更确切的表述则应该是：意识活动离不开言语行为记忆，那些被我们所意识到和记住的事物，其实就是被言语行为所表述和建构的事物，而非客观实在的事物。离开言语行为记忆，单纯的行为语言记忆则只能构成无意识。

意识与无意识之间的区别根源于两种语言（行为）结构特征的差异。行

---

〔1〕 祁志祥：《乐感美学》，北京大学出版社 2016 年版，第 30 页。

〔2〕 祁志祥：《乐感美学》，北京大学出版社 2016 年版，第 34 页。

〔3〕 关于"言语行为"与"行为语言"的详细论述，详参马大康："言语行为理论：探索文学奥秘的新范式"，载《文学评论》2015 年第 5 期；马大康："文学活动中的言语行为与行为语言"，载《文艺研究》2016 年第 3 期。

为语言并不专属于人类，所有动物都有它们自己的行为语言，这是一种远为古老的特殊语言。与言语行为不同，行为语言不是以"概念"来实施对世界的区分，而是以"形象"来建立差异性的，因此，从符号特征角度来衡量，行为语言是发育不完善的，它缺乏普通语言的明晰性、独立性和中介性。行为语言总是依附于身体，本身就是身体行为，具有肉身性。人通过行为来连接人与世界，并以行为语言来重构和同化世界，按照行为语言的结构把世界结构化，把人与世界融合为一体，弥合人与世界的间距，以此来把握世界，同时也赋予世界以人的行为特征和生命特征。世界就是人的生命的延伸。正是行为语言的非独立性、非中介性把世界与人自身"融合为一"，并注定它无法把世界作为"对象"来看待，因此也就无法进入以"意向对象"为前提的意识活动，它是混沌不明的，只能构成人的无意识。[1]人的无意识就积淀着整个人类活动过程所烙下的行为语言记忆，乃至包含着尚处在动物状态的记忆。无意识结构即行为语言的结构，而非言语行为的结构，拉康以普通语言的结构来解释，是对无意识的误释。

言语行为的出现给人类活动带来全新的面貌。把差异性建立在"概念"基础上的言语行为，它不仅是明晰的，而且是独立的中介，并不依附于人。言语行为的明晰性、独立性和中介性把人与世界相拆分，创造了人与世界之间的距离，也创造了语言与世界，语言与人之间的距离。世界终于成为人的"对象"，人类的认识能力也因此得到巨大跃进，并且可以离开实存的事物来想象和运思，有力促进了意识和思维的发展及形而上思想的发生。言语行为不仅把人与世界相分离，同时也把人的行为与身体相分离，进而把行为与行为后果联系起来，作为人的反思对象来看待，并为人类行为设定目的，这又极大提高了行为的合理性和有效性，提升了人类理性和实践能力，使"自在"的人成长为"自为"的人。"主体的场所和起源是语言，只有在语言中并通过语言，才可能构成对'我思'的先验理解。""个体是在语言中并通过语言而被构建为主体的。"[2]唯有通过言语行为，人才从浑整的世界中分裂出来，才逐渐成长为主体，世界才成为人的对象，成为客体，于是，才有可能进而建

---

〔1〕 胡塞尔认为，人的意识总是指向某个"对象"并以其为目标的，意识活动的这种指向性和目的性即"意向性"。意向性是意识的本质和根本特征。

〔2〕 ［意］吉奥乔·阿甘本：《幼年与历史：经验的毁灭》，尹星译，陈永国校，河南大学出版社2011年版，第39页。

立审美关系，构建审美对象。言语行为是人区别于动物界的标志，是人超拔于动物界的关键性因素。言语行为这种把人与世界相区分的特征则决定着只有它才能构建人类意识，同时也决定着意识具有"主客二分"的特征。

在人类日常活动中，意识与无意识、言语行为记忆与行为语言记忆常常是相协同的，但是，审美活动却又有其特殊性。它是意识与无意识、言语行为记忆与行为语言记忆间的深度合作，是双方潜力的充分发挥。审美活动的非现实性（即建构审美幻象）悬置了人的内在压抑，解放了无意识，包括深层无意识，把无意识中的能量充分激发出来了，把行为语言记忆充分激活了；与此同时，无意识能量又推动整个无意识领域和意识领域，激发着言语行为记忆，诱使人构建起形而上的世界。审美就生成于无意识与意识、行为语言记忆与言语行为记忆相互生发、相互激荡的过程，因此享有两种语言（行为）的双重特征。物我合一、无物无我的审美沉醉境界，以及里普斯的"移情说"、谷鲁斯的"内模仿说"、克罗齐的"直觉说"、尼采的"酒神精神"，就建立在行为语言结构特征的基础上；审美活动中的生命感和震撼心灵的力量，也源自行为语言记忆与身体的密切关联，以及所蓄积的巨大能量；而主客二分、审美观照、"日神精神"，以及鲍姆嘉通的"感性认识的完善"、康德的"反思判断"则与言语行为的结构特征密切相关。持不同观点的美学家往往只强调审美活动某一方面的特征，由此造成理论冲突。

与此相应，那些能够充分激发人的意识和无意识、言语行为记忆和行为语言记忆，且与其相协调的对象，也就是与人的生命相谐调并撼动人的生命的对象，是给予人乐感的对象，也即美的对象。

事实上，审美活动中的言语行为记忆与行为语言记忆并非平分秋色，常常是有所偏倚的，这与所处的文化环境密切相关，文化环境既影响审美活动的整体特征，影响文学艺术活动的特征，又影响欣赏者和美学家对审美活动所做的界定和理论概括。或者更准确地说，审美活动与文化环境之间是相互塑造和影响的。甚至可以进一步深入地说，人类文化的根基就扎在两种语言（行为）的基础上，其特征就是由此生长起来的。西方文化的理性中心主义致使学者们更注重审美活动中言语行为所带来的特征，关注主客二分和审美活动的认识性。直至尼采、伯格森，以及后来的海德格尔的存在论美学才注意到审美活动的另一个侧面，强调主客合一，强调审美的体验性。与西方不同，中国文化中的"天人合一"观念就与行为语言的结构特征相吻合，或者说，天人合一观就建立在行为语言结构特征的基础上。这也是中国美学主张物我融合，追求意境圆融的原因。

当我们揭示了审美活动的内在机制，那么，就可以明确在哪些方面现象学美学、存在论美学、解释学美学具有阐释力；哪些方面则要依仗认识论美学或分析美学，各种方法之间又如何建立互洽关系。审美作为人的一种整体性活动，与人的丰富性密切关联，同样需要利用多种理论资源，从多角度予以阐释。只有以人类"活动"为基点，并抓住审美活动中更为基础、更为具体的环节"行为"，探讨审美活动的内在心理过程和心理机制，我们才能打开审美活动的奥秘。同时，也只有把美置于审美活动的历史生成中，才能真正洞悉"美的本质"：美生成于人类活动，它取决于那些与人类活动（行为）相协调，并能为人带来乐感和有益于生命的那些性质。

四

至此，我们发现：当《乐感美学》把"乐感"作为衡量美的最基本尺度而未将其置于"活动"之中做出明确界定，那就很难避免既造成美的泛化，又带来某种狭隘性。专著提出"乐感"来取代"快感"是有着重要意义的。按我们的理解，"乐感"之为"乐感"就因为它是对感觉对象的感知，它与"快感"的区别就在于活动过程有无构成明晰的感觉对象和意识对象。这一点，专著已经注意到了。作者指出："'美'是主体乐感的对象化、客观化。没有客观对象，便没有外在于主体的'美'产生。"据此，作者把人的机体觉，包括消化系统、呼吸循环系统、生殖系统、排泄系统产生的快感等排除于审美和美之外，并认为："在这种情况下，主客体处于混一不分状态，主体没有明晰的快感对象（如睡眠解乏的快感、打个喷嚏的快感有何对象）。因而，笔者是不同意把'美'的范围扩大到通过消耗引起机体快感的物质的。"[1]遗憾的是作者尚未深入一步考察感觉活动，了解造成感知"对象"有无的内在根据，也没有坚持上述衡量标准，以致把所有五官感觉都列入美感，甚至认为动物也有审美。

正如上文所述，审美活动是人的意识与无意识的深度合作，是言语行为记忆与行为语言记忆的深度合作，由此生成了既主客融合，又主客二分的审

---

[1] 详参祁志祥：《乐感美学》，北京大学出版社 2016 年版，第 68 页。

美活动，也生成了审美对象。在这个过程中，恰恰是言语行为记忆同时参与其间，重新创造了主客体之间的心理距离，最终建构了审美对象。动物虽然有行为语言，却没有言语行为，动物只能用"行为"来表达，而不能用语言"概念"表达。动物的世界就是它的生命的直接延伸，行为固然将动物与外界联系在一起，使动物能够敏捷地应对外来事件，但不能让世界成为动物的意识对象，因而不可能构成审美对象。动物艳丽的羽毛、悦耳的鸣声、健硕的形体对异性的吸引，只不过是一种无意识的条件反射，它借助于行为语言就完成了。同样，并非所有让人产生快感的五官感觉都属于美感，成为美感的必要前提是：不仅行为语言记忆被充分激发起来，同时言语行为记忆也参与其中并充分发挥作用，由此生成了审美对象，这样的感觉才有可能成为乐感和美感。"如果没有语言，机体行动所具有的性质，即所谓感触，仅仅是潜在的和带有预示性的痛苦、愉快、气味、颜色、杂音、声调等。有了语言之后，它们就被区分开来和被指认出来了。于是它们就'客观化'了，它们成为事物所具有的直接特性了。"〔1〕有无客观对象并不能最终决定能否形成审美，审美取决于能否构建明晰的感觉对象。具体说，对美食的饕餮所带来的是生理快感，只有当味觉进入"品味"的境界，食物成为感觉活动的意向对象，获得心理层面的乐感，这才可称之为美感。美食所带来的美感是身体快感与心理乐感的融合。就是在品味美食之际，我们对食物不仅实施了"吃"这一行为，同时，言语行为记忆也得到充分激活并介入其中，对滋味做了辨析，使食物在"品尝"过程转而成为乐感对象，成为美感对象，真正体验了"美的食品"。与味觉、嗅觉、触觉相比较，视觉、听觉活动更容易介入言语行为，创造主体与对象间的心理距离，这也是为什么西方美学家倾向于视听觉，排斥味嗅触觉的缘由。

在造成审美及美的泛化的同时，以"乐感"为判断标准，又尚未明确划分"乐感"与"快感"的界限，也很容易造成审美及美的狭隘化。譬如专著虽然对美的诸范畴做了精辟的阐述，但是，把"丑"却遗弃在外。当乐感还跟快感相混淆，我们确乎很难把丑视为审美对象，因为它带给我们的是不快感。唯有言语行为记忆也参与其间，我们与丑拉开了心理距离，同时我们的理性力量也追随言语行为渗入审美活动，从丑的形式中发现深刻的意蕴，得

---

〔1〕 ［美］杜威：《经验与自然》，傅统先译，江苏教育出版社 2005 年版，第 165～166 页。

到理性启悟，并从丑的对象上反观人类自身的精神力量，因此获得精神上的慰藉和心灵震撼。

《乐感美学》以汇集百川的宏大气魄构建了自己的美学新体系，并把理论基点安置在"乐感"上，这确实有力地把对审美和美的思考推向理论前沿，为美学建设作出贡献。同时，它也以其勇于直面富有争议的美学难题并由此引起不同观点间的尖锐冲突，启示我们继续前行，努力探索审美及美的奥秘。

第八节　"乐"：中国传统美的生成范畴[1]

美是什么的追问是美学的抽象之问，这一抽象之问的对象是美。不管作为对象的美被理解为什么或规定为什么，主观的、客观的、主客观统一的，抑或历史的、现实的、感官的、心理的等，它都是独立于美的抽象之问的实在对象，并且不以抽象之问为转移。既然它无碍于对象，问便获得了理论自由。这个对象性研究的常识性问题，却在很多美学问题的研究中陷入混乱，混乱的代表性情况便是取消这一抽象之问的合法性，将之推入伪问题之列。这种常识性混乱使祁志祥的美学新作《乐感美学》所发出的美的本质之问获得一种非常识性的理论意义，这成为一种不仅需要功力而且需要勇气的理论突进。

祁志祥把美是什么的抽象之问解答为"美是有价值的乐感对象"，旨在通过这一本质解答进一步探寻美的现象背后的那个使美、美感、审美活动得以统一的客观存在。他所坚持的对象性的而非主观规定性的研究立场，他的本质追问的逻辑方法，他的由总而分又由分而总的在美、美感、审美活动之间往来穿越的研究过程，以及他用以研究的广涉古今中外的丰富材料，综合地凝炼了《乐感美学》在当下美学研究中举足轻重的学术价值。同时，他也提出一个有待进一步思考的问题，即乐的价值亦即美的价值问题。

一、在美与美感的关系中追问美的本质

美的本质之问对于美学研究的必要性，在于美的本质抽象是美学对象性

---

[1]　作者高楠，辽宁大学文学院教授，文艺学学科带头人。本文原载《学习与探索》2017年第2期。

研究的逻辑起点，即由抽象入手，进而向美的各种具体状况提升，使美的各种问题在向着具体的不断的综合中求解。祁志祥在这样的思路上确定本质追问的研究取向。他认为"对于美学研究而言，光有敏锐的现象感受力是远远不够的，还需要透过现象概括本质，建构理论的思维能力。无可否认，美学属于一门哲学分支，由表及里，由个别到一般的理性思辨能力是从事这门学科的基本条件"[1]。他从学科性质角度，阐发本质之问对于学科建构的重要性，并强调客观对象性的抽象立场——从具体对象中提取一般，进而由现象进入本质。

由此想到一个问题，即前面提到的，对象是什么对于学术研究是规定性的而不是决定性的，决定性的东西是如何对待对象。就拿实践观点美学中历史实践这个命题说，它并不等于研究这一命题者的研究立场就是实践的，而很可能是观念思辨的，先前的历史实践论的代表性的美学研究，就是由此滑入了远离审美实践的观念化的泥潭。《乐感美学》的思路不是这样，它紧紧扣住实在的对象具体，由实在具体提炼萨特和福柯所说的具体的一般。因此，《乐感美学》的本质之问是贯穿始终的，贴近具体实在地进行这一追问也是贯穿始终的。

在美与美感的关系中展开美的本质之问，这是《乐感美学》的过程性思路。所谓过程性，即它把研究视野向不同的问题展开时，始终掌握着美与美感相互作用、相互生成又统合为一体的关系，它的概括性说法是"本质与现象并尊，反对去本质化"[2]；"主体与客体兼顾，在物我交融中坚持主客二分"[3]。这是辩证性的对象研究，不拒绝不回避不少美学研究尽量绕开的现象与本质对立，主体与客体对立的二元论险滩，而是把功夫用在矛盾的综合统一上。为此，它不断地在主客二分的美与美感的关系中揭示美的本质："'美'是使人感到愉快的事物或对象，或者是事物中适宜于产生乐感的性质"[4]；"'美'是一种'愉快''喜好'的'乐感'，事物中客观化的这种性质离开了审美主体就无法实现，所以'美'是不能脱离生命主体的"[5]；

〔1〕 祁志祥：《乐感美学》，北京大学出版社 2016 年版，第 24 页。
〔2〕 祁志祥：《乐感美学》，北京大学出版社 2016 年版，第 14 页。
〔3〕 祁志祥：《乐感美学》，北京大学出版社 2016 年版，第 26 页。
〔4〕 祁志祥：《乐感美学》，北京大学出版社 2016 年版，第 58 页。
〔5〕 祁志祥：《乐感美学》，北京大学出版社 2016 年版，第 63 页。

"美的完整语义，美是有价值的五官快感对象和心灵愉悦对象"〔1〕。由此看到，美不仅在美感中获得美的形态，而且在美感中获得本质，美感成为美的印证，美被美感所唤起。

循着这样的本质追问及其过程性思路，《乐感美学》多路径、多层次地在美的本质与乐的感受的关系性思考中，完成着由美的抽象向乐的具体的提升，同时又实现着由乐的具体向美的本质的抽象。这是一个充满趣味的美与美感交互推进的运作，这很像是在跳一场时分时合、和谐互动且又融为一体的探戈。

不过，本文对祁志祥《乐感美学》的特征概括，只能到此打住。因为在它的乐的理解上，本文将转入自己的阐发。其实，这也是从另一个角度，支持祁志祥的美的本质之问。

二、"乐"在中国古代心物关系中是及物见心的太极性范畴

"美是有价值的乐感对象"，"乐"在《乐感美学》被"有价值"所限定，意指乐本身是一种无所谓价值的情感体验，像愉快、恐惧等一样，它可以有价值，可以无价值，也可以负价值。乐的价值属性由乐的对象而定。唯有那种有价值的乐的对象提供了有价值的乐，这乐才是可以被体验为美的乐。不过，《乐感美学》又明确指认乐不同于愉快，乐必伴随着愉快，但愉快未必就是乐。既然乐和愉快本身都无所谓价值，在价值体验中二者的区别是什么呢？应该说，《乐感美学》对这个事关美的本质之问的敏感问题有所警觉，并且也有所谈及，只是追加于乐的"有价值"的限定，使乐和愉快价值属性的差异被消泯了。而且，直观性的乐与美的生成，在价值限定中却有了美的二次判断之嫌，即先有愉快的情感判断，再进而进行有价值与否的价值判断，直观的乐与美因此成为反思的乐与美，或他者判断的某人之乐之美是否有价值的乐与美。

基于中国传统的关于乐的言说，本文的看法是乐本身就是一种"有价值"的情感体验，乐是对于对象美的肯定性的伦理体验，是见于体验的伦理评价。

物是个人人体之外自生自在的东西。当然物也可以是人造之物，即实践

---

〔1〕 祁志祥：《乐感美学》，北京大学出版社 2016 年版，第 64 页。

产物，如秦砖汉瓦，但一经造出它便独立于人体而自在了。自生自在的物通称为自然之物，人造自在之物通称为社会之物。这种划分是现代的事。古人重物，因此重物之所用与所察，仰观天象俯察地理，于是有了象意之说。"正德""利用""厚生"〔1〕，《左传》称之为功德三事，后两事均发于物并指向物，第一事则是对后两事的妥善处理。但古人重物又强调重物而不物役，《尚书》"玩物丧志"〔2〕之说成为千古警句，可见其重。

理解乐在中国古人的意义，离不开心物关系，因为乐并非天官之乐，而是体于物的心之乐，心之乐实现着性、德、情、理等在古人看来具有通天达化意义的综合。心，在中国古人，是思维情感的生发府廓。对于心的理解，宋明心性论作了集成性的解说，并在其后一直延用与阐发。如张载，提出心的几个重要命题，"合性与知觉，有心之名"〔3〕，"尽心以知德性"〔4〕，他主要是讲心于物的生发功能；二程提出"人心莫有不知"〔5〕"心，生道也"〔6〕"心本善"〔7〕"心无形体"〔8〕"理与心一"〔9〕"心即性"〔10〕等，这是就心与知与理与性的关系而言，其中有彼此相见彼此同一的意思。朱熹对心的论说更为详尽，提出"心为主宰""吾之心即天地之心"〔11〕"人心道心只是一心"〔12〕"心包万理，万理具于一心""心统性情"〔13〕，把心物关系中心的功能与性情、道、理、仁德融通为一体，心被置于心物合一的位置。

对于心物关系，古人的总体看法是心缘天官而动于物，物缘天官而见于心。《国语》揭示了这一关系体的内在关联性："是以含五味以调口，刚四支之卫体，和六律以聪耳，正七体以役心，平八索以成人，建九纪以立纯德，

---

〔1〕《左传·文公七年》。

〔2〕《尚书·周书·旅獒》。

〔3〕《正蒙·太和》。

〔4〕《经学理窟·气质》。

〔5〕《二程遗书》卷二下。

〔6〕《二程遗书》卷二十一下。

〔7〕《二程遗书》卷十八。

〔8〕《二程遗书》卷二。

〔9〕《二程遗书》卷二。

〔10〕《二程遗书》卷十八。

〔11〕《朱子语类》卷三十六。

〔12〕《朱子语类》卷七十八。

〔13〕《张子语录·后录下》。

合十数以训百体。"[1]这里的五味、四支、六律，通过天官作用于心，成为心物，心进而进行心物的生发，就有了以成人，立纯德，训百体这类立德立世的功能。《国语》的提法，是对于心物关系的先期觉醒，有重要的后启意义。此后理学心性论等均能见出它延续的痕迹。

在古人的这类物、心及心物关系的理解中，乐作为基本情感范畴，缘物因心而生。如孔子："子在齐闻《韶》，三月不知肉味，曰：'不图为乐之至于斯也'。"[2]《韶》由听入心而生乐，又将乐推通于舌，这一生一通，乐的强度便被孔子感受，发出"乐之至于斯"的感慨。孔子评《关雎》"乐而不淫，哀而不伤"[3]。乐作为极高的诗歌鉴赏标准提出，特别强调了乐的适度性。他的"知者乐水，仁者乐山"[4]之说，作为圣人之言，把物的山水与人的知仁之乐联系起来，从而把乐提高到圣人审美兴趣的高度，乐因此成为道德伦理的情感评价。这一点很重要，这使它成为道德的情感反应与情感评价，无圣人德便无圣人水平的乐，其影响的历史性早已不言而喻。因此，在孔子看来，乐是比他极为看重的智与趣更为重要的心灵感受——"子曰：'知之者不如好之者，好之者不如乐之者'"[5]，至于乐，则即知之又好之了，乐被推至集知、好于一体的至上范畴。

对这样的范畴，古人称为太极。太极是既至上至大又至下至微的充分融通的范畴，其他一些快适愉悦、甘姣安逸的目有所求、耳有所聪、体有所适、味有所嗜的体验范畴则不具有这样的属性。因此，墨子才说："故食必常饱，然后求美，衣必常暖，然后求丽，居必常安，然后求乐"。冯友兰对太极曾作过鞭辟入里的阐释。说极的本义是屋梁，在屋子正中最高处，至于宇宙的全体，一定也有一个终极的标准，它是最高的，包括一切的，它是万物之理的总和，又是万物之理的最高概括，因此它叫做"太极"。[6]不过，中国古人并不认为太极就是唯一至极，如柏拉图的善的理念或亚里士多德的上帝，而是认为万事万物，各有其极，并且认为它不仅至上而且至下，不仅至大而且

---

[1]《国语·郑言》。
[2]《论语·述尔》。
[3]《论语·八佾》。
[4]《论语·雍也》。
[5]《论语·雍也》。
[6] 详参冯友兰：《冯友兰选集》（上卷），北京大学出版社2000年版，第345页。

至微。冯友兰说"太极不仅是宇宙全体的理的概括，而且同时内在于万物的每个个体之中，每个特殊事物之中"，他引用朱熹的话说在"在天地言，则天地中有太极，在万物言，则万物中各有太极"。这样说，万物各有一太极，太极不就分裂了吗，哪又何称太极？冯友兰进一步引用朱熹"月印万川"的话予以解释：本只是一太极，而万物各有禀受，又自各具一太极尔。如月在天，只一而已，及散在江湖，则随处而见，不可谓月已分也。[1]当然，"乐"在中国古代并不是唯一有伦理价值的情感体验，其他如"忧"、如"崇仰"、如"怵惕"、如"谦和"等，也都属于伦理体验，相对浅发于天官的喜、怒、快、惧等，它们可以统称为伦理情感。不过，其他伦理情感由于缺乏愉快属性，构不成美的生成性情感。对此，《乐感美学》已说得很清楚。

从古人对"乐"的理解与运用而言，"乐"即有至上至大的天乐地乐人乐的心乐，又有见于每一个别之物中的目乐、耳乐、味乐及体乐。它是宇宙万物之美缘于物发于心的乐的基本范畴属性。

三、"乐"范畴的融通性阐释

把乐范畴指认为中国传统美的生成范畴，有一个问题无法绕开，即它对于万事万物的至上至下的融通性。至上，它才具有生成与体验各种美的普遍性根据，才能面对各有差异的万事万物而生成与感受它们都可以被感受为美的普遍性；至下，它才能在万事万物的差异性中，并且就在万事万物本身，生成与感受见于万事万物的美，将之体验为乐。因此，能否揭示乐的至上至下融通万事万物的融通属性，是它能否可以指认为美的生成范畴的关键。

融通，即打开事物与不同社会领域，包括自然之物与社会之事的界限，使之贯而通之，融而汇之，从而为道、性、命、理、乐这类太极范畴得以流贯其中去除种种的阻隔或障碍。融通万物是中国代表性的传统思维方式。比如家与国、父与君、兄与友、诗与政、文与史、心与物等，它们原本是各自不同的领域，这类领域是应社会生活、社会实践不同属性，人们对它们的不同需求，而历史实践地划分的不同的社会活动与社会群体的差异性格局，这类格局即马克思说的不同的社会有不同的社会分工界限。《周易》卦象的之为立与之为用，就是融通思维的充分体现。如这段被经常引述的话："子曰：书

---

〔1〕 详参冯友兰：《冯友兰选集》（上卷），北京大学出版社 2000 年版，第 346 页。

不尽言，言不尽意。然则，圣人之意其不可见乎？子曰：圣人立象以尽意，设卦以尽情伪，系辞焉以尽其言。……是故形而上者谓之道，形而下者谓之器，化而裁之谓之变，推而行之谓之通，举而错之天下之民谓之事业"[1]。这里提出象、意、卦（问卦之事）、辞的四者关系——象者意之象，意以象求，象因意立，而象又因问卦而取。但象因卦而变，随卦而出，卦意何以通象？于是便需要"系辞焉以尽其言"，系辞与象的言说关系的达成，在于"化而裁之""推而行之"与"举而错之"。这是使意在象中得以通达并因此而得意的三个步骤。"化而裁之"，即通过象对于事的转化使卦象进入问卦之事；"推而行之"，即借助卦象推导出卦事的结果；"举而错之"，则是应卦而行。这样，所问之事在象中通于意，事便有了意解。每一件事都是个别具体的，每一事化入的象都是类的普遍之象，它们又都导入更具普遍性的"圣人之意"，这便是融通思维，在"化"与"通"中无碍可挡。

　　如上所述，乐，以情感体验的方式，随道、理、心、性而发，又随道、理、心、性而融通流转于环宇至上与万物至下之中。《左传》说："生，好物也，死，恶物也。好物，乐也；恶物，哀也。哀乐不失，乃能协于天地之性，是以长久。"[2]由好物而及于天、地、性，乐在其中。《国语》说："上得民心，以殖义方，是以作无不济，求无不获，然则能乐。夫耳内和声，而口出美言，以为宪令，而布诸民，正之以度量，民以心力，从之不倦，成事不贰，乐之至也。口内味而耳内声，声味生气，气在口为言，在目为明，言以信名，明以时动，名以成政，动以殖生，政成生殖，乐之至也。"[3]这段话由声味、口耳，而及于时政，上下融通以为乐，乐的至上至下的融通属性获得了阐释。再如孟子见梁惠王，对话以乐为中心而展开。当时，惠王立于沼上，指着鸿雁麋鹿问孟子，有贤德的人，是否也乐于这些东西呢？孟子回答："贤者而后乐此，不贤者虽有此，不乐也。"接着他借用周文王阐释说："文王以民力为台为沼，而民欢乐之，谓其台曰'灵台'，谓其沼曰'灵沼'，乐其有麋鹿鱼鳖。古之人与民偕乐，故能乐也。"[4]这里，乐由鸿雁麋鹿这类自然之物，及于与民同乐故能乐的治国之道，乐于其中的融通性表述得很清楚。

---

〔1〕《周易·分辞上》。

〔2〕《左传·昭公二十五年》。

〔3〕《国语·周语下》。

〔4〕《孟子·梁惠王章句上》。

四、融通之乐通于融通之德

说乐生于美，是对美的情感体验，还在于在中国古代，美与德通，美因德而美，美是德的见于天官的形态；而乐，则在融通于德中形成对见于天官的美的情感体验。作为情感体验的乐，就中国古代社会文化结构而言，是其特征性文化或核心性文化——人伦文化的体验形态。即是说，乐是伦理情感，当古人面对合于伦理的道德样式时，便有了乐，便对之感受为美。

这里有三个问题需予阐发。

1. 伦理与德

从根本说，伦理即条理即序列或序位，在中国古代，它源于音乐之律，《礼记·乐记》有云："凡音者，生于人心者也；乐者，通伦理者也"。不同文化有不同伦理，也可以说，不同伦理生发不同的文化。伦理在文化在生活中发挥作用，取得文化与生活的合理性，是历史作用的结果，甚至可以溯源于民族种群的原始时代，与原始部族的生态环境相关。

2. 伦理是中国古代的文化特质

文化特质在不同文化学研究中又称为文化焦点或文化核心，事关文化的生成、调整与发展。不同文化历史地形成不同的文化特质，文化特质具有文化生成性、调整性、转化性及构成规定性。中国古代文化以伦理为特质，如上所述，其根据可以追溯到原始农耕生态。中国古代各种社会生活及文化现象，都以伦理为核心而展开。《大学》修齐平治之说，把社会生活的方方面面都纳入伦理，都奠基于伦理，这是概括了中国古代文化的伦理特质性或核心性。正是这种特质性文化，历史地形成了至上至下，至大至微的太极性道、理、心、性的范畴，也历史地形成了对这类范畴的乐的体验，当对象唤起了这类合德之乐，对象也就有了合德之美。

3. 乐通于德

德通则乐通，乐通则德通，德不到处则无乐，无乐则德不到。乐是德的情感标准，德是乐的情感根据，德的伦理表现性使德总是具体化为相对于眼目鼻舌身的感官形态，这类形态便是美。所以中国古代伦理作为至上至下，至大至微的理、心、性、道，与乐相配而生相比而发，在一切都融通的伦理中，都融通着乐的伦理体验，在一切人伦之乐中，都融通着感于听于味于体于万事万物的伦理之德，即具体的伦理之形、伦理之音、伦理之味以及伦理之行。对乐与伦理相配而生发且又融通万事万物的情况，《礼记》作了表述："人道，亲亲也。亲亲故尊祖，尊祖故敬宗，敬宗故收族，收族故宗庙严，宗庙严故重社稷，重礼稷故爱百姓，爱百姓故刑罚中，刑罚中故庶民安，庶民安故财用足，财用足故百志成，百志成故礼谷刑，礼俗刑然后乐。"[1]

五、乐是美的情感建构

从物中见出美、体味出美，才有乐。这见出与体味出其实是一种建构，它并不是物的自在。庄子把由感官而获得的满足，如身安、厚味、美服、好色、音声，称为"俗乐"，很明确地提到美令人乐，乐是人对于美的追求："夫天下之所尊者，富贵寿善也；所乐者，身安厚味，美服好色音声也"，但同时他又说，这类俗乐在他则可以感受到也可以感受不到，感受不到不乐或乐又不乐，并不在于这类美的对象，而在于体味其中的身心状况的"今俗之所为与其所乐，吾又未知乐之果乐邪，果不乐邪？吾观夫俗之所乐，举群趣者，誙誙然如将不得已，而皆曰乐者，吾未之乐也，亦未之不乐也。果有乐无有哉？吾以无为诚乐矣，又俗之所大苦也。故曰：'至乐无乐，至誉无誉'。"[2]由此，庄子提出一个美之于乐的相对性问题，即乐因美生，美因乐成，但他美之乐未必我美之乐，我乐之美也未必他乐之美。庄子的乐之美与美之乐，即他所说的至乐，相对于俗乐而言，至乐不仅不乐，而且是大苦。这样，美的自在性被否定了，美因乐的状况而构，乐也因其所构之美的状况而生。

对象的美是人们主观参与的结果，即是说，美是心与物的互构。就互构属性而言，就是心中有物，物中有心。那么，怎样才能把心带入物构入物呢？那就是情感体验。情感体验成为物与心进行美的互构的中介。这种情感体验中介在中国传统美便是本文集中论述的范畴乐。

乐因对象的某种伦理形态或伦理样式而发，如合于伦理的音乐，合于伦理的行为等。那音在音乐对象，但那是音却不是美，行在行为对象，但那是行而不是美。人们从音中听出伦理之律，从行中见出伦理之常，乐才由此而

---

〔1〕《礼记·大传》。
〔2〕《庄子·至乐》。

生，那音那行就有了美，或者，才被评价为美。听韶乐而听不出伦理者，见孝行而见不出伦理者，则无乐可生因此也没有美可言。这听出与见出便是情感体验建构的结果。声音与色彩的表现性是自然的，而不是社会伦理的，但它们合于人们的生命自然，人们把合于生命自然的这些东西提取出来，提取的过程是生理自然被再组织的过程，这个过程可以没有经验参与，格式塔心理学专门研究这个问题。《吕氏春秋》说："欲之者，耳、目、鼻、口也。乐之弗乐者，心也。心必平和然后乐。心必乐，然后耳、目、鼻、口有以欲之。故乐之务在于和心，和心在于行适。"[1]乐基于理、道、性、心这类至上至下的伦理范畴，通过耳目鼻舌的天官运作，在对象中建构出唤起乐的情感体验的美，同时便将之体验为乐。所以说，美不自在于物，乐不自在于心，心物作用中，乐因乐加工的美而乐，美也因乐的加工而美，乐和美在互构互成的过程中，成为见于物的美与见于心的乐。

乐的融通性问题，在祁志祥的《乐感美学》中被阐发为"乐感的普通有效性"[2]，它由乐感的普遍有效性推入美的客观性，又由此引发接受美的客观一般性的个体审美差异。本文赞同美的客观性或客观一般性及差异性的看法，这里有了一个主观即心客观即物的通常说法的扭转，即主观也可以是物性的主观，客观也可以是心性的客观；物性的主观基于物而心性的客观源于心。从《乐感美学》"乐感的个体差异性"中可以得到乐的等级性亦即美的等级性的解释，但不论乐与美是如何等级的乐与美，都是以直观体验的方式，经过感官而无暇思索地瞬间生成的。这里不存在乐之后的有价值与否的二次判断或反思判断。

第九节　"乐感美学"的形而上学性质[3]

世纪之交以来，中国美学界正经历着一场所谓反本质主义的解构浪潮，学者们有感于"美是什么"这个问题千百年来似乎是无解的争论，同时也是深受西方近百年解构主义思潮的影响，中国美学界很多人主张搁置对于美的

---

〔1〕《吕氏春秋·仲夏纪》。
〔2〕 祁志祥：《乐感美学》，北京大学出版社 2016 年版，第 80 页。
〔3〕 作者寇鹏程，西南大学文学院教授，文艺美学学科带头人。本文原载《学习与探索》2017年第 2 期。

本质的建构而热衷于美感心理分析、活动描述、语言分析、文化分析等研究。但是，对于中国美学来说，这种反本质主义却带来了一些理论上的危机与现实上的迷茫，一来是因为中国美学本身本质主义追求的历史传统较为薄弱，二来是因为我们实际上还没有真正建立起什么自己的足够系统的本质主义美学，何谈反本质主义。正是基于此，当前有不少学者已经提出取消美学的形而上学之路行不通，必须站在新的立场上重建美学的形而上学。而正是在这样的时刻，祁志祥教授推出了他长达60万字的美学著作《乐感美学》作为自己对美学本体论建构的答卷，认为美的本质是一种能够引发人普遍乐感的对象，这一论断一时间颇为引人注目，引起不少讨论。

一

在中国美学近20年反本质主义思潮中，祁志祥教授可以说是不为所动，一直坚持建构完善他的"乐感美学"。从他1998年在《学术月刊》第1期发表"论美是普遍快感的对象"以来，这近20年的时间他一直坚持建构和完善他的"乐感美学"，终于在2016年4月出版了他这部厚重的皇皇巨作。这部作品是作者在长期从事中国传统文艺美学研究的基础上，同时对西方古今美学成果的深厚积累基础上的融会贯通之作，有学者称其为一部美学的"百科全书"。在《乐感美学》中，祁志祥教授坚持"建设性后现代"的方法来重建美学的本体，坚持传统与现代并取，本质与现象并尊，感受与思辨并重，在物我交融中坚持主客二分，认为"美是什么，是美学聚焦的中心，也是美学体系建构的逻辑起点"，由此他提出"美是有价值的乐感对象""美是有价值的五官快感对象和心灵愉悦对象""美为一切有乐感功能的动物体而存在"等命题，而"乐感的普遍有效性"则是"美"的客观标准，这样构建起他的"乐感美学"体系，因此他认为"美的哲学"又可易名为"乐感的哲学"。[1]在"乐感美学"本体的基础上，作者分析了美的原因、美的范畴、美的规律、美的特征、美的领域、美的风格以及美感的结构与机制、心理元素和基本方法等，由此建立起了一个严密的美学体系。在此"乐感美学"鲜明地把快乐与不快乐的情感研究作为美学的本体，这与把"实践""制造工具""历史""认识""生命""神性"等更高实体作为本体相比，这种"快乐"本体是不

---

〔1〕 详参祁志祥：《乐感美学》，北京大学出版社2016年版，第53~84页。

是降低了美学本体的品格呢？或者说"乐感"配得上作为美学的本体吗？也许有人会说一个人的快乐与不快乐有那么重要吗？情感最多只是美学的一个要素，现在把情感的快与不快作为本体，是不是把美学弄得形而下了。那么，这种质疑有没有道理呢？祁志祥教授的"乐感美学"有没有形而上学性质呢？或者说在何种意义上具有形而上学性质呢？祁志祥教授的"乐感美学"本体论站得住脚吗？

对这一问题，当然可以从多个视角来回应，但是我认为至少从当前中国美学与社会的现状这一个视角来看就是站得住脚的。当前中国社会与美学最缺乏的就是情感，最需要的就是情感美学，把快与不快的情感作为美学的本体，是最切合美学的需要与时代的呼唤的，是最具有时代品格的美学之一，情感美学由此就具有了美学本身与社会需要的基础性意义。"乐感美学"由此也就不再是单纯一个人快与不快的情感了，而是具有了形而上学的本体论品格。为什么这么说呢？

首先，我们从中国当代文学艺术与美学的实践来看，很长一段时间里，文艺、美学的核心价值不是情感而是更加宏大的话语，情感被边缘化了，成了受批判的一种错误，被看作了个人微不足道的东西，在我们美学的价值谱系中，情感成了唯心主义的罪恶，被淡化、被疏远、被忽略，甚至践踏。路翎《洼地上的战役》发表后，读者一片欢呼，北京大学学生甚至在广播上逐段朗诵。但是由于作品描写了志愿军战士和朝鲜姑娘之间懵懂的爱情，被批评是破坏了军队"纪律"，同时宣扬了"温情主义"。《关连长》里因为敌人把二十几个孩子作为人质关在大楼里，关连长为了不伤害孩子，不得不改变战略，从而了延缓了战斗进程，这被批评是资产阶级的人性论。宗璞的《红豆》，江玫对于与齐虹断绝关系泪流不止，那颗红豆"已经被泪水滴湿了"，这被批评整个作品"暗淡凄凉"，"这当然是一种颓废的、脆弱的、不健康的小资产阶级个人主义的感伤。"[1] 像《红豆》以及类似的作品这样来写"人情"，都被看作是小资产阶级的人性论。只要写到个人的感伤、徘徊、烦恼、痛苦、眼泪、叹息等，就有被批评"小资情调"的可能，就有被打入吟风赏月的"腐朽""不健康"另册的可能，这种个人的情感在当时被批评对于人民毫无"积极性"，只能培养他们"颓唐的感伤的感情"，根本不能鼓舞人民

---

〔1〕 姚文元：《文艺思想论争集》，作家出版社1964年版，第150页。

建设社会主义的高昂"斗志"。个人喜怒哀乐的感情似乎成了资产阶级、小资产阶级的专利，感情被政治化了。

我们知道新中国成立后的文艺界，由于过分强调文艺从属于政治，文艺往往成了政策的图解，文艺的主要价值标准是"人民大众""革命性""阶级性""真实性""集体主义""现实主义""乐观主义"等。中国古代的"扬、马、班、张、王、杨、卢、骆、韩、柳、欧、苏"由于没有"人民性"，郭沫若认为他们的作品"认真说，实在是糟粕中的糟粕"[1]。而"行乞兴学"的《武训传》感动了不少人，但是由于武训只是希望用教育来使穷人翻身而没有想到革命，最终武训成了被批判的对象。《红日》中的韩百安要父亲交出他偷拿的集体的粮食，父亲给他下跪他也不心软，这被看作为了集体利益而大义灭亲的英雄形象受到表扬。而红军转移时，因为有小孩啼哭而要把那些孩子扔下山谷，有的母亲犹豫落泪，这被批评是个人主义，是人性论。宏大的"阶级爱""同志情"淹没掩盖了个人之间的私情。当时的文艺界充满了政治化、概念化、口号化、公式化的宏大叙事，到处充满着血与火的战歌，排山倒海的纪念碑，共产主义的教科书等，正是有感于这种假大空的泛滥，巴人说我们的文学作品政治气味太浓，缺乏"人情味"，呼吁作品表达一些诸如"饮食男女"之类的共同"人情"，这被批评是超阶级的人性论。钱谷融先生认为我们的文学还没有以人自身为目的，反对把描写人仅仅看作是反映现实的一种工具，呼吁文学应该是真正的人学，一切都是从人出发，一切都是为了人，但这种理论被批评是抽象的资产阶级的人道主义论。总之，"人情味"是当时集中批评的对象之一，甚至被看成了最凶猛的洪水猛兽。

其次，从美学本身的发展来看，我们也还没有真正把情感美学提到本体论的高度来进行建构。我们知道新中国成立后的美学大讨论形成了我们通常所说的四大派：蔡仪的客观派；吕荧、高尔泰的主观派；朱光潜的主客观结合派；李泽厚的客观性与社会性结合派。但这四派由于当时唯物主义与唯心主义的严格区分，实际上都主要是认识论的美学，把美作为一个"对象"与"知识"来认识。蔡仪提出美学的根本问题也就是对客观的美的认识问

---

〔1〕　郭沫若：《郭沫若全集》（第20卷），人民文学出版社1992年版，第88页。

题。[1]李泽厚当时也强调美学科学的哲学基本问题是认识论问题。[2]即使是主观派的吕荧也说："我仍然认为：美是人的社会意识。它是社会存在的反映，第二性的现象"[3]，把美学限定在认识论的范围。高尔泰也强调自己愿意"从认识论的角度"来谈谈对美的一些看法。所以，实际上美学"四大派"的哲学出发点都是认识论，都还是知识论第一。

最后，还有一个值得注意的现象，那就是在当时的美学大讨论中本来还有一个重要的流派，这就是以周谷城为代表的"情感派"，这"第五派"却被排除在了美学大讨论的历史之外了。周谷城先生1957年5月8日在《光明日报》发表"美的存在与进化"；1961年3月16日在《光明日报》发表"史学与美学"；1962年在《文汇报》发表"礼乐新解"；1962年12月在《新建设》发表"艺术创作的历史地位"等一系列文章，提出"美的源泉，可能不单纯是情感，但主要的一定是情感。"[4]他认为，世界充满斗争，有斗争就有成败，有成败就有快与不快的情感，有了感情，自然会表现出来。表现于物质，能留下来供人欣赏的，就成艺术品。他说："一切艺术作品，务必表现感情；但感情的表现，必借有形的物质。"[5]这就是所谓"使情成体"。如果情感不发生，美的来源一定会枯竭。我们每个人的生活，可能不一定都有情感，但是美或艺术或艺术品，却是以情感为其源泉的。而"依源泉而创造的艺术品，其作用可能不单纯是动人情感；但主要的作用一定是动人情感的。"[6]历史家处理历史斗争过程及斗争成果；艺术家处理斗争过程与成果所引出的感情。周谷城先生的这一系列"情感美学"的论述在当时引起了巨大的争论，朱光潜、李泽厚、马奇、汝信、王子野、刘纲纪、叶秀山、陆贵山、李醒尘等都对周谷城的美学展开了批评讨论，三联书店辑录出版的《关于周谷城的美学思想问题》出版了三大辑。这样重要的流派，我们的当代美学史却一般都不提，只提四大派。比如薛复兴先生的《分化与突围：中国美学1949—2000》一书，颇有中国当代美学史的味道，但他也主要只记录了朱光潜、蔡

〔1〕 详参文艺美学丛书编辑委员会：《美学向导》，北京大学出版社1982年版，第1页。

〔2〕 详参李泽厚：《美学旧作集》，天津社会科学院出版社1999年版，第2页。

〔3〕 吕荧：《吕荧文艺与美学论集》，上海文艺出版社1984年版，第400页。

〔4〕 周谷城：《史学与美学》，上海人民出版社1980年版，第104页。

〔5〕 周谷城：《史学与美学》，上海人民出版社1980年版，第108页。

〔6〕 周谷城：《史学与美学》，上海人民出版社1980年版，第104页。

仪、李泽厚以及周来祥几人的美学，没有谈及周谷城为代表的"唯情论"美学。中国当代美学史对于周谷城"情感美学"的遗忘只能说明我们对于情感的美学本体论本身的价值重视不够。

我们知道"文化大革命"结束后，第四次"文代会"明确提出不再提"文艺从属于政治"，为文艺正名成为当时的主要思潮，这时文艺的审美特性受到关注，提出了"文艺美学"的设想，童庆炳、钱中文、王元骧等提出了文学的"审美特征""艺术特性"的概念，"文学是社会生活的审美反映""文学是审美意识形态""文艺是人类对现实的审美认识的重要形式"等理念成为当时审美自觉的主要命题，审美自律的美学逐渐形成。而20世纪80年代后期，李泽厚以马克思《1844年经济学-哲学手稿》为基础的"实践美学"逐渐成为美学中影响最大的一种学说。他强调制造工具、劳动实践的"积淀"在美学中的基础性地位，理性化为感性、历史化为经验，他把马克思、康德以及荣格、格式塔心理学等的一些理论融为一炉，一时蔚为大观。

李泽厚的"工具本体"过于强调"理性""集体""共性"等概念，引起了一些学者的"对话"与"批评"，要求以"感性""个体"来"突破"实践美学的局限，体验美学、后实践美学纷纷登场，强调个人体验的瞬间性、即时性。而20世纪90年代以来，一种及时行乐式的消费主义理念兴起，日常生活的感官化开始成了一种"新的美学原则"。感情成了我们当前最稀薄也最需要的东西了，由此，对真正情感的呼求成为每个人内心的渴望，成为时代最强的心声。

二

正是在这个意义上，情感成了我们美学最需要的东西，也因此具有了形而上学的本体论意义。而曾经我们情感上的快与不快本身就是我们美学研究的中心，康德在《判断力批判》中就指出："为了判别某一对象是美或不美，我们不是把［它的］表象凭借悟性连系于客体以求得知识，而是凭借想象（或者想像力和悟性相结合）连系于主体和它的快感和不快感。"〔1〕也就是说美学是研究单凭表象就引起的快与不快的感情。康德的美学实际上是研究快与不快的情感美学。在知、情、意三分的知识体系中，美学是研究情的。而

---

〔1〕［德］康德：《判断力批判》，宗白华译，商务印书馆1964年版，第39页。

在中国现代美学之初，情感美学也确曾是我们的美学之本。吕澂先生 1923 年出版的《美学概论》指出，物象美不美，以能否引起人的快感为据。要想知道快感是什么，则又必须首先明白一般感情的涵义。这样，吕澂实际上把"感情"作为美的本体。而"感情"是什么呢？吕澂认为"由对象引起之精神活动为感情之根据"，"吾人因精神活动而后就对象有感情之可言。"[1]而"精神活动"则奠基于"人格"，人格的价值是一切价值的根本，由此吕澂建立起了奠基于人格的精神活动的情感美学体系。而在《文艺心理学》中，朱光潜先生也提出："美就是情趣意象化或意象情趣化时心中所觉到'恰好的'快感。"[2]宗白华先生也把美归结为快感，他说："什么叫做美？——'自然'是美的，这是事实。诸君若不相信，只要走出诸君的书室，仰看那檐头金黄色的秋叶在光波中颤动，或是来到池边柳树下看那白云青天在水波中荡漾，包管你有一种说不出的快感。这种感觉就叫做'美'。"[3]实际上，宗白华认为美的快感就是美。可以说中国初期的现代美学，很多都是以快与不快的情感本身作为自己的美学本体的。只是由于中国社会历史发展的特殊进程，面对长期救亡图存的民族解放战争，情感美学被更加紧迫的政治美学、革命美学遮蔽了。而新中国成立后由于阶级斗争的特殊情况，情感美学再次被搁置了。而新世纪以来的市场经济又让我们把眼光投向了感官解放与欲望满足，情感美学被中断了，我们的美学远离了情感。

而当前，祁志祥教授的《乐感美学》把具有普遍有效性的乐感对象作为自己的美学本体，可以说是恢复了、接续上了这个情感美学传统。这一理论还原了美的本初意义就是让人愉快的真面目，回到了美学的起点，去除了许多附加在美学身上越来越复杂的外在东西，符合审美的实际。而且更重要的是在当前中国美学最缺乏情感的时刻，他的乐感美学把情感作为美学本体来研究，无疑为"情感本体"美学的建设作出了巨大贡献，也正是在这个意义上，"乐感"美学完全具有了形而上学的本体论意义。

〔1〕 吕澂：《美学概论》，商务印书馆 1923 年版，第 1 页。
〔2〕 朱光潜：《朱光潜全集》（第 1 卷），安徽教育出版社 1987 年版，第 347 页。
〔3〕 宗白华：《宗白华全集》（第 1 卷），安徽教育出版社 1994 年版，第 310 页。

第十节　重构美学的形上之维：问题与方法 [1]

重构美学的形上之维，是当代美学建设中具有重要理论价值与现实意义的基础问题。祁志祥教授的《乐感美学》一书提出了"建设性后现代"的方法论概念，并由此出发展开了对美本质的多维论证和美学理论体系的重新建构，为美学界深化该命题作出了富有启发性的探索，[2] 本文基本认同这一研究思路，并倡导在后形而上学语境下，进一步考察重构美学形上之维的基本问题与方法，以从根本获得对该命题的把握与认识。

一、美学的后形而上学时代

提出美学研究的后形而上学时代，是探讨形上之维重构的基础与前提，它兼有思想史审视与研究语境转换的双重意义。从思想史的发展看，自黑格尔的形而上学大厦倾倒，"形而上学批判"成为现代西方思想的主潮后，以存在、上帝、理性、精神等为本体的前现代思想已受到彻底的清算，但这并不意味着"形而上学"问题与"形而上"之思在人类思想史上的断裂或消亡。

海德格尔曾指出，形而上学只有在消逝时，才"开始了它无条件的统治地位"，[3] 阿多诺也宣称，"形而上学的真理只有在它没落的时刻才能把握"[4]。两位思想家的论断包含一个共同信念，那就是：形而上学并不能作为历史性思想的一页被轻松翻过，它是具有真理性的。这种真理性正是康德在《任何一种能够作为科学出现的未来形而上学导论》中指出的，"至今被叫做形而上学的东西并不能满足一个善于思考的人的要求，然而完全放弃它又办不到。"[5] 对人类存在状况及方向感的哲学思考，是形而上学真理性的基本内涵。它表明形

---

〔1〕　作者李西建，陕西师范大学文学院教授。本文原载《人文杂志》2016 年第 12 期。

〔2〕　详参祁志祥：《乐感美学》，北京大学出版社 2016 年版，第 3~9 页。

〔3〕　[德] 海德格尔：《演讲与论文集》，孙周兴译，生活·读书·新知三联书店 2005 年版，第 69 页。

〔4〕　[德] 阿尔布莱希特·韦尔默：《后形而上学现代性》，应奇、罗亚铃编译，上海译文出版社 2007 年版，第 300 页。

〔5〕　[德] 康德：《任何一种能够作为科学出现的未来形而上学导论》，庞景仁译，商务印书馆 1978 年版，第 163 页。

而上学作为人类致思的过程与形态，既体现出理论概括和思想的升华，又呈现为思的质疑、反判和消解。人类是思想的唯一承载者与主体，因而对生存的规律及普遍性进行形而上的表述具有必然性，对形而上学的批判也是思的自反性过程。从思想的丰富性与流变性看，形而上学的没落与后形而上学的兴起，是思想链条中一体两面性的表现。人类思想的发展往往是螺旋式上升，而后形而上学时代的来临，再次展现了思的自反性回环与重构形上之维的必要性。

所谓"后形而上学时代"，是指现代西方对形而上学的批判成为共识后，所形成的一种探询当代人类存在与发展的新的思想潮流。就美学形上之维的重构而言，它代表了一种研究语境的深刻变化。20世纪80年代，哈贝马斯在《后形而上学思想》中阐释了"后形而上学思想"的基本走向。在"康德之后的形而上学"一章中，哈氏强调"哲学的重建使命无可非议——亨利希称之为对'智性的基本活动方式的阐明'。在重建过程中，我们不仅要考虑到（对象明确的）自然（知识）的形而上学和道德的形而上学这两个蓝本，也要充分注意到康德把理性分为客观认识潜能、道德认识潜能以及审美判断潜能这样一种建筑术。"[1]然而，客观地说，"康德之后，不可能还有什么'终极性'和'整合性'的形而上学思想"[2]；在"后形而上学思想的主题"一章中，哈氏指出，对待形而上学的态度已成为黑格尔之后所有哲学流派争论的立足根本与前提，如今，从这股否定主义的死灰中，又复燃起要求更新形而上学的火焰。[3]但是，"所有这些想使理性先验化的努力仍然局限于先验哲学范围之内，都陷入了先验哲学的先天概念之中。只有转向一种新的范式，即交往范式，才能避免做出错误的抉择。"[4]"新纪元则以一种反讽的方式，通过抽象的行使一种越来越不透明的科学体系的主权，满足了已丧失殆尽的一和全的要求，但是，在分散的世界图景的汪洋大海中，封闭的世界图景只有在隐秘的亚文化岛屿上还能站住脚跟。"[5]所谓"封闭的世界图景"，就是形而上学曾许诺的整体世界；与之相对，"分散的世界图景"正是哈氏期许的

---

〔1〕［德］哈贝马斯：《后形而上学思想》，曹卫东、付德根译，译林出版社2001年版，第14页。

〔2〕［德］哈贝马斯：《后形而上学思想》，曹卫东、付德根译，译林出版社2001年版，第18页。

〔3〕详参［德］哈贝马斯：《后形而上学思想》，曹卫东、付德根译，译林出版社2001年版，第27页。

〔4〕［德］哈贝马斯：《后形而上学思想》，曹卫东、付德根译，译林出版社2001年版，第41页。

〔5〕［德］哈贝马斯：《后形而上学思想》，曹卫东、付德根译，译林出版社2001年版，第28页。

"后形而上学"思想的领域，他把这种东西叫做"多元性的声音"。可见，由传统哲学的先验设立，向立足现实生存的多元性思考的转换，是后形而上学思想（或时代）的特征之一，它对当代美学形上之维的重构，提供了十分重要的观念启示和价值参照。

《后形而上学现代性》一书，是哈贝马斯的学生韦尔默研究后形而上学思想的一部重要文献。在与哈氏所共享的"对于道德普遍主义的承诺"之上，[1]作者借助阿多诺"两重论证"的思想，展示了形而上学的两面性，并在形而上学的"没落"和"真理性"这一极富紧张性的"临界"状态，来寻求"后形而上学"思想的本质。诚如国内学者所勾勒的："现代欧洲哲学中的形而上学批判起于19世纪中期的基尔凯郭尔和马克思等人，在20世纪蔚然成风，如果说20世纪上半叶的形而上学批判多半与形而上学重建联系在一起，或者说以形而上学重建为目标，因此带有某种不彻底性，那么，20世纪下半叶的形而上学批判就有了更纯粹的'后形而上学'意义了。"[2]在我们看来，这正是后形而上学思想作为语境转换的意义，它表明"后形而上学"实质是一种哲学自反性的思想过程与形态，它既和传统的"形而上学"保持时间上的距离，又和"后现代主义"形成空间上的差异。"后形而上学"不会采取"反形而上学"的彻底批判态度，彻底反对形而上学又会形成一种新的形而上学。正如有学者在现代思想背景中评价海德格尔对尼采的阐释所分析的那样："'现代'的历史性完成（终结）也意味着'存在历史'的'另一开端'和另一种开端性的存在'思想'的肇始。为此作准备，是海德格尔自设的尼采解释的'最远目标'，也就是一种后形而上学思想的任务了。"[3]

由此看来，后形而上学思想的任务并非彻底地打碎、否定与解构，也不是极端主义、虚无主义的价值取向，而是解构基础上的建构或重构。与此相呼应的后思想潮流，既有大卫·格里芬倡导的"建设性的后现代"方案，它通过对现代性的质疑以及对否定性的后现代主义的批判，提出了一套兼具批判性和建设性的新的哲学思想体系；也有德国后现代哲学家韦尔施所提出的"重构美学"的理论，"简单地说，美学应当在消解之后予以重构，应当超越

---

〔1〕 详参［德］阿尔布莱希特·韦尔默：《后形而上学现代性》，应奇、罗亚铃编译，上海译文出版社2007年版，第300页。

〔2〕 孙周兴：《后哲学的哲学问题》，商务印书馆2009年版，第342页。

〔3〕 ［德］海德格尔：《尼采》（下卷），孙周兴译，商务印书馆2002年版，第1158～1159页。

传统上它专同艺术结盟的狭隘特征而重申它的哲学本质，不但如此，它甚至可以是思辨哲学的基础所在。"[1]可见，在当代多元文化思想背景下，以哲学思的智慧和功能，努力探寻人类思想的生成与有效发挥，探寻人类存在的现实根基、内在价值及真理的生成与显现等方面内涵与奥秘，已无可置疑地构成后形而上学时代思想生产的基本任务。

美学需要形上之维的重构是不言而喻的。一方面，美学隶属于哲学形态的学科，它秉承了哲学致思的品性，需要从最根本的方面对人类审美存在的深层动机、内在规律及文化效果做出深刻思考与科学解答，以确立文化系统中审美存在的功能和作用；更为重要的是，从美学学科的形成始，它就与人的存在结缘，分外关注文化的真理性、自由及本体价值等诸多形而上问题，尤其关注人的生命存在的审美意义。作为欧洲思想演进中的经典知识形态，在形而上学的镜像，并常常以反思的、质疑的、甚至颠覆的手段，产生有效的思想救赎与文化弥补效果。如 1750 年美学以感性学身份从哲学中的独立，有别于启蒙现代性的审美现代性的产生，政治、技术蜕变为新的权力话语后尼采、福柯以身体为武器所进行的感性的救赎，海德格尔以克服形而上学及艺术的真理性生成所进行的诗性拯救等，均表现出美学的启蒙、守护、葆真与去弊的多重文化功能，深刻体现出对人的感性存在意义的肯定，以及对生命超越价值的追寻与守护，成为西方现代思想中以美学观念进行形上重构的例证。时至今日，美学的"后形而上学时代"已意味着一种新的使命和文化担当。在一个信仰缺失与不再"思"的时代，以美学的方式和力量重构思想的形上之维，可看作是文化发展的必然逻辑及审美主体的自觉选择。

二、重构美学形上之维的基本面向

在西方哲学史上，人们一般把本体论、宇宙论、理性心灵学和理性神学归入形而上学。它们同属形而上学的依据是，由于理性追求知识的"普遍性"和"完整性"而超出经验的范围，形而上学指的就是超越于经验的知识。随着科学的发展，宇宙论归入天体物理学，理性心理学为现代心理学所取代，而理性神学本来就更依赖于基督教，只有本体论始终存在于形而上学内。据此，人们普遍把形而上学等同于本体论。

---

[1]　[德]韦尔施：《重构美学》，陆扬、张岩冰译，上海译文出版社 2002 年版，第 2 页。

克服形而上学，是海德格尔在"存在的历史"这一视域内提出的重要思想，同时它又成为存在的历史在当今的关键任务。在海氏看来，形而上学虽然确是存在论，但它忘记了"存在论的差别"，以致把存在者作为万有的终极根据而成为某种具有神性的事物。克服形而上学就是要寻求形而上学这一根系本身植根于其中的土壤或根本，克服不是摧毁而是超出。如何去克服，海氏讲要克服形而上学思须下降，直降到"最近者的近旁"。回探到形而上学据以兴生之处，这就意味着离开形而上学而回归它的本源存在，亦即思存在。海德格尔指出，诸神隐退后"只还有一个上帝能拯救我们。留给我们的唯一可能是：在思想和诗歌中为上帝之出现准备或者为在没落中上帝之不出现作准备"〔1〕；为何思想和诗歌能够救渡精神世界的萎缩，依海德格尔的理解，"诗"与"思"分别领有"解蔽"与"逻格斯"之特性，诗是"解蔽"，思是"聚集"。诗是揭示、命名、创建、开启，可以说是动态的；思是掩蔽、庇护、收敛、期待，可以说是静态的。"诗"之道说更具开端性和创建性；而"思"之道说更为隐蔽，更有保护性。当务之急就是要唤起"诗思合一"的经验，〔2〕以此实现后形而上学时代思想的建基。可见，海德格尔强调的"思诗合一"及其功能的实现，实则揭示了美学形上之维重建与思想生产的内在关系。

由此来看，重构美学的形上之维意味着当代哲学思想的创造与奠基，其基石性工作包括美学本体论、美学价值论及审美方法等诸多方面的建设。而重构的基础是确立美学的当代本体论内涵，重构的核心是实现美学的元价值建设，重构的关键是回到中国美学形上之维的基本视域之中。

而本体论的确立，实际体现的是人类从哲学思考与理性认知层面，对自身的存在状况、发展前景及可能性等基础性问题，所进行的理论探寻与深刻反思的过程。本体和本体论都是在人的存在历史中展开、呈现、发展及转换的，本体论的建构、转向及解构，所体现的实则是哲学的解谜、去弊与思的多样性过程。历史进入当代生活后，以追问存在为标志的本体论研究的复兴，已成为当代哲学的重要面向。推而论之，美学本体论问题的提出，其核心在于追问与阐释人的"审美性存在"的内涵、命意及当代价值。人类存在历史上，康德以美学整合本体论与认识论的分离，从此开启了大陆人文主义以美学解

---

〔1〕 孙周兴选编：《海德格尔选集》（下），上海三联书店 1996 年版，第 1306 页。

〔2〕 详参孙周兴选编：《海德格尔选集》（上），上海三联书店 1996 年版，第 21~22 页。

决本体论问题的先河；海德格尔以"存在之思"与"真理的构建"，建立了一种独特的后形而上学的"诗学"观。如果说，西方哲学史上思考美为何物与美的普遍性本质，曾成为传统美学本体论思考的一个重要面向的话，今天，美学本体论问题的提出与解答，似乎应更加关注人的存在状况与审美实践的深刻变化。这一变化的突出特点是：后现代日常生活日益显露出平庸、无聊的性质，人的消费欲望膨胀，文化生产日渐浅表化和游戏化，人的生存真相也日渐被碎片化和无意义状态遮蔽，以致形成存在的焦虑、困惑和普遍性压抑，由此引发了当代社会对人的当下存在状态及意义的深层反思，这就是后形而上学时代，美学本体论提出及其追问的深层动因。概而言之，美学本体论确立的基本内涵，是深入思考和有效解决人的审美性存在的意义，进而从美学与生态文明、美学与技术媒介、美学与艺术生产、美学与人的日常生活等关系中，把握其本体论重建的基础性问题和重要内容。只有从哲学的高度予以深刻认识和解决，才能找到重构美学形上之维的思想基点与理论前提。

美学价值论问题的提出有多方面依据。依海德格尔的致思路径，生存状况的分析是寻找"是"的意义的基础，也是本体论的基础，然而只要"是"的真理不被思及，一切本体论的提出及解答依然没有根基。因此，把思内含的"思想"推进到思的过程中，"是"的"真理"就会涌现出来，海德格尔启动了另一种方式的追问，它远离传统形而上本体论，转向了探索"是"的意义和直接思如"是"的真理的阶段，以"思想"追问存在，以"真理"的建基支撑本体论探索，这就是重构美学形上之维确立的哲学依据，其核心是重构真善美三位一体的美学元价值形态。

康德虽然把美学从认识论中解脱出来，使美学成为从认识向意志过渡的中介，从而使美学的独立性增强了，使美学成了批判哲学内部的有机组成部分，成了沟通认识论和伦理学之间的桥梁，判断力也担负起由现象到本体（物自体），从自然到人（伦理）的过渡作用。但是，康德只是从作为桥梁与沟通意义上理解真善美的关系，而三者价值合一的依据是什么，为什么要强调价值层面的融合，如何进行融合，融合的文化功能与现实作用是什么等，这些关乎人类精神发展的重大问题，并未在康德美学中得到根本的解答。本文提出真善美三位一体的元价值建设的学理依据是：人类的自由活动（实践、劳动）是价值形态产生的母体，这种对人的存在的内在规定及对活动本原性的理解是元价值产生的基础，它依赖人类生存活动的整体性与趋优性。历史地存在着的一切价值范畴，无不是人类自由尺度的体现，如认识的价值是真，伦理的价值是善，经济的价值是消费，实践的价值是效率，价值范畴亦折射出人的社会关系的总和。美学的价值虽有多元、复合性，但就其核心而言，其意义表现为在文化结构中对真与善价值的整合、融会及提升。作为人类存在之核心与基础的劳动（实践），不仅包含三种基本活动的关系结构，也包含了三种价值之间的内在沟通与交融。美作为真与善相统一的自由形式，它并非物质实体，而是超越中介真与善所构成的现实世界、使之趋向自由的意境。"真善美"作为超越时代、民族、地域的共同价值体系，是人类文明与文化的最高亦最集中的元价值表述，享有人文精神信仰的地位，[1]是美学价值构成的最基本与最核心的方面。

时代状况与现实情境应是任何哲学问题提出的重要参照。按海德格尔的理解，当代思想无法回避的重大问题，其一是价值虚无，即"上帝死了"之后所判定的"虚无主义"时代人类精神生活的无根状态；其二是技术困境，即由现代技术所造成的人类生存的灾难性现实。海氏从对西方形而上学的批判入手，对虚无主义和技术的本质问题提出了自己的独到见解，以期在这个危险的时代寻求人类的得救之法。[2]从价值虚无到后时代价值相对主义的盛行，人类似乎更需要真善美三位一体的元价值形态。而当代审美的实际状况是，由于现代性分化对文化与价值整体性的割裂，真善美一体系化联系逐渐削弱乃至解体，呈现出"真善"价值的没落和"美"的孤立繁荣。[3]诸如文化表象中"丑"观念的极度扩张，美的形象与形式的无限泛化与增值等，正如韦尔施所讲的，"在表面的审美化中，一统天下的是最肤浅的审美价值：不计目的的快感、娱乐和享受。这一生气勃勃的潮流，在今天远远超越了日常个别事物的审美掩盖，超越了事物的时尚化和满载着经验的生活环境。它与日俱增地支配着我们的文化总体形式。经验和娱乐近年来成了文化的指南。"[4]美学在当代社会中一方面是危机深重，另一方面又是前程无限，所以，重建"美"与"真善"元价值的内在融合与联系，不仅是美学形上之维重构的核

---

〔1〕 详参尤西林主编：《美学原理》，高等教育出版社 2015 年版，第 49~50 页。

〔2〕 详参孙周兴选编：《海德格尔选集》（上），上海三联书店 1996 年版，第 11 页。

〔3〕 详参尤西林主编：《美学原理》，高等教育出版社 2015 年版，第 49~50 页。

〔4〕 ［德］沃尔夫冈·韦尔施：《重构美学》，陆扬、张岩冰译，上海译文出版社 2002 年版，第 6~7 页。

心，也是当代精神文明建设和人的发展的根本。从某种意义看，这一问题确实关乎人类发展的方向与未来之命运，成为美学形上之维重构的灵魂所在。

重构的关键是回到中国美学形上之维的基本视域之中。由于中西形而上学的差异，形成了中国美学形上之维的独特内涵与基本面向。现代以来，宗白华、方东美、唐君毅、叶秀山、李泽厚等，都在积极地寻求与探索中国美学的形上之维，他们的思想和方法，为探寻解决这一问题的科学路径提供了有益启示。本文的基本主张是，研究者应充分吸纳中国传统哲学在本体论方面提出的重要思想及理论，深刻把握中国美学形上之维的独特内涵、基本特征与价值追求，在多元借鉴的基础上确立中国美学形上重构的立足点、方向与基本内容。有论者认为，中国形而上学观念的提出，大抵是依据《周易·系辞》中"形而上者谓之道，形而下者谓之器"的观念，这表明了中国哲学的形而上（学）探究的是从日常生活经验上升到道的境界中去的途径与道路，而西方的形而上学就是对超越于经验的领域的研究。西方的形而上学由于脱离了经验，是一个纯粹概念的世界，是所谓理性认识的对象，它的逻辑推论的必然性使它标榜自己是普遍的真理。而在中国哲学的致思过程中，它是由形而下的途径进入道的境界，是个人体验和日常经验升华的结果。这样看来，中国哲学形而上的基本问题就是道，所谓"道生一，一生二，二生三，三生万物"。[1]由此可见，"道论"就是中国哲学与美学形上之维的逻辑原点和思想基石，是中国文化价值理性的总命名。

方东美在分析中国哲学本体论的立论特色时讲过，中国的形上学是超自然形上学，它一方面深植根基于现实世界；另一方面又腾冲超拔，趋入崇高理想的胜境而点化现实。它摒斥了单纯二分法，更否认"二元论"为真理。从此派形上学眼光看来，宇宙与生活于其间之个人，雍容洽化，可视为一大完整立体式之统一结构。[2]这便是中国哲学形上之维的突出特征，它提出的是面向生活世界和人生实践的思想和理论，所谓形而上学其实质就是生存之大道，是生活形上学，它是用"道"或"天道"来体认与展现这种形上学。在儒家表现为人伦形上学，天命是人的存在的形上学根据，所谓"天命之谓性"，"天"已从宇宙本体内化为某种生命原创观念与人文追求，即所谓"天

---

〔1〕 详参俞宣孟：《本体论研究》，上海人民出版社 2005 年版，第 105 页。

〔2〕 详参方东美著，李溪编：《生生之美》，北京大学出版社 2009 年版，第 140 页。

人合一"思想；而在道家却表现为浓厚的生命。

意境的审美形上学，它绝非实体，而是指超然物外且又构成"万物之所然，万理之所稽"的非对象化的"道"，其实质是原本存在于日常生活中的诗性的逍遥与超迈。概括地讲，"中国哲学重存在论而不重认识论，它强调人性的道德内省与自觉，人性的道德与自觉蕴涵着生命的本体与结构，但这种生命本体在不同哲学家那里有不同的表达形式，诸如道、天、象、易、气、仁等。这些本体并不是超验性的和实体性的存在概念，本身就是支撑生命的本体，中国哲学强调的是践行，而不是话语。"[1]

由此看来，中国哲学（美学）的存在论本质上就是生存论。所谓回到中国美学形上传统的基本视域之中，就是从根本上认同与借鉴这种以生命存在为本体的价值取向，即努力实现与生活的审美化或艺术化过程的有机融通，追求形而上学生活化，注重生命的和谐、流动与生成，讲究心性及道德的修持与培植，德兴人生，大化宇宙，从生命的实践中实现生存的澄明与自觉等，这些中国哲学（美学）形上之维追求和推行的东西，正是重构当代美学形上之维所要努力秉承和弘扬的。当代社会已进入了一个新的、复杂的时代，它所面临的变革是从以往抽象的历史，向人的存在及其实践的历史性转变。而所谓回到人存在本身，就必须从现实的人类历史的整体规定中思考这一转变的历史处境，必须结合人的日常生活的批判及重塑人性的时代，消费社会的来临导致大量文化与人的生存问题的增多，而人类所崇尚的工业文明与经济社会的合理化愿景，也悄然滋生出新的人性，即一种非生产性、接受型的性格取向。如弗洛姆分析的那样，这种性格取向的人有丧失个人独特性，而变成纯粹机器人的危险。这是真正的人性困境及其误区，在消费社会有过之而无不及。时至今日，人类精神文明的更为深层的改变和提升，似乎更寄希望于人性的改造与重塑，更依赖于有效的文化教化、引导及积极的审美启蒙所达到的人的内省与自觉，这是中国美学形上之维资源及其价值实现给予我们的深刻启示。所以，如何建立有意义及科学的当代审美价值形态，并使其融入和渗透到人的日常生活中，通过对人性、人的心理本体的滋养、启蒙，甚或是批判性地塑造，以达到当代人对文明和有意义生存的高度自觉，这才是重构中国美学形上之维的核心与目的所在。

---

〔1〕　邹诗鹏：《生存论研究》，上海人民出版社 2005 年版，第 497~498 页。

三、重构美学形上之维的方法论转向

探讨本体与方法的合一，思考方法论转向在形上之维重构中的功能作用，对美学及人文学科的思考来说极为重要。依加达默尔的观点，对于哲学解释学来说，问题并不在于我们做什么或应该做什么，而只在于，在我们所意愿和所做的背后发生了什么。因此只有当我们使自己从充斥于近代思想中的方法意义及其关于人和传统的假定中解放出来，解释学问题的普遍性才能够显现。[1]美学作为现代人文学科形态，作为哲学与艺术学、思与诗相融合的理论性学科，同样保持了较强的哲学反思与人文阐释的方法论品性。

长久以来，我国美学研究的方法论缺陷是显而易见的，如本质主义的立场、二元对立思维、对形而上学超验问题的迷恋，以及大量移植西方学术话语和方法，与现实生活及审美实践的严重脱节等，它程度不同地造成美学学科的表述危机，导致该学科为繁衍庞杂的概念体系与过多的理论图式所包围，而解决与思考美学实践的现实能力却不断下降。从某种意义讲，我们实际上未能找到有价值的、适合本土文化心理传承机制的有效方法。

有论者指出，海德格尔本体论变革的意义，不仅在于建立了一种理解本体论，更有启迪意义的是，他把这一变革从传统封闭的、寂然故我的超验本体，转变为开放的、不断变化，生生不已的存在本体。即本体与方法与时俱进、深化完善，探索一种流动变化、能彻底实现辩证法之创造精神的本体，乃是建立新的本体论的路向。[2]而这一路向确立的关键是从存在进入思想，即致思，海氏称其为"非形而上学的存在之思"。与欧洲形而上学传统比，它构成了一种更为深刻的转向。这启示我们，本体与方法是同一的，美学的本体论思考与形而上探寻，同样需要思的功能与对意义实现的追问。而现代哲学及美学的阐释方法，更注重回到事实与还原生活，即通过面向人的现实生存，面向人的感性生活，探寻与此相关的意义世界中的真理性问题，以使美学学科在人文阐释的向度方面，更加接近或达到本体论及形上视域的基本尺度与水平。感性是一切科学的基础，也是人的实践本体的第一个不可动摇的出发

---

〔1〕 详参［德］加达默尔：《哲学解释学》，夏镇平、宋建平译，上海译文出版社1994年版，第1页。

〔2〕 详参［美］成中英主编：《本体与诠释》，生活・读书・新知三联书店2000年版，第125~126页。

点。当代美学本体论的转向，也表现为对人的感性生命活动及人的现实生存实践的高度关注与深入思考。走向当代本体论的美学，不再是指对实在的绝对精神本体或概念本质的探求，而是指对进入动态生成过程中的感性个体的生存实践与意义的追问与反思。诚如马克思所讲，"我们的出发点是从事实际活动的人，而且从他们的现实生活过程中还可以揭示出这一生活过程在意识形态上的反射和回声的发展。"美学作为人文阐释的学科，其本体论与形上之维的确定，归根结底，取决于我们对人的现实审美存在及活动所达到的哲学理解和认识，取决于我们在价值与文化的根基方面，如何奠基和生产美学的最基本的观念与思想。

现代以来，中国美学频繁的理论移植与话语输入，形成了学科思想与知识形态过度的漂浮及变换，美学领域诸多的基础命题被搁置与遮蔽。本体论研究是被遮蔽的问题之一。这种被遮蔽的状况有两点突出表现，一是研究视界的含混与模糊，二是本体论存在的被解构。美学论域中本体论问题的存在是有限度的，决非哲学本体论的简单移植，它更多的是基于一种"思想范式"的转换与"方法论意义"的运用。作为"思想范式"的转换，美学需要从现实的生存本体出发，将美学思想的内涵推进到观念建基的层面，从而为该学科的形上之维重构提供生存论的理论基础；而作为"方法论意义"的运用，其阐释的有效性应立足于人的真实存在和发展，反对先验观念与抽象原理的设定，坚持从人类真实而生动的审美存在与审美实践中，发现和形成有价值的形上观念与理论。

美学形上之维的重构，更需要倡导和发挥一种积极的学科反思功能。通过对本质主义思维方式的批判，扬弃所谓"普遍规律"与"永恒本质"的抽象假设，达到对传统形而上学本质的解构，这不仅能拓展美学研究的新视野，打破形而上学本质主义模式，也可推动美学与当代多元思想方法的接轨。20世纪90年代后，中国美学方法论运用表现出一种复杂的症状：一方面是思想的游牧与话语的过剩，另一方面却是原创性理论的缺失与贫乏。其原因与本体论研究悬置和形上思维的空场有关，以致造成中国美学面临思想根基缺失的危机和本土化的理论原创的困境。后现代美学倡导者所提供的主要是一种文本策略和阐释方式，并没有体现出对意义和真理的探求；他们虽然找到了一条走出美学形而上学传统的超越之途，却未能找到重建美学本体根基的价值之路。据此来看，我们提出探求后现代语境下重构美学形上之维的方法论转向，已显得十分迫切与必要。正像一切知识及哲学问题的产生，都源于人们对世界意义的追问一样，美学本体论与形上问题的提出，也源于人们对审美价值及意义的追问，这种追问本身依人的存在的变化而不断更新。随着现代哲学本体论的转向，我们越来越自觉地认同于从生存本体视域，不断探求和建构当代美学的形上问题，以便从中找到中国美学存在与发展的内在动因与价值根基。

第十一节 《乐感美学》的"照着说"与"接着说"[1]

一

20 世纪 90 年代以来，当代中国美学研究深受西方语言论、存在论、现象学、精神分析、解构主义、后殖民主义、新历史主义等为思想元素汇流而成的后现代主义思潮的影响，对传统的唯物论美学范式所主导、聚焦美的本质等问题的研究所带有的缺陷给予清醒的反思、批判的同时，美学的体系化、规范化研究也渐渐变得少人问津，"美的本质""美的规律""美的主客观问题"等边缘化了，被"悬置"了起来，成为"无限期推迟出场"角色，有时被有意无意地看作是一种过时的问题，甚至在激进学者那里，美的本质研究之类的合理性都被否决了；美学的形上之思，似乎伴随着"日常生活的审美化"而降下了身段，美学更多地成为一种现象、体验的描述或文本的阐释、赏读之学；与此学术趋势相关，一部分学者，甚至要改变美学学科的内在根基，否定美学的存在，试图在美学的内部发动颠覆性"解构"与"重构"，主张以"审美学"代替"美学"。对美学研究的这种状况，祁志祥教授有着清醒的"冷眼旁观"般的观察，他说："主张用单纯研究审美活动、描述审美文化现象的'审美学'代替作为'美的哲学'的传统'美学'，使美学研究变成了'有学无美'、有名无实的研究，只有解构，没有建构，只有否定，没有建树，只有现象描述，没有本质概括，只有知识陈列，没有思想提炼，美学

---

〔1〕 作者张灵，文学博士，中国政法大学学报编审、人文学院教授。本文原载《学习与探索》2017 年第 2 期。

的理论表述因而变得碎片化,没有逻辑体系可言,陷入了另一种极端和误区。"[1]如果说这些是体系性美学建设面临的内部性新挑战的话,美学的碎片化、"众声喧哗"化、去深度化的另一个诱因,或许与另一种时代性的学术生产的现实状况也大有关系——美学本身连同其他人文学术进入了一种"后现代的境况","对话"的名义下,科学、学术的统一性、标准性、规范性被越来越忽视,人们对学术问题的探究或公开或遮遮掩掩地放弃了"真理"的追求,各种"话语"甚嚣尘上,学术的作业在利益的隐秘驱动下不再竭力追求学术质量或品质,于是,在对前人和其他学人已有成果竭泽而渔、"照着讲"的基础上"接着讲"[2]的周密、完备的学术接力的规范、秩序只剩下一点装点式的外表,潜在的学术共同体之间的内在协作失去了,美学连同其他人文社科学术的系统性、完备性、本质性建构成为吃力不讨好的事情。以上的内外因素,导致了美学研究陷入后现代化状况。然而,就文化的总体而言,某些"后现代性"演化倒未必是一件消极的事情,但科学与学术本身永远是一种"现代性"的事业,它始终应该追求事物或现象的本质,追求真理,追求在"主客二分"基础上的对事物与现象的清晰、理性、规范的把握。从这个意义上来说,祁志祥教授的《乐感美学》重启美学的形上之思和体系建构就是一件克服流俗、勇于担当、敢于付出的学术壮举。

《乐感美学》的一大优点在于其出色践行了冯友兰先生关于为学所言的"照着讲"和"接着讲"这两个环节。本书的"照着讲"可以从两个方面来看,一是,本书是作者几十年来在美学史领域孜孜矻矻、辛勤耕耘做了充分的学术积累、学术梳理的基础上将各种思想精华提炼、酝酿、孵化到一定程度后自然孕育、升华出的思想新果实。在作者的学术生涯中先后已经出版了《中国古代文学原理》(1993)、《中国美学的文化精神》(1996)、《佛教美学》(1997)、《佛学与中国文化》(2000)、《中国人学史》(2002)、《中国美学原理》(2003)、《中国古代文学理论》(2008)、《中国美学通史》(2008)、《中国佛教美学史》(2010)、《人学视阈的文艺美学探究》(2010)等大量美学相

---

[1] 祁志祥:《乐感美学》,北京大学出版社 2016 年版,"前言"第 3 页。

[2] "照着讲"和"接着讲"是冯友兰先生关于为学的一个提法。冯先生说,哲学史家是"照着讲",例如康德是怎样讲的,朱熹是怎样讲的,你就照着讲,把康德、朱熹介绍给大家。但哲学家要反映新的时代精神,要有所发展、有所创新,这就叫做"接着讲"。详参叶朗:"'照着讲'和'接着讲'",载《人民日报》,2013 年 3 月 21 日。

关著作，通过长期性专业性的"照着讲"的工作，为本书自成一家之言、独创美学体系打下了坚实基础。二是，从《乐感美学》的思想内容来看，作者采取了厚积薄发、取精用弘、对已有研究成果"一网打尽"式的吸收。通观全书，五百多页的巨著几乎无页不注，且页注一两条的只为少数，页均注释多在五六条以上，而十数条的也满书皆是。

特别令人赞赏的是作者那种"不薄古人爱今人"的学术襟怀。在充分吸纳了经典和前辈学者的思想的同时，还以诚恳、谦逊、细密的态度吸收了自己同辈乃至更年轻学者的新见。这和学界自古就有的文人相轻、崇古轻今、贵远贱近、拉帮结派的流俗陋习适成对比。作者对当代学人成果吸纳的广泛性、包容性形成了一种醒目的学术书写风度。如果拿同样是致力于美学体系建构、在美学园地一直辛勤耕耘、成果卓著的美学界前辈叶朗先生的代表性著作《美在意象》来作一粗浅对比，更可见出他们在写作范式上的不同选择：叶先生"居高临下""取法乎上"，在材料的取舍和文字表述上可谓"唯美主义""完美主义"，因此他在材料的取舍上更多采取"减法"，不是经典或名家权威性著作的资料几乎都入不了先生的法眼，因为他似乎不仅追求内容的真精与独创，而且把《美在意象》这本书的本身当做一个艺术品在对待。相比而言，虽然在美学园地也是辛勤耕耘很多年，但祁志祥教授毕竟还是年轻一代学人、是美学界的晚辈，因此他采取的更像是一种"平等对话"的态度，他在材料的取舍上采取的更像是加法，尽可能地收集筛选了古今中外新老学人在相关问题上有价值的各种学说，因而从学术书写和《乐感美学》的外在品貌而言，不免要显得"芜杂"一些——这完全是从外在审美上而言，并非内容品质的评价，不是那么追求"唯美"和"完美"，因为祁志祥教授更多地选择了内在学术的需要，自然放弃了作为一本书、一个"作品"的美学性，当然这个选择对学术研究来说既包含着牺牲、也兼容收纳了更多的学术使用价值，更加便利于其他学者在此基础上继续操作。而叶朗先生的《美在意象》不仅适用于美学学者也适用于一般人文修养者的阅读，但对专业美学者来说，在其基础上实用性地接着操作的资源就少了一些。当然两种学术写作姿态、风格各有利弊短长，不同学者可以采取不同的方式。这里仅仅是为了更方便地说明祁著的一个写作特点而已。

二

其实要采取祁著的写作法式、范式，不仅需要外在的对待其他学者的开放胸怀，要真正地落实，是需要付出更艰辛的劳动的。"板凳要坐十年冷。"没有扎实的案牍之形劳，如何能够广泛地披沙拣金、将有用的学术资源尽力吸纳在自己的文本中呢？我们且以书中关于"'美'为一切有乐感功能的动物体而存在"这一观点的论述为例。美学研究如同其他领域的研究一样，已有的成果也可谓是汗牛充栋了，后来的涉入者总难免会在文献的阅读占有中凭借自己的观念过滤掉一定的材料。如果我们想减小对有价值文献、观点的遗漏，自然需要花费更多的时间去阅读。就一般动物是不是具有审美的能力或者说研究美学是不是需要关注一般动物或我们人的动物性存在、生理性存在、机能性存在？这个问题，其实往往会受到忽略或者很多人并不愿在此多花时间心血。但《乐感美学》却在这个问题上通过自己不抱成见、虚怀若谷的态度和扎实的阅读领会，充分吸纳了一些一直被忽略的学术观点，并做了更充分的梳理，从而为我们打开了一个很有学术价值的新空间，从第84页到第101页作者用近20页的篇幅对古今中外学者关于"美学与人和其他动物"关系的研究以"从庄子到刘昼：论人与其他动物喜爱之美的异同""从达尔文到普列汉诺夫：西方美学关于动物美感的分析"描画出了中外两条清晰的思想线索，达尔文的"人类既开化以后，其美之感觉显然为一种尤复杂之感情，且与各种智识观念相结合也"等卓见妙悟在作者的搜求下可谓亦琳琅满目，颇为可观，但以往都通常被我们忽略了。看看这些具体的论述就会知道，为了采撷到这些珍贵的美学材料，作者要阅读多少我们未必会从美学角度出发去认真考虑的书目，孔子、庄子、王充、葛洪等倒在常备之列，北齐刘昼的著作、达尔文的《物种起源》《人类的由来》《人类原始及类择》、科普专栏作家娜塔莉·安吉尔的《野兽之美》等怕是未必会细致涉猎了！

这里应特别一提的是，作者从第93页到第101页细致梳理了一条中国当代美学中被遮蔽着的学术线路："从黄海澄到汪济生：新时期中国学者论动物美感"，完成了对中国当代美学史真实场景重要一隅的学术揭蔽、还原，这是非常可贵的："新中国成立初期，达尔文的进化论著作和普列汉诺夫的《没有地址的信》翻译到我国并广泛传播，但受'美是人类的专利'、'审美是人类特有的能力'的西方传统信条、苏联学者对达尔文、普列汉诺夫动物美感论的否定以及新中国成立后'美离不开人类社会实践'主流观点的制约，达尔文、普列汉诺夫关于'动物有自己的美和审美力'的论述在五六十年代的美学大讨论和八十年代初出版的若干美学教材、论著中从不被涉及。不过，伴随着新时期的思想解放，美学界逐渐出现自由论辩的春风。动物美感的现象也进入了这个时期美学论著的视野。这里值得注意的有四位学者：周钧韬、刘骁纯、黄海澄、汪济生……"作者以坦荡的胸怀、扎实的阅读做着一般人不甘为之但却有价值的学术清理：1983 年，周钧韬出版普及性美学读物《美与生活》，罗列了许多动物"爱美"的有趣现象，[1]"1987 年，汪济生出版约 40 万字的《系统论进化论美学观》一书，进一步论述动物美感问题。此书其实早在 1984 年就在学林出版社出了 8 万字的简写本，书名为《美感的结构与功能》，提出动物具有美感的问题。"[2]我们从这样的筚路蓝缕的描述中能管中窥豹，见识到作者所下功夫的质朴、踏实。

说到作者的胸怀，他的对话、平等、诚实、公正和肯下功夫的态度与做法当然不仅是面对自己受到较多启发的一支美学潜流的问题，作者其实是面对整个学界、所有学人皆为如此的，我们不妨再看一例，这是有关一个美学概念的："1997 年，德国美学家韦尔施文集《重构美学》由英国塞奇出版社出版，在第六篇论文《公共空间中的当代艺术：琳琅满目抑或烦恼》中，韦尔施指出在日常生活审美化的浪潮中，当代公共空间中的艺术无处不在，显得过剩，由于司空见惯，这些艺术已不复是吸引眼球的美丽景观，反而成为让人产生'审美麻木'或'审美疲劳'烦恼的对象。该书虽然较早提出'审美疲劳'概念，但直到 2002 年才在我国翻译出版。在中国美学界，'审美疲劳'是封孝伦在 1999 年出版的《人类生命系统中的美学》一书中首次提出来的。"[3]作者的这种态度和做法，不禁叫人想起那句令人欣喜的诗句、那种给人鼓舞和温暖的境界："平生不解藏人善，到处逢人说项斯。"

当然这种不抱成见的广泛搜求，在作者的"慧眼识珠"和再造利用之下，作者也得到了丰厚的学术回报，这反过来也进一步证明了这样的学术姿态的价值与意义，可以说《乐感美学》里的不少创新是受惠于作者这种踏实的学

---

[1]　详参祁志祥：《乐感美学》，北京大学出版社 2016 年版，第 93 页。
[2]　祁志祥：《乐感美学》，北京大学出版社 2016 年版，第 99 页。
[3]　祁志祥：《乐感美学》，北京大学出版社 2016 年版，第 507 页。

术史还原、"拾穗"的功夫。正是通过对人以外的动物与美的关系研究中的真知灼见的启迪，祁志祥教授提炼升华、脱颖而出地得到了自己的"美是有价值的乐感对象"这样的核心美学构想。对此他从不讳言而且从不吝啬赞美的笔墨，如说到"适性美学"命题、说到他在这方面得到的启发，他是这样坦述的："关于客观事物适合主体物种本性而美的最明确、最完整的理论揭示，当推当代学者汪济生。汪济生认为，人们平常指称客观事物的'美'，其实是与快乐的美感分不开的，'美虽然看起来是人们对客观事物某种属性的客观描述，但是这种属性离开了人的自身感觉几乎就无法存在。''客观事物的美与不美，都是要经过人的感官衡量的，所以，严格地说，客观中存在的美，其实都是感觉主体本质力量的内在价值尺度的相对稳定的对象化、物态化。''只有进行态的美感活动，才是美的现实存在形式。'"[1]

"适性美学"观具有的这种超乎人类的视野促使作者真正走向了"人类学""博物学"般的开阔视界，使他获得了对美、生命、人生、世界观照的新的、极高的位置和境界："使客观事物成为'乐感对象'或'美'的根源是'适性'。对象适性为美，分主体的适性与客体的适性。主体的适性之美，指对象因适合主体之性而被主体感受为美，包括客体适合主体物种本性、习俗个性或功用目的，客体与主体同构共感，人化自然走向物我合一，主客体双向交流达到心物冥合等诸种表现形态。客体的适性之美，指客观对象适合自身的物种本性而被主体视为美。它只为洞悉人与万物相互依赖、相反相成关系的人类而存在。物物各有其性、各有其美，适性之美具有多样性，它们没有高低之分。承认客体的适性之美，要求破除人类中心主义审美传统，走向物物有美、美美与共的生态美学，同时让主张物种天性自然伸张的自然美学、生命美学汇入生态美学大潮。"[2]显然这已然是进入了多么宏大广阔的思想境界！在这里《乐感美学》不仅奠基了自己的独树一帜、自成体系的美学体系，而且这一体系其实也悄然通向或者更准确地说融通着当代最前沿的美学思潮——生态美学。换句话说，《乐感美学》不仅沟通了已有的古今中外的美学思想资源，而且内蕴着美学的前沿思想。

---

〔1〕 祁志祥：《乐感美学》，北京大学出版社 2016 年版，第 165 页。

〔2〕 祁志祥：《乐感美学》，北京大学出版社 2016 年版，第 162 页。

三

在学术资源取舍、原文的截取、材料的引述的背后是作者的隐在的手眼，面对汪洋般的学术成果，作者并不能也不会不加拣择地照单全收。即使是要引用的某段文字，也是做了精心的筛选、剪裁，尽量压缩所占空间，显示出作者选材时对丰赡全面多样与严谨精当经济的平衡意识。如第 47~48 页论述"美是难的"一段一千六百多字的文字中，作者列举了西方美学史上关于"美"本质之困惑的众多精彩论述，如苏格拉底、狄德罗、歌德、黑格尔、列夫·托尔斯泰、克罗齐、迪基、罗兰·巴特、维特根斯坦等的观点，既博采了众家之长，又对引用文字截取很干净，给人的印象是作者的这些引用既追求论据材料的充分多样，又始终不忘学术表达的精炼，如所引歌德一句话："我对美学家们不免要笑，笑他们自讨苦吃，想通过一些抽象名词，把我们叫做美的那种不可言说的东西化成一种概念"，很有启发性，虽为口语但并无冗言。为了节省篇幅，作者对他引用的文字常常不辞辛苦地作了间接引用和直接引用的精巧搭配组合，如对克罗齐的相关论述的介绍是这样的："克罗齐一方面说'同一事物从某一方面看是丑，从另一方面看却美……美不是物理的存在'，'用大多数的票来决定美、丑的东西在哪里'的"归纳的美学家们连一个规律还没有发现'，另一方面又归纳说：美是主体的'直觉表现'。"再如对罗兰·巴特的观点也采取同样的方法："罗兰·巴特一方面说'美是无法解释的'，它'缄默不语'，'拒绝任何直接谓语'，同时又说：'只有用同语反复（一张完美的椭圆形的脸）或比喻式（美得像拉斐尔的圣母像，美得像宝石的梦等）那种谓语才是可能的'。"另外作者的引用，并非机械地罗列，而是加入了自己的判断和思考、进行了恰切的融合、推进，从而使整个引述和自己的论述融会贯通，成为一种有机的学术表达，如在上述引述之后作者写道："'美'虽然是人们的认识对象，但并不在人们的感受、体验之外，'审美对象只有在知觉中才能完成'，'在审美活动中"审美对象"其实也就是一种"审美现象"'，它并不等同事物的物质实体。"[1]正因为作者采取了不惮其烦的精耕细作的学术写作表达态度，这就使得本书引用虽广但绝无滥充字数、粗放写作的常见弊端。

---

[1] 祁志祥：《乐感美学》，北京大学出版社 2016 年版，第 54 页。

《乐感美学》的一大优点还在于作者对各种学术理论、观点都采取了独立思考、慎思明辨、不迷权威、不惮于众议的态度，显示了作者自觉的求真精神和批判的勇气。如近几年来，伴随着美学研究中心从"美"向"审美"的转变，一些学者主张将"美学"易名为"审美学"。祁志祥教授怀持正本清源的态度，依据"美学"创始人鲍姆嘉通、黑格尔以来以至最早将"美学"引进中国的先驱者蔡元培、萧公弼、吕澂、陈望道等人的用法，坚持美学是研究美的本质和规律的"美之学"的传统用法，认为"乐感"正是"对'美'的最基本的特质、性能的概括……乐感美学是聚焦美的乐感特性之哲学。"[1]而这本《乐感美学》巨著所呈现出的扎实新颖的理论体系，则是对他坚守"美学"经典定位之主张的最有力的无声的肯定。特别是对那些我们似乎耳熟能详的美学哲学大师的经典著作中的论说，祁著同样能够凭借敏锐的学术辨别力和充沛的逻辑意识，而发现并指出它们的漏洞或悖谬之所在，我们不妨来看一段：

> 如果沉溺于经验描述而不能自拔，体现不出理性思辨的深度和广度，经不起逻辑的严密推敲，这样的"理论"就不是名副其实、令人信服的美学理论。比如尼采。他一方面说："没有什么是美的，只有人是美的"。另一方面又说："'全部美学的基础'是这个'一般原理'：审美价值立足于生物学价值，审美满足即生物学满足"，"审美状态仅仅出现在那些能使肉体的活力横溢的天性之中，永远是在肉体的活力里面"，"动物性的快感和欲望的这些极其精妙的细微差别的混合就是审美状态"。这两种说法本身是自相矛盾的。而且，"没有什么是美的，只有人是美的"这个表达本身也很不严密，它可以引起多种理解：是说除了人类之外自然界、植物界、动物界都没有让人类感到美的现象呢，还是说人类之外的自然界、植物界、动物界没有自身的美呢，抑或说人的世界都是美的呢？无论哪一种理解，都经不起实际检验和理论推敲。他还说："如果试图离开人对人的愉悦去思考美，就会立刻失去根据和立足点。"人"对人的愉悦"是美学思考的"根据"和"立足点"，那么人"对自然（包括动植物）的愉悦""对艺术的愉悦"是"思考美"的什么呢？难道不也是

---

〔1〕　祁志祥：《乐感美学》，北京大学出版社2016年版，"前言"第1页。

"根据"和"立足点"之一吗？尼采学说中所以出现这样的逻辑混乱，因为他明确声称反"体系""非理性"，"他那些半生不熟的真理没能成熟为真正的智慧"。所以，罗素指出尼采算不上是一位真正的哲学家，"他在本体论和认识论方面没创造任何新的专门理论"。[1]

这段针对尼采观点、尼采学术能力、为学风格的论述，体察精微、辨析严密、论断尖锐，显示了作者强劲的学术实力和严谨独立的学术人格。同样是美学名家的马利丹，作者对他的论述中的破绽同样是明察秋毫、稍不纵容："在同篇文章中，他先从诗的'自由'精神的'创造性'出发，提出'美不是诗的对象'和'目的'，'美不规定诗，诗也不从属于美'，本身已露破绽，但后来又说：'诗不能离开美而生存'，'因为诗爱美，美爱诗'，逻辑上就更加混乱。"[2]对名家论述里的这些悖谬之处，我们往往忘记了质疑，而是不自觉地设法去迁就式往圆了理解，或囫囵吞枣式放过，而一经如祁著般指出，我们马上才会意识到问题的存在。这一方面是为学的态度问题，另一方面这则是我们在为学的"才胆识力"上有所不逮的表现，故而不能捅破那层问题的窗户纸。受祁著启发，我想如果我们抱着慎思明辨的态度，较真地对待学问，的确有太多的我们未曾意识到的问题常常就存在于我们所信任的经典论述或其翻译里，比如一般都知道鲍姆嘉通认为 Aesthetica 的研究对象是"感性认识的完善"。但我们仔细想想，"感性认识的完善"是什么意思呢？是哪个对象让我们在感性上认识到其完善呢？还是指这个"感性认识"本身的"完善"？可是"认识本身完善不完善"只是和"真理"有关，和美学有什么关系呢？

四

作者对于相关美学问题体味、论析的敏感、细致、警觉、明辨、博识、转化、展现为书中随处涌现的学术亮点。其中最大的亮点即在于作者将美的"本质之问"巧妙转化为追寻审美"现象背后的统一性"，又最终将"有价值的乐感对象"之创见过渡到"适性说"，又将"适性说"的"性"辨析为

---

[1] 祁志祥：《乐感美学》，北京大学出版社 2016 年版，第 25 页。
[2] 祁志祥：《乐感美学》，北京大学出版社 2016 年版，第 25 页。

"主体之性"和"物之自性"等，从而构建出了一套独创的美学新体系：

> 如果我们不是在形而上学实体论的意义上理解"本质"一词，而是把"本质"视为复杂现象背后统一的属性、原因、特征、规律，那么，"本质"是存在的，不可否定的。否定了它，必然导致"理论"自身的异化和"哲学"自身的瓦解。今天，站在否定之否定、不断扬弃完善的新的历史高度，从审美实践和审美经验出发，在避免机械唯物论缺陷的前提下，对"美"的现象背后的统一性加以研究，在兼顾主客互动的前提下坚持主客二分，并以古今并尊、转益多师的态度，对古今历史上各种美学成果加以综合吸收，不仅可以弥补传统美学关于"美的哲学"建构的不足，而且可以补救解构主义美学的矫枉过正之处，为反本质主义美学潮流盛行的当下提供另一种不同的思考维度。

显然，"现象背后的统一性"像阿基米德所说的撬动地球的杠杆支点一样，其实是牵一发而动全身般关联了适性美学体系的整个大厦的。而这个问题的突破也正是对传统美学体系面临瓶颈、危机的一个解决、推进——祁教授一开始就捕捉到了已有美学理论的软肋："其中最突出的问题是由于误把'美'的'本质'当作纯客观的'实体'和客观世界中存在的唯一'本体'，不明白'美'实际上乃是人们对于契合自己属性需求的有价值的乐感对象的一种主观评价，具有动态性，不明白同一事物既可以显现为'美'也可能显现为'丑'，可以呈现为'美'的事物多种多样，不存在唯一的、不变的、终极的'美本体'，因而使这种机械唯物论的美学研究走进了死胡同。"[1]在这个转换中，传统本体论、认知论、单线—逻辑中心主义的美学话语被他击中了命门而被巧妙解救到了感性的、立体的、体悟—贯通的新的美学话语体系，遂使陷入僵局的理论问题又获得了有效展开的新维度。实体的本体之问转化为一种现象背后的统一的原理之问、机制之问，又进一步推演为："'美'就是存在于现实和艺术中的'有价值的乐感对象'"[2]。而之所以是"有价值的"产生"乐感"的对象，乃是因为"对象"适性，"适"主体之"性"，这就把美在主观还是客观、在主体还是客体的无解之问也化解、超越了，将

---

〔1〕 祁志祥：《乐感美学》，北京大学出版社 2016 年版，"前言"第 2~3 页。
〔2〕 祁志祥：《乐感美学》，北京大学出版社 2016 年版，"前言"第 4 页。

美的问题置于了主客之间、主体和对象之间："'适性'乃是人们指称对象为'美'的根本原因和最终根源。对象适合审美主体之性而美，是否必须以扼杀自己的客观本性为条件和代价呢？这在听命本能主宰的动物界是这样的，但在具有高度智慧，洞悉人与万物相互依赖、相反相成关系的人类那里则恰恰相反。从物物有美、美美与共的生态美学视野来看，适性为美不仅包括对象适合审美主体之性（合目的性），而且包括适合自身客体之性（合规律性），就是说，对象适自身之性，也就适主体之性，适主体之性的对象同时可以适自身之性，并以适自身之性为前提，这两者是可以而且应当兼融的（也就是我们通常说的'合目的性与合规律性的统一'）。从美的根源、原因上看，我们可以综合主体的适性与客体的适性二者得出这样的结论：美在'适性'，'适性'为美。"〔1〕如此，美学的僵局通过新的坐标体系的重构又展开了壮阔的新的生机勃勃的空间。而且这一次还在整体上从日用、形下的物品之美的问题到形而上的超验性、精神性之美的维度实现了理论上的完美的贯通，并将"真善美"这三个基本的人文领域思想价值问题给予了新的融会贯通的阐释。

其实转换的发生在根本上取决于对整个美学学术遗产谦逊广泛的熟悉和吸纳的基础上突破既有的眼界、视角、尺度、维度、方法、手段、范式等，这也是交叉学科日益受到推崇的一个内在理据。所谓"三界唯空，万法唯识"。在新的美学识度下，美学若干枝节问题上也都取得了新的突破。以下再举数例。

作者依据自己广博的美学学识和敏锐的感知力，对美的范畴的划分提出了新的看法：作者将"美"的子范畴重新划分为三组——"优美"与"壮美"、"崇高"与"滑稽"、"悲剧"与"喜剧"，并给出了极具新颖性的独到辨析，令人服膺、给人启发："作为'美'所统辖的子范畴，它们以不同方式、特征与'有价值的乐感对象'相联系，印证着'美'的统一语义。'优美'是温柔、单纯、和谐的乐感对象，而'壮美'是复杂的、刚劲的、令人惊叹而不失和谐的乐感对象。'崇高'是包含痛感，令人震撼、仰慕的乐感对象，而'滑稽'是令人发笑、自感优越、有点苦涩的乐感对象。'悲剧'是夹杂着刺激、撕裂、敬畏等痛感，导致怜悯同情、心灵净化的乐感对象，而'喜剧'则或是具有肯定性、赞赏性的笑中取乐对象，或是具有嘲弄性、批判

---

〔1〕 祁志祥：《乐感美学》，北京大学出版社 2016 年版，第 161~162 页。

性的笑中取乐对象。"〔1〕应该说对美的子范畴，已经有一种传统划分，如朱立元主编《美学》将之归为三组：优美与崇高，悲剧与喜剧，丑和荒诞。〔2〕这也是最为学界接受的分类。而当代美学界也已有学者在做新的探索，具体范畴，叶朗《美在意象》中就将之划分为如下几种：优美与崇高，悲剧与喜剧，丑与荒诞，沉郁与飘逸、空灵；〔3〕叶朗的新颖之处就在于在传统之外，增加了依据中国美学史而增加的中国特色美学范畴。而更晚一代的美学家如张法也给出了自己独特的看法，主要是立足西方美学、增加西方美学范畴的同时，对这些范畴的分组给出了新的看法：美（优美、壮美、典雅）、悲（悲态、悲剧、崇高、荒诞）、喜（怪、丑、滑稽）。〔4〕同已有的探索比起来，祁著的划分和张法的有相似之处，就是将优美与壮美区分、将壮美和崇高区分。而祁著也给出了自己的自觉体悟基础上的精妙有力清晰的划分理由，他明确看到了流行划分的弊端："一般的美学研究论著将'崇高'与'壮美'混同为同物异名的一个范畴"〔5〕，而"'壮美'与'优美'既然都叫'美'，就有一定的相似性。这是与'崇高'不同的。'崇高'很难说与'优美'有什么相似性"〔6〕。而在每种范畴的内涵阐释中，祁著也时有令人眼前一亮的地方，如崇高本是一个古典性传统范畴，但祁著的阐释中除了传统美学大家的思想外，也充分吸收了当代前沿理论家的思想资源，显示了作者的博观审辨："康德的'崇高'论影响了席勒、黑格尔、车尔尼雪夫斯基、尼采、利奥塔等人。"〔7〕"20世纪，法国后现代思潮理论家利奥塔继承康德，吸收海德格尔：'在孤立地看待崇高的同时，康德将重点放在与空间和时间缺乏问题有关的某种东西上，引起美感的游移不定的形式的意外的缺乏。从某种意义上说，崇高的问题与海德格尔命名为存在的退隐和给予的退隐的东西紧密相连。'""对'崇高'加以新的诠解。在他看来，'崇高'是'无法显示的东西'的'呈现'。"〔8〕这些现代新思想的融入，无疑为我们进一步研究"崇高"及其

〔1〕　祁志祥：《乐感美学》，北京大学出版社2016年版，第102页。

〔2〕　详参朱立元主编：《美学》，华东师范大学出版社2007年版。

〔3〕　详参叶朗：《美在意象》，北京大学出版社2010年版。

〔4〕　详参张法：《美学导论》，中国人民大学出版社1999年版。

〔5〕　祁志祥：《乐感美学》，北京大学出版社2016年版，第113页。

〔6〕　祁志祥：《乐感美学》，北京大学出版社2016年版，第112页。

〔7〕　祁志祥：《乐感美学》，北京大学出版社2016年版，第120页。

〔8〕　祁志祥：《乐感美学》，北京大学出版社2016年版，第122页。

他重要美学范畴具有启迪作用。

在从"美的领域"方面展开的研究中，祁著也有很多新思想："'美'从其存在领域上可分为现实美与艺术美。'现实美'指客观存在于自然界与人类社会生活的美，包括自然美与社会美。……自然美既有形式美，也有内涵美，前者体现了美的物质性和客观性，后者体现了美的象征性和主观性。社会美包括劳动成果美、人物身心美、生活环境美。……'艺术美'指人类创造的以使人愉悦为特征和目的的作品的美。艺术美依据与现实的审美关系呈现为'艺术题材的美'与'艺术创造的美'。'艺术题材的美'参与了艺术作品美的构成，但由于艺术媒介不同，产生的审美效果不同，造型艺术反映丑的题材受到更多的限制，文学艺术在反映丑的题材时可以允许有更大的范围……艺术作品既可以因美丽地描写了美的现实题材而美上加美，也可以因美丽地描绘了丑陋的题材而化丑为美、丑中有美。"[1]在这段颇富卓见的论述中，特别具有创见的是，祁著在看似羚羊挂角无迹可求般的难以分辨之处找到了对自然美内部成分的分隔、剥离，从而大大深化、推进了我们对自然美的理解："自然美有形式与内涵之分，充当内涵的意蕴也有苦与乐、美与丑之别，依据在美好心境之下观照到的美好自然物象笼统地判断'自然全美'，也是一个以偏概全的结论。"[2]此章的另一个重要学术进展则在于作者对艺术美的内部也做了类似对自然美一样的出色分离："艺术美依据与现实的审美关系呈现为'艺术题材的美'与'艺术创造的美'"。基于这一理论，作者推导出的艺术作品"也可以因美丽地描绘了丑陋的题材而化丑为美、丑中有美"的分支理论对我们如何理解、阐释20世纪以来的西方艺术特别是现代派艺术提供了有效的、具有说服力的理论武器。

要之，祁志祥教授新出版的《乐感美学》，在"照着说"的基础上"接着说"，在全面综合、继承的基础上进行系统创新，在中国当下的美学研究领域重新开启了美学的形上之思和体系性的建构。这部规模巨大而又扎实缜密的美学新著的面世，堪称中国当代美学原理建设的宝贵收获和美学学科发展史无法忽视的标志性成果。

---

〔1〕 祁志祥：《乐感美学》，北京大学出版社2016年版，第347页。

〔2〕 祁志祥：《乐感美学》，北京大学出版社2016年版，第353页。

第十二节 当代美学研究的观念与方法问题[1]

新中国成立以来，我国学界先后进行了几次美学大讨论，围绕美学研究中的一些基本问题展开探讨，形成了各种不同的美学理论，如认识论美学、实践论美学、存在论美学等。近一时期，学界又展开了美学与审美学之争，从而把当代美学问题的探讨进一步引向深入。祁志祥教授在新著《乐感美学》中，一方面对当代美学问题的讨论进行系统梳理和反思，另一方面也进行了当代美学理论重建的创新性探索，由此引起了学界的关注和讨论。对于这些问题的探讨，无论是"接着说"还是"对着说"，都会有益于推动当代美学研究。在笔者看来，近一时期美学研究中引起争议最多的，主要有三个方面的基本问题：一是美学研究的对象与中心究竟是美还是审美的问题；二是美学研究的价值目标究竟是美的认知还是审美经验的问题；三是美学研究的方法究竟是本质论还是现象学的问题。围绕这些问题的争论看起来分歧很大，有的似乎还针锋相对，然而却未必是非此即彼、非对即错不可兼容。形成各种不同的观点，或许是看问题的角度不同，或许是基于不同的美学观念，然而都是基于同一个美学事实的问题，只不过各自反映或揭示了它的不同方面，其实都各有一定的道理和启示意义。本文对此略加评析，向学界同仁请教。

一、当代美学研究的对象与中心问题：美还是审美

通常所说以什么为研究对象，其实有两个涵义：一个是指所要研究的现象或事物是什么，它是一种事实性的存在，所以可称之为"事实对象"；另一个则是指所要研究的问题是什么，即要从这种现象或事物的事实性存在中提出什么样的问题来进行研究，这或可称之为"问题对象"。对于美学研究而言，如果要问"美学研究什么？"也同样是从这样两个方面来回答的：一是指美学以什么样的现象或事物为研究对象；二是指美学究竟研究什么样的根本问题。这两个方面显然又是相互关联的，有时候容易区分，有时候又特别复杂纠结。

---

[1] 作者赖大仁，江西师范大学文学院教授。本文原载《人文杂志》2016年第12期。

对于前一个方面，在美学史上曾有不同的看法。比如，在柏拉图《文艺对话录》中讨论"美是什么"时，所举例子就涉及自然界和人们生活中的各种现象或事物；黑格尔则把美学研究的对象限定于艺术，而把现实中的其他事物排除在外；鲍姆嘉通则又把人对事物的感性把握和情感反应作为主要研究对象，等等。在当代美学研究中，人们对于美学研究事实对象的认识比较一致，就是把自然美、现实美和艺术美，以及人们的审美意识和创造活动也都纳入其中。而对于后一个方面，即美学要研究的根本问题是什么，学界的分歧就比较大了。在新时期前后，学界比较普遍的看法，认为首先应当回答"什么是美"的问题，也就是要研究"美之为美"的本质特性是什么？所以在各种美学教科书中，差不多都是把"美的本质"作为中心问题提出来论述，一方面追溯和介绍美学史上各种关于美的本质的理论学说，另一方面阐述著者自己的认识看法，虽然阐述的具体观点可能各不相同，但基本思路是比较一致的。然而，从20世纪80年代中期以后，在实践论哲学和美学讨论的背景下，出现了一种新的转型趋向。一些学者认为，美学研究的中心问题不是"美"而是"审美"，应当把"审美"作为首要问题提出来研究，甚至要从根本上把"美学"更名为"审美学"，并且陆续出版了一批以"审美学"命名的著作，一场"美学"与"审美学"的争论便由此而起。祁志祥在《乐感美学》中对这一争论做了综合评析，可以给我们一些有益的启示。[1]

在笔者看来，这种美学研究的分歧与转向，实质上是两种不同美学观念的分歧，也可以看成是当代美学观念的嬗变。那么，为什么会出现这样一种美学观念的分歧与转向呢？笔者以为主要有两个方面的原因。

首先，从历史的观点看，可说是源于两种不同的美学传统。通常说美学是既古老又年轻的学科，是因为对"美是什么"的探讨具有古老的传统，而作为美学学科的系统建构则又是比较晚近的事情。当代美学学科的基本观念，实际上是从西方美学传统继承发展而来的。从当代美学观念反观其历史传统，可看出它的两个主要源头：一个是来源于柏拉图的古典美学传统，另一个是来源于鲍姆嘉通的现代美学传统。虽然在我国当代美学论著尤其是美学教科书中，对各种美学理论都有所介绍，但构成其美学理论体系的核心观念却是有所不同的。

---

[1] 详参祁志祥：《乐感美学》，北京大学出版社2016年版。

　　过去占主导地位的美学观念，把美学理解为"美之学"，把"美是什么"即美的本质特性作为美学研究的根本问题，这显然是来源于柏拉图的古典美学传统。柏拉图《文艺对话录》中的"大希庇阿斯篇"所专门讨论的，就是"什么是美"或"美是什么"的问题。苏格拉底和希庇阿斯对话讨论的思路和步骤，先是比较直观地讨论"什么东西是美的"，比如一位漂亮的小姐、一匹漂亮的母马、一个美的汤罐等；然后继续追问"美本身是什么"，也就是使一件美的事物成其为美的这个东西是什么，由此寻求各种回答。比如说是黄金或象牙等，这是从事物本身的特性着眼；或说是"恰当"，这是从事物的某种特殊品质着眼；或说是"有用""有益"，这是从事物的效用价值着眼；最后讨论到"视听快感"，这是从人的主观感觉着眼。在这场讨论中，"美是什么"是个基本问题，对这个问题的讨论，一方面指向美的事物，这就关涉研究对象问题；另一方面则指向追问"美本身是什么"，这便关涉美的本质问题；由此追寻下去，涉及事物的有用和有益，这是美的价值功能问题；涉及从事物获得视听快感，这就成为后来所说的"美感"问题。我国过去占主导地位的美学理论，差不多就是围绕这些基本问题展开的，因此可以说它是根源于柏拉图的古典美学传统。

　　后来兴起的以"审美"为中心的美学研究，则是来源于鲍姆嘉通的现代美学传统。德国哲学家鲍姆嘉通被称为"美学之父"，是因为他在1750年出版了以Aesthetica（英文为Aesthetics）命名的专著，他创造了这个术语，并且用它来指称一门研究感觉或感情的独立学科，为其建立了比较系统的理论。据说Aesthetics在中文翻译中通常译为"美学"，也有的译为"美的哲学""审美学""美感"等。[1]译名的不一致当然是个问题，在中文语境中会带来望文生义、各取所需的理解和阐释，但这并不见得很重要，我以为更值得重视的还是美学观念上的问题。很显然，鲍姆嘉通所使用的Aesthetica是"感觉学""感性学""情感学"的涵义，它所研究的对象以及目的是"感性认识的完善"，他说："美学的目的是感性认识本身的完善，而这完善也就是美。"[2]这应当说是一种现代美学观念，与柏拉图所开创的古典美学传统有很大的不同。如上所说，柏拉图美学讨论的中心问题在于"美本身是什么"，这是一个形而上学

〔1〕　详参祁志祥：《乐感美学》，北京大学出版社2016年版，第37页。
〔2〕　鲍姆嘉通：《美学》，简明、王旭晓译，文化艺术出版社1987年版，第18页。

问题，显然与古希腊本体论哲学和理性主义的繁盛有关。而鲍姆嘉通所讨论的中心问题是"感性认识的完善"，这是一个与人的感觉、情感的丰富完善相关的"经验的科学"问题，或者也可以说是一个现代"人学"问题，这恐怕与欧洲启蒙运动背景下，反对过于强大的理性传统和追求人的感性解放的时代要求有关。对于这两种不同的美学观念，究竟是看成对立的还是相通互补的，这正是当代美学研究需要探讨的问题，我们后面再说。

其次，再从现实根源来看。过去的美学研究把"美是什么"作为根本问题，把美的本质特性研究放在首要地位，实际上与长期占主导地位的唯物论哲学观念相关。这种几乎统摄指导一切学科的唯物论哲学观念，一是强调存在第一性、意识第二性；二是强调要透过现象把握本质；三是要求从感性认识上升到理性认识去掌握事物的本质规律；四是要求理论指导实践为现实服务。而这种从古典美学传统继承发展而来的美学观念，便差不多与这种唯物论哲学观念相契合，并且也与那个时代对现实主义美学、文论的要求相适应，它之成为那个时代占主导地位的美学观念，也就不足为奇了。在改革开放的时代条件下，随着实践论哲学和美学讨论的不断深入，美学观念也随之发生嬗变，美学研究的重心从原来的偏重关注"物"（审美对象），逐渐转向偏重关注"人"（审美主体）；美学研究的中心问题，也由原来的偏重研究"美之为美"的本质论，转向偏重研究审美活动（审美实践）、审美关系，这与文学研究中以"文学作品"为中心转向以"文学活动"为中心是相互呼应的。由此可见，当代美学研究由原来的偏重研究"美"，转向偏重研究"审美"，是有深刻的现实根源的。

那么，应当如何看待这两种不同美学观念的分歧呢？应当如何理解这两者之间的关系呢？有学者站在"审美学"的立场，认为我国学界误译和误解了鲍姆嘉通的美学，把本应为"审美学"或"感性学"的学问，误解为"美的学问"，将"美的本质"视为美学的第一问题或核心问题，这是一个非常危险的理论陷阱。反思其原因，显然与柏拉图形而上学美学观念的影响有关。柏拉图是重"理性"轻"感性"的典型代表，他更关心的不是"美的事物"而是理念式的"美本身"，也就是追问"美的本质"，而鲍姆嘉通对美学的最大贡献，正在于将柏拉图式的"美的本质"问题转化为"审美"问题，这也正是西方古典美学与现代美学之间的历史分野。[1]在论者看来，这两种美学观念是彼此格格不入的。但也有学者站在"美学"的立场，认为两者并非彼此对立互不相容，鲍姆嘉通的著作既可译为"美学"也可译为"审美学"，其美学研究的中心问题仍然是"美"，只不过他把"美"看成是"感性认识的完善"。[2]因此可以说，"'美'包含'审美'，'美学'包含'审美学'，也可译为'审美学'，但作为学科名称，还是保留'美学'译名更为合适。由于在中文中'美'与'审美'是两个概念，'审美'必须以'美'为存在前提，因此，对'美'的追问是美学研究回避不了的问题，也是美学研究的中心问题。美学就是'美的哲学'，是'美之学'。"[3]很显然，这里是主张把"审美"包含在"美"的研究之中。

不过，在笔者看来，"美"与"审美"是同一个美学（审美）事实的两个方面，就像寓言故事"金银盾"那面盾牌的两面一样，彼此相互依存不可分割。无论是强调以"美"为对象或中心问题，还是强调以"审美"为对象或中心问题，都只是表明美学观念的不同，各自偏重于看到和强调同一个美学（审美）事实的某一个方面，这并不意味着孰高孰低，或者说哪一个问题更重要。从美学研究的实际而言，美学观念的不同，只意味着会选择不同的进入美学殿堂的入口，一旦进入到美学殿堂之中，美与审美的问题是彼此互通的。比如，选择"美"的问题作为切入点，要讨论美的本质特性问题，仅仅着眼于事物本身的特性是肯定说不清楚的，必定要把事物放到一定的审美关系、审美活动之中，联系审美主体的美感才能得到切实的说明。反过来也一样，如果选择"审美"问题作为切入点，要讨论审美的特性与规律问题，无论是把它理解为审美关系、审美活动，还是主体的审美感悟认知，它也肯定离不开对事物"何以为美"的回答。所以说，"美"与"审美"只意味着对同一个美学（审美）事实的不同的观照点、研究的切入点，它们本身是彼此互通的，也是可以互相包含的，是"你中有我""我中有你"的关系。把两者分离开来乃至对立起来，并不符合美学（审美）事实，当然也不利于推进当代美学研究。

---

〔1〕 详参程相占："朱光潜的鲍姆嘉通美学观研究之批判反思"，载《学术月刊》2015年第1期。
〔2〕 详参祁志祥：《乐感美学》，北京大学出版社2016年版，第37~38页。
〔3〕 祁志祥：《乐感美学》，北京大学出版社2016年版，第36~37页。

二、当代美学研究的价值目标：美的认知还是审美经验

这里问题的涵义是，在当代美学研究中，是以认识论的观念和思维方式来研究美学问题，还是以审美经验论的观念和思维方式来研究美学问题？这种思想观念和思维方式的不同，就会直接影响到两个方面：一是美学研究所要达到的目标，是建立以美的认知为主导的美学理论，还是建立以审美经验描述为主导的美学理论？二是对于美学现象或审美活动的研究，是主要把它看成一种美的认知活动，还是主要把它看成一种感性经验活动？由此而形成的美学价值导向显然是各不相同的。

新中国成立以来到新时期初的美学，通常被称为"唯物论美学"或"认识论美学"，其特点在于，主要以哲学认识论的观念和思想方法研究美学问题。1950年代的美学大讨论，所争论的核心问题就是如何认识"美的本质"，无论是客观论、主观论，还是主客观统一论，实际上都是在认识论的范围内讨论问题。还有文艺学界关于"形象思维"问题的讨论，也同样是在认识论的范围内进行的。直至新时期初，以王朝闻主编《美学概论》为代表的美学理论，基本上是以认识论的观念为主导而建构的。1980年代中期实践论美学兴起，开始改变原来认识论美学的基本格局。实际上，实践论美学并不排斥认识论，因为包括审美实践在内的任何实践都不可能完全脱离认识，只不过，它要努力克服过去认识论美学"见物不见人"的弊端，更为重视和强调审美实践中主体的能动作用，并且将审美实践的价值功能更多导向主体精神的丰富与完善，这显然更符合改革开放后的时代要求。此后美学研究进一步向审美论的方向发展，审美活动中人的感性经验的特征得到越来越多的关注和强调，而审美认知的因素则往往被忽视，造成当代美学研究中认知性维度的严重缺失。有学者对此加以反思，认为过去的唯物论美学往往"见物不见人"，缺乏对于"人"本身的关注，忽略了个体感性的价值。于是，强调感觉经验和情感体验成为新的理论生长点。因此，新时期以来对"个体""感性"价值的宣扬和肯定，是有着非常重要的理论意义的。但也带来了另外一种倾向，就是"审美空灵化"和"审美虚无化"。"将审美作为一个独立的、与世隔绝的思想境界。从庄学到玄学，审美体验越来越高远，其境界越来越空灵。当美学中没有了认知而只有体验、没有了现实而只有生命的时候，美学势必遮

蔽了对现实生活的关照这一维度。""美学研究中认知性维度的缺失，使得美学难以有更广阔的发展空间。"[1]这种现象的确值得引起注意。

在近一时期的美学研究中，似乎存在着某种"回归鲍姆嘉通"的趋向，一些人认为美学研究应该抛开柏拉图以来的理性主义传统，不必总是纠缠于美的认知，而更需要回到鲍姆嘉通所强调的感觉、感性和情感，这才是美学研究的正道。有学者指出，柏拉图的美学其实是"反感性"的，是与鲍姆嘉通的"感性学"格格不入的。鲍姆嘉通的思想脉络可以简单地概括为：高级认识能力—理性事物—逻辑学//低级认识能力—感性事物—感性学。鲍姆嘉通所关注的核心是"低级认识能力"，正确理解这一理论应该注意两个方面的问题：一是不应该将之纳入国内通行的认识论哲学所确定的"认识过程"来理解；二是这种"低级的认识能力"实质上是一种"作诗能力"，是如同维科所说的"诗性智慧"，这是一种有别于"理性智慧"的独特智慧。以之为基础的作诗能力、读诗能力绝不是一种"低级的认识能力"，在很多情况下这种能力甚至很"高级"，甚至高得远远超过能够达到"理性认识"的所谓"高级认识能力"。因为受制于当代中国主导性的认识论框架，中国当代美学曲解了"认识"一词，从而偏离了鲍姆嘉通美学的重心"认识能力"，以至于我国美学论著很少认真研究"审美能力"这样的关键词。[2]论者用"作诗能力""诗性智慧""审美能力"这样的概念，来阐释鲍姆嘉通的"感性学"或"低级认识能力"的理论，的确能给人许多启发。但问题在于，是否要把这种"低级认识能力"或"审美能力""作诗能力"与理性认知对立起来？我们可以说"诗性智慧"有别于"理性智慧"，但不能说"诗性智慧"必定排斥"理性智慧"。正如说"形象思维"有别于"逻辑思维"，但"形象思维"并不必然排斥"逻辑思维"一样。作诗当然是一种"诗性智慧"，但不能说其中没有理性因素。如苏轼诗"横看成岭侧成峰，远近高低各不同。不识庐山真面目，只缘身在此山中"；白居易诗"白日依山尽，黄河入海流。欲穷千里目，更上一层楼"，能说其中只有"诗性智慧"而没有"理性智慧"吗？审美无疑是一种以感性化的感受体验为突出特征的活动，但也不能说没有理性化的因素蕴含其中，否则，这种"审美能力"就不可能达到很"高

---

〔1〕 杨宁："重建中国美学研究的认知性维度"，载《中州学刊》2016年第5期。
〔2〕 详参程相占："朱光潜的鲍姆嘉通美学观研究之批判反思"，载《学术月刊》2015年第1期。

级"的程度。

本来，用"感性学"或"低级认识能力"的概念来解说审美现象，一方面固然突出了感性化的感受体验的特点，但另一方面可能也有缺陷，容易引起误解。尤其是在中文语境中，更容易引起望文生义的简单化理解。笔者就曾看到有学者这样引用和阐释鲍姆嘉通的美学理论，说他把美学定义为"感性认识的科学"，这是不同于理性认识的思维方法，它属于"低级认识论"，即认识上升到理性的初级阶段。"鲍姆嘉通把认识分为感性认识和理性认识两类，说明感性认识和理性认识既是两种认识事物的方法，也是认识事物的两个阶段。他认为审美属于'低级认识论'，指的就是初级阶段的审美。"由此，论者得出结论说，审美不是文学的功能，因为文学不属于初级阶段的"低级认识"；对于文学批评而言，"只有当对文学的认识上升到理性阶段的时候，即超越审美阶段的时候，对文学的认识才进入批评的阶段，才构成认识文学的完整过程。"[1]在这里，论者就正是把鲍姆嘉通的审美理论纳入到国内通行的认识论哲学所确定的"认识过程"来理解了。实际上，如果从思维方法的意义来理解，审美活动并不是一般的感性、感觉、感受，而是一种"感悟"；它不是所谓感性思维或理性思维，而是一种近似于佛教禅宗的"悟性"思维，所以我们常会使用"审美感悟"的说法。在这种审美感悟当中，就既融合了感性思维，也融合了理性思维，是两者水乳交融的统一体。因此，把审美理解为一般的感性、感觉、感受，把"低级认识能力"放到一般的认识论哲学中理解，是十分片面和极为有害的。

从美学发展的历史维度来看，应当说，鲍姆嘉通提出"感性学"的理论是有特殊背景和意义的，这就是有感于从古希腊以来，西方哲学和美学中理性主义传统过于强大，往往造成对人的感性生命、感性能力的过度压抑。针对这样一种现状，提出"感性学"来补偏救弊，努力追求"感性认识的完善"，应当说具有人性解放的重要意义。而且如上所说，审美活动本身就是以感性化的感受体验为突出特征的，因此，把美学或审美学理解为"感性学""感性认识的完善"也似乎顺理成章。但是，却不能由此进行反推，说过去以柏拉图为代表的理性主义美学就完全错了，现代美学可以不要理性、应当拒

---

〔1〕 聂珍钊："文学伦理学批评：论文学的基本功能与核心价值"，载《外国文学研究》2014年第4期。

绝理性。我们同样可以站在"人学"的立场上来讨论这个问题：感性和理性都是人的特性，真正完满的人性应当是感性与理性的统一，忽视或缺失任何一个方面都不能说是人性的完善。在人类文明的初始阶段，要求从动物性的感性生命活动向理性精神层次提升，这是人类文明发展的必然要求，无疑具有历史进步意义。而当这种理性主义过度膨胀造成对感性生命的压抑，则又必然要求反抗理性而解放感性，这是合乎人性要求的，也是具有历史合理性的。但是，如果这种反理性的感性解放走过了头，造成人欲横流、人性沦落，那就肯定还需要有新的理性精神来加以救治。历史的运动往往是螺旋型推进的，需要用历史的观点来加以理解；而学理性的思考则可以按照"正—反—合"的辩证逻辑来加以把握，任何片面和偏激都不利于对事物的科学认识。

以上所说主要是针对如何看待审美活动的特性而言，至于美学研究本身，当然也需要与此相适应。正如有学者所强调的那样，美学研究应当感受与思辨并重，既要避免脱离审美经验，也要反对"去理性化"。一方面，"美学是研究形形色色的审美现象的学科，美学理论的提炼必须以大量的对审美现象的感受为基础。如果割断审美经验，美学理论就会变成无源之水、无本之木。"另一方面，"对于美学研究而言，光有敏锐的现象感受能力是远远不够的，还需要透过现象概括本质、建构理论的思辨能力……如果沉溺于经验描述而不能自拔，体现不出理性思辨的深度和广度，经不起逻辑的严密推敲，这样的'理论'就不是名副其实、令人信服的美学理论。"[1]这里所讨论的问题一目了然，所阐述的道理不言而喻，自然无需多论。

三、当代美学研究的方法：本质论还是现象学

如前所说，新中国成立以来我国长期流行唯物论或认识论美学，它所关注的中心问题在于"美是什么"。王朝闻主编《美学概论》便代表了这样一种美学观念，它把关涉美学研究对象的基本问题，都集中指向本质，包括审美对象的美的本质和根源，审美意识的本质特征，艺术的本质及其规律性等。[2]并且强调："美的本质问题的解决，是解决美学中其他问题的基础和前提；它决定了作为它的反映形态——审美意识的本质特征的解决。因为属于审美意

---

[1] 详参祁志祥：《乐感美学》，北京大学出版社2016年版，第23~24页。
[2] 详参王朝闻主编：《美学概论》，人民出版社1981年版，第7页。

识的一系列复杂的现象，只有在正确解决美的本质问题的基础上，才能真正找到科学地解释这些现象的理论基础。同时，科学地解决美的本质问题，对于理解艺术创作、艺术欣赏领域内许多具体复杂的问题具有理论的指导作用。"〔1〕与这种美学研究的基本问题相适应，在研究方法上也主要是采用本质论或形而上学的方法，并且把这种研究方法划分为唯物主义与唯心主义两条路线。这种美学研究的观念与方法一度很流行，产生了相当深远的影响。

如果追溯起来，这种美学研究的观念与方法，应当说是来自西方美学，可以追溯到柏拉图以来的古典美学传统。有学者对本质论思维方式的特点作了比较系统的研究阐释，认为在西方哲学中，本质论与本体论相通，"本体论哲学的思维方式就是：在面对对象事物时，首先追问对象事物是'什么'，首先为对象事物定性——将对象分解成'现象'与'本质'两个层面，然后用那个使事物成为事物的'什么'也就是'本质'（从其逻辑上看是唯一性和终极性的）给对象事物下定义。这种思维方式基于一种二元对立和一元决定的分析—演绎逻辑，将存在等同于本质，并表现为对本质的终极追问和绝对确立，我们称其为本质主义。这种思维方式已经具有全人类性，是人类最基本的思维方式。"〔2〕对于这种思维方式，在过去认识论美学研究中，是人们所广为熟悉的。

1980年代以后，当代美学研究发生了由认识论向实践论、审美论的转向，美学研究的中心问题，也由追问"美是什么"，转向关注"审美活动如何"。与此相适应，美学研究方法也更多转向了现象学的方法。这种美学研究的观念与方法，同样是来自西方现代美学的影响，即主要来自鲍姆嘉通的现代美学传统和胡塞尔等人的现象学思想方法。关于现象学方法的特点，学界有各种阐释，比如，海德格尔说："'现象学'这个词本来意味着一个方法概念。它不描述哲学研究对象所包纳事情的'什么'，而描述对象的'如何'。"〔3〕伊格尔顿阐述说："这种所谓的'现象学的归纳'，是胡塞尔最重要的行动。一切非意识'内在'的东西，都必须被严格地排除在外，一切现实存在的事物，都必须按照它们在我们思想里出现的情况，作为纯'现象'对待，而且

〔1〕 王朝闻主编：《美学概论》，人民出版社1981年版，第11页。
〔2〕 陈吉猛：《文学的"什么"与"如何"》，吉林大学出版社2008年版，第17页。
〔3〕 ［德］海德格尔：《存在与时间》，陈嘉映、王庆节译，生活·读书·新知三联书店1987年版，第35页。

这是我们可以作为出发点的唯一确实的论据。胡塞尔对他的哲学方法所定的名称——现象学——便产生于这种主张。现象学是一种纯现象的科学。"[1]综合起来看，现象学方法最主要的特点，一是强调"回到事物本身"，维护一个可知的世界，把超出我们直接经验和意识本身的抽象概念抛开，或者放在括号内存而不论；二是注重对事物、现象和意识本身"如何"的具体描述，而不是抽象化、本质化的归纳概括；三是重视人的主体性和主观性，正如伊格尔顿所说，它"确立了人的主体的中心地位，实际上，它提供的完全是一种主观性的科学。"[2]我们可以看到，在当代美学研究的实践论和审美论转向中，这种现象学方法的特点的确得到了比较充分的体现。

从以上所述可知，在哲学和美学研究中，本质论的方法和现象学的方法各有特点。但现在的问题是，在当代美学研究中，这两种研究方法是对立或不能相容的吗？我们注意到，在美学和文艺学反本质主义的讨论中，有一种倾向是对本质论方法持否定态度，认为纠缠于对事物本质问题的追问，容易导致本质主义和思想僵化，只有回到现象学的方法，才能把握事物的本真形态。但也有些学者持比较包容的态度，认为二者可以并存。如曾繁仁先生就坦诚认为："本人是力主当代中国美学由认识论到存在论转型的，同时也认为现象学方法是当代美学研究的一种相对比较科学的方法，现象学与存在论是本人所强调的生态美学的哲学立场。当代中国美学研究由认识论到存在论的转型以及现象学方法的运用是一种历史的必然。"同时又表示："现象学方法与本质论方法是当代美学研究中两种不同的治学方法与致思路径。前者是将美学作为人文学科，坚持美学是人学，审美是人的一种肯定性的情感经验，因此更多使用的是对这种经验的描述性论述。而'本质论'则是试图从某种逻辑起点出发的研究方法。这种本质论研究方法与致思路径，当然承认美的客观性、概念的逻辑起点等。我个人认为这种逻辑的研究方法也不失为一种可以运用的有效方法。"他主张这两种方法可以相互讨论，共同推动美学研究

---

〔1〕[英]特里·伊格尔顿：《现象学，阐释学，接受理论——当代西方文艺理论》，王逢振译，凤凰出版传媒集团、江苏教育出版社 2006 年版，第 54 页。

〔2〕[英]特里·伊格尔顿：《现象学，阐释学，接受理论——当代西方文艺理论》，王逢振译，凤凰出版传媒集团、江苏教育出版社 2006 年版，第 56 页。

的进步。[1]祁志祥教授在《乐感美学》研究中，从总体上显然更为偏重于强调本质论的研究方法，同时也主张综合运用包括现象学在内的各种研究方法。该著用了一个专章来讨论当代美学理论重构的方法论问题，借鉴美国学者格里芬提出的"建设性后现代"的方法论概念，将其置于中国语境中进行阐释，阐发了许多富有反思性和启发性的理论见解。[2]我理解这里所说的"建设性后现代"的方法，其基本精神大致有三个要点：一是强调反思性，即对任何研究方法的长短得失都应当加以反思，保持清醒的认识；二是强调建构性，即反思的目的不是要像"反本质主义"那样怀疑和否定一切，而是应当更多导向建设性的理论重构；三是强调综合性，只有综合兼顾取各种方法之优长，才能实现理论创新。对于论者这种观点和主张，笔者是非常赞同的。

这种"建设性后现代"的方法论视阈，并不只适用于本质论方法的反思，同时也适用于包括现象学方法在内的其他各种研究方法的反思。应当说，任何一种研究方法都自有其优长和局限，世界上恐怕没有哪一种研究方法能够解决所有问题。不同的研究方法，适用于解决不同的问题，就像各种武器各有其特殊用场一样。从我们面对的美学事实来说，审美现象显然是极为复杂的，其中有多方面、多层次的问题值得研究。对于形态各异的美的事物和审美现象，以及人们各不相同的审美经验，可能确实更适合运用现象学的方法来把握它"如何"存在的状态；但无论如何，其中也还是有一个"何以为美"或"美是什么"的问题，这就可能更适合运用本质论的方法来进行追问。

如果我们把这些问题放到"存在论"哲学视阈中来看，可以得到进一步的说明。有学者在阐述本体论或存在论的观念时认为，Ontology 是关于存在（即存在者）的学说或原理，它可以区分为几种不同的问题视域，如基础存在学、本质存在学（即本体论）、存在方式存在学（即存在论）等。在亚里士多德那里，存在或本体的概念具有双重性：既可以指存在者的存在本身（具体事物），又可以等同于本质概念。在康德那里也可以作如是观，Noumenon作本体、物自体、自在之物，这是从存在（存在者）方面来理解，作为与现象相对的本体，这是从本质的意义上来理解。这一概念的双重性不仅对西方

〔1〕 曾繁仁为祁志祥《乐感美学》所作"序"，详参祁志祥《乐感美学》，北京大学出版社 2016年版。

〔2〕 详参祁志祥：《乐感美学》，北京大学出版社 2016 年版。

文化而且对现代汉语文化产生了深远影响，使得人们在哲学、美学和文学理论中使用本体概念时，有时用它来指示存在者的存在本身，有时把它当作本质概念的同义语。[1]如果这种认识理解不错的话，那么任何存在物都可以从两个方面来把握，一方面是事物的存在本身，它的存在方式、形态等，另一方面则是存在的原因、根据、本原、本质等。对于美学研究而言，前者指向对美的事物本身和美的形态，以及审美直觉经验的把握；后者则指向对"何以为美"或"美是什么"的认识，这些都应该说是存在论研究本身的应有之义。而对于这两个方面的现象和问题的研究，前者可能更适合运用现象学的方法，后者则可能更适合运用本质论的方法。这两种方法所面对的对象虽然相同，但所要研究的具体问题和目标指向却各有不同。因此，它们是可以并行不悖的，而且也是符合存在论哲学的理论逻辑的。

从当代美学研究的现实来看，可以说我们所面对的当代美学事实或审美形态，的确发生了某些与时俱进的变化，出现了许多现代审美的新形式和新特点。但是，这并不意味着作为美学事实的基本性质发生了什么根本性的变化。要说当今的美学研究有什么不同，那就是人们的美学观念发生了较大的变化，美学研究的方法也各有不同，这或许没有什么不好。笔者十分赞同曾繁仁先生的意见，以及祁志祥教授的倡导，各种美学研究方法都可以在"建设性后现代"视阈下得到新的发展，彼此相互讨论、互补融合，共同推动美学研究的进步。

---

[1] 详参陈吉猛：《文学的"什么"与"如何"》，吉林大学出版社 2008 年版，第 4~9 页。

《中国美学全史》的铺写及评论

　　主编插白：中国美学史的叙写是本人美学建树的一个重要方面。1983 年 2 月 28 日，本人在给中国社会科学院文学研究所钱中文先生的通信中曾说："就我视野所及，中国古代美学似乎还有许多未开垦的处女地。堂堂中国，没有一部中国美学史，岂不羞乎？"2008 年，本人独立完成、出版国家社科基金项目三卷本《中国美学通史》（人民出版社，156 万字，写到"五四"时期）。2018 年 4 月，本人独立完成、出版国家社科基金后期资助项目二卷本《中国现当代美学史》（商务印书馆，75 万字）。2018 年 8 月，本人独立完成、出版上海高校服务国家重大战略出版工程项目五卷本《中国美学全史》（上海人民出版社，257 万字）。收到《中国美学全史》后，钱中文先生在给本人的电子回信中说："如今你通过 30 来年的不懈努力与积累，举一人之力，完成了这一宏愿，真使人感佩不已。全书有你的理论原创，丰赡的资料相互印证，写出了中国美学的多样与独创。走笔神采飞扬，独具个性，尽显中国文化特色。""再次祝贺你取得的独步神州的重大成就。"2018 年 10 月 28 日，由上海市美学学会、上海市哲学学会、上海市古典文学学会、上海市作家协会理论委员会联合主办的中国美学的演变历程高端论坛暨《中国美学全史》五卷本恳谈会在佘山脚下的上海政法学院举行。与会专家高度肯定《中国美学全史》取得的成就。上海社联夏锦乾编审以"通""全""精"概括该书特点，并以当代美学研究中的"祁志祥现象"概括祁志祥多年来呈持续爆发状的美学成果。中南大学欧阳友权教授以理论自信的"勇气"、学术创新的"锐气"、经纬有度的"大气"、史论结合的"才气"评价作者"全能型"的学术建构。中国文艺评论家协会副主席毛时安评价《中国美学全史》具有"大胸怀"，出自"大手笔"，经历过"大艰苦"，体现了"大气场"，是"足以代表当代中国人文学者的学术高度，可以助推实现中华民族伟大复兴中国梦的一部值得高度关注和充分肯定的新时代标志性成果"。复旦大学朱立元教授在贺信中说，《中国美学全史》"体大思精"，有个人独特观念贯穿始终，以丰富详实的资料加以论证，"为中国美学史的学科建设作出了重要贡献"。中华美学学会副会长杨春时教授在"序言"中指出："《中国美学全史》以先秦到21世纪初的时间为纵轴，在古代以儒、道、佛、玄等派别的哲学美学和散文、诗词、戏曲、小说、书法、绘画、音乐、园林等文艺美学的多线条为横轴，在现当代以美学概论、文艺概论之类的原理性论著为纬，精心打造出了一个结构宏伟、气象万千的中国美学全史的思想学术宫殿"，"时间上纵横古今""空间上笼罩群伦"，是尽显"中国风格""中国气派"的"有重要价值的巨著"。2018 年 11 月，《社会科学报》发表了作者专访"从《美的历程》到《中国美学全史》"，盘点了中国美学史的书写历程，介绍了《中国美学全史》的写作特点。这里收录本人一篇代表性论文及若干名家的评论文章，以见大概。

第一节　中国美学精神及其演变历程[1]

中国美学史不是美学资料的串联堆砌，而是中国美学精神的逻辑运行史。透过林林总总的材料，提炼其背后的美学精神，追踪其运行轨迹，辨析其时代特征，是中国美学史研究的真正使命。什么是中国美学精神？"精神"不同于一般的"思想"，有"精要之神"的意思。中国美学精神，应是中国美学的精要思想。从时间形态上看，中国美学精神大体可分为古代美学精神与现代美学精神。中国美学史，就是中国古代美学精神发生、发展并向现代美学精神转型的历史。

一、中国古代美学精神的五大基本范畴及其子范畴

中国古代美学精神的核心是什么呢？叶朗《中国美学史大纲》、陈望衡《中国古典美学史》认为是"意象"，王文生《中国美学史》认为是"情味"，于民《中国美学思想史》认为是"气和"。于是他们把一部本该丰富多彩的

---

〔1〕　作者祁志祥。本文原载《文艺争鸣》2020 年第 1 期。

中国古代美学史，写成了单一的范畴史。笔者认为，中国古代美学精神是多元的，它由五大基本范畴构成；同时，由于哲学世界观的不同，这五大范畴在儒、道、佛学说中又有不同的表现，衍生出若干子范畴。中国古代美学史，就是这些有主有次、丰富多彩的美学范畴的演变史。

在把握中国古代美学时有一种共识，即相对于中国现代美学有美有学的特征，中国古代美学的特点是有美无学，即有关于美的本质、内涵的思考，但没有美学这门学科。中国古代美学精神，就集中凝聚为关于美的本质、涵义的思考。这些思考的结果表现为五大范畴。

1. 以美为"味"，将美理解为一种快适之感及其对象

"美"是什么？《说文解字》说："美者，甘也。"这个"甘"不是甜的意思，而是快适的意思。清人段玉裁注解过："五味之美皆曰甘。"魏初王弼说："美者，喜也""人心之所进乐也"。明代屠隆说："适者，美耶！"这是将"美"解释为主体的快适之感。滋味的"味"既可指主体感觉，也可指美食对象。汉代王充说："有美味于斯，狄牙甘食。""美色不同面，皆佳于目。"晋代葛洪说："五声诡韵，而快耳不异。"这是从引发快感的客体出发界说美，美指一种快感对象。可见，在中国古代，美指一种快适之感及其对象。从逻辑的角度分析，快感对象叫做美，快适之感叫做美感。

追求快适之感及其对象，是中国传统文化的一个特点。李泽厚把这个特点叫做"乐感文化"。为了防止人们将快感误解为远离理性的肉体欢快，我们借用中国传统文化中的"乐感"用语，将引发快感的对象叫做"乐感对象"。"乐感对象"包含感性欢乐的对象与理性愉悦的对象。"乐感"一语源自儒家。儒家所追求的乐感主要指理性愉悦对象，所谓"孔、颜乐处。""子曰：饭疏食饮水，曲肱而枕之，乐亦在其中矣。不义而富且贵，于我如浮云。"〔1〕这是孔子之乐。"一箪食，一瓢饮，在陋巷，人不堪其忧，回也不改其乐。"这是颜回之乐。但儒家追求的理性欢乐并未排斥感性欢乐，这就是曾点之乐。《论语》中有子路、曾皙、冉有、公西华侍坐一章，说有几个学生围在孔子旁边侍坐，孔子让他们每个人谈谈各自未来的志向。前面三个人都说出了自己伟大的理想，有的要做政治家、有的要做军事家。一直到最后，曾点才说："我的志向没有他们远大，我的志向很平常，'莫春者，春服既成，冠者五六人，

---

〔1〕《论语·述而》。

童子六七人，浴乎沂，风乎舞雩，咏而归。'就是在暮春时节，跟十几个年轻人和孩童一块儿在河里洗洗澡，然后跳跳舞乐一乐，唱着歌回家。我就这点志向。"孔子最后有一个评价："吾与点也。"孔子的这个话，表现了他对"感性欢乐"的一种肯定。

值得指出的是，以美为味，意味着中国古代美学不仅认为将美视为视听觉快感对象，而且将美视为味觉及嗅觉、触觉快感对象。这是中国古代美学区别于西方传统美学的一大特色。

2. 以美为"道"，给乐感对象加上价值限定

美是一种乐感对象。不过，并不是所有的乐感对象都是美，只有符合道德规定的乐感对象才是美。《尚书》说："玩物丧志""作德日休"。沉迷于给我们带来感官快感的玩物的喜好而丧失宏大的理想，这不是真正的美的追求；只有加强道德修养，才能不断获得情感快乐。《后汉书》又说："饮鸩止渴。"毒酒虽可带来止渴的快感，但却不是美，而是人们应当警惕的丑。可见，在中国古代，道德快乐的对象被视为美。这个道德，在儒家那里偏重于指善的主体意识。朱熹《论语集注》说孔子的美学主张是："善者，美之实也。"孟子认为："充实为美。"什么的充实为美呢？道德的充实为美。荀子将这个意思揭明：道德之"不全不粹，不足以为美"，反之，道德修养之纯粹，就足以为美。荀子还说："君子乐得其道，小人乐得其欲。"表现了对道德欢乐的肯定。《说文解字》说"玉"的美，在"有五德"，即"仁义智勇洁"，是以儒家道德的象征为美的有力证明。中国古代绘画中的"四君子图"梅、兰、菊、竹，它们的美，主要在于是儒家君子人格的寄托。

以道为美，在道家那里，"道"偏重于指真的自然本体，即天道。庄子转述老子的话："心游于物之初，至美至乐也。"物之初，即宇宙本体之道。心游于道，就能得到至美至乐。庄子声称："素朴而天下莫能与之争美。"这个"素朴"指人的无知无欲的自然本体。

3. 以"心"为美，给美加上主体限定

在以道为美外，中国古代美学还以心灵意蕴的物化为美。儒家的道德如仁义礼智之类属于主体的意识范畴。以儒家道德的物化为美，实即以主体心灵意识的对象化为美，如《易传》说"仁者见仁，智者见智"、《论语》说"仁者乐山，智者乐水"、邵雍说"花妙在精神"之类即然。道家之道表现为天道，然而它的本质不过是人道的变相形态，如厚德载物、至仁去仁、以退

为进、以柔胜刚等。所以以道家之道为美实际上也是以心为美的表现。当然，以心为美的心并不仅仅指主体的道德意识，还包括道德意识之外的广泛的精神意蕴。当它们物化为对象，与审美主体处于一种同构状态时，都会产生一种乐感效应。所以，柳宗元说："美不自美，因人而彰。"艺术之美更是如此。古人说：艺术作品只有满怀深意，才能美不自胜，这就叫"意深则味有余"（赵翼）。于是，中国古代，"文以意为主"，文学是"心学"，"诗文书画"一切艺术，"俱以精神为主"，这就写成了中国古代文学艺术以表情达意为主的民族特色。

4. 以"文"为美：中国古代美学对形式美的兼顾

中国古代美学重视乐感对象的精神内涵，以道德精神、心灵意蕴的物化为美，但并没有否定与内容无关的形式美的存在。比如孔子就是主张美善相分的。他说《韶》乐"尽善尽美"，说《武》乐"尽美矣，未尽善"，就是将形式美与内容善区别开来的典型例子。《韶》乐表现舜帝通过禅让的方式登上帝位，内容善，旋律也美，所以说"尽善尽美"。《武》乐尽管旋律动人，但反映的是周武王通过暴力手段推翻商纣王建立周王朝的事迹，孔子认为这有违君臣之礼，内容不善，所以说"尽美矣，未尽善"。形式美，是指形式因符合特定规律，能普遍引起人们的愉快而被判断为美。它在中国古代有一个特定的指称，即"文"。孔子说："言而无文，行之不远。"意即言而不美，就流传不远。《说文解字》解释"文"："错画也，象交文。""文"是交错的笔画，象征着交错的纹路，即"纹"，本身具有纹饰的形式美涵义。中国古代有"文章黼黻"一说，"文"取狭义，指青与赤两种色彩的组合，"章"指白与赤的组合，"黼"是白与黑的组合，"黻"是青与黑的组合，都是具有形式美意味的花纹图案。在这个意义上，形式美又叫"彣彰"。章学诚说：中国古代文学不以"彣彰"为特点，而以"文字"为准。"彣彰"即文彩美。"文"的形式美涵义，不仅包括上面所说的"纹美"，而且包含"象美""形美"，并突出表现为"象美"。以象表意，所以诞生了"意象"范畴。中国古代的诗歌是强调形式之美的，这形式之美表现为"格、律、声、色"。格是结构，律是声律，声是声韵，色是辞彩，都属于言而有文的范围。

5. "适性"为美：对乐感的天人合一心理本质的揭示

中国古代认为美是一种有价值的乐感对象，这种乐感对象是道德的象征、心灵的物化与具有文理的形式的复合互补。那么，对象成为有价值的乐感对象、成为美的原因是什么呢？中国古代美学认为，就是天人合一、物我同构。借用庄子的话说，就叫"适性"。庄子反对做人的"失性"，指出人生的逍遥在于"适性"。

逍遥实际上即是审美境界。人只有"适性"，进入天人合一境界，才真正进入了审美境界。适性的性，首先指物种的共同属性。比如人的听觉能够接受的声音响度是有一定范围的，人的视觉能够接纳的光线亮度也是有一定阈值的。若"听乐而震，观美而眩"，就失其为美。所以左丘明说："无害焉，故曰美。"对象作用于审美主体时只有对主体的本性无害而契合，才能有有价值的乐感产生。因而《吕氏春秋》提醒人们："圣人之于声色滋味也，利于性则取之，害于性则舍之，此全性之道也。"

适性的性也指生命个性。在某一对象契合特定物种生命共性、普遍有效地产生美感的情况下，生命个性不同，产生的快感反应效果及强度也不同。刘勰《文心雕龙·知音》揭示这样的审美现象："慷慨者逆声而击节，酝藉者见密而高蹈，浮慧者观绮而跃心，爱奇者闻诡而惊听。"由此他总结说："会己则嗟讽，异我则沮弃。"

《易传》早已指出："同声相应，同气相求。"总之，当主客体处于一种契合、同构状态，就会有肯定性的、积极的情感反应产生。这种情感反应就是乐感。这种乐感对象就被叫做美。

综上所述，中国古代美学精神，就是由"味""道""心""文""适性"五大范畴构成的乐感精神、道德精神、主体精神、好文精神、物我合一精神。它们是考察中国古代美学史运行的轴心。在此本根之上，又衍生出儒家美论、道家美论、佛家美论若干丰富多彩的美的子范畴，比如儒家的"比德""风骨""中和""节情""沉郁""中的"，道家的"无""妙""淡""柔""自然""生气"，佛家的"色空""涅槃""甘露""醍醐""光明""圆""十""相""法音""香""莲花""七宝"等。它们在考察中国古代美学精神运行时也应得到兼顾，从而显示中国古代美学的丰富与多彩。

二、中国古代美学精神的演进历程

当我们确定了中国古代美学精神的五大基本范畴后，再来看中国古代美学史的分期，就有章可循了。

1. 先秦、两汉是中国古代美学精神的奠基期

为什么这么说呢？因为中国古代美学的"味美"说、"道美"说、"心美"说、"文美"说、适性为美这些基本思想不只在先秦，而且到两汉才奠定了坚实基础。如先秦以"味"为"美"，东汉《说文解字》中才明确将"美"解释为一种快适之"味"；先秦说"物一无文"，东汉《说文解字》则明确界定"错画"为"文"；先秦儒家强调心灵的道德表现美，汉代董仲舒的《春秋繁露》、刘向的《说苑》、许慎的《说文解字》发展为自然物"比德"为美；先秦《尚书》提出"诗言志"说，汉代《毛诗序》加以重申，扬雄在《法言》中则发展为"心声"说"心画"说；先秦《易传》引孔子语："同声相应，同气相求。""本乎天者亲上，本乎地者亲下，各从其类也。"庄子强调"任其性命之情"，最早涉及适性为美思想，汉代董仲舒则进一步加以阐释："气同则会，声比则应""物固以类相召也"；先秦儒家有《乐记》《乐论》，汉代司马迁《史记》中有《乐书》；先秦道家提出"大音希声""大象无形""至味无味""至乐无乐"，汉代《淮南子》则阐释为"无声而五音鸣焉""无形而有形生焉""无色而五色成焉""无味而五味形焉""能至于无乐者则无不乐"。不仅儒家、道家的美学观到汉代奠定了坚实的基础，而且佛家的美学观也只有到东汉才在中土初步确立。

2. 魏晋南北朝是中国古代美学精神的突破期

魏晋南北朝是中国古代美学精神的突破期，突破的标志是诞生了以情欲为美的情感美学与以形声为美的形式美学两大潮流。

儒家美学发展到汉代，以道为美或以心灵中的理性为美成为强烈的时代特征，"性善情恶""太上忘情"的口号对心灵中的情感、欲望形成了强大的压抑。但到了魏晋南朝，在玄学"越名教而任自然"风气的催化下，以情为美从以心为美中分离出来，从以道为美中挣脱出来，诞生了"情之所钟，正在我辈"、从欲为欢、不拘形迹的情感美学风潮。肉体的欲望快乐尚且得到崇尚，形色作为能够带来情感快乐的对象受到青睐，自然不在话下，由此诞生了穷神尽相描写形色美的山水诗、宫体诗，描写声韵美的格律诗。山水诗描写自然景观的形色给诗人带来的愉快之情，宫体诗描写宫廷美女的形色给诗人带来的愉悦之情，格律诗则倾力创造给读者带来听觉快感的声韵之美，这些都是形式美受到崇尚的典型证明。早先占辅助地位的以"文"为美这时成为社会占主导地位的美学取向之一，与以情为美的审美取向相互联系、双峰

并峙。于是，"缘情"而"绮靡"、情美与文美，成为这个时期文艺理论的两大美学主张。体现着这双重主张的中国美学史上第一篇完整而系统的文学理论专文陆机的《文赋》，第一部体大思精、系统阐述文学理论的专著刘勰的《文心雕龙》，第一部诗歌批评专著钟嵘的《诗品》等，都在这个时期应运而生。

与此同时，佛家美学与道教美学在这个时期迎来第一个高潮，与玄学美学交互影响，相映生辉。

3. 隋唐宋元是中国美学精神的复古与发展期

之所以把隋唐宋元放在一起讲，是因为这个时期儒家道德美学是一以贯之的主潮，社会上下普遍标举儒家道德为美，用以反拨、矫正六朝情感美学和形式美学造成的社会流弊。

六朝以情为美，抛弃一切名教规范，以文为美，极视听之娱，将理性修养抛在脑后，带来了情欲横流、道德失范的严重社会问题。于是从隋文帝开始，就举起以道为美的儒家道德美学大旗，整顿轻薄、混乱的社会风气。李谔的《上隋高祖革文华书》批判"竞一韵溺，争一字之巧"，王通的《中说》将六朝以来嘲风花、弄雪月的诗都给批评否定了。其后，唐太宗继之，将儒家道德美学大旗举得更高。他命孔颖达负责重新注疏五经，成《五经正义》，作为科举士子考试的必读书，又命魏征任总监修，重新编订八史，总结兴亡之道，揭示儒家的仁政是天下长治久安的根本之道，彻底确立了儒家道德美学的统治地位。唐代在散文领域开展的古文运动、在诗歌领域开展的新乐府运动，都是以复古为革新的道德运动。韩、柳倡导的古文运动明确声称，古文运动标举秦汉古文，"岂唯其辞之好哉？好其古道而已"。古文运动不仅是一场反对骈体文形式束缚、要求以散行单句自由书写的运动，而且是一场要求重回六朝以前先秦两汉原汁原味的儒家古道的道德美学运动。元、白为代表的新乐府运动批判六朝描写声色之美、视听之娱的诗，要求"唯歌生民病，愿得天子知"，突出体现了儒家的仁道。由隋唐政治家、思想家、文学家共同开辟的儒家道德美学传统，在宋代又得到了进一步的发展。宋儒将隋唐所说的儒家主体之道，改造为客观存在的天理。于是"道学"变成"理学"，虽然名称不同，但儒家道德的内涵是一致的。元代守成，继续崇奉宋代程朱理学。可见，从隋唐到宋元，以道为美，反对六朝的以情为美、以文为美，是美学界的一根红线。

此外，佛教与道教再度繁荣，出世的道德美成为这个时期书画美学和园林美学的主要追求。

4. 明清是中国古代美学精神的综合期

"综合"既有集大成的意思，也有纠偏的意思。

从纠偏的角度说，两汉、唐宋以"道"为美对于防止情欲失范固然有它的道理，但倘若发展到以"道"灭"情"的极端，那就可怕了。以"情"为美，固然有合理的一面，但如果超越一切理性规范，也会造成不可收拾的社会问题。同理，形式美自有存在的价值，以"文"为美也应当得到承认和宽容，但如果将文饰美、形式美凌驾于内涵美之上，甚至唯形式美是求，无视内涵美的要求和限定，那么这种以"文"为美的主张也值得推敲。明代是一个反叛理学、重新为情欲伸张权利的时代，目睹宋元以来以"道"为美的片面性，重新提出以"情"为美。清代是一个实学昌盛的时代，一切都放在求真务实的态度下重新考量，以"道"为美与以"情"为美、以"心"为美与以"文"为美多元交汇，相互兼顾，在立论上更趋公允稳妥，不仅矫正了前一时期道德美学的板结偏向，也纠正了以前情感美学以超越名教的情欲为美的偏向，以及以前唯声色视听之娱是求的形式美偏向。

明清美学尽管学派林立、端绪纷繁，不过，在众声喧哗之中，总是回荡着以"道"为美的道德美学、以"意"为美和以"情"为美的表现美学、以"文"为美的形式美学的三个主旋律，从而进一步夯实了中国古代具有民族特色的美学精神。

与此同时，在吸收、总结两千年中国古代美学思想成果的基础上，明清诞生了许多集大成的美学论著，如谢榛的《四溟诗话》、王夫之的《姜斋诗话》、王骥德的《曲律》、徐上瀛的《溪山琴况》、计成的《园冶》、刘熙载的《艺概》；涌现了许多集大成的美学家，李贽、李渔、金圣叹、毛宗岗、张竹坡、脂砚斋、叶燮，等等，小说美学、词曲美学、戏曲美学、书法美学、绘画美学、园林美学、音乐美学等各个领域都达到中国古代美学的最高成就。

三、中国现代美学精神的历史演变

美作为有价值的乐感对象，从近代开始，伴随着政治风云的变幻，中国古代美学精神逐渐向现代美学精神转型，并在不同时期留下了自己的时代特征。

1. 近代：古代美学向现代美学的过渡及其精神新变

"近代"在时间上实际上是包含在清代之中的。之所以在晚清之外别列"近代"，是因为这个时期中国的社会形态和文化形态都发生了重要改变。一方面，1840年的鸦片战争使中国进入了常说的"半封建半殖民地社会"，西方帝国的入侵激起了中国人民的反帝运动；另一方面，西方帝国的入侵又使中国的有识之士看到了西方世界的强大及其所依赖的先进的价值理念，从而开始了一场"反封建"（其实应当叫"反君主专制"）运动。与此相应，西方的人文思想和学术科学传入中国，形成了中国社会特殊的文化现象。

美学领域也是如此。西方的"美学"学科概念开始在中国出现，"美学"课程在中国的大学开设，"美学"作为"研究美的哲学"的学科定义得到初步界定。关于"美"的思考逐渐从古代的文艺批评与哲学学说中离析出来，交由"美学"这门学科去承担。人们开始认识到艺术是以美为特征的"美术"；"文学"作为美的艺术的一个重要门类，而是"属于美之一部分"的"美术"。最典型的"美文学"莫过于"小说"这种体裁。于是，古代广义的"泛文学""杂文学"开始向"美文学"过渡。

"美"是什么呢？受西学影响，"美"一方面被视为超功利的愉快对象，比如在王国维的大量表述中；另一方面又被当作有价值的愉快对象，成为实现政治功利的有效手段，如康有为、梁启超所做的那样。在清末维新改良运动中，梁启超探讨美的快感特征，以美文学样式为政治改良服务，所谓"改良群治从小说始"，通过"文界革命""诗界革命""小说界革命"，以"新语句"融入"新意境"。人们崇尚"民权"，反对"皇权"，崇尚"民主"，反对"君主"，崇尚"平等"，反对"纲常"，崇尚"自由"，反对"专制"，崇尚"个性"，反对"奴役"，给"美"的价值取向带来根本性的变化，为"五四"时期中国美学学科的诞生奠定了坚实的基础。

于是，作为古代美学向现代美学学科的过渡，近代中国美学的精神在以"超功利的快感"继承和改造了中国古代美学的"乐感"精神的同时，"民权""民主""平等""自由""个性"成为近代资产阶级改良与革命运动中涌现的新的美学精神，它们是给当时人们带来快感的深层功利因素。

2. "五四"时期：现代美学学科的诞生及其新美学精神

经过近代的铺垫，"五四"时期，西方的"美学"学科作为有美有学的

"美及艺术之哲学"，经过蔡元培、萧公弼、吕澂、陈望道等人的译介和建设，正式在中国学界落地生根。

这个落地生根的标志，是诞生了好几部《美学概论》。一是萧公弼在1917年的《寸心》杂志上连载《美学·概论》，这是为计划中的《美学》一书写的总论。作为系列论文发表，篇幅达两万字，比那个时期出版的大多数书的字数还多。重要的是论述全面，思辨水准很高，远在后几部《美学概论》之上。可惜人微言轻，不被重视。我认为这足以确立萧公弼在中国现代美学史上美学学科奠基人的地位。[1]后来，吕澂在1923年，范寿康、陈望道在1927年分别出版《美学概论》，字数大约在一万字、两万字、四万字之间。它们作为美学教科书在20世纪20年代的集中出现，宣告了"美学"学科在中国的正式诞生，奠定了后世中国现代美学学科史发展的基础。

这个时期的"美学"，被视为思考美的本质的哲学。而"美的真谛"，按萧公弼的阐释，"在生快感"。这与近代从康德那儿继承的观点一脉相承。但同时，吕澂、范寿康又不约而同地指出："美学是关于价值的学问""美是价值""丑是无价值"。什么是这个时期崇尚的价值呢？就是"人道主义""共同人性""主体""个性""民主""平等""自由"，这是这个时期的新美学精神。于是，重视主体精神追求的主观价值论美学成为这个美学学科在中国诞生初期的时代特征。

"五四"新文化运动作为文学革命与启蒙运动的合一，其思想启蒙是通过文学革命的方式进行的。文学革命的对象，是古奥的文言文形式和古代文学以文字作品为特征的广义的泛文学、杂文学形式，以及古代专制之下的奴隶道德。革命的结果，一方面是诞生了白话文的美文学样式，文学作为"美术"之一，是倾向于美的方面的文体，成为那个时期人们的共识。另一方面，是引进了西方人文主义价值理念，通过白话文的美文学样式加以表现和传播。由此产生的"五四"文学的新的标志，是"人的文学""个性文学""浪漫文学""平民文学""艺术自律"等。"五四"文学所体现的这种美学精神，也体现在这个时期诞生的多种《文学概论》《艺术哲学》专著中。

---

[1] 详参祁志祥："萧公弼的《美学·概论》：中国现代美学学科的奠基之作"，载《广东社会科学》2017年第2期。

3. 从 1928 年到 1948 年：走向唯物主义客观论美学

承接着"五四"时期价值论美学的主观倾向，先有李安宅的《美学》对"美是价值"的学说加以重申，继而朱光潜富于创造的主观经验论美学风靡整个 30 年代，后来宗白华、傅统先的美学学说不外是对朱光潜的发挥与改造。

与此同时，以客观唯物论美学为标志的新美学学说在与主观论美学的斗争中逐渐崛起，而这个唯物论是通向"革命"的历史唯物主义。柯仲平的《文艺与革命》竖起"革命文艺"的大旗，胡秋原的《唯物史观艺术论》是普列汉诺夫唯物论美学在中国的最早传播，金公亮的《美学原论》是对西方客观论美学的移译，毛泽东《在延安文艺座谈会上的讲话》则提出了苏区文艺界唯物论美学纲领。蔡仪的《新艺术论》与《新美学》是客观唯物论美学的系统而独特的创构。

于是，"唯物主义""集体主义""阶级人性""人民文学""遵命文学""救亡主题""民族文学""典型形象"等成为这个时期崇尚的美学精神。

在艺术哲学领域，钱歌川《文艺概论》、俞寄凡《艺术概论》、向培良的《艺术通论》和十多部《文学概论》，继承"五四"时期奠定的美文学概念，同时主张文艺为民族救亡和民族解放服务。

4. 20 世纪 50 年代末：中国化美学学派的创立及其美学精神

随着新中国成立，1928 年后中共及"左联"所倡导的"唯物主义""集体主义""阶级人性""人民文学""遵命文学""救亡主题""典型形象"成为主导地位的美学理念。为了展开对旧思想、旧美学的彻底清算，从新中国成立之初就掀起了对主张"美在主客观合一"的朱光潜的唯心论的斗争，于是引发了 50 年代末的美学大讨论。马克思主义是强调事物的本质和客观规律的存在的。围绕着美本质，讨论中不仅出现了朱光潜的主客观合一派、蔡仪的客观典型派、吕荧高尔太的主观意识派、李泽厚洪毅然的社会实践派，还出现了继先、杨黎夫的社会价值派。朱光潜的主客观合一派、吕荧高尔太的主观意识派作为唯心论的美本质论，自然受到批判；蔡仪的客观典型派作为主张美是离开主体存在的物质属性，也受到庸俗唯物论和客观唯心论的批判；只有强调美是一种社会实践、社会价值的观点，既坚持了美的客观性，又通过"社会""实践""价值"巧妙包容了主观性，也可以从马克思著作中找到有力的理论依据，所以在看似自由的百家争鸣中其实是占据着政治正确的制高点的。于是，"本质论""唯物论""客观性""社会实践""社会价值"是支配那个时代美的快感反应的内在取向。

5. 20 世纪八九十年代：实践美学体系的定型与突破

"文化大革命"时期是美学理论百花凋零的时期。1978 年底十一届三中全会后，美学研究迎来了它的春天。人们压抑已久的对美的热情像岩浆一样喷发出来，美学研究继 50 年代之后达到了又一个高潮。与 50 年代末美学大讨论中李泽厚的实践美学观只是争论中的一派不同，80 年代出版的几部美学原理教材，采用的观点基本上都是李泽厚的实践美学观。这方面的代表作有王朝闻主编的《美学概论》，杨辛、甘霖合写的《美学原理》，楼昔勇、夏之放、刘叔成等人合写的《美学基本原理》。它们在中国的北方和南方高校的美学讲坛上广泛地使用着，成为一统天下的美本质观。与此同时，李泽厚出版《美学四讲》，将实践美学学说加以系统化。蒋孔阳在 1989 年出版的《美学新论》则是实践美学体系的进一步完善。"实践"是人类在理性意识指导下主观计划见之于客观行动的社会谋生活动，其根基在人的理性、社会性、阶级性、规范性。实践美学的精神即理性精神、社会精神、阶级精神、规范精神。随着马克思《1844 年经济学—哲学手稿》美学意义的重新发现，80 年代中期以后，人们转而用"美是人的本质力量的感性显现"取代"美是实践"的表述，因为"实践"即"人的本质力量的感性显现"。"人的本质力量"不仅包含传统实践美学观所说的"理性"力量、"社会性"力量、"阶级"力量、"规范"力量，而且包括传统实践美学观所排斥的人的"感性"力量、"个体性"力量、"人性"力量、"自由"力量。于是，在整个八九十年代，中国美学的核心概念是"实践"，是"人的本质力量"。

80 年代中期以后实践美学由"美在实践"向"美是人的本质力量的对象化"的转化，已经给传统的实践美学观对理性、社会、阶级、规范的片面强调埋下了突破的种子。与此同时，杨春时标举的"超越"美学、潘知常标举的"生命美学"明确声称自己是"后实践美学"，倡导美在鲜活的生命，美在感性对理性、个性对社会性、人性对阶级性、自由对规范的全面超越。

在文艺美学领域，人们从"极左"的庸俗唯物论和阶级论的理念中解放出来，价值取向重新向"五四"回归，人道主义、共同人性、个性自由、审美自律等元素汇入这个时代的美学精神。人们一方面要求文学摆脱为政治服务的枷锁，还文学形式以超功利的审美特征，另一方面又要求摆脱纯形式实验和一己悲欢的呻吟，承载有益天下的社会使命和人道主义的精神内涵。徐中玉先生在呼唤创作自由的同时主张文济世用；王元化先生提出文学既要继承"五四"又要超越"五四"，艺术的形象"美在生命"；刘再复重提"人的文学"口号，建构起"人物性格二重组合"原理；钱中文、童庆炳提出文学是以"审美"为特征的"意识形态"，要求在"意识形态"中注入"新理性精神"，体现了艺术哲学中形式与内涵并进、审美与人道交融的时代特点。

6. 世纪之交以来：美学的解构与重构

世纪之交以来，有感于各种美学学说对美本质的界定都很难圆满解释人们的审美经验，伴随着海德格尔的存在论现象学对马克思主义唯物论的取代、德里达的解构主义对马克思主义本质论、规律论的取代，"解构""生成""现象"成为新世纪中国美学的关键词和主导精神。

美是在审美活动中生成的，审美主体是各具个性的，审美活动也是心态各异、各不相同的，由此生成的"美"也是千差万别的，没有永恒的、普遍的本质可言。于是美的本质被取消，美的规律、特征、根源等也不再被研究，美学不再是"美之学"，而是"审美之学"。美的本质论被解构了，美学体系的起点是什么？本体是什么？美学如何讲？按什么顺序、逻辑讲？于是美学开始了新的重构。事实上，"美"的本质取消了，但新的本体作为审美活动的起点又被替换进来，如杨春时的"存在"、朱立元的"实践"、曾繁仁的"生态"、陈伯海的"生命"，叶朗的"意象"，从而诞生了杨春时的"存在论超越美学"、朱立元的"实践存在论美学"、曾繁仁的"生态存在论美学"、陈伯海的"生命体验论美学"、叶朗的"意象美学"。它们的共同特点是以海德格尔的存在论现象学哲学为理论根据，立足于后形而上学视野重新展开对美学的形上之思，聚焦"审美体验"是怎样，回避"美"是什么的问题。于是，"存在""生态""意象""体验"成为这个时期中国美学的精神标记。

上述诸位迥异其趣，本人也参与了新世纪中的新美学原理建设。本人标举以"重构"为标志的"建设性后现代"方法，坚持传统与现代并取，反对以今非古；本质与现象并尊，反对"去本质化""去体系化"；感受与思辨并重，反对"去理性化""去思想化"；主体与客体兼顾，在物我交融中坚持主客二分。由此出发，重新辨析与守卫了美学先驱美学是美之哲学的学科定义，聚焦美的统一语义，提出"美是有价值的乐感对象"，指出这种"乐感"包括感性快乐与理性满足，这种感性快乐并不局限于视听觉快感，而是广泛存在于五觉快感中，由此探讨了美的范畴、原因、规律、特征，建立了完整、丰富的美本质论系统，并在此基础上分析了现象界中美的形态、疆域、风格，以及美感反应的本质、特征、元素、方法、结构与机制，构建了一个以美的基本功能"乐感"为标志的、层次丰富、结构完整的《乐感美学》原理体系。于是，"乐感"与"价值"作为"美"的两个最基本的性能被高扬出来，对纠正当下社会存在的"娱乐至死"的审美乱象提供了理论上的有力支撑。

第二节　通古今之变，成一家之言[1]

中国美学史源远流长，博大精深，其形态有别于西方美学，它融杂在中国古代文化的各个方面，例如哲学、宗教、文学艺术等方面，而且大都以感性的形式呈现出来，纯粹理论形态的著论并不多，因此，对于中国美学史这种原初形态的整理与研究，就需要编著者花费大力的精力来研判与论述，不仅需要收集与整理文献资料，更主要是研究主体的才胆识力。放在我们眼前的这部由祁志祥教授所编著的《中国美学全史》，正可以见出作者在这两方面的功力结晶，读来令人感欣。

经过近几十年，特别是改革开放四十年以来的研究，中国美学史领域的成果可谓硕果累累，历经两代学人的努力，不仅产生了众多的中国美学史的著论，而且也问世了许多断代与专门史方面的中国美学著论，祁志祥教授早几年即出版了《中国美学通史》的多卷本著作。在这种学术积累之上，有没有可能诞生一部中国美学全史这样的成果，这是人们心存疑虑的地方，而在这种时候，祁志祥先生以其皇皇巨著，回答了这个问题。我们认为，在目前的背景下，中国美学全史的问世可谓水到渠成，适逢其时。对于中国美学全史的编写，是对于中国美学史研究的再上层楼，因为目前需要对于中国美学历史进行全方位的整理与总结。

当然，任何全史都是相对而言的，不可能囊括一切，而且全史的编写绝不应当变成简单地整合，不是数量的叠加，而是质量的飞跃。此中的关键，我认为主要是贯彻古人所说的"通古今之变，成一家之言"，具体而言，就是对于中国美学史的各个方面，包括它的范围、研究现状、存在问题、突破难

---

〔1〕　作者袁济喜，中国人民大学教授。本文原载《人文杂志》2019 年第 11 期。

点等有着清晰的反思意识与准确的判断，而不是泛泛而谈。从全书的布局来看，此书有着明确的反思意识，此书第一卷为全书通论"论美学、美与中国古代美学精神"，用厚重的篇幅，对于相关问题进行了深入而系统地论述。通论对于迄今为止的中国美学史的各路专家进行了实事求是地分析与批评。中国美学史的研究自从 20 世纪的 80 年代之后，渐渐形成了研究的热潮，特别是李泽厚、叶朗、敏泽等大家对于这个领域的贡献不少，此后，跟进的后学也势头不减，各种著论不断涌现，达到相当的水平，显示出中国学者在这方面的杰出贡献。当然，不足之处也是存在的，除了文献资料的尚待深入开掘之外，研究的方法与视野的拓展，以及中西美学的互动等方面的增强，也是一个重要的方面。因此，站在今天的角度来说，对于这些学者的研究成果进行述评与整理，以推进这项事业的发展，也是十分有必要的。在这样的学术背景与时段下，祁志祥教授的这本书，对于各位学者的成果进行认真的反思与总结，在尊重前人研究成果的前提下，也率真地进行了述评与考量，他认为中国美学的对象是关于美学的理论形态的学问，在此基础之上，对于中国美学全史进行梳理与研究。其值得注意的地方有二：一是与上述诸位的美学史分期迥异其趣，作者紧扣中国古代美论"味美""心美""道美""文美""同构为美"的复合互补系统考察中国古代有无美学的历史运动及其特征，得出了中国古代美学史的另一种解读：先秦两汉是中国美学的奠基期，中国美学的味美说、心美说、道美说、文美说、同构为美说这些基本思想到先秦两汉才奠定了坚实基础，各家（儒道佛）美学观的初步建构也直至两汉才大功告成。缘此，作者对于魏晋南北朝、唐宋元明清等阶段的美学史作了梳理，书中对于中国美学史的阶段划分颇有见地。二是祁志祥教授对于中国美学的基本特征进行了定位，提出了自己的看法。他认为，美学的确切内涵，是研究现实与艺术中美及其乐感反应的哲学学科，其中心问题是美的问题，中国美学史应当聚集的对象仍然是古代人怎么看美的思想，从而使它成为中国历代关于美的思考的理论史。这样的思路，既避免了将中国古代美学的边际无限放大的缺失，也克服了将中国美学史仅仅局限于思想史与观念史的局限性，从而在研究中游刃有余。这也是作者多年来致力于中国美学史的研究，长期积累的成果所致。多年来，祁志祥教授著述宏富，笔耕不辍，成果颇多，对于中国美学史用力甚勤，这套《中国美学全史》，正是在此基础之上结成的丰硕成果，值得大力推介与祝贺。

　　这本书的特点，不仅在于"通古今之变"，还在于它的"成一家之言"上面。作为中国美学全史，纵贯上下三千年，涉及中国美学、哲学、宗教、文化等各个领域，可谓范围广大，头绪纷杂，人物、著论、以及相关的思想、范畴等林林总总，繁纷万状，如果依照传统的写法，很容易治丝益棼，不得要领。因此，本书采用以专题为经纬，旁及人物、著作、观点、范畴，而不是以往的写法。这样的写法，在迄今的关于中国美学史的写法上，还是比较新颖的，也是较为大胆的。例如对于魏晋南北朝美学史的写法，分成第一章：玄学美学；第二章：诗文美学；第三章：绘画美学；第四章：书法美学；第五章：园林美学；第六章：佛教美学；第七章：道教美学。其中每章专题的抓取亦有自己识见，例如第七章"佛教美学：高潮实现"的写法，从原来的人物与思想介绍，转向佛经的翻译与介绍，着重于佛经译籍中的美学意蕴，较为符合六朝佛教美学的特质。当然，这样的写法，也造成了人物与著论的线索不够清晰，总体的概括有所不足。笔者认为，如果能够将美学专题、艺术门类与历史的线索进一步融合一体，加强理论的逻辑与历史的逻辑良性互动，也许可以增加本书的学术蕴涵，进一步提升本书的学术质量。

　　以往中国美学史的编写，偏重中国古代美学史的整理，乃至形成一个看法，即中国美学史就是中国古代美学史，这样往往造成今天的中国美学与以往美学史内在联系的中断。本书认为，"五四"前后是中国现代美学的第一个阶段，从1915年到1927年的"五四"前后这段时期，是中国现代美学学科的文艺学科宣告诞生的阶段，也是主观的价值论占主导地位的阶段。对于中国当代美学的构建阶段，本书也作了富有创见的划分。本书第四卷《明清近代美学》与第五卷《现当代美学》，占有全书美学史部分（除去通论部分）的三分之一左右，可见作者在这方面的用力其甚多，也融注了作者"通古今之变"的用心，仅从篇幅的设计安排中，体现出作者克服以往中国美学以古代为中心的格局，而力图在打通古今变化的环节上，为当代中国美学的发展提供史的鉴与理论支持的努力。这两部分对于中国近代与现当代美学的叙述颇见功力，特别是对于当代美学的梳理可谓线索清晰，持论公允，显示出作者不仅对于中国古代美学的稔熟，对于中国现当代美学的研究也是卓有成就的。

　　本书的成一家之言，还表现在作者敢于对于中国古代美学的特质提出自己的看法。他提出中国美学的基本特征是一种乐感美学，他认为："在中国古代人看来，美是一种味，一种能够带来类似于甘味的快适感的事物。不只视听觉的快感对象是味，五觉快感乃至心灵愉悦的对象也是味。"[1]这一说法，在他的《乐感美学》一书中已经得到申论与阐发，也引起过学者的关顾与讨论。我以为这一对于中国古代美学的概括，有相当的道理，王国维在《红楼梦评论》中指出，吾国人精神，世俗的也，乐天的也。鲁迅先生也认为，中国文化以大团圆为特征。李泽厚先生在《华夏美学》中也提出过类似的观点，认为中华美学是以世俗感性为其基本的特点，此种世俗化的特点，便是以乐天知命、世俗快感为追求。先秦时代的诸子百家，对于此多有所论证。祁志祥教授的这本书贯穿着这种以乐感美学来解读中国古代美学的线索，在第一卷的第二章"论美是最有价值的乐感对象"，特别是在第二卷的先秦美学这一章中，引证了许多相关的材料来说明之，应当说是顺理成章的，他认为道家的老庄虽然表面反对世俗性，但是骨子里依然是追求更高形态的"至味""至美"，"由此出发，道家建构自己独特的美学思想系统。它站在儒家美学的对立面，丰富了中国美学对美和美感的认识，构成了中国古代美学传统的另一面。"[2]这样的解释，对于先秦美学的特征较为圆通。

当然这种将中国美学史的各个时期的形态统统归纳为乐感美学的看法，也存在着可以商榷的地方，因为中国美学史是一个漫长的演变发展阶段，每一阶段的表现形态，形成的美学观念与当时的特定时代环境是密切相关的，在魏晋南北朝369年左右的时间内，呈现出与两汉完全不同的形态，特别是对于美感形态的认识与爱好上，固然有传统的乐感美学因素，例如阮籍的《乐论》还是坚持以和为美，反对以悲为美，但是更多的美学家却倡导以悲为美，在当时的乐论，特别是诗论与文论方面，这种以悲为美的观念很多，甚至可以说成为一种审美普遍心理。钟嵘《诗品》中便贯穿着此种美学观，钱钟书先生《管锥编》第三册二六《全汉文·卷四二》中也指出："按奏乐以生悲为善音，听乐以能悲为知音，汉魏六朝，风尚如斯。"这种奇特的唯有汉魏六朝才普遍流行的审美风尚，深刻地反映出当时动荡中人们心灵世界中与逸兴和逍遥相对应的另一面，其实也是最深层的一面，即处于动荡黑暗岁月

---

〔1〕　祁志祥：《中国美学全史：论美学、美与中国古代美学精神》（第一卷），上海人民出版社2018年版，第13页。

〔2〕　祁志祥：《中国美学全史：论美学、美与中国古代美学精神》（第一卷），上海人民出版社2018年版，第4页。

中的忧生之嗟。它是将人们对于苦难的恐惧无奈之情，以长歌当哭的方式宣泄出来。是中国传统美学中不同于西方悲剧美学的一种审美心态，也是中国文化在对待人生悲剧时的审美宣泄方式。但是祁志祥先生此书中对于这部分的论述似乎不够重视，用乐感美学的一般性规律来概括魏晋南北朝美学的美感形态也显得有些牵强。

另外，本书的第四编"隋唐宋元：中国古代美学精神的复古期"这一部分内容中，感觉有些地方的分类还应进一步斟酌。隋唐时期的美学继承与发展了魏晋南北朝时期的美学思想，同时又以复古的形式出现，六朝时期的刘勰、钟嵘等人的文学批评思想得到传承与演变，往往在外表的复古中，却是内里的革新，并不是对于六朝美学的简单扬弃。这一点，现在的学者大多已经有了定论。本书的第一编的第一章儒家道德美学的主潮，第二章形式诗学支流，将皎然、王昌龄的诗学统统归结为形式主义诗学支流，以对应第一章的分类，而第三章适意诗学新变中，又将殷璠《河岳英灵集》中的诗学归结其中，实际上，《河岳英灵集》倡导"神来""气来""情来"的诗学主张，正是盛唐之音的反映，殷璠推举的盛唐诗人之作大多是这种格调的作品。如他评高适之作"多胸臆语，兼有气骨"，崔颢诗"风骨凛然"，而其代表作则是"杀人辽水上，走马渔阳归。错落金锁甲，蒙茸貂鼠衣"（《古游侠呈军中诸将》）。他说陶瀚诗的"既多兴象，兼备风骨"，也是指入选的"大漠横万里，萧条绝人烟。孤城当瀚海，落日照祁连"等五言诗，展现了盛唐之诗特有的豪放汪洋、慷慨激昂的风格气骨，是盛唐之音的典型作品。殷璠的诗学主张，实际上是刘勰《文心雕龙》风骨说与曹丕《典论论文》中"文以气为主"观点的融合与发展，将其归纳为适意诗学似乎并不妥当。诸如此类的划分在本书中还不少，也许，洋洋乎巨制中的这些地方并不算什么，也是在所难免的，但是为了精益求精，对于这些地方进行商榷，也是更好地彰显出来。

至于将严羽的《沧浪诗话》归入适意诗学也是值得商榷的。严羽《沧浪诗话》中诗学理论的诞生，与时代刺激直接有关。严羽所处的南宋末年，朝政荒黑，外患严重，知识分子生当奸臣当道、国君昏昧之时，许多人无以报国，只好在山水诗乐中排遣人生。严羽也是这样。他一辈子没有出仕，当时的朝政也排斥他这样的忧愤之士参政，金元之际的著名文人戴复古，曾有诗评价严羽为"飘零忧国杜陵老，感寓伤时陈子昂"，可以说是对严羽人格与内心痛苦的真实写照。严羽将自己满腔的忧愤倾注在对文艺现象的研究上，意图通过对盛唐之音的呼唤来振奋民族精神，感动人们的情绪。《沧浪诗话》的宗旨，就是总结晚唐以来五、七言诗之发展，揭示诗的本质特征，树立盛唐的榜样，以矫正宋诗末流之弊。在这种写作动机指引下，严羽对诗的美学特征，以及为什么要倡导以盛唐为法，作了精彩的论述。严羽在《沧浪诗话》的《诗评》中，曾有不少地方对比了盛唐之音与中唐诗歌的不同之处："李杜数公如金翅擘海、香象渡河。下视（孟）郊、（贾）岛，直虫吟草间耳。""高（适）、岑（参）之诗悲壮，读之使人感慨，孟郊之诗刻苦，读之使人不欢。"严羽对高适、岑参之诗的偏爱与对孟郊等人的诗作不满，并不仅仅是出于个人的喜好，而且还出于他对时代强音的呼唤与对当时现实的不满。他对诗作既要求笔力雄浑，同时又要求气象浑厚，而不赞成过于直露的诗风。他对盛唐之音的赞颂，也是推崇一种热烈向上、慷慨悲壮的美，他改变了宋代许多文人一味倡导平淡之美的趣味。他推崇李杜而兼容各体，而并不是偏嗜王维、孟浩然的诗风。在《诗辨》中说："诗之品在九：曰高，曰古，曰深，曰远，曰长，曰雄浑，曰飘逸，曰悲壮，曰凄婉。……其大概有二：曰优游不迫，曰沉着痛快。诗之极致有一，曰入神。诗而入神，至矣，尽矣，蔑以加以矣！惟李杜得之，他人得之盖寡也。"他所钟情的李杜与高岑，或雄浑悲壮，或沉着痛快，都是盛唐之音的显示。因此，将其归纳为闲适散淡的适意美学范畴，似乎可以再考量。当然，总体上来说，祁志祥教授的这本《中国美学全史》的问世，是值得庆贺并加以大力推介的。

第三节　尽显中国风格、中国气派的鸿篇巨制[1]

祁志祥教授独立主持完成的服务国家重大战略出版工程项目《中国美学全史》五卷本最近由上海人民出版社出版了，这是美学界和出版界的一件很有意义的事情。《中国美学全史》上起先秦，下迄21世纪初，全景式地分析、描述了中国古代美学精神在古代的运行史及其在20世纪向现代美学学科的转型史。这样贯通古今的巨著，就我目力所及，还是第一部。《中国美学全史》

---

[1]　作者杨春时，厦门大学教授，中华美学学会副会长，中国当代存在论美学代表人物。本文原载《中国图书评论》2018年第11期。简写版"贯通古今，回应时代——祁志祥《中国美学全史》读后"发表于《上海文汇报》2018年8月20日，《新华文摘》2018年第23期全文转载。翻译版（孙沛莹译）发表于美国《东西方思想》2020年第4期。本文是简写版。

的价值，首先在于在时间跨度上达到最大，揭示了中国美学演变的完整历史轨迹，具有划时代意义。

《中国美学全史》有三个部分组成。第一部分为第一卷，论中国古代美学精神。作者理解的中国古代美学精神，是中国古代对美和美感的基本看法以及中国古代三大文化主体儒家、道家、佛家对美的特殊看法。史论结合是本书突出的一大特点。本书与史相连的理论阐述，恰恰由第一卷体现。它是对中国古代美学史演进中积淀的若干共识的过滤与提纯，也是对中国古代美学史梳理的理论指导。

第二部分为第二至第四卷，描述中国古代美学精神在中国古代的运行史。作者认为，中国古代共有的美本质论体现为味美、心美、道美、文美及物我同构、天人合一的适性之美的复合互补，它们呈现出不同的时代特征。第二至第四卷，作者依据中国古代复合的美本质论的诞生、变异、回环、终结，将中国古代美学史划分为奠基、突破、发展、综合四个时期，即先秦至两汉为奠基期，六朝为突破期，隋唐宋元为发展期，明清为综合期。第三部分为第五卷，描述中国古代美学向现代美学学科的转型史。作者揭示：中国古代美学并无独立的学科概念，美学思想散落、分布在各种线索的哲学理论与文艺理论中；而"五四"以后西方的"美学"概念在中国落地生根，"美学"成为一个独立的学科，聚焦现实与艺术中的美及美感经验的哲学思考，于是中国现当代美学史的叙写结束了古代的多线并存，而能够理直气壮地单线推进。在现代美学史的描述中，作者以1928年的"无产阶级革命文学"论争为界，将中国现代美学史一分为二，揭示了"无产阶级革命文学"高举的"五四"新文化运动旗帜蕴含的价值取向的变异，以及前期主观论美学向后期唯物论美学的转变。在当代美学史部分，作者分为第一次美学大讨论、第二次美学高潮、新世纪以来美学的解构与重构三个阶段。

《中国美学全史》的"全"不仅指时间上纵贯古今，而且指空间上笼罩群伦。第一卷在论完中国古代共有的美本质论后，即分别综论本同而末异的儒家美论、道家美论、佛家美论。第二卷至第四卷在中国古代美学史的叙述中，儒家美学、道家道教美学、佛家美学始终是同时并进的三条哲学美学线索，此外还根据时代生灭叙写了墨家美学、法家美学、玄学美学。与此同时，古代美学史部分还具体考察了哲学美学观在各门艺术理论中的表现，广泛地考察了每个时代的诗论、文论、词论、曲论、小说理论、书论、画论、音乐理论、园林理论中反映的美学思想。琳琅满目的文艺美学线索与多姿多彩的哲学美学线索齐头并进，奏出了多声部、复调式的古代美学交响曲，呈现出古代美学思想的全景图。而到了现代，西方的各种美学学说纷至沓来，于是中国美学发生转向。由于中国现当代美学史涵盖了中西美学的关系，因此，中国现当代美学史必须在研究中国美学的同时，也研究西方美学。志祥教授不仅熟悉中国美学，也了解西方美学。所以，他能够跨越中西美学的边界，全面地把握中国现代美学家的思想资源和理论概念，对现当代美学作出深度阐释。作者以全面的知识优势，客观揭示了这一历史现象：中国近现代美学家的理论思想虽然接受了西方美学思想，也在不同程度上继承了中国美学传统，进行了中西美学思想的融合与中国美学传统的现代转化。

这样，《中国美学全史》以先秦到 21 世纪初的时间为纵轴，在古代以儒、道、佛、玄等派别的哲学美学和散文、诗词、戏曲、小说、书法、绘画、音乐、园林等文艺美学的多条线索为横轴，在现当代以美学概论、文艺概论之类的原理性论著为纬度，精心打造出了一个结构宏伟、气象万千的中国美学全史的思想—学术宫殿。

细按全书，我们发现，此书不仅对已出版的各类资料选编作了认真的综合继承，而且对每个时代的代表性美学原典有深入的专研把握。在掌握了大量第一手资料的基础上，作者依据其独特的美学观，对中国古代文化典籍中的美学资料取得了许多新的发现，如对佛教典籍中"涅槃极乐"、以"味"为美、以"圆"为美、以"十"为美、以"光明"为美等材料的挖掘即是典型的例子。许多被以往美学史忽略的美学思想，包括一些现代历史上鲜为人知的美学家都被发掘出来，使得历史的建构丰满充盈。面对如此浩繁的材料，作者执简驭繁、举重若轻，将各个人物、各种著作安排得井井有条、各得其所，显示了驾驭材料的超强能力，给读者把握美学史的内容提供了很大方便。

作者写史，以人物为历史坐标。作者选取人物的标准，是在美学原理、文艺概论方面有系统化思考、建树、创新的代表性人物。只要创造出有学术价值的成果，哪怕传主没有显赫的学术地位和话语权，作者也收入史中，如萧公弼、金公亮、汪济生、王明居等。反之，如果没有创造出有学术价值的成果，哪怕这些学者地位高、名声大，也有所不取。作者对于入史者也不论尊卑，客观地论述、真实地评价，彰显了求真务实、和而不同的学术探讨精神。同时也采取了尊重研究对象、与入史者对话的立场，将自己的反思以存疑、商榷的方式表达出来，从而体现出理解、宽容的精神。从对宗白华、朱光潜、蔡仪、李泽厚，到周来祥、蒋孔阳、叶朗、朱立元、陈伯海等现当代美学史上一系列重要人物的评述中，都可以感受到作者的这种反思的真诚和对话的智慧。

改革开放 40 多年，产生了一批有中国特色的哲学社会科学成果，回应了时代的需要。在美学领域，也不乏有价值的成果。本书就是在美学史研究领域尽显"中国风格""中国气派"的一部有重要价值的巨著。作为同道，我为此书的诞生由衷喝彩，并推荐学界给予足够的关注。

第四节　大情怀、大手笔、大功力[1]

2014 年 10 月 15 日，习近平总书记《在文艺工作座谈会上的讲话》提出："我们要结合新的时代条件传承和弘扬中华优秀传统文化，传承和弘扬中华美学精神。"把传承和弘扬中华美学精神的号召落到实处而不流于空疏和口号，就必须有对中华美学源远流长历史的科学梳理。中华美学精神是在中国美学丰厚历史土壤中生长出来的深刻影响国人审美和生活的参天大树。新时期以来，随着中华民族文化自信的增强和学科建设的迫切需求，历史上长期沉寂空白的中国美学史研究和书写，吸引越来越多专家学者的关注目光和研究兴趣。仅大部头的中国美学史类著作就先后有多种面世。其中，祁志祥教授的新著，260 万字的《中国美学全史》（以下简称《全史》）的出版问世，依然称得上是中国美学史研究领域中石破天惊、前无古人的重大事件。《全史》集中体现了改革开放四十年来中国学者在中国美学史研究筚路蓝缕开拓进取过程中取得的重大突破和最新成果。诚如前辈学者陈伯海高度评价的那样，《全史》的写作出版不仅是"祁志祥个人学术生涯的里程碑事件"，也是"中国美学界具有里程碑意义的事件"。可以相信，《全史》对中华美学历史脉络的宏观梳理，对中华美学底蕴肌理的全面开掘，对贯彻落实习近平总书记提出的这一战略要求将产生积极而深远的影响。

这是一部具有大情怀的中国美学史。这是我国学术界第一部完全由个人

---

[1]　作者毛时安，著名文艺评论家，曾任中国文艺评论家协会副主席、上海市政府参事。本文原载《上海文化》2019 年第 4 期。

独立完成的关于中国美学发展从先秦、到现代、到 21 世纪初的当代的"全史"，是一项规模空前的学术"大工程"。他对于中国美学的关怀审察，不是局部片段的，而是全局全景的。中国美学在作者的心中，既如长江大河呼啸奔腾、波澜壮阔，又如辽阔的中华大地苍莽博大、气象壮丽。以儒家美学和道家美学为长江黄河，中间穿插着类似淮河的被本土化的佛教美学，将中国美学的连绵起伏、蜿蜒曲折的山山水水贯穿成一个浑成有机的、具有巨大包容性的文化共同体。在祁志祥心目中，各家学派的美学思想同中有异、异中有同、和而不同，最后百川归海、有容乃大、指向未来。中华美学，"和"是前置的整体性的大文化前提，是一个始终向着前方的具有召唤性、目的性的路标。"不同"则是个别的、互补的、兼容的，是"和"的丰富性的具体化与多样化。对中国文化"物一无文""和而不同"、多元互补的深刻认识，决定了作者的美学全史的包容性大情怀。读《全史》，我们始终能感受到"天似穹庐，笼盖四野"的博大情怀。这种情怀扎根于一个中国学者对于中国文化传统矢志不渝的守望。祁志祥几乎是以三十年从未间断的生命的不懈努力，坚守这一方学术的土地。我特别欣赏《全史》的前言"中国美学史撰写的历史盘点与得失研判"。正是出于对历史叙事高度负责的大情怀，作者在重大的学术表述上，面对前辈大家和同辈学人，从不吞吞吐吐，敢于直言和"亮剑"，明白表明自己的看法。如对于已出版的十余部中国美学史的评价，他能放在一起比较长短得失，既有对前贤的肯定，也有对不足和局限的商榷。尽管这些商榷可能会引起一些争议，但我想学术上有争议应该比燕雀无声要好。事实上，作者的批评一点没有"轻薄为文哂未休"的轻慢。他的批评所体现的姿态是：吾爱吾师，更爱真理。他严肃对待学术前辈、同仁的态度在当前文化语境中是极为难得的。祁志祥曾长期追随导师的徐中玉教授治学。徐先生从青年时代就以一种炽热饱满的爱国情怀投身中国古代文论的研究。即使在人生最苦难的时候，也丝毫没有中断过对于民族文化的坚定守卫。祁志祥深受导师这种精神的感染，堪称徐先生学术衣钵的精神传人。在整部《全史》的字里行间，到处都可以感受到这种喷薄而出的对于中国学问、中国文艺和中国美学的挚爱气息。

　　这是一部展现大手笔的中国美学史。作为一部美学史，作者没有在古代美学史和美学范畴史的历史叙事前止步。在《全史》纵向的、历时的线性叙述中，中国美学从先秦、两汉一路下来，萌芽破土的奠基、强劲生长的发展、时代气候变化后的突破到中国古典美学晚霞满天时集大成的综合、以及"五四"以来的现代转型，历历可按，文气贯通，脉络清晰，井井有条地勾勒出中华美学此起彼伏、环环相扣的历史演变轨迹。每一个美学流派的发展变化在各个历史时段的框架里都有严谨缜密的记录，显示出中国美学各家各派在时间长河中的生长性。在这种线性的宏观历史叙事中，作者始终避免大而无当的写意式的空疏勾勒。譬如佛教美学，祁志祥先后有《佛教美学》（上海人民出版社 1997 年版）、《佛学与中国文化》（学林出版社 2000 年版）、《佛教美学观》（宗教文化出版社 2003 年版）、《中国佛教美学史》（北京大学出版社 2010 年版）等著作，不断深化着对于艰深的佛教文化及其美学整体的全面研究，避免了现有研究将佛教美学简化为禅宗美学、以禅宗美学代替佛教美学整体的不足。在《全史》中，作者先是揭示了佛教东传初期小乘教中安世高、大乘教中支谶所译佛经，六朝时期大乘空宗与有宗诸家译经以及楞伽经、法华经、华严经等经典中各自的美学主张，然后又对隋唐时期中国佛教开宗立派的天台宗、三论宗、华严宗、唯识宗、禅宗等各家主旨不同的美学主张，以及宋以后佛教美学的流传情况作了交代。这里既有大笔如椽的宏观勾勒，也有微观精细的工笔雕刻，显示了作者深厚的学术积累和研究功底，远比用一个"禅"字的笼统概括深化得多，更具有学理性，极大地丰富充实了我这样的中国美学爱好者对于中国美学认识。值得指出的是，据说当年胡适写中国哲学史，佛教东传后就不朝下写了，因为不懂佛教。所以他的《中国哲学史大纲》只写到先秦。我们现在有好多学者胆子比较大，不懂佛教照样敢写（或主编）中国美学史，导致或残缺不全或错误百出。在以时间为主干的纵向历时性叙述中，作者还有团块状并列的美学范畴、艺术门类的横向铺展。《全史》贯通中国美学诗论、词论、曲论、画论、书论、乐论、园论各门类，虽包罗万象，但均有极为行家的理论诠释，打通、不隔，这需要极为广博的修养。就资料收集整理的文献学角度而言，从 20 世纪 80 年代初北大哲学系美学教研室青年学人集体选编《中国美学史资料选编》为肇始到《全史》，祁志祥几乎阅读了当下我们能够接触到所有典籍和原始材料，哪怕是埋在书海深处的吉光片羽。

　　这是一部展现大功力的中国美学史。万丈高楼平地起。罗马不是一天建成的。就像修行，除了才气、学识，还要有功力。不积跬步无以至千里，日积月累方得天长地久。中国美学史犹如浩瀚星空，祁志祥如天马行空，却有踪迹可辨。五卷本《全史》，实际上是他三十年学问一步一步做下来的。志祥1987 年从徐中玉先生读中国古代文论硕士研究生，毕业后不久以表现论建构并出版了《中国古代文学原理》（学林出版社 1993 年版）。读博时完成《中国古代美学精神》(山西教育出版社 2003 年以《中国美学原理》为题出版)。1998 年出版《美学关怀》（复旦大学出版社 1998 年版），提出"美是普遍愉快的对象"。十多年后完成《乐感美学》（北京大学出版社 2016 年版），完善了自己的美本质论，提出"美是有价值的乐感对象"，成为当代中国美学界一家之言"乐感美学"学说的创始者。基本概念的创造是带有根本性意义的，就像欧几里德从点开始创建平面几何大厦一样。元理论范畴及其体系的创造更不容易。正是这些元理论的研究，为他奠定了史论结合的扎实基础。基本概念的原创性，是中国和欧美学界近几十年普遍缺乏的学术创造和学术想象的能力。在这种状况下，祁志祥美本质观念的提出、新美学原理的创构以及中国古代美学精神、中国古代文论原理的建设就显得意义非同寻常。与此同时，他攻坚克难，兼顾艰涩奥僻、一般学人望而生畏的佛教美学研究，为美学史的撰写做足功课。再由论入史，史论结合，完成三卷本的《中国美学通史》（人民出版社 2010 年版）、两卷本的《中国现当代美学史》（商务印书馆2018 年版）。所以他整个学问的演进非常有序，脉络非常清晰。此时，《中国美学全史》五卷本皇皇大著已呼之欲出，水到渠成。值得指出：作者大部分学术准备都是在 20 世纪资讯极不发达的时代，以古老原始的手工摘抄的方式，不计昼夜阅读纸质原典和资料汇编，日积月累起来的。所接触的典籍数以千万计。其中许多鲜为人知，即使美学研究者也完全陌生的作者及其论著，是他直抵上海图书馆，从馆藏典籍中搜寻到的，比如现代史上的若干美学著作。在这点上，可以也看到业师徐中玉先生的学术传统。所有结论都来自对原始材料的充分占有、分析和概括。就中国美学史资料收罗的广度而言，可谓穷尽心力。总之，言出有据，力戒虚妄，做到既鞭辟入里，又不穿凿附会。许多被历史灰尘遮蔽已久的美学边缘人物和美学原始场景，因他的发现，得以还原和风华再现。当然作者也与时俱进，及时掌握新手段新技术，借助网络科技提供的便利搜索资讯、捕捉动态、拾遗补缺。于是，在祁志祥几十年如一日的积累、追求、付出下，中国美学历史的草蛇灰线和琳琅满目得以清晰、丰满地显现出来，充分展示了中华美学历史的源远流长、思想的博大精深、魅力的丰富多彩。

综上所言，《全史》是一部有着巨大气场的美学史著作。它为我们深刻领会"中华美学精神"的丰富内涵，促进文艺创作的繁荣和民族特色的建构，提供了极其重要的历史资源。今年（2019 年）恰逢新中国成立七十周年，中国进入了一个新时代的历史节点。《全史》字里行间散发着一种朝气蓬勃、昂扬向上的时代精神，是中国学者献给这个重要时间节点的一瓣心香、一份厚礼。

这里我想斗胆地提一个命题：中国的学问最终是要由中国人来完成。这些年，西方汉学的大量著作被翻译过来。我读过多卷本《剑桥中国史》和其它的汉学著作。应该承认，因为方法和视角的不同，有时会有一些耳目一新的发现和结论。但我们也不能不看到，因为事实上很难逾越的文化差异和隔阂，哪怕主观上非常友好、非常用功的汉学家做的汉学，也经常难免会存有许多很外在、"不贴肉"的阐述。更何况有的还带着某些意识形态的有色眼镜。事实上，文化的隔阂，再加上字母文字和象形文字的隔阂，并不是可以轻易逾越的。特别是有一些功利性、实用性并不太强的学问，如中国美学史，我相信西方人一般是不会去做的。更不会像祁志祥这样以一己之力积几十年之功，一步一步做这样的学问的。在做中国学问、学术的时候，我们可以胸襟豁达、视野开阔，学习、借鉴西方同行的一些方法和论点，但我们完全不必过于迷信和崇拜西方的学术权威。因为工作之需，我也接触过一些来访的西方学者，我很尊敬他们，但我觉得我们其实是完全有能力和他们进行平等的对话。如果到了今天，在做有关中国的学问上，我们仍然仰人鼻息，仍然跟着西方学者后面亦步亦趋的话，那么，我们就永远不会有让人倾听的话语力量，也永远不会受到国际学术界的真正尊重。这些年中国科技的发展过程，值得我们人文学者借鉴。我们一代一代的学者前赴后继，能够把中国的学问通过中国人来完成，并取得让国际学术界信服的著作。近三十年世界的变化和动荡，民粹主义、极右思潮、反全球化倾向的卷土重来，让我们生活的时代变得面目模糊起来，充满了各种动荡和不确定的因素。为这样的世界，注入与西方传统思想互补的中国文化思想，实现人类命运共同体的理想，变得日益重要起来。这是一代中国学人不可回避的学术使命。

祁志祥在《乐感美学》中明确指出，他的美学不是解构之学，而是建构之学。解构主义反传统、反本质、反规律、反理性，一路反下来，令人如堕烟雾，不知所从，结果可能更糟。故而，他在自己的各种美学论著中使用中国古典美学的范畴、观念和中国古典美学的丰富资源，并努力与现代美学、西方美学打通融合，实现一个中国学者究天人之际，通古今之变，成一家之言的学术理想。在世界百年未有的大变局中，中国学者不应该失语，不应该人云亦云、鹦鹉学舌，像《中国美学全史》这样的书，要有人译介到西方的汉学界和西方的学术界，让西方的学术界了解中国人是怎么做中国的学问的，中国人做的中国学问达到了怎样的高度和深度。特别是在当下，"文化自信"不能流于空洞的口号，而是要像祁志祥这样"板凳一坐十年冷"，并以这种艰苦卓绝的学术书写，对内为民族精神的振奋提供强大的思想资源，对外通过介绍中国学术、中国文化，让外国读者了解中国和中国学者，特别是当代中国和中国的当代学者。据了解，曾经日本的汉学、中国的学问做得很深入很细致，但这些年，已经很少人能静心从事这方面的研究了。不但人数少，而且质量也每况愈下。在这种情况下，就更加需要我们自己把中国的学问做好。一个大国，特别是像中国这样的东方大国，不但要有自然科学的进步发展，同时必须有人文科学的强大和传播。两翼齐飞，才能真正实现中华民族伟大复兴的中国梦。祁志祥独立撰著的皇皇五卷《中国美学全史》，就是足以代表当代中国人文学者的学术高度，可以助推实现中华民族伟大复兴中国梦的一部值得高度关注和充分肯定的新时代标志性成果。

第五节　中国美学史研究的总结与出新[1]

《中国美学全史》（以下称《全史》）五卷本是祁志祥长期从事美学研究的"集大成"之作。志祥原是搞古文论出身的，实际上，在钻研古文论的时候，就已经开始酝酿对美学问题的思考了。20世纪90年代初，他把自己读硕期间的心得写成《中国古代文学原理》一书出版，里面即已包含其美学思想的胚芽。经过十年的继续耕耘，至新世纪伊始，他又将自己就读复旦大学期间的博士学位论文加工整理成《中国美学原理》的专著，正式跨进了美学研究领域。而后，至2008年，他出了三卷本的《中国美学通史》，系统梳理中国古代美学的历史进程。又于2010年发表《中国佛教美学史》，2016年推出表述自己理论观念的《乐感美学》，更于今年（2019年）上半年出版《中国

〔1〕　作者陈伯海，著名文史学者，曾任上海社会科学院文学研究所所长。本文原载《东南学术》2019年第4期。

现当代美学史》。最后就是这部显示结集意义的著作，把他既往的成果通贯起来，形成总体性建构。可以说，志祥的美学思考与研究前后经历近 30 年之久，一步一个脚印地走了下来，到这部书稿集其大成，说它具有"里程碑"的意义，应该是不虚夸的。

再从学界相关专业发展的角度来看，我们知道，有关中国美学史的著述，改革开放以来已经出了好些，但大多限于古代，另外有几种专谈中国现代美学的，而像这一类型以打通古、近、现当代为职责的"全史"，眼下还比较罕见。况且此书对于历史上各个时期、各家派别，甚至于各种文学艺术形态里的美学思想，都力求给予比较全面的概括，实属不易。我尤其赞赏它对于 20 世纪二三十年代间，即处于中国现代美学学科奠基初期的一些美学人士及其专著，做了较为细致的发掘工作并予以翔实报道，弥补了我国美学史研究中的这一脱漏的环节，有助于我们了解从王国维到朱光潜、宗白华之间的转折过渡。即从这些方面来说，称之为"全史"，把它看成是改革开放以来中国美学史研究的一个带有总结性的成果，也应该是说得过去的。

当然，"总结"并不等同于终结，"里程碑"也绝不意味着终点站。"里程碑"是用来计程的，它告示我们自出发走过了多少路程，还有多少路以抵达下一个站点，亦或为我们指点可供选择的方便途径。所以我认为，在这部《全史》出版后，其他人自可继续研究并撰写中国美学史，不管是通史还是断代史。比如说，就我个人的观感而言，如何写好当代美学史，仍然属于可推敲的问题。"当代史"不好写，它牵涉到现今还活着的人们，写谁不写谁，怎样来评述，都有相当难度。志祥不避艰险，且用了很大气力，对写到的当代人士尽量引述他们自己的话语来介绍其观点，而后再加评议，力求做到客观公正。但是，当代（尤其新世纪以来）搞美学且自立一家之说的人实在太多了，很难概括周到。据我所知，他在取舍斟酌时亦甚犯难，最后只好拉一条年龄杠子，让超过一定年龄界限的人入书，这一做法自是有缺陷的。比如说，像我这样一个在美学界仅属于"敲边鼓"的人，自不必录写上去，倒是另有好些颇有见解且成其一家之说的专人与专书却脱漏了，但也难以弥补齐全。所以我想，或可考虑换个写法，不以人或著作立目，却尝试以"问题"为抓手，也就是按当代美学的发展概况划出若干阶段（如 50 年代~60 年代、80 年代~90 年代以及新世纪以来等），围绕各阶段所涉及的主要论题予以展示并加评述，藉以把握这段时期思想活动的基本面貌与内在理路，并悉心考察各阶段之间话语转换和理念推进的轨迹与动因，这对当代美学史的总体观照上说不定会显得更周全一些。当然，任何形式的结构安排都难免有缺陷，美学史的撰写是注定不可能有定格的。

另外，我还意识到中国美学史的研究必然会涉及对美学精神的把握，为中国美学思想的总结与出新开启道路，这也应该是这部《全史》的"里程碑"意义之所在。确然如此，此书不仅为历史的总结提供了极其丰富的思想资源，且书中特别设置了第一卷通论部分，对中国古代美学精神以至儒释道各主要派别的美学思想作出初步概括，已经算得上新行程的实际开启了，沿着这条路向自有许多工作要做。

这里，我想提一点补充性的建议。志祥曾写过《乐感美学》以阐释他自己的美学观，在那本书里，他用"有价值的乐感对象"来给"美"的理念下一界定，且将引起这种"有价值的乐感"的原因归之于"适性"，大意指对象的性能因适合主体本性，故能产生良好的快感，也就是通常所谓的"美感"了。"适性"之为美，应该是他钻研中国传统美学所得出的一个结论，这个发现相当精辟，且具有普遍涵盖意义，可用来统摄中国美学全史的研究，尤其是其第一卷通论部分，但他自己的表现上似乎没有那么鲜明。不错，书中确也提到"适性为美"的观念，把它归置于道家美学名下，实际上是不全面的。"适性"这一提法可能出自道家，但适性的原理应能涵盖各主要流派。比如说，儒家以承自"天命"的先验道德为人的本性，所以儒家谈美就必然要注重其道德内涵；道家则以超越礼教伦常的"自然"为人的本性，故道家论美更强调合乎自然；至于佛教以"空"为真谛，对美虽抱有否定倾向，但其以清空、寂灭为佛性在人身上的开显，于是又会以清净、空寂的境界及其象征物视之为美。由此看来，"适性为美"应是各家审美观的共有主旨，通论中或可将这一点突显出来。

与此相应，通论卷对古代美学的精神亦作了简要提挈，提出"以道为美""以文为美""以心为美""以同构为美""以味为美"五个要点。这五方面当然不等同，但也并非散乱无序，它实际上构成了一个系列，可以尝试加以整合。以我的理解而言，"以道为美"是把"道"看作美的本原；在传统思想理念中，"道"是万事万物的本原，当然也就构成美的本原。但"道"并不能直接成为美的对象，"道"是恍兮惚兮、无形无象的，而美则必须见诸形象，"道"要成为美的对象，必须让自己显现出来，于是来到了"以文为美"。"文"成为"道"的显现形态，天文、地文、人文在古人看来都可归属于"道之文"，这就是美的对象了。不过就审美活动而言，光有对象不行，还须有审美主体来加观照，这自是"以心为美"的来由。"心"凭什么来领略物象之美或"道"之本原意义呢？则不能不归结为"心物同构"，故又要以"同构"为美。需要说明的是，西方美学中亦有"心物同构"的观念，如影响深远的"移情"说及"格式塔"心理说都涉及这个问题，但它们讲的是"心""物"异质而或形态相近，由此产生同构作用，我们的传统则将根源归之于"天人合一"，因人的心性秉自天命，体现天道，人与万物同属一体而相互感应，这恰恰属于形态相异而实质共通，跟西方观念并不类同。由这种同构与相互感应的理解，必然会突出审美活动中的感受心理，即主体对其审美对象"感同身受"的效应，这也正是"以味为美"之说得以广泛流行的缘由。有意思的是，在发扬审美感官功能的问题上，我们不像西方人那样特别重视视觉和听觉的作用，却一力强调"味"的魅力，不正是缘于视听之觉常具有较多的认知意义，而"味"则更富于感受性能吗？归总来说，上面罗列的五个要点其实是紧相关联的，若就"美"与审美活动的生成机制着眼，则相互交集于"同构"这一点上，是"同构"将美的各个要素聚集并扭结到了一起，而"同构"背后的原理恰恰便是"适性"，即对象与主体因性能相适而产生"同构"。由此看来，"适性为美"实具有极大的涵盖作用，以此为主线来探讨中国美学的基本精神，是大有文章可做的。

更进一步思考，我还感到，从传统资源中提炼出来的这一"适性为美"的理念，亦或可引申并应用于现代美学思想的构建。《全史》第五卷里揭示了中国现代美学学科早期建设中以价值论美学为主流的倾向，很值得我们玩味。价值论美学观自是从西方引进的，但在西方众多的美学流派中，为什么早期美学家不约而同地偏偏选择价值论来予以大力发扬呢？说穿了，因为"价值"即来自"适性"。我们都知道，事物及其属性是客观存在着的，并不以人的意志为转移，但"价值"与此不同。它虽然也要依托于事物属性，而又是应主体需要而生成的，主体没有需要，不将自己的需要投射到物象身上，则事物属性固依然具在，其对人的价值意义则荡然无存。据此，价值美学观背后的依据正在于"适性"。早期美学家之所以不约而同地选择这一学说予以发扬，是否心底里有中国传统审美理念的潜意识影响在起作用呢？当然，这一美学思潮到后来被苏联引进的"反映论"观念所覆盖了，所以 20 世纪 50 年代美学大讨论中涌现出来的主观论、客观论、客观社会论及主客观统一诸说，皆围绕主客之间的反映关系而展开，但据《全史》所揭示的"五大派别"之说来看，则似乎仍有价值论的一脉依稀存在。更递进至20世纪八九十年代之际，中国美学的发展即已超轶了单纯的"反映论"，进入以"存在论"为基点的阶段。无论是实践美学或后实践美学，大抵皆立足于人的存在方式（"实践"或"超越"）来进行"美"的思考，审美不再被当作对某种"美"的实体或属性的认知，而是要就"美"的意义乃至整个人生意义加以探求与体验，属意义世界的构建。"意义"是什么呢？不就是价值吗？"意义"从何而来？不又要跟人的需要相勾连吗？人的需要也正体现着人的本性，于是"适性为美"又大有用武之地了。这说明"传统"不仅仅局囿于传统，它自可存活于今天，将传统资源引入当下，或可为未来开拓更广阔的空间。即以"适性为美"的命题来说，若作进一步的延伸，不妨再追问一下：审美所要契合的人性，究竟侧重在哪个方面？是人的生物性还是其社会性？是现实性还是其超越性？是感性、理性、非理性还是情性？对这个问题给出的答案不同，就会形成不同的美学观念与派别。就我个人感觉来说，西方传统多重视人的认知性能（亦有重感性与重理性之别），其现代思潮则更强调以"意欲"或"原欲"为根底的非理性。相对而言，我们的传统似特别关注人的情性，故审美的功能也常被归结为情性的陶冶乃至情操的养成。但所谓"情性"究竟包括哪些方面的内容呢？它跟感性、理性、非理性之间有什么区别，又或有哪些交合？跟单纯的情感心理活动更是什么样的一种关系？如果能把"情性"问题研究深透，发扬光大，不单用以解说一般的审美活动，更进以应用于广泛的审美教育，以实现陶冶情性、培育新人的职能，我相信中国美学会别开生面，足以跟西方当代美学进行有效的对话与交流。

回顾既往，展眺前程，愿《中国美学全史》的"里程碑"意义日益彰显，也切望志祥本人能在其所开辟的航道上继续奋勇行进！

第六节　史中含论、论从史出与以论带史[1]

祁志祥教授五卷本《中国美学全史》，由他独力著成，不愧是一部集大

---

〔1〕 作者董乃斌，上海大学文学院资深教授，曾任中国社会科学院文学研究所副所长。本文原载《东南学术》2019年第4期。

成、里程碑式的鸿篇巨制。我很佩服他围绕一个中心，有计划有步骤、锲而不舍地深入，以完整构筑学术体系的精神和能力。在这个五卷本之前，他写过《中国古代文学原理》，把中国古代文学理论概括为"一个表现主义的民族文学体系"，我曾说过，他的论述比"中国文学就是一个抒情传统"的说法更为系统而清晰。后来他写过《中国美学原理》，写过《中国人学史》、三卷本的《中国美学通史》和《乐感美学》，然后是《中国现当代美学史》和新的五卷本《中国美学全史》（以下称《美学全史》）。他就这样构筑起自己既有高地，又有前沿的学术大营垒。

我读过他的三卷本《美学通史》，这次又看了他五卷本的《美学全史》。五卷本的当中三卷是《美学通史》的修订，新加的第一卷和第五卷尤其重要。第一卷是对全书的提纲挈领，最鲜明地体现了美学史与美学原理的结合，更突出了《美学全史》史中含论、论从史出和论指导史的特质。这一卷贯彻了作者《乐感美学》的理论，提炼了全书的内容，简洁而又系统地回答了许多核心问题，如本书之前美学史著述的种种缺陷，作者对中国美学史的分期，特别是对中国古代美学精神的总结和对古代美学主流儒、道、佛三家美论的勾勒，其七、八、九、十四章则集中讨论了中国古代文艺美学的诸多问题。我对这四章尤感兴趣，读得格外认真，觉得它们言简意赅、资料丰富、理论性强，能够把传统的中国文学理论提升到美学原理的高度来审视与分析，而且文风明快劲爽，于犀利透辟中显稳重老辣，值得学习和研究中国文学专业的人们仔细研读把玩，并在此基础上思索和探讨。如果时间不够或非专业人士，没条件通读五卷，那么就读这一卷，也就可以基本上了解和掌握作者美学思想的主要观点。这些观点我们或许未必都能同意，但以之对照、反思传统的中国文论，却类似另一种他山之石可以攻玉，是很具启发性的。

当然，新加的第五卷也很重要。作者在这一卷缕述中国美学在现当代的点点滴滴和发展脉络，发掘罗列了许多沉湮不彰的著作和史实。这里既需投入大量功夫，而又不免风险。尤其是当代部分，所写到的人物都还健在，而且都是各方大家，如若概括欠准，评述稍偏，难免引起矛盾，受到指责。但从学术意义言之，这些内容的入史，特别是不同见解的商榷切磋，却对学术的进展很有好处。在这些地方祁志祥触及了许多现实的美学理论问题，有些是尚在讨论，并无结论的问题，甚至是一部分研究者未曾注意或尚不自觉的问题，其现实意义当然格外巨大。敢于涉足于此，表现了他的胆识，也显示了充沛的底气。古人云，著述者须具才、胆、学、识。从《美学全史》看，祁志祥是具备这些条件的，而以第五卷最能表现胆识。有了新的第一、第五两卷的加盟，整套《美学全史》的学术质量又上了一个台阶。

从《美学全史》第一卷，还可看到祁志祥治学的一个特点，就是非常注意作中西比较。这一方面由美学这门学问的历史和性质所决定，也与研究者的自觉意识有关。钱钟书先生在这方面的成就就特别杰出。他早年的《谈艺录》和晚年的《管锥编》的特色和成就之一，就在于中西比较的广博渊深。祁志祥的《美学全史》在这方面也是下了功夫、很有成绩的。这表现在他的中西比较往往能够抓住要点，所做比较贴切而不勉强，既分析中西相通之处，也指出中西的不同，论述细腻清晰，要言不烦，非常启人神思。如在文学作品论和文学鉴赏论两节中谈主体精神，比较中国文论里的"意象""意境"与西方文论中的"形象"之异，比较中西文学不同的"真幻"观、"崇高"观，还有中西不同的文学接受观、功用观等。归根到底，则是中国的表现主义体系与西方的再现主义之别，这也是祁志祥将理论具体运用于史述之一例。理论自足圆通，史述贴切生动，达到了文史著述令人向往的一种境界。

不过在阅读中，我有个小小的发现：钱钟书时代的中西比较似更侧重于求"同"，而祁志祥此书却侧重于说"异"，即使先说了"同"，尔后也一定要寻出些"异"来。我捉摸其中的缘故，深感时代的变迁，我们的民族自尊意识确乎高昂得非往昔可比了。然而，钱钟书在《谈艺录》（1942 年）中曾经说过："凡所考论，颇采'二西'之书，以供三隅之反。……东海西海，心理攸同；南学北学，道术未裂。"文学、艺术、心理、道术，总之，人类的心灵、美感与文化创造，往往都有本质上相同相通的一面，这是人类能够跨越种族进行沟通的根本条件，当然这种相同相通并不妨碍各种文化拥有自己的特色，本质相同之中又存在着多层次的差异，情况很是复杂，非一言可以蔽之。就以中国是表现主义抒情传统，西方是再现主义叙事传统而言，难道西方就没有表现主义抒情传统？中国就没有再现主义叙事传统？哪个民族的文学艺术不是表现主义抒情传统和再现主义叙事传统的交融结合？论及中西文学的不同，一以归诸表现主义再现主义之别，泾渭固然分明，但是否有点简单？而如果承认中西古今文学其实都贯穿着表现再现、抒情叙事两大传统，难道就会导致抹杀它们的区别，无法再谈论它们的差异？再者，由于表现主义抒情传统的笼罩，中国文学艺术在思想内涵和艺术风格上自有其独异的特色，应予发挥张扬。然主张"中国文学就是一个抒情传统"的陈世骧先生在《论中国抒情传统》中也曾说过："抒情精神（lyricism）成就了中国文学的荣耀，也造成它的局限。"（1971 年）这是一句正确而重要的话，可惜因为陈先生早逝，未能对此作出进一步阐释。因这问题与中国人的审美观有关，《美学全史》似稍有涉及，如提及古人强调作家的"德""悟"时，用了"喋喋不休"一词，提及古人强调"活法"时，用了"连篇累牍"一词，叙述带上明显的批评倾向，颇使我会心一笑。然倘能在理论上作些分析，则将更好。以上试提疑问与希望，以与祁志祥教授恳谈，或可博一粲耳。

第七节　经纬与史论：中国美学史书写的独特探索[1]

著史不易，著美学史更难。尤其治史于中国美学，因其历史绵延久远，各家思想交织流变，史实史料浩繁，要打通古今，撰写美学全史，其难度可想而知，这就要求我们从方法论上找到如何化解著史难题的路径。我们知道，美学不仅是一门感性学科，还是一门思辨性的哲学学科，既要广泛涉猎自然、社会和人的生存世界的美与审美活动，又包含特定时空的思想史、艺术史和人们审美观念发展演变的历史。在知识学视野上，美学史在把握人与现实世界的审美关系的历史时，不仅要考辨其与文艺学、人类学、心理学、语言学、神话学等学科的紧密联系，其思考的触须还可能辐射到世界的本源性问题。并且，如果真如克罗齐所说的"一切历史都是当代史"，一种美学的历史只存在于美学家对特定时代美的历史的思想认识之中，那么，每个著史者的史识、史观还将以个性化的方式呈现于他的"史笔"著述之中，这让美学史的书写在难度之上又添加了风格化的创新之维。近日读到祁志祥所著的五卷本《中国美学全史》（以下称《全史》），体大思精且不类前说，用经纬有度的学术掌控和史论结合的构架方式，以自己的风格化笔触，很好地解决了美学史书写的方法难题，不仅在这一领域独树一帜，也为如何著史、特别是怎样揭橥博大深邃的中国美学演变的历程，提供了一个方法论上的范本。

---

〔1〕　作者欧阳友权，中南大学文学与新闻传播学院资深教授。本文原载《东南学术》2019 年第 4 期。

一、经纬有度，贯通古今，把握千年美学史主脉

如果从人的审美意识诞生算起，中国美学史与中华文明的历史一样古老，历经数以千年的发展演变，已经形成了一条富含中华民族文化血脉的美学历史长河。如何把握和书写这一美学的客观形态和理论精髓，美学家们为此奉献出了许多思想智慧。仅就新时期以来的中国美学史著述来看，几部主要代表作运思各异，持论有别。例如，叶朗的《中国美学史大纲》以"意象"为古代美学体系的中心范畴，认为先秦两汉是中国古典美学的发端，魏晋南北朝至明代是它的必然展开，清代前期为中国古典美学的总结，近代是西方美学的借鉴期，而李大钊美学是"对于中国近代美学的否定"，是"中国现代美学的真正起点"。李泽厚、刘纲纪的《中国美学史》将中国美学的发展分期划分为先秦两汉美学、魏晋至唐中叶美学、晚唐至明中叶美学、明中叶至戊戌变法前的美学、戊戌变法到 20 世纪 80 年代的美学五个阶段，并将中国美学精神区分为儒家美学、道家美学、楚骚美学和禅宗美学四大思潮。另外，还有如王文生、于民、张法等人的中国美学史亦各有分野。其中，王文生以"情味"作为中国美学史分期的依据，认为孔子是情味论美学的源头，魏晋南北朝是情味论美学的萌芽和形成阶段，唐代是情味论美学的确立期，宋元明清是情味论美学的纵深发展阶段，而西方的文学反映论进入中国后的 20 世纪，则是情味论美学的"消减"阶段。于民的《中国美学思想史》围绕"气"与"和"两个概念把中国古代美学思想的历史阶段划分为新石器时代、夏商时代、西周、春秋战国、两汉、魏晋六朝、隋唐五代、宋代、明后期至清中期九个阶段，分别把它们命名为审美艺术的产生期、崇敬狰狞的兽形之美期、古代美学思想奠基期、古代美学思想展开期、审美重点从人到艺术的过渡期、人格审美与艺术品鉴的美学升华期、意境的追求与生成期、儒释道相融的审美观形成期和审美气化谐和论从顶峰到总结阶段。张法的《中国美学史》则以"礼""文""和""乐""意境"等为范畴，将中国美学史分为远古美学、先秦与秦汉美学、魏晋南北朝美学、唐代美学、宋元美学、明清美学六个阶段，并提炼出每个阶段的核心观念。

以上各家之说均持论有故却短长互见，祁志祥在对不同版本的著述逐一评说的基础上，取他人之长，创一家之说。由他独著的《全史》的不同之处

在于，作者不是从先入为主的观念出发，而是以中国古代丰富的美学现象、多样的审美实践和浩瀚的文论美学文本为据，以先秦到21世纪初的历史维度为经，以儒、道、佛美论和历代文艺美学（如文学、戏曲、书法、音乐、绘画、园林等）为纬，时间上纵贯古今，空间上覆冠群伦，对中国美学数千年演变的历程做了拿捏得当的"在地"式梳理，给人以扪毛辨骨又耳目一新的会意体验，显示出经纬有度的理论大气。在《全史》第一卷前言中，作者紧扣中国古代美学"味美""心美""道美""文美""同构为美"的复合互补范畴，系统考察中国古代"有美无学"的历史运动及其时代特征，对美学史的发展脉络做了自己的另一种解读：先秦至两汉是中国美学的奠基期；魏晋南北朝是中国美学的突破期，其标志是形成了以"情"为美的情感美学和以"文"为美的形式美学两大潮流，并且出现佛家美学、道家美学与玄学美学交互影响、相映生辉的新风貌；隋唐宋元是中国美学的反拨与发展期，儒道佛美学均出现校正流弊、时代变异的新貌，形式主义诗学和表意为主的诗文美学在新形势下获得变相发展，出世的道德美成为这个时期书画美学和园林美学的主要追求；明清是中国美学的综合期，此时的美学建构矫正了前此道德美学的板结偏向，诞生了许多集大成的美学论著，美学家借鉴西方美学的观念和方法，译介并建构美学理论，是民族美学的借鉴期，呈现出中西合璧的特色，标志着"有美无学"的古代美学向"有美有学"的现代美学学科过渡；中国现当代美学从"五四"前后学科诞生到新中国成立前客观论美学的确立，再到50年代的美学大讨论、80年代的"美学热"、90年代的学术沉淀、世纪之交的美学解构与重构，陆续诞生了超越美学、新实践美学、意象美学、生命美学、生态美学、乐感美学等。

我们知道，中华美学乃古今贯通之学，过去的美学史研究往往将中国古代、近现代、当代美学相互割裂，未能以广博的学术视域和明晰的学术逻辑一以贯之，并且，一些美学史研究往往局限于对艺术美的批评，缺乏哲学世界观视野下的现实美、艺术美以及自然美的看法。《全史》则以个人独特的美学史观修罅补漏，纠偏而正向，弥补了既往美学史叙写、研究中的问题，做到"经正而后纬成，理定而后辞畅"，精心打造出了一个结构宏伟、气象万千的中国美学全史的思想学术宫殿，堪称"集中华美学史书写之大成"之作，为中国美学史新学科的建设作出了新的重要贡献。

二、史论结合，以识征史，洞悉中华美学精神

作为史书，美学史撰写首先要立足于"史"，即以丰沛的史实和史料勾勒出美学发展的"史迹"，然后才能整体把握其不断流变的"史线"和"史面"。不仅如此，"史"的书写还需在史实史料的本体层面加诸"论"的筋骨，即建基于哲学的逻辑支点，让史实史料成为构建美学史观念和思想的"砖石"，如此形成史与论相结合、以史识征史料的架构方式，才能建立起特定社会历史时空美与审美的"学"的历史，而不是流于客观史实的陈述或相关材料的罗列。《全史》正是在史论结合、以实征史上，以偌大的气魄，深广的积累，雄健的笔力，描绘出了中国美学从先秦到当代演变的全景图。

在"史"的维度上，《全史》采用的是"五卷、三板块"的架构纵览古今。第一卷为第一板块，在回顾和反思中国美学史撰写的历史、总结中国美学史的古今演变与时代特征的基础上，集中论析了中国古代美学精神，目的是廓清中国美学史的逻辑依据。第二至四卷是第二板块，全面描述了中国古代美学精神在中国古代的运行轨迹，揭示它们在儒、道、佛、玄等哲学著作和诗、文、书、画、音乐、园林等文艺评论中的表现形态，呈现出多线并进、点面共生的复调景观。第三板块为第五卷，阐述的是现当代美学史，描述"五四"以后至21世纪的美学发展历程，旨在揭示美学学科在中国现当代的转型、演变过程。从方法论看，《全史》在进行"史"的梳理时，一方面注意解决好"纵向打通、前后照应、一以贯之"的问题，紧紧抓住中国儒、道、佛、玄各家美学，以及文学、书法、绘画、音乐、园林等各艺术门类美学的历史内涵，确保多条美学思想的历史脉络能够齐头并进、贯穿始终；另一方面又解决好每条线索横向联通，力求左右兼顾，把握不同门类美学之间的内在联系和相互影响，用作者的话说就是做到"纵向照应与横向顾盼"的统一。

"史"的勾勒更得益于"论"的精当和史论结合产生的思想"溢出"效应。比如，《全史》在辨析中国美学的历史脉络时，让中国古代的美学精神——"美是有价值的乐感对象"作为中国美学史之"魂"，并使其贯穿始终，构成"述史"的观念主轴。作者从"美学是美之哲学"的学科涵义出发，把美学界定为："研究现实与艺术中的美及其乐感反应的哲学学科"，其中心问题是研究美，而不是审美，因为"美学"中包含着"审美学"，而

"审美"不能涵盖"美"的全部问题。在仔细考辨前辈时贤学者如李泽厚、叶朗、陈望衡、王文生、张法、朱志荣等学术观点的基础上，对如何理解"中国美学基本精神"作者提出了自己的美本质观：美是普遍愉快的对象，人类美的规律即普遍令人愉快的心理规律及与之对应的物理规律，因而美学即感觉学（或者叫情感学）和形式学，诸如快感、娱乐、满足感、爱、崇拜等肯定性情感，包括官能满足和理智满足所带来的快感，就是中国古代美与审美的基础本源。正因为"美是普遍的愉悦对象"或"有价值的乐感对象"，《全史》对中国古代美学精神作了这样独特的揭示：美是一种"味"，一种能够带来类似于"甘味"的快适感的事物。于是，中国美学历来重视以"味"论诗，以"至味"为"至美"，儒家美学以心灵道德的表现为至味至美，道家佛教美学以天道、佛道的象征为至味至美，体现了美与善真的交会。并且，美不只是心灵的意蕴、道德的寄托、真理的化身，还要有参差错落、变化统一的美的形式，以及天人合一、物我同构的文化心理机制等。于是作者提出：以味为美，以心为美，以道为美，以文为美，同构为美，五者复合互补，就构成了中国古代美本质思想的完整系统。基于这一本根，便有了儒家美论、道家美论、佛家美论构成的中华美学的历史长河，它们殊途同归，最终在美感特征论、审美方法论上留下相应的印记。中国古代文艺与美的不即不离的关系，古代主要文化形态儒、道、佛三家对美的特殊看法，古代美感论和"意象"在历代艺术理论中的地位等，均可在这一古代美学精神的关照下得到学理上的解释。就这样，在学术思辨的触须下，由"史"与"论"的交融与"以识征史"的耦合达成的理论坐标，终于让中华美学精神在数以千年美学史的全程考察中得到了十分透彻的洞悉与展现。以一套之书，成一家之言，作者学术创新的锐气可见一斑，其在治史方法论上之启人心智不啻教科书的意义。

在《全史》的前言中，祁志祥曾把我国当代有代表性的美学史论著概括为写神型、写骨型、写肉型三种。认为李泽厚的《美的历程》《华夏美学》属于"写神型"；叶朗的《中国美学史大纲》、王向峰的《中国美学论稿》、张法的《中国美学史》、王振复的《中国美学的文脉历程》、朱志荣主编的《中国美学简史》、王文生的《中国美学史》、于民的《中国美学思想史》等著作是"写骨型"；而李泽厚、刘纲纪主编的《中国美学史》、敏泽的三卷本《中国美学思想史》，以及陈望衡的《中国古典美学史》、陈炎主编的《中国审美文化史》，还有叶朗的八卷本《中国美学通史》等被视为"写肉型"。那么，这套五卷本的《全史》或可被看作是"全能型"。因为在我看来，这套新著以"味""心""道""文"论美是写神，论证"美是有价值的乐感对象"是写骨，基于此阐发的儒家、道家、佛家美论以及所涉猎的各艺术形态的美是写肉，由此构成了一种气度宏阔、经纬有度、史论结合、开合有范、思理贯一的美学思想体系。

我们知道，作者1993年就曾出版《中国古代文学原理》，他的博士论文做的是"中国古代美学精神"，再后来完成了三卷本的《中国美学通史》和《乐感美学》等，这一部部著述各呈其说，互为补充，现在这套五卷本《全史》是作者长期追求、不懈探索、呕心沥血、瓜熟蒂落的结晶。正如杨春时先生在为《全史》所做的序言中曾说："在中国美学史研究领域，以一人之力撰写这么大规模的著作，尚无其俦。"作者理论自信的勇气、学术创新的锐气、经纬有度的大气、史论结合的才气，就体现在全书构架的字里行间。

第八节　纵览中华千秋美，笔耕独评古今学[1]

祁志祥教授独立撰写的《中国美学全史》五卷，257万字，评说两千多年的中国美学思想，其工程之浩大，自不待言。其所涉及的资料之繁浩、人物之众多、钩沉之悉心、头绪之纷繁、辨析之伤神、考订之繁琐、解读和梳理评析之求精当，如此等等，最后表述己见之求信、达、雅，需要投入的脑力、甚至体力的劳动量必然是巨大的，劳动的周期也是漫长持久的。在普遍存在着浮躁而又急功近利情绪的当下，许多学人对这样"工程"会望而却步，不会有这样的韧性和耐力。但如此浩大的工程，竟然还是由祁志祥教授一人完成的。但凡为学之人，不难想象，这里面包含着多少日日夜夜、年年岁岁甘于寂寞的坚韧笔耕。这让许多学人惊叹，我也深感敬佩。

这套《中国美学全史》，虽然体量庞大，涉及面广，细目繁多，但并不是简单堆积、叠加、罗列而成的。作者阐述的对象有最普通的日常审美感觉、有多种艺术的门类、有文学体裁、有复杂的各种综合的文学艺术形态，甚至还涉及诸子百家中一些重要学派、一些宗教和哲学思想。作者之笔所以敢于

---

〔1〕 作者汪济生，上海交通大学人文学院教授。本文原载《天津日报》2019年1月14日。

这样纵横驰骋，似天马行空，并非是信马由缰，而是有章可循、有迹可按的。这个"迹"，就是作者对于美的本质的一以贯之的追踪性思考。他洞悉了这许多林林总总的事物中或隐或显地存在着的美的元素这一红线，然后大胆地将它们贯穿起来，按次第提取出来，对它们从美学思想的角度进行考察。他的做法虽然大胆，然而却是合理的。而作者之所以能够做到这一点，只有一个解释，那就是作者在落笔撰写这部《中国美学全史》之前，已经不是一个单纯的美学史资料的编纂者，而是对于美学问题有着潜心的深入探索和思考，并形成了自己系统见解的美学学者。这一点，有祁志祥教授于 2016 年在北京大学出版社出版的 60 万字的大著《乐感美学》为证。有了这一"底气"，自然会给作者带来走笔的自如和从容。这也可以说是一种所谓"从心所欲而不逾矩"吧。我想，这应该是一个案例，对于一些学术思想史的编纂者和撰写者，想必是有借鉴意义的。

我也是做美学研究的，出版过《系统进化论美学观》（北京大学出版社1987 年版）等美学著作。不过，我与祁志祥教授的治学方法却不相同。打个简单的比方，在美学思想的宝库中，祁志祥教授像一个勤勉、认真、有条不紊的管理者；我大概只能算是一个实用主义的盗宝者，不管是中国的还是外国的美学思想宝库，我闯进去后，只挑对我有用的，拿了就走，不肯久留。我的做法，也许就我给自己确定的学术目标而言，是走了捷径，但同时，不可避免的缺陷是，可能会错过、疏漏许多重要的、精彩的、典型的、细节性的、有说服力的研究资料。现在可好了，我拥有了祁志祥教授给我们提供的这样一个内容丰富、详实、全面、井然有序，并且具有独特个性见解的中国美学思想史宝库，能够对我的研究，给予极大的帮助。这并不是泛泛而谈，而是非常具体的。我在自己的研究中阐述过：五种感官审美感觉的同质性和内在机制一致性的问题；低级审美感觉和高级审美感觉的沟通性的问题；美感、丑感相互同体交融存在时的综合效应的定性问题；所谓"美感的矛盾二重性"（李泽厚先生提出的一个美学命题）的内在结构问题；各种单项艺术如音乐、绘画等的纯感官感觉形态的问题；文学活动的深层内涵（思维游戏运动）及其三个构成环节（悬念性、情节性、共鸣性）的问题；文学艺术的分类问题；文学艺术的组合和综合形态，从诗、词曲、说唱、戏曲、戏剧等的渐进发展形态及其组合大致规律和禁忌的问题；批判现实性文学艺术和理想浪漫主义文学艺术在推进人类进化和社会进步中的互补性功能的问题；如此等等。当我怀揣着这一串串的美学课题，再来翻阅祁志祥教授的《中国美学全史》，感到它为我提供了更为丰富的感性材料和理性资源，对我的研究和思考，有很大的参照、辨析、佐证、调整、充实、提升功能。可谓五卷在手，纵览千年；辨析玩味，受益匪浅。

《中国美学全史》第五卷，有第八编"当代：中国化美学原理的建构、解构和重构"。与做以前时代的美学史研究工作一样，做当代美学史的研究工作，同样需要研究者有较高的美学素养和学术眼光，但是有所不同的是，它还需要有一个十分重要的学术品质，那就是——表达自己真实观点的坦诚。甚至在某种意义上可以说，这种坦诚，可能比观点的正确更重要。因为在许多场合中，正是这种学术品质，是正确的学术观点能够得以直率、畅达地表述出来的前提。现当代史研究的对象常常都是活生生的学界同人，他们和研究者常常处于千丝万缕的各种各样的人际的、人情的甚至利害的关系中。尽管我们的许多学者是有着宽阔的襟怀和肚量的，但要对他们的学术业绩作出直率的臧否，毕竟还是需要有搁置个人情面观点和个人利害关系的勇气和胆力的。关于这一点，祁志祥教授在他的书的"后记"中直率地陈述了自己的思考和抉择。牺牲个人情面和利害考虑，对自己认识到的真实、对今天的广大学人、对历史和后学负责，这种态度无疑是值得肯定和珍视的。

我不是做美学史研究的，但在读了祁志祥教授的美学史著述后，对如何撰写美学史则形成了颇为明晰的思考，这里提出来，以求教于方家。

首先，研究美学史的目的是：吸收历史提供给我们的美学思想精华；提炼出美学思想发展的轨迹；推进今天的美学思想研究；预测美学思想发展的方向。与上述过程同时，将研究成果不断地提炼成更明晰的"美的规律"，以便它能够不断地转化成人们"按美的规律创造美"的实际行程，造福人类。

其次，我觉得今天已经可以这样明确地提出：走向科学——是今后美学研究的必由之路。今天，人类在科学、文化、艺术等多方面的研究成果，特别是人类对自身属性的研究成果，已经全方位地提升到了一个相当高的水准，足够我们这些美学学人在美学学科科学化的方向上，走一段相当长的路程了。没有美学的科学化，"美的规律"是不可能定性、更不可能定量地发现出来的。

最后，美学走向科学化的主要基础科学之一，我以为是人性学研究，从人的生理学到心理学的研究。人的生理和心理结构是一个相对稳定的系统，它几万年以来几乎是没有什么大的变化的。人类几万年以来的生命奋斗历程只是这个生理心理结构在各种历史可能性中不断展现自己属性和潜在属性的轨迹。今天，当我们借助人类科学与文明的发展，已经有幸能够站在全面把握人性结构的制高点上时，回顾人类探索与追寻幸福与美的历程，并展望更幸福与美的未来，应该是可以有更充盈的收获的。

第九节　一部中国美学的"全史"和"大百科"[1]

祁志祥教授新近出版的五卷本《中国美学全史》（以下称《全史》）是一部名副其实的中国美学"全史"。首先是时间上的"全"。从先秦两汉直到21世纪的当前，都在叙述之列。其次是内容形态上的"全"。诗文美学、戏曲美学、小说美学、绘画美学、书法美学、音乐美学、园林美学、儒家美学、道家美学、佛家美学、玄学美学等，无所不包。其中既有形而上的本体论的探讨，又有艺术美学，包括器物美学等形而下的美学形态的梳理，琳琅满目，姿态横生。再次是撰写方式的"全"。既有整个中国美学精神的概括，又有单个经典的解析；既有人物美学思想的清理，又有时代美学精神的总结；既有宏阔的鸟瞰、逻辑的建构、精湛的议论，又有细致的深描、个案的考析，材料的实证，以论通史，以史带论，一应俱全。最后，有人曾将已有的中国美学史著作分为"写神型""写骨型""写肉型"三类，祁志祥的这部《全史》根据详略需求，有的写神，有的写神又写骨，有的重要对象则写神、骨之后再写肉，因而是一部"神、骨、肉"兼备的"全史"。五卷在手，各种想要的美学材料大都可从中查找，所以它又是一部非常实用的中国美学的"工具书"，一部中国美学的"大百科"。

美学史是美学观念的历史，也是美学事实的历史，对于什么是美学，哪些材料可以进入美学，怎样处理这些材料和观念之间的关系，是美学史写作中无法回避的问题。怎样才能保持历史本身的客观性与历史叙写的正确价值立场，能不能处理好两者之间的微妙关系决定了历史著作的成败。祁志祥这部《全史》在处理观念与史实的关系上相当谨慎，也颇费匠心，既有美学史家的写法，又

---

〔1〕　作者寇鹏程，西南大学文学院教授，文艺美学学科带头人。本文原载《中华读书报》，2019年5月1日。

有美学理论家的写法，显示了在处理"史"与"论"关系方面的高超能力。

《全史》的第一卷《论美学、美与中国古代美学精神》是美学学科与中国古代美学精神的总论。作者高屋建瓴、纵横捭阖，将整个中国古代美学融会贯通，把中国美学的多条线索都揭示出来了。古代美学史的整个脉络走向已在此卷奠定，中国古典美学的整体精神风貌也在此卷展露无遗。这一卷彰显了作者的理论功底，很多概括都既有新意又非常精当。作者提出并有力论证了"美是有价值的乐感对象"的本体论，表明了自己美的理念。接着以此为据，详细分析、论证了中国古代美论的五大互补形态：即以"味"为美、以"心"为美、以"道"为美、以"文"为美、以"同构"为美，以此把握中华传统美学精神的精髓。继而分论儒家美学、道家美学、佛教美学关于"美"的表现形态的丰富多彩的不同思考；并综论古代文学与美的不即不离关系、中国古代文艺美学的主体表现精神和假象见义方法以及中国古代的美感特征论、审美方法论。《全史》这一部分的理论建构，视野宏阔、内容丰富、富有创见，中国古代美学的骨与神在此得以张扬。

第二、三、四卷则按历史顺序，详细叙写了第一卷所提炼的古代美学精神在中国古代的运行历程。这些精神、思想、范畴既存在于各门文艺评论中，也存在于各种哲学理论中。作者从先秦两汉中国古代美学精神的奠基期开始，接下来依次论述美学精神突破的魏晋南北朝、美学精神复古的隋唐宋元时期直到综合时期的明清时期。《全史》的第二至第四卷以四个时期美学精神发展的内在逻辑为线索，以每个时期的哲学派别的美学观、文艺评论涉及的美学观为抓手，然后以关键人物的美学思想、关键著作所蕴藏的美学思想为个案分别论述。这是最难写的三卷，因为这部分头绪太多，牵涉面太广，儒家、道家、佛家博大精深，诗词曲小说浩如烟海，音乐、绘画、园林等琳琅满目，作者想尽量多地予以呈现，这对作者的驾驭能力实在是一个严峻的考验。祁志祥教授将若干领域的若干人物、著作尽数收在《全史》的评述里，井井有条、雍容有余，确实让人赞叹。比如中国美学发展到明清阶段，美学思想极其丰富，哲学、诗文、词曲、小说、绘画、园林、音乐、书法等内容都是爆发式增长，要全面叙述这一阶段的美学状况，其难度可想而知。在《全史》明清卷中，作者用了十章，分别以"诗文美学""小说美学""词论美学""戏曲美学""音乐美学""绘画美学""书法美学""园林美学""佛教美学""道教美学"这样极富概括力的章节将浩如烟海的材料归类，使它们各得其所，评述也要言不烦，既没有遗漏重要内容，又轻灵有致、举重若轻，显现了深厚功力。

个人写史，最大的好处是风格、思想、逻辑等的统一，写作理念能够一以贯之。祁志祥教授的这部《全史》将这种优势发挥得淋漓尽致。第二卷先秦两汉部分有"佛教美学"章节，魏晋南北朝部分也有"佛教美学"章节，隋唐宋元时期也有"佛教美学"章节，明清近代美学时期也有"佛教美学"专章，连接在一起就是佛教美学从开端到兴盛、多元合一的整个历史，看上去分散在各卷，但内在的发展线索却是统一的、连贯的。这种特性在道教美学、诗文美学、绘画美学、书法美学等类别的历史叙述中都有体现。不管时间拉得多长，作者都能首尾照应，将全局了然于胸，有一个不间断的主脑，然后在各个历史时期分别叙述，串起散落在各处的思想珍珠。

作者既通古，又晓今。《全史》第五卷论述现当代美学。至此，中国美学告别了古代美学多线并进、齐声共唱的复调景观，多线合并为单线，开始了向现代美学学科演进的历程。现代美学这部分，对萧公弼、吕澂、范寿康、陈望道、李石岑、黄忏华、徐庆誉、徐蔚南等人的发掘使《全史》美学史料价值大增。当代美学部分，从1950年代末美学大讨论到实践美学，再到后实践美学时代对杨春时、朱立元、曾繁仁、陈伯海、叶朗、陈望衡等人物的评述，都显示了尊重前贤探索成果的品格、和而不同的学术勇气及见识。其分析细致、谨慎、专业，具有美学史的眼光与批判意识，具有说服力。该卷最后以"'乐感美学'：中国特色美学学科体系的构建"作结，表现了对自己创建的乐感美学学说体系的自信。

1983年2月28日，刚刚大学毕业不久、还在农村中学做教师的祁志祥在给钱中文先生的通信中曾感叹："堂堂中国，没有一部中国古代美学史，岂不羞乎？"[1]那时中国尚未出版一部《中国美学史》。也就在那时，祁志祥心里已经埋下了撰写《中国美学全史》的种子。经过30多年甘坐冷板凳的不懈努力与潜心钻研，他在十年前出版了三卷本《中国古代美学史》的基础上，继续"一个人的战争"，又将笔触延伸到现当代，并整合一生的学术积累，回应时代的要求，向学界奉献了这部五卷本的《中国美学全史》，可喜可贺，我由衷为其喝彩。

---

〔1〕 钱中文、祁志祥：《钱中文祁志祥八十年代文艺美学通信》，上海教育出版社2018年版，第130页。

第十节 《中国美学全史》的六大贡献[1]

中国美学历史悠久，成果众多，取得丰富而巨大的成就，而且在有些方面取得了超越西方的巨大成就。可是在反传统思潮占据文坛、学坛的 20 世纪，由于学界已习惯以西方文化观念为中心的视角来观察和评论中国文化包括美学，所以对中国美学产生了种种的贬低和偏见。其中流行最广的一个偏见即：中国美学缺少全面、系统的专著，中国美学没有体系和严格规范的范畴、概念，中国美学家的论述和著作多属个人经验式或感悟式的零星观点，往往仅是零碎的片段，叙述含混、朦胧、没有理论体系，尚未产生科学的严密的理论。总之，中国不及西方。这是用西方的标准来看待中国美学的错误结论。

中国美学罕有伦比的巨大成就早就需要一部《中国美学史》给以完整记载和总结。早在 1960 年代初，美学大家宗白华主编的中国第一部《中国美学史》[2]已列入全国高校统编教材的出版计划。其研究生林同华回忆："60 年代，宗先生开始主编《中国美学史》，还同汤先生谈到研究中国美学的特殊方法和见解。汤、宗两位先生都从艺术实践所总结的美学思想出发，强调中国美学应该从更广泛的背景上搜集资料。汤先生甚至认为，《大藏经》中有关箜篌的记载，也可能对美学研究有用。宗先生同意汤先生的见解，强调指出，一些文人笔记和艺人的心得，虽则片言只语，也偶然可以发现精深的美学见解。以后，编写《中国美学史》的工作，由于参加者出现了意见分歧，没有按照宗先生的重视艺术实践的精深见解和汤先生关于佛教的美学思想的研究方法去尝试，终于使《中国美学史》的编写，未能如朱先生撰写《西方美学史》那样顺利问世。"[3]宗白华先生的撰写宗旨和重要想法，在当时难以通行，他只能放弃这部教材的编写，致使中国第一部《中国美学史》未曾正式

---

〔1〕 作者周锡山，上海艺术研究中心研究员。本文原题 "中国美学巨大成就及最新总结"，原载《上海文化》2019 年第 4 期。

〔2〕 详参宗白华："漫话中国美学"，载宗白华：《艺镜》，北京大学出版社 1987 年版，第 273 页。

〔3〕 林同华："宗白华全集·后记"，载林同华主编：《宗白华全集》（第 4 卷），安徽教育出版社 1994 年版，第 775 页。

开步就无疾而终。改革开放以后，宗白华先生已经年迈，无力撰写《中国美学史》，自 1979 年起先后发表了"中国美学史重要问题的初步探索""关于美学研究的几点意见"和多篇专题文章，发表了许多精彩的观点，拉开了中国美学史研究的序幕。现在祁志祥教授的最新一部《中国美学全史》出版，成为中国美学史的一件大事。

祁志祥《中国美学全史》体大思精，从先秦到当代，打通古今，艺术门类齐全，全面完整地写出了中国美学的历史面貌。我赞成陈伯海先生赞誉此书"集大成"，是中国美学研究的里程碑的观点；也赞成毛时安先生赞誉此书因内容丰富全面而具有工具书的作用，作者具有大胸怀，以大手笔的写作，形成了中国美学的大气场。我个人的阅读体会，具体说来，本书可以归纳为以下六个重大的贡献。

一、本书的理论叙述，以中国哲学为指导，用中国美学的概念和理论语言梳理中国美学史。作者熟稔西方美学，又因美这个概念是西方首创的，本书能游刃有余地适当引用和比照西方美学的重要概念和论述，但是完全避免了以往不少中国美学史著作以西方的理念和概念来评论和分析、硬套的弊病。例如最常见的现实主义、浪漫主义等术语，本书避开不用。

二、本书在体例上有一个创新，首先由前言总结已有中国美学史著作的得失，以明确坦率的观点，具体指出其不足，从而提出自己的观点，作为本书写作的后出转精的特色和目标。本书对宗白华之后，本书之前的重要美学史著作，如李泽厚、刘纲纪和叶朗的《中国美学史》《中国美学史大纲》的严厉批评，说理充分，很有说服力，从而彰显了本书撰写的必要性，以及本书与前不同、有所突破的重要意义。接着，全书五卷中第一卷，以整整一卷，全书五分之一的篇幅，总论中国美学与中国美学史的总体问题——美学、美与中国古代美学精神。

第一卷在内容结构上也有创新，在第一章谈定义、考察范围，第二章提出美是有价值的乐感对象这个独创性的总论之后，第四、五、六章分别综论儒家美论、道家美论、佛家美论，中国古代三大文化主体儒家、道家、佛家对美的 24 个重要观点。第七至十一章论述中国文学与美的关系的历史考察、中国古代文艺美学的主体表现精神、艺术审美特征、美感特征和审美方法论，其中着重还论述了中国美学最重要的意象说和意境说。

第一卷体现了本书史论结合的特点。第一卷的总论，梳理和论述了美学史发展中的重要理论问题，并形成理论指导，以后四卷，就能够线索众多而面目分明、内容丰富而避免繁杂，分述名家、名作和著名理论连缀成完整而有序的美学史。而第一卷论述的儒道佛三家美学的重要观点，自其创始、发展和最后形成及影响，过程分明，因此各篇犹如一个比较完整的概念史，是一种以观点和概念为阐发主体的美学史。本书第一卷即第一编取得的理论成就，建筑于作者多年著述的积累。祁志祥多年前即已出版《中国古代文学原理》《中国美学的文化精神》和《中国美学原理》，为本书第一卷的撰写建立了坚实的基础。《中国古代文学原理》的绪论开宗明义地提出中国文学原理的表现主义体系并详加论述，其主要观点为：中国古代文学的价值观念是"内重外轻"，即以治心为本，这是从古代中国学者以"国"为家，以人为本，"治国平天下"，最终归结为"齐家修身""正心诚意"的价值取向转换而来；于是中国文学尊奉"文，心学也""文以意为主"的心灵表现的文字作品的观念。这种表现主义的文学观念，是中国文学乃至中国艺术之"神"，是统帅中国古代文学理论的一根红线。接着作者还比较中国表现主义文学作品的审美接受不同于西方文学接受的特点。西方讲文学接受，是"披文入象"，通过文学语言把握它所反映的社会生活；中国古代讲文学接受，则是"披文入情"，通过语言文字把握它所表达的思想感情。作者进而指出：由于古代作品大多讲究含蓄不露的传达，所以读者对于作品中的"意"，往往不是一下子能看见的，而是要通过"一唱三叹""反复涵咏"，慢慢咀嚼回味才能领略的。

此书的观点，明显形成了本书的基础。而依据其博士论文"中国古代美学精神"改定而成的《中国美学原理》，在全书的论述中都能将各个理论概念和重要论述从原创到发展的各重要阶段的重要观点进行罗列、排比和归纳，在这个基础上以明晰精当的语言提炼出各种概念和论述的定义和派生的后起的新义，最后作出总结性、评价性的结论。全书都与西方古今的论说作出颇为精当而又要言不烦的异同比较和评价。如西方美学中虽然也有以道为美的观点，但西方美学的主流观点认为可为美的"道"更多地倾向为一种知性概念，以"理式""理念"为美，实即以"真"为美，而不像中国美学认可为的"道"鲜明地体现为道德概念，以"道"为美，即以"善"为美。的确，中国古代道德与艺术合一的观念，并因此而产生的"文以载道"思想，指出其合理性，分析其深厚的文化渊源，在论述中还能深入到文学艺术家之内心。

当今不少著作，在理论难点上往往含糊其辞。而《中国美学原理》在前人没有理清的众多疑难麻烦之处，下了很大的研读工夫。全书尤其是作为重点的中编"美的殊相"，对中国美学的各种大小概念和理论观点，都能避开不少论者惯用或生硬套用的西方理论语言，使用清楚明白晓畅而且要言不烦的本民族的现代语言说出其定义、派生义和理论精粹，综合哲学、诗论、文论、戏曲理论、书画理论，并运用语言文字学，全面地给以理论的阐发和评价，观点鲜明，评价正确，充分显示了作者经过长年深思熟虑和理论写作所积累的深厚学术功力。如"道家美论"第二章"以'妙'为美——道家论美在有中通无"，共分"神而不知其迹曰妙"、释"玄"、释"远"、释"逸""古""苍""老"和释"神""微""幽""绝"，将玄妙难解的道家美学概念和思想，用明快的语言解释和阐发。如释"神"，首先列出《易传》《尚书》《孟子》和唐代画论中的观点和论述，然后作者再补充说："阴阳变化，无所不通，而又不留痕迹，不可知之，这就是神妙的'神'。"其中不少观点，在本书得到继承。

有这么坚实的基础，本书在绪论列出中国美学史的分期和时代特征的基础上，第一编就能高屋建瓴地论述美学、美和中国古代美学精神，全面深入、详尽地论述了中国古代重要的美学流派和概念，使第一卷高屋建瓴的论述，本身即已成为中国美学门类史、流派史和美学概念史。这与全书的主体部分，即以名家名作为主要叙述内容的美学史，相辅相成，融为一部非常完整的史论结合的中国美学史。

三、对中国古代美学精神的恰当把握是本书的一个重要成绩。例如本书第一卷第三章第五节"同构为美"，将天人合一和天人感应，作为中国美学精神的一个重要方面，又指出天人合一同源、同质、同构、互感并展开讨论。这些都是难能可贵的。现已出版的众多中国美学史著作，和众多中国古代哲学研究著作对此缺乏认识，更无力掌握天人合一的实质，本书则以《吕氏春秋》的论述为根据，清晰介绍古人对这个问题的精当认识。这充分显示了作者的文献掌握工夫、观点正确与否的辨别工夫和论题阐发的出众能力。第一卷对一些重要美学观点，做了精当的阐发。例如情景交融和与山水为友，这是与江山之助有关这个中国古代美学的重要理论的一个重要论述。

四、本书论述的门类齐全，超过所有现已出版的各种美学史著作。宗白华先生主张："我们学习中国美学史，要注意它的特点：（一）中国历史上，不但在哲学家的著作中有美学思想，而且在历代的著名诗人、画家、戏剧家……所留下的诗文理论、绘画理论、戏剧理论、音乐理论、书法理论中，也包含有丰富的美学思想，而且往往还是美学思想史中的精华部分。这样，学习中国美学史，材料就特别丰富，牵涉的方面也特别多。(二)中国各门传统艺术（诗文、绘画、戏剧、音乐、书法、建筑）不但都有自己独特的体系，而且各门传统艺术之间，往往互相影响，甚至往往互相包含。因此，各门艺术在美感特殊性方面，在审美观方面，往往可以找到许多相同之处或相通之处。"最后强调："充分认识以上特点，便可以明白，学习中国美学史，有它的特殊困难条件，有它的特殊的优越条件，因此也就有特殊的趣味。"〔1〕他这段话，说的是"学习中国美学史"的心得，实际上将自己的撰写中国美学史的宗旨和内容，无私地告诫后学，因为他的这些观点得不到学生的承认而失去了撰写中国美术史的机会，他只能讲是"学习"了。而祁志祥先生撰写本书的古代部分，既汇集了儒、道、墨、法、佛、玄等各派的哲学美学，又全面观照了诗、文、书、画、音乐、园林各种艺术门类，成为一部完整的中国美学史。在材料引证方面，各个时代的诗论、词论、曲论、文论、戏曲和小说理论、书论和画论、音乐理论、园林理论中反映的美学思想，旁征博引，琳琅满目。本书实现了宗白华先生的遗志，同时本书也克服了宗白华先生所说的"特殊困难条件"，显示了中国美学史的丰富多彩，也传达了中国美学史的"特殊的趣味"。尤可注意的是，尽管本书第二卷至第四卷在中国古代美学史的叙述中，儒家美学、道家道教美学、佛家美学始终是同时并进的三条哲学美学线索，但是本书突出了儒家为主体而道家与佛家为辅助的美学史真相。

五、本书的名家和名作的研究阐发，多有精义。例如《世说新语》专列一节，提炼其中人物言论中的美学成分，做了颇为精当的分析和评论。如此等等，随处可见，不再详细举例。

六、本书的佛教美学的内容丰富、完整，是中国美学史著作的重大突破。佛教在汉代传入中国后，经过一千多年的努力，中国将整个佛教宝库吸收为自己的文化的一部分自魏晋南北朝起进入一个突破儒学独尊的新的发展阶段，中经隋唐和五代，到宋代终于形成儒道佛三家鼎立和互补的宏伟格局，并形成新的文化高峰。王国维和陈寅恪两先生都认为宋代是中国文化的最高峰，

〔1〕 详参宗白华："中国美学史中重要问题的初步探索"，载宗白华：《艺镜》，北京大学出版社1987年版，第322页。

其最基本的认识基础也即在此。中国文化于明清两代继此前进，最终形成了我们今日所必须继承、并在此基础上才能进一步发展并取得现代中国文化繁荣和昌盛的中国传统文化。中国美学也是如此，中国美学是儒道佛三家鼎立和互补的宏伟而精深的美学。佛教对中国文学和美学产生了巨大的影响，其文化和美学已成为中国文化和美学的重要组成部分。祁著对此有非常清醒和深刻的认识，祁志祥曾出版《佛教美学》和《佛学与中国文化》，尤其是前书，完整和深入地论述了佛教美学，将不少人视为畏途的艰深佛教美学语汇，给以清晰的解释和明了的阐发。有此丰厚基础，本书的佛教美学内容丰富而完整，论述深入而精到，就很自然的了。当年宗白华和汤用彤先生关于中国美学史必须充分涵盖佛教美学的观念，在本书中有很好的贯彻。

祁志祥先生的《中国美学全史》既可视为践行前辈宗师殷切期望的产物，也是他独创的优秀学术论著。意义重大，值得珍视。

第十一节 "审美必须调动整个身心去拥抱对象"[1]

祁志祥先生以一人之力写出贯古通今的《中国美学全史》（以下称《全史》），为学界奉献出从先秦到当代的中国美学全景图，这种宏伟的气魄和雄健的笔力是常人难以想象的。对这部皇皇巨著作总体评价非我所能，这里只能从自己感兴趣的审美感知角度谈点随想。

"审美必须调动整个身心去拥抱对象，这是中国古典美学区别于西方古典美学的地方。"《全史》第一卷第十一章"中国古代的审美方法论"中这一精辟论断，不仅令我拊掌叫好，相信也给读者留下了深刻印象。描绘国人审美历程的演变轨迹，固然需要花费许多笔墨，但最终还需画龙点睛地提炼中国美学的基本特征，这样才有利于读者把握。而作这种提炼或曰归纳，又需要将其与西方美学作比较，这样的比较方能见出差异，从而凸显中国美学的精髓。

表面看来，西方美学并不反对审美中的全身心投入，这方面我们可能会想到加缪的激情投入和马斯洛的高峰体验。但西方美学的主流还是审美距离论，爱德华·布洛在"作为艺术的一个要素与美学原理的'心理距离'"一

---

[1] 作者傅修延，江西师范大学文学院教授。

文中提出，审美主体与客体之间须保持适度的心理距离，否则审美无法进行。康德认为保持一定距离能让人觉得安全（如同我们常说的"隔岸观火"），对此他有形象化的表述："险峻高悬的、仿佛威胁着人的山崖，天边高高汇聚挟带着闪电雷鸣的云层，火山以其毁灭一切的暴力，飓风连同它所抛下的废墟，无边无际的被激怒的海洋，一条巨大河流的一个高高的瀑布，诸如此类，都使我们与之对抗的能力在和它们的强力相比较时成了毫无意义的渺小。但只要我们处于安全地带，那么这些景象越是可怕，就只会越是吸引人；而我们愿意把这些对象称之为崇高，因为它们把心灵的力量提高到超出其日常的中庸，并让我们心中一种完全不同性质的抵抗能力显露出来，它使我们有勇气能与自然界的这种表面的万能相较量。"〔1〕

那么中国美学又是怎样用"整个身心去拥抱对象"呢？《全史》第一卷第十一章以我们古人的体味为例作了说明，我以为书中的论述是切中肯綮的。所谓体味，说白了就是亲身去品味，我们不妨对这个词分而析之。体味之"体"即身体之"体"，《淮南子·氾论训》有语曰"圣人以身体之"，古代文论中"体"字打头的一系列词语，如体悟、体认、体物和体谅等，都有用自己的身体去体验的意涵，"身体力行"这一表述方式更突出了以身体察的重要性。体味的"味"则是与对象的零距离接触，在民以食为天的古代中国，舌头无疑是饥肠辘辘者身上最为重要的感知器官。《吕氏春秋·孝行览》写伊尹"以滋味说汤"（"汤"为商代开国君主之名），《左传》昭公二十年记晏子对齐侯说味之"和"，这两位献言者都把进食升华成审美意义上的体味。古人多从体味、品味角度谈论文学艺术：刘勰《文心雕龙》有十多个地方说到"味"，如"清典可味""余味曲包""味深"和"味之必厌"等；钟嵘《诗品》从滋味角度给诗歌定出等级——"有滋味者"居上，"淡乎寡味者"居下；司空图《诗品》不仅以酸咸等滋味形容诗中之"味"，还进一步提出了"味外之味""味外之旨"等微妙概念。我们今天频繁使用的作品一词，背后就有体味、品味的影子在隐隐晃动。体味不仅适用于上层建筑和文艺消费，国人在日常生活中也爱用酸甜苦辣等味觉词汇来表达自己的多方面感受。对体味方法缺乏认识的人，可能很难理解古人为什么会用"秀色可餐"这样的

---

〔1〕 ［德］康德：《判断力批判》，邓晓芒译，人民出版社2002年版，第100页。

表达方式，〔1〕至于冯梦龙描写的看见美女"恨不得就抱过来，一口水咽下肚去"，〔2〕对这些人来说就更是匪夷所思的了。

体味之外，国人还有一种感知方式值得一提，这就是诉诸听觉的聆察。〔3〕聆察（auscultation）和观察（focalization）分别对应于"听"和"看"，但"听"的繁体"聽"告诉我们，这种感知方式在古代中国人那里并非仅仅诉诸于耳——"聽"字除左旁有"耳"外，其右旁不仅有"目"还有"心"，这说明"聽"在旧时是一种全方位的感知方式。对此或可用胎儿在母腹中的"听"来形容，此时包括耳朵在内的感知器官都未发育完全，孕育中的小生命是用整个身体来感受来自四面八方的刺激，所谓"胎教"便发生于这个时期，英语中的"be all ears"亦可帮助我们想象这种"全身是耳"的情形。不过西方文化主张的是"以视为知"，〔4〕中国文化更倾向于以"听"来指涉更为精微的感知，而且常常用听觉来统摄其他感知方式。例如以前北京的戏迷把看戏说成"听"戏，拳师开打前用手碰触对方身体来"听"力，玩麻将者快要和牌了叫"听"牌，此外还有"上医听声，中医察色，下医诊脉"〔5〕和"上相听声，中相察色，下相看骨"〔6〕等说法。更不可思议的是，古代还有"听军声而诏吉凶"之说，这一传统甚至延续到晚近——抗战胜利那年春天，戏曲界有人就曾根据"虏帐之茄鼓多死声"，断言日寇将在年内伏诛。〔7〕诸如此类的聆察方式，有助于我们理解段玉裁注《说文解字》时所说的"圣者，声也，言闻声知情"，以及郑玄为什么会用"耳闻其言，而知其微旨"来解释

〔1〕"鲜肤一何润，秀色若可餐。"陆机：《日出东南隅行》。

〔2〕"话说昔日杭州金山寺，有一僧人，法名至慧，从幼出家，积资富裕。一日在街坊行走，遇着了一个美貌妇人，不觉神魂荡漾，遍体酥麻，恨不得就抱过来，一口水咽下肚去。"冯梦龙：《醒世恒言》第三十九卷《汪大尹火焚宝莲寺》。按，直到今天，国人对所爱之物仍喜欢说"含在嘴里怕化了，捧在手里怕摔了"。

〔3〕详参傅修延："论聆察"，载《文艺理论研究》2016年第1期。

〔4〕《我们赖以生存的譬喻》一书在"理解是见"的条目之下，列出了一系列"看到就是知道"的常用譬喻，详参［美］乔治·雷可夫、马克·詹森：《我们赖以生存的譬喻》，周世箴译注，台湾联经出版事业股份有限公司2012年版，第91～93页。

〔5〕孙思邈《千金要方·卷一·诊候》："古之善为医者，上医医国，中医医人，下医医病。又曰上医听声，中医察色，下医诊脉。又曰上医医未瘳之病，中医医欲病之病，下医医已病之病。"

〔6〕《晋书·桓彝传》和《南史·吕僧珍传》都有听声相人的记载。

〔7〕详参金天羽："顾曲记"，载金天羽：《天放楼诗文集》（下册），上海古籍出版社2007年版，第1029～1030页。

《论语·为政》中的"六十而耳顺"。

以上所论皆为中国文化对听觉的倚重，不难看出这种倚重会对我们的审美传统产生潜移默化的影响。我曾撰文讨论胡适、鲁迅和陈寅恪等人在西方观念影响下对明清小说所作的讥评，他们都把亚里士多德的有机整体观奉为圭臬，认为明清小说的缀段式结构"远不如西洋小说之精密"[1]。其实叙事结构有显隐之分，我们不能无视《红楼梦》等经典中存在着"草蛇灰线"般的隐性脉络。《诗学》中与视觉相关的譬喻甚多，这表明亚里士多德对事物的认知主要依赖视觉，对视觉的这种倚重代表着西方文化中影响极为深远但个中人往往习焉不察的"视即知"认知模式。以视为知必然导致感知向"外形"与表象倾斜，西方文化中人因而更强调事物之间"看得出"的关联，这种关联具体到小说的组织上便是《诗学》中强调的头、身、尾一以贯之的有机结构。结构观的差异源于感官倚重的不同，一种高度倚重视觉的文化必定会对事件的组织形式作精细的观察，而与听觉保持密切关系的文化则更注意时隐时显的事件运行。在听觉模糊性与视觉明朗性背景之下形成的两种冲动，不仅影响了中西文化各自的语言表述，而且渗透到对结构的审美判断之中。趋向明朗的西式结构观要求事件之间保持显性的紧密连接，顺次展开的事件序列之中不能有任何不相连续的地方，这是因为视觉文化对一切都要作毫无遮掩的核查；相反，趋向隐晦的中式结构观则没有这种刻板的要求，事件之间的关联可以像"草蛇灰线"那样虚虚实实断断续续，这也恰好符合听觉信息的非线性传播性质。[2]

指出听觉倚重对中国审美传统的影响，并不是说祁著对此有所忽略。事实上全书第一卷第六章第八节"法音为美：佛教对听觉美的变相肯定"、第三卷第七章"音乐美学：声心相契，琴手合一"和第四卷第五章"音乐美学：《溪山琴况》，曲终奏雅"，都有从音乐和声音角度所作的系统梳理，这些梳理应该说还是比较精细和周到的。只不过笔者觉得应该将音乐美学换成听觉美学之类的名称，因为前者容易把研究者的注意力引向音乐与声音，而美学这门学科是以研究审美感知为主（许多人说美学即美感之学），研究感知就得把

---

〔1〕 傅修延："为什么麦克卢汉说中国人是'听觉人'——中国文化的听觉传统及其对叙事的影响"，载《文学评论》2016年第1期。

〔2〕 详参傅修延："西方文化的'以视为知'与中国文化的'听觉统摄'——从视听倚重差异到小说结构差异"，载谭君强主编：《叙事学研究：回顾与发展》，上海外语教育出版社2017年版。

视听触味嗅等感官反应作为主要对象，毕竟声音只是引起感官反应的外部因素，何况没有声音时我们的耳朵仍在警惕地"监听"周遭世界。从这个角度考虑，听觉美学和味觉美学（当然还包括视觉美学等）都属美学大家庭中的成员，把体味和聆察等纳入这样的分类格局中，读者更容易看出中国审美方法的独特之处。就前述全身心地拥抱对象而言，听觉与味觉相比不遑多让，因为聆察者常常是沉浸在或者说被包裹在特定的听觉空间之中，去过大型室外演唱会的人都会有一种身体被重低音触动（有人说是"按摩"）的感觉，这样的融入感绝对是视觉无法创造的。

要而言之，跨上美学这匹骏马需要紧紧抓住美感这根缰绳，人类虽然都有同样的感觉器官，但是世界各个地方的人对感官的倚重程度不会完全一致，从这样的差异入手研究，或许有助于我们更准确地追踪和把握中国美学的历史进程。麦克卢汉曾说中国人是"听觉人"而西方人是"视觉人"，[1]这一提法虽然偏激，却让我们悟出一个道理，这就是视听失衡不利于人的全面发展。现在的问题是在当下这个"读图时代"，国人的眼球完全被各种令人眼花缭乱的视觉盛宴所吸引，我们的感官天平已经彻底倒向视觉一端，世代相传的"闻声知情"能力正在成为稀缺物质，这种感觉失衡与传统失守，是到了引起美学家关切的时候了。

第十二节　当代美学研究中的"祁志祥现象"[2]

关心美学与美学史研究的朋友都会注意到，任教在上海佘山脚下的祁志祥教授这些年对中国美学与美学史研究取得累累硕果，堪称耀眼。特别是他在短短十年中接连出版了三卷本的《中国美学通史》、五卷本的《中国美学全史》和美学理论专著《乐感美学》，提出了对于美学与美学史的系统而独到的看法，加之他每年都有一二十篇论文（总计已达到400篇）发表，其体量之

---

〔1〕 "中国文化精致，感知敏锐的程度，西方文化始终无法比拟，但中国毕竟是部落社会，是听觉人。……相对于口语听觉社会的过度敏感，大多数文明人的感觉显然都很迟钝冥顽，因为视觉完全不若听觉精细。"马歇尔·麦克卢汉：《古腾堡星系：活版印刷人的造成》，赖盈满译，台北：猫头鹰书房2008年版，第52页。

〔2〕 作者夏锦乾，上海市社会科学界联合会《学术月刊》原常务副总编、编审。本文原载《人文杂志》2019年第11期。原题如此，发表时刊物有所改动，现予恢复。

大、分量之重和动作之快，都令同行们"吃惊"（杨春时语）。可以说，祁志祥是在不经意间以他独立特行的研究路数和成果，在美学界刮起了一股美学旋风，我把这股旋风称之为当代中国美学研究的"祁志祥现象"。总结起来，它主要表现为以下三个特征。

其一是扎实的功力支撑厚重的成果。要说美学旋风，若没有突出成果如何"旋"得起来？祁志祥的两部美学史，一部叫"通史"，一部叫"全史"，"通"和"全"正好点出了他的美学史研究的特色。"通史"的关键是"通"，即所谓的贯通、汇通和融通。截断众流或一朝一景固然与通史无缘，但是从三皇五帝到当代仅报个流水账也叫不得"通"。"通"要通得有内涵、有结构。照祁志祥的看法，既要对"美"和"美学"有"一个基本的看法"，又要将之落实到中国古代美学精神的提炼之上。于是"通史"便是这种精神贯通于整部历史过程叙写的代名词，而这种精神的发育成长及其转折起伏，便成了通史的结构。它统御着万千变化、林林总总的美学史现象。祁志祥的《中国美学通史》和后来在此基础上形成的《中国美学全史》正是这样的骨架清晰、逻辑通透、血肉丰满的美学史巨作。当然，完成这样的巨作并非一蹴而就，而是付出了几十年的辛劳。为了做到对美和美学有"一个基本看法"，他专门写了一本《乐感美学》的专著，提出了"美是有价值的乐感对象"命题，把美定义在"乐感"的基础之上，而"有价值"三字又把美聚焦在对人的生命有正向意义的乐感，而把负向意义的、恶俗的乐感从美的定义中排除出去。由此，"快感、娱乐、满足感、爱、崇拜等肯定性的情感，包括由感官满足所带来的快感，都将作为美感材料而受到我的重视"。坦率地说，在当今主流美学崇尚理性、崇尚历史积淀的氛围中，祁志祥这种为当下感性正名与呼吁的美学原理，实为难能可贵。同时，在将审美娱乐化、恶俗化的另外一种场合，他强调美的乐感的价值底线，也自有纠偏意义。他真诚探索而自创一说，既重申了美学之父鲍姆嘉通首创 Aesthetics 为感性学的美学传统，回应了当今开放时代感性发展的需要，而使美学更接地气，也继承了鲍姆嘉通的理性主义路线，为感性学注入了价值理性维度，使美学更具现实针对性。《乐感美学》为通史和全史奠立坚实的哲学基础。在此基础上，祁志祥又为乐感美学找到它在中国古代美学中的表现形态，一个由"味美""心美""道美""文美""同构为美"构成的复合互补系统，它代表了中国古代美学精神。这个复合互补系统既是通史之通的核心——以它的形态变化构成美学史的五大时期：奠基期、突破期、反拨与发展期、综合期、借鉴期；也是以通驭全，全面考察与描绘各个时期的儒、道、墨、法、佛、玄哲学美学以及诗、文、词、曲、小说、书、画、音乐、园林等理论的灵魂。由此，无论是纵向的贯通，还是横向的汇通，以及纵横交汇的融通，祁志祥都紧扣乐感，给我们呈现了一幅"多部声、复调式的美学史全景图"。没有比较就没有评判。在当今出版的 10 多部中国美学史著作中，祁志祥美学史研究的"通而全"的特色格外显目。而要做到这两点，与他深厚的思辨能力、扎实的材料积累以及杰出的材料驾驭能力是分不开的。

其二，鲜明而有棱角的学术态度。这也是我把祁志祥的美学研究上升为一种"现象"的重要依据。当今的学术圈常常倾向于把一团和气作为生存法则，在这种情况下，祁志祥的鲜明而有棱角常常给人以深刻的印象。

举例而言，《中国美学全史》他就敢于写到当代乃至当下，因为他要忠于"全史"的学术理念。但这势必要在写谁不写谁的选择上遇到麻烦。给在世者作评价，关键能否克服情感成分，给理性评判腾出地盘，这对作者是巨大的考验。祁志祥选取人物的标准，"是在美学原理、文艺概论方面有系统化思考、建树、创新的代表性人物……反之，如果成果不过硬，系统性、创新性不足，哪怕地位高、名声大，也有所不取。"这种取舍当然已经包含了一种犀利的评判。更富有挑战性的，是对入选者的评判态度。他们之中包含了诸多当代美学的"尊者"，他们开创、引领了中国当代美学，他们的理论直接影响了当代美学的走向。祁志祥决意要不为尊者违。面对每位入史者，不论尊卑，都保持平等对话的姿态，描述完整准确，评点精到无讳，其中不乏置疑、商榷。这包括对宗白华、朱光潜、蔡仪、李泽厚、蒋孔阳等人评述，也包括对年轻一些的叶朗、朱立元、杨春时等人的评述。正是作者这种对自己的观点、判断不掩饰、不模糊的鲜明立场，使得《中国美学全史》处处闪现思想的火花。棱角分明的另一个例子便是从三卷本《中国美学通史》到五卷本《中国美学全史》的写作，祁志祥专门增加了"论美学、美与中国古代美学精神"的第一卷，作为全史的理论基础，其中"前言"的主题是"中国美学史撰写的历史盘点与得失研判"，一看题目就感受到其犀利性与争鸣性。果然他以美学史的三大问题："如何理解美学概念""如何把握美及中国古代美学精神""如何理解中国美学发展的历史分期"，层层展开对中国美学史的思考，并以此对从 1979 年以来中国美学史研究出版的 10 多部美学史著述一一加以评判。

尤其是对几部重要的美学史，既肯定其成就，也直言其不足与失误。如对李泽厚、刘纲纪主编的《中国美学史》，认为其以"美在实践"这一"先入为主、不合实际的美学观去要求《中国美学史》的书写，只能导致《中国美学史》左右为难，最终烂尾"。又如批评叶朗主编的《中国美学通史》，认为与此前《中国美学史大纲》比较起来，虽篇幅大增，但从史论的统一性、逻辑的自洽性、思考的深刻性、表述的严密性来看，是一种倒退。从表面看，作为治史者祁志祥眼光带着几分狠毒、不留情面，但仔细想来，这正如拳手间的尊重和友谊表现在拳坛上的激烈交锋，祁志祥正是以学术上的置疑与批评来向他的前辈与同行表示敬意，当然，这要有心胸的人才能理解。

其三，大项目与个体写作相结合的治学路径。当今一些学术大项目、特大项目，不仅有成百上千万的资金支撑，而且还往往是十几人至几十人的研究团队。团队首席负责指挥，具体成员各包一块。与这种大兵团作战的治学方式比起来，祁志祥无疑只是一匹单打独斗的孤狼。这并不是说祁志祥从没组织过、参加过集体项目的研究，但他在具体参与中愈加感悟到，学术研究是个体性很强的独立劳动，人多不一定能办事。由于"人的知识结构不一，学术储备不同，思维水准不同，表达方式不一，仓促之间合作产生的集体成果势必流于结构不一、水平参差、矛盾百出、外强中干的面子工程"，因此他150万字的《中国美学通史》、257万字的《中国美学全史》和60万字的《乐感美学》，这些堪称重磅的大项目都是独立完成的。在他看来个体写作自有其独特的优势。"只有一个人去做研究时"，美学史写作所要求的"历史时期的划分、时代特征的对比、同时期不同研究对象的横向联系"才能看得清楚，并且能有效地贯彻到整个美学史的写作中去。《中国美学全史》面对儒、道、佛美学思想和绘画美学、书法美学等艺术门类美学，既写出它们横向联系的时代特征，又照应其不同时代的上下贯通，可成各自独立的专门史，这种篇章结构的严整统一性，与个体写作是分不开的。而这一点恰恰是团队研究比较欠缺的。个体写作固然使美学史研究更具个性，但也不免孤独与孤单。它意味着板凳一坐十年冷，没有热闹的讨论会、报告会、评审会，没有光鲜的记者采访，但对于祁志祥来说，好像从未介意这一切，始终坚守于书桌前孜孜矻矻，孤往精进，甘之如饴。在我看来，他以独立不阿的姿态给世间学人一个警醒。

以上三点事关学术研究的态度、方式和水准，虽就祁志祥的美学研究而言，但从另一方面看，又超越了祁志祥个人，对当今中国美学乃至整个中国学术研究都有某种针砭、借鉴和示范意义。对此，或许有些人会不以为然，小觑这种没有强大团队支撑的个体写作，甚或给予指责，但那只能证明我们在心理上还没有做好接纳这种态度和方式、认可这种重要成果的准备。但既已成为一种学术界的"现象"，那么，必然会有被大家普遍认同的那一天。

《中国现当代美学史》的开拓及评论

主编插白：《中国现当代美学史》是写到"五四"的《中国美学通史》的续篇，是一个独立的国家社科基金后期资助项目研究成果，全书 75 万字。2018 年 4 月出版后，上海政法学院应用社会科学研究院、北京师范大学文艺学研究中心、商务印书馆上海分馆、《中国图书评论》杂志社、《社会科学报》社联合举办"中国美学的现代转型高端论坛暨《中国现当代美学史》新书恳谈会"。曾繁仁先生认为该书提供了"第一部完整的中国现当代美学史"著作。张灵教授认为该书为"百年美学"提供了一幅历历可按的"思想地图"。蔡毅、李亦婷认为该书在评述当代美学大家时不虚美、不讳言，体现了秉笔直书、平等对话的可贵精神。后来本书融入《中国美学全史》第五卷中，成为其中的一部分，但并不影响本书独立的学术价值，也使得综合两个国家社科基金项目成果的《中国美学全史》更加充实饱满。这里收录本书绪论及诸位评论，以见大端。

第一节　中国现当代美学史的整体走向与时代分期[1]

新时期以来，中国美学史一类的著作出版了不少，但大多数都是从先秦写到清末民初，完整描述中国现当代美学历史演变的著作并不是很多。在有限的梳理中国现当代美学史的专著中，存在的问题似乎也不少。最主要的问题，是对"美学"学科概念的把握有失允当。有的作者将"美学"理解为存

---

[1]　作者祁志祥。本文原载《社会科学战线》2018 年第 6 期，为国家社科基金后期资助项目《中国现当代美学史》（商务印书馆 2018 年版）"绪论"。

在于理论和艺术中的审美意识，于是把美学史写成了美学理论与艺术发展混合的历史，研究范围显得较为驳杂。有的作者将"美学"理解为研究审美活动的人文学科，而审美活动的涵义是游移不定的，因而美学史成为有学无美的历史，选择的评述对象大可推敲。现代历史上明明出现了那么多的美学概论和艺术哲学、文学概论专著，对美和艺术、文学有明确而丰富的看法，但却在这种美学史的叙述中看不见踪影。三是将"美学"或仅仅理解为"美的哲学"，或"艺术哲学"，于是美学史或仅仅成为美的哲学的历史，或仅仅成为艺术理论的历史，均不够全面。其次的问题是，这类美学史著作大多是粗线条的，对一流的美学家、美学论著着墨较多，对二、三流的人物和著述关注不周，用力不够，从而使现当代美学史失去了丰满鲜活的血肉。再次，有的现当代美学史直接从"五四"时期写起，忽视了现代美学的学科概念及美与艺术的新思想其实早在近代就萌芽了，对近代这个中国现代美学的奠基状况缺乏研究交代；而已有的现当代美学史几乎都诞生在 21 世纪之初，对新世纪以来中国美学的发展动向无法加以观照，而新世纪以来的十几年恰恰是美学研究发生质的转变的重要阶段，实践存在论美学、存在论超越美学、生态存在论美学、生命体验论美学、意象美学、乐感美学等标志性新学说都是在新世纪以来完成的。从次，由于现当代美学的评述对象离作者较近，这些研究对象与研究者之间存在着这样那样的学缘关系或情感关系，这就使得作者在取舍、评价时的客观公正性受到挑战和考验。最后，美学史不是材料的简单堆砌和现象的客观罗列，在研究对象的选择、评价中体现着作者的美学见识，尤其是在现当代美学发展中，各种对立的观点此消彼长，各领风骚，研究者如果对美学的基本问题缺乏深入、周全、统一的思考和见识，就很可能被评述对象各执一词的观点牵着鼻子走，使自己的评价出现公说公有理、婆说婆有理的自相矛盾状况，不仅将读者搞糊涂，也将自己搞混。如此等等，都说明，重写中国现当代美学史，不仅有实实在在的必要，也有很大的提升空间。笔者主持的国家社科基金项目《中国现当代美学史》就是在试图避免上述不足的基础上撰写的一部具有自己独特的见识和材料取舍的美学史新著。

从整体走向来看，中国古代美学向现代美学转型的历史，就是从有美无学的传统美学思想到有美有学的美学学科转换的历史。而有美有学的美学学科概念是从西方引进的。西方的"美学"学科概念是由鲍姆嘉通创立的，本义是"美的哲学"。他所说的"美"，就是"感性认识的完善"。"完善"最不会引起歧义的翻译是"圆满"或"极致"。"感性认识的圆满、极致"说得通俗、明白些，也就是"愉快"或"快感"。艺术被创造出来，目的只有一个，就是具有使人愉快的"美"。于是，艺术成为"美"的典型形态。黑格尔则从其特殊的世界观出发，将"美"与"艺术"画上了等号，"美的哲学"到他手中变成了"艺术哲学"。鲍姆嘉通和黑格尔的"美学"学科概念在西方近代美学界影响很大。中国从近代以来一直到现代，从西方引进的"美学"学科就是这两位美学家思想的融合。正如萧公弼在《美学·概论》中所概括：美学者，"美及艺术之哲学"。因此，考察中国现代美学史，就应当紧密围绕"美及艺术之哲学"在中国现代的确立、演变的历史。到了中国当代五六十年代的美学大讨论和八九十年代的美学热中，争论和建设其实都是围绕着"美"和"艺术"的哲学本质展开的。世纪之交以后美学和艺术哲学大体告别"美"和"艺术"的哲学本质论，美学成为有学无美的审美现象学，乃是因为"美"和"艺术"本质探讨无解后的变相选择，说到底不过是"美及艺术之哲学"的特殊表现形态。

美学研究的中心问题是"美"。艺术的目的和特征是"美"。"美"是什么呢？鲍姆嘉通总结说，美是一种"感性认识的圆满"，是一种愉快的"情感"。但是这种"情感"并不等于所有的"快感"，而是渗透着理性精神的。这种渗透着理性精神的快感是一种正当的、对审美的生命主体有价值的情感。用亚里士多德的话说："美是自身就具有价值并同时给人愉快的东西。"[1]20世纪，提出美是"客观化的快感"的桑塔亚那再次肯定："美是一种积极的、固有的、客观化的价值。"[2]这样，"美"就不仅与快感、形式相连，而且与价值、理性、内涵相关。美实际上是"有价值的乐感对象"[3]。虽然形式美是无功利的快感对象，但内涵美却是有功利的愉悦对象。正如康德在论狭义的"美"（纯形式美、自由美）时强调其快感的超功利，在论"崇高"美（附庸美、内涵美）时肯定其快感的功利性一样。对美的涵义的这个认识启发我们在考察中国现当代"美及艺术之哲学"史时，不能局限于超功利的形式

---

〔1〕 转引自蒋孔阳、朱立元主编：《西方美学通史》（第一卷），上海文艺出版社1999年版，第408页。

〔2〕 北京大学哲学系美学教研室编：《西方美学家论美和美感》，商务印书馆1982年版，第284~285页。

〔3〕 详参祁志祥："论美是有价值的乐感对象"，载《学习与探索》2017年第2期。

美和艺术自律，而且要密切联系百年政治风云变幻决定的价值观念的起伏变化，它们是主宰不同时代不同的美的观念的幕后之手。

以超功利的形式美和有价值的内涵美双重视角来考察中国现当代美学史，笔者对其在向现代美学学科转型的整体走向下形成的时代分期就形成了如下独特的看法。

一、近代：中国现代美学的奠基时期

近代是中国古代美学向现代美学转型的过渡时期，也是中国现代美学的奠基时期。

这个时期，西方的"美学"学科概念开始出现，"美学"课程在大学开设，"美学"作为研究现实和艺术中的美的哲学的学科定义得到初步界定，人们开始认识到艺术是以美为特征的"美术"；文学作为美的艺术的一个重要种类，不再是古代广义的文字著作，不再是"泛文学""杂文学"的概念，而是"属于美之一部分"（黄人）的"美术"。属于狭义的"美文学"概念，最典型的莫过于"小说"这种文学体裁。如黄人指出："小说者，文学之倾于美的方面之一种。"夏曾佑："小说之所乐，与饮食、男女鼎足而三。"徐念慈从情感性、理想性、形象性三种特征剖析小说之美。狄葆贤认为"小说为文学之最上乘。"[1]"美"一方面被界定为超功利的愉快对象，如在主张美之价值在"无用""独立"、美之本质为"快乐无利害"、文学的审美特征是"情感"与"想象"、词曲的审美特征是情景交融、意象浑融的"意境"的王国维那里；另一方面又被视为有价值的愉快对象，当作实现政治功利的有效手段，如在康有为、梁启超那里。康有为认为"求乐免苦"、求美去丑是人类的天性。当时人们生活在君主专制的"据乱世"，经受着"无量诸苦"的煎熬，现实世界充满了丑恶，他希望通过"变法"实现乐多苦少的君主立宪的"升平世"，最终实现人人极乐、有愿皆获的"太平世"。显然，康有为的人生美学是为其政治变法服务的价值论美学。他在艺术美学中对"情深肆恣""郁积深厚"、激昂奔突的诗美及"意态奇逸""点画峻厚"、苍劲雄奇的书法美的推尊，乃是其求乐避苦、人性解放的人生美学追求的直接反映。梁启超亦然。

---

[1] 详参祁志祥："晚清美文学概念的破茧"，载《西北师范大学学报（社会科学版）》2017年第6期。

一方面，他探讨美的内涵及规律，指出"美的作用，不外令自己或别人起快感"，"文学的本质和作用，最主要的就是'趣味'"，另一方面，他倡导"三界革命"，推崇悲壮美、崇高美，呼唤以美文学的样式为政治改良服务。价值观决定着情感反应。随着国门的打开，西方人文价值理念大举进入中国，给人们的审美观念带来了根本性变化。人们崇尚"民权"，否定"皇权"，崇尚"平等"，反对"纲常"，崇尚"自由"，批判"专制"，强调"团体"的重要，同时兼顾"个体"的地位，崇尚"心力"的作用。由此给美注入的内涵直接为"五四"新文化运动的美学观奠定了思想基础。

二、"五四"前后：有美有学的美学学科的诞生

中国现代美学是美学学科的登场与演变时期，可分两个阶段。从 1915 年到 1927 年的"五四"前后这段时期，是中国现代美学学科和文艺学科宣告诞生的阶段，也是主观的价值论美学占主导地位的阶段，同时还是新的价值追求进一步发展并运用美文学样式加以弘扬的阶段。

近代虽然初步涉及"美学"学科的翻译及美本质、美文学概念的萌芽，但毕竟没有出现美学概论、艺术哲学、文学原理之类的专著。而"五四"前后中国学者写的这些专著都出现了。"五四"不仅是一场新文学运动，也是一场新文化运动。西方近代创立的"美学"学科在"五四"前后在中国学界登场。当时几乎所有的文科刊物都发表过美学论文、译稿，如《新青年》《新中国》《民铎》《学艺》《学林》等，作者有数十人，发表的美学论文达百余篇。[1]徐大纯在 1915 年发表的《述美学》一文是有意识地进行美学学科建构的最早论文。徐大纯指出"美学为中土向所未有"，有必要对美学这一西方"最新之科学"进行介绍。他列举了西方美学两千多年中从柏拉图到桑塔亚那等一系列代表人物，阐释了美的性质、美的分类、美感与快感的关系。[2]1917 年，萧公弼连载发表长篇论文"美学·概论"，揭示美学的学科定义是"美学者，情感之哲学""美及艺术之哲学"，美的根源、本体问题是"美者何以现于世界"，"美"的涵义是超利害的精神快感，"美之原理"包括美之

---

〔1〕 详参胡经之主编：《中国现代美学丛编》（1919~1949），北京大学出版社 1987 年版，"前言"第 1 页。

〔2〕 详参徐大纯："述美学"，载徐大纯：《美与人生》，商务印书馆 1923 年版，第 10 页。

主观性、相对性与客观性、公共性，"爱美"是人的天性，其作用是使人具有审美能力，艺术的目的在于实现美感功能，艺术的审美创作方法包括"理想主义"与"写实主义"，所有这些，标志着美学学科体系的初步建立。所以笔者认为萧公弼是现代美学学科体系当之无愧的奠基人。而蔡元培只是中国美育的奠基人。在"五四"时期，他在美学学科的译介方面充其量只是扮演了助产士的角色。蔡元培于1920年编写《美学通论》，完成"美学的倾向""美学的对象"两章。因社会活动繁多，此书未能全部完成。不过，他未能完成的事业后来有人完成了。1923年，吕澂借鉴日本学者阿部次郎的《美学》，编写出版了《美学概论》，1927年，范寿康同样借鉴阿部次郎的《美学》，出版了与吕澂的《美学概论》大同小异的《美学概论》，稍后陈望道又出版了另具特色的《美学概论》。这些著作"大都采取了译述的方法，即择选外国美学家的著作作为述作的间架，而后掺入自己的若干见解"[1]。三部专著都坚持"美学是研究美的哲学"的学科定义，认为美学应当研究"美是什么"和"美的事物怎样才美"。吕著、范著提出"美"是一种关乎主体生命、人格、情感的积极价值，陈著认为美是具象的、直观的、可以给人带来超实用功利快感的对象。在此基础上三书对"美的规范"或"原理"从主观的心理学和客观的社会学方面作出了最初的探索。三部《美学概论》的出现，是美学学科诞生的显著标志。与此同时，美育概论的著作也出现了。李石岑等人的《美育之原理》一书，界定了美育的定义，分析了美的种类，提出以艺术教育为主的美育思想，是美育原理的最早建设。美学不仅是"美之哲学"，而且是"艺术之哲学"。于是这个时期在诞生了多种《美学概论》的同时，还诞生了多种艺术概论行的著作，如徐庆誉的《美的哲学》（即艺术哲学）、黄忏华的《美术概论》（即空间艺术概论）、徐蔚南的《艺术哲学ABC》，潘梓年、马宗霍、田汉等人的多种《文学概论》。黄忏华《美术概论》认为"艺术"是"美的情感"的"发现"，"美术"是狭义的艺术，即绘画等造型艺术。徐庆誉《美的哲学》甄别了"美学""美术"与"美"之异同，指出美是"精神活动的产物"，文艺表现美有三种方式，分析了"美术"诸形态的审美特征。徐蔚南在此基础上明确提出"艺术哲学"这个概念。本时期的《文学概论》针对近代文学向美文学方向的转化，都集中论析了文学这门艺术样式的审美

---

〔1〕 邓牛顿：《中国现代美学思想史》，上海文艺出版社1988年版，第33页。

特征，如刘永济《文学论》论及文学之美，潘梓年《文学概论》指出文学是
"间接的艺术"，马宗霍《文学概论》、田汉《文学概论》论文学的审美特质，
等等，标志着文学是以美为特征的艺术的一个门类这个狭义的文学观念在这
个时期已成定论。

　　"五四"文学革命既是一场文学的审美革新运动，又是一场思想价值的启
蒙运动。陈独秀、胡适、周作人、鲁迅等"五四"新文学运动的主将一方面
继续推进文学的审美运动，另一方面又继承近代涌现的新的价值取向，通过
美文学样式进行"思想革命"和"道德革命"，从而使艺术美的形式和内涵
都得到了进一步发展。在"五四"新文学运动中，陈独秀高扬"个人本位主
义"的"新道德"对"文学革命"进行声援与补充。胡适作为"五四"新文
学运动的旗手，不仅通过白话文运动、"国语的文学"对文学形式加以改良，
而且高举"情感""思想""个性"对文学的内容进行"革命"。周作人则以
"人的文学"与"个性的文学"与之呼应，这个时期的鲁迅早期一方面进行
"文章"的"无用"的"美术本质"的探讨，另一方面又肯定文学的有用之
用，主张"尊个性而张精神""非物质而重个人"。从吕澂、范寿康的《美学
概论》关于"美是价值"、是"情感移入"与"人格象征"，"美学是关于价
值的学问"的论析，到"五四"新文化运动主将对文学审美价值的强调，我
们可以看到这个时期主观论美学的主导倾向。

三、1928 年至 1948 年：从主观论美学走向客观论美学

　　如果说"五四"前后是中国现代美学的第一个阶段，那么从 1928 年"无
产阶级革命文学"论争到 1948 年前则是中国现代美学发展的第二个阶段，它
是主观论美学与客观论美学交互斗争并最终走向客观论美学的阶段。

　　1928 年爆发的"无产阶级革命文学"论争是一个影响深远的标志性事
件，从此，"五四"崇尚的价值理念逐渐被无产阶级革命、阶级人性、唯物主
义、集体主义、遵命工具等价值概念所挤压和取代。当然，这个转变不是一
朝一夕之间完成的。继承着"五四"时期价值美学的主观论倾向，李安宅著
《美学》一书，对"美是价值"的学说加以重申，指出美是相对于人生的
"意义""价值"。接着，朱光潜以《谈美》和《文艺心理学》著称的主观经
验论美学风靡整个 30 年代。《谈美》指出"美是心物婚媾后所产生的婴儿"，

《文艺心理学》从美感心理分析文艺之美的本质，揭示"'美'是一个形容词"，指心灵创造的具有情趣的精神"快感"。再后来，黎舒里、宗白华、傅统先的美学学说不外是对朱光潜的发挥与改造。如黎舒里认为美是一种"动人力量""表意形式"，是一种超功利的"感受"。宗白华继承与改造朱光潜的"意象"说，阐释了美在"意境"的思想。傅统先的《美学纲要》则是对朱光潜美学思想的重申和发挥。在主观论美学逐渐走向衰落的同时，以客观唯物论美学为标志的新美学学说则在与主观论美学的斗争中逐渐崛起，而这个唯物论是通向"革命"的历史唯物主义。柯仲平的《文艺与革命》最早以专著的形式竖起"革命文艺"的大旗，指出"艺术是时代的生命力的表现"，"革命"与美及艺术具有不可分割的密切联系，创造"革命艺术"须从做革命者入手。后期鲁迅接受马克思主义影响，从共同人性论过渡到阶级人性论，从原先对个性文学的倡导演变为对遵命文学、革命文学、"无产文学"的倡导。胡秋原的《唯物史观艺术论》是对"革命美学"学说的完善，同时是普列汉诺夫"唯物史观艺术论"命题的最早译介。金公亮的《美学原论》声称："这是一本讲美的书"。他指出："美不是主观的而是客观的"，"美的本质"是符合秩序的形式与崇高的精神象征，"美的效果"是"给领略者以愉快的一种东西"。该书是对西方客观论美学的移译，报道了客观主义美学的先声。毛泽东《在延安文艺座谈会上的讲话》则提出了文艺界唯物论美学的新纲领。他批判超阶级的"人性论"，标举"无产阶级文艺"主张；批判"个性"论，强调文艺"为工农兵服务"；提出文艺的"政治标准"与"艺术标准"；要求文艺反映生活、作家深入生活，以此深化了唯物主义艺术观。周扬编选的《马克思主义与文艺》是对马克思主义、毛泽东思想唯物论美学思想的推广。该书初步梳理了马克思主义美学的历史线索，重申文艺从群众中来，必须到群众中去，确认了文艺为工农兵大众服务的大方向。在马克思主义唯物论美学的指导下，蔡仪的《新艺术论》与《新美学》应运而生。他提出"美即典型"，美的艺术应当是典型形象的塑造，标志着客观唯物论美学的独特而系统的创构。与此同时，在艺术哲学领域，诞生了钱歌川的《文艺概论》、俞寄凡的《艺术概论》、向培良的《艺术通论》和若干部《文学概论》。钱歌川的《文艺概论》论及文艺的基本特征，标志着对门类艺术特征认识的深化。俞寄凡的《艺术概论》认为美由超功利的快感决定，"艺术品必为内具美的价值之形体"，建立了客观的造形艺术美论及人体美论。向培良的《艺术通论》提出"艺术是情绪之物质底形式"。梁实秋《文学的美》论及美在文学中的地位，指出美是客观性与主观性的统一，"有美，文学才能算是一种艺术"，文学之美的特征是音乐美、图画美，文字的表意性决定了文学在形式美之外有更高的人生追求。这个时期文学概论方面的代表性著作，有王森然的《文学新论》、马仲殊的《文学概论》、郁达夫的《文学概说》、姜亮夫的《文学概论讲述》、胡行之的《文学概论》、曹百川的《文学概论》、孙俍工的《文学概论》、薛祥绥的《文学概论》、赵景深的《文学概论讲话》、许钦文的《文学概论》、谭正璧的《文学概论讲话》、顾仲彝、朱志泰的《文学概论》。它们一方面继承"五四"时期奠定的美文学概念，同时在民族战争与民主斗争的社会风潮下，也兼顾文艺为民族救亡和民族解放的崇高价值目标呐喊、服务。

四、50年代末：中国化美学学派的诞生和马克思主义美学主导地位的确立

中国当代美学是中国美学的自我创构、定型与新变时期，分三个阶段。第一个阶段是五六十年代，这是中国化美学学派的诞生和马克思主义美学主导地位确立的阶段。

新中国成立后至1956年5月对朱光潜唯心主义美学的批判，拉开了美学大讨论的前奏。1956年5月至60年代初，是美学大讨论的爆发和具体展开。围绕着美的本质，美学大讨论中产生了美学五派（而不是过去常说的四派）。即朱光潜的美在主客观合一派，蔡仪的美在客观典型派，吕荧、高尔太的美在主观意识派，李泽厚的美在社会实践派，继先、杨黎夫的美在价值派。在主观论美学派别中又有差别，不可不辨。吕荧属于唯物论的主观派美学，高尔太则属于唯心论的主观派美学。表面上，讨论中各种观点都可以表达，实际上朱光潜的主客观合一派是被作为唯心论美学的靶子对待的。吕荧虽然从意识由社会存在决定的唯物论角度为自己的主观论美学观辩护，但在唯物论美学占统治地位的时代仍然逃脱不了悲惨的命运。而高尔太赤裸裸的"美在主观"论则注定了他人生的悲剧结局。所以这场讨论最后由比较能够解释复杂的审美现象的马克思主义社会实践派取胜，并成为后来中国美学界的主宰话语。

同理，为了显示百家争鸣的学术民主，在文学理论领域，钱谷融曾奉命撰文，发表了一代名文"论'文学是人学'"。由于远离阶级论，倡导人性论，该文发表后不久即遭到批判，作者险些被打成右派。

新中国成立之初，马克思列宁主义成为意识形态领域的唯一指导思想。在"一切向苏联老大哥看齐"的口号下，作为重要意识形态之一的文艺理论基本上唯苏联文艺理论是瞻。直到60年代初与苏联关系破裂前，大学文艺理论教学基本上采用苏联教材。其中，维诺格拉多夫的《新文学教程》（以群译，新文艺出版社1952年版）、季摩菲耶夫的《文学原理》（查良铮译，平明出版社1953年12月版）、毕达可夫的《文艺学引论》（北京大学中文系文艺理论教研室译，高等教育出版社1958年版）在高校风行一时。这些论著以马、恩、列、斯的经典言论为根据，把文学原理放在意识形态的框架之下，开启了文艺为政治服务的先河。在哲学上，只肯定少数具有唯物主义倾向的文艺理论家，对其他文论家一概持批判态度。在文学本质上，只承认文学是一种意识形态、一种思维或认识，[1]其特点是形象性。其所使用的材料，除革命导师及其所肯定的部分西方学者外，大都来自苏联。60年代初与苏联关系破裂后，中国学者自编一套文学原理的使命摆到议事日程上来。以群奉命主编了全国高校统编教材《文学的基本原理》，于1964年出版。该书既坚持了马克思列宁主义、毛泽东思想，强调了文学的意识形态属性及其与社会生活的联系，认为文学的基本属性是反映现实生活的社会意识形态，也兼顾了文学的审美特征，分析了文学的内部规律，指出文学的特殊属性是形象特征、形象思维和典型化。相对于苏联的教材，该书尽量从古今中外——尤其是中国古代、近代、现代乃至当代文艺作品中寻找、补充材料，使之带有浓郁的中国作风和民族气派。全书贯彻唯物论的反映论以及阶级论、革命论的美学原则。这是对1928年"无产阶级革命文学"论争中产生的价值取向在无产阶级当家作主的新形势下的继承与发展，也是马克思主义文艺学原理的系统化建设。较之新中国成立前普遍比较单薄、稚嫩的《文学概论》著作，本书在内容的丰富性和系统性、论析的理论性和逻辑性等方面都有突出的进步。由于指导思想、理论体系、基本命题大都取自苏联教材模式，加上"庐山会议""反右"后知识分子心有余悸的社会、心理背景，以及"社教运动"山雨欲

---

〔1〕　详参［苏］季摩菲耶夫：《文学概论》，查良铮译，平明出版社1953年版，第13页。

来风满楼的形势，这部教材不可避免地带有"左"的时代痕迹。这在今天看来是明显的缺陷，但在"极左"的"文化大革命"时代则被视为"左"得还远远不够。它对文学艺术特征和自身规律的兼顾使它在"文革"时期作为"毒草"被点名批判。该书在出版两年后即停止使用。主编以群因此惨遭迫害，在"文革"中含冤去世。

五、八九十年代：实践美学原理的定型与突破

中国当代美学史的第二个阶段是八九十年代，这是中国式的美学学科体系的建设、创新阶段，或者说是实践美学原理的定型与突破阶段。

五六十年代美学大讨论中逐渐占据主导地位的实践论美学当时未成体系，尚显单薄，到了改革开放的新时期，学界同仁便以极大的热情投身到实践美学原理体系的建设中。新时期人性的解放和马克思《1844年经济学哲学手稿》的翻译出版，为人们从人学的角度深化对实践美学的理解提供了经典依据。这个时期诞生的几部实践美学原理的高校教材，以王朝闻主编的《美学概论》，杨辛、甘霖合写的《美学原理》，刘叔成、夏之放、楼昔勇等人合写的《美学基本原理》为标志，其基本观点为"美是人的本质力量的感性显现"，是"实践中的自由创造"。与此同时，李泽厚出版了《美学四讲》，将他在50年代提出的实践美学观加以系统化。[1]周来祥从实践基础上人与世界审美关系的"和谐"角度提出"美是和谐"，对实践美学作了独特阐释。蒋孔阳则在90年代初完成出版了《美学新论》，将实践美学观加以进一步深化和系统化。在整个80年代至90年代初，实践美学原理这个中国式的美学学科体系得以定型并占据学界的主导地位，形成一家独大的学术影响。

不过，在思想解放时代潮流的鼓舞下，伴随着80年代的新方法论热，这个时期又诞生了不少新的美学学说，试图对未尽人意的实践美学及其话语霸权形成挑战，更好地说明审美现象。如黄海澄建构的"系统论、控制论、信息论美学原理"，汪济生建构的"一元论三部类三层次美论体系"、王明居建构的"模糊美学"原理。黄海澄认为，美学上要取得进展，"研究方法应当有所改变"[2]。他从六个方面提出"改进美学研究的方法"的问题，对"实践

〔1〕 详参祁志祥："李泽厚实践美学思想的历时论析及反思"，载《社会科学研究》2017年第5期。
〔2〕 黄海澄：《系统论控制论信息论美学原理》，湖南人民出版社1986年版，第1页。

美学"理论的诸多不足提出了尖锐批评。在考察人类审美现象的发生与动物生命自控系统的美感既相联系又相区别的基础上，黄海澄得出结论："审美现象是某些动物系统和人类社会系统自组织、自控制、自调节以实现稳态发展所必然出现的现象。"〔1〕动物系统的美是"该动物系统对于其自身（群体）的生存与发展具有正价值的生物本质和本质力量的形象显现"〔2〕。人类所说的"美"是"人的某种本质、本质力量或理想的形象显现"。〔3〕汪济生的《系统进化论美学观》沿着"美是快感"的思路，将人类美感奥秘的探索置于生物进化的大系统中，将美感研究扩展到动物体的一切快感研究中去，打破美感是视听觉快感的传统教条，将探寻的触角扩展到五觉快感中去，运用生理学、心理学成果对快感的本质——生命主体与客观世界双向运动的协调作了有力揭示，对人类快感结构的三种形态——机体部快感、五官部快感、中枢部快感，以及人类快感的三种心理机制形成的三种层次——无条件反射快感、条件反射快感、智能反射快感作出了富有新意的剖析，建构起一个以唯物一元论为基础的三部类、三层次美感体系。王明居受耗散结构论和模糊数学的启迪，推出《模糊数学》和《模糊艺术论》，向传统美学关于美和美感的确定性观点提出了挑战，使模糊美学成为开放的、流动的、充满活力的美学。〔4〕

与此同时，美学又与心理学交叉联姻，催生了一批研究美感心理和文艺心理的重要成果，如彭立勋的《美感心理研究》从辩证唯物论角度对以往美感研究成果的总结，指出"美感是对客观美的能动反映"，在这个前提下对美感的性质、特点、活动作了系统、细致的分析；滕守尧的《审美心理描述》应用格式塔美学成果对审美经验的内涵、过程、产生原因及机制作了个性化探索，金开诚的《文艺心理学概论》以对于艺术家创作主体"主观反映和加工"环节的重视，突破传统的文艺创作心理活动从"客观现实"到"艺术形象反映"的机械二环论，提出了"客观现实→主观反映和加工→文艺创作中的艺术形象"的"三环论"文艺心理学原理。

在艺术哲学、文艺理论领域，人们从"极左"理念中解放出来，价值取

---

〔1〕 黄海澄：《系统论控制论信息论美学原理》，湖南人民出版社 1986 年版，第 61 页。
〔2〕 黄海澄：《系统论控制论信息论美学原理》，湖南人民出版社 1986 年版，第 83 页。
〔3〕 黄海澄：《系统论控制论信息论美学原理》，湖南人民出版社 1986 年版，第 83 页。
〔4〕 详参王明居：《模糊美学》，中国文联出版公司 1992 年版，第 38~46 页。

向重新向"五四"回归，并在新的历史起点上加以超越。人们一方面要求文学摆脱为政治服务的枷锁，还文学自身以超功利的审美自律，另一方面又要求摆脱纯形式实验和一己悲欢的呻吟，承载有益天下的社会使命和人道主义的精神内涵。如果说八十年代初的三部文论教材——蔡仪主编的《文学概论》、以群主编的《文学的基本原理》修订本、十四院校合编的《文学理论基础》体现了承前启后的过渡，那么，徐中玉在呼唤创作自由的同时主张文济世用，[1]王元化提出继承"五四"、超越"五四"，艺术形象"美在生命"[2]，刘再复重提"人的文学"口号，并创构了"人物性格的二重组合"原理，钱中文、童庆炳提出文学是以"审美"为特征的"意识形态"，这种"审美"特征不仅在形象，而且在情感，不仅是客观反映，而且是主体反应。[3]如此等等，体现了艺术哲学中审美与人道交融、形式与内涵并进的新思路。此外，胡经之在80年代初提出了"文艺美学"的学科概念，开设了"文艺美学"的研究生招生方向，在80年代后期出版了《文艺美学》一书，为"文艺美学"的学科建设作出重要贡献。

六、21世纪以来：美学的解构与重构

世纪之交以来是中国当代美学的第三阶段，美学总体上进入有学无美的反本质主义解构与后形而上学视阈下的重构阶段。

八九十年代学界建构实践美学原理的努力并不令人满意，于是90年代部分学者掀起了"后实践美学"的大讨论。讨论中批判实践美学的哲学本体论武器，是以海德格尔为代表的存在论、以胡塞尔为代表的现象学。如果说它们在90年代尚处于一个被小众消化吸收的阶段，那么在新世纪则成为中国美学界追求超越实践美学普遍使用的新的世界观和方法论。学界告别传统美学的本质论、客观论以及主客二分的认识论思路，从主客合一的审美活动来描

---

〔1〕 详参祁志祥："百岁忧患，道德文章——徐中玉先生学术谱系的历时把握与共时解读"，载《文艺理论研究》2015年第1期。

〔2〕 详参祁志祥："王元化先生的学术成就"，载《学术月刊》2004年第1期。

〔3〕 详参祁志祥："新时期钱中文的理论贡献"，载《学术月刊》2003年第4期；"文学本体问题的理论反思——以钱中文先生《文学理论：求索反思》为个案"，载《文艺理论研究》2014年第4期；"'文学审美特征论'：童庆炳文艺美学思想述评"，载《清华大学学报（哲学社会科学版）》2017年第3期。

述不断生成的审美现象，于是美就成了审美，美是在审美活动中当下生成的，因而是不确定的，无本质的。美的本质不仅不能成为美学研究的起点，而且美的规律、特征、根源等也不再被研究。美学不再是"美之学"，而是"审美之学"。美的本质论被解构、取消了，美学体系的起点是什么？美学研究还有没有"本体"？美学如何讲？按什么顺序、逻辑讲？于是美学开始了新的重构。美本质取消了，但新的本体作为审美活动的起点被替换进来，如杨春时的"存在"、朱立元的"实践"、曾繁仁的"生态"、陈伯海的"生命"，从而诞生了杨春时的存在论超越美学、朱立元的实践存在论美学、曾繁仁的生态存在论美学、陈伯海的生命体验论美学。它们的共同特点是以海德格尔的存在论现象学哲学为理论根据，立足于后形而上学视野重新展开对美学的形上之思，聚焦"审美"是如何，而很少回答"美"是什么，凸显出这个时期美学研究"有学无美"的特征。杨春时是中国当代后实践美学的代表人物。伴随着理论基础从实践论向生存论、存在论的转变，杨春时走过了"实践"为本体的主体性超越美学、"生存"为本体的意义论超越美学、"存在"为本体的主体间性超越美学三个阶段。杨春时的美学理论基础及其形态虽然一直在变，但美与审美同一、美和审美的本质在对现实局限的超越这一"超越美学"思想始终如一。朱立元的"实践存在论美学"也是建立在对以李泽厚为代表的传统美学的本质论、实体论、现成论、方法论的全面解构之上的。他用马克思主义的实践论改造海德格尔的存在论，用海德格尔的存在论解读马克思主义的实践论，以人的实践存在方式之一的审美活动为美和美感产生的基础和前提，通过对人与世界的关系和审美实践中人的地位的高扬，建立了独特的生成性美学学说，不仅是对传统的实践美学的突破，也是对从古希腊以来传统的认识论美学的突破。[1]曾繁仁倡导的"生态美学"学说以马克思实践唯物主义的社会存在论为基础，改造、融合海德格尔的存在论与现象学，倡导人与万物的相对平等的生态人文主义美学观，注重在"人—自然—社会"的共生系统中追求生态关系之美，对自然美学、环境美学、城市美学、文艺美学中的生态审美观作了彼此联系又相对独立的剖析与阐释。"生态存在论美学"追求当代美学学科的全方位突破，具有迥异于实践美学及传统美学的革

---

〔1〕 详参祁志祥："朱立元的'实践存在论美学'述评"，载《人文杂志》2017年第12期。

新意义。[1]陈伯海建立的"生命体验美学"以"后形而上学视野中的'形上之思'"为自觉的方法论指导，以马克思的实践论和海德格尔的存在论为主要依据，融合中国古代"天人合一"的文化资源，取消实体论的本原论，从人的审美活动入手探讨美的生成，提出美学研究的主要对象和逻辑起点是"审美活动"，"审美"是人的超越性的生命体验，美是超越性的生命体验在审美活动中的"对象化"或"意象化"，建构了以"生命"为本根、以"体验"为核心、以"超越"为指向的审美学体系。[2]叶朗一方面与他们相似，引入海德格尔的存在论现象学哲学作为自己美学原理重建的理论依据，以"审美活动"为美学研究的主要对象，另一方面又提出"美在意象"的本质论，并以此为逻辑起点，展开了"意象美学"的理论建构，从而区别于"有学无美"的美学研究，变相承认了美本质论在美学原理研究中无法回避的地位。作者吸收存在论、现象学哲学—美学成果，以否定"主客二分"、坚持"天人合一"、消解逻辑思辨的方法从事新的美学原理的建构，尽管留下了不少遗憾，但作为反映时代学术特色的一种美学创新探索，仍具有不能忽视的历史意义。[3]与上述诸位迥异其趣，笔者针对现代美学及否定性后现代理论自身的解构主义、虚无主义等缺陷，标举以"重构"为标志的"建设性后现代"方法，即"在解构的基础上建构"，坚持传统与现代并取，反对以今非古；本质与现象并尊，反对"去本质化""去体系化"；感受与思辨并重，反对"去理性化""去思想化"；主体与客体兼顾，在物我交融中坚持主客二分。由此出发，笔者重新辨析与守卫了美学先驱美学是美之哲学的学科定义，聚焦美的统一语义，提出"美是有价值的乐感对象"，探讨了美的范畴、原因、规律、特征，建立了完整、丰富的美本质论系列，并在此基础上分析了美的形态、疆域、风格，以及美感的本质、特征、元素、方法、结构与机制，构建了一个以美的基本功能"乐感"为标志、篇幅庞大、结构完整、逻辑严密的《乐感美学》原理体系，受到学界关注和肯定。

---

　　〔1〕 详参祁志祥："曾繁仁生态存在论美学观及其创新意义"，载《学习与探索》2017 年第 12 期。

　　〔2〕 详参祁志祥："陈伯海'生命体验论美学'的独特创构"，载《社会科学》2017 年第 5 期。

　　〔3〕 详参祁志祥："叶朗'意象美学'学说的系统述评及得失检讨"，载《清华大学学报（哲学社会科学版）》2018 年第 4 期。

第二节　第一部完整的中国现代美学史[1]

祁志祥教授的国家社科基金项目《中国现当代美学史》最近由商务印书馆出版了。读后真的是耳目一新，感触良多。

首先，这是我读到的第一部完整的中国现代美学史。祁教授的这部美学史是空前齐备的，几乎穷尽了作者能够收集到的现代以来美学家的美学论著，许多理论家与理论著作是我这个做美学的人第一次接触到。从文献的角度看，本书具有重要价值这是要感谢祁教授的。本书虽然横跨通常所说的现代和当代，从学科发展史来看，其实揭示了中国美学从古代的"有美无学"到现代的"有美有学"的转型历程，是一部中国现代美学学科的形成演变史。

需要特别说明的是，本书紧密结合20世纪以来中国社会政治风云变幻的实际，以革命与学术的二重变奏来论述美学学科在中国现当代的发展，这是值得称道的。正如祁教授在前言中所说：该书"以超功利的形式美和有价值的内涵美双重视角来考察中国现当代美学史"；"不能局限于超功利的形式美与艺术自律，而是要密切联系百年政治风云变幻决定的价值观念的起伏变化，它们是主宰不同时代不同美的观念的幕后之手"。祁教授此言可谓深得中国现代美学之精髓。确实，如果从纯学术的角度看中国现当代美学，它并非与世界哲学与美学发展相叠合，其学术话语与运行轨道均有其特殊性。特别是长期以来有关唯物与唯心的美学之争，尽管在世界视野中有学术发展滞留之憾，但如果结合中国现当代的革命实际，在中国革命与俄苏十月革命之特殊关系及进程中加以审视辨析，则唯物与唯心之争自有其价值意义。作者能够看到革命这一主宰美学观念的"幕后之手"并给与适当肯定，是具有历史主义眼光的，也是符合中国现实的，对于现当代美学史的科学书写有其独特价值意义，值得加以肯定并借鉴。

世纪之交前后，学界出版过一些中国现代美学史、20世纪中国美学之类的著作，但是写法各种各样，中国最早的美学概论是哪些，主要观点是什么，后来的发展脉络如何，在这些著作中难见踪影。本书聚焦中国现当代美学学

---

〔1〕　作者曾繁仁，山东大学文艺美学研究中心名誉主任，生态美学代表人物。曾任山东大学校长。本文原载《理论月刊》2018年第10期。

科的发生、发展、演变历程，而美学学科的集中反映是美学概论、美学原理一类的著作。这是本书用力最多、贡献最大的一条线索。可以说一书在手，百年来美学概论、美学原理的代表性论著历历可按。

本书的另一特点是将众多文学概论收入中国现当代美学研究与书写的视野，这自有其道理与意义。现代以来，文学从古代广义的杂文学演变为狭义的美文学，文学具有感动人、愉悦人的审美意义，因而中国现代以来的美学研究大量存在于文学理论著作中。例如毛泽东著的《在延安文艺座谈会上的讲话》、周扬编的《马克思主义与文艺》就是中国现代最重要的美学论著，它恰恰以文论的形式呈现。而以群主编的《文学基本原理》，则代表了一个时代的文艺美学思想。这是本书的又一亮点。

联系百年社会风云变幻，以超功利的形式美和有价值的内涵美双重视角来考察中国现当代具有代表性的美学概论与文学原理、艺术通论，本书得出了对中国现当代美学史的独特分期。作者将中国近代美学视为中国现代美学学科诞生的基础，将中国现代美学划分为中国现代美学学科宣告诞生、主观价值论美学占主导地位，与主观论美学让位于客观论美学两个阶段，将中国当代美学划分为50年代末美学大讨论中催生中国化美学学派、80年代中国式美学学科体系的建设与创新、新世纪以来美学的解构与重构三个阶段，不同于用现代与当代这两个大而化之的时间概念对学术史大而化之的划分，这是源于大量的材料阅读与思想提炼之上的，言之有据、自成一说。

本书还有一个特点，即作者自有其学术立场，这个立场就是祁教授此前就提出并成书的"乐感美学"。作者认为美学是美之哲学，美是"有价值的乐感对象"。作者以此为统一的评判依据，在描述各种美学学说、观点时或明或隐加以评论，形成了一种对话关系和阅读张力，有助于读者体会其间得失。这正是本书成为真正学术论著的重要原因。而带着自家观点写史，历史上不乏成功先例。如鲍桑葵《美学史》，正因其所坚持的从审美意识出发重写美学史的学术立场而成为美学史研究的名著。

当然，本书也不是没有可以进一步完善之处。一方面，本书具有较强的历史感，但这种历史感是否能够发挥得更好，则是我的一种期待。例如，对于在中国现代极为重要的实践美学，我觉得应更多地放到时代历史的视角加以审视。实践美学可以说是中国现代最重要的美学成果，这是革命与学术的双赢。从革命的角度，它坚持了马克思主义的唯物辩证法，坚持了长期以来对于唯心主义的批判立场；而从学术的角度，它继承了马克思《1844 年经济学-哲学手稿》和毛泽东《实践论》的成果，也继承了德国古典美学的成果。但实践美学的工具理性与人类中心立场，今天观之是落后于当代的，必然被新的理论取代。从历史的眼光看，实践美学已经基本完成其历史使命。而新时期的"后实践美学"则是对实践美学的一种反思与超越，是对于美学本真的回归，诚如蒋孔阳所说"美与审美如电光石火须臾难离"，说这种研究有学无美，可能有失允当。另外，新时期以来特别是近期美学研究中，针对所谓"失语症"，存在一种对于中国古典美学的回归之态势，其中包括对方东美"生生美学"等的重提，而这在本书中尚缺少必要的关注。这是我的一些不同看法，仅供祁教授参考。

我是在 2005 年国家社科基金项目评审中初次了解祁志祥的。当时他报了一个普通项目，题目叫《中国古代美学史的重新解读》，但准备提交的结项成果居然是 150 万字的《中国美学通史》，而且团队中没有其他人，只有他一个人。依据他的前期成果，当时我投了赞成票，并拭目以待。后来的一次会议上，我把名字与他本人对上了号，并问他项目情况进展如何，他说已完成送审。2008 年底，人民出版社出版了他的三卷本《中国美学通史》，我收到感到很欣慰。不过，这部书只写到"五四"以前。而这部《中国现当代美学史》则是《中国美学通史》的续篇。有了这部书，作者关于中国美学史的书写可以说就完整了。值得肯定的是，本书涉及的材料虽然非常浩繁，但据说作者从查材料到校对出处，仍然保持亲力亲为、独立作战的一贯风格，实在难得。本书是祁教授对于中国美学史建设的另一重要贡献，至此，祁教授已经完成了中国古代美学与现代美学之研究与书写的所有过程。这里，我特别要对祁教授表达我的敬意。

第三节　开拓中国现当代美学史研究的新篇章[1]

在中国现今人才济济、旗幡飘扬的美学论坛，有一位勤奋活跃、硕果累累、独树一帜的学者，那就是上海政法学院教授、上海市美学学会会长祁志祥。

---

〔1〕　作者蔡毅，云南省社会科学院哲学所研究员，云南省文艺评论家协会副主席。本文原载《理论月刊》2018 年第 10 期。

　　几十年来，祁志祥教授心无旁骛潜心治学，纵横驰骋于文艺理论、美学、哲学、佛教、国学等多个学术领域，为学界奉献出《中国古代文学原理》《美学关怀》《佛教美学》《中国美学原理》《中国人学史》《中国现当代人学史》《国学人文导论》等一大批著作。最近出版的两卷本、约80万字的《中国现当代美学史》视角独特、气势慑人，可说是中国美学界的重要收获。

　　要准确理解《中国现当代美学史》的学术价值，必须从祁志祥先前出版的两部书说起。

　　先从《乐感美学》来说。它为《中国现当代美学史》的书写提供了乐感与价值双重视角。在近年来解构主义风行，反本质、反传统、反理性、反中心、反思想、反体系盛行，许多人抛弃认识论美学，转身现象学、存在论美学之际，作者看透了这种只知一味否定破坏，没有建设确立的弊病，因而采取一种清醒明智的态度，标举以"重构"为目的的"建设性后现代"方法，聚焦美的乐感特征，综合吸纳古今中外一切相关的美学资源，创立了一个全新的、专属个人的美学原理学说。许多人不满意前人的观点学说，常停留在指陈弊病缺憾，但却提不出行之有效的方法或更具说服力的观点来代替。祁志祥是在学习反思前人各种学说观点的基础上，从美的"乐感"性能出发，推导、剖析美的语义、范畴、根源和特征，周密谨慎地推出自己取而代之的观点学说，那就是"美是有价值的乐感对象"，用这一核心观念统帅全局、辐射广远。寥寥十个字，字字寻常语不惊人，但内在能量和其中凝聚的心血，却可说是"字字看来都是血，十年辛苦不寻常"。一句话说出来就是高，说出来能点得着火。因为美学领域早已是流派纷呈、山头林产，再要另立一说、自树一帜那是极其困难的事。为了推出它，向学界提供另一种不同的思考维度、学说观点，祁志祥引经据典广征博引，搜罗一切资料，为自己理论的建构千锤百炼不遗余力。所有的努力，无非是探索一条捷径，能直接抵达一切美之现象和事物之核心本质。"乐感美学"的基本理念为：美学是美之哲学，美的最基本的功能或义项是产生乐感，乐感包括五官快感和精神愉悦，美就是有价值的乐感对象。抓住了乐感，就抓住了美的命门，也抓住了美学的关键。乐感重视的是凡物之美，必须悦目娱心；而悦目娱心者之中，必定有美。本着传统观念与现代并取，反对以今非古；本质与现象并尊，反对"去本质化""去体系化"；感受与思辨并重，反对"去理性化""去思想化"；主体与客体兼顾，在物我交融中坚持主客二分的原则，他从本质论、现象论、美感论多个方面，探讨美的形态、特征和规律，深入细致地分析美感构成的心理元素、结构与机制，论述翔实而见地独到，分剖精准且富有针对性，笔力所到处，许多问题有了明确答案。全书运用了现代生态学理论，吸收万物平等、动物也具有审美能力的最新观点，使自己的立论和阐述更具新颖性和现代意识。不妨说一本《乐感美学》问世，便足以在美学界传播一种新的声音，提供一种新的学说，树立一座新的山峰。

再来说《中国美学通史》。一个人而要独揽中华民族数千年的美学发展演进史，我不知道祁志祥当初是因何选定这一重大课题，如何以破釜沉舟之勇气开始这一庞大工程的（这种大工程往往是需要团队合作，或是投入一个研究所的人力才能完成）。无论是在最早听到他要搞这一课题和后来见到他捧出了一大堆成果送我时，我心中都长久充溢着一种羡慕嫉妒恨的敬佩之心，认为是一件"藏之名山，传之后人"的不朽伟绩，至少也是向着这一方向迈进的卓越努力。面对从古至今纷繁复杂的美学现象、浩瀚的典籍、林立的学说、众多的人物流派，该怎样下手、如何评说，那是非常考验人的。千头万绪的杂乱纠缠、无穷无尽的文献阅读与思考、海量般的巨大整理、提炼与写作工作，没有板凳要坐十年冷的专注，没有燃烧不倦的内心激情，没有崇高远大的目标追求，是不可能想象和完成的。应当说，以祁志祥的天资、学养、积累和雄心，都注定要干这一一件轰轰烈烈的大事，非他不可非他莫属。俗语说"什么人说什么话，什么人唱什么歌"，胸怀大志的祁志祥绝对是要干些非比寻常、让人惊叹的大事。小打小闹、鸡零狗碎的事他看不上。一般学者所追求的，无非是搭间偏厦，盖个小屋，或是建个四合院，他心目中所想，则是另起炉灶另立山头，建大厦，盖神圣教堂或巍峨宫殿。好在他从文学起家，以美学立身，早就将文学原理、美学原理揉得滚瓜烂熟，再具体进入古代百家典籍，那也是顺理成章的轻车熟路。此时，他对国学"术"层面的专注，"道"层面的探究，对中国人学、人性的研究以及对佛教的钻研，佛教美学的领悟统统都化为他随意运用的学术资源，帮助他打通文、史、哲方面的阻隔，以沟通中外、诠证古今。他出入经史子集，纵横捭阖；穿行中西古今，钩玄提要。观一花而寻根，沿微波而探源，甄别取舍，弃劣汰糙，取精用宏，考察不同哲学派别和文艺门类美学理论的相互渗透和影响，以坚实的微观研究支撑宏观架构，在个案研究上力争有所突破创新。基于对中国文化的深入理解，综合、吸收新时期以来中国美学的研究成果，他先向学界奉献出 150 万字的写到"五四"之际的《中国美学通史》，对中国古代美学史做了个人化的重新解读。这部书对照古今，比较中西，对中国绵延数千年的美学现象认真梳理，融会贯通，以美是普遍愉快的对象，美学是感觉学为独特视角，从纵横不同方向揭示中国美学思想史的不同分期和时代特征，考察不同哲学派别和文艺门类美学理论的相互渗透和影响，将传统性与现代性、民族品格与现代意识巧妙结合，建构起一部融儒、道、佛、玄及诗、文、书、画、音乐、园林美学史于一体的多声部全景式美学通史，一个相互连贯、严整有序、独具识断的学术体系。

《中国现当代美学史》则衔接古代美学史，从 1915 年"五四"时期的美学一直延续到今天，做出了一番一网打尽的论述评析。这是一部规模宏大、系统性很强的书稿，它对中国现当代一百多年来的美学嬗变与发展历程做出了独出心裁的归纳概述，涉及此期间繁复的政治风云、社会变迁、理论探索与学人苦求，经过长期艰苦的综合梳理，以一种清楚、明晰、有序的面目展现给读者。该书的写作由于时间跨度大、历史事件多、人物和各种理论争鸣你方唱罢我登场，络绎不绝，更替频繁，因此工作量极大，要弄清各种人物和理论学说间的关系都非常不易，再讲清各自的异同与发展便更难，但书作者显然是非常熟稔中国美学发展演进的整个过程的，因此他能够举重若轻，从容应对各种困难，为学术思想界交出了一份内容丰富、思虑全面、评析较为客观、公正并带有强烈个性特征的书稿，令人佩服。

具体而论，该书将中国古代美学向现代美学的转型，定义为"从有美无学"到"有美有学"的历史是符合中国美学发展状况，比较有见地。书稿紧紧抓住美学研究的中心问题，即"美"是什么、它的目的和特征、学者们是怎样认识和阐述它来展开论述，联系 50 年代的美学大讨论和 80 年代的美学热，一步步将各种观点的冲突、对峙和交锋逐一呈示，将各个时期有代表性的观点和人物顺序推出、轮番上演，从而将一百多年风云变幻、跌宕起伏的中国美学史展现于每个人面前，使开卷者受益，阅读者有收获，这是一件不容易的事。

该成果体大思精，结构紧密，章节细化，论题明确，观点鲜明，带有浓郁的个人风格。对于每一章节、每一位推出的学者，都能抓住其最重要的观点见解和贡献，细加评说，既指出其优劣长短，又讲清存在的问题，让人看过便知其大概和究竟。作者对过往的历史清晰牢记，对现今的状况也了然于心，所以他既讲清了近代和 1948 年以前的美学研究状况，挖掘出了萧公弼、范寿康、黄忏华、徐蔚南、马宗霍等人的参与和贡献，又能对 20 世纪八九十年代实践美学取得的进展如数家珍、娓娓道来，并总结出新世纪侧重主观的存在论大行其道，成为美的解构与美学体系的重构时期。这样的分析总结，是符合历史与现实真实情况的。书中对蒋孔阳、周来祥、李泽厚、滕守尧、徐中玉、王元化、钱中文等人理论观点和学说的分析都比较准确透彻。如像对李泽厚揭示"意境"是艺术美的"秘密"之所在，"'境'是'形'与'神'的统一；'意'是'情'与'理'的统一。"他的深刻之处，是"在情、理、形、神的互相渗透、互相制约的关系中"勘破"意境"形成的"秘密"，揭示"艺术的意境是形神情理的统一"。这样的观点就很精彩。书中类似的论述不少，体现出一个研究者非凡的理论概括能力和提升能力。全书以超功利的形式美和有价值的内涵美双重视角看待中国现当代美学，用详细占有原始资料，历史方法与逻辑相联系以及跨学科等多种方法提炼出多种认识，理清了各种关系，讲明白了美学作为有价值的愉快对象的演变史，从而得出的很多结论皆是有见地，值得学界采纳重视的。面对头绪纷繁的美学历史演进，作者注重以简驭繁；面对许多声名赫赫的美学大家，作者虚心求学，又客观评析，丝毫不露怯，一点也不盲目；面对如山似海般的资料，作者披沙拣金，因此能从对美学的宏观与微观、史料与理论结合方面做出成绩，可以说是相当难能可贵的。

祁志祥深信：创新是理论著作的生命之源，是一个学者的价值所在。一个研究美学的学者，无论写什么题目，实际上都是在阐述一种观念，一种与他理解和建构的美学思想有某种联系的观念。对于许多人视为畏途或认为苦不堪言的学术研究，他从来津津有味乐此不疲，并将研究与写作视为他生命的重要内容，一种"为了追求精神生活的充实和思想的快乐"的生活方式。他主张："学术竞争应当是个体心智的竞争。挑战人类心智能量的极限，才是学术著述的最高回报和最大快乐。""生命如舟，莫使空载；自强不息，君子行健！"从他坦诚的学术自述和游刃有余的身姿中，我们能确切感受到一种赤子之心的奉献，一种用自己充满才学与智慧的成果，实现自我，为学术加冕。

多年来，祁志祥教授一直致力于刷新文艺理论和美学研究的格局，给美学研究开辟一条新路，使中国美学走向多元、走向复合、走向文化。出于对美、对美学和中国美学、中国文化的热爱和深入理解，加上综合吸收新时期以来学术界的最新研究成果，他力图对中国从古至今的美学精神命脉和彼此联系做出令人信服的提炼、概括和描述展望，发人文之光，阐美学精义，为美学之未来筑基铺路、指迷导航，帮助古代美学走向今天，中国美学走向世界，为人类文明的进步发展贡献力量。这是一个宏伟的目标，它需要求真求实不作妄语，需要坚韧顽强永远进击。

美学世界是一个生机洋溢、充盈、鼓荡的世界，美学之域无比宽广，山高水长任纵横。

在这个世界可看到"心灵开花""梦想绽放"，精神自由驰骋，看到万物互联、生命欢歌，见证许多无法预知的幸运和美丽，帮助人们让生命发光、扩大和延长。在取得了一连串骄人的成就后，祁志祥教授将再为我们奉献什么成果，提供何种精品，非常令人期待。

第四节 百年美学：一张翔实可靠的思想地图[1]

2018 年春，商务印书馆推出了祁志祥教授的《中国现当代美学史》，这是一套得到国家社科基金后期资助的关于中国现当代美学史研究的皇皇巨作，也是祁志祥教授数十年来以文艺理论和美学为中心的中国文化研究的又一重要成果。现代中国以来，美学作为一门新的学科一直受到了学界的高度关注，甚至在整个思想文化界掀起过几次产生了广泛的社会影响的研究高潮，但关于中国现代美学思想研究史的著作并不多见，比如陈伟的有关著作也是出版于 25 年之前了，而美学在新近的四分之一世纪里随着改革开放的深入和整个社会思想观念的变迁，单是其自身也发生了巨大而深刻的变化，关于中国美学学科诞生以来的美学研究的历史总结著作的需要，具有内在的迫切性。而心无旁骛、始终孜孜矻矻于此领域研究的祁志祥教授以扎实的功夫和广博的视野承担了这一具有挑战性的学术作业，对于我们从事美学研究与教学的同行来说，大有裨益。

---

[1] 作者张灵，中国政法大学学报编审、人文学院教授。本文原载《理论月刊》2018 年第 10 期。

一、真积力久，功夫深湛

祁教授这部《中国现当代美学史》给我的第一印象是下的功夫大，既凝聚了作者几十年美学研究的学术历练而且可以见出作者于近代以来中国美学研究的历史花了很长时间和心血，体现出深湛的功夫。做学术研究的人都知道，在信息累积早已海量的时代，要想真正在某一方面就有关问题有所推进或创新，其实所急需的不仅仅是一般意义上的识见和睿智，还面临着如何有效地在海量的信息世界中择选出有意义的信息和推进学术的门径，因而学科学术史的需求就变得极为迫切。一言以蔽之，所谓学术接力，其实是大大小小的学科、问题的接力史，因此，谁愿意并能够为我们提供一份可靠、公允、扎实的学术史，往往就是我们最应感恩戴德的。凭其学术史，他可以让我们自己尽快深入到自己感兴趣或获得灵感撞击的更具体的思想的领地或路径，从而取得新的学术进展。这本《中国现当代美学史》，其实是囊括了美学学科引进以后在中国的全部学术历程，而应称之为"中国近代、现代、当代美学史"的，应该是作者和出版社出于简洁响亮的书籍命名的商业和美学策略的考虑，才如此取名的。而关于"当代"之义，作者的笔触实际上延伸到了真正的"当下"的2016年出版的《乐感美学》。因此，本书可谓是中国美学学科的最为系统全面的学术史。

全书涉及学术人物众多，拣选、提炼的"学点"密集、广泛。一般我们在评论小说特别是经典的长篇巨著的时候，常常喜欢将作品成功塑造了多少人物形象作为评判其艺术成就大小的一个指标。这本美学史，不禁让我联想到，好的学术史著作，也可以甚至应该也将这一点作为一个标准，看作者较为充分、准确地呈现了多少学术人物的学术思想、学术贡献。在这方面，这本美学史，可谓表现突出、值得首肯。全书以章节形式专门予以展示的学人达五六十人之众。如果说文学作品塑造人物成功的一个标志是人物能"立"起来而达到生动鲜活的程度的话，学术史写作中的人物，也要达到对人物思想个性、学术精华的恰当、有力的呈现，而做到这点必须对学术人物的著作做出深入细致的阅读研究，要下很大的笨功夫，这点我们从书中就某位学者思想论述的引证文献即可见其端倪，如关于梁启超的美学思想一节，对于梁启超的言论，本书作者除了征引金雅所编《中国现代美学名家文丛·梁启超卷》中的文献以外，还直接征引了梁启超的《饮冰室文集》等文献；在蔡元培一节，关于蔡元培的言论，除了征引《蔡元培美学文选》中的资料以外，还有大量征引则是出自《蔡元培全集》的数卷之中的。更有很多学者的文献是作者跑各大图书馆从馆藏稀见图书中找出的。由于作者深入研读了写作对象的著作，并得力于自己广博的见识，因而能够给出对象较为准确生动的学术肖像，显示其独特的学术意义，特别是提炼出对象在美学领域的创新见解与精彩论述，因此，本书中呈现了较为密集的近代以来学者美学思想的经过时间磨洗的精华，有意义的学术问题点、学术生发点散布全书，显得有序而缤纷，这让后来的人即本美学史的读者可以较为快捷、省力地直接触及、领会美学领域相关问题的精彩之见、精辟之论，从而进一步站上前人的肩膀、力争在相关方面有所推进与创新。

钩沉抉微，珠玑不遗。本书作者从一手文献资料入手，筚路蓝缕，钩沉抉微，把许多被忽略、被淹没或被狭隘化了的学术人物、学术景观努力给予了历史还原。比如，在我的印象中，关于中国近代美学，人们一般于中国古代美学史的最后，简单地予以延伸叙述，往往只是涉及梁启超、王国维、鲁迅诸人而已。本书则在近代美学史部分还以丰富的笔墨生动具体呈现了章炳麟、康有为，乃至黄人、夏曾佑、徐念慈、狄宝贤等人的美学思想，而在现代部分，详实又练要地呈现了萧公弼、吕澂、范寿康、陈望道、李石岑、黄忏华、徐庆誉、徐渭南、陈独秀、周作人、李安宅、黎舒里、傅统先、柯仲平、胡秋原、金公亮、钱歌川、俞寄凡、向培良、梁实秋等的美学观点与学术贡献。这就突破了以往学术话语的隐性霸权，让一些被人们以"已僵化、已被超越、已进化"等妄念而忽略的"史"中"小人物"从被遮蔽的状态中重新得以在学术的舞台上亮相登场，一些"历史纪念品"一般的名字，再次获得了鲜活、充实的血肉，他们的学术风采得到再现，他们思想的珠玑重新被以"历史"线索串起而重新发挥光彩和价值。

从文献功夫和学术薪火传承角度说，这本美学史，把近现代以来的中国美学史这部大书"讲薄了"又"讲厚了"——卷帙浩繁的美学文献的精华尽呈于一书，可谓"薄"了；那么多的美学家、研究者的名字之下，他们精彩纷纭的观点乃至表述的原文精华从不同角度巧妙地呈现出来，给了其他学者无数可对接、可生发，可"接着讲"的头绪、"茬口"，可谓是"厚"了！

二、超乎其上，新见迭出

没有史识，没有对相关领域理论的高深造诣，学术史也只能是模棱两可、似是而非的东西的罗列。刘勰说："操千曲而后晓声，观千剑而后识器。"广博的学术视野、融通的理论修养是写好学术史的关键。祁志祥教授数十年来矢志不移于美学相关领域的教研，对中外美学史特别是中国美学史包括必不可少的佛学下了很大功夫，出了很多成果，这使他在治中国近代以来的美学史时，可以将对象放在一个广阔的背景上进行比较、辨析、勾连、评判，从而见出各家的不同特点、不同贡献及其相互触发、引申、影响的渊源关系，从而使全书的写作达到超乎其上、一览全局的效果，并给出各家较为恰切的描画、评价，同时不时给出所述各家新的学术样貌和彼此在整个学术版图上的位置，给人带来耳目一新、频感启发的思想效果。

数以百计的学者在整个百年美学史上依其贡献多少而小大错落、各得其位。本书依据各位学者在美学方面的贡献，采取了节或小节不同的空间安排，如近代的章炳麟、王国维、康有为、梁启超，新世纪以来的杨春时、朱立元、曾繁仁、陈伯海等，各以节安排；"五四"至20世纪50年代的蔡元培、萧公弼、黄忏华、陈独秀、胡适、宗白华、柯仲平、钱歌川、蔡仪、吕荧、高尔太、周来祥、将孔阳、黄海澄、汪济生、王明居、滕守尧、金开诚、刘再复、钱中文、童庆炳、胡经之等学者，分别以一小节安排；朱光潜、李泽厚这样特殊的美学大家则依其在不同时期的学术贡献在不同时期以小节重现，鲁迅也因为其美学思想前后多有变化而分早期、后期分别予以论述；至于作者对新世纪以来几位美学家给予了一个节的空间，而对于50年代和八九十年代活跃的美学各家却只以一小节的空间给以展示，则并不意味着新世纪以来较有影响的这些美学学者贡献更大，完全只是作者从学术发展的角度给予眼前的学者研究以更充分的梳理展示，乃是出于他们紧承前人而正下启当下，对于今天的美学者推进自己的研究具有更为重要的参照价值，同时那些以小节呈现的学者的学术思想其内容和地位已然为学界所更为熟悉和确认，实可以凝练表达而相对足用罢了。而对有的学者，如黄药眠、继先、杨黎夫诸人，作者还采取了以一个小节合而论之的灵活安排。因此就全书来说，各个美学家的思想位置显得眉目清晰，便于识认。

　　一些草蛇灰线、近看似无的美学思想史线索，在作者的观照下，有了清晰的呈现。近代以来，美学学科是随着中国国门打开、现代西学涌入中国而兴起的，美学因其特殊性既得到国人的重视同时也因中国近代以来社会变迁的剧烈和更为关乎国家存亡兴衰的问题的繁多而并未形成持续不断的重视和系统言说，因此，在人们的观念中，近代以来的美学全貌就全社会乃至人文学界来说殊非清晰，对很多学者来说近代以来的美学全局也是"身在庐山"不识其全貌，很多思想的历史路径、关联并没有被"俯瞰"或"眺望"而发现。本书正因为作者学术视野覆盖全面、用功扎实从而多有发现，一个是有的被历史淹没的学者被擦磨一新、重见天日，一些学者的学术思想有了新的呈现，对一些学者的思想的某些模糊之处给予了具有说服力的清晰的具体呈现。比如鲁迅，作者通过自己认真独到的历史事实与文本解读的综合作业，明确认定了后期鲁迅的思想转向，指出："1927 年蒋介石发动军事政变，促使鲁迅告别原来的进化论，完成了向马克思主义的转变。从 1927 年到 1936 年逝世的最后十年，后期鲁迅虽然没有加入任何党派，但马克思主义的唯物论和阶级论却在他思想中占主导地位。……后期鲁迅堪称无产阶级革命'遵命文学'的代表。……对'遵命文学''革命文学'的崇尚，可视为这个时期'革命美学'学说的又一重要组成部分。"这些观点不仅是新鲜的而且从本书的论述看，并非凭空之论。[1] 再如对现代美学，作者通过较为充分的梳理、分辨而指出，沿着文学革命向革命文学转变的轨迹，相应地在美学领域，也出现了一个"从主观论美学走向客观论美学"的总体性趋势并认为金公亮的《美学原理》乃是中国客观主义美学的先声。[2] 除了一些整体性现象以外，在具体的学术观点等中微观层面，作者也多有新的看法，如作者认为宗白华的"意境"说，在一定程度上其实是对朱光潜的"意象"说的继承与改造。总之，不管作者的每一个新见是否都经得起进一步踏勘，但全书充分彰显了不人云亦云、以理服人、依据评判的学术态度，因而这些看法往往总是大有益于学术事业的发展。

---

[1] 详参祁志祥：《中国现当代美学史》，商务印书馆 2018 年版，第 202~205 页。
[2] 详参祁志祥：《中国现当代美学史》，商务印书馆 2018 年版，第 212 页。

三、评判求公，不辞名宿

任何历史的书写，包括学术史的写作，不可避免地会同时是一种对相关领域人物的历史地位、功过大小的评判。因此如何做到公正公平、以理服人是很难的，一者需要历史写作者的公心不亏的主观态度，而这需要其扎实的文案作业和历史鉴定的能力的配合。后者对祁志祥教授来说并非难事，前者因其书写的具体呈现而不免叫人钦服。祁著美学史表现出以学术自身的标准与理路衡量品评人物及其观点的态度，维护了学术史写作应有的精神格范。

首先，我以为是作者的包容、开放的眼光、心地，尽力给每个真正有所贡献的学者的功劳苦劳予以承认。这一点其实不待详申，打开全书目录，即可见识到多少只在传说，甚至颇为陌生的美学家、美学学者的名字和言论，在本书中得到了应有呈现即可直观而见出。多少被忽略或淹没的思想者的有价值、有历史意义的成果是作者出以公心、给以辛苦的文献查找、阅读而得以确认和书写的啊！

其次，作者评判学术人物与其思想，尽力求公，敢于挑战既有的学术话语的权力秩序。常言道："隔代修史、当代修志。"隔代修史，既有拉开时间距离的学术内在需要的考量，当然也有评判当代人物易于与现实人物在当下生活中的权力秩序发生冲突的顾虑在内。这也是福柯的"知识考古学"与"话语权力说"的缘起所在。在这本《中国现当代美学史》中，祁志祥教授根据自己的甄别、判断对许多学术人物的思想价值和贡献给予了新的衡定，比如作者依据自己对历史文献的研读、考证指出，蔡元培先生于中国现代文化教育事业虽然居功至伟，但不宜将先生视为中国现代美学学科的奠基人、美学学科之父，对先生的恰当定位应该是"催生中国现代美学学科诞生的助产士和中国现代美育的奠基人"。而中国现代美学学科体系的奠基人则是1917年尚属名不见经传的工科大学生萧公弼，他于该年发表了长篇论文"美学·概论"，对美学学科体系做了思辨层次丰富、系统、绵密的思考和设计，因而其"在中国现代美学史上的学科奠基意义不应被忽视"。[1]对于各家具体的理论观点，作者更是抱着有一说一、言之有据的姿态，做了看事不看人的评骘，这一点在那些学术名家大家的身上体现得尤为分明。如对于李泽厚这样

---

[1] 详参祁志祥：《中国现当代美学史》，商务印书馆2018年版，第84、86、89、98页。

的美学名家，作者对其美学思想的各重要方面做了提炼展示，对其关于"意境"等问题的创造性阐释给予了高度评价，对其理论中的不完善乃至破绽之处也做了毫不含糊的断言，比如"艺术积淀说"是李的标志性学说，在对这个学说的理论构成做了分析之后，祁教授指出："三层次、三积淀的艺术本体论，虽然形式上比较整饬，但三层次、三积淀并不在同一层面上，逻辑上经不起严格推敲，某些概念（如'意味'）的表达也不够明晰，令人理解时感到扑朔迷离，在四讲中是最不够成熟的。"[1] 对于大的观点的不清晰、不严密，祁著固然从不放过，哪怕是一些看似细小的"瑕疵"，作者也做了严格的"指摘"，如对蒋孔阳的"审美范畴"论作了介绍以后，指出先生所论的"审美范畴"也即"美感范畴"，应属于主体的感觉范围，但从先生的实际论述看，"崇高""丑""悲剧性""喜剧性"不是主体的感觉范畴，而是客观的审美对象范畴，因而"称之为'审美范畴'似乎不够准确，容易引起误会"。从这一细节可以看出本书作者的公允与严密的作风。

　　最后，本书中的学术公心之求的一个重要表现，不仅在于批评的严格严厉一面，值得称道的还在于作者的批评始终是抱着善意的、尽力在历史情境中对对象予以"同情地理解"的态度。这一点与他的"逢人说项"其实是同一种公心与热心相统一的另一面表现。逢人说项不用再细及，那么多被忽略、淹没的学者的贡献被打捞出来即是无声的明证。这里就他的善于同情地理解对象来说说。祁著给人的一个深刻印象是，祁志祥教授特别善于从好的方面理解对方之所以做出今天在他看来站不住脚的观点的历史或思想的背景与根源，从而使我们在评价学者学术思想观点时可以拥有一种知人论世的广阔视野的同时，也能减少对对象和其观点的负面的感受。比如周来祥一节。周来祥先生力主"美是和谐"的观点，在当代美学界特别是80年代可谓独树一帜而且周先生引领了一支颇有学术影响的美学文艺学团队。祁著对周先生的美学学说作了细致的归纳、提炼和展示，坦率指出了其观点中的不周密处的同时，尽力从不同角度试图圆满地理解或接近先生的立论或观点的旨趣与合理性，最后祁著写道："如此看来，周来祥所说的'和谐'是一个可做多重理解、具有极大阐释空间和巨大包容性的概念。唯其如此，和谐可以解释许多美学现象；也正因为如此，同一个名词'和谐'之下包含了许多并不相同的

---

[1]　祁志祥：《中国现当代美学史》，商务印书馆 2018 年版，第 340 页。

概念，这些不同的概念在同一名词下被作者加以置换、转移，逻辑问题多多，因而'和谐美学'并未得到广泛的应和。"〔1〕作者的善意还体现在，他很善于（甚至是无意识地）把学者们论述中的暗含着丰富思想或很有启发性的言辞、段落在自己的述论中巧妙地予以呈现，还以周来祥一节为例。"依质的标准，可分为内容和形式的矛盾对立中偏于和谐的优美（狭义的美），和内容与形式的统一中偏于矛盾对立的崇高和滑稽。崇高是内容压倒形式，滑稽则相反，是现实压倒内容。悲剧是社会崇高的深刻体现，喜剧则以滑稽（主要是社会领域）为本质，以丑为本质。"〔2〕这是祁著介绍周来祥关于几个美学范畴的论述时摘录的部分周著原文。虽然它们里面包含着不耐推敲之处，但这段话中也充满我们可以进一步去批判地思考的生长点，是很有启发性的。祁著总是将对象的这种论述文字尽力挑选呈现出来，我以为是很有益于当下的学者的。同样，在那些我们以为已经"很左"学者或其论述中，祁著也时常向我们呈现了对象的不少有价值的观点与论述。

作为倾心、戮力于美学的一位学者，出入行走在中外美学思想领域的祁志祥教授也瓜熟蒂落地逐步形成了自己的美学思想，这就是以中国特色的"乐感"概念为基础建立的一套"乐感美学"的理论体系，"提出了许多迥异于传统美学和现代美学的见解"〔3〕，因而在本书中作者也单列一节予以呈现，我以为这也是作者本以学术公心的坦率、诚恳之举，值得肯定。

四、摇曳多姿、饶有趣味

这里想就《中国现当代美学史》的写作艺术再说两句自己的感受。一般而言，学术写作往往并不见得会表现出写作的艺术风格的，但这本祁著在全书的书写上还是给笔者留下了一些特别的印象。

布局、着笔灵活不执，观物适变，自得对象之味。百多年美学史，放在古今中国美学史上或只一瞬，然而也自气象万千、大小人物形形色色，他们的思想、观点或学术偏好与贡献也千差万别、琳琅满目，作者看取他们没有

---

〔1〕 祁志祥：《中国现当代美学史》，商务印书馆 2018 年版，第 328~329 页。

〔2〕 祁志祥：《中国现当代美学史》，商务印书馆 2018 年版，第 324 页。

〔3〕 祁志祥："'乐感美学'：中国特色美学学科体系的建构"，载《中国政法大学学报》2018年第 3 期。

用固定的模式来一套到底，而是如好的摄影师，总是选取不同的背景、角度、高低位置、距离远近、焦距光圈来呈示捕捉在作者看来有价值也有特色的方面。如对章炳麟突出的是他"对美文学观念的阻击"；对王国维，取镜在他作为"中国美学古今转换的标志"；对康有为，重点挖掘了他的"雄肆唯情"的美学追求；1928年至1948年，取的是历史的宏观全景；20世纪50年代以门派为中心，八九十年代以美学研究的领域、方法及作为美学分支的文艺美学为群落，落实在具体学者个人来展开；新世纪以来，则采取了特写的方式，对几位形成了自己特色和系统性的美学家做了多侧面的述评。或历史作用、或美学特色、或流派风格、或时代整体、或个人剪影与特写，作者的叙述完全是依据对象及其所处的背景而采取了多样的安排，恰切、有力地呈现了学者们各自在美学史百年之流中的位置、特色、姿态。它是作者和对象特点相向应和、对话的产物。

从具体的书写文体而言，作者采取了述、辨、评见机而动的方式，姿态或坦率、或婉转，不轻易随俗，更不回避自己的思想。学术史非同一般的社会历史著作，"述"要占到一定的篇章份额，学术史作者又要以开阔的学术眼界和穿透问题的目光，对学者的论著、思想给以恰当有力的表述再现；"辨"则是针对具体的理论观点，展开辨析、问难，特别是对其存在问题和漏洞予以陈述、分析、辨别；最后放在学术史、问题史对学者及其理论观点予以评价，这就归结为"评"。这三者是学术史著作一般具有的三大组成部分。然而这三种文体蕴含的作业方式和表达内容，有时并不需要以文字的形式呈现出来。因此，更可见出作者处理题材与思想的灵活性。如对有的学者及其学说、观点作者并没有采取三管齐下的做法，而是采取了述而不评的方式，有些是作者可能感到不便置评同时也无需直接以明确的语言来置评的，比如关于徐中玉先生的。作者是徐先生的弟子，因此，作者就省却了一点直接评头论足的文字；再如对毛泽东的"讲话"，因其是特殊历史文献，涉及问题复杂，作者也采取了"存而不论""述而不辨"态度。而对于有的学者的具体理论观点，在"述"和"辨"之后，有的也省略了"评"，因为作者的评"意"实际上已经在前面蕴含了，而这一类涉及的"评"也多是负面的，省略也是一种温情的体现。

另外全书的作者文字也灵活、清晰、生动，处处体现了作者取低姿态论人而又"当理不让"以论学的既友善又严谨的学术作风，它们浸润散溢在字里行间，从而使这部美学史的阅读充满了智性和趣味。

当然，对于一部囊括百年美学学术风潮的著作，作为读者，也难免会有一些不同的看法或建议。这是自然的事情。就总体而言，这是一部功夫甚深、体大虑周、识见深湛、评述公允、深富历史眼光和学理透视力，而在讲述上又主次分明、宏观中观比照与微观细节辨析与勾画颇为充分、平衡的学术史佳作，可以称得上是一部中国百年美学的可靠、详实的思想地图。

第五节　《中国现当代美学史》的"论述"性质与意义[1]

如果说，现当代美学可以写史，由谁来写呢？按我国传统"信史"的翔实史书以及纪事真实可信、无所讳饰史籍这样两个释义来看，当由非美学家写，只有不涉足此领域而且占有材料才有"信史"之可能。美学史尤其现当代美学史，固然需要占有丰厚翔实的资料文献，但因为其哲学性质无法摆脱错综复杂的分歧性观念之矛盾和冲突，非美学家绝无能力担此撰写。美学家成为美学史撰写者有其必然性。近期由商务印书馆出版的《中国现当代美学史》，就是美学家祁志祥教授撰写。此著作为一家之言特质的探索性的美学史，业已得到某些肯定和赞扬，但笔者愿意探究该著以及如何处理个人与其他入史美学家观点的分歧，他选取入史者的标准和判断评价标准，藉此看看史之叙述和观念阐述之关系。全书以时间先后为准则，从近代（1840 年）起步的中国现代美学学科奠基阶段开始叙述。其中第六章为"新世纪以来：美学的解构与重构"。"新世纪"指 21 世纪以来，因为这章所涉美学家均当代依然活跃在此领域者。史之叙述和观念阐述之关系更为凸显。

一、选取标准与美学家两大阵营分布

先说重构的标准。"重构"即有意识建设不同于他人的有自己称谓的美学体系。21 世纪以来诸多活跃的美学家，不具重构特质的中国古代美学史专家、西方美学史专家、西方如鲍姆嘉通、黑格尔、康德等美学家研究者等均不入选，着重于"器"之美学研究而不着重于"道"之美学研究的也不入选。虽说他们各有其美学理念，却附着于具体研究对象。由此，确属哲学之分支且

---

〔1〕 作者刘俐俐，南开大学文学院资深教授。本文原载《学习与探索》2019 年第 3 期。

以"道"为目标的杨春时、朱立元、曾繁仁、陈伯海、叶朗、祁志祥六位美学家入选"新世纪以来"美学史。其实，六位中多数研究始于 20 世纪八九十年代，但均落脚于本世纪而自成体系，凸显"新世纪"和"重构"的标准。与六位美学家自成体系定位对应的动词分别为"杨春时……重构"；"朱立元……探索"；"曾繁仁……倡导"；"陈伯海……创构"；"叶朗……建构"；"乐感美学……构建"。所用动词有所差异，创新、另辟蹊径和自成一家之言则是他们共同特点。无论是否明确表述，六位美学家的建构性思维，可以陈伯海的表述为代表："批判传统形而上学，否定其超验世界和本原性"的实体，而又不抹杀人的超越性精神追求，坚持哲学应有"形上"维度的思想理念。[1]

再看解构的标准。改革开放最初的 20 世纪八九十年代，是美学研究活跃发展的重要历史时期："实践美学原理的定型与突破"。"定型与突破"作为成就标示出历史新高。人文科学研究特质决定了对此历史新高既有继承更有批判。无破则无立。所选六位美学家解构的共同点，体现如下方面：其一，解构的最主要对象是实体论。即放弃了实体性思路。80 年代，"都不约而同地承认美学的研究焦点是美；艺术的特征是美，并沿袭 50 年代的实体论思路，探索着美的本质"。放弃实体论思路，既可以摒弃本质主义质疑，又具有宽阔的理论拓展空间。概而言之，其二，均表示放弃了传统的主客二分的认识论思维方式。其三，均表示既承认"实践美学"原理的理论贡献，又对之提出各个角度的质疑和反思。其四，缘于实践美学原理的理论起点是"人的本质力量对象化"的美本质论，以此作为"美的本质"。随着对"实践美学"原理的解构，"人的本质力量对象化"的传统理解也被质疑和解构。

解构的共同点固然为基础，但此共同点要支撑如此各异个性的体系创新，解构与重构不完全吻合。质言之，不完全匹配。解构和建构的匹配是相对的。共同解构点基础上的各个建构之间的龃龉矛盾则是绝对的。因为重构是多样性的。

美学理念最重要标志为逻辑起点。六位美学家依重构的逻辑起点，可分为两大阵营。第一个阵营以审美或审美关系为逻辑起点。第二个阵营以"美"

---

〔1〕 详参陈伯海：《回归生命本原：后形而上学视野中的"形上之思"》，商务印书馆 2012 年版，第 11 页。

的定性为逻辑起点。第一个阵营五人组成。杨春时的"美学道路是从思考艺术的审美本质开始的"。[1]经过早期以"实践"为本体的主体超越性美学、中期以"生存"为本体的"意义论超越美学",最后落脚在后期以"存在"为本体的"主体间性超越美学"。经过了"实践""生存""存在"三个阶段,但"美与审美同一、美和审美的本质在对现实局限的超越这一'超越美学'思想始终如一"。质言之,杨春时无论在哪个阶段,始终没有以"美的本质"为逻辑起点。朱立元是从西方美学,确切地说是"从黑格尔美学研究走进中国当代美学历史舞台的"。[2]"实践存在论"为他的美学新论的哲学基础,"审美活动则是朱立元实践存在论美学的逻辑起点"。[3]陈伯海是从古代文论尤其唐诗学进入美学的。他"认为美学的首要对象、中心话题和逻辑起点不再是'美',而是产生美的'审美活动'"。[4]曾繁仁是从研究审美教育为主,而后转入倡导生态美学的。他是"以崭新的生态世界观为指导,以探索人与自然的审美关系为出发点……"。[5]至于叶朗,则是始终活跃在美学领域的美学家。新世纪叶朗明确地将美学研究对象设定为"审美活动"。但研究逻辑起点究竟是"审美对象"的"美"呢? 还是起步于"审美主体"的"美感"活动呢? 在理论与实践上有所矛盾。第二个阵营只有祁志祥教授一人。他积累并携带着丰厚的中国古代美学资源和研究心得,进入现当代美学建构。认为"审美"必须以"美"为逻辑前提。认为美学就是以研究"美"为中心的"美的哲学"。概而言之,祁志祥教授以"美"为美学研究逻辑起点的理念,对应着以"审美活动"为逻辑起点的五位美学家的思想。这个对阵布局,一方面表明,在祁志祥的视野中,新世纪美学如此发展的事实恰恰体现了学术自由、创新和个性化,他予以尊重并认可。另一方面又秉承自由之理念和独立之人格,独辟蹊径地重构他的"乐感美学"。概而言之,他以美学家和美学史书写者的双重身份出现的。

---

〔1〕 详参祁志祥:《中国现当代美学史》(下),商务印书馆 2018 年版,第 521 页。

〔2〕 详参祁志祥:《中国现当代美学史》(下),商务印书馆 2018 年版,第 541 页。

〔3〕 详参祁志祥:《中国现当代美学史》(下),商务印书馆 2018 年版,第 554 页。

〔4〕 详参祁志祥:《中国现当代美学史》(下),商务印书馆 2018 年版,第 585 页。

〔5〕 详参祁志祥:《中国现当代美学史》(下),商务印书馆 2018 年版,第 566 页。

二、叙述逻辑与介入方式考察

美学史就本质说是叙述和描写。叙述美学发展过程，描述中心线索和内在动力。就此说来相当客观。但当书写者自身为美学家，观念零度介入的纯客观叙述，在事实上不可能，以此为追求，乃为作为美学家的虚伪。另一方面，叙述和描写过于主观化，以一己之观念思想主观地介入和评说，又有碍"史"之本质。就此，笔者在祁志祥教授所选所体现标准的基础上，进而考察如何叙述描写，叙述和描写中如何表达自己美学观念与评判标准。

先说叙述和描写。就全书总体设计，叙述沿着时间线索从 1840 年起始到新世纪，共计六章。时期划分笔者以为基本客观准确。就美学家选取，则较多体现了撰写者的入史标准。由此就必定按照美学家人头依次叙述，分别为美学家自然状况、美学研究经历、主要著述、美学思想及方法论等。自然状况和美学经历部分较为客观。美学思想的介绍和叙述，由于必有分析，由分析而发现矛盾和问题，由此提出问题而且指出矛盾。分析不会纯粹客观，阐述和议论随之而出。这些都出自有自己美学思想并且自己也入史的祁志祥教授之手。那么，此书叙述和描写中有哪些介入方式？

全书叙述中最常见的介入方式是提问题。提问题又分为两种具体方式。其一为陈述过程中即提问题。如叙述杨春时前期美学思想基于实践论的主体性问题的时候，直接提出了该主体并不具有本体论地位的质疑，认为主体性能否实现自由，能否成为审美的根据，仍然是一个疑问。[1] 杨春时美学思想全部陈述完毕之后，又问道："美"是不是"审美"？"审美"是不是等同于现实的、物质的、理性的、社会的精神"超越"？杨春时的学说给人们留下了长长的思考。[2] 提问题乃为曲折表达自己美学理念。为什么会特别关注是否有本体论地位的质疑？显然出自对本体论地位的重视。"美"是不是"审美"？显然出自对"美"的关注，以及"美"中的其他因素。这与逻辑起点在哪里有关。

叙述中另一种常见介入方式，是从逻辑或者学理等方面发现所叙述内容的内在矛盾或不合理之处予以分析。如陈述朱立元"实践存在论美学"的逻

---

〔1〕 详参祁志祥：《中国现当代美学史》（下），商务印书馆 2018 年版，第 531 页。

〔2〕 详参祁志祥：《中国现当代美学史》（下），商务印书馆 2018 年版，第 540 页。

辑构架及主要观点的时候，指出了既然以审美活动为逻辑起点，那么，在探讨了"审美活动"之后，自然应当探讨"在审美活动中现时生成"的"审美对象"的形态或"美"的形态。祁志祥教授说，其实朱立元教授的本意是指"审美对象"。因为朱立元在解释"审美形态"时说："审美形态可理解为人对不同样态的美（广义的美）即审美对象的归类和描述"。这是发现了朱立元教授展开具体论题的排列矛盾或者说错误，为什么认为这是一个错误呢？显然是来自祁志祥教授的美学理念。不仅是发现，而且分析了此"错误"的原因，因为，如果按照祁志祥认为应有的逻辑，接下来探讨"审美对象"的形态或"美"的形态，那么，"传统美学所说的'审美对象'或'美'的概念出现了"。[1] 显然这是与朱立元以审美关系为逻辑起点的美学理念不符合了。概而言之，此矛盾的发现和分析，其背后的支撑是客观的"美"对象的美学理念。

美学史发展的深层机制是各种美学思想之间，既有互相矛盾冲突乃至对立，更有互相交错借鉴乃至激发。借助陈述予以阐发，是此著正面介入的重要方式之一。如对曾繁仁教授将生态美学研究对象确定为主要不是艺术而是自然，祁志祥教授就此阐述说，在生态美学中，"自然之美"是一个核心命题。因为"自然之美"被认可，客观的美就合乎逻辑。再如曾繁仁认为，审美关系是审美主体与审美对象的情感"快适"关系，"快适"既包括视听觉的快适，也包括其他三觉的快适。是"眼耳鼻舌身全方位地参与到审美感受之中获得一种生命快感与哲思提升相结合的审美愉悦"。[2] 祁志祥教授就此观点，特意介绍了曾繁仁教授的观赏某湖景时所获的体悟，介入式地评价为其合理性，赞同其为"审美属性的重要突破"。[3] 再如，介绍和叙述曾繁仁从审美关系出发对审美对象的潜在特性以及具有这种审美特性的美学范畴的时候，所使用的语词和口气均为赞同、赞赏特质。是肯定性叙述。给予"审美潜质"等概念表达了高度关注和认可。

新世纪六位美学家各自美学体系建构都有其方法论，但独独对陈伯海的生命体验美学的创构，有"方法论自觉"的专门介绍。陈伯海的体系是从

---

〔1〕 详参祁志祥：《中国现当代美学史》（下），商务印书馆 2018 年版，第 561 页。

〔2〕 详参曾繁仁：《生态美学导论》，商务印书馆 2010 年版，第 208 页。

〔3〕 详参祁志祥：《中国现当代美学史》（下），商务印书馆 2018 年版，第 568 页。

"审美"说到审美的产物"美",从逻辑起点来说显然与祁志祥相左。但本书对陈伯海的"后形而上学视野中的'形上之思'"有较多篇幅予以肯定性介绍和阐述。分别就此方法论,详细地介绍了"形上之思"作为本原概念、本质思考的不可彻底否定性;该"形上之思"打破了传统的"实体论"本质概念;此"形上之思"关于提问方式、思考范围、运思途径等创新性要求;抛弃实体主义本原观,转向生成论的根本理念等。就此方法论叙述之细致、分析之到位,足以见得论者对评论对象研读的扎实性。

三、"美学史"具有了"论述"性质

如上主要介入方式具有怎样的性质?判断和评价方式中的美学理念思想与祁志祥本人的关系如何?

首先,我们要问的是,如此介入方式体现的立足点和观念,与撰写者自己美学观念的关系如何?

总括在第六章选取美学家的原则,以及叙述中各种介入方式沉潜隐含的立足点和美学观念,可以做怎样的概括?笔者尝试概括如下:建设"有美有学"的美学是最终学术目标。这体现了中国的文化自信。为此目标的理论建设有如下方面:首先,应打破传统主客观二分认识论方式,为此应广泛汲取中国传统美学资源和西方打破二元对立思维范式之后的理论资源,基本方法论应为"后形容上学视野中的'形上之思'",或者更确切说是"建设性后现代"的方法论。既是后现代的后形而上学时代的,又是建构性、重构性的。其次,所谓"建构"或者"重构",是指追求"有美有学"的理论体系,所谓"有美"的涵义是指应追求确立基本"美"之存在。这是不同于以"审美关系"为逻辑起点的另一种形而上追求的起点。由此就有了,再次,依然执着地追求本质,但已然不是形而上学实体论的意义上的"本质"。而是把"本质"视为复杂现象背后统一的属性、原因、特征、规律等。如此这些足以构成"体系"的丰富内涵。从次,如此统一的属性、特征和规律,必定能覆盖"复杂现象",由此,复杂现象必定超越人的现象,而扩展到动物界。于是,"美"的存在就超越了人为的艺术世界,美学理论必定超越"艺术哲学"。由此就有了,最后,"乐感对象"概念的大胆假设和论证。因为"乐感"可在诸多客体得到证明,而且"感"的承接器官扩大到人之感知、感受诸方面。

必须说明，笔者如上概括，已经参照了祁志祥教授的《乐感美学》一书，[1]更是细读了第六章最后一节他自己对"乐感美学"的叙述和概括。做这样交代，是为了说明：《中国现当代美学》"史"之叙述描写，业已具有"论述"之性质。

"史"是叙述和描写性质的。中国古人即追求"信史"理念。现在《中国现当代美学史》具有了"论述"性质，应如何看？

学术英文中与汉语"论述"一词最近的是 discuss，一般翻译为"讨论"，可泛指人与人之间的观点交流（商量），亦可专指研究中对某一问题的描述与论证过程。另外还有一些类似的词有 analysis（分析），study on（就某项问题的研究），of...（泛指论某个问题）等。不过总的说来，确无与汉语中的"论述"非常接近的对应词。汉语的"论述"并不存在"双方交流"这一内涵。概括地看，"论述"在汉语中是一个合成词，在西方学术传统中，却有"论"和"述"的区分，各有对应词。所以，作此参照后，可以理解为，汉语的"论述"，既包括"述"，也包括"论"。《中国现当代美学史》以"史"名之，应以"述"为主。但缘于不具美学理念和思想无法写此史，所以，无法摆脱"论"之性质。"论"依附于"史"并成为史之选取和陈述之灵魂。可以说"论述"乃为人文学科性质特别强烈而且时间距离如此近如《中国现当代美学史》这样著述的根本特质。"论述"乃为此类著述之宿命。概而言之，《中国现当代美学史》如此论述性写法，具有其必然性与合理性。不应拿其"论述"性质否定其"史"之性质。

那么，它启示了我们什么？其一，考察此史可信与否，实质是考察渗透于其中美学理念和思想可信否，于是就自然将审视和评判目光聚焦于写此史的美学家，反转去阅读和理解撰写此史的美学家著作。"史"原本主要是让人们知道的知识性体系，现在成了引发人们质疑和思考的论述性体系。可以说，祁志祥教授立在中国文化自信的基点，大胆地撰写此史，引发了学界关注、重视和反思其"乐感美学"体系，考察该体系是否自洽，逻辑是否通畅贯穿始终，是否有内在矛盾。

其二，此史具有可以学术讨论的合理性。此合理性体现在：可以质疑撰写者的历史线索，因为有分期问题；可以质疑入选美学家的资格问题，因为

---

〔1〕 详参祁志祥：《乐感美学》，北京大学出版社 2016 年版。

有撰写者选取之标准。可以质疑就入选美学家思想介绍中的介入，因为介入有撰写者观点和美学思想为支撑。提的问题、分析的矛盾、认同和赞赏某美学家的某观点和方法论等都出自于此；可以进而质疑撰写者自己的美学体系。由此，可以说，撰写者开放了一个供大家讨论的学术空间。

其三，基于如上可自然得出，如果超越撰写者视野和立足点，我们作为旁观身份的学者，可以做什么，以我自己心得看来，可以考察进而发现诸如第六章所选的六位美学家理论相互之间有哪些相通之处，如果发现了相通之处，那么探究其合理性何在，是否更接近科学可信的美学。当然，我们已在前文涉及了他们的共同之处，我的意思是从现在叙述的他们的不同处再次出发，发现可通约之处。既然祁志祥教授在中国的文化自信心境中，独自撰写如此大部头美学史，让我们仅以志祥教授的"乐感美学"为例来看。既然确认"美是有价值的乐感对象"，就是说依然有"感"在。与他人区别仅在于以"美"为起步抑或以"感"起步。如果在"感"与"美"两者之间以超越传统主客观二元对立的思路，是否可有所通约？找到共同点？再如"有价值"，在其他五位美学家那里，或者用生命体验，或者主体间性，或者实践存在，或者生态整体主义等均从不同角度涉及价值是关乎人与对象关系，只不过各自区别于此关系依据什么机制如何建立的问题。那么如果深入追问，祁志祥教授的"有价值的乐感对象"之价值与"美感对象"是如何关系？《乐感美学》已有较为充分的阐述。期待志祥教授和学界有更深入讨论。

一部《中国现当代美学史》让笔者极为佩服作者的志向和见识。更得知皇皇五大部头的《中国美学全史》问世，均出自志祥教授一人之手，真乃为"一个人的战争"。而且让人们有兴趣关注、讨论，这是学者最大的成功。

第六节 交织着观念的历史：略谈《中国现当代美学史》的方法[1]

历史的生命是客观、真实。这是人们都认同的观念。然而，话说起来虽然简单，但是，真正做起来非常不易。如何才能保证历史的客观、真实？任何历史的写作，写作者的立场、观点、态度都会交织其中，而恰恰是这些，决定了历史的价值。立场、观点和态度有公正，有偏斜，究竟如何判定？在

---

〔1〕 作者李健，深圳大学文学院教授。本文原载《中国图书评论》2018 年第 11 期。

我看来，只有一个标准，是客观。客观包括两个层面，一是史料的客观，二是态度的客观。如何才能保证客观？那就靠历史写作者的历史良心。面对一个史实，一个人总会有自己的判断。无论执持什么样的立场，史实是存在的，史实有它的客观性。黑的不可能是白的，白的自然也不可能是红的。因此，要写作一部信史，对写作者的要求很高。首先，要有丰厚学术的积累；其次，要有杰出的史料辨析能力；最后，要有历史良心。学术积累不需要多说，说说后两点。史料辨析能力其实就是客观选取史料的能力。面对众多的史料，如何选择？当然要选择那些最能表现事件本质的东西。其实，这个问题密切关联着第三点，历史良心。历史良心就是追求真实、真理之心，它不受任何政治立场、道德立场、个人偏私等功利主义思想的左右，尽最大努力还原历史真实。只有具备历史良心，学术积累和史料辨析才能真正发挥作用。当然，历史良心并不是抹煞作者的立场、观点，而是要求作者的立场、观点不要人为预设、前置。只有在历史良心的左右下，历史的写作才可能是客观的、真实的。

今天，我们欣喜地读到了祁志祥教授的《中国现当代美学史》，想联系我们上述对历史的看法来审视这部学术史。《中国现当代美学史》描述了中国现当代美学发展一百多年的历史，虽然一百多年对历史来说比较短暂，但是，具体写作却相当不易。由于离当下并不遥远，史料的获取不太艰难，关键是史料的选择和评价。在史料的选择上，因为现存史料很多、很细，取舍必须设定一个标准。而且由于很多历史事件的经历者还健在，造成了史料取舍与评价的难度。中国向来有盖棺定论一说，人还在便难以定论，这就使得这部历史的写作非常艰难。评价不可避免地会带有极强的个人主观性，只要客观、公正，人们自有公论。通览这部著作，我们发现，这部美学史有其独特的方法，很多方面完成得都相当成功。在我看来，这是一部具有独特观念的学术史。

《中国现当代美学史》的独特性大致体现在以下几个方面：

一、史料的搜集全面、细致

在这众多的史料之中，作者按照自己的观念取舍史料，史料的运用简而有章。

全书共分三编，按照当下流行的近代、现代、当代的历史分期进行美学史的分期，每期自成一编，每编都有新的史料呈现。这里首先呈现出来的一个问题可能会令人困惑。既然是现当代美学史，为什么要写近代？这是不是多此一举？其实，这就是一个观念问题，观念引导着材料的选择与运用。对这一问题，祁志祥教授早有预料，书中有比较明确的解释。祁志祥教授认为，现代美学的学科观念及关于美与艺术的新思想是近代萌芽的，也就是说，现当代美学的很多观念与近代是直系血亲，因此，现当代美学史不能绕开近代，从近代写起，更能凸显中国现当代美学的逻辑发展。我赞同这种做法。自鸦片战争以来，中国社会发生了根本性的变化，这种变化是全方位的，涉及政治、经济、文化、思想、观念等诸多方面，其中最为突出的是中国人逐渐摆脱了盲目自大的心态，开始睁眼看世界，开始用心去体察世界，了解世界，开始反思中国传统的思想观念。在文化思想上，近代与古代有一道截然的鸿沟，这道鸿沟明确宣示古代与近代的不同，但是与现代的裂隙并不明显。因此，不仅研究中国现当代美学，即便研究现当代其它的文化学术思想，也必须从近代开始。然而，研究现当代的文化与学术思想，重点还是应落足于现代。至于现代与近代的关系，我想只需讲清楚近代的渊源关系即可，勿需详细论证。其实，祁志祥教授就是这么做的，他对近代美学思想的介绍并不力求全面，只是抓住其与现当代美学有直接逻辑关联的一些人和观点简要分析、简要评述，可谓简而有章。例如，他对章炳麟、王国维、康有为、梁启超等人的美学观念的介绍就突出地表现出这一点。

现代是中国美学学科的诞生时期。"五四"时期，由于翻译、介绍进来许多西方的学术著作，西方的各种思潮的相继涌入，于是，出现了不少介绍西方美学学科的著述。学者们也开始尝试用西方的美学观念进行美学研究，由于对美学尚没有深入地理解，随即便出现了一些仿效西方和日本美学著作的美学著述。从现存材料上看，中国现代美学有一种非常有意思的现象，很多后来在其他学科领域作出杰出贡献的学者早期都曾经涉足美学，如著名佛学家吕澂，著名语言学家陈望道等，可谓精彩纷呈。祁志祥教授翻检出大量的史料，典型者如黄忏华、徐庆誉、徐蔚南等，并从这些学者对美学学科的开拓之中得出这样的结论："五四"时期已是"有美有学"的时期。[1]此言不

〔1〕 详参祁志祥:《中国现当代美学史》，商务印书馆 2018 年版，第 77 页。

虚。"五四"时期大量的美学、艺术哲学的讨论为中国现代美学的发展奠定了坚实的基础。此后的中国美学由于社会政局的动荡便与革命联系在一起。祁志祥教授花费了大量的精力整理出现代美学后半段的发展史料，试图揭示其由主观论美学走向客观论美学的发展规律。《中国现当代美学史》材料的丰富性和全面性是值得赞赏的。

二、清晰揭示出中国现当代美学发展的逻辑线索

揭示历史的逻辑线索虽然是任何历史研究必须要做的一件事，但是这种规定动作并不是人人都能做好。祁志祥教授就完成得很好。诚如祁教授所说，中国现当代美学的萌芽是在近代，现当代的政局动荡对美学的发展虽有影响，但发展的路径基本是近代开拓出来的。在他看来，王国维、梁启超的美学思想对现代美学的影响极为深远。我赞同这样的观点。中国现当代美学确实无法摆脱梁启超、王国维，他们的思想观念渗透到中国现代学术思想的各个领域，并不仅仅局限于美学。他们虽然同为清华大学国学研究院导师，又同为保皇派，在美学研究上同样融合中西，但是，美学观念差别巨大。可见，他们对西方美学观念的吸纳的点不一样，自然会导致美学观念的差异。梁启超追求的是功利主义，他的文学革命的主张散发出来的是功利主义美学观。如梁启超的一些重要的论文"论小说与群治之关系""译印政治小说序"等提出的观念，就非常清晰地表现出这一态度。"欲新一国之民，不可不先新一国之小说。故欲新道德，必新小说；欲新宗教，必新小说；欲新政治，必新小说；欲新风俗，必新小说；欲新学艺，必新小说；乃至欲新人心、欲新人格，必新小说。"[1]王国维追求的是无功利主义，他明确地说："铺锬的文学，决非文学。"他主张坚持文学的"游戏"本质："唯精神上之势力独优，而又不必以生事为急者，然后终身得保其游戏之性质。"[2]企图区分艺术与现实生活的距离，强调文学的独立价值。也就是说，梁启超的美学观和王国维的美学观是两种截然不同的美学观，实际上是两种倾向，代表了两种路径。中国现

---

[1] 梁启超："论小说与群治之关系"，载金雅主编：《中国现代美学名家文丛·梁启超卷》，浙江大学出版社 2009 年版，第 372 页。

[2] 详参王国维："文学小言"，载王国维：《王国维文学论著三种》，商务印书馆 2010 年版，第 217 页。

当代美学的发展倘若用一个粗线条来描述的话，其实就是在梁启超和王国维之间游移，在中学、西学之间游移，总体来说，功利主义美学占据上风，向西方倾斜的维度更大一些。这与中国现当代的社会政治发展是紧密联系的。从祁志祥教授对现当代美学发展的描述中可以看得很清楚。

三、将自己美学观念贯穿到对历史的研究之中

祁志祥教授研究美学时间已久，通过数十年的美学研究，产生了属于自己的一整套美学的体悟。他有一个重要的观念，在当下的美学研究领域产生了一定影响，那就是"美是有价值的乐感对象"。[1]基于此，他提出了"乐感美学"，试图进行"乐感美学"原理的逻辑建构。可以说，"乐感美学"是他多年来研究中西方美学的系统性思考，是对传统关于美的本质认识的反思。这种反思，就融汇了中国现当代美学家的理论智慧，如蔡元培、萧公弼、范寿康、吕澂、陈望道等人的思想。祁志祥教授将这些思想融合消化并将之逻辑化，反过来，又将这一被他自己逻辑化的理论用之于中国现当代美学的描述与分析中，使得《中国现当代美学史》是一部有自己独特观念的历史。这在美学史包括其他历史的写作中都非常难得。任何历史应该对历史事实进行描述、陈述，但是，又不能仅仅是描述、陈述；任何有价值的历史都应该是观念史。观念能将历史推向厚重，推向纵深，使人们在理解历史的同时更领略了深层次的观念。当然，祁志祥教授的"乐感美学"还处于建构之中，关于他的"乐感美学"认识以及连带的一系列美学观念，也许有人会提出各种各样不同的看法，甚至也会提出不同于"乐感美学"的新观念，只要言之有理、有据，在我看来，都是对美学研究的推进。

四、将美学与艺术理论、文学理论糅合在一起，进行整体性地描述与分析，从中抽绎出美的观念、美学理论

严格说来，美学与艺术理论、文学理论是有一定的界限的，它们都有各自的研究领域。今天，我们人为地把它们放在三个学科，即哲学、艺术学和文学。尽管今天试图对这几个学科做出明确的界定，但是，在我看来，恐怕

---

〔1〕 详参祁志祥：《乐感美学》，北京大学出版社 2016 年版。

比较困难。因为任何想人为地区分出学科鲜明界限的想法、做法都是作茧自缚！无论美学史、文学理论史还是艺术史，都无法将这几个学科清晰地分开，这是因为，这些学科的核心理论问题原本就是相互交织的。在中国现当代，这种情形更加突出。因此，祁志祥教授在描述各个时期的美学发展时特别关注每一个时期文学理论的发展。无论美学还是文学理论、艺术学，最能体现系统性学科思考的当然是教材。自现代以来，以教材形态呈现的美学概论、文学概论、艺术概论等很多。祁志祥教授清楚地看到中国现当代学术史上的这种现象，在介绍各个时期的美学观念的同时，还专门花费心力回溯各个时期美学概论、文学概论、艺术概论等教材的建设，就是试图考察每个时代、每个人对美学的整体性、系统性的思考状况，就是想发现中国现当代学人对美学研究的整体性推进。当然，这是基于中国现当代美学发展的特殊性。现当代的文学理论观念中交织着美的观念，美的观念同时也隐含在对艺术（音乐、美学、绘画、书法、建筑等）的评价之中。尽管这其中美的观念有时非常淡漠、非常微弱，也是不可忽视的。为了展示美学历史的完整性，从文学理论、艺术理论切入，非常有必要。

祁志祥教授长期致力于中国美学史的研究，先后出版了《中国美学通史》《中国文学美学史》等著作，加上这本刚出版的《中国现当代美学史》，构成了真正意义上的中国美学通史。倘若没有独特的学术识力，没有为学术奉献的执着精神，是不可能完成这一艰巨工作的。

第七节 《中国现当代美学史》的类型化写作模式 [1]

祁志祥教授关于中国美学理论和美学史的研究独步古今，堪称是一个人的美学江湖，颇具学术传奇色彩。新出版的《中国现当代美学史》再次证明了这一点。该书在保持其原有写作风格基础上，又带来了新的美学因子。整体上看，这部美学史视野开阔，史料翔实；线索清晰、有主有次；写法灵活，个性鲜明；深入浅出，通俗易懂，与时下美学界以西为宗，炫耀性的晦涩写作之风形成了鲜明对照。故而，无论是美学研究者，还是美学爱好者，阅读这本新著都会有亲切的感受。

---

〔1〕 作者张永禄，上海大学教授。本文原载《中国图书评论》2018 年第 11 期。

作为我国第一部《中国现代美学史》，我以为，该书的出版可视为美学研究史上"事情哲学"。按照巴迪欧对事件哲学理解，"为了开启真理进程，必须要发生一些事儿。目前已有的——知识的情境——不能生产任何东西，除了重复。对真理，要确认其新奇，必须有所补充。它无法预料、不能计算。它超越了自身。我称其为事件。在它的新奇中，真理显现了，因为事件的补充打破了这种重复。"祁志祥教授的《中国现当代美学史》作为"一件事情"，开启了对于中国现当代美学入史的"进程"，相信在不久的将来，诸如中国现当代美学史写作之类的教材和专著会不断涌现。无论未来美学史的写作会以何种进路呈现美学的真理，但祁教授的这本书是绕不过去的存在，或许这本书可以引发该如何写现当代美学史的理论与实践的思考。

美学史是美学研究主体面对一定历史时代在美学领域发生的美的现象、审美活动和对美学研究思维成果等按照既定的理论模式和写作法则而形成的史学成果。显然，每一部美学史著作背后都有撰写者的美学观、历史观和美学史观等，进而是上述观念综合支配的稳定的美学史理论模式和形态构想。不管美学史家有无这种史学理论和操作意识的自觉与否，效果与否。但，它们是客观存在的，历史上先后出现了比较成熟的进化论模式、认识论模式、人本主义模式和文本中心论模式等。显然《中国现当代美学史》突破了进化论模式。虽说也分出上、中、下三编，采用了"古代美学向现代美学转型的过渡""现代美学的登场""中国美学的自我创建、定型与新变"等表述，但也不属于认识论、人本主义和文本中心主义模式。那属于什么模式呢？初步认为它是一种以流派和思潮为基本形态的类型模式的美学史。

类型学是近年来在人文社会科学领域兴起的新研究范式，它主要是在纷繁芜杂的对象世界中，按照一定的分类原则确定有价值的具体研究对象，然后考察各类研究对象的演进轨迹，即它们从孕育到成行到成熟再到衰落或新变的过程，从中试图把握其作为一种类型存在的基本规定性和表现形态（形式）与价值意涵。再次，从其正体形态和变体形态之间的比较中探求其变化的内外因素，从而把对对象的内部研究和外部研究、形式研究和价值研究、美学（文学）研究与历史研究等结合起来的研究模式。从历史的角度来看，该研究的一个基本价值就是把类型的成规与创新用实证的方式能很好统一起来。对象之所以能在历史上留存下来，一定是形成了相对成熟的有价值的形态（形式）——成规，这个成规恰恰是研究该类型的重要参照或尺度，有了这把类型之尺，就能方便检阅其他的创新与否了。也因了这，类型学显示了作为人文社会研究的科学性优势，受到历史学、宗教学、语言学、电影学、法律等学科的青睐，但在文艺领域相对冷寂。韦勒克、沃伦在那本著名的《文学理论》中谈到他们心中理想的文学史应该是类型学史，并把这个愿望留给了未来。鲁迅先生的《中国小说史略》虽说总体上是进化论模式，但也部分受到司马迁的《史记》和日本学者岩谷温《中国小说史》的影响，部分尝试了类型学模式。陈平原先生的《千古人文侠客梦——武侠小说类型研究》和《二十世纪中国小说史》（第一部分）均采用类型学研究，并获得较大成功。那么美学史可否以及如何采用类型学的写作模式呢？祁志祥教授做了率先的摸索，其美学史框架体例大体可以概括为以时间为经，类型为纬，经纬交织，突出名家，自成一体。在时间划分上，它有自己"独特的看法"，分为"近代"、"五四前后"、"1928年~1948年"、"20世纪50年代"、"20世纪八九十年代"、"新世纪以来"等六个时间段，这种独特的分类和表述形式，就是自然时间形态，不是有意味的时间标记法，这为类型研究留下空间。除了"近代"和"五四"部分，各种美学观念和理论处于引进和萌芽状态，不宜用成熟类型界定，只好用"美学家"作为单元展示。而其他基本采用了类型分类方式，如新中国成立前20年的主观论美学、客观论美学、唯物主义美学三派；1950年代的主客观合一派、美在客观派、唯物论的主观派、唯心论的主观派和实践美学派等美学五派，20世纪八九十年代的实践派美学、方法论美学、心理学美学、意识形态美学；以及新世纪的存在超越美学、实践存在论美学、生态存在论美学、生命体验美学、"意象美学"和乐感美学等六派理论。现在看来，基本上囊括了中国现当代美学的主要流派和基本理论，可谓蔚为大观。在梳理美学理论流派时，鉴于流派本身以及流派之间可能存在的错综复杂的理论关系，祁教授则借鉴了司马迁写史记的办法，以卓有成就和影响的理论家为叙述单元，做到化繁为简，保证了部分和整体之间分合自然，分之则成篇，合之则成书，清清爽爽，不拖泥带水，这恐怕是个人治史写作中比较实用的办法。这样一来，把流派和流派中的美学家勾连起来，构成了研究对象的有家有派，有派有宗，加上大量史料的佐证，既能体现美学史演进的线索，又能清楚各自理论的自我脉络和核心思想，不失为一种实用的尝试，构成了类型美学史形态一种可能。

按照类型学理论，每种美学流派在纵向上类型演绎的历史脉络，比如实践论美学，在中国经由了认识论——实践论——当代实践——后实践——超越实践论演进的逻辑，是历史事实，众所周知。横向上的类型涉及总类、分类、子类和兼类等种属关系等绕不过的理论与实践问题。我们从祁志祥教授的这本著作上，看到新世纪以来的存在论超越美学、实践存在论美学、生态存在论美学和生命体验美学等形态。那么，它们是实践论美学基础上融进了存在论美学而形成的一种兼类美学形态呢？还是说它们是中国式存在论美学的四个子类也未尝不可。该书以海德格尔的存在论哲学观在上述四位学者美学思想发展中本体论地位的剖析，为我们提供了这一判断的依据。或者以此为分析线索，通过差异和共性的辨析，有助于我们打通美学理论和时代社会思想、文化政治之间的复杂关系，增加当代美学史研究的时代感和现实性，走出美学史仅仅是学术史，知识史的误区等。

类型史模式写作难度很高，陈平原等试图用自觉的类型史模式编写《二十世纪中国小说史》的工程最终不了了之，个中原因自然不得而知，但这从一个侧面也证实了类型史写作模式的实践难度。在这方面，祁志祥教授做出了可贵的探索，这将进一步促进学界对中国现当代美学史的研究。

第八节　秉笔直书，气韵贯通 [1]

读到祁志祥教授的《中国现当代美学史》，感到很亲切，因为其中不少章节是我亲自编辑发表过的。这里我愿意从一个学刊编辑的角度，来谈谈我对该书成功之道的感受。

最早与祁教授结缘是 2011 年，那时候我刚担任《社会科学》文学栏目的责编不久。祁教授投来两万字的长文"中国美学的历史演变及其时代特征"，是其 156 万字的《中国美学通史》一书的高度提炼和浓缩。当时就觉得该文视野宏阔、结构清晰，资料详实，文字优美，以中国古代美学精神为主轴，精确把握并考量了中国美学史的历史演变和时代特征。文中最后一部分提到了"现当代：中国诗文美学的转型期"，说明祁教授早在若干年前就已经有意识地观照到"五四"运动以后的美学状况。这也是我们今天看到的这部《中

---

〔1〕 作者李亦婷，文学博士，上海社会科学院《社会科学》编辑。本文原载《中国图书评论》2018 年第 11 期。

国现当代美学史》的一个引子和雏形。此文刊出后不久即被人大复印资料全文转载。

在此后的几年里，我刊又陆续刊发了祁教授的多项成果。有研究美的基本问题的"建设性后现代视阈下的美的客观性与主观性问题——美的特征研究之二"（2014 年）、"'美的原因'再思考"（2016 年）；有以当代美学家为研究对象的"陈伯海'生命体验论美学'的独特创构"（2017 年）；也有关注中国美学学科之创立的"中国'美学'学科的最初确立——以最早的三部《美学概论》为研究个案"（2018），体现出他在美学研究领域一以贯之的投入和全方位不断深入细致的思考。文字往来之间，深感其对编者及期刊相当尊重，但从不刻意逢迎，有古代君子之风。或许也正因如此，使得他在《中国现当代美学史》的撰写中，能够撇开顾虑、超越功利，对当代美学家客观评析、秉笔直书。在门派林立、纷繁复杂的当今学界，这是一种是令人钦佩的勇气。

在美学研究的历程中，美学史的研究和书写一直是相当重要的组成部分。自 20 世纪 80 年代始，就不断有美学史著作问世。这些著作体例不一、思路各异，各有侧重，体现出作者不同的美学观念及研究方法。这部《中国现当代美学史》又有什么样的独特优势呢？

一、深厚的学术积淀和宏阔的知识视野

要独立完成一部体量大、时间跨度长的美学史着实不易，这对作者提出了相当高的要求。既要有啃硬骨头的勇气和毅力，更要有深厚的学术积淀作为底气和支撑。早在 20 世纪 80 年代，祁教授即与美学结缘，可以说三十多年来，他一直思考美、研究美、书写美。在提笔创作本书之前，已有《美学关怀》《中国美学原理》《人文视阈的文艺美学探究》《佛教美学》等美学著作为先导，初步积累了美学史书写的基础。2008 年三卷本的《中国美学通史》问世，汇集了大量对中国古代美学的深刻认识，证明了作者具有驾驭大部头美学通史的能力。在《中国美学通史》的书写过程中，作者看到以往的美学史著作，大多写到"五四"运动便戛然而止，对中国美学的现代转型、中国现代美学学科演变、20 世纪 50 年代的"美学大讨论"、新世纪以来美学成果等这些重要议题关注太少，或论述不清，产生了打通古今，续写美学史

的念头，并为此做了大量的史料钩沉工作。与此同时，在对中西方美学理论的不断阅读、思考和提纯的过程中，他逐渐建构出一个以"乐感美学"为标志的新美学理论体系。2016 年《乐感美学》一书的诞生，标志着作者已经拥有了独立的学术立场和学术观点，建构起了一个系统、严密、逻辑自洽的理论体系。而《中国现当代美学史》的成书正是在吸收了大量中国古典美学思想，兼顾西方美学成果的基础上，自带学术观点和立场，以"美是有价值的乐感对象"作为评价依据贯彻始终的一次意义重大的学术探索，也是作者三十载对美的思考与研究的集大成之作。

二、清晰的框架结构与完美的整体感

美学史的书写无法回避一个叙述结构问题。如果框架没有搭好，或者前后不一，就会给读者以逻辑紊乱、条理不清的观感。祁教授此书的导论部分对中国现当代美学史的整体走向和分期作了清晰的概括。他以时间线索为"骨"，以各个时期的美学精神为"肉"，骨肉结合地逐一评述个案对象。在各章节的命名上没有采用千篇一律、毫无特点的命题方式，而是牢牢抓住每一阶段、各评述对象最具概括性、最富个性特征的思想内容为标题。尤其是对近代部分的代表人物以及一些学界尚无共识的美学家的美学思想的总结与提炼非常精准，如"王国维：中国美学古今转换的标志""汪济生：一元论三部类三层次美论体系"等。这样一来，还没有细读全书的内容，光是浏览目录部分，即可对全书的脉络一目了然，也便于读者对中国现当代美学史的总体把握。清晰的框架结构即是作者脑海中关于中国现当代美学学科之学术版图的完美映射。

一直以来，大部头的美学史著作通常是集体合力完成，"兵团作战"有其优势，但劣势也显而易见。因为编纂者的知识储备、思维水平、学术观点及表达能力存在差异，因此全书中出现有头无尾、前后矛盾、逻辑不一、表述混乱的现象也不足为奇。而这部《中国现当代美学史》洋洋洒洒 75 万字全凭祁教授一己之力完成。书中提炼出同时代诸多美学家的思想观点，总结出美学史不同阶段的时代特征，并对同一学者在不同时代的思想发展（如鲁迅前期与后期，朱光潜、蔡仪于新中国成立前后等），不同时代美学家之间的类属关系展开分析。既有横向铺陈，也有纵向观照，编织成一张绵密的美学之网。

更重要的是，作者个人的学术立场贯穿始终，在描述、评价各种美学学说、观点时把"美是有价值的乐感对象"作为统一的评判依据，使得全书呈现出个性鲜明、首尾呼应、前后一致、气韵贯通的整体感。

三、有美有学，史论结合

叙写美学史，往往会陷入两个误区，一是"有学无美"，二是"有美无学"。在美学史的书写中，一些学者着重于对美学史的现象描述，而回避对美的本质、含义的考量。尤其到了新世纪的解构大潮中，非本质主义美学甚嚣尘上，美学研究者逐渐放弃了对"美"是什么的本质思考，聚焦于"如何审美"的文化现象。然而不对"美"加以严格界定，就无法从历史文献中选取相关材料。如果对美缺少自圆其说、一以贯之的思考，也无法对历史上关于"美"的论说做出令人信服的评判。这样的美学史著述也即陷入了"有学无美"。而美学的"学"，本义是学问、哲学、学科，属于理论形态，是一种系统性的理论知识。过于陷入具体对象的描述，缺少理论思辨和哲学深度，又会陷入有美无学，导致一些美学史著作呈现出浮光掠影、面目不清的窘境。

祁志祥教授的美学立场，既不同意现代美学对本质论的全盘否定，也不赞成传统美学实体的本质论，而是将本质视为"某类现象背后的统一性"，在《中国现当代美学史》的撰写中，作者始终围绕美的本质、原因、规律、特征等美的基本问题展开思考与探索，并且自带学术立场，即"乐感美学"的核心观念。正如曾繁仁先生在本书序言中说的那样，"这正是本书成为真正学术论著的重要原因"。

作为一部上接中国古代美学史的贯通古今的美学史著作，作者在整体架构中体现了他的大历史感。写到具体学人的时候，不仅谈其思想，也紧密结合了其人生经历与学术经历，有血有肉、史论结合，凝聚了作者对历史的理解，以及对人性的理解。从这个意义上说，本书做到了有美有学亦有史。

正如作者一直秉持的美学观——"美是一种有价值的乐感对象"，如果读者对美、对美学有追求、有追问，对现代美学学科在 20 世纪以来的中国的转型历程感兴趣，不妨跟着作者来一次"愉快"而"有价值"的阅读之旅吧！

《中国古代文学理论》的体系建构
及其评论

主编插白：2006 年，教育部下达文件，要求"十一五"国家级高教规划教材由高校与出版社以实物成果联合申报。山西教育出版社找到复旦大学中文系，组织校内外学者申报了五部书，最后入选一部，即本人 1993 年在学林出版社出版的"青年学者丛书"中的《中国古代文学原理——一个表现主义民族文论体系的建构》，稍加改动后 2008 年在山西教育出版社出版。2018 年12 月，本书在华东师范大学出版社修订出版。《中国古代文学原理》为我硕士研究生毕业前后撰写，是我出版的第一本书。出版后被视为中国古代文学理论体系横向建构的开拓之作引起学界注意。上海师范大学中文系贾明所写的一篇评论发表在《社会科学》1994 年第 5 期上，深得我心。周锡山、吴建民、田兆元的书评也给本书造成了一定的学术影响。作为"十一五"教材修订本由华东师范大学出版社出版后，北京师范大学文艺学研究中心、《文艺理论研究》编辑部、华东师范大学出版社、上海政法学院文艺美学研究中心于2019 年 11 月 17 日联合举行"《中国古代文学理论》新书发布会暨建构中国古代文论体系高端论坛"，会后发表了一系列评论文章。复旦大学杨乃乔教授将该书视为从"中国文学批评史"转向"中国古代文论体系"的标志性著作。此外，中国政法大学的张灵教授、中国矿业大学的王青教授、安庆师范大学的方锡球教授、上海戏剧学院的黄意明教授以及上海视觉艺术学院的潘端伟副教授均以各个角度发表了自己的评论，给予了充分肯定。

第一节　建构具有民族特色的中国古代文学理论体系[1]

在世界文学理论之林中，中国文论，准确地说是中国古代文学理论以其独特的话语体系和思想体系独树一帜，引人注目。可是长期以来，中国古代文论只是作为零星的点缀出现在一般的文学理论著作中，常常和西方文论乃至马克思列宁文论一锅煮，用来说明普泛得大而无当的文学原理。其实中国古代文学理论渊源有自、自成系统，亦自有阐释对象。总结、挖掘中国古代文论的潜在体系，不仅对于解读中国古代文学作品的奥秘，而且对于弥补西方以模仿论、再现论为特征的古典文论之不足，建构普适的文学理论体系，都具有十分重要的价值和意义。

一、中国古代文学理论体系的叙述结构

中国古代文学理论有自己的一套话语系统，可它并没有以严密的逻辑体系和理论形态表现出来。因此，按什么结构、框架来系统阐述古代文学理论，就成为建构民族特色文论体系首先必须面对的一个棘手问题。

如果按照现代文学理论的科学、逻辑要求去阐述古代文论思想，势必肢解古代文论的浑融性和原生态，招来"以今格古"之诉；反过来，如果照顾古代文论的原生态和浑融性，又势必肢解文学原理著作所必备的科学性、逻辑性、系统性，给人"以古说古"之嫌。考虑到上述结构方式各有所长，也各有其弊，中国古代文学理论体系的建构就可依据古今相兼的原则，按观念论、创作论、方法论三大块，从主要范畴或命题入手，来网络中国古代文艺思想，并用现代文论话语阐释其主导涵义。笔者设计的叙述构架如下：

一　中国古代文学观念论

1、"文学以文字为准"

——中国古代的文学特征论

---

[1]　作者祁志祥。本文原载《学习与探索》2011 年第 5 期。详参祁志祥：《中国古代文学理论》，山西教育出版社 2008 年版；祁志祥主编：《中国古代文学理论》，华东师范大学出版社 2018 年版。

2、"文，心学也"

——中国古代的文学表现论

二 "德学才识"说

——中国古代的文学创作主体论

三 中国古代文学的创作发生论

1、"文本心性"说

——中国古代的文源论

2、"心物交融"说

——中国古代的艺术观照方式论

四 中国古代文学的创作法论

1、"虚静"说

——中国古代的构思心态论

2、"神思"说

——中国古代的构思特征论

3、"兴会"说

——中国古代的灵感奥秘论

五 中国古代文学的创作方法论

1、"活法"说

——中国古代的总体创作方法论

2、"定法"说

——中国古代的具体创作方法论

3、"用事"说

——中国古代的诗文创作方法论

4、"赋比兴"说

——中国古代的诗歌创作方法论

六 中国古代文学作品论

1、"文气"说

——中国古代的文学生命论

2、"文体"说

——中国古代的文学体裁论

3、"文质"说

——中国古代文学的形式内容关系论之一

4、"言意"说

——中国古代文学的形式内容关系论之二

5、"形神"说

——中国古代文学的形式内容关系论之三

6、"意境"说

——中国古代表现主义文学特征论

7、"情景"说

——中国古代诗歌意境形态论

8、"真幻"说

——中国古代的文学真实论

9、"变通"说

——中国古代文学的继承革新论

七　中国古代的文学风格论

1、"文类乎人""雅无一格"

——中国古代文学风格成因、形态论

2、"平淡"说

——中国古代的阴柔美论

3、"风骨"说

——中国古代的阳刚美论

八　中国古代的文学形式美论

1、"辞达而已"说

——中国古代文学的"合目的"形式美论

2、"格律声色"说

——中国古代文学的纯形式美论

九　中国古代文学的鉴赏论

1、"知音"说

——中国古代的批评主体修养论

2、"以意逆志"说

——中国古代的文学鉴赏方法论

3、"好恶因人""媸妍有定"说

——中国古代的审美主客体关系论

十 中国古代的文学功用论

1、"观志知风"说

——中国古代文学的认识功用论

2、"劝惩美刺"说

——中国古代文学的教育功用论

3、"神人以和"说

——中国古代文学的宗教功用论

4、"趣味"说

——中国古代文学美感功用论

十一 "三不朽"说

——中国古代文学价值论

十二 中国古代文学理论的方法论

1、"训诂"

——名言概念的阐释方法

2、"折中"

——矛盾关系分析方法

3、"模拟"

——因果关系的推理方法

4、"原始表末"

——历史发展的观照方法

5、"以少总多"

——思想感受的表述方法之一

6、"假像见义"

——思想感受的表述方法之二

　　这个叙述框架分为三块。第一部分是一块，它从总体上介绍中国古代文论"文学是什么"和"文学应是什么"的基本文学观念。第二部分至第十一部分是一块，它按照文学创作发生的自然顺序，逐一阐述古代文论在创作过程每一环节上的主要思想，可视为文学创作论。最后一部分是一块，它探讨中国古代文论自身的方法论特征，并借以说明为什么中国古代文论思想上有系统而理论上无系统。这三块之间有着紧密的内在关联：中国古代的基本"文学"观念规定了古代文学理论作为文章学理论或者叫广义的文学理论的特征，奠定了中国古代文学原理的表现主义基调；而古代文论的方法论又渗透、体现在对文学创作全过程的各种文学现象的理论思考中，渗透、体现在表现主义文学观念中。第二块作为全书的主体，它的每一部分乃至每一部分下属的每一小节既环环紧扣、彼此照应，又独立自主、互不重复。

范畴是认识物件之网的"网上纽结"。在按照观念论、创作论、方法论阐述中国古代文学理论时，我们尽量从古代文论中具有代表性的主要范畴入手，如"虚静""神思""兴会""活法""定法""用事""赋比兴""文气""文质""言意""形神""意境""情景""真幻""变通""平淡""风骨""知音""趣味""训诂""折中"等。如果相应环节缺少合适的范畴，就在从古代文论中选取精要的命题去补充替代，如"文学以文字为准""文，心学也""文本心性""心物交融""辞达而已""观志知风""以意逆志""好恶因人""媸妍有定""原始表末""以少总多""假像见义"等。主要的范畴、重要的命题好比是"纲"，它们可以吸附、连缀一系列的范畴命题群和相关思想细胞，只要把它们各自的流变、内涵及其相互关系阐述清楚了，中国古代文学思想之"目"也就不言自明了。这就叫"纲举目张"。

系统建构中国古代文学理论，质言之即把古代文学理论的重要范畴、命题组合成一个大系统。不言而喻，"系统"的方法，或者叫"整体"的方法应当成为中国古代文学理论体系结撰的重要方法。所谓"系统"的方法，是指在阐述某一个古代文论范畴、命题时要有全局的视野，注意前后左右的照应和顾盼，不要把某一范畴、命题的重要性推向极端，将其涵义说得包罗万象，而为其它范畴、命题留下表述的空间。古人说："不谋全局者，不足以谋一域。"正是此意。

在将古代文学理论的重要范畴、命题组合成一个大系统时，古今相兼尤为重要。曾见一些讲述中国古代文学理论的论著，纯粹从古代文论范畴出发编织纲目，令今天的读者不知这些范畴究竟论述的是什么文学理论问题，应置于文学理论逻辑的哪一个环节。也曾见过另一类论著正好相反，单纯从现代文学理论著作的逻辑框架出发讲述古代文论思想，但从纲目上却看不到古代文论范畴、命题的原貌。因而，中国古代文学理论体系的纲目设计遵守古今相兼的原则，力图各取其长、各去其短。

在古今兼顾的格义中，"整合"的方法便显得必不可少。由于古代文论范畴、命题往往具有浑融性，常常横跨文学理论逻辑框架的诸多环节，今天我们按照现代文艺学论著所要求的逻辑结构去阐述它们，势必得以古代文论范畴、命题的主导思想为考虑标准，搁置其它次要涵义，将其整合在的合适的逻辑环节，同时对其他次要涵义在行文中加以交代。如"文，心学也""诗言志"，既是文学观念论，也是创作发生论，还是文学作品论等。不过按其主导涵义，笔者觉得放在"文学观念论"中论述更合适。又如"比兴"范畴不仅指创作方法，而且指内容寄托。我们依据"比兴"说的主导涵义，把它纳入"创作方法论"环节，而对它的其它涵义则在行文中加以交代。所谓"整合"，就是这个意思。

要厘清几十个古代文论范畴、命题产生发展的历史流变及其积淀下来的内涵，一切从零开始是不可想象的。新时期以来，学界在古代文论思想范畴的资料类编与专项研究中取得了丰富成果。这为中国古代文学理论的系统建构提供了综合的基础。综合既是对前贤成果的尊重和继承，也是对研究现状的超越与飞跃。某种意义上可以说，中国古代文学理论体系是对古代文论资料汇编与专题研究的深度加工。"综合"是融会贯通，它应当有自己的长期积累、深入思考作基础，才不致人云亦云、七拼八凑。用表情达意的"表现主义"作为主线去贯穿、统辖诸多古代文论命范畴命题，就是笔者在长期潜浸涵濡的基础上对中国古代文学理论民族特征和文化品格的概括。

为揭示中国古代文学理论的自身特点，还需要用比较的方法，与西方古典文论作比较。如果说西方自亚里士多德至黑格尔、别林斯基的古典文论是建立在"摹仿"说基础上的再现主义文论，中国古代文论则是建立在"言志"说基础上的表现主义文论。它们在文学创作的各个环节都有所体现。笔者反对过去的文学概论著作将古代文论与西方文论一锅煮的粗疏，但并不拒绝中西文论的比较。恰恰相反，只有时时注意以反映客体的西方文论为参照对象，中国古代文论表现主体的特点才能得到彰显。

中国古代文学理论的民族特点是由中国传统文化决定的。依据对古代文论范畴、命题的筛选、梳理系统阐述中国古代文学原理固然不易，但如果仅仅停留于就文论阐述文论，则未必切中肯綮。只有深入到中国古代文论特色文化成因的底里，才能令人信服，也能增加读者的阅读兴味。因此，用文化学的方法来考察中国古代文学理论民族特色的文化成因，就成为中国古代文学理论体系建构的另一方法。古代文论与中国文化的联系，主要体现在与中国古代的精神文化，主要是儒家文化、道家道教文化、佛教文化、宗法文化、训诂文化的联系上。因此，《中国古代文学理论》不只标志着中国古代文论走向系统研究，也标志着中国古代文论走向文化研究。

中国古代文学理论不仅能帮助今天的读者更好地理解中国古代文学作品，而且具有一种现实的穿透力。中国古代文学理论作为表现主义文论，它理应较再现主义文论更能有效地说明表现主义作品，特别是西方现代主义文学作品。西方文学自19世纪末以来，愈益向主体表现方向发展。在这些作品中，现实不再成为生活真实的反映，而蜕变为徒有其形、不反映生活本质规律的"幻相"（朗格语），成为象征"情感"的"形式"（朗格语）、表现主体的媒介。这类作品中"文字""现实""主体"的关系与中国古代文论中"言""象""意"的关系或"文字""景物""神情"的关系何其相似！当中国当代文学创作受西方文学影响日益向主体表现的方向发展时，中国古代文学理论作为"以意为主"的文论就有了有助于解释西方现代文学作品和中国当代文学作品的意义和价值。

二、中国古代文学理论的表现主义体系

中国古代文学理论不仅有自己的话语体系，而且有自己的思想体系，当然它也不是显性的，而是隐性的。这仍需要我们深入挖掘。这个隐性的潜在的思想体系是什么呢？就是"言志""达意"为主的"表现主义"。它作为一根红线，贯穿在中国古代文论的话语系统中，贯穿在中国古代文论体系叙述结构的诸环节之间，构成其相互联系、一以贯之的有机性和逻辑性。

所谓"表现主义"，是现代西方文论中与"再现主义"相对的一个概念。西方古典文论强调文学是现实的"摹仿"、是客观外物的"再现"，一般称作"再现主义"。西方现代文论强调文学是直觉的"表现"、主体的"象征"，一般称作"表现主义"。这里借用这一约定俗成的概念，作为对强调"文以意为主"的中国古代文论民族特色的概括。

什么是"文学"或文学之"文"呢？晚清以前，一直没有人作出明确的界说。但历代《文选》一类作品集、《文心雕龙》一类的文论著作不断涌现，

从入选及所论作品的体裁、范围来看，"文学"的外延是极广的，不仅包括美文学与杂文学，而且包括簿记、算书、处方一类的文字，如果说它们之间有什么共通点而统一叫做"文"，那就是它们都是文字著作。所以晚清章炳麟在《国故论衡·文学总略》中总结说："是故榷论文学，以文字为准，不以彣彰为准。""文"即"着于竹帛"的"文字"著作，不一定以"彣彰"、文采、美为特征。

然而，这只是古人对"文"的不带价值倾向的认识，或可视为古人关于"文"的哲学观念、知性界定。当价值观念掺杂进来之后，对"文"的认识则出现了新的变化。这个价值观念是什么呢？也就是"内重外轻"[1]。这是宗法文化形成的特殊价值取向模式。宗法社会以"国"为"家"，以人为本，故"治国平天下"最终归结为"齐家修身""正心诚意"。所以古人治国，尤重个人道德修养。而道德修养的方式，就是"吾日三省吾身""反身而诚，乐莫大焉"；为政向往的"仁政"理想，就是"正心诚意"了的国君以"己所不欲，勿施于人"的方式去对待臣民。一句话，无论上下，均应以治心为本，治心为贵。于是心外物色则成为无足轻重的东西。这就叫"内重外轻"。当它历史地积淀为一种价值取向模式并浸染到文学观念中来时，便出现了"文，心学也"[2]"文以意为主"[3]之类的文学表现论。这种把文学界说为心灵表现的文字作品的观念，可以说是关于"文"的价值界定，是文学观念中的价值论。

这种"文以意为主"的表现主义文学观念，是中国文学乃至中国艺术之"神"，是统帅中国古代文艺理论的一根红线。

让我们先来看古代文论中的创作主体论。中国古代既然认为文学应当是心灵表现的文字，则作家的心灵素质在创作中的作用和地位自然倍受重视。故古人喋喋不休地强调：作家要有"德"，以保证作品中的"善"；作家要有"记性""作性""悟性"，以炼就"学""才""识"，创造出富有"材料""见识"和"辞章之美"的文学作品。

再来看古代文论中的创作发生论。

---

〔1〕 （清）刘熙载：《古桐书屋札记》，清光绪十三年（1887年）刻本。
〔2〕 （清）刘熙载："游艺约言"，载《古桐书屋续刻三种》，清光绪十三年刻本。
〔3〕 （唐）杜牧："答庄充书"，载《樊川文集》卷13，《四部丛刊》本。

创作发生关联着两方面。一是创作的对象本源，一是作者观照世界的方式。前者偏重于客体，后者偏重于主体。古代的文源论，其形态有四：一、"人文之元，肇自太极。"二、"感物吟志，莫非自然。"三、"六经之作，本于心性。"四、"六经者，文章之渊薮也。"其实质则一："文本心性"。在中国古代文化中，"太极"即是"吾心"，"天道"即是"人道"。故"文肇太极"即"文本心性"。"物"是"太极"所生，"经"是"道沿圣而垂文"的产物，故"源物""渊经"二说亦可归为"文本心性"一说。这可看作表现主义在文源论中的渗透。

古代论作家艺术家观照现实的方式，不是单向的由物及我，而是双向的"物我双会""心物交融"。为什么呢？因为在古人看来，事物的美，不在事物自身的形质，而在事物所蕴含的人化精神。所以许慎《说文解字》释"玉"之"美"，是"美有五德"。邵雍教导人们"观花不以形"，因为"花妙在精神"[1]。这样，对象精神的美，就只能是为人而存在，就有待于"由物及我"后"由我及物"的能动创造。这种双向交流的审美观照方式，即"我见青山多妩媚，料青山见我应如是"式的观照方式，是一种表现主义的审美观照方式。

再次，我们来看古代文论中的构思论。

古代文论构思论大抵由"虚静"说、"兴会"说、"神思"说组成。由于古人习惯于"返观自身"，所以对文学创作中的构思状况有颇为清醒的内省认识；由于古人重视创作主体的地位和作用，所以对文学创作的主体心态有更多的要求。而表现主义的特点也在构思论中显示出来。"虚静"说是对构思心态的要求。古人认为，文学构思是一种高度专一、集中的思维活动。为保证这种思维活动顺利进行，构思主体在"运思"之先，须"虚心""静思"。"虚心"就是使心灵虚空无物；"静思"就是使各种杂虑停止运动。通过"虚心"，心灵从"有"变成"无"，其目的还是为了变成"有"；通过"静思"，心灵从"动"变成"止"，其指向还是归于"动"。这就叫"虚心纳物"（物：构思中的意象）、"绝虑运思"（思：艺术构思）。这是有无相生、动静相成的辩证心灵运动，是艺术构思的必经环节，结果是为艺术构思营造所需的心灵状态。

---

〔1〕（宋）邵雍："善赏花吟"，载《伊川击壤集》卷11，《四部丛刊》本。

当挪出了"虚静"的心理空间后，文学构思就登场了。"神思"说就是古代文论对文学构思特征的论述。"神思"即精神活动。这个概念本身昭示了表现主义文学构思的特点：它是一种外延广泛的心灵运动，可具象，亦可抽象，未必为"形象思维"。然而按中国古代"温柔敦厚""主文谲谏"的审美传统，表情达意不宜直露，最好托物伸意，即景传情，故"文之思"又经常表现为"神与物游"的意象运动、形象思维。这种思维分"按实肖像"与"凭虚构像"两种。[1]就"凭虚构象"一面讲，它可上天入地，来去古今，大临须弥，细入芥子，在空间上达到无限，时间上达到永恒。同时，它可离开物象，但须臾不可离开语言作孤立运动，所谓"物沿耳目，辞令管其机枢"。这里，它又时常流露出文学作为广义的语言文字著作这一文学观念的烙印。

"兴会"即兴致之钟会，也就是灵感。"兴会"说对文艺构思中的特殊状态——灵感现象的特征和奥秘作了深入剖析。"文章之道，遭际兴会，抒发性灵，生于临文之顷者也。然须平日餐经馈史，霍然有怀，对景感物，旷然有会，尝有欲吐之言，难遏之意，然后拈题泚笔，忽忽相遭，得之在俄顷，积之在平日，昌黎所谓'有诸中'是也。"[2]灵感是偶然与必然、倏忽与长期、天工与人力、主观与客观、不自觉与有意识的对立统一。

表现主义在古代文学创作方法中有什么表现呢？我们挑出几个主要的方法来看。一是"活法"。古代文论连篇累牍地强调"活法"这种文学创作"大法"。"活法"的本义是灵活万变、不主故常之法。什么是灵活万变之法呢？就是"随物赋形"之法。这个方法表现的对象性的"物"就是心灵意蕴。于是"活法"又被界说为"辞以达志"之法、"惟意所之"之法、"因情立格"之法、"神明变化"之法。意蕴千姿、情感百态，故表情达意的方法也千变万化，不主故常，"活法"之"活"，注脚正在于此。

中国古代崇尚"温柔敦厚"的礼教，故表情达意切忌直露。"用事""比兴"正是含蓄委婉地表情达意的有效方法。"用事"即引用成辞、故事，把自己的意思放在古代的言语、事件中让人品味。"比兴"照郑玄的解释，"比"即"见今之失，不敢斥言，取比类以言之"；"兴"即"见今之美，嫌于媚

---

〔1〕 详参（清）刘熙载：《艺概·赋概》，上海古籍出版社1978年版，第86~106页。

〔2〕 （清）袁守定："谈文"，载《占毕丛谈》，光绪重校刻本。

谀，取善事以喻劝之"〔1〕。易言之，"比"是委婉的批评、讽刺方法，"兴"是委婉的表扬、歌颂方法。后来，"比"一般被视为以彼物喻此物的"比喻"方法，"兴"一般被理解为委婉的开头方法。"用事""比兴"说到底均为委婉、含蓄的表情达意方法。

在古代文学作品论中，表现主义烙印何在呢？

古代文论有"文气"说。"气"，西人译为"以太""生命力"。置于古代哲学元气论中看，它不外是一种"元气"。"元气"是生命力的象征，故"文气"实即"文学生命"。文学怎么才能有"生命"呢？就是要在对象性描写中寄寓人的精神。如果就物咏物、即事叙事、不寓情、不寓意、不寓识、不寓气，则"物色只成闲事"，文章只成"纸花""偶人"，必然毫无生机。

古代的"文体"说论述了十几至几十类文体的特点，而论述得最充分、最详尽的文体往往都是与心灵表现相关的文体。如诗歌是"言志咏情"的，散文是"以意为主"的，历史是"寓主意于客位"的，辞赋是"有自家生意在"的，小说是"寓意劝惩"的，戏剧是"不关风化体，纵好也徒然"的。对于书、籍、谱、录之类与心灵表现无关的文体，古代文论论之甚少甚简，古代文选也收之极为有限。这说明，表现主义文体在古代是最受欢迎、重视的。马克思曾指出：一种理论的实现程度取决于大众对这种理论的需要程度。正是在中国古代普遍崇尚表现情达意的文化环境中，表现主义文体才成为文学创作的主流。而诗之所以成为古代文学的正宗，具有凌驾于其它文体之上的最高品位，与诗这种文体与心灵联系得最为紧密不无关系。"诗"照文字学家的解释，本身就是由"言志"二字构成的。

关于文学作品形式与内容的关系，古代文论的"文质"说、"言意"说、"形神"说分别作了论述。"文"即"形式"，"质"即内容。由于古代并不以"形象"为文学必不可少的特征，而以人的心灵意蕴为高品位的文学作品不可或缺的因素，故文学作品的"文质"关系，一般表现为"言意"关系。为含蓄不露地表情达意，古代文论又强调"以形传神"，故"文质"又常常表现为"形神"。这里，"形"是"物之形"，"神"是外化为"物之神"的"我之神"。通过"言"描写"形"从而构成了"文"（形式），以表达作为"质"的主体之"神"，这就是古代文学作品形式内容关系论的总体走向。

---

〔1〕（东汉）郑玄："周礼注疏"卷23，载《十三经注疏》（上），上海古籍出版社1997年版。

古代文论中有大量的"意境""意象"理论。曾有不少学者把"意境""意象"与现今文学理论教科书中作为文学特征的"形象"等同起来。这并不确切。首先，我们必须辨明，"形象"在今天的文学理论教科书中曾经是作为文学必不可少的特征出现的，而"意境"或"意象"并不是古代文学必不可少的特征。古代不少被认可为"文"的作品并不具备"意境"或"意象"，"意境"或"意象"毋宁说只是古代表现主义文学作品的特征。其次必须辨明，"形象"与"意象""意境"的来源、重心各不同。现在通行的文论教科书承袭的是西方文论的模式。在西方文论模式中，"形象"产生于对客观外物的"摹仿"。"摹仿"愈忠实，"形象"愈真实，主体思想感情的介入就愈少，所以"形象"的重心在"象"不在"意"。"意境""意象"则不同。它诞生于运用含蓄的、审美的手段（即物象）实现表情达意的目的这样一种机制，故重心在"意"不在"象"。

诗歌，是古代表现主义文学作品之最。"诗者，吟咏性情也。"诗歌中的"意"，往往具体化为"情"。诗"以含蓄为上"，以"比兴"为主。诗歌中通过"比兴"温柔含蓄地表达"情"的媒介，又常常落实为"景"。故"情景"实即诗歌中的"意境"，"情景交融"实即"意境浑融"，"情景"说即诗歌"意境"形态论。

从中国古代诗歌创作的内在机制上说，既然"情""意""神"被公认为诗歌所应表现的内容和传达的目的，"景""象""形"被视为诗歌表情、达意、传神的形式和手段，那么，自然之"景"和物之"形""象"就自然会为了表情、达意、传神的需要而发生变形，而这种变形的手段往往是夸张和比喻。"白发三千丈，缘愁似个长"，就是为表情、达意、传神的需要运用夸张和比喻描写物象发生变形的典型例证。这种情况，与中国古代画坛流行的不拘形似的写意画出于同一机杼。这便形成了古代文论艺术真实论中的"真幻"说。在诗歌作品的"意境""情景""形神"中，写"意""情""神"是"真"，写"境""景""形"是"幻"。而在西方再现主义文学作品中，物象的描写必须真实，作家的心灵意蕴必须蕴藏在真实的物象描绘中。正是在这点上，中国古代文论的艺术真实论呈现出不同于西方文论的民族特色。

古代文学作品的风格从总体上分有阴柔与阳刚两大类。阴柔之美表现为"平淡"，阳刚之美表现为"风骨"。"平淡"的特点是似淡实浓，言近旨远，美在意味深长；"风骨"的特点是情怀壮烈，意气刚贞，美在动人心魄。我们不妨把它们看作是表现主义的两种不同风格表现形态。"风骨"作为一种崇高美，其表现主义特征尤其可以在与西方艺术崇高美的对比中见出。西方人讲的"崇高"，对象体积巨大、"数学的崇高"是不可或缺的突出因素。这在中国古代的"风骨"美中却可有可无。"风骨"所更侧重的是"力学的崇高"，是一种"浩然之气"，是高远的抱负和令人仰慕的精神境界。

古代文论论文学作品的形式美，一个重要组成部分是与内容相联系的形式美，即"合目的"的形式美。用宋人张戒的话说，就叫"中的为工"〔1〕。这个形式所要瞄准、击中的"的"是什么呢？主要的不是客观之物，而是主体之神。所谓"辞，达而已矣"〔2〕。"达"的对象就是"意"。"辞达而已"即文辞对"意"的表达"无过不及"之谓。辞不及意为质木无文，辞过乎意则为巧言靡辞，均不可取。

作品的表现主义特色，同样规定了审美鉴赏不同于西方文学接受的特点。

西方文论讲文学接受，是"披文入象"，通过文学语言把握它所再现的社会生活。中国古代文论讲文学鉴赏，则是"披文入情"，通过语言文字把握它所表达的作者思想感情。有时，作者的思想感情并非由文字直接表达的，而是在形象描写中含蓄地流露出来的。在这样的作品中，欣赏者的接受步骤就分两步走。首先是"披文入象"，通过文字认识它所描写的物象；紧接着是"披象入情"，通过物象描写认识它所传达的情意。由于古代文学作品多讲究含蓄不露地传达，所以读者对于作品中的"意"往往不是一下子能认识的，而是通过"一唱三叹""反复涵泳"、慢慢咀嚼回味才能领略的。"优游涵泳"，是含蓄的表现主义文学作品的特殊鉴赏方法。

不仅如此，"内重外轻"的思维模式还使中国古代文论特别注重发挥读者在文学鉴赏接受中的主观能动性。这种主观能动性表现为读者在阅读中会以自己的经验与想象去丰富作品的内涵。所谓"作者之用心未必然，读者之用心何必不然"〔3〕；"诗无达诂"〔4〕；"文无定价"〔5〕。然而古代文论同时又

---

〔1〕（宋）张戒："岁寒堂诗话"，载丁福保辑：《历代诗话续编》，中华书局1983年版。

〔2〕《论语·卫灵公》孔子语。（宋）朱熹：《四书章句集注》，中华书局1983年版。

〔3〕（清）谭献："复堂词录序"。《复堂类稿》光绪刻本文一。

〔4〕（汉）董仲舒：《春秋繁露·精华》，《二十二子》本，上海古籍出版社1986年版。

〔5〕（宋）苏轼："答毛滂书"，载《经进东坡文集事略》卷47。按：原话为"文章如金玉，各有定价。"

看到，尽管"好恶因人"，但"妍媸有定"〔1〕。"书之本量初不以此加损焉"〔2〕这是作为鉴赏主体的读者与作为审美对象的作品之间的一种"双向交流"。既肯定、鼓励鉴赏主体的能动创造，又不否认审美对象自身固有的美学价值。不妨视为作者作为审美者在观照现实世界时的"物我交流"方式在读者审美环节上的一种复现。

表现主义同样在文学功用论上留下了自己的印记。

西方文论讲文学的认识功用，是对现实的认识功用，而作家的面影则在高度忠实于原物的描写中淹没了。中国古代文论也讲文学认识现实的作用，如"观风"云云，但文学对社会时代风貌的这种认识作用是通过人情这个中介间接实现的，所谓"治世之音安以乐，其政和；乱世之音怨以怒，其政乖"〔3〕云云，即是显例。易言之，古代文学对现实的认识功用是间接的，对作者思想感情的认识功用是直接的。"文者，作者之胸襟也"。通过作品，我们可以更方便、更直截了当地"知人"。

由于古代文学作品重视"善"的道德情感的表现，所以借助文学手段，上可"教化"下、下可"美刺"上，文学的教育功用是自然而然、不言而喻的。

古代文论论文学作品的美感功用，有"趣味"一说。"味"是重经验感受的中国人用以指称"美"的常用术语。古人"趣""味"联言，既可释为偏正结构的复合词，指"趣之味"，也可释为联合结构的复合词，"趣"即"味"，"味"即"趣"。从历史流变来看，是先有偏正结构的"趣味"，才有联合结构的"趣味"的。易言之，即"趣"先被人们认可为"味"，才得以与"味"并列构成一个双音词同指"美"的。而"趣"的本义有什么呢？文字学告诉我们，它本与"旨趋"的"趋"相通，即"意旨"。在古人看来，一部作品只有意蕴深厚，使人感到意味深长，才有"味"、有"美"。"趣"就这样与"味"走到一起了。可见，"趣味"即"意味"，它是中国特色的艺术美，与西方文学摹仿的逼真美迥异其趣。

徐复观在《中国艺术精神》中把庄子精神界说为中国艺术（主指绘画，

---

〔1〕 （晋）葛洪：《抱朴子·塞难》，载《四部丛刊》本。
〔2〕 （清）刘熙载撰：《艺概》，上海古籍出版社1978年版。
〔3〕 "毛诗序"，载《十三经注疏》，上海古籍出版社1997年版。

亦与文学相通）之神。步承此旨，叶朗在《中国美学史大纲》中把中国古典美学的命脉描述为：通过有限走向无限，通过有形走向无形，这"无限""无形"就是老庄式的"道"，即弥漫于宇宙、派生万物的客观实体。尽管这自成一说，也不乏精彩论证，但这却是不合中国古代"凡诗文书画，以精神为主"[1]的表现主义实情的。不错，中国艺术是通过有限走向无限，通过有形走向无形，但这"无限""无形"不一定是客观实体性的"道"，而更多地呈现为主体精神性的"意"。文学艺术是内容与形式统一体，内容有主、客之分。侧重于用形式反映客观内容的形成再现性艺术，侧重于用形式表现主观内容的形成表现性艺术。如果我们既不作绝对化的理解又照顾到主导倾向，对此我们是不难达到共识的。中国古代文学理论，就是对这种表现主体的文学作品的理论概括。[2]

第二节　科学的体系 恢宏的视界[3]

中国古代文论是我国几千年文学实践的理论总结，是一份珍贵的历史遗产。发掘、整理和研究古代文论，不仅能够把握我国古代文学实践及其理论的特征，而且对我们建立现代化的，具有民族特色的文学理论，有着十分重要的价值。正因为如此，我国古代文论的研究曾出现过空前繁荣的景象，得到了迅速的发展。对古代文论材料的发掘、资料的类编，对文论史的研究，各种范畴、命题的探索，都极大地丰富了古代文论的研究。研究的繁荣总是酝酿着突破，科学发展到一定程度也要求能对它的对象进行整体与综合的把握。由上海学林出版社推出的青年学者祁志祥的新著《中国古代文学原理》（以下称《原理》），就是一部对中国古代文论进行整体与综合研究的开拓性著作。它突破了古代文论研究中长期徘徊在零散、重复研究的局面，把古代

---

[1]　方东树：《昭昧詹言》卷一，人民文学出版社 1961 年版。

[2]　详参祁志祥：《中国古代文学理论》，山西教育出版社 2008 年版。

[3]　作者贾明，上海师范大学文学院副教授。本文原载《社会科学》1994 年第 5 期，是关于祁志祥《中国古代文学原理——一个表现主义民族文论体系的建构》（学林出版社 1993 年版）的评论。该书 13 年后与山西教育出版社联合申报"十一五"国家级高教规划教材《中国古代文学理论》，通过教育部组织的专家评审，于 2008 年出版。2018 年华东师范大学出版社出版的"十一五"国家级高教规划教材《中国古代文学理论》修订本，除增补的第 13 章外，其余都保留了 1993 年出版的《中国古代文学原理》的原文。

文论的研究推向一个新的、更高的台阶。

《原理》最引人注目之处，就是作者致力于建构我国民族文论体系。对民族文论作体系建构是一项十分艰难而又担当很大风险的工程，这是由我国古代文论特殊的理论形态所决定的。我国古代文论不同于西方文化那样注重完整的体系，注重逻辑和形而上的思辨，而是尚实用，重热情，轻体系。正因为如此，我国古代文论的理论价值还有待进一步开掘和确定。所以在建构民族文论体系时，不仅要进一步发现和评估古代文论中有价值有意义的东西，而且没有现成的理论体系可资参照，因而体系的建构本身就意味着开拓和创造。在《原理》中，作者令人信服地建构了我国民族文论的体系，科学地对我国民族文论作了整体和综合的理论考察。

一个科学的理论体系需要扎根在对它的对象的科学观察和研究基础上。《原理》并不企图建立一个包罗万象的、能说明一切的理论体系，而是着力于对我国民族文论特征的把握。长期以来，人们常用西方文论的观念和价值来解释一切文学现象，往往因其分析的外在性而失落了具体文学现象的实质。《原理》则较为注意对具体的文学现象的观照，通过对我国古代文学实践和理论的大量而翔实地研究，作者梳理出一条统率我国古代文论的红线：表现主义，认为中国古代文论是对表现主义文学作品的理论概括。在对我国古代文学实践的鲜明特征的本质把握中，作者确立了自己对民族文论体系的建构基础。

同时，《原理》具有十分合理而完备的理论框架。说它合理，是因为它非常契合文学活动的实际。它从中国古代文学的观念论开始，论述了古代文学的总的特征，然后对中国古代文学的创作序列和环节展开研究，涉及了古代文学创作的各个方面和理论范畴，最后以剖析古代文论的方法论而告终。这样不仅从整体上把握了我国民族文论的概貌，而且显示了较强的逻辑性。说它完备，是因为它涉及我国古代文化的各个方面。它从众多的理论范畴中整理、概括了 40 个命题，恰到好处地纳入其理论框架。一个理论范畴，对之作孤立的考察和将它置于一定理论框架中研究是不一样的。当一个范畴进入一定的理论框架时，实际上就是将这个范畴放在一个恰当的位置和有机的网络中进行考察，并与其他范畴互相照应，显示了研究的整体性、综合性和有机性。在《原理》中，各种理论范畴和命题不再是零碎的、相互无涉的，而都是在一定的理论框架中得到认定和观照，并获得了科学而有新意的阐释，这实际上深化了对古代文论的理论实质的认识。《原理》从古代文学创作的实际出发，注重对文学创作规律的把握，其论及的大多数范畴和命题，均深入到文学创作的实际，也就是所谓的"内部规律"，特别是详细论述了一些即便在当今文学理论中也常常被忽视的问题，如文学形式美论，文学风格的阴柔美（平淡）与阳刚美（风骨）等。在《原理》之前我国古代文论似乎还没有这样被全面而又系统地研究过。

体系并不能够在材料中自然而然地显示出来，任何体系的建构其实都反映着建构者的主观意向和追求。《原理》所建构的民族文论体系实际上有着很强烈的当代性，也就是说，作者是从当代意识的高度对古代文论的种种范畴和命题进行统摄和审视，将之置于当代的理论背景中加以纵横参照。但是这样做并不意味以今格古，用今人的思想去取代古代文论的内涵和意图。相反，《原理》十分注重古代文论范畴和命题的原生态和浑融性，从而保证了阐述的可靠性和准确性。正如作者所说，"这个框架是现代的又是从古代文艺思想的潜浸涵濡中抽象出来的。"在研究古代文论中，历来有"我注六经"与"六经注我"之争，前者偏向于历史材料的准确性，着眼于材料的搜集和事实的铺陈；后者强调现代意识，从当代理论背景出发来考察古代文论。在《原理》中，辩证地处理了这两者关系，将古代文论的原生态与当代理论的逻辑性融为一体，高屋建瓴，体现了今日科学研究的风范和趋向。

《原理》不仅在建构民族文论体系上站得高，而且在把握古代文论的特征上看得远，它的研究中体现了一种宏观的视界。作者也认为《原理》的主要价值"在论不在史，在阐发不在考证，在加工不在开发，在宏观不在微观。"作者根据自己广阔的知识结构，采用多学科、多角度、多方位的方法对古代文论的各种范畴和命题作综合考察，因而获得了宏观的视界。这并不说明作者忽视了微观，因为宏观的把握正是基于对微观的透彻认识之上。如《原理》在讨论"真幻"说即文学真实论时，就历史地考察了小说戏曲的艺术真实特征和诗歌辞赋的艺术真实特征。又如在谈到中国古代的文学特征论时，也考察了中国古代"文学"概念内涵的沿革。只不过这些微观的历史考证常常在一种宏观把握的意识下，透露出整体化的力度和新意。

《原理》之所以有宏观的视界，主要得力于它的文化学研究方法。一般来说，宏观研究需要一种综合的方法，而文化学的方法则是种较为新颖的研究工具，作者利用这一方法较好地分析了中国古代文论的文化成因和文化性格。

《原理》注重对古代文论的文化考察，超越了一般地解说、论述古代文论内涵的层面，将文论的研究衍化成揭示古代文论所表现的文化精神的研究，从而为更加深刻地理解作为文化现象的古代文论的理论实质，提供了一种新的宏观视界。如《原理》在讨论"心物交融"的艺术观照方法时，就着力探讨形成这种超验把握方式的文化背景，认为中国古代"天人感应""物我交流"的世界观与方法论，"虚静"的哲学观照方法论与"比德"的审美观照方法论，以及"无欲""有欲"以观"道"的方法论，圆融真、俗二谛观诸法的"中观"方法论等，给"心物交融"的艺术观照方法论提供了特殊的文化氛围。又如古代创作论中的"活法""定法"问题，人们一般容易理解为具体的写作技巧问题，而《原理》则力求在更深沉的文化机制中寻找答案。根据中国文化的特点，《原理》在阐述具体问题时，总是联系儒家、道家、释家以及宗法和各种哲学思想进行探讨，其出色的结论往往与其文化学的视界密切相关。

运用比较方法也是《原理》拥有宏观视界的一个重要方面。令人耳目一新的是，《原理》把中国古代文论与西方现代文艺美学相比较。在我们过去的研究中，许多古代文论问题无法与当代文论所关注的问题联系起来。古代文论似乎只能拘囿于说明古代的文学实践。作者认为，西方现代文学已愈益向表现主义方向发展，因而中国古代文学原理能较好地说明西方现代主义作品，而西方现代文艺美学也能给中国古代文论以映照和解释，据此可昭示中国古代文论的当代意义与世界意义，反过来也能更好地把握其民族特点。因此《原理》在对许多范畴和命题的论述中，运用现代西方文艺美学观点对中国古代文论进行分析和比较。如在论及中国古代艺术观照方法论时，运用现代心理学的观点进行分析；在对中国古代文学创作主体论的探讨中，比较了由中西方文学的特点而导致对创作主体的不同要求等。总之它涉及了众多的西方现代文艺美学理论，如苏珊·朗格的"情感–符号"理论，俄国形式主义以及结构主义理论等，不仅使得中西理论融会贯通，而且使得中国文论中的古老范畴和命题由于有了现代理论的背景和依据而显得气象万千，充满了新生的活力。

当然《原理》在对其理论范畴及命题的具体论述中，也有值得商榷之处。如意象理论是我国古代文论中最具表现主义特征的范畴之一，而在《原理》中却未得到足够的重视，将之与意境等同，理由是不够充分的。另外，有的范畴具有多重含义，一旦纳入预设的理论框架中，就有可能将其丰富含义简单化。如比兴突出其创作方法的含义后，则舍弃了在寄托、体裁等方面的含义。这也说明在理论框架和某些具体范畴的互相顺应与契合上，还有待更深入地探讨。

第三节　建构中国文学理论体系的有益尝试[1]

上海学林出版社"青年学者丛书"推出祁志祥《中国古代文学原理》一书，近已引起读者注意。众所周知，本世纪我国通行的文学理论教材，在观念、体系上几乎都是西方的，中国民族文论，在其中只不过是点缀，甚至仅作为证实西方文论的素材。用西方文论解释再现性的史诗、戏剧、小说是精当的。以此解释表现性的中国古代诗文就显得鞭长莫及或隔靴搔痒了。因此早在 10 多年前大陆学者就呼吁：建立具有民族特色的文学理论体系。有志于此，祁志祥先生用数年之功夫，锲而不舍，撰成此书。

本书绪论开宗明义地提出中国文学原理的表现主义体系并详加论述，提示了全书的主要内容和论述主旨。其主要观点为：中国古代文学的价值观念是"内重外轻"，即以治心为本，这是从古代中国学者以"国"为家，以人为本，"治国平天下"，最终归结为"齐家修身""正心诚意"的价值取向转换而来；于是中国文学尊奉"文，心学也""文以意为主"的心灵表现的文字作品的观念。这种表现主义的文学观念，是中国文学乃至中国艺术之"神"，是统帅中国古代文学理论的一根红线。接着作者还比较中国表现主义文学作品的审美接受不同于西方文学接受的特点。西方讲文学接受，是"披文入象"，通过文学语言把握它所反映的社会生活；中国古代讲文学接受，则是"披文入情".通过语言文字把握它所表达的思想感情。作者进而指出：由于古代作品大多讲究含蓄不露的传达，所以读者对于作品中的"意"，往往不是一下子能看见的，而是要通过"一唱三叹""反复涵咏"，慢慢咀嚼回味才能领略的。

早在 20 世纪 70 年代末至 80 年代初，山东大学周来祥教授首先指出中西文学在审美体系上的表现和再现的基本区别，但学术界于此深入讨论不够。

---

〔1〕　作者周锡山，上海艺术研究所研究员，发表时署名金易。原载《学术月刊》1995 年第 8 期。

祁志祥此书以中国文学原理的表现主义体系为全书之纲，作出刷新文学原理研究格局的有益尝试，是有意义的。作者又指出：徐复观在《中国艺术精神》中把庄子精神界说为中国艺术（主要指绘画. 亦与文学相通）之神。步承此旨，叶朗在《中国美学史大纲》中把中国古典美学的命脉描述为：通过有限走向无限，通过有形走向无形，这个"无限""无形"就是老庄式的"道"，即弥漫于宇宙、派生万物的客观实体。这个似是而非的结论并不符合中国古代"诗文书画俱以精神为主"（方东树语）的表现主义实情的。这"无限""无形"应是主体精神性的"意"。侧重于用形式反映客观内容的就形成再现性艺术，侧重于用形式表现主观内容就形成表现性艺术。如果我们既不作绝对化的理解又照顾到主导倾向。我们就不难达到这个共识：中国古代文学理论就是对这种表现主义文学作品的理论概括。

《中国古代文学原理》全书 30 余万言，凡十二章，其宗旨是建构中国文学原理，即把中国古代的重要文学理论命题、范畴组合成一个科学系统，因此本书在写作上首先注重系统或曰整体的方法；其次又不时采取比较的方法，与西方古典文论、美学比较，以昭示中国古代文学原理的当代意义与世界意义；最后，本书又十分注重用文化学的方法来考察中国古代文学原理的文化成因和文化性格，尤其是着眼于古代文论与民族的精神文化——儒家、道家、道教和佛教文化、宗法文化、古代哲学乃至治经用的文字训诂学的联系，显示了作者宽广的学术视野。

本书作为建立中国文学原理学科的第一部著作，其所取得的学术成就难能可贵。与前人相比，刘若愚《中国的文学理论》，主要是向西人论述中国古代文学的观念，在学术性中兼顾普及性，加之用西文写作的语言限制，又用西方理论作为阐释的基本框架，而本书在论述范围和探讨的深度上可谓胜于前贤。

第四节　开创古代文论研究的新格局 [1]

古代文论的显著特点之一，是其存在形态的零散性。由于传统文化及思维模式等因素的影响，中国古代文论家喜欢以随笔随录的方式阐述理论见解。

---

〔1〕　作者吴建民，江苏大学中文系教授。本文原载《读者导报》1994 年 6 月 20 日。

诗论多是对具体作品的赏析、品评，以《诗话》为主要表述形式；小说、戏曲理论则以评点的方式表述。很多精辟的理论大量散布于诗文、序跋、书函、杂纂等著述中。古代文论虽资料浩繁，零金碎玉式的精彩论述屡屡可见，但系统的理论著作终寥寥无几。这种理论存在形态的零散性导致了当今古代文论研究的局限性。从宏观方面看，古代文论研究一直停滞于纵向的文学批评史的著述，而缺乏横向的理论体系的建构；从微观方面看，古代文论研究局限于对个别范畴、命题或个别理论家的探索上。这些局限不可避免地导致"研究成果"的重复，文学批评史的结构线索大同小异；范畴、命题研究文章的面目彼此类似，相互包容。因而，如何使古代文论研究走出困境，建构出民族文学原理的理论体系，开创新的研究格局，已是当今古代文论研究界日趋急迫的任务。最近，学林出版社出版祁志祥先生撰著的《中国古代文学原理》一书，正是走出困境、开创研究新格局的出色成果。本书有如下特点。

第一，从古代文论实际出发，以当代意识为指导，所建构的理论体系具有鲜明的民族特色。中国古代文论丰富浩繁，在发展过程中，已形成一套独特的术语体系和理论体系，只是这种理论体系未以严密的逻辑系统表述出来，而是如些有识者所指出的，以"潜体系"的形态存在着。如何设计一个合理的理论框架，来全面阐述古代文学原理，从而使"潜体系"变为"显体系"，已成为困惑古代文论研究界多年而又是建构民族文学原理所不可回避的难题。本书作者在处理这一问题时，既不是按今天文学理论教科书的现成框架去硬套古代文学原理，也不是完全撇开现代文学理论而以古论古，而是从古代文论的实际出发，以现代文学理论为指导，来建构古代文学理论体系的。

第二，从民族文化背景上剖析古代文论的生成机制和发展规格。古代文论一方面是对古代文学的理论抽象和概括，另一方面又深受民族传统思想文化的影响，它的产生、发展是在古代文化的浸润、滋养下进行的。因而，只有从文化学的角度审视古代文论的发展变化，才能昭示出形成古代文论独特特征的内在深层原因，而不致有隔靴搔痒之感。本书花了大量篇幅，探索了古代文论与古代文化之间的种种复杂联系。这种探索又以纵向切入和横向交叉审视两种模式展开。纵向切入是将古代文论的某些特点置于一定的文化背景上，分析古代文化对这些特点的影响。

第三，宏观把握与微观探索紧密结合。作为一部中国古代文学原理的著作，它所架构的理论体系必须能在较广泛的意义上涵盖本民族文学理论的最基本方面，它所阐述的应是那些能成为共识的东西。只有这样，它才能具有较强的普遍性、原理性和广泛的适用性。鉴于此，本书采取了宏观把握与微观探索相结合的方法，即从宏观角度把握古代文论中最重要、最典型、最能显示民族文学理论特征的东西，并以此为线索，联络整个理论程架。纵观全书，作者对每个论题的论证都能做到探源溯流，阐精发微，旁征博引，言之谐之，新见丛出。

本书所述的中国古代文学原理，不是凭空虚构，而是立足于古代文论丰富资料和严密论证基础上的切实建构。虽然它不是完美无缺，但作为一部开创性著作，其意义是深远的。它不但对于我们继承、发扬中华民族的文学理论传统，弘扬祖国优秀文化有巨大价值；不但有利于促使目前古代文论研究走出艰难的困境，而且标志着中国古代文学理论走向现代，走向世界，已迈出了坚实的一步。

第五节　民族传统文论体系的全新建构[1]

祁志祥同志经过五年多的勤奋努力，终于完成了他对中华民族古代文学理论体系的全新建构，一部洋洋30余万字的《中国古代文学原理》，1993年7月已由上海学林出版社推出。

我国古代文学理论源远流长，博大精深。但自近代以来，无论是民族救亡，还是民主启蒙，都使这份文化遗产腹背受敌、处境难堪。而近年来虽然学术研究受到宽容对待，但炒洋炒新又在滚滚商潮声中把中国古代文论的清理和研究逼进死角。就是在这种情况下，志祥同志开始了他的这项研究工作。

对于学人，从事开创性工作不仅仅需要胆量和勇气，而且更需要不同于常人的识见和功力。无前者，开创性的思考不可能成形；无后者，开创性思考也只能流入辉煌的空洞。应该说，志祥同志兼二者而有之。不媚时俗地选择古代文学理论体系建构课题显示了他的胆量的勇气，而扎扎实实，严密推证则证实了他的识见和功力。

《中国古代文学基本原理》原本是个极平常的题目，但副标题"一个表现

---

〔1〕　作者王长华、田兆元，河北师范大学、华东师范大学教授。本文原载《文论报》1993年11月20日。

主义民族文论体系的建构”却异常醒目和别具一格。关于中国中古代文学表现主义特征的话头似乎早有人讲过，但以表现主义概括中国古代文学理论，且要建构一个体系，还真是一件开创性事业。著名文学理论家徐中业教授在本书序言中正确地指出，当前文学理论研究中仍然是知古者不知今，或知今者不知古，“古今成为两概，观念未通，方法不同，各走各的路。”而志祥同志的著作则更突破了既有研究格局，企图走向古今打通和中西合璧的新的综合，以摆脱中国古代文学理论研究的困境，仅此一点就足以成为我们肯定本书的理由。

敝帚自珍和盲目崇拜都可能导致研究者的心理失衡和标准失度，我们从《中国古代文学原理》十二章节的严谨结构和细密论证中已经看到了作者把握、建构中国古代文学理论经体系的科学态度。

第六节 中国古代文论体系的现代性构建[1]

在源远流长的中华文化中，文学是其中最为发达、繁荣的重要构成之一。辉煌灿烂的古代文学赋予中国以诗的国度的美名，而在文学领域，作为其构成的重要元素或两翼之一的文学理论批评，却与文学作品的存在方式与形态，形成了对比鲜明的不一样的状况，那就是在数千年的文学史的发展长河中，作为完整体系形态的文学理论批评著作除了《文心雕龙》《原诗》《艺概》等之外，古代中国的文学理论思想和批评实践的经验几乎都是以“诗文评”为主流的散逸形态所书写呈现，即使是少数几部专门论著，其内在构成方式也并非是现代性的以逻辑—概念为基础和原点生发构建起的理论体系，或者说，立足现代社会的学术语境来看，中国古代在文学理论批评方面虽然有着极其丰富的学术宝藏，但它们还缺乏一种完整宏大、具有充分的现代学术理论话语方式和表达形态的构建和呈现。因此，到了20世纪80年代，改革开放的中国再次与当代外部世界在现代性的话语语境中努力沟通以形成文明的同步对话交流的格局之际，构建中国古代文学理论体系的心愿就成了中国文学理论界特别是中国古代文学理论批评研究界的共同诉求。而1993年以《中国古代文学原理》为名由学林出版社出版、被教育部列入“普通高等教育‘十一

---

〔1〕 作者张灵，中国政法大学学报编审、人文学院教授。本文原载《河北师范大学学报》2020年第4期。

五'国家级规划教材"于2008年以《中国古代文学理论》为名由山西教育出版社出版、又经修订扩展并于2018年由华东师范大学出版社出版的这本《中国古代文学理论》，则是这种以现代性的思维品格体系化、原理化构建、呈现中国古代文学理论批评学术宝藏的一部颇为成功的创新之作。

一、将中国古代潜在化、分散态的文论思想实现了原理化、体系化建构

就一般意义的中国古代文论研究来说，20世纪实有不少筚路蓝缕、取得巨大成就的学术大家，但他们多致力于沿着时间线索历述文论发展的过程和古代文论家各自的成就，在这方面郭绍虞先生、钱钟书先生、罗根泽先生、王运熙先生、杨明照先生、宗白华先生等都是这个领域令人耳熟能详的大家，到了80年代王元化先生、李泽厚先生、徐中玉先生、敏泽先生、顾易生先生、张少康先生、叶朗先生、陈良运先生等在古代文论方面的学术贡献也颇为引人注目，但他们的著作也大多以"史"的方式书写或只针对某个文论概念、命题以论文形式将之呈现。应该说建构完整体系以笼盖整个古代文论思想的原理化、体系化的学术著作较为鲜见，这其中李壮鹰先生在1989年由齐鲁书社出版的《中国诗学六论》应该说是在新时期出现的较早的尝试中国古代文论研究体系化呈现的较为成功的著作。该著主体部分由"导论""本体论""生成论""主体论""作品论""欣赏论"构成，这就从文学的本体、创作、文本和接受等几个方面对中国古代文论体系的几个大的方面作了初步的系统化建构，其尝试、开创之功及一些具体的学术新见在今天依然不可忽略，但从中国古代文论体系的系统、周密和内部层次构造的健全与丰富、对古代文论思想包括其中的各个概念、经验的容纳覆盖之全来说，自然留有很大的研究与书写的空间，换句话说，这是一部初步的尝试之作而不是一部完整健全的、体周虑精之"中国古代文学理论"的原理之作。而通读祁志祥主编的这部近乎50万字的《中国古代文学理论》，将之放在当代中国的古代文论思想研究的学术史的语境来看，可以欣慰地感知到这恐怕称得上是一部真正将中国古代潜在的文论思想体系及其网络的众多概念珠玑以当代中西汇通的文学理论研究意识、方法、话语方式在当下的学术语境中搜罗、梳理、琢磨、勾连而构建、示现为结构严密的理论大厦的成功之作，确立了中国古代

文论思想体系的新的完整的叙述范式和理论形态。

该书共由 13 章构成，分别从"中国古代的文学观念"、创作主体论、创作发生论、创作构思论、创作方法论、文学作品论、文学风格论、文学形式美学、文学鉴赏论、文学功用和价值论、古代文学理论批评方法论和散文、诗、词、戏曲、小说这中国古代五大文体的各自理论的维度，对中国古代的文学理论批评的思想和概念作出了逻辑合理、学理坚实、体系周密、内部条贯、包罗详细的现代性书写，中国古代文论不再是在时间的维度中松散存在，也不再是只有个别理论或概念的特写表现或整体文论思想的概览式粗线呈现。历史线索与空间展开、原理与概念、宏观与微观、特殊与一般、动态与静态、本体与发生、主体与客体、形上与形下，方方面面都得到了观照和合理的位置安排与充分的描述论证。

如果从章的立目和命名来看，可能有人会说这是用现代西方的理论模式归纳、分派中国古代的文论思想，但如果我们换个角度来看，与其说这是在用西方的理论模式来规制、整合中国古代文论，我们毋宁更应该看到，这个整体框架的理论模式与其说是西方的，不如说是从发生论和发展论的角度而言，它们是发源、成熟于西方，但从逻辑和事理的角度而言，它们则是世界的、人类的、普遍的现代理论话语方式和形态，因而说它们是科学的与现代的才更为恰当。

如果我们再观察一下本书的二级、三级标题，我们就会看到，中国古代文论的关键的也是富有民族特色和独创性的概念、理论、术语与一般现代文论的术语、理论、概念都得到了巧妙、合理的采纳和呈现。如第四章"创作构思论"下的二级标题分别为："虚静"说、"神思"说、"兴会"说，而在"虚静"说这一节下的三级标题分别是：一、"陶钧文思，贵在虚静"、二、文艺美学"虚静"说与中国哲学"虚静"说的联系和区别，在"神思"说一节下的三级标题分别是：一、"神思""想象"的内涵及其历史脉络，二、"神思"的特征……这样的二三级标题的措辞和概念选择，科学、恰当地将现代文论思想和作为中国古代文论思想创造的结晶之呈现的特殊术语、词语在合理的维度、层面、角度实现了融合、连接、沟通。因为中国古代文论的不少精华是呈现为独特的汉语术语、名词乃至"名言警句"的，如果我们把它们全都消解融化为现代学术语言来表达，这倒未尝不可，但从传播—认知—接受的角度而言，将会极大地损失古代文论和汉语言的无数微妙闪光的精华，如果那样的话，会过度宰割中国古代文论的独创价值，泯灭古人的智慧才情。因此，当祁著以现代学术的话语方式和概念方法梳理建构中国古代文论的历史遗产的时候，不免在语言表达载体的层面上面临挑战，而本书的这种理论架构和语言表达的衔接缝合、兼收并蓄正好避免了面对这个特殊的理论领地进行表达与书写的障碍的同时，随物赋形般地较完善地呈现、彰显了两种理论话语和语言载体的特点与优点。

关于"中国古代文学理论"这个研究对象的呈现难题之所在，作者本人是非常自觉地知晓的，因为担子压在谁的肩膀上谁就知道担子的分量。他在本书的"绪论"的开始即起笔峻峭、先声夺人地说道："系统阐述中国古代文学理论的难处，不仅在于应有一个妥善的理论框架，一个合理的叙述结构，而且在于这个叙述结构的各个环节之间须有一种相互联系、一以贯之的系统性和有机性。"这句话中他虽然并没有具体提到术语与古今语言这一载体问题，但当下笔的时候，这个问题却是不言而喻地直面着他的。应该说，本书不仅在体系建构的意义上完成得颇为出色，而且它是通过、也是借助了作者对理论术语和古今词汇这一载体的恰当、巧妙的考量、选择和综合运用而实现的。

二、在文论内外的广泛关联中"遥感"、捕捉到中国古代文论的主流和整体风貌特征：表现主义

韩愈有名句"草色遥看近却无"而苏东坡亦有与之相关的名句"不识庐山真面目，只缘身在此山中"，它们都简洁形象地揭示了我们对自然现象或某方面事物的真相乃至真理获得发现的某种认知特点。针对古代文论的总体特点、特征来说，没有对其本身累积的历史遗产的全面总体的和较为深入详细的把握，而只拘泥于其漫长时段的某一些段落或包罗广泛的文论知识某些局部问题的认知，则很难跳出其外，看到文论整体的特征和面貌；如果与之贴得太近，局限于文论本身，那么同样难以发现隐现不一、时如草蛇灰线一般散布在浩繁的文论言说的海洋中而悄然贯通、勾连着的文论主脉和它的丰富的经络关联。祁志祥的《中国古代文学理论》一书在找到古代文论的各个概念与原理发现之间的关联融通之处的同时，以广阔的视野发现捕捉到了中国古代文论的主流动机、倾向和特征，即中国古代文学理论特别地呈现出表现

主义文论的特色，或者说中国古代文学理论所着力发展的是一种表现主义诗学理论。他在"绪论"中开门见山地指出："贯穿在中国古代文学理论中的这种有机联系是什么呢？我认为就是表情达意的'表现主义'。"[1]

作者也清醒自觉地指出："所谓'表现主义'，是现代西方文论中与'再现主义'相对的一个概念。"[2]或许会有人提出用现代西方的一种文论流派来含括中国古代的文论是否有扞格之嫌，其实这正如浪漫主义、现实主义曾经本身也曾只是西方文学一个时期的流派之名，但同时它们也外延扩展地用于指向人类文学艺术长河中的两种基本的艺术方法、倾向的广阔空间。

更重要的是，作者通过全书各个章节的理论梳理和论述为自己的这一总体性概括给出了全方位的有力的支撑，从而叫人心悦诚服、眼前一亮而对中国古代文学艺术的民族特色有了更加鲜明的认知。中国古代文论"文以意为主"的经典说法也正如作者所说正是对这种文论的民族特色的一种高度的概括。在文论本身的范围内，祁著从多个维度展开了表现主义的论证（例如创作论角度，构思上的"虚静说""神思说""兴会说""活法说"，作品论角度的"言意说""形神说""意境论""境界说"，等等），系统、严密地论证、构建了一个以"表现主义"为核心特征的文学理论体系。

除了作者自己在书中的论证，其实其他一些文论家的观点某种程度上也可用以印证作者的这一发现与概括，如对什么是"诗"（即广义的文学），李壮鹰先生的《中国诗学六论》即持"情"本体的态度，而近年来李泽厚先生也主张中国文化乃是"情本体"的文化。而我们通常说中国是"诗的国度"的时候也是在彰显着这种"重情"的文化特征，这也正是作者在书中旁征博引地证明"文，心学也"的观点之理据所在。

作者除了以文论概念、观点支持这一总体概括之外，特别将之放在整个中国文化的大语境中做了深入的溯源论证和横向论证。如果说"文学是人学"这个表述已经为大家普遍认同的话，那么其中的核心则在人的价值观念。于此，祁著作了精彩的挖掘开发，他以刘熙载清光绪十三年（1887年）刻本《古桐书屋札记》中的一个提法概括中国人的价值观念："内重外轻"。这就

---

[1] 祁志祥主编：《中国古代文学理论》，华东师范大学出版社 2018 年版，"绪论"第 1 页。以下凡引本书只在正文后著明页码。

[2] 祁志祥主编：《中国古代文学理论》，华东师范大学出版社 2018 年版，"绪论"第 1 页。

在"人学"上为自己的"表现主义"之说找到了有力的理论支点和深刻的动力之源,而这种"内重外轻"的价值观念又与中国古代的社会形态有着相互引发佐证的关联,这也正可用作者的一句话来说明其中的奥秘:"这是宗法社会所铸就的中国人的特殊的价值取向模式。"

作者书中的大多数重要观点,都是通过文论自身进行论述之外,广泛吸纳了儒道佛玄思想资源来深化、强化观点的,比如在讲到古代文论中的重要问题"形神"时,作者论述道:"汉代从西域传来的印度佛教本来以万物都是'因缘凑合'、没有自性、'四大皆空'为教义,按照这种教义去推演,'神'也没有自性,也是'空'的。但佛教同时又讲三世果报,这就不能不承认有一个承担果报的主体存在,因而佛教势必从'无神论'走向'有神论'。佛教的'有神论'集中表现为'形神相异'、'形神非一'的观点。这种观点认为形、神是两个事物,形可速朽,神可永存。"〔1〕这虽是综合了吕澂先生和孙昌武先生的观点,但援引这里也大大深化了我们关于文论中的"形神"问题的理解。作者又认为"古代文论主张'形神相兼',这又是以'形神相即'的人道学说为思想基础的。"〔2〕作者随之又用儒道元典进行了阐发。

这里尤其要提及的是作者给出的论述特别地汲取了佛学文化,而这一点不仅是本书的一个特色也是一个被作者发挥得很好的学术难点,因而就显得尤其可贵。如作者在论述中国的家族文化的时候说:"中国的家族文化力量是如此强大,致使'出家无家'的佛教在进入中国后也家族化了。佛教的僧伽制度,本为平等个人、和合清众的集团,但到中国后成为了中层家族的大寺院和下层家族的小庵堂,'只有家族的派传,无复和合的清众'。超度七世父母的盂兰盆会,本非佛教的最大节日,但因与救母有关,所以到中国后便成了佛教最大的典礼。至于与家族生活无关的法学奥义,则非一般中国僧众的信仰所在。正像一位史学家指出的那样:中国文化'把一种反家族的外来宗教,亦变成维持家族的一种助力'。"〔3〕这些论述固是吸收了梁漱溟《中国文化要义》等的成果,但把它们提要出来与文论相关联相发明毕竟对文论相关问题的论述就更其有力了。在另一相关处,作者说:"中国固有的'人教文

---

〔1〕 祁志祥主编:《中国古代文学理论》,华东师范大学出版社 2018 年版,第 155~156 页。

〔2〕 祁志祥主编:《中国古代文学理论》,华东师范大学出版社 2018 年版,第 156 页。

〔3〕 祁志祥主编:《中国古代文学理论》,华东师范大学出版社 2018 年版,第 20 页。

化'，使得中国本有的宗教——道教充满了世俗精神。即便以天国为追求、以苦修为实践的外来佛教，到了中国以后也一变而为充满世俗生活趣味的宗教。这种汉化佛教认为，佛国不假外求，就在世俗生活中：'跂行喘息人物之士，则是菩萨佛国。'甚至'饮酒食肉，不碍菩提；行盗行淫，无妨般若'。只要心悟，也可走逛'四五百条花柳巷'，攀登'二三千处管弦楼'。早期的维摩诘居士是如此，后来的禅宗更是如此。"[1]在这一段精炼的论述中作者是吸收了《维摩诘经·佛国品》（见《大正新修大藏经》卷十四）、郭朋《宋元佛教》《住洞山语录》（克文《古尊宿语录》卷四二）、任继愈主编《中国佛教史》、葛兆光《禅宗与中国文化》等古今众多佛学名作的！作为文论教材，作者的这些采摘广泛又融汇精炼的论述除了支撑有关文论论点之外，更可开阔学生读者的视野。再如在论述"天人合一"这个与文论关系极其密切的重大概念的时候，作者阐发说："宗法社会的'祖宗崇拜'把人间的祖先当作天国的神灵加以敬奉，使祖宗神与天神合为一体。"这就为"天人合一"的解释增加了一个理解深刻的维度。

正是基于这种文论内外的多重援引论证，作者很具说服力地明确主张："这种表现主义的文学观念，是中国文学乃至中国艺术之'神'，是统帅中国古代文艺理论的一根红线。"[2]应该说，祁志祥教授较为出色地将这一根红线贯穿在了全书的重重叠叠的分支、分层论述中。

三、以逻辑学理为经、以历史文献为纬，全书充满了对古文论思想、概念细节的精妙把握和创新阐发

祁著《中国古代文学理论》是要建构现代性学术话语形态的文论著作，因此它必须以逻辑和学理为架构来生成这个理论大厦的主干框架和结构要件，但它毕竟是中国古代文论思想的原理化呈现，因此它的构成肌肉、气脉乃至毛细血管又必须是中国古代文论的概念、思想、经验和术语所承当、所充实与纬织的。因此，要建构起这样一个体系，作者就必须穿透时间的犄角旮旯、踏遍无序如麻的相关历史文献，找到它们之间的符合现代学术话语的潜在线索以外，还要纵横梳理出众多问题群和概念的"小史"，以使自己的理论框架

---

〔1〕 祁志祥主编：《中国古代文学理论》，华东师范大学出版社2018年版，第21页。
〔2〕 祁志祥主编：《中国古代文学理论》，华东师范大学出版社2018年版，第2页。

血肉丰满气脉贯通，并贯彻落实"论从史出"的人文社会科学基本方法，而祁著正是在此点给出了令人满意的创获。这就使本书形成了总体上以现代性理论概念为"经"，局部、侧面、分层理论和各种概念、小理论又以中国古代文论的历史文献精华为"纬"的构造肌理，最终经纬交织地生成发展为了一个内容充实丰富、形式稳健壮观的科学大厦。

　　大的理论结构的营造已在章节的设置上可以一目了然，而具体的血肉构成是怎样的则需要我们举一些具体的例子来说明。

　　这里首先遇到一个问题，即在中国古代文论的众多见解、概念和术语，都不是按照现代学术话语的规范表达来铸就、呈现的。如果说古代文论的理论表达与术语铸造主要采取的是一种"隐喻型"的方式的话，那么现代文论话语框架主要采取的却是"演绎型"的述说方式。另一方面，这种述说文体型的差异与冲突其实也对应文学艺术本身具有的一种矛盾，即文学艺术中存在着"秘索斯与罗各斯两种思维方式之间的冲突"[1]。故此，我们显然不能伤害"演绎型"（即罗各斯主导）的构造，而只能通过对"隐喻型"（秘索斯主导）的言说的巧妙阐发和合理引申来使之"迁就"、适应"演绎型"生成的现代构造。而正是在这里也特别地彰显了祁志祥教授作为一名文论专家之视野开阔、涉猎广博、用功扎实和融会贯通的灵慧，要知道没有这些有时只是"针头线脑"的小部件的巧妙阐发、精微贯通，古代文论的大大小小的观点与概念之间的"裂缝"难以弥合、不同构件之间也难以发生关联，而要将这些形态各异、很不规则的古典部件、细节缝合、营造在一个现代性学术话语主导的理论框架中，势必更会发生大大小小、层出不穷的方凿圆枘之处，因而问题不解决好就很难建构起一个周密、完整、层次丰富、勾连立体的现代性学术体系。正是作者的这些大大小小的慧识与拓新以及扎实的历史钩沉功夫给了这个体系以血肉的同时，使之生机勃勃、生气灌注，得以成立。

　　我们具体看看作者是怎样激活、焕发古文论遗产的无穷生机的。如在关于文学作品形式与内容的关系论述中，作者说："文学作品的'文质'关系，一般表现为'言意'关系。为含蓄不露地表情达意，古代文论又强调'以形传神'，故'文质'又常常表现为'形神'。"[2]经过巧妙的腾挪，古代文论

---

〔1〕　刘旭光："艺术中真理问题的起源"，载《中国政法大学学报》2018年第6期。
〔2〕　祁志祥主编：《中国古代文学理论》，华东师范大学出版社2018年版，第4页。

的几个关键概念就贯通起来了。"诗歌，是古代表现主义文学作品之最。'诗者，吟咏性情也。'诗歌的'意'，往往具体化为'情'。诗'以含蓄为上'，以'比兴'为主。诗歌通过'比兴'温柔含蓄地表达'情'的媒介，又常常落实为'景'。故'情景'实即诗歌中的'意境'，'情景交融'实即'意境浑融'，'情景'说即诗歌'意境'形态论。"[1]古代文论的几个大家极为熟悉的概念在这里得到非常精微的理解和相互衔接。还是和"景"有关："'景'、'象'、'形'被视为诗歌表情、达意、传神的形式和手段，那么，自然之'景'和物之'形'、'象'就自然会为了表情、达意、传神的需要而发生变形，而种种变形的手段往往是夸张和比喻。'白发三千丈，缘愁似个长'，就是为表情、达意、传神的需要运用夸张和比喻描写物象发生变形的典型。"[2]这里对景、象、形与夸张、比喻、变形等概念的把握何其通达！在另一个涉及"形神"的地方作者说："'形神'说中的'神'经历了从'物之神'到'我之神'的微妙转化；'意境'说、'情景'说强调在有限、有形的'境'、'景'中包含无限、无形的'意'、'情'，'真幻'说强调以写意为'真'，以写物为'幻'……"[3]作者不是僵化地理解古文论概念，也不是把古文论概念当成一粒粒无可奈何的"铜豌豆"，而是通过自己的慧眼卓识充分地抽丝剥茧般引出了其中的潜在意蕴，当这些潜在意蕴以现代学术话语表达出来之时，对古文论概念术语的拓新、发明也就随之实现了。本书中处处显示出了作者的这种拓新的功夫。

我们再来围绕"虚静"这一似乎玄虚但又很重要的古文论概念，看看作者是怎样从不同方面阐发的。"从'真谛'观照诸法，要求观照主体息绝相念，心性圆寂，与'虚静格物'、'以物观物'相通；从'俗谛'观照诸法，心灵应物起舞，'触事生情'，甚至会'将真心翻成妄想'，与'由我及物'、'以我观物'相通。"[4]这是用佛教中的"中观"思想解释"虚静"说、"以物观物"等重要观念，文论概念和佛学概念相互发明，使一个玄虚的概念有了深刻实在的注解。"中国古代文论的'虚静'理论，是由构思心态方法论、构思心态特征论、构思心态功能论三个环节依次组成的动态流程：一、使物

〔1〕 祁志祥主编：《中国古代文学理论》，华东师范大学出版社2018年版，第5页。

〔2〕 祁志祥主编：《中国古代文学理论》，华东师范大学出版社2018年版，第5页。

〔3〕 祁志祥主编：《中国古代文学理论》，华东师范大学出版社2018年版，第25页。

〔4〕 祁志祥主编：《中国古代文学理论》，华东师范大学出版社2018年版，第50~51页。

我'虚',使物我'静',这是达到'虚静'心态的方法;二、心灵'虚',
心灵'静',这是去物我、息群动之后达到的心态特征,也是构思所赖以生存
的心态要求;三、'虚'以藏'有','静'以载'动',这是对'虚静'的
心态功能、指向的界说。"〔1〕这是通过精微地观察将同一个术语概念的各个面
相通过理论坐标进行了照应、归位,让一个浑然状态的术语的蕴含得到了精
密的多角度的具体呈现。还是关于"虚静",作者从语义方面入手说"'虚'、
'静'本是形容词,古代批评家用来作为对构思心态特征的一种形容,本属于
构思心态特征论;这两个形容词又可以活用为使动词,即'使……虚'、
'使……静',使什么'虚'、'静'呢?也就是使'物我'虚、使'物我'
静,于是在动词的意义上,'虚静'论又成了'虚静'构思心态的生成方法
论。'虚'又不是'空',它包藏着'有';'静'又不是'止',它包藏着
'动'(——不是全体性的而是选择性的),由此衍生出'虚静'的心态功能
论。(——一种更精妙的'人为')"〔2〕又从逻辑方面述说道:"构思心态方
法论与构思心态功能论由构思心态特征论所派生;从时间生成顺序上说,则
先有构思心态的方法,后有构思心态的特征,再有构思心态的功能。应当说,
在中国古代文论'虚静'的构思心态论中,包含了'无'与'有'、'动'与
'静'、'有限'与'无限'、'有形'与'无形'、'刹那'与'永恒'乃至
'客体'与'主体'相反相成的最深刻的辩证精神,是一份很耐人咀嚼、发
人深省的思维财富。"〔3〕读这样的论述,我们感受到了一种层层剥蒜皮一般的
精密细致和准确,而达到这样的境界,没有深湛的相关学术功夫和长期练就
的智识敏锐是万万达不到的。

作者在古文论中的沉潜涵泳的工夫除了体现在作者自己对相关概念术语
的巧妙精细发明之外,也表现在作者对前人学术成果的竭泽而渔式的"拿来"
上。以"才胆学识"的论述为例,关于"才"的培养,本书论述道:"在古
人看来,才出于天,'出于天者不可强';然而虽然天才是人力所无法企及的,
但却是人力可以接近的,因而古人也同意以后天的努力弥补天赋才能的不足。
而'育材之方,莫先劝学',所谓'能读千赋而善赋'。其次是'炼识',所谓

---

〔1〕 祁志祥主编:《中国古代文学理论》,华东师范大学出版社 2018 年版,第 52 页。

〔2〕 祁志祥主编:《中国古代文学理论》,华东师范大学出版社 2018 年版,第 56 页。

〔3〕 祁志祥主编:《中国古代文学理论》,华东师范大学出版社 2018 年版,第 56 页。

'无识不能有才'，'炼识而成其才'。大凡天才，皆富识见。识为才之体，'炼识'就是育才。再则，有识便有胆，有胆便会为才的自由发挥、成长提供必要、合适的心理氛围，故'炼识'有助于'育才'。再次，是'养情'，……'有才而无情，不可谓之真才'。"〔1〕这一小段论述不仅以精炼的笔墨将几个重要术语的关系作了清晰准确的关联，而且对其各自的理解也因为这样的关联而大大拓展了、丰富了，而之所以在如此短的几句话中包含这样大的学术信息，除了作者自己的卓见之外，还因为作者披沙拣金般地继承运用了扬雄、范仲淹、吴雷发、章学诚、钱大昕等月明星稀地散落在不同历史空间的学者的观点。

就本书对历代相关文献的梳理、拣择而言，作者书写的虽然是一部理论建构之作，但它完全也可以被看作是一部被化整为零了的中国古代文论史，可以说作者把文论史上的各个重要概念、观点的学术小史都作了梳理、叙述，而且恰当地缝缀了在各个理论关节的相应位置，因此这些小史不仅支撑了本书的理论大厦，它们自身也可单独成为我们研究局部小问题、小概念的新起点，我们在这样的小历史的基础上就可以展开我们自己的"接着讲"的学术拓展了，可以省却不少寻觅爬梳资料的枯燥冗繁。我们以"用事"的论述为例来看："诗中用事，一方面在唐有杜甫、韩愈、李商隐，在宋有苏轼、黄庭坚、陆游、辛弃疾，在明有'临川派'，在清有'宋诗派'为其代表，代不乏其人；另一方面，每一个时代的批评家们都卷入进来，对此说长道短，评头论足，厘定是非，臧否得失，从而构成了中国古代'用事'理论的主体。"——虽然这几句话中没有具体展示历代批评家的关于"用事"的论述或观点，但作者在书中是一一做了梳理的，我们通过这句话也可以看到，同是关于诗中"用事"，显然作者给出了一份文学史的小小的叙述，或者说给出了我们一个诗中"用事"的写作史，而这种与理论相关的文学小史的书写在书中并非少数几处，它们增加了论证的力度，也增加了本书的意义含量，而于此我们又可以看到作者所下史学功夫的扎实。

当然作者对相关问题的横向、共时比较的功夫也很充分，我们通过一张图表即可见出。在书的第 123 页，作者将哲学元气论（"文气"说）生发成了一棵枝繁叶茂、层次分明的与"气"有关的文论概念关系体系"树"：五个

---

〔1〕 祁志祥主编：《中国古代文学理论》，华东师范大学出版社 2018 年版，第 36 页。

层次、二十多个概念井然分布在一个共时结构中，中国古代的"文气"理论所包括的观念和理论都各得其所地呈现出来，让人一目了然。

这里不得不说的是，作者对古文论的精妙把握，除了依赖于所下功夫的深湛、作者悟性的高超以外，也得助于作者对古今文论研究方法的不拘一格的采纳。作者本书因为是关于"中国古代文学理论"的，因而对古代文论的研究方法不仅作了继承引用，而且在本书中专门作了归纳呈现，但作者事实上也充分吸纳了当代西方文学理论和人文学科研究的诸多方法，比如对所用术语的反身审察与辨析，虽然可以说是采用了古代文论中的"训诂学"方法的表现，但实际上其中也是包含着分析美学方法论意识的。分析美学的名实之辨与逻辑之辨、事理之辨的综合与中国传统的训诂学方法当然也是相通的，有时也不好截然分开，重要的是作者娴熟广泛地采取这些方法，而且产生了良好的学术效果。如关于"神思"，作者说："'神思'，既可以解释为主谓结构的合成词，指'精神的活动'（赵仲邑）；也可解释为偏正结构的合成词，指'神妙之思'（胡经之）。"〔1〕这样的语言论方法运用在书中有不少精彩的表现。另外，作者的论述还积极吸收了媒体学、媒介学的理论意识，如关于语言作者论述道："在文学构思中，艺术媒介就是语言。构思作为主客体的统一，从主体元素方面看不只是情思，而且包括语言。作家的构思始终伴随着语言，构思从一开始起就将意象翻译为语言。文学构思的意象总是处于未物化的语言中的意象。"〔2〕正像英国美学家鲍桑葵所说的：艺术家"靠媒介来思索，来感受，媒介是他的审美想象的特殊身体……"〔3〕因此，作者的这种媒介意识一方面也参与、优化了作者的思考和论述，同时也见证着作者思维的开放、视野的广阔。

可以说，正是本书学术史功夫的到位、作者手眼的精细、学术方法的多样才使得作者对古代文论的绝大多数概念、理论节点、术语有了恰切、灵活和富有创新的生发，从而消除了各个理论板块和概念间的断裂与龃龉，促成了一个潜在的古代文论体系最终得以以现代学术话语的言说方式和表达形态栩栩如生地"复活""现身"出来。

---

〔1〕 祁志祥主编：《中国古代文学理论》，华东师范大学出版社 2018 年版，第 60 页。

〔2〕 祁志祥主编：《中国古代文学理论》，华东师范大学出版社 2018 年版，第 63 页。

〔3〕 鲍桑葵：《美学三讲》，人民文学出版社 1965 年版，第 31 页。

总体上说，《中国古代文学理论》以现代性的学术话语将中国古代文论独具民族特色的学术宝藏科学、巧妙地营构为了一个圆融的学术体系，使那些依然在汉语的"深闺"中葆有生命的鲜活却不被一般世人甚至人文学者所熟悉的珍贵的精神与智慧遗产以完整、缜密的原理化讲述及现代汉语学术语言的承载方式呈现了出来；它以"表现主义"来描述和笼络中国古代文论的总体成就、内在特征及其优长是抓住了中国古代文学理论批评的要领和特质，让中国古代文论的整体形象变得鲜明起来、跃然纸上；而它用以构筑、具化这个学术巨制的则是曾经播散在历史长河中的那些古代文献中的各种以古代汉语呈现的概念、观点和长长短短、千姿百态的精彩文论片段，只是在作者巧妙的刮垢磨光、雕琢刻镂的点化、加工下，它们重新焕发出了原有的靓丽润泽，古代中国先哲雅士的才智情思如深藏日久的美酒在新的时代语境里重新散发出精神的醇厚香馥的魅力。因此，可以说就中国古代文学理论的原理化建构而言，祁著给出了一个值得充分肯定的范例。它自身问世后的经历也可说明此点。本书乃是 1993 年作者作为一名学者尚处于初出茅庐之际的作品，而在近乎 15 年之后被教育部组织的专家评审推荐为了国家级规划教材，这本身就说明了本书蕴含的学术品质之优。

第七节　本土意识与世界眼光[1]

中国古代文艺理论一直是文艺理论界研究的重点，一代又一代学人为此倾注大量心力，结出丰富的硕果。20 世纪 90 年代，面对强劲的西方文论，学界有中国文论"失语说"，由此而见的焦虑可想而知。于是就有了中国古代文论的现代转型的愿景，学界也有不少文章论述，二十多年来很多学者都做出来非凡的努力。如何转型还在探索中，其核心让中国古代文论与西方文论对话，但是真正落到实处似乎也是雷声大雨点小。季羡林曾主张："我们中国文论家必须改弦更张，先彻底摆脱西方文论的枷锁，回归自我，仔细检查、阐释我们几千年来使用的传统的术语，在这个基础上建构我们自己的话语体系，然后回头来面对西方文论，不管是古代的，还是现代的，加以分析，取其精

---

〔1〕　作者王青，中国矿业大学教授，中国语言文学研究所所长。本文原载《河北师范大学学报》2020 年第 4 期。

华，为我所用。"〔1〕王元化先生于 20 世纪 80 年代在一文中针对古代文论的研究提出"古今结合、中外结合、文史哲结合"的研究方法。〔2〕

祁志祥教授主编的普通高等教育"十一五"国家级规划教材《中国古代文学理论》（华东师范大学出版社 2018 年版）正是在上述方面做出努力的结果。

《中国古代文学理论》这部教材是作者长期思考积累的结果，自上世纪90 年代作者就形成了这方面的成果，此后的二十多年间，思考日新，积累日多，可谓积淀厚重，也少了浮躁，此番出版又加入新的学术力量，增加新的研究成果。全书目录给人的第一印象是体例、结构颇有特色，尤其是在框架结构上。如祁志祥教授所言：中国古代文学理论在形式上没有严整的体系，但在思想内涵上独立自足，自成体系。〔3〕如何把这个潜体系用合理的叙述结构展现出来，并揭示其诸环节之间的逻辑联系，建构具有民族特色的文学理论体系，是摆在文学理论界面前的一项重大课题。本书作者在此做了一番努力实践，呈现以下几个特点：

一是本土意识与世界眼光。首先，作者站位高，具有自觉建构的意识。作者认为："中国古代文学理论有自己的一套话语系统与思想系统，可它并没有以严密的逻辑体系和理论形态表现出来。"为此，作者意在建构"以意为主，以象为辅"的表现主义的民族文论体系，与西方再现主义体系成为互补。中国文论长于感兴，重在表情达意，意在达到天人合一的境界。《中国古代文学理论》试图用西方表现主义的概念说明中国自己有表现主义的系统，这是表情达意的抒情传统，重感兴表情意的，与西方的表现主义是有区别的。为此作者以观念建构全书，是将文学创作过程置于首位，从创作活动的发生、发展、作品形成、作品接受一直到文学的功用价值等，将古代文论放到的今人的视野中去审视，同时，又努力打通古今；其次，以范畴丰富全书，用古代文论、诗论的术语展开，例如第十章"中国古代文学的功用论"中各节有"观志知风"说、"劝惩美刺"说、"神人以和"说、"趣味"说、"三不朽"说等，观照了中国古代文论中渐次成熟的各种理论，可以看到其不同范畴逐

〔1〕 季羡林："门外中外文论絮语"，载《季羡林人生漫笔》，同心出版社 2000 年版，第 422 页。
〔2〕 详参王元化："论古代文论研究的'三个结合'"，载《社会科学战线》1983 年第 4 期。
〔3〕 详参祁志祥："建构具有民族特色的中国古代文论系"，载《学习与探索》2011 年第 5 期。

渐发展成熟的过程，又兼顾了"史"的线索。例如，在谈"用事"说，中国古代文学的诗文创作方法论时，先厘清"用事"之概念：即引用古事、古语含蓄地表达思想感情、证明自己观点正确性的修辞方法和论证方法。接着本书作者分析了中国古代诗歌用事论发展中引起争论的四个阶段，第一阶段为晋宋起，到中唐大历时止。第二阶段，晚唐为先声，宋代为高潮，金元为余响。第三阶段是明代。第四阶段为清代。正是在这样的争论中，"用事"论日臻成熟，形成其特有的审美规律。最后，在论证中强调对原典的阐发并将其放在中西比较的视域中审视。这样，既发扬了民族传统又保持了东西对话。让古代的文论思想在当下发挥作用，可为古代文学阐释提供新的视角，也能对今天的文学批评提出可以借鉴的路径。

二是体例的宏阔。全书体现出作者的学术智慧，以探索古代文学理论现代化转型为己任，也取得了一定的建设性经验。作者没有从时间的编年线索发展成篇，而是在纵览全局的基础上，按照观念论、创作论、作品论、风格论、形式美论、鉴赏论、功用论、方法论等顺序，形成板块式的结构，网罗中国古代文艺思想，结撰中国古代文学原理，阐释其"以意为主"的内在逻辑，建构表现主义民族文论体系，"意"恰好是感兴所致。这样，将原本如珍珠一样的古代诗论范畴串成珠串，形成互相勾连、互涉互动的网络体系。作者选取了三十多个范畴或命题来网罗中国古代文艺思想，并按其主导涵义用现代文论话语加以释义。以往中国古代文论，或是中国文学批评史，大多采取以史带论的方法。或重于批评史的勾连，或对于原典展开不足。《中国古代文学理论》就体例展开所言，上述板块式的结构从文学活动中的创作活动起始，是借鉴了西方文艺理论的方法，就所述内容而言，又凸显了中国文论表意重感悟的特点。论述中注重比较，是古今结合、中西结合的结果。

三是言之有据，言之成理。全书在占有分析大量材料的基础上而成，力戒虚妄。在每一个板块中又采取万取一收的方法，力求对古代文学理论重要范畴做一一梳理，找到其表现主义的特质。在古代文学理论的篇章典籍梳理中，引经据典，详细论证。例如风格论来说，一方面指出中国古代文学作品总体风格的阳刚与阴柔，并出其审美内涵对应于风骨与平淡，前者情怀壮烈美在动人心魄，后者似淡实浓，美在意味深长。风格论分析中国古代文学风格的成因与形态，特别是联系中国古人的心志、情志探讨风格所包含的美学趣味及审美经验，而非停留在史料的分析上，使得立论与结论水到渠成、自圆其说。

四是凸显中国民族特色。如何建构中国特色与中国气派的文艺理论，挖掘中华民族优秀的文学传统一直是文学理论界努力追求的目标。如何让中国古代文艺理论能够和西方文论对话，能够对古代文学研究提出新的视角，能够对中国当代的文学创作提供批评资源，都需要挖掘、激活中国古代文学理论中有用资源，让它在当代焕发出生命力。我认为祁志祥教授的《中国古代文学理论》在这方面做出了努力。作者要将零散的，不成体系古代文艺理论进行整合，却绝非一时一地所成，必须有宏观的统摄本领，还要有微观的探幽体察，尤其需要一种对话意识，这绝非易事。中国古代文学理论在建构过程中就既要把握其民族性同时又不失其现代性，就需要开掘古代文学理论的有效性。它应当对我们今天的文艺理论与文学批评提供一种有价值的观点，一种新的视角和新的路径。祁志祥教授的《中国古代文学理论》做出最好的尝试。在立足民族审美传统的基础上，用对话的方式与西方的审美传统相呼应，这也使得本书具有开放性的特征。同时，用对话的思路和全球化视野重审古代文论参与现代话语的建构道路，使传统文论思想在中西互参与现代话语建构的过程中再次激活，使传统文论思想在中西互参互证下焕发新生机。[1]

本书还有一个特色，即从美学的视角观照中国古代文艺理论，处处洋溢着中华传统美学精神。钱穆先生曾分析过中国文学的审美精神就在于中国文学不同于西方文学，它重情重意。他说："中国史如一首诗，西洋史如一本剧。亦可谓中国乃诗的人生，西方则为戏剧人生。"[2]中国是一个诗歌的国度，无论是屈原《离骚》还是古诗三百首皆是人生的反映，如孔子所说"不学诗，无以言。"中国古人读诗要涵泳，做诗要言志，"修身齐家治国平天下，一如咏一诗，此惟中国人生则然耳。"[3]祁志祥教授在《中国古代文学理论》一书中，对于中国古代文学范畴的研讨注重了审美经验、审美心理、审美传统的阐发，注重了形式批评与审美鉴赏的关联，生发出中华传统美学精神。这也是本书较为明显的特色之一。

作为普通高等教育"十一五"国家级规划教材，它的适用对象应是大学

---

〔1〕 详参祁志祥主编：《中国古代文学理论》，华东师范大学出版社 2018 年版。

〔2〕 钱穆：《中国文学论丛》，生活·读书·新知三联书店 2002 年版，第 131 页。

〔3〕 钱穆：《中国文学论丛》，生活·读书·新知三联书店 2002 年版，第 133 页。

本科高年级学生。从教材编写的角度考量应当具有稳定性与普适性，同时兼具一定的研究性是本书的又一个特点。对于本科高年级学生来说，个别的部分有一定难度，而且，个别范畴也略显生僻。但是，也提供了深入研讨的空间。加上本书在梳理中国古代文艺理论的同时，关注了文论形成的社会背景和文化背景，因此也给学生提供了深入学习的一个抓手，沿着这个路径去学习、梳理、生发，也会增加对整个中国古代文艺理论体系的理解。当然也有疏漏之处，例如，作者致力于建立中国古代以意为主、以象为辅的表现主义民族文论体系，其"表现主义"的提法应当与西方"表现主义"做一明确区分，否则容易产生歧义。

统观整部教材，彰显出作者的文化自觉与对中国古代文艺理论的建构意识，同时吸收了学界新的研究成果，在体例、结构、内容等诸方面都有所创作，拓新了理论思辨的维度和深度。习近平总书记曾用"本质""更基础、更广泛、更深厚""更基本、更深沉、更持久"等阐述文化自信在"四个自信"中的地位与作用。对于中国古代文艺理论的深入研究，无疑是中国学者增强民族自信的一个有效途径之一，也是让中国文化走出去，讲好中国故事的有益尝试。

第八节 《中国古代文学理论》的建构意识[1]

祁志祥教授是有文化自强意识的学者。他主编的"十一五"国家级教材《中国古代文学理论》修订本所体现出的这一意识和意志，突出表现在他对中国古代文学理论的建构。

今天要恢复中国古代文学理论的原来面貌是困难的，这就需要建构。而当代对古代文论的建构，稍有不慎，容易与古代文论本身渐行渐远。也就是说，在对古代文论进行阐释的过程中，能否保存古代文论原有的丰富内涵，是一项具有挑战性的工作。因为处身现代文化语境，对古代文论内涵还原是困难的。任何阐释都难以完全表达原有的意义。只能将它作为资源。作为资源的中国古代文论，在当代文学理论建设中，是可以建构的。如何建构，涉

---

〔1〕 作者方锡球，安庆师范大学人文学院教授。本文原载《河北师范大学学报》2020 年第 4 期。

及视野、视角、内容、思维、方法。但是，如何保存古代文论原有的内涵，使其丰富的意义不至于流失，是建构过程面临的难题。

祁志祥教授《中国古代文学理论》教材采取的方式，是抓住古代文学理论的主要范畴，在对范畴的阐释和建构时，守住概念内在意义的充盈，对包含生命方式、生存方式、现实态度、文化坚守在内的概念蕴含尽力加以保存。过去有一种意见，中国古代文论缺乏逻辑，没有自身的体系。也有学者认为它只具有潜在的体系。因此，古代文论的当代建构，理所当然应该包括体系的建构。其实，古代文学理论不是纯文学理论，而是一种大文学理论，其中包含的不止是文学问题，而是一个文化系统。它既是文学的，也是文化的。我们今天无论怎样以学科的视点去看它，都只能是理解其中的一部分。《中国古代文学理论》以范畴建构体系，在保存古代文论内涵方面，是一种有效的办法。一方面能尽可能保存原有面貌，另一方面，也鲜明地亮出自己的立场。可见，作为资源的古代文论，需要通过建构，才能在当代文学理论建设中发挥应有的作用。

正因为如此，《中国古代文学理论》教材具有鲜明的建构意识。以往的古代文论教材，古代文论专著，多见的是史。有观念史、思想史，有意识史、理论史、批评史。史的维度，是纵向的，历时的。而本书抓范畴，是共时的视角，但没有放弃历时的维度。因为范畴是有语境的，语境有历时内涵。在整个《中国古代文学理论》教材中，所涉及的主要范畴有：文学；文；德学才识；文本心性、心物；虚静、神思、兴会；活法、定法、用事、赋比兴；文气、文体、文质、言意、形神、意境、情景、真幻、通变；文类乎人与雅无一格、平淡、风骨；辞达而已、格律声色；知音、以意逆志、好恶因人；观志知风、劝惩美刺、神人以和、趣味；三不朽；训诂、折中、类比、原始表末、以少总多、假象见义；文以意为主、言志与缘情、缘情与尊体、寓意劝谏、醒世求趣。在上列范畴中，相应地是中国古代的文学观念论、创作主体论、创作发生论、创作构思论、创作方法论、作品论、风格论、形式美论、鉴赏论、功用论、价值论、方法论、文学理论的历史演变。从上述诸范畴及其对应的现代文学理论体系架构，可知《中国古代文学理论》教材的建构目标，是以范畴为核心，以古代理论作为资源，进行完整的体系建构。就诸范畴而言，它们是并列的、平行的，就范畴本身内涵的不断演化、丰富来说，又是历时的。在共时和历时两个维度建构古代文论，无疑能够在较大程度上，不至于使其范畴的内涵大量流失，能够尽可能多地保存它的丰富性。

由于建构时，《中国古代文学理论》教材将古代文学理论范畴与现代文学理论体系对应，说明编者有较强的现代意识，使得这样的构建成为当代建构。主要体现在以下几个方面：一是古典范畴与现代概念互证、互文，结构成现代系统，防止古代文论意蕴流失。二是做到逻辑自恰，在逻辑系统建构上努力开拓。三是建构的现有系统比较节制。没有强制阐释，解析有节制。尽管本书按照现代文学理论体系建构，但运用古代材料，对文学理论范畴、概念和现象，在系统化过程中，注意尽量贴近原来的历史文化语境，原来的意涵，没有随意发挥。这对还原古代文学理论是一次有效的尝试。

当然，本书不是简单的还原，它有现代视野和西方视角，具体操作时也比较警惕。比如，第六章"中国古代文学的作品论"，一方面视野上是现代的，视角、视点有西方逻辑中心的因素。使用的话语体系无疑是外来的：文学生命论，文学体裁论，形式内容关系论，文学特征论，诗歌形态论，艺术真实论，继承革新论。粗略检视，发现这些内容与文本理论、俄苏文论、新批评、俄国形式主义、接受美学都有关联。但这些西方理论话语或话语系统，又只是用来阐释中国古代文学理论的诸范畴，是对文气、文质、文体、言意、形神、意境、情景、通变等重要范畴分析的需要。使用西方话语，是将之作为古代文学理论现代阐释的参照，目的是为了在当下语境，建构具有中国特色的现代文学理论。当然，《中国古代文学理论》教材运用西方话语阐释古代范畴，是一个十分复杂繁难的问题，除了逻辑自恰原则以外，还涉及许多关乎中西古今关系问题。对此，本书有一定程度的警惕。

比如，古代文论的现代建构，无疑不能回避古代文学理论的现代价值。这里的主要工作是要将古代文论有活力的部分激活。一方面，"寻求历史的本真"，重建古代文论话语；另一方面"寻求古今中外的共同性"，使古代文论作为建设资源，进入现代文论系统，作为建构现代文论的重要材料。这里就有两重"建构"，即重新建构古代文论话语和建构现代文论体系，两个建构是一个过程的两个方面。这样，就会遇到两难困境。怎么解决这个"两难困境"，有学者提出了"现代阐释"的学术策略："中国古代文论中宏观研究'两难困境'之化解，一定要采取具有针对性的、适当的学术策略。我们的策略可以表述为坚持'三项原则'，即历史优先原则，'互为主体'的对话原则，逻辑自洽原则。"[1]历史优先是尽可能将古代文论放置在原本的历史语境中去考察，恢复历史的本真，使之变成可以被当代人理解的思想，关键词是"理解"。这项工作正是"现代阐释"之前的许多学者所做的研究。"互为主体"的对话原则，是指西方文论是一个"主体"，中国古代文论也是一个"主体"，中西两个主体互为参照系进行平等的对话，两者在互补、互证、互释、互动中取长补短，主要是用西方现代学术视野和方法来阐释中华古代文论。逻辑自洽原则是指中西文论对话是有目的的，不是牵强附会的生硬比附对应，不是给古代文论穿上洋装，而是要在了解双方的前提下，在"互证、互释、互动"中自圆其说，目的是为了中国现代形态的文学理论建设。"也就是说，通过这种对话，达到古今贯通，中西汇流，让中国古老的文论焕发出又一届青春，实现现代转化，自然地加入到中国现代的文论体系中去。"祁志祥教授主编的《中国古代文学理论》教材重视中国古代文论文本身，重视西方视野、注重古今互释，为古代文论的现代阐释和建构，作出了可贵的探索，也取得了积极的成果。

第九节　从中国古代文学批评到中国古代文学理论[2]

祁志祥教授主编的《中国古代文学理论》是一部为大学本科生编写的专业教材，关于这部教材编写的学理性定位，祁志祥教授与他的合作者在立场上是自觉的，没有任何暧昧性的躲闪。据我所知，国内就此种类型教材或专著的撰写仅在命题上，往往会纠结于以下四种指称以表达撰写者的选择性立场，即中国古代文学批评、中国古代文论、中国古代文学理论与中国古代诗学。

择一而论，持"中国古代文学批评"以为自己冠名的学者，希望自己的研究能够还原式地遵循中国古代文学批评传统的本土原生形态，以回避受西方文学理论的侵扰。客观地讲，这种研究的选择立场秉有其自身一厢情愿的解释性与合法性，因为这里有一个公共的认同，即中国古代文学批评毕竟是

---

[1]　童庆炳：《童庆炳文集：现代视野中的中华古代文论系统》（第9卷），北京师范大学出版社2016年版，第16页。

[2]　作者杨乃乔，复旦大学中文系教授。本文原载《河北师范大学学报》2020年第4期。

在从甲骨文、金文、大篆、小篆与隶书等以来的汉字语境下发生且延展的审美思想传统。在一定的程度上判断，这一研究立场朴素且务实，然而却并不实事求是，因为也有一个最为基本的知识观念还是要提及：我们只要稍稍追究中国古代文化的历史成因，学界皆知，其在质性上本然就是一个兼容并蓄的文化传统。

关于这一点，我全然不需要多举例，南宗慧能传承禅宗，其无论怎样讲唱众生佛性本具，历史也必须承认本土化的佛教是从印度外传于中国内部的，并且禅宗陶铸了中国古代文学创作与文学批评中最为启智的悟性审美心理。如果说，一个民族的文学创作与文学批评的审美心理，在一个维度上烙刻着外来文化的审美印迹，那么，我们为什么不敢承认这一点，且还要固执于一种原教旨主义（Fundamentalism）的自闭，以面对一个开放的文化传统呢？从近代的洋务运动到当下科技与资本全球化的时代，我们每一位学者都非常清楚地知晓中国必然遭遇的文化开放历程，也因此，我们特别不愿意看到在全球化时代的中国还遗存着一种守护文化单边主义（Cultural Unilateralism）的封闭学术心理。

这部教材定名为"中国古代文学理论"，在命题的指称上，祁志祥及其同仁已经宣告了自己的立场。事实上，下述的表达在学界已成为了共识性的学理判断：在中国古代文学传统中只存在着"文学批评"，其只是一种隐含的"文学批评思想"，而没有形成自觉且体系化的"文学理论"，"文学理论"——"Literary Theory"是来自于西方的一个学术概念。也正是如此，"中国古代文学理论"的指称，其在书写的符号上，本身就宣示了与西方文学理论接轨的跨文化研究姿态。

在中国古代审美文化传统中，我们可以把隐含的文学批评思想话语最早追问至《尚书·虞书·舜典》："诗言志，歌永言，声依永，律和声，八音克谐，无相夺伦，神人以和。"[1]众所周知，这种盈溢着原创性审美批评思想的话语在中国古代文论、诗论、画论、书论与乐论中沉淀得非常丰沛，我这里借用司空图在《诗品·自然》中一句表达，以给出自己的隐喻性指涉："俯拾

---

〔1〕（西汉）孔安国传，（唐）孔颖达疏："尚书正义"，载《十三经注疏》（上册），中华书局1980年影印世界书局阮元校刻本，第131页。

即是，不取诸邻。"[1]这些原创性审美批评思想的话语的确极具丰沛且深奥精妙的审美体验性，以构成了中国古代美学思想的民族特色。

　　而这部《中国古代文学理论》教材在学术立场上没有躲闪的暧昧性，把西方文学理论作为自己的参照系，以一种跨界中西的比较视域（Comparative Perspective）初步构建起这部教材的理论体系，力图使潜在于中国古代审美文化传统中的隐含性文学批评思想，得以体系化为本科生教学中便于阅读的理论模块。

　　这里有一个现象应该引起我们的注意。中国古代文学批评（或中国古代艺术批评）是基于汉字书写的审美话语，其绝然不同于印欧语系下以拼音文字书写的文学理论。汉字是书写直接使意义出场的意象性符号系统，所以在汉字书写符号的表意语境中，文学批评话语的体验性越丰富，其书写符号潜在的美学思想含量越精深博大，这也是为什么藉由汉字思考与书写的中国古代文学批评话语会沉淀出如此大量富含体验性、审美性与修辞性的批评命题和范畴：如"诗言志""歌永言""兴观群怨""思无邪""心斋""虚静""神思""风骨""隐秀""趣味"等。汉字的意象性思维更是推波助澜地铸就了这一审美表征，其中任何一个批评命题与范畴都浓缩着一个博大且究理尽性的审美意境。当然，这些体验性的文学批评命题与范畴也正是在这部《中国古代文学理论》教材中初步给予了理论性与体系性的分析。可以说，对中国古代文学批评的命题与范畴进行文学理论的地图性分析，是这部教材追求的一个特点。

　　在这里，我应该接续导向下一个逻辑话题。

　　印欧语系的拼音文字借助于对声音的记录使意义间接出场的抽象性，推动了西方文学理论背后思辨哲学的本体论构建。注意，中国古代文学批评与西方文学理论，其各自背后所据守的哲学观念俨然不一样，从本质上分析，双方必然是互为异质性（Heterogeneity）的逻辑话语。

　　从柏拉图到黑格尔，西方古典哲学对宇宙终极猜想的本体论哲学是思辨逻辑，也正这种思辨哲学铸就了西方文学理论严谨的分析性与逻辑性，因此西方文学理论在质性的本然意义上即长于逻辑体系的自觉构成；所以西方文学理论，其必然以体系化的背景哲学理论来呈现自己的思辨逻辑本质。问题

---

[1]　（唐）司空图著，郭绍虞集解：《诗品》，人民文学出版社1998年版，第20页。

在于事实上，西方现代主义哲学与后现代主义哲学在抵抗古典形而上学时，还是以思辨逻辑以完成自己的反动性理论体系的构建，如胡塞尔的现象学、海德格尔的存在论哲学与德里达的解构主义哲学等皆是如此。在这一个意义上，受现代主义哲学与后现代主义哲学推动的 20 世纪西方文学理论，其依然秉有严谨的逻辑思辨性与理论体系的建构性。我们特别注意到，西方文学理论所操用的诸多命题与概念都是直接取源于哲学，正是西方哲学界定了西方文学理论的思辨性本质属性。而中国古代文化传统恰然又是另外一种思想景观。

倪瓒是元末明初的画家与诗人，在"良常张先生画像赞"中，他曾总括了中国古代知识分子在生存信仰中所依重的三种修身养性的精神："据于儒，依于老，逃于禅。"[1]当然，中国古代文学创作和文学批评的发生与发展，其在质性的背后必然是得益于儒道释三种精神的颐养。一个质询已久的问题是，我们很难遵照古希腊智者哲人关于"philosophy"的界定，把儒道释通释为"哲学"。

思考到这里，我们又迂回到"中国是否有哲学"的老旧话题了。

关于"中国本没有所谓哲学"的论点，是傅斯年在"与顾颉刚论古史书"一文中提出的。这篇文章是傅斯年 1926 年写给顾颉刚的一封长信，其中第三段所讨论的话题是"在周汉方术家的世界中几个趋向"。在第三段的开端处，傅斯年的论述涉及了中国子学与西方哲学的互释问题："我不赞成适之先生把记载老子、孔子、墨子等等之书呼作哲学史。中国本没有所谓哲学。多谢上帝，给我们民族这么一个健康的习惯。我们中国所有的哲学，尽多到苏格拉底那样子而止，就是柏拉图的也尚不全有，更不必论到近代学院中的专技哲学，自贰嘉、来卜尼兹以来的。我们若呼子家为哲学家，大有误会之可能。"[2]傅斯年在那个年代所给出的观点对我们当下学者依然具有思考的启智性。

在这里，我想提醒的是，学界应该注意关于"中国是否有哲学"质询的

---

〔1〕（元）倪瓒："良常张先生画像赞"，载北京图书馆古籍出版编辑组：《北京图书馆古籍珍本丛刊》（第 95 册），书目文献出版社 1988 年版，第 689 页。

〔2〕傅斯年："与顾颉刚论古史书"，载欧阳哲生主编：《傅斯年全集》（第 1 卷），湖南教育出版社 2003 年版，第 459 页，按：这篇文章原载于《国立第一中山大学语言历史学研究所周刊》1928 年第 13、14 期。

论域界限问题。不要说把儒道释通释为"哲学"是一个艰难的定位，而傅斯年更是把"中国是否有哲学"的质询界限定位在"子学"的领域。可见在傅斯年的质询论域中，经部、史部与集部更无所谓哲学了。我始终以为"中国是否有哲学"这个设问，真的无所谓关涉到对中国古代传统文化的褒贬问题，中国学人为什么一定要把古希腊的"philosophy"之观念带入汉字文化传统中，以其衡量中国传统文化的质性及其存在的合法性呢？就我看来，中国古代文化传统不必以获有类似古希腊的"philosophy"之观念，而因此神圣且伟岸起来。中国古代文化传统应该秉有自身符合于汉字思维表达的思想观念，儒道释即是如此，有其自身的质性。但傅斯年的悖论在于，他是以感谢西方的上帝，慨叹汉语民族没有"哲学"的健康习惯。这一点很有意思！

当然，傅斯年仅从子学以论断"中国本没有所谓哲学"，其范域界限还是窄了一点，但其论域更为集中。我想举证的是，《周易》不属于子学，而其中一定隐含着丰富的哲学思想。关键在于，中国古代文学批评的发生与发展，其背后的推动力也不可能仅仅肇源于子学的影响，说到底，还是儒道释三种思想共同颐养了中国古代文学创作与文学批评的审美本质。

那么，我们再回过头来透视儒道释三家文化的质性所属。

儒家思想不是一脉对宇宙本体给予终极猜想的思辨哲学，或许我们本来在质性上就不应该把儒家思想定义为哲学；再或许我们可以较为宽松地说，儒家思想是以"仁"——"礼"为本体，而在现象界达向求"善"的社会伦理学思想。

道家思想较之于古希腊哲学，两者都执著于宇宙终极的本体论猜想，力图为现象界及其存在者寻找安身立命的终极，我们把道家思想冠称为哲学也似乎恰如其分；但不同于古希腊哲学以思辨逻辑达向对宇宙本体——"idea"或统称为"logos"的触摸，老庄哲学恰然是持有一种直觉以体验"众妙之门"的最高存在——"道"，在"体道"的心理上，老庄崇尚"心斋""玄览"与"坐忘"的体验性。究极而论，道家哲学的"体道"观一定不是在思辨逻辑的推导下所构建的本体论。

禅宗在信仰的皈依上则更是讲唱禅境的体悟。北宗神秀以"坐禅观定法"传讲"渐修"，而南宗慧能则是一反"渐修"传讲"顿悟"，如释道诚在《释氏要览·卷下·住持·禅》所收录禅语之言："直指人心，见性成佛者，明其顿了无生也，其机峻而理深，故渐修者笃加讪谤。"〔1〕其实，无论是"南顿"还是"北渐"，禅宗所崇尚的是"唯向心内领悟"的内在超越，其都是参禅。关于这一点，我们可以阅读《五灯会元》其中的《圭峯宗密禅师》一篇，此篇载录了唐人"萧俛相公呈己见解，请禅师注释"的问答语录，其中第三问与第三答很有趣："三问：'其所修者，为顿为渐？渐则忘前失后，何以集合而成？顿则万行多方，岂得一时圆满？'答：'真理即悟而顿圆，妄情息之而渐尽。顿圆如初生孩子，一日而肢体已全。渐修如长养成人，多年而志气方立。'"〔2〕说到底，禅宗讲唱的体悟，其所营造的全然不是西方哲学的思辨理性能够达向的心境。

需要说明的是，我在这里对儒道释的质性概述是极简主义的，旨在以扼要的概述链接上下文语境的过渡逻辑，无意于详尽地讨论儒道释的质性。对愿意读书的学者来说，那都基本的知识。毫无疑问，中国古代文化传统中的儒道释一定充盈着丰沛的"哲学思想"，然而傅斯年的论点被后来的学者放大为一种全称否定判断：整个中国古代文化传统或儒道释均没有哲学。我再强调一遍，在那封写给顾颉刚的长信中，傅斯年所言称的"哲学"在否定的判断上是指向"子学"的，而后来的学者把傅斯年的观点无畏地放大到指涉整体中国古代思想史的论域中去了。于是，就有相关学者以专写"中国古代思想史"为务，从而回避使用"中国古代哲学史"这个指称。结果是"中国古代思想史"与"中国古代哲学史"两种著述所讨论的话题与内涵几乎完全交叉且重复，只是在修辞上，前者操用"思想"及后者操用"哲学"而已。

让我们再度返回问题所在的症结上去。把儒道释通释为西学语境下的"philosophy"是否恰切？关键问题在于从近现代以来，中国知识分子已经有不少显赫学者把由儒道释构成的中国古代思想指称为"哲学"了，如胡适、冯友兰与张岱年等，他们都在"中国哲学史"的冠名下撰写过自己的成名作。并且"儒家哲学""道家哲学""禅宗哲学"这三种指称性的概念在现当代汉语学界也堂而皇之地流通。我始终质疑的是，李泽厚关于美的本质讨论是如此受西方哲学的影响，却写了《中国古代思想史论》与《中国现代思想史论》，而不以"哲学"为冠名？这大概是一种不必要的智慧吧！

---

〔1〕（宋）释道诚撰，富世平校注：《释氏要览校注》，中华书局 2014 年版，第 505 页。
〔2〕（宋）普济著，苏渊雷点校：《五灯会元》，中华书局 1984 年版，第 110 页。

其实，我们可以给出一个解释性的表达，学界所用以指称与研究中国古代文化传统的"哲学"，无疑是一个从西方翻译且引渡过来的目的语概念，然而我们已经赋予了这个目的语概念贴合于中国本土儒道释思想的补充性与修正性意义。也就是说，在概念的外延与内涵上，中国汉语学界使用西方的"philosophy"及其理论指称和研究中国古代思想，是为了挖掘沉淀于中国古代文化传统中丰沛的哲学思想，最终使其在哲学的冠名下理论化与体系化，以构建中国本土的哲学体系。

关键是下一步被学界忽视了，这种汇通于中西的研究方法也进一步改写与丰富了西方学术概念在汉语语境下的学理内涵，使其为我所用。也就是说，我们在汉语语境下使用的"哲学"概念，已经是被修订且发展了的具有中国汉语本土性实践意义的理论术语了。可以说，西方理论在翻译到汉语学界后的使用全然如是，西方理论从未在异质文化语境中执行过自身的源典意义。事实上，西方理论翻译于汉语语境下的碎片性使用，从来就是跌落于失语状态的窘境中的。很多西方学者（包括汉学家）看到西方的学术概念及其理论，如此被翻译于中国汉语学界，如此被中国学者赋予误读意义或自觉误读意义的另类使用，他们充满了惊愕！

为什么没有人看视到，用西方文学理论来分析隐含且朴素的中国古代文学批评思想，使其在中国汉语学者的思考与研究中理论化与体系化，得以建构起中国古代文学的理论体系；同时，中国古代文学批评思想也反过来丰富与改写了西方文学理论在汉语语境下的使用性与学理性意义。我们难道不应该设问为什么没有人看到吗？关键点在于，相关学者在困顿于守护原教旨主义的心态中，仅仅熟悉中国古代文学批评及其背景文献，他们不熟悉西方文学理论及其背景文献，所以他们看不到，因为在他们的知识视域中，有一个显而易见的知识盲点。我在这里必须要补充的一句是：西方文学理论也有其背后源语文献的阅读与积累问题，这也更需要研究者有很好的源语语言的阅读能力。其实，相关学者不妨可以细读一些西方文学理论的原典，以填补自身的知识缺憾。

不错，每一种民族文化都必须拥有自身的地域性品质，以在互为他者的差异性中呈现出自身的民族审美身份。我们完全可以把西方哲学与中国古代思想的儒道释置放在一个比较视域中，汇通于一体，给予两种异质文化之间的透视，以形成跨界于中西的第三种诗学立场。的确，西方文学理论与中国古代文学批评背后的哲学推动观念不一样，西方的思辨哲学必然铸造了西方文学理论的思辨性、逻辑性与体系性。如果我们把儒道释也称之为哲学，从我们上述关于儒道释的极简主义概述不难见出，儒道释哲学则是在文学批评的伦理性与体悟性两个层面颐养了中国古代文学批评思想的审美心理。而我以为，恰恰这种东方汉字思维书写的中国古代文学批评，其中文学理论思想的含量更为精深博大，所以也更需要当代学者给予理论性与体系性的挖掘和研究，否则中国古代文学批评还是沉浸在审美描述性话语的原生态渲染中，无法走向逻辑的自明。

我不妨把德国古典哲学康德的《纯粹理性批判》《实践理性批判》《判断力批判》代入当下的论述语境中，学界均知康德的"三大批判"在柏拉图主义之外所建构的理论构架——"真"（纯粹理性）、"善"（实践理性）、"美"（审美判断力）。对中西理论在质性上谙熟的学者，以康德"三大批判"的理论体系为参照视域，一眼即可以通透地识别西方哲学及其文学理论与儒道释哲学及其中国古代文学批评思想的归属及定位。

简言之，对中国古代文学创作与批评的内在性驱动，儒家思想深化于"善"的功利性维度，更多地宣教于以实践理性调和个人情感与社会道德伦理的关系；道家思想在"体道"的心态上崇尚自然无为的非功利性，而禅宗思想之所以能够进入中国汉语本土所产生影响，本身也得益于与老庄有着内在精神的合流；佛老的精神境界合力推动了中国古代文学的非功利性审美，中国古代文学批评的审美直觉也得益于佛老的境界。

再强调一遍，我在这里不是把康德"三大批判"的整体理论构架和盘托出，以论述现下正在书写的话题，这全然没有必要；我只是使用康德的"真""善""美"作为一个浓缩的符号图式，以阐明儒道释哲学在"善"与"美"之维度上的诉求，以澄明儒道释对中国古代文学创作与文学批评发生和发展所推动的文化心理维度。一切很清晰了，以思辨理性推论一个个先验而无法证明的本体论假设，力图构建宏大的形而上学体系，那是西方古典哲学的理论动力；需要增补的一句表达是，西方现代主义哲学与后现代主义哲学对形而上学的挑战，也充满了思辨理性的体系建构动力，而西方文学理论也正是在此哲学背景下长于自身的理论性体系建构。言说于此，我们必然要推出以下的结论：西方文学理论与中国古代文学批评背后的哲学诉求不一样，所以双方的内在质性诉求与美学品质也不一样。

当下是一个不可遏制的全球化时代，这个时代对每一位学者的知识装备也提出了吻合于这个时代的要求。西方文学理论与中国古代文学批评及其双方的背景哲学应该同步整合于一位中国学者的知识结构中，以便让自己的研究在西方文学理论与中国古代文学批评之间形成汇通性的互看和互补，得以使隐含于中国古代文学批评中丰沛且广博高深的美学思想理论化，从而挖掘与建构起中国古代文学批评的理论体系。

哲学是文学理论研究的重要功底！

我注意到，祁志祥主编的《中国古代文学理论》，在十三个章节的格局设置上，就是以西方文学理论的研究逻辑所构成的体例，如"文学观念论""创作发生论""创作构思论""创作方法论""作品论""风格论""形式美论""鉴赏论""功用论""理论的方法论"等，这种格局的设置在教材的体例上非常方便本科生对中国古代文学批评思想进行理论性与体系性的把握，同时，也为从事此门课程教学的老师提供了讲授的理论模块与便捷。

我所言谈只是这部教材其中的一个特点，当然任何教材都有自身的不足之处，事实上，作者与读者才有真正的发言权。

第十节 中国文论话语体系建构的探索[1]

祁志祥教授主编的《中国古代文学理论》高校教材修订本不久前面世。恰好我们刚刚也出版了一部高校教材《中国古代艺术理论》（华东师范大学出版社 2019 年版）。因为主题相近的关系，最近将祁教授主编的《中国古代文学理论》仔细拜读了一遍，感到很受教益。这本教材兼具文学理论专著的探索性和文艺学教科书的工具性，既包含作者对文学原理的独到见解，又全方位覆盖了传统文论的众多核心问题。教材以古代文论的重要概念范畴为枢纽，以儒、道、佛思想和宗法、训诂文化为文论的发生背景，贯穿起中国传统文艺思想的精髓。与此同时，此书将西方文艺话语体系与中国古代文论的基本概念进行比照，使得作品有了一种中西文论对话的意味。该书堪称重构中国民族文论话语体系的重磅成果，它成为"十一五"国家级指南类高教教材并一版再版，是有道理的。

---

〔1〕 作者黄意明，上海戏剧学院教授。本文原载《中华读书报》2020 年 3 月 25 日。

纵观整部《中国古代文学理论》，作者借用"文以意为主"的"表现主义"概念，对中国古代文学及其理论的整体特点进行概括，并以"内重外轻"的文学观念作为线索，将传统文论各个层面与环节的思想贯通起来，完成了表现主义中国文论体系的民族化建构。全书按照阐述文学理论的自然逻辑要求，设计"文学观念论""创作主体论""创作发生论""创作构思论""创作方法论""作品论""风格论""形式美论""鉴赏论""功用论""价值论"和古代文论的"方法论"为基本框架，最后以"中国古代文学理论的历史演变"收束全书。纵横交错，逻辑与历史相结合，涵盖了"文学"的本体论概念文学创作的全过程的规律与特点。

比如在"中国古代文学创作方法论"一章中，以"活法"说、"定法"说、"用事"说、"赋比兴"说来表述创作方法。"活法"作为创作的总体方法论，它以"灵活""活脱""不主故常"的姿态存在于各个创作环节中。无论是起始阶段的"当机煞活"，还是自然之瞬息万变所引发的"机缘"，或者是艺术表现时的"因情立格"。"活法"来源于通过状物叙事来表情达意的需要，是文学创新的不竭源泉，都是"活法"的表现。它以辞达意，不主故常，"不窘一律"，无一定成法可套用死守，所以叫"活法"。但它告诉作家"随物赋形""辞达而已"，具有方法论的指导意义，所以是"文之大法"。"活法"不是"定法"又并不排斥"定法"，而是主张"因宜适变"地运用它，为表情达意服务，所以"无法"而又"有法"。不仅如此，作者还从历史的维度与文化透视的视角为"活法"的生成机制进行了详实地剖析。特别是从佛家"圆智""诸法无我""诸行无常"以及破除"法执""我执"的角度来理解"活法"。如"圆智"强调思维方法的"圆转流动"；"诸法无我""诸行无常"，从"色法"方面探讨"随物应机"；破除"法执"和"我执"，旨在反对用僵死的方法对待创作，要求破除执念，"随遇皆道，触处可悟"。这些阐述为理解"活法"提供了参照，增加了文论著作的思想深度和知识厚度。

该书的"作品论"论述也颇具特色。"中国古代文学作品论"涉及"文气""文体""文质""言意""形神""意境""情景""真幻""通变"九个范畴和章节。这些范畴其实是中国文艺最基本的问题，甚至是中国哲学的基本问题。

比如"言意"说是中国文论特有的形式与内容关系论。皎然从读者的角度探讨了"言"与"意"的关系，他提出"但见性情，不睹文字"，旨在引导读者"披文入情""得意忘言"。司空图从创作者角度提出"不著一字,尽得风流",告诫作家必须以"意"为目的,调动全部手段来突出"意",而不是突出表达"意"的"言"。严羽的"别材""别趣"说深入探讨了"诗之言"与"诗之意"的内在规定。"别材"不同于事实堆砌、词句雕琢,"别趣"不同于理论说教、逻辑推理,故而"不落言筌者"为上。从以上三位不同时期的代表性人物对"言意"的论述中,不难看出"意"在文学作品内容中的主导地位。作者继而通过儒、道、佛、玄中的思想为"言意"提供文化阐释。儒家认为"言"是"达意"的手段,主张"不以辞害志",突出"志"的主导地位。道家把"言意"安排在"道、意、言"的序列中,认为"意"是"物之精",而"言"只是"物之粗"。玄学大师王弼指出"尽意莫若象,尽象莫若言","言"所表达的"意象"是主体。佛家认为"言语断道",主张"不立文字""心心相传",更重视"自家心性"的觉悟,同时也对言语文字采取不即不离的态度,告诫"语言能持义","若无此言,则义不可得"。在这些思想的影响下,中国文论中的"言意"说一方面视"言"为表达"意"的手段,强调"意"才是文学作品所要传达的重心,另一方面兼顾文字技巧,要求在充分掌握文字艺术的基础上为表情达意服务。

如何看待"情景"说?作者将它定位为中国古代诗歌中的意境形态,颇有见识。中国古代诗歌以咏物抒情为主。咏物不只是单纯的写景,而是为了借景传情。于是中国古代文学作品的主要特征"意象""意境"在诗歌中的表现形态就凝聚、体现为"情景"。中国古代文学的"意境"论主张意为主境象为辅,意与境相生相发,中国古代诗歌的"情景"论亦主张景为媒情为胚,以景含情,情景交融。"情景"说具有的一系列特征,多在"意境"说中得到对应。如"意境"的重心在"意"不在"境","情景"说虽强调"情景合一",但又指出:"诗以情为主,景为宾"。并且说:"景以情妍,独景则滞"。"情景"说的代表人物当推明代的谢榛和清初的王夫之。谢榛从本体论的角度提出:"诗乃模写情景之具。"从创作发生论的角度指出:"夫情、景相触而成诗,此作家之常也。""景乃诗之媒,情乃诗之胚,合而为诗。""作诗本乎情景,孤不自成,两不相背。"从创作方法的角度指出:"景多则堆垛,情多则暗弱。""大家无此失",以其景中含情、情寓景中也。王夫之一方面指出:"神于诗者,妙合无垠""情景一合,自然妙语",另一方面强调:"烟云泉石……寓意则灵""景非滞景,景总含情"。这种梳理和抉发,脉络清晰、主次分明，非长期濡染和深入研思，不能道也。

"真幻"说探讨了艺术真实论。"真幻"主要针对诗词歌赋在"言情"的作用下，其所建构的景已经不是纯粹的自然之景，而是主体通过想象虚构而形成的"景"。随着明清时期对"美"与"真"认识的不断深入，明代的谢榛、王廷相、陆时雍以及清代的叶燮、刘熙载等人都对"真幻"问题作了富有思辨深度的论述。如王廷相说："夫贵意象透莹，不喜事实粘著。"陆时雍说："诗贵真，诗之真趣，又在意似之间，认真则又死矣。"叶燮提出："想象以为事。"这些都说明诗的真实不是客观现实的真实，而是想象的真实，出自于想象的虚构。文学意象正是超越了现实的束缚才能以意象示人，意象的"透莹""蓝田日暖，良玉生烟"的品质铸造了它们处于真幻之间。艺术的真幻性不是无规律的，艺术中的真实或许比现实的真实更能体现出一种生活逻辑的真实。就像亚里士多德所言"诗比历史更富有哲学意味"那样，诗歌的真实能够体现更深远的意味。

无论是创作论中的"活法"论，还是作品论中的"言意"论、"情景"论、"真幻"说，它们都体现了对中国古代文学理论范畴历史流变、逻辑义理及其文化成因的深入探索，《中国古代文学理论》这种探索别开生面、别具卓识，同时又以其稳妥可靠，便于教师教学、学生学习，具有可操作的工具性，被评定为"十一五"国家级指南类高校文科教材。全书在原来祁志祥教授独撰的基础上，会同全国各高校的年轻学者增补了第十三章，使整体结构更趋合理。相信此书对中国古代文论的教、学工作者会开卷有益，如我们一样收获匪浅。

第十一节 基于本土话语的中国古代文学理论体系建构[1]

在我国人文学科的大家族中，中国古代文学理论是一门显学，直接触摸着中华文化的精神命脉。作为一门学科，中国古代文学理论建设只有近百年的历史。这当中，不同时期的众多学者为之作出了探索和贡献。尤其是改革开放的新时期以来，学界一直在为建构中国古代文学理论的本土话语体系而

---

〔1〕 作者潘端伟，教育学博士，上海视觉艺术学院副教授。本文原载胡晓明主编：《古代文学理论研究》第50辑，华东师范大学出版社2020年版。

努力。祁志祥先生主编的"十一五"国家级指南类教材《中国古代文学理论》（以下称《理论》）是这百年建设史上极具特色的一部。它是第一部，也是迄今唯一的一部从主要范畴、命题入手，系统阐释中国古代文学理论原理体系的著作。本文将在学术史发展和现代性视野中，从四个方面探窥其奥、抉发其义。

一、历史节点：承前启后

伴随着中国现代化的进程，中国古代文学理论百年来经历了漫长而复杂的发展过程。20 世纪 20 年代末，陈钟凡、郭绍虞、罗根泽、朱东润等老一辈学者开始投入对这一领域的研究，奠定了学科发展基础。1927 年，陈钟凡先生的《中国文学批评史》出版，意味着我国的古代文学理论作为一个独立的新兴学科出现（也有学者将 1914 年黄侃在北大开设《文心雕龙》课作为起点）。但当时学科名称并不叫"中国古代文学理论"。在此后很长时间，学科名称一直不定，出现过"中国文学批评史""中国古代文论""中国古代文学批评理论""中国古代文学批评理论史"等多种叫法。虽然名称不同，但前辈学者对古代文学理论研究领域的界定、概念的梳理、范畴的归纳做了大量工作，这都成为后来中国古代文学理论建设的基础。新中国之后的五六十年代，受政治气候影响，学界开始运用苏联文艺学概论的理论框架套解中国古代文论，用现实主义、浪漫主义、典型形象等范畴建构古代文学理论。中国古代文论成了苏联理论的注脚，古代文学理论学科也失去自我发展的自觉和空间。

1979 年，"中国古代文学理论学会和教材编写"会议在昆明云南大学召开。会上云南大学张文勋先生指出，"文学批评"和"文学理论"不能混为一谈，应区别对待，如此才能分辨出我国古代文学理论发展状况与特色。张先生明确提出了"中国古代文学理论"的叫法。[1]此次会议之后，学界对"中国古代文学理论"这一称谓基本共识。而对于"中国古代文学理论有没有自己的完整的体系"的疑问，与会学者也给出了肯定的回答：中国古代不仅有自己的文学理论，而且有自己的理论体系。中国古代文学理论体系的建设最终呈现为理论著作的出版、教材的编写。学人们从各自的学术视角贡献力

[1]　详参张文勋："中国古代文学理论研究中的几个问题——在中国古代文学理论学术讨论和教材编写会上的发言"，载《思想战线》1979 年第 4 期。

量。1984 年，张文勋先生著《中国古代文学理论论稿》，这是一部由 16 篇文章组成的论文集。1987 年，蔡钟翔、黄保真、成复旺合著五卷本《中国古代文学理论史》，这是一部按朝代顺序的理论史。1987 年，华东师范大学文学研究所编的《中国古代文论研究方法论集》出版，引起探讨文论研究方法的热潮，大量研究热衷于从方法论角度寻求突破，发掘本土文论特征。据统计，"自 1981 年至 1988 年 8 年间，仅报刊上就发表了近 50 篇研究古文论民族特色的论文。"〔1〕。但是，即便如此，中国古代文学理论的研究尤其是在理论体系的本土建构方面依然不尽如人意。"文化大革命"后，学界一直在破除苏联理论框架的束缚，但也有意无意地陷入不断涌入的西方理论的窠臼中。1989 年，罗宗强、卢盛江先生如此反思当时理论研究的现状："我们似乎还不适应理论论证的严密性要求，在理论分析中往往表现出那种模糊不清、感想式的毛病。""我们也似乎并未建构起自己的理论体系，以作为分析古文论的理论参照；大多是东采西摘，零担贩运。"〔2〕1987 年，四川人民出版社出版了美籍华裔学者刘若愚 1975 年撰写的《中国文学理论》。该著用西方文学理论的范畴和框架（主要是艾布拉姆斯文论建构四要素体系）来阐释中国文学与文论，其实属于中西比较诗学。其最终建构的"六论"理论架构（玄学论、决定论、表现论、技巧论、审美论和实用论）缺乏基本的中国本土立场。要之，建构具有民族特色的古代文学理论体系是那时的理论界学人的共同心愿，也是中国文艺理论界和古代文学理论界的当务之急。

祁志祥先生就是在这样的历史关键节点开始酝酿他的中国古代文学理论体系。1987~1990 年祁先生正师从徐中玉、陈谦豫先生读研究生，浸润在古代文学理论的研究热潮中。他在研究生三年级下学期开始动笔，毕业后花了一年多的时间完稿，经过一段时间的打磨，1993 年，《中国古代文学原理——一个表现主义民族文论体系的建构》（学林出版社出版）应势而生。2006 年，该著以其上乘的质量被教育部组织的专家评审为高等教育"十一五"国家级指南类规划教材《中国古代文学理论》，2008 年由山西教育出版社出版。该书不久获得上海市普通高校优秀教材奖。在祁先生此著之后，学界又陆续出版了不少古代文学理论著作和教材。如 1999 年至 2000 年，王运熙、黄霖先

---

〔1〕 罗宗强、卢盛江："四十年古代文学理论研究的反思"，载《文学遗产》1989 年第 4 期。
〔2〕 罗宗强、卢盛江："四十年古代文学理论研究的反思"，载《文学遗产》1989 年第 4 期。

生主编的《中国古代文学理论体系》丛书，以《原人论》《范畴论》《方法论》三卷形式呈现。这是复旦大学几代人在古代文论研究上薪火相传的成果，是对 20 世纪古代文论研究的总结。但是，这三部是独立成书，各自体系完备，却没有在"本体""范畴""方法"三者之间建立有机联系。而且只有三卷，其他如"风格论""文体论"等领域未尝不能进入这个体系。2004 年，张文勋先生撰文，提出"文原论""创作论""鉴赏论"作为文学理论的基本框架，从此三方面来构建和阐述中国古代文学理论体系。但张先生只是框架，未见全面展开。[1]2006 年，王思焜的《中国古代文学理论教程》出版；2007年，李壮鹰、李春青的《中国古代文论教程》出版；2010 年，成复旺《新编中国文学理论史》出版。但这三部书确切地说是"文论史"，都是以史为线索的历代文论的阐述，且史大于论，而非古代文学原理性的理论体系的建构。

回顾这四十年的论著和教材，偏于历史梳理的多，进行理论体系建构的少，建构而又有明晰的本土理念、体系的少之又少。在众多论著和教材中，祁先生当时所建构的理论体系的学术价值和意义是显而易见的。时间也证明了这一点，祁先生的《中国古代文学原理》成书较早，成书后的影响较大，作为教材不断再版，前后持续二十多年。2018 年，祁志祥先生精益求精、与时俱进，联合北京师范大学、安徽师范大学、山东大学、上海社会科学院相关学者又对此书进行修订再版，使该著更加完善。在中国古代文学学科建设进程中，此著实在是不可多得的一部著作和教材。放在百年学科建设史中看，此著具有承前之功，也必有启后之效。

二、学术理念：中体西用

中华文化在本土生发和长期的交流融合中形成了独有的民族特征，在世界文明体系中独树一帜。这也体现在古代文论中。如何看待中国古代文学理论的特征？与西方文论相比它的根本差别在哪里？这是进行理论体系建构首先需要回答的问题。康德曾在《判断力批判》中说："我们所谓的体系是指许许多多的知识种类在一个理念之下的统一性。"这个"理念"在《理论》里就是"表现主义"。在《理论》的序言中，作者开宗明义："系统阐释中国古代文学理论的难处，不仅在于应有一个妥善的理论框架、一种合理的叙述结

---

〔1〕 详参张文勋："中国古代文学理论体系概述"，载《楚雄师范学院学报》2004 年第 2 期。

构，而且在于这个叙述结构的各环节之间须有一种相互联系、一以贯之的系统性和有机性。贯穿在中国古代文学理论的这种有机联系是什么呢？我认为就是表情达意的'表现主义'。"[1]在第一章，作者从文化人类学的角度，详细地探究、阐释了中国古代文学表现主义生成的原因和历程。"表现主义"不是学界对古代文学理论体系的唯一界定。其他还有诸如"杂文学观念体系""《文心雕龙》即体系"、以"原人"说为中心的"人本主义诗学体系"等说法。我们不必纠结于谁更权威更合法，只要论者能以其所秉持的学说自成体系，并一以贯之地建构自己的体系，就不失为对中国古代文学理论的贡献。祁先生的《理论》做到了这一点。"这种表现主义的文学观念，是中国文学乃至于中国艺术之'神'，是统帅中国古代文艺理论的一根红线。"[2]祁先生是这么说的，也是这么做的。从"创作主体论""创作发生论""构思论"一直到"文学功用论"，再到命题的论证每个范畴的阐释，作者都是以"表现主义"这一内在精神贯穿其中。

接着，在对"中国古代文学理论有没有自己的完整的体系"的疑问给予肯定的回答后，我们该用什么样的话语来建构这套体系就摆在了面前。有人认为，中国古代文学理论是对中国本土文学的理论阐释，应该用纯粹的自主的本土的理念和话语，而不能用西方的学术体系。甚至像"表现主义"这种源于西方文论的概念也不能用。从情感的角度可以理解，但是从现实，也从学术的角度，恐怕这只能是一厢情愿。我们已经进入事实上难以拒绝的全球化语境中，我们不可能也不应该拒绝一切可以利用的理论资源。人类文明发展史告诉我们，我们也不可以闭目塞听故步自封，我们必须从现代学术的知识发展高度，充分运用现代科学和人文学科的研究成果，对古人的发现和创造进行学理的探究和研发。当然，我们运用现代科学包括西方的理论、方法，是为了让前人的原创性思想本原地呈现出来，而不是为西方理论、方法所规范、裁剪。也就是"不以西学为标准，而以西学为参照。"（王元化语）

在这样的学术视野下，《理论》在体系框架上依然借鉴西方文论的术语和理路。全书十三章的一级标题基本都是用西方文论的概念支撑其骨架。但是，当你仔细阅读二级标题、三级标题时，会发现这些标题几乎全是由中国古代

---

[1]　祁志祥主编：《中国古代文学理论》，华东师范大学出版社 2018 年版，第 1 页。
[2]　祁志祥主编：《中国古代文学理论》，华东师范大学出版社 2018 年版，第 2 页。

文学、美学的命题、范畴组成，而进一步论证的论据材料全是古代文论的本土资源。《理论》立足于本土立场，使其建立的框架在中国古代文学的土壤中自然扎根成长，让这些命题、范畴以其原生性方式展现，又彼此骨肉相连、血脉相通。而这些命题、范畴正是几十年来前辈学者从中国古典哲学、美学、文学领域耙梳、归纳出来的成果。如何将这些范畴有机组合串联？这又见作者的学术功力与智慧。还是"表现主义"，作者用"表现主义"这一理路，如穿丝引线一般将它们编织在相应的章节中。所以说，西方文论的理论体系是《理论》借用的框架，中国古代文学的命题、范畴是血肉，统领这框架和血肉的魂魄就是最能彰显中国古代文学特征的"表现主义"。这是《理论》的最显著的特点。所谓"中体西用"是也。

三、编写体例：体大思精

一个学科理论体系优劣的主要评价标准，一个是其全面性，能够涵盖各个学科的各个领域、命题；二是其阐释力，能够对各个领域和命题进行有力而令人信服的深入分析。全面性即"体大"，阐释力就要靠"思精"。"体大"而不"思精"，则容易陷入大而无当空洞无物，"思精"而无"大体"支撑统领，则容易给人零散琐碎生硬拼凑之感。

中国古代文学是一个庞大的学术领域。时间上从《诗经》至近代跨度三千年历史，内容上涵盖诗词歌赋、小说、戏曲等各文学类型以及诗论、文论、戏曲理论、小说理论等理论形态，还有相关的史论、画论、书论等理论领域。要将如此庞杂多样的学科领域统领起来，其理论之"体"不可不大。而受传统文论以及西方形式主义、结构主义、接受美学等学说的影响，文学理论界对理论体系建构的取向也是多样的。如前文提到的张文勋先生"文学观""创作观""鉴赏观"三块论，王运熙、黄霖先生《中国古代文学理论体系》丛书《原人论》《范畴论》《方法论》三卷论，刘若愚基于西方文论的"六论"，等等。这些成果，要么"体大"有余，"思精"不足，要么思之过精忽视整体，大体不存。

祁志祥先生的《理论》综合各家优劣，以一部之力，对中国古代文学理论进行一体化建构。该著篇章体例科学、严整、清晰，以十三章49万字的体量涵盖了中国古代文学理论的各个方面。不但囊括了大家已成共识的"文学的本体论""鉴赏论""创作论""方法论"，还有"作品论""风格论""文学的功能论"，还专列"形式美论"一章，这是其他理论体系中往往不提的。而其中的"方法论"不是创作方法，而是古代文学理论的研究方法。今天谈"方法论"不是新鲜课题，2000年复旦大学的《中国古代文学理论体系丛书》三卷本还有专论。但是回想成书之初的1993年，祁先生已经将其列入体系中，足见其学术敏锐性和前瞻性。2018年再版又增加了第十三章"中国古代文学理论的历史演变"，将散文、诗学、词学、戏曲、小说五个文学门类的理论历史演变分别纵向展开。如此，《理论》将共时性的理论、命题、范畴，在历时性的发展脉络中一一剖析呈现，建立了一个更为完备的具有本土文化精魂的中国古代文学理论体系。

该著体大但不粗疏，丰满的血肉充实其间。具体章节中，该著论证严谨，思维精密，是谓思精。思精，首先体现为章节架构的层层推进。总体架构起来之后，每章里以"说"细分节，阐释力达该章节的每一个子命题。比如，"中国古代文学的作品论"，作者一口气用了"文气""文体""言意""形神""意境""情景""真幻""通变"等九个范畴，从不同的角度详细解剖该命题。其次，体现在这些范畴的精密、有机的排列组合上。据笔者不完全统计，全书有四五十个范畴，分别分布在不同的章节。但这种分布并不是对范畴的割裂的孤立的排列，而是一种有机的整合，这种整合也使范畴的含义得以确定。古代文学的范畴具有形象性和不规定性，含义模糊且不稳定，不同论者不同时期含义不同。但是，这些范畴进入框架体系后，就不再是孤立的可以随意游离的概念了。《理论》以"表现主义"之神，将该范畴的内涵聚焦于所在的位置，承担起相应命题的阐释使命，且与其他范畴互相观照成为整体，纵横交叉，共同勾绘体系中每一个命题、观念。最后，这种思精还体现在其比较思维上。《理论》在有限的篇幅内，不放过任何一个可能的阐释的维度，在很多章节中作者以比较的视野，参照西方的视角透视该命题。比如"中西'文学'概念异同之比较""中西文学创作主体论之比较"。

四、教学传播：适教宜学

专题研究固然是学科理论突破与建构的利器，但是教材的编写对学科理论总结与传播的功能也不能小觑。近年来，关于中国古代文学理论的论著往往以皇皇几大卷出现，这样的论著是对学科建设的重大贡献，但做教材是不妥当的。一是，量太大，在高校规定的有限的学时内很难全部教学完；二是，内容深、广，不适合非中文专业学生的学习，也就影响中国古代文学理论的传播和普及。从教育教学角度讲，让学生在有限的学时内，尽可能掌握学科的理论框架领会学科的思想精髓，这是一本优秀的教材必须考虑的问题。

祁志祥先生的《理论》是"十一五"国家级规划教材，目前也是中国古代文学理论领域唯一的一部国家级教材。成书以后，多次再版印刷，足见其受欢迎的程度。原因之一就是该著适教宜学。序言加上十三章的篇幅，适合教师设计教学内容，安排教学进度。而该著理念鲜明、体系清晰，各个命题、范畴、知识点在整个理论体系中的位置一目了然，这便于学习者准确把握理论的完整性和知识结构的关联性。它宛如一张古代文学理论的知识地图，为学习者在相关问题上的深入钻研提供线索。古代文论的很多范畴具有浑融多义性，命题具有模糊性开放性，限于篇幅和理论建构的需要，在相应的章节不能做全面阐释。但学习者建立了一个理论框架以后，可以按图索骥，不断深入拓展，便可圆融打通，这是学习研究的必经过程。

教材编写的基本原则之一是理论体系的完整性，知识结构的逻辑性。《理论》充分做到了这一点。关于这一点，本无异议。但 20 世纪 90 年代之后，受后现代主义思潮的影响，出现了一种反本质主义思潮，置疑文学理论的普遍性、统一性和一般规律的可能性和必要性。陶东风先生以"大学文艺学的学科反思"（载《文学评论》2001 年第 5 期）一文发起争论，对包括文学理论在内的文艺学教材提出批评。紧接着，郑惠生先生撰文"对大学文艺学的批评能这样吗——就《大学文艺学的学科反思》与陶东风教授商榷"（载《汕头大学学报》（人文科学版）2003 年第 3 期）予以反驳，引发了一阵热烈讨论。笔者认为，此番讨论与其说是针对教材建设的问题，不如说是关于文艺理论研究方向的转向问题。陶东风先生是借教材直指文艺学研究方向的僵化，发出应该适应时代而转向的呼吁。教材是学科研究成果的总结、归纳、提炼。学术研究方向不求统一，但是教材应该力求学科内在统一性和规律性，尤其是入门普及阶段的教材。如果研究方向转向成型，教材也可以就此再进行归纳总结，建构新的理论体系。事实上，三千年来中国古代文学和文论也就是在不断转向给我们积淀了这么丰厚的理论形态。教材的整体性、体系性和研究方向的多元性、个别性并不矛盾。所以，教材的编写并非易事，这是一件极见学术功底的工作。

  研读祁先生的《中国古代文学理论》，除了从历史、体例、内容、教学上着眼外，研究方法也是尤为值得我们关注的。该著在方法上，史论结合，共时性和历时性有机交错，历史研究方法和逻辑方法融会贯通，做到了历史形态和理论形态的有效整合融通。这是研究方法运用的典范。在各个人文学科都在提倡本土话语体系建构的今天，此著是一个很值得研究和学习的范本。它不但对中国古代文学理论本土话语体系建构有探索之功，对其他人文学科也具有借鉴意义。

佛教美学研究

主编插白： 无论研究中国古代文论还是研究中国古代美学，不通佛教是不能深入进去的。本人在考研前因为阅读古代文论时遇到许多佛家话头，就开始涉猎佛教哲学。此后在研究中国古代文论体系时，一直注意佛教文化对其民族品格形成的影响，1990 年就在《百科知识》第 11 期上发表了"民族文论与佛教文化"。1996 年上海文艺出版社出版的《中国美学的文化精神》一书中，"佛教文化与中国美学"作为一章收入其中，近 6 万字，分 16 个小节条分缕析。1997 年，上海人民出版社出版《佛教美学》，正面回答佛教流派的美学个性、佛教哲学的美学意蕴、佛教艺术的美学风貌。后来写《中国美学通史》，佛教美学史是一条历历可按的线索。2010 年，将这条线抽出来，出版《中国佛教美学史》。2017 年，整合资料，完成《佛教美学新编》。对佛教美学的纵横兼顾的研究，是佘山学人对中国美学界的另一份贡献。这里收录作者的两篇代表性文章，并与年轻教师谢彩博士发表在《文汇报》上的一篇谈佛教艺术的文章合为一组，敬请读者阅览。

第一节　佛教美学的研究历程及其逻辑结构[1]

"佛教美学"是一个跨学科的论题。它既需要佛教方面的系统知识，又需要对美学有深入地研究。其实分别在这两个方面拥有专门的造诣已属不易，要在两者的交叉地带嫁接出新的成果更有难度。所以，长期以来，这是一个人迹罕至的领地。不过，自近代太虚法师首次触及这个话题以来，经过新时

---

〔1〕　作者祁志祥。本文原载《学习与探索》2020 年第 10 期。

期严北溟、蒋述卓、王海林等人及笔者的努力，这个新兴学科已初成气候、初具规模。在回顾这门交叉学科的研究历程，权衡得失、综合取舍的基础上，笔者就佛教美学原理的重构提出了独特的逻辑构架。这对于人们全面、准确深化佛教美学原理，进一步深化和推进佛教美学研究，或许具有重要的建设意义和参考价值。

一、佛教美学的研究历程

最早踏进这个领地的是太虚法师。1928 年底，他在法国巴黎美术会做了题为"佛法与美"的讲演[1]，从理论上阐释了佛教对现实美的世界观以及佛教创造的人生美、自然美、文艺美的机制与形态，从佛教学者的角度切入佛教美学问题。演讲分六个部分："一、美与佛的教训；二、佛陀法界之人生美；三、佛陀法界之自然美；四、从佛法中流布到人间的文学美；五、从佛法中流布到人间的艺术美；六、结论。"太虚法师从佛教所揭示的"不净观"，推导出佛教对世俗认可的现实美和艺术美持否定态度。由于认为现实的人生和自然不完美，因而佛教主张通过改良人性创造人生美、通过改造自然创造自然美。佛教所创造的理想世界的人生美，主要指佛陀的三十二大丈夫相、八十随形好等身心之美。佛教所创造的理想世界的自然美，指佛国净土的庄严之美。而佛教文学艺术的美也是宣扬佛教真理和理想世界的产物。1929 年11 月和 1934 年 9 月，太虚法师分别在长沙华中美术专校、武昌美术学校做了题为"美术与佛学""佛教美术与佛教"的演讲。在这两篇演讲中，他进一步阐述了对佛教美术的看法，强调表现佛教理想的佛教雕塑艺术是价值最高的"美术"。

其次值得注意的是严北溟先生的"论佛教的美学思想"。该文发表于1981 年第 3 期《复旦学报（社会科学版）》，首次直面并提出"佛教美学思想"问题。作者从哲学角度切入佛教，从佛教哲学世界观的角度分析佛教对美的基本看法，奠定了"佛教美学"论题的合法性和把握佛教美学观的理论基石，不过囿于唯物论的世界观和阶级斗争学说的影响，对佛家美学观缺少持平的价值评判。

---

[1] 详参"佛法与美"，载《太虚大师全书》编纂委员会编纂：《太虚大师全书》（第 24 卷），宗教文化出版社、全国图书馆文献缩微复制中心 2005 年版。

再次正面阐述这个问题的是蒋述卓的"试论佛教的美学思想"。该文发表于《云南社会科学》1990年第2期。作者是从研究文学、美学起家的。在这个时期文艺美学界的文化研究风潮中，作者跳出唯物论的世界观和阶级斗争的思维框架，引入佛教文化维度研究文艺美学，试图在佛教与文学、美学的交叉研究中取得学术突破，先后出版《佛经传译与中古文学思潮》（江西人民出版社1990年版）、《佛教与中国文艺美学》（广东高等教育出版社1992年版）。该文就是他从文艺美学角度切入佛教美学的研究结果。文章指出："佛教的各种典籍中包含着丰富的美学思想，本文对之进行了较详细的梳理，从中归纳出佛教美学中的四个突出特点，即一、美是幻影；二、美是体验的；三、虚构与夸饰；四、推崇完美。"论及的关键词是美学思想、佛教哲学、不真空论、佛性、成佛、法身、世尊、十八空、僧肇、佛理。作者另辟蹊径，提出了独特的理解佛教美学的思路。

1992年，安徽文艺出版社出版了王海林的《佛教美学》，这是以"佛教美学"为题出版的最早的一部专著。较之严北溟、蒋述卓篇幅有限的论文，该书32开本，共350页，论述的丰富性大大提高。该书"绪论"论及佛教美学研究现状、佛教美学与西方传统美学及中国古代美学的区别、佛教美学的特征、佛教美学内部构成等。主体部分论及"人生本位的唯心美学""特殊的美学范畴""佛教审美功利观""神灵的美化奥蕴""佛教审美心学""中国禅宗美学""佛教的神秘美学""佛教的艺术美学"及"佛教美育"。作者熟悉梵文，对佛教有比较精深的研究，对文艺美学也不陌生，给"佛教美学"的研究提供了特殊的思路和材料上的参考。但毋庸讳言，该书章目的设计缺少严密的逻辑性，各章之间你中有我我中有你，令人对佛教美学要义的理解如堕烟雾之中。

有鉴于此，从文艺美学起家的笔者在1997年于上海人民出版社出版了另一部《佛教美学》。笔者从自己对美和美学的独特理解出发，挖掘、演绎、分析佛教中的美学思想和意蕴。全书分三编。上编为"佛教流派美学"，在印度佛教和这个佛教的历史传承中揭示各宗各派佛教基本美学观的个性；中编为"佛教义理美学"，剖析佛教世界观、人生观、宇宙观、本体论、认识论、方法论和行为方式的美学意蕴；下编为"佛教艺术美学"，勾勒以美为特征的各种佛教艺术门类（包括文学、音乐、戏剧、绘画、雕塑、建筑）的概貌，揭示佛教艺术的一般美学特点。应当说，这三编纵横交错，相互补充，互不交又，体现了比较严格的逻辑性。书的篇幅也不长，21 万字，前面冠以"在反美学中建构美学"的导论，揭示佛教美学的基本理路和全书构架，也显得简明扼要。根据此书改写的"佛教美学：在反美学中建构美学"一文后来发表于《复旦学报（社会科学版）》1998 年第 3 期，不约而同地被《美学》1998年第 8 期和《宗教》1998 年第 4 期全文转载。

2003 年，受上海玉佛寺"觉群丛书"组委会之邀，笔者根据已出版的《佛教美学》，结合新的研究心得，撰写、出版了丛书中的一本《似花非花——佛教美学观》（宗教文化出版社 2003 年版）。全书 14 万字，是佛教美学意蕴的通俗化读物。

在此基础上，笔者返论于史，完成了 41 万字的《中国佛教美学史》，2010 年由北京大学出版社出版。这是作者运用对佛教美学的独特理解梳理中国佛教史资料的成果。也是国内外学界唯一的一部佛教美学史专著。

与此同时，随着对佛教美学研究、理解的深入，笔者还将专著中的相关章节整理改订成文投到各种刊物，接受编辑和读者的检验。这些论文有："佛教'三界唯心'论与'美是心影'说"，《苏州大学学报》（哲学社会科学版）1997 年第 2 期（《宗教》1997 年第 3 期转载）；"'寂灭为乐'：论佛教美本质观"，《东方丛刊》2004 年第 4 期；"佛教美学新探"，《学术月刊》2011 年第 4 期（《高等学校文科学报文摘》）；"以'圆'为美——佛教关于现实美的变相肯定之一"，《文史哲》2003 年第 1 期；"佛教'光明为美'思想的独特建构"，《社会科学研究》2013 年第 5 期（《中国社会科学文摘》2014 年第 1期转载）；"佛教理论对中国古代审美认识论的影响"，《新疆大学学报》（哲学社会科学版）2000 年第 3 期（《美学》2000 年第 8 期转载）；"佛教'顿悟'说与美学灵感论"，《青海社会科学》1996 年第 4 期；佛教的'无相之美'与'像教之美'，《文艺理论研究》1997 年第 2 期；"中国佛教美学的历史巡礼"，《文艺理论研究》2011 年第 1 期；"唐代禅宗美学思想略探"，《中国禅学》2014 年第 1 期；"论华严宗以'十'为美的思想倾向"，《社会科学战线》2008 年第 6 期；"天台宗以'止观'为特点的认识论美学"，《觉群佛学（2008 年卷）》宗教文化出版社 2008 年版，等等。

二、佛教美学原理的逻辑结构

在梳理佛教美学研究历史的基础上，笔者依托已出版的《佛教美学》及

《似花非花——佛教美学观》，综合笔者的最新研究成果自我超越，对"佛教美学原理"这个富有魅力的论题试图作出更为圆满的阐释。

笔者的思路及关于佛教美学原理逻辑结构的思考是这样的。

美学是关于美的哲学。[1]伴随着美学研究的对象从"美"向"审美"的转移，"美学"的学科名称近来遭到"审美学"的挑战。论者主张将美学研究的对象限定在"审美"关系、活动、经验内，否认美学对"美"的本质的思考，其实是经不起仔细推敲的。"审美"必须以"美"为逻辑前提，对"美"的追问是美学研究回避不了的。美学就是以研究"美"为中心的"美的哲学"。

"美"在审美实践的日常话语中既指"有价值的快感"，又指"有价值的快感对象"。按照主客二分的思维习惯和将美与美感分开的逻辑归类，我们把"有价值的快感对象"叫做"美"，把"有价值的快感"叫做"美感"。为了防止人们将"快感"误解为肉体的感官的快乐，我们将"有价值的快感对象"改造为"有价值的乐感对象"，来作为对"美"的表述，用以涵盖精神快乐与感官快乐两种快乐。[2]

佛教美学思想，就应当是佛教典籍中关于"有价值的乐感对象"的那些思想。这些思想是怎样的呢？

首先是对世俗人认可的外界的五觉对象之美以及精神对象之美的否定。这是由佛教的基本世界观决定的。佛教的世界观是缘起论，认为万物都由一定因缘而生起，也因因缘的散尽而消灭，因而都是空幻不实的。这就叫"色即是空"。如龙树《中论》说："因缘所生法，我说即是空。"这也决定了他对世间万物之美的基本态度：它们都是像梦幻泡影一样，是空幻不实的，是引起人们内心各种贪嗔痴情欲的祸根，应当加以彻底否定。所谓"美色淫声，滋味口体，一切皆是苦本"[3]。美丽的女色如"革囊盛粪"，只能带来痛苦，不能带来真正的快乐，所谓"唯苦无乐"。唐代玄觉禅师甚至提出了"宁近毒

---

〔1〕 详参祁志祥："'美学'是'审美学'吗？"，载《哲学动态》2012年第9期。另详参祁志祥：《乐感美学》，北京大学出版社2016年版。

〔2〕 详参祁志祥："'美'的特殊语义：美是有价值的五官快感对象与心灵愉悦对象"，载《学习与探索》2013年第9期；"论美是有价值的乐感对象"，载《学习与探索》2017年第2期。另详参祁志祥：《乐感美学》，北京大学出版社2016年版。

〔3〕 （明）德清：《答德王问》，载蓝吉富编：《禅宗全书》（第51册），北京图书馆出版社2004年版。

蛇，不近女色”的命题。[1]因此，佛教提出了视美为丑的“不净观”作为修行的方法。我们把佛教对世俗美的这种态度，叫做“反世俗美学”（简称“反美学”）的态度。

不过同时，在佛教心目中，又是有自己“有价值的乐感对象”、有自己认可的“美”的。佛教认可的“有价值的乐感对象”是什么呢？就是“涅槃”佛道，所谓“涅槃极乐”“以大乐故名大涅槃”，“涅槃”具有“常乐我净”四种特性。其中“乐”性即指“美”。因此，体悟“涅槃”的主体“佛性”，以主体“佛性”觉悟了“涅槃”之道的大乘修行果位——“佛”“菩萨”和小乘修行果位——“罗汉”，以及佛所居住的“佛国净土”，就成了美本体的主要表现形态。

同时，为了吸引众生皈依佛门，获得极乐至美，佛教又从“缘起不无”的角度，权行方便，承认、顺从世俗众生的审美趣味，提出“色复异空”，从而对世俗认可的能够带来乐感的声色嗅味之美采取了变相肯定的态度，参与了世俗美学的独特建构。

以“味”为美。佛典鄙薄饮食之味、感觉之味，告诫僧徒虽然饮食，不要执著食味。举凡六尘带来的感官快适滋味，佛教均加以贬低，认为“口飡滋味，如病服药”[2]。但同时，佛教又用世俗美味、至味形容出世的涅槃之美、佛道之美、佛法之美、佛性之美、禅悦之美、佛经之美、佛果之美，如《大般涅槃经》指出：“彼涅槃者，名为甘露。”[3]这是对世俗味的变相肯定和移用。

以“圆”为美。圆相因为圆满无缺，在世俗的审美趣味中普遍被视为最美的形状。佛教即色观空，于相破相，本不以圆形为美，但又随顺世俗的审美趣味，将佛像设计成各种圆形，以凸显圆满无憾，又以圆为美，将一切美好的事物都称为“圆”。由于它“圆满无缺”，所以称“理圆”“性圆”“果圆”“圆寂”；由于它圆转流动、圆活生动、圆融无碍、圆通无执，所以称“智圆”“照圆”“法圆”“行圆”。正由于“圆”具有“美丽”“美好”涵义，

〔1〕 详参石峻等编：《中国佛教思想资料选编》（第2卷第4册），中华书局1983年版，第123~124页。

〔2〕 （唐）玄觉：“禅宗永嘉集”，载《中国佛教思想资料选编》（第2卷第4册），中华书局1983年版，第124页。

〔3〕 《大般涅槃经》，载《碛砂大藏经》，线装书局2005年版，第490页。

所以佛教宗派纷纷称自己的教义为"圆教"，佛教不少菩萨以"圆"取名，不少佛教高僧以"圆"取名。

以"十"为美。在各种数字中，"十"是个完整无缺的数，所以民间有"十全十美"一说。华严宗从色空相即、事理无碍、一十圆融的思路出发，揭示"十"是"圆数"，开辟"十十无尽"的论述方法。可以说，以"十"为美，主要是华严宗依据大乘中观派世界观和方法论对佛教美学的独特贡献。华严宗初祖杜顺主张"一切入一"，为以"十"为美奠定了思想基础。二祖智俨主张"一""十"圆融，为以"十"为美作了重要铺垫和过渡。三祖法藏认为"十"可显"无尽"空义，所以是"圆数"，标志着以"十"为美的理论自觉。四祖澄观指出"欲令触目圆融，故多说十"，明确揭示以"十"为美的真谛。华严宗人"立十数为则"，以十十无尽重叠的方法行文说理，鲜明体现了其以"十"为圆妙之数的美学趣味。

光明为美。在现实生活中，光明使人心情舒畅，认识透明，黑暗使人心情压抑，认识模糊。佛教随顺世相，以具有无上般若智慧和洞悉万物本体之明的成佛境界为"光明"境界，对"光明"极尽赞美之词。以背离妙明真智、执著虚幻物色为实有的世俗认识为"无明"境界，对"无明"极尽批判之能事。在这种赞美与批判、肯定与否定中，佛教光明为美的思想得以充分展示。

七宝为美。在佛典描绘的极乐世界、佛国净土中，一切美好的事物都是由众宝构成的，佛典谓之"七宝和合"。这些宝物以其光明通透、稀有贵重，被世间之人普遍视为珍宝。佛教用这些珠宝构造了一个美妙无比的佛国净界，吸引众生皈依佛门，修行往生极乐净土。

以香为美。"香"是一种闻或嗅起来令人快适的气味。令人快适的香气会激起人的贪欲，遮蔽人的真性，所以佛家主张加以克制和戒除。从客体方面破除"香尘"，从主体方面破除"香欲"。同时，由于香是大众普遍认可的美，佛教又舍经从权，通过双非，走向了对它的变相肯定。这就叫"香为佛使""香为信心之使"，意指香气能通达人之信心，为佛所使。

莲花为美。在世间生活中，植物的花朵以其色彩、造型、芳香悦目怡鼻，令人称道，但在佛家看来，短暂的花期使花的美丽稍纵即逝，愈加显示了花的无常空幻的本体，因而佛教对自然界花卉的美并不认可。然而对于莲花，佛教的态度则不然。佛教认为"诸华之中，莲华最胜"[1]，并把它奉为佛花。为什么呢？因为莲花出淤泥而不染的物理属性，与佛教倡导的在世间求涅槃、在俗中悟真颇为相类。佛教因而以莲喻佛，象征佛、菩萨在生死烦恼中出生，而不为生死烦恼所干扰，莲花因而被视为圣洁之花。在佛教所赞美的各色莲花中，白莲花以其洁白无瑕，更能象征清净法身而受到特别钟爱。由于莲花的圣洁美好意义，佛教杜撰了佛陀与莲花的种种联系。在净土宗经典中，阿弥陀佛所居之西方净土也被形容为到处莲花绽放。华严经所宣扬的理想世界"莲华藏世界"也是莲花遍布的世界。于是，莲花与佛教结下不解之缘。佛珠称"莲子"。袈裟称"莲花服"。和尚行法手印称为"莲蕖华合掌"。僧舍称"莲房"。佛座称"莲座"。佛国称"莲界"。在佛家看来，觉悟成佛之人远离污秽的胎生，而为圣洁的莲花所生。通常所见寺院释迦牟尼佛像的底座大多由 365 朵莲花构成。寺院的灯具也常做成莲花状。在佛教的遗址、建筑、造像中，到处可见莲花。

法音为美。这里所说的"法音"，主要指佛教音乐。音乐作为六尘之一的音声，佛教对喧闹撩人的、使人意乱情迷的世俗音乐持否定态度，所以佛教戒律中有一条规定"不视听歌舞"；但佛教又主张借用音乐做佛事，对众生施行"音教"。如《大方广佛华严经》卷四十一云："以音声作佛事，为成熟众生故。"用于佛事的梵乐区别于尘世音乐的根本特点是清净。梵乐虽然清净和雅，却微妙动听。《法华经序品》曰："梵音微妙，令人乐闻。"正因为它具有这种"令人乐闻"的美，所以佛国净土中到处回荡着这种动人的音乐。

像教之美。所谓"像教"之"像"，指目之可见的形象，佛典常以"相"称之。外物之相产生于虚幻的视觉表象活动，其实是因缘所生、空幻不实的。因而，佛教主张"于相破相"后达到"无相"。法身无相，但为众生说法，又必须假象传真。慧皎《义解论》："圣人……托形象以传真。"于是，佛教就从"法身"无相，走到了"应身""化身"有相。通过形象丰富的"应身""化身"对众生施行教化，佛家称之为"像教""像化"。而用作教化的形象之美，既在于它是佛道的象征，也在于它符合世俗的形美趣味。

言教之美。佛教所说的"道"，不仅超越形音嗅味，而且超越名言概念。佛家谓之"无名""无言"。从道不可言出发，佛家"布不言之教，陈无辙之

---

〔1〕 （东晋）僧叡：《妙法莲华经》，载《大正新修大藏经》（卷9），第62页，中。华：通花。

轨"〔1〕，主张"以心传心"〔2〕。佛教认为，涅槃佛道是最真实的美本体，"无言"作为涅槃佛道的一种存在方式，便具有了美的色彩，所以佛祖拈花微笑在后世传为美谈。〔3〕涅槃佛道虽不可言，然而，"实非名不悟"〔4〕，所以佛家为众生弘扬佛道又离不开言说。于是在印度佛教中，就留下了释迦牟尼"以文设教"的佛经和各种派别宣传佛道的佛典文字。佛教经典作为"无上妙道"的象征之具，本身就具有一种特殊的内蕴美。佛教为了让经教文字更好地吸引僧众，还随顺世俗对文字声韵、辞采、故事的喜好，将经教文字铺衍成句式整齐、音韵动听的偈颂和形象鲜明、故事生动的譬喻、变文。至于源于唐代各寺院的俗讲，唐、五代流行的"变文"，则是佛教用来布教的讲唱文学作品样式。

在视听觉范围内逞才使技、展示魅力的艺术作为能够对世俗众生发生审美效用的乐感对象，佛教借助它来塑造"佛""菩萨"和"罗汉"，宣扬佛教真理，成为世俗认可的形式美与佛教追求的本体美的完美结合，从而展现出佛教艺术多姿多彩的美学风貌。从艺术门类看，佛教艺术分佛教文学、佛教音乐、佛教戏剧、佛教绘画、佛教雕塑、佛教建筑。佛教艺术门类繁多，每一个门类都发展得相当充分、相当精细，令人眼花缭乱。不过，各门丰富多彩的佛教艺术具有如下一些共同特点。

首先，从艺术消解走向艺术建构。尽管佛教艺术门出多途，有一点是共通的，这就是从发生机制上说，它们都是从最初的艺术消解走到后来我们所看到的艺术建构的。艺术作为由人所造作、依一定物质媒介而存在的"有为法"，作为一定"因缘"所生的对象世界、现象世界的一部分，按佛教的世界观和本体论看，肯定是"空"而不实、应当消解的。因此，面对林林总总的佛教艺术作品，不应执而为真，以为佛教艺术就是佛教创作的初衷和目的。

---

〔1〕 道安：《道地经序》，载《大正新修大藏经》（卷55）。

〔2〕 《坛经·行由品》，《中国佛教思想资料选编》（第2卷第4册），中华书局1983年版。

〔3〕 《大梵天王问佛决疑经》："尔时大梵天王即引若干眷属来奉献世尊于金婆罗华，各各顶礼佛足，退坐一面。尔时世尊即拈奉献金色优钵罗花，瞬目扬眉，示诸大众，默然毋措。有迦叶破颜微笑。世尊言：'吾有正法眼藏，涅槃妙心，即付嘱于汝。汝能护持，相续不断。'时迦叶奉佛敕，顶礼佛足退。"《五灯会元·七佛·释迦牟尼佛》卷一："世尊于灵山会上，拈花示众。是时众皆默然，唯迦叶尊者破颜微笑。世尊曰：'吾有正法眼藏，涅槃妙心，实相无相，微妙法门，不立文字，教外别传，付嘱摩诃迦叶。'"

〔4〕 僧叡：《中论序》，载《中国佛教思想资料选编》（第1卷），中华书局1981年版。

另一方面，在佛教看来，既然艺术是虚妄不实的"假象"，又何必要过分执着地去否定它、消解它？一味地否定也是一种"迷执"，真正的大彻大悟，应当是空而不空，有而不有。对艺术也应当采取这种态度。何况，为钝根人（众生）布道弘法，心心相传行不通，势必得"借微言以津道，托形象以传真"，以文学、艺术作度河之筏，启悟之具。于是，诸佛如来为令众生安住正道，"随所应见而为示现种种形象"，佛教就从艺术消解走到了艺术创造。尽管佛教空诸艺术，又创造了艺术；尽管佛教创造了艺术，但又空诸艺术。

其次，内容的布道性。既然佛教艺术是佛教为使众生"安住正法"而"示现"的"种种形象"，因而在艺术内容上便体现出强烈的布道性。佛教艺术，无论是取喻佛理的佛经故事、寓言，演述佛经的讲经文和变文，抑或表现佛理、演说佛教人物和故事的佛教戏剧、绘画、雕塑，还是佛事中的音乐，无不是为了传递、弘扬佛教真理。佛教艺术者，贯佛道之器也。

再次，形式的随俗性与特殊性。佛教艺术的形式呈现出两大特点。一是随俗性。这有两层意思。其一，世俗性。佛教艺术所塑造、展示的形式之美其实与我们世俗人认可的美并无太大的不同，在大部分地方是相通的，如佛教造像追求的对称美、圆滑美，佛教寺院建筑追求的对称美、佛教文学追求的情节美、所描绘的人体美等。这并不是说，佛教的审美标准和审美趣味与俗人一样。在骨子里，佛教真正认可的美是超越言语形色感观之美而具有常、乐、我、净诸种美好品格的"涅槃"之美。佛教在艺术中展现的美所以能吸引成千上万非佛教信徒的人瞻仰观赏，只是为了抓住生众，使他们能够"睹形象而曲躬""闻法音而称善"，因此，不得不照着俗众的审美标准和趣味，设计和创造出打动他们心灵的形式之美。这只不过是一种权宜之计、方便之策，不必当真。其二，入乡随俗、因势利导的地域性、民族性和历史性。佛教艺术创造的美既然是为照顾俗众而设的，不同的地域、不同的民族、不同的历史阶段，俗众有不同的审美标准和趣味，佛教艺术的形象之美就有了地域性、民族性和历史性。如印度的佛祖像传到中国是一个样，传到斯里兰卡又一个样。而唐代造作的佛像体态和风格也明显区别于北朝和后来的北宋。这种历史性可从龙门石窟中见出一斑。而民族性、地域性则可从云冈石窟中窥见一二。除随俗性之外，佛教艺术的形式之美也有不同于世俗性的特殊性一面。这是由佛教艺术承担的独特传布内容规定的。如寺院音乐的清凉特点，形成了一种独特氛围，令闻者渐生超尘拔俗、心静意定之感。

最后，佛教哲学在阐发其世界观、宇宙观、人生观、本体论、认识论、方法论时，又不自觉地寓含着丰富的美学意蕴，对佛教之外的艺术创作极富启发意义。比如佛教哲学的色空一体观与艺术创作的真幻相即观、佛教的"物我同根"与艺术的"美丑一旨"、佛教的"三界唯心"与艺术的心学表现、佛教的识境一体与诗歌的意境交融、佛教的"神存形灭"与绘画的"贵神贱形"、佛教的"言语道断"与文学的"道不离言"、佛教的"无相为体"与雕塑的"化身有相"、佛教的呵佛骂祖与艺术的创新自得、佛教的禅定修行与艺术创作的虚静生思、佛教的"现观现量"与艺术的审美直观、佛教的顿悟学说与艺术的灵感发生、参禅妙悟与审美解读、佛教的"了无分别"与艺术的"整体把握"、佛教的双遣双非方法论与不落一偏的"诗家中道"、佛教的"无住为本"与不主故常的"诗家活法"，如此等等。

上述佛教美学的基本义理在释迦摩尼创立的原始佛教教义中就可找到依据。然而佛教在后来的发展、传播中又分化、衍生出若干宗派，它们改造了原始佛教的缘起论和认识论，从而使得其佛教美学观各具个性。佛教美学也应当对这些佛教宗派美学的不同特色有所论析，从而使人们认识到佛教美学的差异性、多元性和丰富性。如印度的中观派、中国的三论宗主张美在涅槃中道。印度的唯识派、中国的法相宗一方面主张"三界唯心""唯识无尘"，主张美在心识，另一方面又主张"现量"直观、不离"境界"。般若学主张美在般若中观佛性，如《大品般若经》主张空寂为美；《维摩诘经》主张俗中求真；道安主张"淡乎无味，乃直道味"；支遁："即色游玄"；僧肇："道俗一观""美丑齐旨"，皆然。涅槃学主张美在涅槃佛性，如《大般涅槃经》认为"涅槃者名为甘露，第一最乐"；道生主张"无灭之灭，则是常乐"。禅宗主张美在净心，如慧能及其《坛经》对此作了丰富论述；神会主张真如为本性，烦恼为客尘；慧海认为中道净心，"自然快乐"；希运主张"虚通寂静，明妙安乐"。天台宗则认为，美源于"止观"，如智顗认为"修行止观，心如金刚"；灌顶认为"极圆之教，醍醐妙味"；湛然认为"无情有性""染净不二"。华严宗主张美在事理圆融，如杜顺主张"理事无碍""一切入一"；智俨论及"十"美与"境界"；法藏追求"圆融无碍""十十无尽"；澄观崇尚道本乎心，以"十"尽理；宗密主张美在本心。净土宗则主张美在净土，如《阿弥陀经》论及西方净土之美及往生净土之门径；《无量寿经》《观无量寿经》及《往生论》不过是对这种观点的补充；慧远主张

"始自二道，开甘露门"；延寿描述西方净土具有"二十四种乐""三十种益"等。

于是佛教美学原理的逻辑结构就呈现为六个部分：佛教对现实美的基本否定、佛教对本体美的独特肯定、佛教对现实美的变相建构、佛教艺术的美学风貌、佛教哲学的美学意蕴、佛教宗派的美学个性。

关于上述理论构架，笔者在专著《佛教美学新编》中有详细具体的论析，期待学人切磋交流、共同完善。

第二节　中国佛教美学的历史巡礼[1]

一、关于"美""美学""佛教美学"的义界

在阅读"禅宗美学""中国美学"一类的著作时我们发现，人们对于"美学"概念的使用是各种各样、言人人殊的。因此，当我们开始追寻中国佛教美学的历史踪迹时，首先必须回答：什么是"美学"？"佛教美学"在语义上究竟指什么？

"美学"本来不应回避研究"美"。不过，由于"美"之本质众说纷纭、莫衷一是，现代美学出现了非本质主义的解构思潮，"美学"一变而为研究人的"审美活动"或人对现实的"审美关系"的哲学学科。然而，问题也随之而来。一是，如何界定"审美活动"和"审美关系"？区别"审美活动"与"非审美活动""审美关系"与"非审美关系"的前提难道不仍然是如何界定"美"？二是，非本质主义的解构思潮本身具有不可克服的自相矛盾情况。美学解构主义者在否定别人关于美的定义的同时，未尝没有自己的建构。关于这种自相矛盾的现象，对西方当代美学研究有素的学者阎嘉有一段很好的分析："所谓'解构'，已成了后现代的典型特征。解构主义者所针对的目标是所谓'元叙事'或'元话语'，它们多半是传统的文学理论与批评当作出发点或理论诉求的'理论预设'……然而，我们时常可以发现，'解构'成了一些理论家和批评家的策略，即借'解构'之名来张扬自己的观点和立场。""例如，当我们认真阅读那些解构'大师'们（从尼采到福柯、利奥塔）的著作

---

[1]　作者祁志祥。本文原载《文艺理论研究》2011年第1期。

时，实际上可以发现一个确凿的事实：他们在对既有理论和观点进行解构时，同时也在建构自己的观点和理论。"他提醒人们："我们不能被他们表面上的姿态所迷惑。"[1]鉴于上述考虑，笔者仍然主张将美学视为以研究美本质和美感特征为主的哲学学科。

"美"是什么？历来大概有两种意见。一种将"美"视为主体的愉快感。如古希腊苏格拉底指出："美就是快感。"[2]鲍姆嘉通指出：美就是"感性知识的完善。"[3]这时，"美"就是"美感"。另一种意见坚持唯物论的思路，将引起快感的事物或事物的性质叫做美。如意大利托马斯·阿奎那（1226～1274年）指出：美是"一眼见到就使人愉快的东西。"[4]法国笛卡儿（1596～1650年）在"使人愉快"之前加上"最多数人"的限定，成为后来康德论美之感受的"普遍有效性"之先声："凡是能使最多数人感到愉快的东西就可以说是最美的。"[5]德国沃尔夫（1679～1754年）指出："产生快感的（事物——引者）叫做美，产生不快感的（事物——引者）叫做丑。""美在于一件事物的完善，只要那件事物易于凭它的完善来引起我们的快感。"[6]"美可以下定义为：一种适宜于产生快感的性质，或是一种显而易见的完善。"[7]无论美是"快感"还是"引起快感的事物"，"快感"都是美的决定因素。美学研究美，就是既要研究如何使人获得快感的规律，也要研究如何使人免受不快感的规律。所以"美学之父"鲍姆嘉通在创立"美学"时，将"美学"定义为"研

---

〔1〕　详参阎嘉："21世纪西方文学理论和批评的走向与问题"，载《文艺理论研究》2007年第1期。

〔2〕　北京大学哲学系美学教研室编著：《西方美学家论美和美感》，商务印书馆1980年版，第33页。

〔3〕　北京大学哲学系美学教研室编著：《西方美学家论美和美感》，商务印书馆1980年版，第142页。在《西方美学史》中，朱光潜先生又将"感性知识的完善"译为"感性认识的完善"，详参朱光潜：《西方美学史》（上卷），人民文学出版社1981年版，第297页。

〔4〕　北京大学哲学系美学教研室编著：《西方美学家论美和美感》，商务印书馆1980年版，第66页。

〔5〕　北京大学哲学系美学教研室编著：《西方美学家论美和美感》，商务印书馆1980年版，第79页。

〔6〕　北京大学哲学系美学教研室编著：《西方美学家论美和美感》，商务印书馆1980年版，第88页。

〔7〕　北京大学哲学系美学教研室编著：《西方美学家论美和美感》，商务印书馆1980年版，第88页。

究感性知识的科学"〔1〕，或研究情感愉快与否的"感觉学"〔2〕。笔者基本赞成上述对"美"和"美学"的界定，不过又有所补充。在西方美学史上关于"美是快感"及"引起快感的事物"的界定中，有一个明确的限定，即这种快感只能是视听觉快感。正如苏格拉底所坚持的那样："美就是由视觉和听觉产生的快感。"〔3〕然而事实是，既然视听觉快感是美，为什么视听觉以外的感觉快感就不能叫美呢？苏格拉底当时就遭到这样的提问，他并没有令人信服解答得了这个问题。〔4〕在审美实践中，人们并不把美仅仅局限在视听觉快感中，而将所有快感及其对象都叫做美。所以，笔者对美的理解是：美是普遍快感及其对象。〔5〕美学作为感觉学，应当研究一切使人愉快与否的情感、感觉规律。本书所研究的佛教美学，也就自然聚焦佛教关于愉快情感及其对象的分类、本质、特征、规律及其价值评判的思想理论。

五官对应的恰当合适的形式可以普遍有效地引人愉快，这便构成形式美学；在另外一些场合，"美是一种善，其所以引起快感正因为它是善"〔6〕，"美是道德观念的象征"〔7〕，这就形成道德美学；而真理的形象总是令人快乐，虚假的事物常常令人厌恶，所以哲学本体常常与美本质相交叉，这就构成了本体论美学。事物可以单凭纯粹的形式原因使人愉快，这是自由美、纯粹美；也可以由于善或真的原因使人感到愉快，这是附庸美、依存美。美与

---

〔1〕 北京大学哲学系美学教研室编著：《西方美学家论美和美感》，商务印书馆1980年版，第142页。

〔2〕 朱光潜：《西方美学史》（上卷），人民文学出版社1981年版，第296页。

〔3〕 北京大学哲学系美学教研室编著：《西方美学家论美和美感》，商务印书馆1980年版，第30页。

〔4〕 他的回答是："因为我们如果说味和香不仅愉快，而且美，人人都会拿我们做笑柄。至于色欲，人人虽然承认它发生很大的快感，但是都以为它是丑的，所以满足它的人们都瞒着人去做，不肯公开。"可见答非所问。详参北京大学哲学系美学教研室编著：《西方美学家论美和美感》，商务印书馆1980年版，第31页。

〔5〕 详参祁志祥"美是普遍愉快的对象"，载《文汇报（学林版）》2001年4月21日；"论美是普遍快感的对象"，载《学术月刊》1998年第1期，中国人民大学《美学》1998年第4期全文转载、江西高校出版社2000年出版的《美学文学研究文集》全文转载、黑龙江人民出版社2005年出版的《拒绝与接受》全文转载、安徽大学出版社2008年出版的《美学人学研究与探索》全文转载。收入作者《美学关怀》，复旦大学出版社1998年版。

〔6〕 ［古希腊］亚里斯多德："政治学"，北京大学哲学系美学教研室编著：《西方美学家论美和美感》，商务印书馆1980年版，第41页。

〔7〕 朱光潜对康德崇高美观点的概括。详参朱光潜：《西方美学史》（下卷），人民文学出版社1984年版，第375页。

善、真就是这样既相区别又相联系。考量任何一种形态的美，都必须三者兼顾，方不至于落入一偏。考量佛教美学自然也不应例外。用这三种标准来考量佛教美学，我们得到一个总体结论：佛教对纯粹的官能快感对应的形式美、形象美持否定态度，而竭力追求清净无染的道德美、真实无妄的本体美。所以佛教美学总体上说不是形式美学，而是道德美学、本体美学。

二、佛教美学的基本思想

那么，佛教美学具体说来有哪些基本思想呢？

理解佛教美学，首先必须明白佛教对两种快乐感觉或情感的特殊分类。"乐"，梵文音译为素伐。《佛地论》卷五对它的解释是："适悦身心为乐。"佛教对"乐"的分类有多种，我以为从佛教对它的基本态度来看可分为两类。一类是身乐、"世乐"〔1〕，佛教对此持否定态度。一类是心乐、出世乐，佛教对此竭力肯定。身乐、世俗乐就是我们世俗人孜孜以求的快乐，佛典谓之"觉知乐""受乐""欲乐"，它满足人的情欲享受，可以通过人们的感官明显感受认知到。心乐、出世乐与世俗人追求的快乐取向截然相反，也不可觉知，佛教谓之"寂灭乐""涅槃乐""法乐"。"觉知乐"不仅稍纵即逝、不可长久，而且会引起种种贪爱和对带来虚假快乐的外物的无尽索取，导致人生真谛的丧失，是人生痛苦的根源，因而事实上"无乐"；"寂灭乐"虽然不可感觉，表面上"无乐"，但也消灭了似乐实苦的"受乐""欲乐"，所以是"大乐""上妙乐"。《大般涅槃经》卷二十三《光明遍照高贵德王菩萨品第十之三》指出："乐有二种，一者凡夫，二者诸佛。凡夫之乐无常、败坏，是故无乐。诸佛常乐，无有变异，故名大乐。"卷二十五《光明遍照高贵德王菩萨品第十之五》进一步分析说："涅槃虽乐，非是受乐，乃是上妙寂灭之乐。"〔2〕在此意义上，佛典常言："寂灭为乐。"〔3〕

---

〔1〕（隋）智顗：《修习止观坐禅法要》，载石峻等编：《中国佛教思想资料选编》（第2卷第1册），中华书局1983年版，第89页。

〔2〕载《大正新修大藏经》（卷12），第513页，中。

〔3〕《大般涅槃经》，载《大正新修大藏经》（卷12），第375页，上。这种思想，看似费解，其实与《庄子·至乐》所表述的美感思想相通："吾观乎俗之所乐，举群趣（趋）者，誙誙（音坑，誙誙，争着跑去的样子）然如将不得已，而皆曰'乐'者，吾未之乐也，亦未之不乐也（引者按：其实庄子以为不乐，不过态度比较委婉罢了）。果有乐无有哉？吾以'无为'诚乐也，又俗之所大苦也。故曰：至乐无乐。"

佛教对两种快乐情感的区分和态度奠定了其否定世俗美、肯定出世美的基本美学倾向。

首先是对世俗美的批判和否定。《六度集经》第三十九则故事《弥兰经》中指出："世人习邪乐欲，自始至终，无厌五乐者。何谓五乐？眼色、耳声、鼻香、口味、身细滑。夫斯五欲，至其命终，岂有厌者乎？"[1]天台宗创始人智𫖮据此提出了"五欲无乐"的命题："世间色声香味触，常能诳惑一切凡夫，令生爱著。"[2]"五欲无乐，如狗啮枯骨。"[3]在批判"五欲"之外，智𫖮提出用"不净观"破五欲之美："见他男女生死，死已膨胀烂坏，虫龙流出，见白骨狼籍，其心悲喜，厌患所爱。""见内身不净，外身膨胀狼籍，自身白骨从头至足，节节相拄，见是事已，定心安隐，惊悟无常，厌患五欲。""见于内身及外身，一切飞禽走兽，衣服饮食，屋舍山林，皆悉不净。"[4]引起五欲快乐的对象，统称为物色的"色"。《杂阿含经》卷三谓："愚痴凡夫……不如实知，故乐色、叹色、著色、住色。乐色、叹色、著色、住色，故爱乐取……如是纯大苦聚生。"[5]为什么人们从五觉快乐出发对引发快感的美色、美声、美香、美味、细滑之物的追求是产生"大苦"的根源呢？因为它们都是因缘的暂时聚合，虚幻不实、不能永恒存在。"一切有为法，如梦幻泡影，如露亦如电。"[6]不仅"色即是空"[7]，一切可以给五觉带来快感的现实美是空幻的假象，即便感受现实美的审美主体的人也是五蕴暂聚、四大皆空的。这样看来，现实世界就不是快乐的伊甸园，而是苦海茫茫的娑婆世界："三界皆苦，何可乐者？"[8]"我今现住世界，名为娑婆，乃极苦之处，谓生苦、老苦、病苦、死苦、乃至求不得苦、冤家会聚种种诸苦，说不能尽。"[9]那些带

---

〔1〕（三国）康僧会译：《六度集经》，载《大正新修大藏经》（卷3）。

〔2〕智𫖮：《修习止观坐禅法要》，载石峻等编：《中国佛教思想资料选编》（第2卷第1册），中华书局1983年版，第88页。

〔3〕智𫖮：《修习止观坐禅法要》，载石峻等编：《中国佛教思想资料选编》（第1卷第1册）。

〔4〕石峻等编：《中国佛教思想资料选编》（第2卷第1册），中华书局1983年版，第102页。

〔5〕载《大正新修大藏经》（卷2），第18页，中。

〔6〕（姚秦）鸠摩罗什译：《金刚般若波罗蜜多经》，载《大正新修大藏经》（卷8）。

〔7〕（唐）玄奘译：《般若波罗蜜多经》，载《大正新修大藏经》（卷8）。

〔8〕（唐）道宣撰：《释迦氏谱、明法王下降迹·现生诞灵迹第三》，载《大正新修大藏经》（卷50）。

〔9〕（明）德清：《答德王问》，载蓝吉富主编：《禅宗全书》（第51册），北京图书馆出版社2004年版。

来欲望享乐的种种乐事，都成为导致痛苦的根源："虽是王侯将相、富贵受用，种种乐事，都是苦因。""即今贪著世间、种种受用，及美色淫声、滋味口体，一切皆是苦本。"[1]"身著衣服，如裹痈疮；口飡滋味，如病服药。"[2]"一切烦恼，以乐欲为本，从乐欲生。诸佛世尊，断乐欲故，名为涅槃。"[3]比如美女带来的肉体快乐，在佛教看来恰恰是不以为然的："女人之为不乐，无女人之为极乐也。"[4]不仅他身不净，现实世界污秽不已，而且自身不净，审美主体的人自身也污秽不堪，丑陋无比："我此身中有发、毛、爪、齿、粗细薄肤、皮、肉、筋、骨、心、肾、肝、肺、大肠、小肠、脾、胃、抟粪、脑，及脑根、泪、汗、涕、唾、脓、血、肪、髓、涎、胆、大便、小便，犹如器盛若干种子，有目之士，悉见分明。"[5]

　　其次是对出世美的肯定和强调。世俗世界丑陋不堪，痛苦不已，如何远离丑陋、摆脱痛苦呢？那就是走向出世，进入涅槃。具体途径主要有二。一是"灭智"。"智"是世俗的感性认识和理性认识，也就是普通人的情感思想。破除了它们，使心如止水，也就破除了对虚幻的世俗之美的贪爱与执取，根绝了人生痛苦的来源。《杂阿含经》卷三谓："不乐于色，不赞叹色，不取于色，不著于色……则于色不乐，心得解脱。"[6]德清指出："物无可欲。人欲之，故可欲。""古之善生者，不事物，故无欲，虽万状陈前，犹西子售色于麋鹿也。"[7]真可《法语》指出："夫饮食男女，声色货利，未始为障道，而所以障道者，特自身自心耳。"[8]《长松茹退》总结说："境缘无好丑，好

　　〔1〕（明）德清：《答德王问》，载蓝吉富主编：《禅宗全书》（第51册），北京图书馆出版社2004年版。

　　〔2〕（唐）玄觉：《禅宗永嘉集》，载《中国佛教思想资料选编》（第2卷第4册），中华书局1983年版，第124页。

　　〔3〕（唐）又净译：《舍光明最胜王经》（卷1），载《大正新修大藏经》（卷16），第407页。

　　〔4〕（明）袾宏：《答净土四十八问》，载袾宏：《阿弥陀经疏抄演义》，上海佛学书局1992年版，第680页。

　　〔5〕《杂阿舍经》，载《大正新修大藏经》（卷1）。

　　〔6〕《杂阿舍经》，载《大正新修大藏经》（卷2），第18页，中。

　　〔7〕（明）德清：《憨山绪言》，载蓝吉富主编：《禅宗全书》（第51册），北京图书馆出版社2004年版。

　　〔8〕（明）真可：《长松茹退》，载蓝吉富主编：《禅宗全书》（第50册），北京图书馆出版社2004年版。

丑起于心。"[1]摆脱痛苦的根本关键是不为内情所牵、不为外物所动的"涅槃佛性""如来净心""菩提心""般若智"。它是"无智之智""无心之心"。如此，佛教美学就体现出强烈的心性美学倾向。二是"殒身"。佛教认为，人们所以有大苦，是因为活着时肉体生命的存在。所以佛教有"生苦""五取蕴苦"之说。如果"殒身"而"无生"，则活着时肉体生命的种种烦恼亦随之而去。而且，佛教的三世果报观念使其相信人的生命并不随肉体死亡而消失，相反，通过修行，肉体死亡后可在来世转生为更好的生命体。于是，死亡成为获得新生、进入佛国净土的极乐世界的阶梯。在此意义上，佛教美学成为肯定死亡之美的死亡美学。

总体看来，佛教并不主张人一生下来就去死，因为倘若未曾修行，即便"殒身"也不能获得新生，达到极乐。只有活着时好好修行，才能在来世得到福报。因此，佛教更多地主张活着时通过修养"菩提心""般若智"去进入"涅槃净国"。"涅槃净国"美妙无比。关于"涅槃"之美，佛典以"涅槃"无苦、"涅槃"安乐、"涅槃"具有如同"甘露""甜酥""醍醐""鹿乳"一样的美"味"渲染之。"涅槃"的本义是"寂灭"。心灵的各种欲念如同风吹火熄一样寂灭了，痛苦也就寂灭了，所以"涅槃"无苦。《杂阿含经》卷十八称："贪欲永尽、瞋恚永尽、一切烦恼永尽，是名涅槃。"[2]无苦就是快乐。所以"涅槃"又译为"安乐"。关于"涅槃"安乐，《大般涅槃经》反复阐述："以大乐故名大涅槃。""涅槃名为大乐。"[3]"彼涅槃者，名为甘露，第一最乐。"[4]"涅槃"的这种快乐就像美味，《大般涅槃经》形容说："譬如甜酥，八味具足，大般涅槃亦复如是，八味具足。云何为八？一者常，二者恒，三者安，四者清凉，五者不老，六者不死，七者无垢，八者快乐。是为八味具足。具是八味，是故名为大般涅槃。"[5]"涅槃"即佛家之道。"涅槃味"又称"道味"。道安《比丘大戒序》说："淡乎无味，乃直道味也。"[6]

〔1〕 （明）真可：《长松茹退》，载蓝吉富主编：《禅宗全书》（第50册），北京图书馆出版社2004年版。

〔2〕《杂阿含经》，载《大正新修大藏经》（卷2）。

〔3〕《光明遍照高贵德王菩萨品第十之三》（卷23），载《大正新修大藏经》（卷2），第503页，上~中。

〔4〕《如来性品第四之五》（卷8），载《大正新修大藏经》（卷2），第415页，下。

〔5〕载《大正新修大藏经》（卷12），第385页，上。般涅槃：义为入灭，常略称为涅槃。

〔6〕 石峻等编：《中国佛教思想资料选编》（第1卷），中华书局1981年版，第51页。

这是说"涅槃味"是"无味之味","涅槃乐"是"无乐之乐"。其《阴持入经序》又指出："大圣……以大寂为至乐,五音不聋其耳矣;以无为为滋味,五味不能爽其口矣。"[1]德清《与贺函伯户书》云："山中得奉手书,知道味日深,世情日远。"[2]"涅槃"是佛家所说的法身、本体,故"涅槃味"又叫"法味"。《五灯会元》卷二十《天童昙华禅师》云："首依水南遂法师,染指法味。"[3]德清《示顺则易禅人》批评说:"方今学者广学多闻,但增我见,少能餐采法味,滋养法身慧命者,岂非颠倒之甚也?"[4]进入了"涅槃"境界,也就进入了极乐净土,这就叫"心净即佛土"。关于净土、佛国之美,佛教诸经典各有生动的描绘,而以净土经典的描绘最为著名。其间诸物由七宝构成,教主是阿弥陀佛,不仅具有无量寿,而且光明无比,遍照一切,以至"众生遇斯光者,三垢消灭,身意柔软,欢喜踊跃,善心生焉。若在三途勤苦之处,见此光明,皆得休息,无复苦恼,寿终之后,皆蒙解脱。"[5]

最后,在把握了佛教在反对世俗美的同时建构独特的出世美的美学主旨之外,我们还要注意佛教对世俗美的变相肯定。佛教既从缘起的角度说明"色即是空",又从缘起的角度说明"色复异空",反对执着于空见、无视假有存在的"边空"观。而承认现象有的当下存在,主张随顺世俗之见教化众生,引导众生在有中观空,在妄中求真,在美的形式中领悟佛道,就成为佛教及其美学的另一取向。正是这一取向,使佛教美学对其否定的世俗美和形式美有加以变相的肯定,因而呈现出丰富多彩的世俗美学趣味和形式美学建树。《百喻经》末尾有一偈言说:"如阿伽陀药,树叶而裹之。取药涂毒尽,树叶还弃之。戏笑如叶裹,实义在其中。智者取正义,戏笑便应弃。"[6]令人"戏笑"、世人喜爱的文字、譬喻、故事及绘画、雕塑、音乐等形式美好比包裹良药的"树叶",虽然不是良药,但佛法大义之"阿伽陀药"经过它的包

〔1〕 石峻等编:《中国佛教思想资料选编》(第1卷),中华书局1981年版,第35页。

〔2〕 (明)真可:《憨山老人梦游全集》(卷18),载蓝吉富主编:《禅宗全书》(第51册),北京图书馆出版社2004年版。

〔3〕 普济:《五灯会元》,中华书局1984年版,第1354页。

〔4〕 (明)真可:《憨山老人梦游集全》(卷8),载蓝吉富主编:《禅宗全书》(第51册),北京图书馆出版社2004年版。

〔5〕 (曹魏)康僧铠译:《无量寿经》,载《大正新修大藏经》(卷12),第275页,下。

〔6〕 《百喻经》,又名《痴华鬘》,5世纪印度僧人僧伽斯那著,弟子求那毗地时译。阿伽陀:药名,又译为无病、不死药。

裹却能更有助于世人的食用。这就叫"借微言以津道，托形象以传真"[1]；"闻法音而称善，刍狗非谓空陈；睹形象而曲躬，灵仪岂为虚设?"[2]因此出现了令人开怀的佛教文学故事，诞生了流光溢彩的佛教绘画雕塑，乃至清凉动听的佛教音乐也随之产生。于是，言与意、形与神、动与静、假与真、幻与实、事与理、境与识、一切与一的关系问题成为佛教美学讨论甚多的重要话题。此外，在佛教变相肯定的现象世界的美中，以"莲"为美、以"味"为美、以"圆"为美、以"十"为美、以"明"为美，乃至以"七宝"为美，也是十分突出的现象。这些都值得我们在梳理佛教美学史料时重点加以关注。

三、中国佛教美学的历史演变和时代特征

当我们以上述对佛教美学的基本认识来观照中国佛教美学史时，我们就对其历史演变的时代特征有了如下的把握：

东汉可视为中国佛教美学"莲花初开"的时期。安世高翻译的小乘佛经介绍了原始佛教的基本教义。它由"缘起"而"非身"，取消审美主体；又由"十二入"破"色我"，取消审美客体，并要求人们对现实和自我作"不净观"，对现实世界的苦难和入道之后的喜乐之美作了浓重的渲染，奠定了原始佛教的美学基石。支谶翻译的《般若经》将主体的般若智作为审美的逻辑起点加以剖析，要求主体心智"无念""无住""无知"，最后达到"无所不知"，体认"毕竟空"的世界本体，纠正世俗之人"苦谓有乐"[3]、颠倒"好丑"虚假认识，最终达到对佛身之美、佛法之美的体认："法喜""信乐""乐无所乐"，确立了独特的美本体与美感观，奠定了中国佛教大乘空宗美学的基石。在译经之外，也出现了个别中国人的佛教著述，硕果仅存的就是牟子的《理惑论》。《理惑论》以问答的形式，提出了佛教刚刚进入中国后沉潜于儒教与道教中的中国人对它的种种疑惑，牟子通过比较与论辩清除了这些疑惑，捍卫了外来佛教的地位，阐释了佛教的基本教义及佛教美学的基本观点，同时也暴露了以道家观念理解佛教义理的某些不成熟性。

---

〔1〕（南朝梁）慧皎撰：《高僧传》（卷9），汤用彤校注，汤一玄整理，中华书局1992年版。
〔2〕（南朝宋）道高：《重答李文川书》，载《大正新修大藏经》（卷52）。
〔3〕载《大正新修大藏经》（卷8），第438页，中。

魏晋南北朝可视为中国佛教美学"繁花似锦"的时期。首先是佛教翻译空前繁荣。较之汉代，这个时期佛经翻译更加丰富，大多数佛经都翻译进来，甚至一种佛经有了几种译本，这些译经从不同的角度体现出风采各异的美学倾向。在大乘空宗译经方面，《大品般若经》着力揭示了主、客体空寂的本体美；《维摩诘经》着力塑造了俗中求真、亦僧亦俗的大乘菩萨维摩诘形象，他既以"法乐之乐"为"我等甚乐"，又不离充满世俗之美的现世生活，追求在俗中求真、丑中求美，"以意净得佛国净"；《中观经》以不断否定的"中观"方法或"无我"之般若智将"涅槃"本身也否定掉，并将这种彻底空无的否定本身视为"涅槃"，所以其追求的"涅槃"之乐实即"无涅槃"之乐。在大乘有宗译经方面，《净土经》极力宣扬西方净土、"无量寿佛国快乐无极"，现实世界丑恶无比，并以简易的修行方法为众生进入极乐世界大开"方便法门"；涅槃经宣扬"涅槃"不仅是真实的存在，而且"为甘露第一最乐"，是"八味具足"的至美本体，"一切众生皆有佛性"，只要培养起"菩提心"，就一定能获得"涅槃"本体；《佛性论》宣扬的佛性美不仅存在于主体的觉悟心识中，而且存在于万物之中，是万物的美本体，而这两者又是互为因果的；《大乘起信论》强调"乐念真如法"的"信心"的修养，认为众生的"一心"中具有"净心"与"染心"、"觉性"与"迷性"、"如来藏"与"生灭心"两类心性，"真如心"的是"真实""清净"的、"快乐"的，而"生灭心"是"虚妄"的、"痴慢"的、"垢染"的、"痛苦"的，因而主张"修行信心"[1]，去除"妄心"，"令众生离一切苦，得究竟乐"[2]；唯识经典以真谛译本为代表，认为外境由内识变现而成，境空识有，作为种识的阿黎耶识分"染"与"净"、"有漏"与"无漏"两种，变现虚妄外境、有着种种"不净习气"的"有漏"的"阿黎耶识"是丑恶的，需要加以破除的，破除了妄境及染识的"无漏"的"阿赖耶识"才是真如识，所以又叫"阿摩罗识"，意译作"无垢识"，它是圆满真实的美本体。此外，另有些大乘佛经，融合了空宗和有宗的思想，很难归入哪一类，它们也参与了佛教美学的建构。《法华经》对自然界莲花之美与人世间普度众生的菩萨之美的强调值得注意，其中描绘的听到众生求救呼告即往救助的观世音菩萨尤其深入人心。《华严

---

〔1〕　载《大正新修大藏经》（卷32），第575页，中。
〔2〕　载《大正新修大藏经》（卷32），第575页，中。

经》崇拜大日如来佛、莲花藏世界，强调如来佛性众生本具，所谓佛性，即不为愚痴妄想覆盖，认知一切皆空，空有相即、一多圆融方面极尽思辨之能事。《楞伽经》虽然历来被奉为"禅门三经"，然而其内容则与《唯识经》类似。"阿黎耶识"有净有染，有美有丑，"如来藏"则清净一片，没有污染。"阿黎耶识"本性清净，相当于"如来藏自性清净"。当它变生七识，并由七识及其变生的物相覆盖、污染时，它就不清净了，也就不是"如来藏"了，当"阿黎耶识"不与"无明七识共俱"时，就是"如来藏"，就是"空"，又叫"如来藏阿黎耶识"。因此，佛教修行的实质，即去除覆盖在"自性清净"的"如来藏阿黎耶识"上面的"无明妄识"，使"如来藏心"的"清净自性"顿显光明。这一思想，后来为禅宗所继承。这一时期，小乘佛经的代表著作《阿含经》翻译进来。它们篇幅巨大。而其美学要义，在阐明"于色不乐"的反世俗美观点，建构"涅槃安乐"的美学真谛，揭示"涅槃"美感的"不欢喜、不深乐"特征。

其次，从两晋南北朝开始，中国佛教摆脱了此前几乎停留于佛经翻译的局限，出现了中国僧侣自己的大量著述。这些著述是对印度佛经义理的独特领会与阐扬，同时也不可避免地带有中国固有思想的烙印，在这种交融中，佛教美学的意旨得到进一步发挥。如般若学派本无宗代表道安以道家之旨诠释佛教美本质观，"以大寂为至乐，无为为滋味""淡乎无味，乃直道味"要求用道家"齐万物"的方式去观照世间美丑，"玄览莫美乎同异"。即色宗代表支遁以玄释佛，将有中悟空、丑中求美称作"即色游玄"，并对审美的"游"与美本体的"玄"作出了独特的发挥。般若学大师、"秦人解空第一者"僧肇既强调佛教的"越俗之美""悟心之欢"，又肯定"美丑齐旨"、真俗不二，主张"齐是非""一好丑"，从而在出世的"象外之谈"与世俗的"名教之美"之间找到了某种平衡。东晋佛教领袖慧远出入于般若空宗与净土有宗，主张从空、有"二道"的不即不离中"开甘露门"、求本体美，所以他既肯定"无尽"而空的本体美，又肯定"不灭相而寂"的净土美以及往生净土的神灵的存在和宣扬佛道的文字形象的美学意义。东晋末期的竺道生融合般若性空与涅槃佛性有思想，强调人人本有佛性、众生悉有佛性，而这佛性即清净无染而又非有非空的般若智、菩提心，这般若智、菩提心去除虚妄欲念和痛苦，即可达到涅槃美，所谓"无苦之极，即名妙乐"。这种寂灭是"无灭之灭""无灭之灭则是常乐"，"意"与"言"、"理"与"象"就这样不即不离。

最后，佛教的世界观、人生观及其美学观在这个时期也深深影响了中国文人，于是出现了不少文人的佛教著述，如孙绰、谢灵运、宗炳、颜延之、周顒、沈约、萧衍、萧统、刘勰、颜之推。这些文人本来是很精于文学绘画艺术之美的。他们也染指佛教，写下佛学论文，恰恰体现了佛教与美学的联系。

隋唐时期，中国化佛教宗派纷纷创立，文人佛教著述进一步丰富，佛教美学争奇斗艳、琳琅满目。天台宗是糅合《法华经》《般若中观经》和《大般涅槃经》创立的佛教宗派，代表人物有智顗、灌顶、湛然。天台宗美学将审美的核心放在"止观"的心灵和认识方法上，批判"五欲无乐"，世俗享乐不是真美，主张通过"修行止观"，达到禅定乐、智慧乐、寂灭乐、涅槃乐，同时提出"一心三观"、自由无碍的中观之美，并对以"圆"为美作出了丰富建构。三论宗以印度大乘空宗经典《中论》《百论》《十二门论》为主要经典，对浸透着三论宗旨的般若经、涅槃经、法华经、华严经也有所择取，其代表人物是吉藏。三论宗美学集中论述的是"中道"之美。"中道"既是"二而不二，不二而二"的认识方法和般若佛性，也是这种认识方法和般若佛性所体认的涅槃本体。华严宗以《华严经》为主要经典，故名。代表人物是杜顺、智俨、法藏、澄观。华严宗最独特的美学建树，是从色空相即、理事无碍、一多无二的世界观出发，提出了现象界的"十"是包含"无尽"本体、最为圆满的"圆数"，从而确立了"十十无尽"的论证方法和十全十美的审美理想。玄奘、窥基共同创立的法相唯识宗在美学上主要建立了以"识"为本体的美论何以"受""现量"为特色的美感论。慧能创立的禅宗进一步彰显了佛教美学的心学特色，揭示了心性本净，审美其实是对自心之美的返观确证，只要通过"无念""无相""无住"的修行拨去妄念浮云，就会获得"涅槃真乐"，同时，禅宗又一次继承了般若学的中观之道，主张不离世间而求涅槃，"随所住处恒安乐""随其心净则佛土净"。玄觉对"女色"之恶的阐释和"宁近毒蛇，不近女色"口号的提出，则从一个侧面显示了佛教对世间之美的否定态度。除此而外，张说、王维、柳宗元、刘禹锡、白居易、皎然、司空图等文人也写下了为数可观的佛学论文或浸透佛理的美学论著，为这个时期的佛教美学增添了特殊的美学景观。

宋元时期，佛教大体没有创新，只在守成，禅宗及其美学一家独大，一枝独秀。延寿契嵩、宗杲、明本等人都是代表。在守成时期，中国历史上第一部汉文大藏经《开宝藏》在北宋开宝四年（971年）奉敕刻印，因称《北宋官版大藏经》。南宋时期，北方的金朝民间刻印大藏经，即《金版大藏经》。进入宋代后，禅宗由原来的"教外别传""心心相印"——变而为"大立文字"、口口相传的"文字禅"，涌现了不计其数的"灯""录"。于是，"道"与"言"的关系成为这个时期禅宗美学的中心议题。"道"不在"言"，亦不离"言"，所以参悟佛经，既要即言，又要废言，也就是"须参活句，莫参死句"。这个思想，也是宋元时期诗文美学的中心思想之一。伴随禅宗的勃兴，佛教思想迅速走向文人士大夫，许多著名文人都出入禅林，结交禅友，信奉禅道，王安石、苏轼、黄庭坚、赵孟頫是其中的主要代表。而严羽《沧浪诗话》以禅喻诗，吴可等人以《论诗诗》以禅道论诗道，为这一时期的佛教美学添加了羽翼。

明清时期佛教美学伴随佛教走向衰落，犹如晨钟暮鼓余音缭绕。佛教在明代还有可圈可点之处，清代就彻底没落了。明代佛教有"国初第一宗师"梵琦、"明代佛教四大家"袾宏、真可、德清、智旭，还有禅宗临济宗、曹洞宗的回光返照。明代佛教禅、净合流，美学上不仅坚持"美味悉从中出"的禅宗思想，而且宣扬"念佛参禅，往生极乐"的净土美学观，德清的"所求净土，即唯心极乐"，智旭的"极乐弥陀，心作心是"，则可将禅净合一的美学观概括无遗。宋元禅宗美学中的"言""道"关系仍然是明清时期佛教美学讨论的中心话题，不过又衍生出不落"语""默""禅""教"合一、"宗""教"合一、"参""看"圆融等子命题。德清提出"美色淫声，皆是苦本"，进一步重申了佛教美学与世俗美学的迥然不同。真可提出"境缘无好丑，好丑起于心"，进一步巩固了佛教美学的唯心倾向。此外，这时的文人代表如李贽、袁宏道、王夫之、龚自珍对禅宗心性美学、净土美学、唯识美学的评点诠释与发挥也值得注意。

而近现代历史上太虚法师借鉴西方美学观念对佛教的美学观和佛教美术所作的剖析，则标志着佛教美学向现代美学分支学科的自觉。1928年，太虚法师在法国巴黎佛教美术会作"佛法与美"的讲演。演讲分六个部分："一、美与佛的教训；二、佛陀法界之人生美；三、佛陀法界之自然美；四、从佛法中流布到人间的文学美；五、从佛法中流布到人间的艺术美；六、结论。"〔1〕在"美与佛的教训"中，太虚法师从佛教所揭示的"不净观"推导出对世俗认可的现实美和艺术美的否定态度。既然佛教认为现实的人生和自然不完美，因而主张通过改良人性以创造人生美、通过改造自然创造自然美。于是，太虚法师所倡导的"佛教革命"就与"美的创造"联系起来。"佛陀法界之人生美"分析了佛教所创造理想世界的人生美的形态，接着分析了"从佛法中流布到人间的文学美"，又进而分析到"从佛法中流布人间的艺术美"，分为建筑的、雕塑的、音乐的、图画的艺术美。综上所述，太虚法师做出的"结论"是："然佛法之文艺美，乃出于佛智相应之最清净法界等流者，应从佛教之文艺流，而探索其源，勿逐流而忘源，方合于佛法表现诸美之宗旨。"1929 年 11 月，太虚法师在长沙华中美术专校作了题为"美术与佛学"的演讲。1934 年 9 月，太虚法师在武昌美术学校作了题为"佛教美术与佛教"的演讲。在这两篇演讲中，他进一步阐述了对佛教美术的看法，肯定了佛教美术的意义，尤其肯定了佛教美术在美术界之位置。

第三节　西南地区圆觉菩萨造像民俗化倾向〔2〕

圆觉菩萨造像在国内并不罕见，绘画、雕塑等形式的作品都有涉及这一题材。"圆觉菩萨"名称来源于《大方广圆觉修多罗了义经》，收录于《乾隆大藏经》第 45 册（第 423 部），唐罽宾沙门佛陀多罗译，常用名《圆觉经》。

根据《圆觉经》所述，在一次法会上，佛陀指出"一切如来本起因地，皆依圆照清净觉相，永断无明，方成佛道。"随后，十二位菩萨依次向佛陀提问，他们分别是：1. 文殊菩萨；2. 普贤菩萨；3. 普眼菩萨（观音菩萨）；4. 金刚藏菩萨；5. 弥勒菩萨；6. 清净慧菩萨；7. 威德自在菩萨；8. 辩音菩萨；9. 净诸业障菩萨；10. 普觉菩萨；11. 圆觉菩萨；12. 贤善首菩萨。

在雕塑史上，这十二尊菩萨的造像常以群像形式出现，简称为"十二圆觉"。事实上，《圆觉经》的传播与十二圆觉造像在四川地区的广为人知是在宋代。原因有二：一是《圆觉经》所弘扬的方法论，将"世间法"与"出世

---

〔1〕 "佛法与美"，载《太虚大师全书》编纂委员会编：《太虚大师全书》（第 24 卷），宗教文化出版社、全国图书馆文献缩微复制中心 2005 年版。

〔2〕 作者谢彩，文学博士，上海政法学院文艺美学研究中心研究员，国际文化学院讲师。本文原载《文汇报》2018 年 12 月 21 日。

间法"打成一片，"顿机众生从此开悟，亦摄渐修一切群品"，易引起宋朝僧侣和士大夫共鸣；二是历史上《圆觉经》权威注疏者宗密禅师籍贯四川（今四川西充县）。他与圆觉菩萨造像在四川传播有甚深的因缘关系。

在我国西南地区，以《圆觉经》作为造像题材的著名石窟有两处，一是安岳洞窟群的 9 号圆觉洞；二是大足宝顶大佛湾第 29 号窟圆觉洞。

这两处石窟的具体开凿时间至今尚未有定论。过去学者多根据清代光绪《安岳县志》的记载，认为安岳 9 号圆觉洞是北宋庆历四年（1044 年）开凿。而学者李崇锋则根据自身的实地调查，倾向于认定 9 号圆觉洞开凿于南宋庆元四年（1198 年）。

至于大足宝顶山石刻，学者们倾向于认定：绝大部分开凿于南宋淳熙至淳祐年间（1174—1252 年）。其中圆觉洞编号第 29，位于大佛湾造像的南岩西段。

过去，有部分学者基于在西南地区的实地调研，指出：在四川境内以《圆觉经》为题材的石刻造像在两宋以前和以后都没有，仅在两宋时期有几处。[1]

两宋以后，四川境内真的再无圆觉菩萨造像产生了吗？

说有易，说无难。四川沪州法王寺即收藏有圆觉菩萨石刻造像，系清朝嘉庆年间作品。这十二圆觉菩萨石刻造像的特征如下：

其一，从造像年代来看，除了一尊刻于嘉庆四年（1800 年）以外，其他十一尊都刻于嘉庆三年（1799 年）。有一个细节耐人寻味，根据《圆觉经》的描述，十二尊请法的菩萨当中并无伽蓝菩萨。而这批造像在底座中标明是"圆觉"身份的菩萨只有十一尊。由此，我们是否可以这么假设：这批造像的总数有可能是十三尊（十二尊圆觉+一尊伽蓝），因为某些原因，现在遗失了其中的一尊。而这尊伽蓝菩萨与其他的圆觉菩萨造像风格是统一的。从民间风俗习惯来看，关公在佛教、道教皆受尊崇，在佛教界被视为护法神，佛寺为之设置"伽蓝殿"，因此功德主们在捐资造十二圆觉菩萨像的同时，决定增塑一尊伽蓝菩萨，似合乎情理。从展览逻辑来看，根据《圆觉经》的内容，最简单的方法即造像安排为一字排开，中间立三佛，左右两侧各为六尊圆觉

---

〔1〕 详参丁明夷："四川石窟杂识"，载《文物》1988 年第 8 期；胡文和："四川摩崖造石刻造像分期试论"，载《考古学集刊》1988 年第 2 期。

菩萨。但这样布展会有一个问题——显得较为呆板，缺乏现场感。《圆觉经》开头称十二位菩萨在修行中遇到了不解的问题，需要向佛陀求教，所以，在展览中，若要还原菩萨向世尊请法的场景，道场却没有安排一个提问者，就显得不自然。

根据现存大足宝顶山石刻遗址来看，其圆觉洞的布局颇有意思，洞窟内的造像安排为"倒 U 字形"形式，主像三尊坐于正壁，三佛前跪拜一菩萨，左右壁各有六尊菩萨呈对称坐式，这就很好地契合了《圆觉经》的主题内容。

大足圆觉洞布展的神来之笔是——于三佛前设计了一尊身份模糊的化身菩萨——表示请法，由此，则不需要因为动用左右壁任意一尊菩萨、从而造成一边六个而另一边五个的形式布局，不会打破画面的对称性与和谐性。

根据大足圆觉洞的布展逻辑，我们是不是也可以假设，法王寺所收这批圆觉菩萨的造像者，最初也有类似的意图——为保证布展时的对称感，总共造了十三尊，其中十二圆觉菩萨（每侧各放六尊）就像大足的十二圆觉菩萨那样侍立两旁，而伽蓝菩萨则作为请法者安放在佛的面前。

其二，从造像风格来看，这批圆觉菩萨并没有承继四川安岳、重庆大足石刻圆觉洞的菩萨造像风格，而是呈现出民俗化特质，有几个细节：常见的圆觉菩萨造像是项饰璎珞、头顶宝冠、结跏趺坐或游戏坐（或者赤足站立）、神态娴雅，或多或少呈现出女性化特质。

而法王寺的十二圆觉菩萨，则呈现显著的男性僧人特征，从相貌上看，以西南地区男性的相貌和打扮作为蓝本，汉人汉相，而身上所穿服装款式基本以明朝僧人常见的交领右衽式僧衣。1644 年清军入关后，以多尔衮为首的满洲贵族为巩固满洲人的统治，在顺治二年（1645 年）颁布"剃发令"和"易服令"，包括"十从十不从"，其中有一条为"常人从僧道不从"，亦即说，所有军民人等一律改穿满洲服装，但是，僧人、道士不在此列，可以穿着如旧。所以，僧人、道士的服装在清朝自始至终未受到剃发易服政策的影响。这批菩萨造像从着装上也印证了这一点——寺院仍然是交领右衽式服装穿着最为集中的地方。当然，根据费泳在《中国佛教艺术中的佛衣样式研究》所总结的历代佛衣式样来看，交领右衽式穿着早在唐朝僧人中即已出现。如果她的这个判断准确，那么我们可以推断：四川地区的僧人，至少从唐朝起，其穿着式样就基本保持了稳定。

另一穿着方面的细节是，这批菩萨造像，除了弥勒菩萨是常见的唐朝布袋和尚的形象（大肚、光脚），其他的菩萨统统穿了鞋。

以往圆觉菩萨乃至其他菩萨的石刻造像，多为在家人打扮，赤足，少有穿鞋的。即便是从唐朝起即以出家相示现、僧人特征鲜明的地藏菩萨造像，也不例外——历代地藏菩萨造像，或坐或站，无论何种姿势，基本为赤足造型。

我们或许可以将"穿鞋"这个细节视之为当时四川僧人现实生活的一种反映。事实上，南亚僧人有赤足的习惯，或许是由于气候炎热原因。而在中国，汉地僧人都必须穿鞋、袜，在全国僧众遵行的《敕修百丈清规》有明确规制。

清朝僧人鞋子主要有三种类型：一是芒鞋，用草类织成。二是罗汉鞋，用布料做成，鞋面为三片布条缝牢，鞋帮缀留一些方孔。罗汉鞋多为灰色、褐色。在四川地区，春夏二季僧人较常穿着罗汉鞋，因为四川尤其是川南地区，春夏季节湿热难耐，罗汉鞋从设计上看，较为透气、凉快。三是僧鞋，用布料做成，鞋面中间有硬梁，全身无孔。僧鞋多为黄褐色。僧鞋所配袜子为长筒布袜，实际上就是我国汉唐以来布袜的式样，习称为罗汉袜。罗汉袜上齐膝盖，裤管孔在袜内，不但可以冬季御寒，夏季防范虫蛇，并且可以庄严威仪。袜的颜色以灰色为主。僧鞋及清朝满族男性鞋子的基本款式，与时尚产业改造后的"老北京布鞋"有相似之处。法王寺藏的这批菩萨穿着的系僧鞋。

其三，各尊菩萨身份应该如何界定。虽然法王寺藏的十二尊菩萨统一身着僧衣，除伽蓝菩萨外，其他十一尊菩萨的底座皆用"圆觉菩萨"标注，这为我们辨识菩萨的具体身份带来了难度。但是，根据某些小细节，我们大致可以判断各尊菩萨的身份。

以普眼菩萨的造像为例。普眼菩萨即中国老百姓耳熟能详的"观音菩萨"，在《圆觉经》中被译为"普眼菩萨"——普遍观察一切众生，谓之普眼。之所以判断"普眼菩萨"即观音菩萨，主要依据是《大日经疏》曰："如来究竟观察十缘生句，得成此普眼莲华，故名观自在。约如来之行，故名菩萨。"

"观音菩萨"有多种译名，唐朝以前曾译为"观世音"，唐朝译者为避唐太宗李世民之讳，把"世"字去掉，所以民间称之为"观音"，而与唐太宗同一时代的玄奘法师则译之为"观自在菩萨"。

在《圆觉经》中，普眼菩萨（观音菩萨）是第三个向世尊请法的。有一个细节可以帮助我们判断普眼菩萨（观音菩萨）造像——头顶上有一尊化佛，这个造像特征是其他圆觉菩萨所没有的。

总的来说，法王寺现藏的这批圆觉菩萨造像风格朴素，基本姿势即僧人禅坐或者游戏坐，表情生动自然，容易让观者产生亲近感。在这个意义上，造像的历史价值要高于审美价值，它们呈现出清代造像者对于《圆觉经》的理解，将菩萨群体向佛陀请法的场景还原——这个场景是生动的"现身说法"，由菩萨亲自示现谦虚好学、听经闻法的重要性。

以当时技术条件，在底座注明每尊菩萨具体名字并无任何难度，因此，是否可以假设：造像者故意隐藏菩萨的具体身份、一概以"圆觉菩萨"名字标注，这么做另有深意，至少表达了一种意愿：希望观者不要"着相"（执着于表相），而要"反闻闻自性"。

其四，从佛制戒律来看，僧人着装要求为穿着"坏色衣"，不许身着色彩艳丽的衣物，而这批圆觉菩萨其实是彩绘的，虽然大部分矿物颜料已经脱落，但我们还是看得出残留的黄色、蓝色等颜色。

颜色意味着即使在"标准化造像"时代，仍然有民间匠人在打"擦边球"。在清朝时，乾隆七年（1742）曾经将藏传佛教造像标准之《造像量度经》译成汉文，并且，乾隆皇帝督导、章嘉国师亲自主持编纂《三百佛像图》（藏于中国佛教图书文物馆）。而从现存的这批造像来看，民间匠人塑造的菩萨不像大足宝顶现存的圆觉菩萨那样神态娴雅、充满了超尘脱俗之美——而是让世人印象中不食人间烟火的菩萨变成日常生活中我们常见亲切友好的出家僧人形象：身披僧衣，头顶帽子，脚着僧鞋，手执木鱼，脸上甚至有皱纹——这个造像处理方式，至今并不常见。

这批造像，尽管从艺术角度去判断，其价值不是很高，但正因其写实这一特征，反而显示其特殊的历史价值，至少激起了我们的想象力——佛教在西南地区传播的过程中，僧人与造像的匠人们，缘情制礼、因地制宜，创作出接地气、让普通观众产生亲切感和共鸣的僧人形象的菩萨。将佛菩萨形象民俗化这个路径，似也印证了19世纪法国人丹纳在《艺术哲学》里的论点：任何艺术作品，都不可避免地要打上种族、环境与时代的烙印。

现当代文学研究

主编插白：肖进博士师从南京大学名师吴俊教授，侧重于现当代文学时代特征及个案的研究，成果迭出。这里收录他的相关成果四篇，内容涉及上海沦陷时期散文创作的怀旧风探析、上海小报视域中的张爱玲及其两篇作品写作成因和佚失原因论析、莫言在中东欧的译介、传播与接受，有较强的可读性。作为中青年才俊，肖进几年前从上海对外经贸大学引进到上海政法学院，成为从事美学探寻的佘山学人中的一员。希望佘山能成为他登高望远的福地，学术上更上层楼。

第一节　上海沦陷时期散文创作的怀旧风〔1〕

报刊杂志与文学生产，在晚清以降的 20 世纪文学发展中具有极为密切的关系。随着现代文学研究的日益深入，以作家作品研究为主导的研究趋势逐渐转向对报刊杂志的深入分析。这里面固然有外来因素的影响，比如法国年鉴学派和新史学注重对历史还原的研究。但更多的是对既有文学格局状况的深深怀疑：表面上看起来条块分明整齐的现代文学史其实具有相当的历史遮蔽性。这种遮蔽性导致呈现在我们面前的文学史是不完备的，而这种不完备性又使得研究者想要"进入历史现场"去"触摸历史"。〔2〕由于中国现代文学与报刊杂志的不可分割（事实上，除了一些单行本的长篇小说，文学作品几乎都是通过报刊杂志发表的），现代报刊杂志便成了最好的"文学历史现

---

〔1〕　作者肖进，文学博士，上海政法学院文艺美学研究中心副教授。本文原题"沦陷文学视野中的'散文怀旧风'——以《古今》半月刊为中心"，载《中文自学指导》2007 年第 4 期。

〔2〕　详参陈平原：《触摸历史与进入五四》，北京大学出版社 2005 年版，第 3 页。

场"。谈论文学与报刊的互动，一般关注的是对文学走向和文学趋势有影响的文学期刊，如《新青年》《现代》《小说月报》等具有标志性的刊物，这些期刊的内容、编辑方针和编者的兴味趋向，对文学起了很大的导向作用。然而，在此之外，还有更多的文学期刊静静地躺在历史的深处，等待我们去翻开那发黄变脆的书页，"抚摩"那些寂寞的文字。本文探讨的就是处于现代文学发展低谷的沦陷时期文学现象，主要以沦陷区上海文学杂志《古今》半月刊为中心，关注在沦陷文学视野中现代散文风格的发展变化，分析它们是如何在这样的环境下既保持了高雅的文学品格，又折射出时代的特殊环境，并在一定程度上对新文学的发展作出了应有的贡献。

一

20 世纪 20 年代后期上海开始成为新文学的中心。随着新文学的进一步发展，期刊杂志也有风起云涌之势，甚至形成 1934 年和 1935 年的杂志年。散文小品类期刊中，"论语派"刊物以《论语》《人间世》《宇宙风》为主要阵地，在 30 年代上海文坛形成很大影响。上海"孤岛"沦陷后，日本帝国主义通缉进步作家，打击进步刊物，大批新文学作家西进或南下，造成上海文学期刊在沦陷初期的完全停顿。

1942 年 3 月《古今》创刊，这是上海沦陷区创刊的第一份文学刊物，主要刊发文史类散文作品，属于同人杂志性质。其创办人是朱朴，主编是曾编辑过《宇宙风》刊物的周黎庵。从刊物创办到 1944 年 10 月第 57 期终刊，其跨度基本上覆盖了上海的沦陷时期。《古今》第 1 到 8 期为月刊，到第 9 期改为半月刊，16 开本，每期 40 页左右。由于刊物在"物质上"和"精神上"[1]得到汪伪财政部长周佛海的帮助，常被人视为汪伪派系的汉奸杂志，其文学上的价值在有关沦陷区文学的论述上没有得到一定的重视。钱理群等编的《中国沦陷区文学大系·史料卷》中还把《古今》的发行地点误作南京。虽然《大系》在一定程度上肯定《古今》的文学价值（"南京与华中最重要的散文杂志之一"），但是仍把它定位在"官办"上。陈青生在《抗战时期的上海文学》中也强调"因其与汪伪集团的密切关系，以及作品体裁限于散文、作品'狐鬼气'浓重，非但没有为上海文学的复苏提供有益的活力，反而增

---

〔1〕　详参周黎庵："古今两年"，载《古今》1944 年第 43、44 期。

添了阴冷邪气。"〔1〕之所以会有这样的评价，当然与《古今》创办人朱朴的身份有关。朱朴在"四十自述"中曾说到自己追随汪精卫，并在汪伪政权中先后担任中央监察委员、中宣部副部长、交通部次长等职务。〔2〕并且《古今》上经常刊发汪精卫、周佛海、陈公博的文章，所以被时人目为"汉奸"杂志。但是仅就文学期刊而言，《古今》其实代表了上海沦陷区文学发展的一种趋向，即"五四"以来不被重视的传统散文在沦陷区的复兴。

《古今》杂志以文史类散文定位，"取材方面是文献掌故、散文小品；趣味方面是朴实古茂、冲淡隽永"。《古今》创办人朱朴在"发刊词"中说："我们这个刊物的宗旨，顾名思义，极为明显。自古至今，不论是英雄豪杰也好，名士佳人也好，甚至贩夫走卒也好，只要其生平事迹有异乎寻常不很平凡之处，我们都极愿尽量搜罗献诸与今日及日后的读者之前。我们的目的在于彰事实、明是非、求真理。所以，不独人物一门而已，他如天文地理，禽兽草木，金石书画，诗词歌赋诸类，凡是有其特殊的价值可以记述的，本刊也将兼收并蓄，乐为刊登。总之，本刊是包罗万象、无所不容的。"纵览《古今》全刊，虽少见"贩夫走卒"的文章，确也形成了一个独特的空间，即以散文随笔的形式清谈、忆旧，趣味上体现出对历史、考证、风土人情以及掌故的偏好。用柳雨生《谈古今丛书》上的评价就是"文献掌故，朴实古茂，散文小品，冲淡隽永"。

《古今》由朱朴个人出资创办，同时创办古今出版社，自任社长，第1期朱朴主编（实际上周黎庵已经负起编辑之责），从第2期开始由周黎庵挂名担任主编。周黎庵"孤岛"时期主编《宇宙风乙刊》，有丰富的办刊经验，沦陷后困居上海，在《古今》周年纪念时他回顾参加编辑《古今》的经过说："……那时的出版界，较好的都停顿了，还在出的都是乌烟瘴气的东西，不值得人一顾。我们也有重把旧刊物复刊的企图，但为环境所不许可。这时恰巧碰到一位朋友，他在迭遭家难，无可排遣之余，要办一个象样的刊物以作消遣，这样凑巧的事情，自然一谈便成了，他便是古今社的社长朱朴之先生。"〔3〕沦陷初期环境紧张，创刊异常艰难，朱朴"古今两年"中说："当最初创刊的时

〔1〕　陈青生：《抗战时期的上海文学》，上海人民出版社1995年版，第245页。
〔2〕　详参朱朴："四十自述"，载《古今》1942年第1期。
〔3〕　周黎庵："一年来的编辑杂感"，载《古今》1943年第19期。

候，那种因陋就简的情形决非一般人所能想象的……，事实上的编辑者和撰稿者只有三个人，一是不佞本人，其余两位即陶亢德和周黎庵两君而已。创刊号一期中只有十四篇文章，我个人写了四篇，亢德两篇，黎庵两篇，竟占了总数之大半"。周黎庵也说，创刊之初实际上仅仅拉到了一位作家。

《古今》一周年时，有人撰文说《古今》风格类似30年代的《宇宙风》。〔1〕这种看法有一定的道理，《古今》和《宇宙风》有很多作者都是相同的。但《古今》也有不同与《宇宙风》的地方，《古今》有散文小品，也有历史掌故和考证清谈，较之于朱朴"古今中外，无所不容"的宗旨，《古今》实际上是偏向于"古"和"旧"的，《古今》两周年时，朱朴说"两年以来，……，大多数作者的文字，也竟不约而同的采取'抒怀旧之蓄念发思古之幽情'的作风"〔2〕，主编周黎庵则说《古今》是"孤芳自赏的，是山林隐逸的"。实在点说，《古今》倒是与30年代的旧文人期刊《清鹤》有某些相似之处。因此，《古今》在沦陷区文坛的独特个性也许就在这里吧。

但作为一种期刊，《古今》几乎没有什么栏目设置，尽管朱朴在"发刊词"中说要"包罗万象、无所不容"，可能因为创刊之初稿源缺少，创刊号的一期，除了一位作者投稿以外，三位编辑包办了其余的大半稿子。不过从整体看，《古今》的内容是十分丰富的，从随笔散文到学术文章、诗词唱和，内容精深而厚实，不消说在沦陷区，就是在30年代的上海，也没有几家杂志能达到这样高的层次。

二

散文的发展在中国现代文学上曾有过辉煌的历史。"五四"时期的新文化运动给文学带来促进的同时，也推动了散文的发展。散文在"五四"时期的革故鼎新是自觉而彻底的，并且以实绩显示了她的力量。鲁迅在30年代回顾第一个十年散文成绩时说：

到"五四"运动的时候，才又来了一个展开，散文小品的成功，几乎在小说戏曲和诗歌之上。这之中，自然含着挣扎和战斗，但因为一常取法于英国的随笔（Essay），所以也带一点幽默和雍容；写法也有漂亮和缜密的，这

---

〔1〕　详参瞿兑之："宇宙风与古今"，载《古今》1943年第19期。
〔2〕　周黎庵："古今两年"，载《古今》1944年第43、44期。

是为了对于旧文学的示威，在表示旧文学之自以为特长者，白话文学也并非做不到。

对此，陈平原认为，在"五四"时期各种文体的革新中，以诗歌洋化的步伐最大，争论也最激烈；而散文小品则稳中求变，得到更多传统文学的滋养。因此，现代散文小品的发展微妙地传达出一个信息：文体革新的成功，"不能经由打倒传统而获得，只能在旧传统经由创造的转化而逐渐建立起一个新的、有生机的传统的时候才能逐渐获得"〔1〕。到30年代，中国现代文学格局基本稳定。不同的作家、流派都表现出自己独有的风格。这一时期散文创作的文体意识大为加强。"不同创作理路的追求往往不只是反映着政治倾向的分野，在更大程度上还体现为对散文的社会功能与问题要求的不同理解。"〔2〕具体而言，30年代的散文创作对40年代有较大影响的主要是林语堂和周作人的散文。《古今》承续了他们的散文传统，但又呈现出较为不同的特色。

有人评价《古今》说：《古今》是"古墓般沉寂的旧的文字"，虽不无批评之义，却也正说中了《古今》的特征。《古今》的确是以"旧"而显出特色的。但这个"旧"却不是落伍的、被人遗弃的"旧"，《古今》的"旧风格"恰恰是文学在风雨如晦、失言无声的时期对强权入侵者的抗争和批评。在当时的沦陷区文坛，通俗文学重又获得欢迎。著名刊物如《紫罗兰》《万象》《小说月报》，甚至《古今》的姐妹刊物《天地》都大量刊载通俗作品，并且汇聚了一些通俗小说家包天笑、王小逸、孙了红、徐卓呆等，市民文学的繁盛也许可以用张爱玲的形容来解释："人是生活于一个时代里的，可是这时代却在影子似的沉没下去，人觉得自己是被抛弃了。为要证实自己的存在，才抓住一点真实的、最基本的东西。"然而《古今》自创刊到终刊始终走的是一条"孤芳自赏"的道路：沉入历史，在旧文字里寻求人存在的意义。看起来好像是不食烟火，实际上，不论谈掌故也好，风土也好，莫不灌注着对现实的关心，它是借历史讽喻现实，借人往风微的往事来反衬当下社会的动荡与混乱。或许我们可以说，《古今》的大雅与《紫罗兰》《万象》《天地》的

---

〔1〕〔美〕林毓生：《中国意识的危机："五四"时期激烈的反传统主义》，穆善培译，贵州人民出版社1986年版，第3页。

〔2〕钱理群等：《中国现代文学三十年》（修订本），北京大学出版社1998年版，第145页。

大俗正是两支异曲同工的曲子，虽然弹奏的是不同的音符，效果却是相同的。

《古今》有庞大的撰稿群体，第27、28期合刊的夏季特大号上，刊出了一个七十五人的撰稿人名单。可以看出《古今》的作者大致分京海两派，京派有周作人、沈启无、徐一士、徐凌霄、瞿兑之、谢国桢、谢兴尧等，海派诸贤人多势众，周越然、文载道、柳雨生、陈乃乾、纪果庵、潘予且、冯和仪、陶亢德、张爱玲等皆是《古今》的常客。除此之外，《古今》的撰稿人中还有汪伪政权的要人，如汪精卫、周佛海、陈公博、金雄白等。另外尤其需要指出的一个人就是周黎庵特别点到的"《古今》虽时有名角登场，但要说谁是主要的班底，使《古今》造成今日的风格，不用说，便是用这许多笔名的他（按注：指黄裳）了"。在《古今》那里，黄裳用南冠、韦禽、鲁昔达等笔名发表文章。这些众多的撰稿人的作品在《古今》上形成了不同的风格。归纳起来大致有以下三种：

（一）风土人情类散文。以周作人、文载道、纪果庵等作家发表的谈各地风土人情的文章，大多以较为闲适的笔调，叙述地方习俗风物，就史事陈述感想，行文有一种淡淡的惆怅。周作人在《古今》发表的文章中直接涉及风土人情的地方并不多，但《古今》上涉及风土人情的作家却都受到他很大的影响。周作人在20年代的作品（如《乌篷船》等）以淡淡的口吻叙述故土的风俗，在平和冲淡中又有一种涩味，十分耐读。三四十年代他开始转向文抄公体，文风也稍有变化，不过当他看到文载道和纪果庵的文章时还是有"他乡遇故知"的喜悦。《关于风土人情》《千家笑语话更新》《故乡的戏文》《水声禽语》《雪夜闭门读禁书》《海上行记》《两都赋》《古今与我》等可代表这种风格。

文载道在《关于风土人情》中自称是一个"乡土小民""浙东之氓"，"于病榻上看了一点记载风土节侯之作，不禁深深的引起风土人情之恋，然一面亦有感于胜会之不再，与时序的代谢，诚有宁为太平犬，莫作乱离民之感"。于是由这一感想而记起故乡的风土人情。周作人在评说纪果庵《两都集》和文载道《风土小记》时觉得有"他乡遇故知之感"，并且"文字中常有的一种惆怅我也仿佛能够感到"。从历史上看来，关于风土人情叙述也常使人想起在国家忧患之时或之后出现的"闲适"。周作人把这种风格看成"吃苦忍辱，为希求中国文化复活而努力"。他并引俞理初《癸巳存稿》卷十二《闲适语》说："秦观词云，醉卧古藤荫下，了不知南北。王铚《默记》以为其言如此，必不能至西方净土，其论甚可憎也……盖留连光景，人情所不能无，其托言不知，意本深曲耳。"

由此周作人做出对闲适的两种区分："一是安乐时的闲适，如秦观张雨朱敦儒等一般的多是，一是忧患时的闲适，以著书论，如孟元老的《梦华录》、刘侗的《景物略》、张岱的《梦忆》是也。这里边有的是出于黍离之感……"，"虽不足以救国，但绝不会误国。"在那样一个风雨如晦的环境里，这种看似轻松活泼的小品散文于作者来说却并不轻松。《古今与我》中，纪果庵表达了他对现状的深深的悲观："我几年以来，因为感伤人事，渐知注意历史，觉得一切学问，皆是虚空，只有历史可以告诉人一点信而有征的事迹，若偶然发现可以寄托或解释自己胸怀之处，尤其像对知友倾泻郁结已久的牢骚，其痛快正不减于汉书下酒！"[1]

在这样的情绪下，他的兴趣逐渐转向历史，后来陆续有文章《孽海花人物漫谈》《谈纪文达公》等掌故回忆性的文章。怀古伤今，已走入历史中去了。

（二）历史、考证类散文。《古今》的撰稿人中有这样一个群体，他们的身份是历史学家、旧文人、词家、学者，当他们进入文学写作时，笔下不由自主地会流露出与历史、考证、怀旧相关的文学气息。如梁鸿志《爱居阁坐谈·网巾》、经堂《谈汪容甫》、谢刚主《三吴回忆录》、谢兴尧《水浒传作者考》、五知（即谢兴尧）《礼让清宗室世次命名》《清帝坐朝与引见》、周越然《马眉叔的才学及其被骂》、龙榆生《苜蓿生涯过廿年》等。梁鸿志的《爱居阁坐谈·网巾》，谈古代文人气节。"明亡之后，清朝严雉发之令，有人被捕后失去网巾，遂令二仆人为其画网巾于头上。及至就戮，刑者问其名，曰：'吾忠未能报国，留姓名则辱国。智未能保家，留姓名则辱家。危不及致身，留姓名则辱身'。有人劝曰：'天下事已定，吾本明朝总兵，徒以识时变、知天命，吾今日不失富贵。若一匹夫，倔强死何益？义死虽亦佳，何执之坚也？'答曰：'吾负吾君耳，一筹莫展，而束手就擒，与婢妾何异？'遂就戮。时人感其言行，名之画网巾先生"[2]。梁氏在这种情况下对这一历史人物的回顾，可谓意味深长，这里有对民族气节的赞叹，但更多的是他对自身那种

---

〔1〕纪果庵："古今与我"，载《古今》1943年第19期。

〔2〕众异："爱居阁坐谈·网巾"，载《古今》1942年第1期。

身不由己生存状态的悲叹。梁鸿志是清末楹联大师梁章巨的孙子，曾参加同盟会，1938 年出任伪中华民国"维新政府"行政院长。作为一个在民族气节上有亏的旧文人，梁鸿志的矛盾心理于此可见一斑；经堂《谈汪容甫》则是另外一种风格，作者由感慨当今的乱世而升起对乾嘉时太平盛世的回溯。奇人汪中"不以科名爵位显于当时"，却可以名动公卿。汪中幼时好学，博览群书，虽然只是个秀才，文坛耆宿却对他礼敬有加。作者通过汪容甫一系列怪诞的行为，以及别人对他的这种行事态度的宽容，反衬出当下人文环境的恶劣，读书人唯求自保已不可得，哪里还会此种胆量！追古思今，前人风范历历犹存，而今乱世之人只有望其兴叹了。作为历史学家的谢刚主和谢兴尧笔下的散文有浓厚的学者气，有的干脆就是考证文章。如谢兴尧《对〈水浒传〉作者的考证》，从胡适考证的遗漏之处入手，认为《水浒传》最根本的问题是作者问题，发幽探微，溯古追今，既有史实，又有史识。《古今》在上海沦陷时期的异常政治环境中所体现出来的历史、怀旧、复归传统的现象，特别是梁鸿志等"落水"文人借助历史再三流露的"王顾左右而言他"的苦衷，值得我们注意；反过来，也正是《古今》的这种"欲说还休，欲说还休，却道天凉好个秋"的重要特征，使得我们以后见之明看到了上海沦陷区文坛的一些言不及义的文学现象。对于这种"坐而言"和"起而行"之间的矛盾，我们既要努力厘清各自的内在理路，也要梳理其具体针对的"言"和"行"，以及隐伏的歧异或可能对立的表述意图。

（三）书话、掌故、忆旧类散文。散文的文风一是散，二是闲，在闲散的氛围中谈天说地。《古今》中有很多这样的散文，谈论故实碎而不俗，散发出浓浓的书卷气。这方面既有新秀黄裳发表在《古今》上的十几篇文章，也有冒鹤亭、吴湖帆等大家的文章。黄裳短时间里在《古今》上发表了大量作品，主编周黎庵在《古今》周年纪念特大号上"一年来的编辑杂记"中说黄裳"读书之多，文字之好，不独我自愧不如，即在今日上海文坛中，不论成名与未成名的，也很难和他颉颃"，又说"《古今》虽时有名角登场，但要说谁是主要的班底，使《古今》造成今日的风格，不用说，便是用这许多笔名的他（引者注：指黄裳）了"[1]。周黎庵的说法至少在《古今》前期是能够成立的。《古今》前半期几乎每期都会有他的文章出现，第 18 期上甚至连发三篇

---

〔1〕 周黎庵："一年来的编辑杂记"，载《古今》1943 年第 19 期。

（"关于李卓吾——并论知堂""谈善耆""记戊辰东陵盗案"）。黄裳在《古今》上共发表十八篇文章，计有"蠹鱼篇"（上下）（第 1、2 期）、"龙堆杂拾"（第 3 期）、"谈李慈铭"（第 4 期）、"读知堂文偶记"（第 6 期）、"龙堆再拾"（第 7 期）、"关于李义山"（第 8 期）、"说欢喜佛"（第 9 期）、"朱竹坨的恋爱事迹"（上、下）（第 10、11 期）、"关于墨"（第 12 期）、"宣南菊事琐谈"（第 17 期）、"关于李卓吾——兼论知堂""记戊辰东陵盗案""谈善耆"（第 18 期）、"读'药堂语录'"（第 20、21 合刊）、"从鉴定书画谈到高士奇""谈张之洞"（第 22 期）、"春明琐忆"（第 25 期）、"曾左交恶及其他"（第 32 期）等。

黄裳在写作上私淑知堂，叙事风格和知堂相似。"读'药堂语录'"说藏书趣味："曾与朋友谈起，旧京旧友某君，近来的遗少气极重。如买鲁迅翁所著书必求北新、未名社初版本，并须毛边之类。我以为这种作风也未可厚非，实在我自己也是颇讲求这种小趣味的一个人。在古今著作中，最爱读藏书记，记述版本纸印的话头。知堂文中独多此种记载，且所记非宋元善本，不过清刊或近来印本耳，却亦觉得中有至趣。"在另外一个地方，他谈到周作人 40 年代文风的变化，抱着深深的理解与同情："这些读书小文，所谈无非常理琐事，而作者特拈出一点曰'真实'加以特别的注意，这精神在写知堂说时即如此，似乎是自认为最值得珍视的一点。因为他当时反对口是心非的高调者。现在时异事迁，而他还特地要提出这一点来，我看那意思大概是够悲哀的，在知堂的文字中，直到而今还一直保持住没有改变者，也只有这种'真实'一点吧"。时年二十几岁的黄裳眼光是锐利的，20 世纪 80 年代，美国学者耿德华（Edward M. Gunn）也看到 40 年代周作人作品中的这种倾向。他谈到周作人写于沦陷时期的两篇文章"中国的思想问题"和"汉文学的前途"时说："周作人有力地表达了他对日本宣传所持的异议，同时又回避了关于文学史、文学风格以及文学理论的许多观点，他的这些观点更为含混或会引起争议，易于与他必须表达的关于文学的作用应当是什么的重要而有根据的论点相混淆。"[1]在关于历史琐事的一篇文章中，黄裳调侃了一些所谓的鉴赏名家，《从鉴定书画谈到高士奇》提到鉴赏家董其昌和高士奇的恶行，刻画

---

〔1〕［美］耿德华：被冷落的缪斯：中国沦陷区文学史（1937-1945），张泉译，新星出版社 2006 年版，第 193 页。

入木三分，《谈张之洞》则让我们看到了一个个真实的历史人物，他们的官场浮沉、勾心斗角。以琐事入文章，时征之以信史，使读者得到俯仰之间的快意。

冒鹤亭号疚斋，为一代名士、著名学者和诗词大家，在《古今》上有文"疚斋日记""记姚方伯""孽海花闲话"等，吴湖帆有"江南第一画师"之称，为《古今》作有两幅封面画，一是绘刘后村诗"静向窗前阅古今"图，一是崔曙诗"涧水流年月，山水变古今"图。诗画颇得文人雅趣，与《古今》的高雅文化品位交相辉映，他并有文章"吴乘"等在《古今》登载。对这一类人物，朱朴在第 57 期的"小休辞"说："至于执笔人物，则颇多'遗老'、'遗少'之流"，指的也许就是这些"不合时宜的落伍者"吧。

三

陈平原认为，清末民初迅速崛起的报刊，已经大致形成商业报刊、机关刊物、同人杂志三足鼎立的局面。不同的运作模式，既根基于相左的文化理念，也显示不同的编辑风格。针对现代文学史上数量极多的同人杂志，他也有精到的评论："同人杂志，既追求趣味相投，又不愿结党营私，好处是目光远大、胸襟开阔，但有一致命弱点，那便是缺乏稳定的财政支持，且作者圈子太小，稍有变故，当即'人亡政息'。"[1]作为一份同人杂志，《古今》这种颇具个人趣味的怀旧清谈风潮在沦陷区上海文坛很容易"人亡政息"，短命夭折。但朱朴以区区个人之力竟能使刊物支持两年半之久，个中原因不可不让人细加勘察。在我看来，《古今》的成功在于它恰好具备了同人杂志的发展因素：首先是同人趣味相投，保证了杂志的纯粹品格，形成一个学术与文化交流的平台；其次——也就是一向为人所诟病的——是杂志创办人朱朴有汪伪政权的背景，这一点保证了《古今》能够有较为充裕的财政支持。这两个因素使得《古今》可以"孤芳自赏"而不走通俗化的路子。

《古今》松散的同人圈子有相当一致的文学品位。40 年代的文学环境已不同于"五四"刚开始时的生气淋漓，也不同于 30 年代的各具特色。在特殊的社会政治环境下，沉入历史、怀旧、清谈成了他们的唯一文学诉求。这一

---

[1]　陈平原："思想史视野中的文学——《新青年研究》上"，载《中国现代文学研究丛刊》2002 年第 3 期。

作者群特色和创办人朱朴的身份背景有一定关系，朱虽然是汪伪官员，但又是一个文人，这一双重身份在汪伪政权中并不少见，《古今》撰稿人中梁鸿志樊仲云等都既是汪伪政权官员又是旧派文人。在《古今》夏季特大号（第27、28期合刊）的封面上开列了一个"本刊执笔人"的名单：

"汪精卫、周佛海、陈公博、梁鸿志、周作人、江康瓠、赵叔雍、樊仲云、吴翼公、瞿兑之、谢刚主、谢兴尧、徐凌霄、徐一士、沈启无、纪果庵、周越然、龙沐勋、文载道、柳雨生、袁殊、金梁、金雄白、诸青来、陈乃乾、陈廖士、郑秉珊、予且、苏青、杨鸿烈、沈而乔、何海鸣、胡咏唐、杨静盦、朱剑心、邱艾简、陈旭轮、钱希平、陈耿民、何戡、白卫、病叟、南冠、陈亨德、李宜倜、周乐山、张李民、左笔、杨荫深、鲁昔达、童家祥、许季木、默庵、静尘、许斐、书生、小鲁、方密、何淑、周幼海、余牧、吴咏、陶亢德、周黎庵、朱朴"

这是一个数目惊人的作者群，不仅人数众多，而且名家云集。六十五人中，以汪精卫、周佛海、陈公博等为首，显示出《古今》与汪伪政权的千丝万缕的关系；旧派文人和学者如梁鸿志、江亢虎、赵叔雍、樊仲云、吴翼公、瞿兑之、周越然、龙榆生、谢刚主、谢兴尧、徐凌霄、徐一士、陈旭轮、陈乃乾等人占了相当的比重，体现出杂志的"古"的色彩；而南冠、吴咏、默庵、何戡、鲁昔达则指的是使用不同笔名的同一个人黄裳；尽管如此，《古今》在这样的文学环境下能开出这么庞大的作者群，还是显示出它的实力不俗，这还不计《古今》上登载的遗著如罗雪堂日记、章太炎的文章，冒鹤亭、吴湖帆等名流的作品。这些作品有的通篇文言，有的文白夹杂，叙述事情语调古雅，文章的质量均堪称上乘。加之创办人朱朴也是个文人，酷爱清朝笔记，并深有研究，其作品风格朴素，充满了乡土气。所以尽管处于沦陷区那样的环境下，《古今》的创办还是给了旧派文人一个交流思想和发表意见的平台。另一方面，文载道、周黎庵、陶亢德等30年代的新文学作家在日伪控制下的上海也隐去了锋芒转入历史与风土写作，张爱玲、苏青等40年代的新作家的作品避开宏大叙事，以普通的日常生活作为叙述中心，语言典雅精致（可见之于张爱玲的作品），风格既新又旧。这样新旧作家在严峻的环境下取得了文学趣味的暂时一致，并具体体现在《古今》杂志的文体风格上。

周作人对《古今》风格的影响也不可忽视。《古今》的一些年轻作者在30年代就是通过对鲁迅和周作人文风的模仿学习中走上文坛的。文载道最初是作为《鲁迅风》的成员开始其创作生涯的，他1939年成为《鲁迅风》的编辑，发表激进的观点，沦陷期间，他的美学观点从鲁迅转向周作人，在有关风土人情的絮谈中曲折表达自己的看法。《古今》年轻的撰稿人黄裳（在《古今》上常用南冠等笔名）文章风格直逼周作人，甚至在收藏爱好上也力求近似。40年代，周作人滞留北平，后就伪职，沦陷期间其作品南北皆有刊登，仅《古今》上就有近二十篇，其中包括"我的杂学""旧书回想录"等连载的长篇文章。周作人文笔冲淡，任性而谈，却又不无深意，给人以启发和回味，影响了40年代的一批作家。

　　上海沦陷期间市场混乱，物价飞涨，期刊杂志要想生存下去，必须要能够盈利。因此商业利益一直是影响期刊生存的重要方面。除《古今》之外，沦陷区上海的文学期刊几乎都是朝向通俗市民文化方向发展的。一些最主要的刊物如《紫罗兰》《万象》《小说月报》无不如此，就连被称为《古今》姐妹刊的《天地》月刊也表现出鲜明的世俗性与消费性，主编苏青为了刊物的销售利润，举办征文、刊登照片，几乎完全依靠市场规则来运作。《古今》作为一份严肃的文学刊物，不可能追求很高的发行量。主编周黎庵甚至说"《古今》并不想招徕读者，读者愈少愈好。你喜欢看，你就买，事实上，这是真正的尊重读者。"这样，《古今》就面临着既要保持严肃的品位又要有足够的财政支撑的两难窘境。同时，《古今》走的是同人杂志的路子，主要以共同的文学趣味而不是稿酬来聚集作者，但创刊之初稿件的稀少还是让《古今》拿出千字十元的稿费，这在沦陷区的期刊杂志中是无人能比的。《古今》创刊之初，每期定价大约一元，而实际上成本就要二元；这中间巨大的差价又是如何弥补呢？创办人朱朴信誓旦旦地说"梨枣之资，皆出私家，涓滴之微，未由公府"听起来似乎有其道理。可还是同一个朱朴，在另一个地方却闪烁其词，"古今两年"中他说感谢周佛海的"精神及物质的帮助"，虽然周佛海的帮助不一定是以汪伪政府的名义，但也不排除他的假公济私。《古今》的收入来源主要靠广告。创刊号上登有一个广告价目表：后封面500元，正封里页500元，后封里页400元，普通全页200元，半页150元。这样，《古今》每期光广告费就可以收入近2000元，随着沦陷区物价的上涨，到第9期时，《古今》的广告价几乎翻了一倍，一期的广告收入达到3000元以上。考查《古今》的广告，从第1期开始就刊登"中央储备银行"以及《中报》《平报》《时代晚报》等报纸的广告，后来还刊登有"华兴商业银行"与《往矣集》等文集的广告。周佛海是"中央储备银行"总裁，《中报》《平报》老板，"华兴商业银行"则是其私人所办。显然，广告是周佛海赞助《古今》的主要方式。

《古今》的这种财政支助使得刊物能够按照朱朴的"个人意志"发展，只要不违背汪伪政府的文艺政策，汪伪政权并不干涉《古今》的文学理念，虽然《古今》上也经常刊发汪伪要人的文章，但是《古今》上也从来没有出现过美化颂扬"大东亚战争"之类的政治宣传。在《古今》编者和作者的共同努力下，形成了《古今》高标脱俗的风格，给沦陷区文学的万马齐喑带来一点亮色，也给中国现代文学的发展作出了自己应有的贡献。

第二节　另类镜像：上海小报视域中的张爱玲[1]

20 个世纪 40 年代，张爱玲在沦陷区上海文坛的活动空间主要是期刊与小报。期刊是她的主要阵地，她不仅在期刊上发表了处女作《沉香屑第一炉香》，代表作《金锁记》和《倾城之恋》等小说，她在文坛上的走红也得到了期刊的推波助澜。随着近些年来张爱玲佚文不断被"打捞"出来，小报作为她文学活动空间的形象逐渐变得明晰起来。尤其是到 40 年代中后期，由于外在社会环境的变化，张爱玲逐渐贴近小报，其作品多是通过小报得以发表。从迄今"打捞"出的佚文来看，张爱玲发表在小报上的作品不仅有散文、随笔，还有中篇、长篇连载小说，与此同时，小报立足于市民大众立场，对张爱玲也有自己的言说。本文拟通过对张爱玲与小报之间关系的考察、分析，一方面透视、还原小报言说中的张爱玲形象；另一方面，力求呈现出小报对张爱玲在小报上的小说创作的规约，并进而形塑了这一时期张爱玲小说创作的通俗化倾向。

一、小报上的"稿费之争"

张爱玲正式与小报发生关系缘于一场稿费事件。1944 年 8 月 28 日，《海报》登出了一则"张爱玲女士来函"：

〔1〕 作者肖进，文学博士，上海政法学院文艺美学研究中心副教授。本文原载《文艺争鸣》2011 年第 5 期。

　　"看见平先生骂我的文章《记某女作家》，有一点我不能不辩白的：——说我多拿了《万象》一千元的稿费——想必是平先生不知为了什么缘故，一时气愤，弄错了。因为完全没有这回事，有收条与稿件为证。平先生是大法律家，当然不会自处于诬告的地位罢？他其余的话，好在是非自有公论，我也不必饶舌了。"

　　这是张爱玲的一封自辩信，语气平和、冷静，文字简短。信里提到的平先生是上海《万象》杂志老板平襟亚，常用秋翁的笔名在小报上发表文章。《记某女作家》一文是平襟亚于一周前发表于《海报》的《记某女作家的一千元灰钿》，大意是说张爱玲在《万象》连载小说《连环套》时，中途断稿，但多取的一千元稿费却没有退还，双方遂有了纷争。其实，这一事件远不止于讨要／归还一千元稿费这么简单。事情还要追溯到张爱玲与《万象》的最初接触。据平襟亚自述："记得一年前吧，那时我还不认识这位女作家，有一天下午，她独自捧了一束原稿来看我，意思间要我把她的作品推荐给编者柯灵先生，当然我没有使她失望。第一篇好像是《心经》，在我们《万象》上登了出来。往后又好像登过她几篇。"[1]

　　在接触了张爱玲之后，平襟亚打破《万象》一向由编者处理稿件的规定，专门负责张爱玲的"支费"与"索稿"。张爱玲与《万象》度过了一段较为融洽的"蜜月"期，但在以后交往中，有两件事情的出现导致了关系的急转直下。

　　第一件事是迅雨（傅雷）发文对张爱玲小说提出批评。1944 年 5 月，《万象》登载了署名"迅雨"的作者的批评文章，对张爱玲的小说提出了严厉的批评，认为正在连载的小说《连环套》内容贫乏，错失了最有意义的主题，走上了纯粹趣味化的道路。并预言说："奇迹在中国不算稀奇，可是都没有好下场。但愿这两句话永远扯不到张爱玲女士身上。"[2]这对一向高傲的张爱玲是一个很大的刺激，她写了一篇颇能代表自己创作思想的理论文章"自己的文章"反击迅雨，但在内心里，她不可能不审视自己的创作，并加以反省。唐文标认为，迅雨（傅雷）的文章一经刊出，《连环套》就被腰斩，此后张爱玲也不再在《万象》出现。显然是把张爱玲腰斩《连环套》和不给

---

〔1〕　秋翁："记某女作家的一千元灰钿"；载《海报》1944 年 8 月 18 日。
〔2〕　迅雨："论张爱玲的小说"，载《万象》1944 年第 11 期。

《万象》写稿之事全部归因于傅雷文章的作用。张爱玲弟弟张子静则从一个较为宽广的视野判断：张爱玲这一个时期的遭遇（包括停刊《连环套》，发表回应迅雨的"自己的文章"，小说集另刊，稿费纠纷等）都是因为她当时正处于盛名和热恋之际。处在盛名的张爱玲自会招来各方面的明枪暗箭的袭击，而与胡兰成的恋爱又给她带来幸福与自信，对迅雨中肯的批评并不接受。柯灵的看法似乎颇有深意："《连环套》的中断有别的因素，并非这样斩钉截铁。我是当事人，可惜当时的细节已经在记忆中消失，说不清楚了。"〔1〕作为当事人之一，柯灵一方面说"有别的因素"，却又因"细节已经在记忆中消失，说不清楚了"，给人蒙上一层扑朔迷离之感。

其实这"说不清楚"的事情指的就是稿费事件。事实非常简单，张爱玲因嫌稿费低而停止了《连环套》的写作。"灰钿"事件出来后，《语林》主编钱公侠约当事双方"面对面地说个清楚"。张爱玲写了"不得不说的废话"，申辩说是"寅年吃了卯粮"的误会，但平襟亚提供的稿费清单却是另一笔账。〔2〕双方各执一词，此事就此不了了之。

第二件事情是张爱玲小说集的出版。在 1943 年到 1944 年的两年间，张爱玲的写作惊人的勤奋。平均每月要写一篇小说和一到两篇散文。早在为《万象》写稿期间，她曾想请平襟亚的"中央书店"帮忙出版自己的小说集，得到秋翁的应允。〔3〕但不知是出于对秋翁的不信任还是对柯灵的好感，她又给柯灵写了一封信征询他的意见。柯灵在"遥寄张爱玲"中回忆说："不久我接到她的来信，据说平襟亚愿意给她出一本小说集，承她信赖，向我征询意

〔1〕 柯灵："遥寄张爱玲"，载《读书》1985 年第 4 期。

〔2〕 张爱玲在"不得不说的废话"中说："其实错的地方是在《连环套》还未起头刊载的时候——三十二年十一月底，秋翁先生当面交给我一张两千元的支票，作为下年正月份二月份的稿费。我说：'讲好每月一千元，还是每月拿罢，不然寅年吃了卯年粮，使我很担心。'于是他收回那张支票，另开了一张一千元的给我。但是不知为什么帐簿上记下的还是两千元。"但平襟亚的稿费清单则为：十一月二十四日付二千元（永丰银行支票，银行有帐可以查对）稿一二月分两次刊出。二月十二日付一千元（现钞在社面致）稿三月号一次刊出。三月四日付一千元（现钞在社面致）稿四月号一次刊出。四月二日付一千元（现钞送公寓回单为凭）稿五月号一次刊出。四月十七日付一千元（五源支票送公寓回单为凭）稿六月号一次刊出。五月九日付一千元（现钞，五月八日黄昏本人敲门面取，入九月帐）（有亲笔预支收据为凭）稿未刊。七月四日付二千元（五源支票，当日原票退还本社注销）。详参秋翁："一千元的经过"，载《语林》1945 年。

〔3〕 这一点，秋翁在一篇文章中有所披露："她写信给我的本旨，似乎要我替她出版一册单行本短篇小说集。我无可无不可的答应了她。"详参秋翁："记某女作家的一千元灰钿"，载《海报》1944 年 8 月 18 日。

见。"[1]他给张爱玲寄了一份"中央书店"的书目，给她参阅，并说明对于"中央书店"这种专门印行古籍和通俗小说，并且质量低劣，只是靠低价倾销取胜的出版社，如果是他自己的话，宁愿婉谢垂青。张爱玲遂抽出文稿，转投《杂志》出版。小说集的出版，标志着张爱玲的文学生涯达到了顶峰，成为上海最红的女作家。当时就有小报文人称张爱玲是"当世女作家中之祭酒"。[2]《杂志》社也因张爱玲的加盟声威大振，而另一方面，从一开始就辛辛苦苦捧红张爱玲的《万象》则竹篮打水一场空，不仅小说集被张爱玲抽走，原来说好的给《万象》写的连载《连环套》也被"腰斩"。稿费事件是7月发生的，平襟亚却直到8月份张爱玲的小说集再版时才提出这一千元灰钿之事，应该不是出于偶然。对他来说，一千元稿费实在是小事，出一口恶气才是真正的目的所在，不然，他为什么选择在充斥着流言蜚语的小报上声讨张爱玲，并且抖出那么多的私人隐私？

二、小报言说中的张爱玲

稿费事件是张爱玲在小报上成为话题的开始。小报对张爱玲的言说体现在几个方面。首先，小报对张爱玲的贵族身世、奇装异服和离奇的婚姻投注了极大的兴趣。小报文人镜水生曾给小报下这样的定义："政治时事、电报新闻载的密密的，那便是大报，小报……专门记载点零碎趣闻，插科打诨，闹闹玩意儿，甚至于韩庄的秘密，性生活的变态等，也不妨赤裸裸地连篇累牍的登载，这就是所谓小报啊。"[3]"零碎趣闻，插科打诨"显示出小报面对市民文化的消遣性，对现代传媒的这一特性，麦克卢汉也曾作出这样的揭示："书籍披露作者心灵历险中的秘闻，报纸版面披露社会运转和社会交往中的秘闻。"[4]在这个意义上，"报纸揭露阴暗面时似乎最能发挥其职能"。自从《万象》老板平襟亚在小报上抖出张爱玲的身世后，小报借此拿张爱玲的"贵族血液"身份和"生意眼"大做文章。如小报文人半老书生以"贵族血"为题的调侃："'贵族血液'妙谈，业已甚嚣尘上，似不应更有后言。但不才天

---

[1] 柯灵："遥寄张爱玲"，载《中国现代文学研究丛刊》1984年第4期。

[2] 详参文帚："灰钿"，载《力报》1944年8月20日。

[3] 镜水生："报之大小问题"，载《人间地狱》1926年1月3日。

[4] [加]马歇尔·麦克卢汉：《理解媒介：论人的延伸》，何道宽译，译林出版社2019年版，第253页。

生豆油血液，只写豆腐文章，一贯打油作风，敬以平民色彩，为此贵族女吟成血头诗篇，所谓'乡下人弗识关公'，其此之谓乎？"[1]还有小报文人则直指张爱玲文章的稿费之高：《天地》月刊与贵族血统之女作家一人有约，月致酬五千金，而女作家供给《天地》之稿，则平均每期总不出五千字，是千字之酬已逾千金，……此数字在一般刊物已属破天荒。贵族血液制成之贵族作品，果然高贵。[2]更有喜好索隐者，对张爱玲的"贵族身世"详加考索："（张爱玲）为前有利银行买办张廷重之女，廷重为孙幕韩（宝琦）之乘龙快婿，与盛老四（泽承）同为'孙门驸马'，爱玲为幕老之外孙女也。"[3]"贵族血液"和"生意眼"作家的名号已经成为小报称呼张爱玲的专门用语了。

张爱玲的奇装异服常常引起小报的议论。张爱玲对服饰的偏好在40年代的上海文坛是人所共知的。她也毫不掩饰自己对服饰的偏爱："再没有心肝的女人，说起她'去年夏天那件织锦缎夹袍'的时候，也是一往情深的""衣服是一种言语，随身带着一种袖珍戏剧——贴身的环境，那就是衣服，我们各人住在各人的衣服里"。对她而言，衣服代表着第二个自我，她用服饰向人展示她自己，也以此表达自己的内心感受。张爱玲给人的第一印象就是她的衣服。在电影公司老板周剑云眼中，张爱玲是穿着"一袭拟古式齐膝夹袄，超级的宽身大袖，水红绸子，用特别宽的黑缎镶边，右襟下有一朵舒卷的云头——也许是如意。长袍短套，罩在旗袍外面"[4]；在女作家座谈会上人们看到的张爱玲是穿着"桃红色的软缎旗袍，外罩古青铜背心，缎子绣花鞋，长发披肩，眼镜里的眸子，一如她的人一般沉静"。这种有些惊世骇俗的服装在小报文人那里，就不仅是"看"，而且还要"论"了。署名商朱的文章从张爱玲的作品联想到衣着："少数人把她想成一个怪腔的女人，这也是他们在读她的作品时所有感觉所产生的。因为她的文字的美，便美在怪腔。这怪腔更流散在她的奇装异服的设计上。"[5]美的无限是在想象中的，而服装则能把这种无限的想象拉近。衣服本来就与身体附着在一起，张爱玲的奇装异服更加重了小报对女作家"身体"的想象。"文人的诸好"中作者把张爱玲和王

---

[1]　半老书生："贵族血"，载《海报》1944年9月20日。

[2]　详参"女作家一字一金"，载《海报》1944年9月11日。

[3]　曰子：载《东方日报》1945年4月12日。

[4]　柯灵："遥寄张爱玲"，载《读书》1985年第4期。

[5]　商朱："看女作家"，载《光化日报》1945年7月11日。

渊做一对比，说张爱玲"穿新古典派衣服的'胆子'"好，而王渊则"肉体与舞蹈好"。[1]文海犁的文章直接署名"奇装异服"，但是在对张爱玲服饰"看"的过程中又进了一步，他看出了衣服的"政治性"："然而（张爱玲）却也喜欢奇装异服，以使人作为谈资，而当作'登龙术'。"[2]文坛"登龙术"当然有种种的方法。单凭奇装异服臆测张爱玲的"登龙之术"则未免牵强。署名老阁的文章从"男人看"的角度分析，认为（张爱玲）"倒未必真是全为别人，因为男子们对于过分奇异的打扮，倒不一定是喜爱的"。他认定张爱玲此举无非是想引起人们的注意，加深别人（不仅是男人）对自己的印象力。[3]

张爱玲与胡兰成的结合也是小报所津津乐道的。有人甚至把她们的结合看作是继陆小曼与徐志摩文艺情侣之后的又一段文坛佳话。1945 年 5 月，《中报》刊登出胡兰成的离婚广告："胡兰成与应瑛娣，业经双方同意，解除夫妻关系"。文字全部用四号字排版，十分醒目。小报据此推测，张爱玲将嫁胡兰成。对他们的结合，小报的态度颇值得玩味，资深小报文人老凤语带嘲讽地指出，"张爱玲曾说过，'与其嫁一个情爱不专的浮薄青年，毋宁嫁一个中年而爱情专一的人。'不想消息传来，张爱玲将嫁人了，而嫁的竟是芳龄不惑的胡兰成，怎不可喜可贺。"[4]进而对胡兰成的婚史进行揭露："胡兰成本有嫡妻，且生子女，至今讫未离婚，夫妻名义仍在，应英娣出处不详，当初应嫁胡兰成，本无结婚手续，其地位系次妻，等于李克用之二皇娘也"，而今"张爱玲如嫁胡，乃是填英娣之缺，实际上无疑二皇娘地位也"。[5]还有人将张、胡之恋归之为是张爱玲的怪癖："张有不出风头的怪癖，在恋爱上也有怪癖，所以竟会恋上一个落拓不羁的胡兰成，以至使人对于她的作品之外，更多了另一种闲言式的批评。"[6]张爱玲曾说过，最恨的事是一个有天才的女人突然嫁了人。她当时肯定想不到多年后会在自己身上应验。小报虽然调侃的多，在这件事上却颇为她惋惜。

---

〔1〕 详参老道人："文人的诸好"，载《大上海报》1945 年 7 月 7 日。

〔2〕 文海犁："奇装异服"，载《大上海报》1945 年 4 月 10 日。

〔3〕 详参老阁："张爱玲的衣着"，载《东方日报》1945 年 6 月 2 日。

〔4〕 老凤："贺张爱玲"，载《力报》1945 年 6 月 6 日。

〔5〕 详参老凤："应英娣是二皇娘"，载《力报》1945 年 6 月 10 日。

〔6〕 小朱："张爱玲将东山再起"，载《东南风》1946 年第 20 期。

其次，40 年代以张爱玲、苏青为首的女作家群体的兴起是小报持续讨论的焦点。当时不仅有被称为"文坛三杰"的张爱玲、苏青、潘柳黛，还有关露、施济美、杨琇珍、程育真、刑禾丽、俞昭明、练元秀、汤雪华、姚颖、周炼霞、张宛青等人，她们中的一些人当时也被叫做"小姐作家""太太作家"。[1]其中，张爱玲、苏青、潘柳黛分别以小说、散文、小品文闻名于上海文坛。

女作家群体的出现不仅说明 1940 年代上海文坛女性写作的觉醒，而且彰显出知识女性的自我意识。以张爱玲、苏青为首的女作家群，通过写作使女性的自我价值得到实现，不止是在精神上，在经济上更如此。张爱玲和苏青都是独立的女性，靠写作生存，以稿费谋生。英国女作家弗吉尼亚·伍尔芙曾说过："女人要想写小说，必须有钱，再加一间自己的房间。"[2]中国现代作家鲁迅也表达过类似的观点，即女人首先要在经济上独立，然后才能有所作为。仅仅从这一点来说，1940 年代的女作家通过自己的文学写作自食其力，就体现出一种弥足珍贵的精神。面对这一文化现象，小报文人的态度与期刊杂志编辑的态度就大不一样。在期刊杂志那里，女作家群体的出现一改汪伪文人的虚伪叫嚣、鸳蝴文人的孤苦呻吟，给上海文坛带来一股新气象：女作家群中，既有张爱玲的孤高自傲，绝代才华；苏青的淋漓泼辣，无所顾忌；也有潘柳黛的风趣幽默，施济美的清秀明丽。以至于当时大名鼎鼎的《杂志》社还专门召开一个女作家座谈会，邀请张爱玲、苏青、潘柳黛、汪丽玲、吴婴之、蓝业珍、关露等人，畅谈女性文学，足见女作家在当时的影响之大。

但小报在谈到女作家这一特出的群体时，关注的并不是女作家的才华或在她们身上体现出来的女性自主权，相反，小报以游戏口吻对女作家评头论足。比如小报文人凤三就把女作家的兴起看作是男女异性相吸，受男性读者喜欢的缘故："近来文坛上是女作家走运的阶段，书报杂志的读者以男性为多，根据物理上异性相吸这点，遭人欢迎是必然的"，并把女作家的作品归诸于"两性生理问题与恋爱研究"方面。所谓的"两性生理问题"意指苏青的《结婚十年》，苏青在《结婚十年》中对两性关系做了大胆的描写，并且以自

---

〔1〕 详参陶岚影："闲话小姐作家"，载《春秋》1944 年第 8 期。

〔2〕 [英] 弗吉尼亚·伍尔芙：《一间自己的房间：本涅特先生和布朗太太及其他》，贾辉丰译，人民文学出版社 2003 年版，第 5 页。

传的形式写出，自然引得读者认为迎合男性读者的嗜好。关键是凤三把女作家对这两个问题的涉猎看作摩登女子在男权社会中的招摇，同风月女子没有什么两样，所以他说要开办一个"女作家训练班"，"入班资格，只有一项，便是大胆"。并且聘请"苏青张爱玲二女士为名誉校长"。这样一来，就把张爱玲等女作家作品中的其它意义全部消解掉，只剩下迎合市民阶层的"男女关系"了。[1]另一位作者商朱在"小报上的女作者"一文中也谈到这个情况，他把40年代文坛的捧女作家现象也归结为男女关系："近来捧女作家的风气延到了小型报，原因，我想倒不是单单为了她们写得一手好文章。男女之间的纠纷往往形成一种成就（比如，纠纷中主角之有文章可写），这也就是性学大师蔼理斯所言一切艺术都发源于性欲的道理吧。"[2]小报文人在对女作家评头论足时，也不脱这种思维：黄次郎调侃说，"一见潘柳黛，便想起女流漫画家梁白波来，都是肉与爱的堆栈；一见炼师娘，又想起古埃及的克里奥巴图娜皇后，或金瓶梅的女主角，不禁那个；每读张爱玲的大作，不期然而然的总会想到：她有西洋人的血液——洋里洋气；关露所作的《吴歌》，使我百读不厌；她的面谱却使我往往梦魇。"[3]文海犁则觉得"张爱玲似北京紫禁城头的玻璃瓦，有着雍容华贵的气息，以及饱历沧桑而细微的倾诉一切的脾气；苏青的文章像月经带，像小孩的尿布，像缝穷妇的破布篮，虽然平凡，然而也够大众化的；张婉青则正如自己笔下的"烟荷包袋"一样，有浓郁低刺激味。"[4]这种变相的"捧女作家"的现象实与晚清民国时期的捧妓女热潮有相似之处。晚清李伯元在《游戏报》上最先开选"花榜状元"的先河，民国以后，"花选"式微，遂又将"花榜状元"改为"花国大总统"，充分显示了旧派文人的"雅兴"。捧女作家现象当可归之于旧派文人"花选"的历史谱系。女作家的形象在小报空间这一个传统男权的世界里，仍然被归入"女色"的行列：无论她们凭借自己的努力取得怎样的成就，仍然逃脱不了宗法社会传统的"男权"视线的打量。现代社会里女作家的自主、独立在守旧的小报文人眼里是看不到的。

---

〔1〕 详参凤三："女作家训练班"，载《力报》1945年6月23日。

〔2〕 商朱："小报上的女作者"，载《光化日报》1945年7月4日。

〔3〕 黄次郎："女作家点描"，载《光化日报》1945年6月12日。

〔4〕 文海犁："女作家给我的感觉"，载《大上海报》1945年7月31日。

三、小报对张爱玲小说创作的规范

《郁金香》和《小艾》的出土表明张爱玲不仅不拒小报，反而有向小报趋近之势。《郁金香》1947 年 5 月 16 日连载于《小日报》，到 5 月 31 日结束；《小艾》1951 年 11 月 4 日连载于《亦报》，结束于 1952 年 1 月 24 日，是张爱玲在大陆写的最后一篇小说；再加上先于《小艾》在《亦报》连载的《十八春》，40 年代中后期张爱玲几乎所有的小说创作都是通过小报连载的形式发表的。

作为 40 年代上海文坛颇具先锋气派的作家，张爱玲的小说与小报上的通俗小说有明显的区别。熟读传统经典、深受"五四"影响和西学教育的张爱玲有着丰富多样的文学渊源，这一渊源既把张爱玲与小报相联系，又使他们相互背离。40 年代中后期张爱玲走向小报，其作品也趋向通俗，小报作为文本的承载者，客观上对张爱玲的创作起了一定的规范作用。这个规范具体到张爱玲那里就是"写什么"和"怎么写"的问题。

"写什么"是对题材、主题的提炼。40 年代的小报小说通常的主题不外乎日常生活琐事和情爱性爱纠葛。小报的自我定位是娱乐与消闲。对小报来讲，小报文人的小说只要能够增加报纸对小报阅读对象的吸引力即可。小报的读者是广大的中下层市民群体，对这些市民而言，小报就是他们平时消遣和娱乐的平台，他们希望能够在这个平台上看到人生世相的千姿百态。所谓文学的价值和意义不是他们要关注的。因此，一个小报小说家的写作成功与否首先是看是否符合市民大众的口味。一个著名的例子就是苏青，苏青以自身的经历为蓝本，在小报上写作自传性质的小说《结婚十年》《续结婚十年》，以及《饮食男女》《鱼水欢》和《鸳鸯湖》等小说，颇受市民大众的喜爱，一度在小报上形成了"苏青效应"，许多小说文人模仿苏青的模式写作类似的小说，如周天籁连载于《辛报》的《恋爱十年》，张静娴连载于《力报》的《结婚一年》，丁兰连载于《光化日报》的《从结婚到离婚》等。张爱玲转向小报首先面对的便是题材问题，究竟选取什么样的题材才是合适的？《郁金香》是张爱玲第一次在小报的"试水"，这篇小说在主题上还没有完全脱离《传奇》的影子：小说围绕大户人家的女仆金香写了一个"被遗弃的群体"。在使馆做秘书的老爷死后，姜的一家被遗弃，全靠女儿的"姑爷"养活，被遗弃的一家人过着寄人篱下的生活，被遗弃的威胁始终笼罩着他们。在这样的一家人中，女仆金香是阮公馆的"遗少"，是前朝太太留下来的丫头；宝初是老姨太太抚养的去世的姨太太的儿子，宝余虽和宝初一样寄居姐姐家，但这姐姐却是嫡亲，又比宝初多了一层关系，虽然如此，被遗弃的地位始终没有改变，因为连最尊贵的姐姐阮太太也只是"填房"，"丫头养的贱种"始终是罩在头上的阴影。金香与宝初相恋却不得在一起，最后落得两个人都被"遗弃"的下场。这实际上仍然是一个"传奇"故事，并不是十分符合小报的日常情爱主题。小说登出后，几乎没有什么反响，之前小报文人纷纷猜测张爱玲创作的是什么小说，而今一旦出来，竟无人回应。

相比之下，1950年连载于《亦报》的《十八春》吸取了《郁金香》失利的教训，在小报上一炮打响。《十八春》于1950年3月25日连载，结束于1951年2月11日，小说结束后还出版了单行本。小说叙述了男女主人公沈世钧、顾曼桢十八年悲欢离合的爱情故事。单单这个爱情故事是不能满足市民的胃口的。经过了《郁金香》的教训，张爱玲特意在这故事中加入了许多有"小报特色"的东西：在外做舞女而出卖妹妹的姐姐，没有人性的姐夫，被奸污之后又被囚禁的少女，男女主人公劫余重逢，最后还穿插点缀了颇具时尚色彩的"革命"等，既有噱头又充满悲情，无怪读者大呼过瘾。"《十八春》连载不到半月，就有署名"传奇"者在《亦报》发表"梁京何人?"一文，猜测作者的身份。"传奇"的妻子则从《十八春》"题目有点怪"推测，梁京不是徐訏就是张爱玲"。还有读者看了《十八春》后找上门哭诉自己的遭遇，可见《十八春》的小说题材虽然不是来源于现实，反映出来的艺术上的真实却表达出了市民读者的思想感情，在市民大众心中产生深刻的共鸣。

可惜的是，《小艾》没有继续《十八春》的成功模式，又转回了《传奇》式的旧式大家庭描写上，这个小说和《郁金香》一样，都是描写大家庭里的小人物。《郁金香》好歹还有一点爱情的痕迹可循，《小艾》则干干净净：小艾9岁被卖入席家做丫环，十几岁时被席五老爷奸污，怀孕后又遭到姨太太的毒打，导致流产并落下病根。在张爱玲以小人物为描写对象的小说中，小艾的身世较金香更为悲惨。她连自己的名字都没有，在席家彷佛只是一个会干活的"活物"。《小艾》除了小说叙事上的通俗之外，几乎没有什么小报小说的特色，《十八春》的读者苦苦等待的《小艾》没有给他们带来任何的惊喜，《小艾》连载两个多月，《亦报》上未曾刊登过一篇有关的评论文章，这与《十八春》连载后受到的热烈追捧形成鲜明的对比。小报与市民约定俗成的游戏规则一旦打破，小说便很难再受到读者的青睐。

小报小说既然针对的是市民大众层面的读者，就不得不考虑如何在内容和形式上吸引读者。合适的题材是一方面，不过要是缺乏巧妙的构思、布局，恐怕也不能引起读者的兴趣。在"怎么写"上，小报主要强调的是小说的故事性。故事情节是小报小说的第一生命线。在小说的叙述过程中，必须要穿插悬念、误会、冲突才能使小说情节起伏跌宕。由于小报小说是以连载的方式刊出的，故连载的每一节几乎都要求有吸引人的故事情节。这样的写作自然会破坏小说的连贯性，但小报深知市民读者在阅读时最关注的是小说的情节发展，他们追求的是片段的精彩。所以有些掌握了技巧的小报文人甚至可以同时写作几部小说。

张爱玲的第一篇小说《郁金香》并没有如她所想象的那样，在小报上一炮打响。虽然她说自己对通俗小说一向很喜爱，但是爱读是一回事，能写出受人欢迎的小说又是另一回事。《郁金香》连载近半个月没有引起轰动，甚至没有人为此写过评价的文章。究其原因，还在于小说缺乏故事性。在小报上，作品的好与坏不是根据艺术价值的高低，而是由市民读者来判断的，凡是读者喜欢的作品就是好的作品。《十八春》的成功就在于张爱玲掌握了小报小说写作的诀窍，在小说中穿插亲情、爱情的背叛、错位、冲突，施虐的残酷，受虐的坚韧，情与欲的纠缠、闪回和邂逅，不仅将读者的阅读期待向纵深引导，而且打开了读者心中的对善的共鸣与恶的憎恨。如果说《郁金香》还带着半通俗的性质，那么《十八春》则是地道的小报言情小说了。一般认为，有了《十八春》的成功，接下来的小报小说应该更为好看。但《小艾》的出现却是出乎人们的预料，似乎又转回到了《郁金香》的平淡上去了：曼桢的受难史在小艾这里不再充满离奇的色彩；席家人的纠葛和衰败更贴近《传奇》，小艾和金槐的恋爱发展平淡而自然。这其实是一篇很不适合小报的小说，虽说是连载，却并不具备连载小说所需要的各种元素，最根本的故事性如果变得平淡如水，失去读者自然是预料之中的事了。

小报是一个自足的话语空间，有自己的言说规范和价值体系。小报对张爱玲的言说体现了对市民通俗立场的坚守；另一方面，张爱玲发表在小报的小说的通俗性，也体现了小报强大的规约能力。有论者认为张爱玲在小报的写作是有意识的自我转变，其实是忽视了小报的主动规约作用。张爱玲对小报的这种规范并不是非常适应，她的通俗转向也不是很成功。

第三节　《郁金香》和《小艾》的写作成因及佚失原因初探[1]

在张爱玲研究中，佚作发掘是关键的一个方面。从 1987 年发现的第一篇小说《小艾》到 2009 年最新发现的散文《炎樱衣谱》，二十多年间已经有包括散文《天地人》《被窝》《丈人的心》《不得不说的废话》《关于倾城之恋的老实话》《炎樱衣谱》和小说《郁金香》和《小艾》等在内的不少佚文。对于像张爱玲这样的作家来说，能有这么多的佚作被发掘出来已是可观的成绩。佚文的相继"出土"给张爱玲研究带来一定的冲击：究竟张爱玲还有多少佚文可供挖掘？已发现的佚文在张爱玲的作品库中会占据一个什么样的地位？在张爱玲研究中有多大的文学价值或文学史价值？这些都是值得探究的问题。佚文自然不可能是无穷无尽的，但就 40 年代张爱玲的创作来说，要再找到更多的佚失作品恐怕会越来越难。所发现的佚文如果只是增加了张爱玲作品的数量，那么对编辑全集或有帮助，而在茫茫史海中寻找佚文的意义恐怕要大打折扣。只有当被发现的佚作体现了作者创作思想和文学观念的变化，其价值才能真正显现出来。在现已发现的佚文中，大多数文章并不是张爱玲的重要作品，有的甚至只是一个片段或几百字的短文，难以在张学研究上作出大的贡献。但佚文中仅有的两篇小说《郁金香》《小艾》形成于张爱玲写作上的转折时期，分别体现出张爱玲在 1940 年代后期所遭遇的创作危机和思想认同危机，而这两篇小说的发表又是对这种危机的一种呈现，使我们得以了解那时那地作者的真实思想状况。因此，这两篇小说的发现，已经超出了文献学上的意义，值得做较为深入的探讨。本文拟以这两篇小说为中心，历史的考察它们的生产机制、传播渠道和佚失原因，并藉此探微张爱玲在 40 年代中后期和 50 年代初期文学思想观念的变化。

一

从创作时间上看，张爱玲在 40 年代至 50 年代的写作大致有三个阶段：

---

[1]　作者肖进，上海政法学院文艺美学研究中心副教授。本文原载《南方文坛》2011 年第 3 期。

1943 年到 1945 年为第一个阶段，这是张爱玲创作力最为旺盛的阶段，短短两年间，她写出了一生中最为重要的作品：《沉香屑：第一炉香》《金锁记》《倾城之恋》《封锁》等文，奠定了她在文学史上的地位；第二个阶段是 1947 年，这个阶段虽然短暂，张爱玲还是写出了散文《华丽缘》，小说《多少恨》和《郁金香》，同时为上海文华电影公司编写了三个剧本《不了情》《太太万岁》，第三个剧本《金锁记》已经内定桑弧为导演，张瑞芳为女主角，因为局势变动，《金锁记》胎死腹中，张爱玲也因此停止了创作。第三个阶段从 1950 年到 1952 年，成果有长篇小说《十八春》和中篇《小艾》。如果说张爱玲作为一个文学现象，在文学史的意义上还有哪些值得探讨的方面，后两个阶段应该是关键点之一。

　　1945 年 8 月到 1947 年 4 月间，张爱玲的创作出现了一段空白。抗战胜利，本是举国欢庆的时刻，可是对张爱玲来说，却是厄运的开始。由于她的丈夫胡兰成是汉奸，张爱玲一度也被认为有汉奸嫌疑，是附逆文人；1945 年，日伪策划的大东亚文学者大会的会议代表名单上出现了张爱玲的名字，张爱玲因此被认为是"文化汉奸"；在 1945 年曙光出版社出版的《文化汉奸罪恶史》一书中，张爱玲也榜上有名。对此，在 1946 年出版的《传奇》中，她在前面写了"有几句话同读者说"，[1] 对加在自己身上的谣言予以澄清。对于与胡兰成的关系，她说："至于还有许多无稽的谩骂，甚而涉及我的私生活，可以辩驳之点本来非常多。而且即使有这种事实，也还牵涉不到我是否有汉奸嫌疑的问题；"关于大东亚文学者大会的事，她也曾为自己辩解："我自己从来没有想到过辩白，但是一年来常常被议论到，似乎被列为文化汉奸之一，自己也弄得莫名其妙。我所写的文章从未涉及政治，也没有拿过任何津贴。想想看我唯一的嫌疑要么就是所谓'大东亚文学者大会'第三届曾经叫我参加，报上登出的名单有我；虽然我写了辞函去（那封信我还记得，因为很短，仅只是：'承聘第三届大东亚文学者大会，谨辞。张爱玲谨上。'）报上仍旧没有把名字去掉。"[2] 虽然如此辩白，当时的现实是张爱玲已经难以在胜利后的文艺界立足。对于张爱玲的这一处境，传记作者刘川鄂认为有两个原因：

---

　　〔1〕　详参张爱玲："有几句话同读者说"，载金宏达、于青编：《张爱玲文集》（第 4 卷），安徽文艺出版社 1992 年版。

　　〔2〕　张爱玲："有几句话同读者说"，《传奇（增订本）·序言》，上海山河图书公司 1947 年 11 月初版。

一是抗战胜利后的新形势，内战引起的新灾难，一系列问题突然堆在国人面前，人们还来不及做及时的反应，而张爱玲笔下的遗少生活、洋场故事、男女情爱的题材在此时显得苍白冷寂，她的停笔亦是一种反思；二是她与胡兰成的感情破裂给她带来难以平复的心灵创伤，使她一时难以提笔为文。信然，此时的张爱玲确是处于内外交困的状态，据她的弟弟张子静回忆："抗战胜利后的一年间，我姊姊在上海文坛可说销声匿迹。以前常常向她约稿的刊物，有的关了门，有的怕沾惹文化汉奸的罪名，也不敢再向她约稿。"[1]虽然无人约稿，张爱玲却并未停下写作的笔。1946 年，小报传闻她在赶写长篇《描金凤》。[2]这可能是张爱玲在此期间唯一的创作。《郁金香》之所以不同于《传奇》的华丽，偏向通俗一路，也许是张爱玲为了小报较为通俗的缘故刻意造成的效果；所描写对象是以一个旧式大家庭的女仆为主角，写她无望的爱情与被遗弃的命运。

　　《郁金香》连载于《小日报》，从 1947 年 5 月 16 日起，到 5 月 31 日连载结束，是张爱玲抗战后复出的第一篇小说。第 2 期的旁边标明是"长篇连载"，而收束时却是一个中篇。这可能是小报所说的被腰斩的《描金凤》。[3]小说围绕大户人家的女仆金香写了一个"被遗弃的群体"。在使馆做秘书的老爷死后，妾的一家被遗弃，全靠女儿的"姑爷"养活，被遗弃的一家人过着寄人篱下的生活，被遗弃的威胁始终笼罩着他们。在这样的一家人中，女仆金香是阮公馆的"遗少"，是前朝太太留下的丫头；宝初是老姨太太抚养的去世的姨太太的儿子，宝余虽和宝初一样寄居姐姐家，但这姐姐却是嫡亲，又比宝初多了一层关系，虽然如此，被遗弃的地位始终没有改变，因为连最尊贵的姐姐阮太太也只是"填房"，"丫头养的贱种"始终是罩在头上的阴影。在这一群体之中，宝初和金香又处于边缘，他们的爱情从一开始就被染上悲剧的气息，成了无望之爱。最终不仅爱情无望，也没有逃脱被彻底"遗弃"的命运。

---

〔1〕　张子静、季季：《我的姊姊张爱玲》，文汇出版社 2003 年版，第 188 页。

〔2〕　详参佛手："张爱玲，改订'传奇'"，载《东南风》1946 年第 16 期。文中说"张爱玲一直静默着，她志气高昂，埋头写作长篇小说《描金凤》"。另有小报文人屠翁也说"唯闻张爱玲则杜门不出，埋首著书，近正写小说名曰《描金凤》，张爱玲文心如发，而笔调复幽丽绝伦，《描金凤》当为精心之作，一旦杀青，刊行问世，其能轰动读者，当为必然之事实也。"详参屠翁："张爱玲赶写描金凤"，载《海风》1946 年第 13 期。

〔3〕　详参爱尔："张爱玲腰斩描金凤"，载《海风》1946 年第 27 期。

从《郁金香》的写作看，张爱玲的写作风格与此前的《传奇》时期已大不相同。《郁金香》叙事平实、情节简单，文中少有繁复意象的表现（只有在金香订被一场中我们才依稀看到写作《传奇》时的张爱玲的影子），张爱玲为什么要采取这种接近通俗小说的写作方式？这一选择的背后究竟有没有不得已而为之的原因？1944 年 8 月 15 日，以小说集《传奇》为标志，张爱玲的创作达到了最高峰。《传奇》收录小说 10 篇，其中包括《金锁记》《倾城之恋》《封锁》等名篇。之后她经历了和鸳鸯蝴蝶派文人平襟亚的稿费之争，与汉奸文人胡兰成的婚姻等事，在小说创作上始终没有超过《传奇》的高度。所以直到 1946 年《传奇》增订版的出现，三年之间也只是增加了 6 篇小说。因此，可以认定，从 1945 年到 1947 年，张爱玲遭遇到了创作上的危机。而这一危机的发生适逢 1945 年的抗战胜利，这就在创作上、思想上和感情上给她带来三重的压力。面对这一危机，张爱玲要么继续写作；要么就此搁笔，不再创作；要么转变自己，和社会接触，在新的环境里追求新的创作起点。对张爱玲来讲，继续写作将会越来越进入一个创作上的低潮；如果就此停笔，对她这样的职业作家就意味着断绝了生存上的依靠，对没有任何其它经济来源的张爱玲来说，这无疑是自绝生路；而要转变自我，则首先要这个社会的认可。以她当时的身份，不可能就轻易地取得新社会的通行证，这从 1947 年《太太万岁》上演后的批判就可看到。她只有一个选择，那就是继续写下去。由于文学环境的转变，加上她丈夫胡兰成的汉奸身份的牵连，当时已经没有刊物敢于刊登她的作品。唯一可以容纳她的，是小报。1947 年，张爱玲接受了小报文人、文华公司负责宣传的龚之方和《大家》编辑唐云旌（即唐大郎）的邀请编写电影剧本，她之所以同意开始写作，重返文坛，经济上的顾虑应该是一个重要原因。除编写剧本外，张爱玲还在《大家》创刊号上发表散文《华丽缘》，在第 2、3 期连载小说《多少恨》（根据电影剧本《不了情》改编），小说《郁金香》在小报《小日报》连载。有论者指出，张爱玲之所以把《郁金香》交给《小日报》是因为《大家》出版三期就停刊了。实际上《大家》是在 6 月停刊，而《郁金香》则在 5 月底就连载完毕。所以张爱玲破例给小报供稿，很大程度上是因为小报给的稿酬较高。有小报文人报道说："张爱玲目前的稿费是每千字三万元"[1]。小报捕风捉影的说法虽不尽可信，

---

[1] "张爱玲红透电影界"，载《青青电影》1947 年第 1 期。

但也不是毫无根据。抗战之后，与张爱玲相熟的杂志社一一关闭，由于她的身份，其他刊物大多不登载她的文章，所以这里向她约稿的，恐怕还是以小报为多。因为只有小报才能从商业、消闲的角度做文章，把政治放在一边。小报没有说张爱玲给小报写稿的稿费到底有多少，但是《小日报》能拿到《郁金香》，给张爱玲的稿酬应该不低。

《郁金香》虽然是登载在面向中下层市民的小报上，却也寄托着张爱玲的心境。政治上的打击、谩骂给她带来伤害，丈夫胡兰成的滥情给她更大的打击。胡兰成在抗战后潜逃浙江乡下，一路仍然滥情不断。张爱玲曾经去找过他，不料等待她的却是心碎的结局，她不得不伤心而归。外在的打击固然痛苦，但心灵的痛苦则是致命的。在《郁金香》中，金香作为一个被双重遗弃的人，眼见自己的爱情成了一个绝望的手势，那种心灵上的离弃感张爱玲是有切身体验的。在此之前，张爱玲作品的主人公大多是大家庭中的太太、小姐，几乎没有把下人当作主要人物，金香作为作者着力描写的对象，在小说中除了爱情，什么都没有。她的身世于张爱玲似乎有某种内在的关系，在阮公馆被边缘化后，身处"被遗弃的群体"之中，最后连属于自己的爱情都没有得到。她的遭遇映照出张爱玲自己在政治和感情上被遗弃的处境，同时，张爱玲也借助金香这个人物表达了个人在残酷现实中的渺小、无助和悲哀。在《倾城之恋》中，张爱玲曾这样表达自己对世界和历史的看法："在这不可理喻的世界里，谁知道什么是因，什么是果？谁知道呢，也许就因为要成全她，一个大都市倾覆了。成千上万的人死去，成千上万的人痛苦着……"。到了《郁金香》，一切似乎全都翻了过来，当初那种隔岸观火的空灵智慧，反转过来成为切身体会的残酷现实。曾经浪漫的笔触突然沉重了起来，笔下更多的是严峻的现实。所以当宝初喊出"这世界上的事原来都是这样不分是非黑白吗"的时候，张爱玲已经把自己在现实社会中的体验融入到艺术的创造之中。有论者说这"不属于张氏话语谱系"，认为"以往张氏的词典里没有这样慷慨激昂和'感情用事'的'新文艺腔'"[1]，此说有一定的道理，但此时的张爱玲已经走过了那个华丽的艺术阶段，从隔岸观火到亲身感受来自政治和情感的残酷现实，个人对生活和艺术的观念自然又有不同。当政治上的极度委屈和情感上的背叛双重袭来的时候，宝初的痛苦呼喊焉知不是张爱玲的

---

[1]　李楠："海派文学、现代文学的通俗化走向"，载《文学评论》2008 年第 3 期。

悲情呼声！

二

如果说在《郁金香》中，繁复意象的减少和想象空间的紧缩体现了现实对想象的入侵，丢弃了想象的踢踏之舞的张爱玲部分的失去了写作的欢愉，那么《小艾》的写作则表明了她在思想意识上的转向：作为个人的张爱玲向现实妥协、转变。这一妥协表明张爱玲在继创作危机之后又遭遇到身份认同的危机，[1]《小艾》的创作一定意义上体现了张的"向左转"。从1945年到1950年前后，张爱玲一直因自己的身份问题受到各种或明或暗的攻击和批判。在左翼文学成为主流的文学环境中，张爱玲的个人主义知识分子身份必然会遭遇到认同的危机。面对这种认同危机，她可以选择继续与这个社会保持距离，做一个个人主义者，或者选择与主流文化相妥协，用革命改造自我和自己的创作；第三条道路就是出走，离开这个令她压抑的环境，去寻找真正属于自己的天地。坚持自我在当时的环境下是根本走不通的，张爱玲在抗战胜利后所受到的批判就是明证。改变自我，则似乎是一条可以试试的道路，只是不知道能否走得通（当然这里不仅有外界对她的接受，也意味着她自身要能够接受这个新的社会），《小艾》是她用作品试探这个社会和自我内心的一块探路石。至于第三条道路，是最为决绝的选择，出走，就意味着要永远离开这个给了她写作带来生命的城市，而她的文脉也许会就此枯竭。其实，1949年前后的中国知识分子普遍经历了一个文化身份的认同问题：即如何看待"我"与"他者"的关系？身份在这里其实是一个社会和文化作用的结果。这时的写作不仅失去了写作本身带来的欢愉，而且成了她改造自我的工具。《小艾》连载于《亦报》，开始于1951年11月4日，结束于1952年1月24日，是张爱玲在大陆的最后一篇小说。在50年代初的一片红色海洋中，格格不入的张爱玲似乎有些惶惑，她试图改变自己，融入这个陌生的海洋。这一转变首先体现在作品发表时的署名上。张爱玲在这一时期发表的作品都用了一个笔名梁京来署名。张爱玲为什么要更换自己在作品上的署名呢？虽然她一向觉得自己的名字俗气，这么多年来却也一直安之若素，而且只是在这

---

〔1〕 关于"身份认同"这一概念详参 ［美］埃里克·H.埃里克森：《同一性：青少年与危机》，孙名之译，浙江教育出版社1998年版。

个阶段用了笔名。据龚之方推测，张爱玲决定用笔名，大概有两个原因。其一是以前《连环套》边登边载，水准不一，遭致批判，她怕重蹈覆辙；其二是胡兰成之事在她心里仍有隐忧，她对新中国还持观望态度，认为暂避风头较为稳妥。[1]名字是一个人的标志，换了一个名字几乎等于在自我改造的过程中抛弃并擦抹掉自我的存在。作为张爱玲的同时代人和少有的朋友之一，龚之方的说法自然有一定的道理。但从张在1950年代以笔名发表的小说《十八春》的刊载情况来看，小说仍然是边写边载，前后的衔接，各部分的水准并不均衡。以至于连载结束后，张爱玲又用很长的时间把连载过程中疏漏的地方补充完整。应该说，张爱玲使用笔名的最重要的原因还是出于政治上的考虑。由于胡兰成的汉奸身份，张爱玲在抗战胜利后连续不断地遭到谩骂和批判。1947年《太太万岁》上演后，虽一度获得好评，同时也遭到更猛烈的批判，张爱玲被激进的左翼文人讥讽为"敌伪时期的行尸走肉"[2]；是"鼓励观众继续沉溺在小市民的愚昧麻木无知的可怜生活里"[3]；其结果是无法指出出路，是"对镜哀怜""想画一个安慰自己的梦"[4]。这给张爱玲很大的打击，原本已经编好的剧本《金锁记》就此流产，张爱玲这个名字已在左翼文人的心中被定了性。因此，要想融入这个新的社会，就要有一个新的开始，她希望用一个崭新的名字向人们表明，她已经与张爱玲做了了断，现在的她也是新社会的一个分子。

她开始改变。不管这改变是自愿还是被动的，她已经看出了这个新社会的关键所在。在以梁京署名的《十八春》中，她先借人物之口说出："政治决定一切，你不管政治，政治要找上你。"一切都是政治，包括文艺。在一个政治决定一切的社会里，不允许有体制外的人存在，个人要么服从政治，要么被政治扼杀。张爱玲看到了这一点，长篇《十八春》中，遭到不幸的青年男女最后都投身到革命之中去追求自己的出路了。这个光明的尾巴是她向新社会示好的明证。她曾在《论写作》一文中提到迎合读者的两条原则：一是说人家

---

〔1〕　详参张子静："我的姊姊张爱玲"，文汇出版社2003年版，第182页。

〔2〕　胡珂："抒愤"，载《时代日报·新生》1947年12月12日。

〔3〕　王戎："是中国的又怎么样？——《太太万岁》的观后"，载《新民晚报·新影剧》1947年第13期。

〔4〕　方澄："所谓的'浮世的悲欢'——〈太太万岁〉观后"，载《大公报·大公园》1947年12月14日。

要说的；二是说人家要听的。在左翼文学成为唯一的文学标准之后，作家要想生存，就必须"做人家要你做的"，按照左翼文学的模式进行写作。在这一写作模式下，文学成了改造社会、改造自我的工具。《小艾》的写作就体现了张爱玲思想上的转变：个人向社会现实的妥协。在《小艾》中，张爱玲转变笔触，从原来的描写旧式大家庭转向人民大众，让下层民众成为小说里的主角，要替他们说话，用文学的表达方法说出他们想要说的话。而对于旧式大家庭的老爷太太们，则要坚决的予以批判。主人公小艾没有自己的名字，9岁被卖入席家做丫环，十几岁时被席五老爷奸污，怀孕后遭到姨太太的毒打，导致流产并落下病根。在张爱玲以小人物为描写对象的小说中，小艾的身世较金香更为悲惨。她连自己的名字都没有，在席家彷佛只是一个会干活的"活物"。金香虽然受到遗弃，总归有一段属于自己的爱情，这在小艾那里，则连想也不要想。在中国现代文学史上，受欺凌受侮辱的小人物形象从20年代《阿Q正传》中的阿Q，到30年代《骆驼祥子》中的祥子，再到40年代《小艾》中的小艾，形成了底层人物画廊中的不同形象。阿Q"哀其不幸，怒其不争"的形象让人反思国民的劣根性；祥子的在物欲横流的都市最终堕落让人看不到生的希望，只有小艾，在受尽凌辱之后等到解放，过上了幸福的生活，而作为被批判面的席家则家破人亡。《小艾》是张爱玲第一次也是最后一次试图认真的把文学作为改造社会、改造自我的工具，整篇小说紧扣"从受欺凌侮辱到控诉抗争"的主题，亦步亦趋。力图写出符合要求的作品，至于这作品的故事架构，人物塑造是否成功，已不是最重要的了。

三

《小艾》和《郁金香》分别在1987年和2005年被大陆学者发现，重新"浮出历史地表"。这是迄今为止张爱玲佚失作品中仅有的两篇小说。《小艾》已在张爱玲生前得到她的认定，《郁金香》"出土"时，张爱玲去世已经十年。这两篇如此关键的小说佚失的原因到底是什么呢？

对这个问题，现存的张爱玲著作中并没有明确的说明文字。即使在晚年面对找上门来的"孩子"如《小艾》等作品，她也只是"奉旨成婚"，不否认这些文章，却没有对自己的佚失文章一一回顾。但是我们根据张爱玲对文集收录作品的选择，以及她在后两个写作阶段的思想变化大概可以推测文章佚失的原因。

1946 年 11 月张爱玲在百新书店出版社出版《传奇》，书中新收入 6 篇小说，包括《留情》《鸿鸾喜》《红玫瑰与白玫瑰》《等》《桂花蒸阿小悲秋》等，却并未收入当时已经连载完毕的《郁金香》和《多少恨》，这是一个耐人寻味的现象。从写作手法上分析，《留情》等几篇小说在艺术表现上延续了《传奇》的华丽繁复，在人物刻画、意象运用上依然显示出张爱玲仍处于创作的旺盛时期。相对而言，1947 年发表的《郁金香》和《多少恨》在很大程度上脱离了《传奇》的写作思路，更偏向于张恨水似的市民通俗小说写作。文风由瑰丽跌宕变得平实朴素，接近白描式的铺叙代替了抑扬渲染的铺陈，情节也更加单一。虽然张爱玲从不讳言走向通俗，对于面向中下层市民的通俗小报也十分喜爱，认为小报有"得人心的风趣""看了这些年更有一种亲切感"[1]。在给《多少恨》写的序言中，也曾坦言："我对于通俗小说一直有一种难言的爱好，那些不用多加解释的人物，他们的悲欢离合，如果说是太浅薄，不够深入，那么，浮雕也是一种艺术呀。但我觉得实在很难写。这一篇恐怕是我力所能及的最接近通俗小说的了，因此我是这样恋恋于这故事。"说虽然如此说，但她心中那根艺术的标杆却是清清楚楚地竖立着：她喜欢小报却不愿给小报写稿；弟弟张子静办了一份刊物，要她写一篇稿子，她说："你们办的这种不出名的刊物，我不能给你们写稿，败坏自己的名誉"[2]；迅雨对她的小说提出批评后，她虽然毫不领情，却不仅把《连环套》腰斩，也摒弃在小说集《传奇》之外。到 1947 年，由于文章无处可以发表，而生存的压力又日渐紧迫，她这才不得不转向小报，《多少恨》虽是在《大家》发表，其创办人却是小报文人龚之方和唐大郎。《郁金香》是张爱玲在小报发表的第一篇小说。可能是考虑到读者群体的变化，她收起了写作《传奇》时的那副艺术的笔墨，转而以通俗小说的形式写出。对她而言，面对中下层市民的《郁金香》显然不能代表自己的创作水平。写作这样的作品是在不得已的情况下为稻粱谋，艺术上的价值是放在第二位的。这样的作品自然不能收进自己的文集中。20 世纪 80 年代，台北皇冠出版社出版张爱玲小说集《惘然记》，《小艾》不在其中，直到 1987 年被大陆学者发掘出来，才由张爱玲自己改动后以《余韵》发表。

---

〔1〕　张爱玲："致力报主编黄也白信"，载《春秋》1944 年 12 月。
〔2〕　张子静、季季：《我的姊姊张爱玲》，文汇出版社 2003 年版，第 126 页。

晚年张爱玲的记忆之中，1947 年这一阶段的作品，"《华丽缘》我倒是留着稿子在手边，因为部分写入《秧歌》迄未发表。"〔1〕另两篇小说中，《多少恨》在 70 年代被痖弦先生的一位朋友在香港图书馆里影印了，寄给张爱玲，经过张爱玲的改写，得以重新发表。关于《郁金香》，包括张爱玲在内，一直无人提起，也许是真的被放在遗忘之乡了。一直到 2005 年才由大陆的李楠发现，重见天日。〔2〕

1950 年前后，张爱玲的思想有一个短暂的转折。上海解放后，张爱玲受邀参加上海市文代会，1951 年，长篇小说《十八春》连载完毕后，她又接受夏衍的安排，随上海文艺代表团下乡到苏北农村参加土地改革工作。这一经历给她写作《小艾》打下了生活基础。上海电影剧本创作所成立后，夏衍任所长，曾对柯灵表示要邀请张爱玲当编剧，但因为有人反对，只好稍待一时。这几件事是表明张爱玲努力转变自己的一个见证，在试着融入新的社会，新的团体，尝试着改变自己的写作风格，想以一个新的形象让这个团体接纳自己；另一方面也说明主流文学向她伸出了热情之手。在这种情况下，长篇小说《十八春》是主动示好的第一步，作为批判对象的曼璐和鸿才是万恶的旧社会的没落代表，而曼桢则代表了备受欺凌、侮辱，却又敢于斗争、决不屈服的人民大众，投身革命的行动表明她们最终找到了光明之路。在《小艾》中，张爱玲进一步强化了这种思想，她试图将自己惯写的旧式大家庭的斗争和解放革命相结合，主人公作为社会最底层的人，连自己的名字都不能拥有，被五太太随便给取了个"小艾"作为名字。小艾的成长过程便是一段从受打骂、凌辱、折磨醒悟、抗争走向新社会的历史过程。同现代文学史上的许多左翼作家笔下的底层人物一样，小艾的经历深刻说明：旧社会把人变成鬼，新社会把鬼变成人。这已是典型的"左翼腔调"。

这种转变，不仅是读者，甚至连张爱玲自己都没有想到。可见她想在思想上转变的迫切程度。《十八春》连载过程中，有不少读者指出作品有张爱玲

---

〔1〕 张爱玲：《郁金香》，北京十月文艺出版社 2006 年版，第 160 页。

〔2〕 陈子善先生在"张爱玲也许不高兴"一文中曾透露："1995 年张爱玲去世以后，朋友在她的遗物里发现了一些手稿，这几年出版的《同学少年都不贱》《郁金香》和《小团圆》，都是版权人在她的遗物里整理出来的。"（详参陈子善："张爱玲也许不高兴"，载《南方周末》2009 年 3 月 25 日。）因而，实际上可以说《郁金香》不是佚失，而是张爱玲自己把它"埋葬"了。也就是说，张爱玲始终保留着《郁金香》的手稿直到逝世，她也许是想把《郁金香》像其它手稿一样修改后再发表，却一直没有找到合适的机会吧。

的风格，还有读者怀疑梁京是不是张爱玲？人们都期待梁京能尽快写出下一部小说。但是，《小艾》刊出后，抱有热切期望的读者并没有什么反响，面对"左化"的《小艾》，人们的阅读期待似乎落了空。这时候，已经没有人会再把梁京和张爱玲联系到一起，张爱玲并不是写作什么题材都圆润自如的作家，离开了自己一向所熟悉的对象，她的笔有些滞涩了。这篇小说，整体上缺乏故事性，在向左翼文学的要求看齐的努力中，她并不是很成功。对于在大陆的这段经历，她几乎从未提及。到香港后，她改写了《十八春》，以《半生缘》的名字重新发表，在《半生缘》结尾中，曼桢奔向革命的光明结局已被删去。她或许是想要以此表示自己在创作艺术上的回归吧，"左转"的努力最终成为短暂的余韵。

　　1952 年，张爱玲离开大陆，对自己的旧作《小艾》，她从未提及。1987年《小艾》在大陆被发掘出来，重新刊载在中国香港《明报》。广大"张迷"欢欣鼓舞，张爱玲自己却对《小艾》的出土很是不满。她明确表示"非常不喜欢《小艾》，更不喜欢以'小艾'的名字单独出现。"可见，对于《小艾》，张爱玲并没忘记，她只是不满意这个作品，嫌它不够成熟，想刻意的遗忘它。不仅如此，她对自己在那一时段的生活创作经历也讳莫如深。值得指出的是，张爱玲曾说过，写小说非自己彻底了解全部情形不可（包括人物背景的一切细节），否则写出来像人造纤维，不像真的。《小艾》的致命伤也就在这里。[1]小说不仅在小艾走向光明的设计上显得生硬，就连前半部对旧家庭的描写也陷入束缚之中，这样的作品自然难有吸引人之处了。也许这是她写作之路上偶然踏出去的一个脚印，她想掩盖这个脚印，后人却偏偏把它清晰地呈现出来。

　　综上论述，张爱玲的两篇小说之所以久久不彰，根本原因是张爱玲自己的刻意遗忘。这种"遗忘"体现了一个现代作家对个人创作的自我期许：她所接受的"五四"教育，西学背景，使她对自己的文学定位在较高的艺术层面。通俗的东西她不是不喜欢，但却不是自己艺术上的努力方向。而《小艾》类的"准左翼"文学于她只是思想上的一时徘徊，之后避之唯恐不及。在那个特殊的时代，出于对现实关系的考量，她在两个不同的创作阶段不得不写下这样的作品，虽不满意，也只能如此。对于当下的研究者来说，在历史中

─────────────

〔1〕　详参陈子善编：《私语张爱玲》，浙江文艺出版社 1995 年版，第 63 页。

动态的了解这两篇小说创作的社会环境和个人心态有一定意义：它们产生于特殊的历史时期，标志着张爱玲在 20 世纪 40 年代文学创作上的一个连续而曲折的过程：她如何在抗战胜利后转向通俗写作，这种通俗在作家的创作、发表各个环节如何体现，以及如何在解放后思想上出现彷徨、动摇、压抑与妥协，这些张爱玲均没有留下任何个人的回忆，通过这两部小说，也许我们可以看到一些现象背后的东西。

第四节　莫言在中东欧的译介、传播与接受[1]

作为中国第一位获得诺贝尔文学奖的作家，莫言的影响已远远超出中国，在全世界刮起一阵"莫言旋风"。已经有研究者就莫言在英美国家的影响和传播进行过研究和探讨。不过，衡量一个作家全方位的世界性声誉，据以评判的标准不能仅仅局限在本土和英语世界。从传播学的角度，在传播的深且广的层次上，更需要关注小语种国家的接受程度。虽然，本土和英语世界的受众在总量上占据优势，但传播不是量化，而是需要顾及人与人、民族与民族、地域与地域之间的有意义的信息接受与反馈。2012 年获得诺贝尔文学奖之后，对整个世界而言，作家莫言就成了一个有效的传播源，诺贝尔文学奖则转为一个强大的传播媒介。较之获奖以前，莫言作品在海外的传播几乎呈爆炸式展开。不仅原来产生影响的语种和区域更加深入，在众多小语种的国家和地区，莫言及其作品也第一次形成了全方位的辐射。本文主要探讨的，即是以中东欧为中心的小语种国家对莫言的译介和接受。以第一手资料数据为支撑，探讨莫言小说在中东欧的传播情况，分析"莫言旋风"形成的原因，展望中国当代文学在中东欧的接受前景，指出存在的一些问题并提出解决的方法。

一

中国对中东欧[2]国家的文学并不陌生。1909 年周氏兄弟翻译的《域外

---

〔1〕　作者肖进，上海政法学院文艺美学研究中心副教授。本文原载《华文文学》2015 年第 1 期。

〔2〕　本文所指的"中东欧"，历史上既是一个地缘概念，也是一个政治概念。在几乎整个 20 世纪，"中东欧"主要是作为一个政治/地域概念出现的。与传统的"东欧"社会主义国家有很大的重合度。对当下来说，"中东欧"更多的是从经济体意义上的指称——"中东欧十六国"。本文中相关资料的搜集基本上是按照"中东欧十六国"的范围进行的。没有列入的国家，（受材料所限）尚未发现有对莫言作品的翻译。

小说集》中，尤其注重东欧弱小民族国家的文学。对于这一点，鲁迅在"我怎么做起小说来"一文中曾说，当时他们"注重的倒是在绍介，在翻译，而尤其注重于短篇，特别是被压迫的民族中的作者的作品。因为那时正盛行着排满论，有些青年，都引那叫喊和反抗的作者为同调的。"[1]《域外小说集》中的作者，大多是俄国及东欧弱小民族的作家，像波兰的显克微支，波斯尼亚的穆拉淑微支等。1917 年，周瘦鹃翻译的《欧美名家短篇小说丛刊》，也侧重于介绍东欧国家的文学。全书 50 篇小说，其中包括塞尔维亚等东欧国家的文学作品。鲁迅亦称赞"所选亦多佳作"，肯定其成就。鲁迅和周瘦鹃外，施蛰存也非常关注东欧弱小民族和国家的文学。1936 年，施蛰存编译出版了《匈牙利短篇小说集》，1937 年编译了《波兰短篇小说集》，1940 年代又先后翻译了显克微支的小说和保加利亚、匈牙利、捷克、南斯拉夫诸国的短篇小说集《老古董俱乐部》。新中国成立后，中国和东欧的社会主义国家在文化文学上的交流日益频繁，不仅有更多的文学作品被翻译，而且还互派留学生，学习对方的语言、文学和艺术。总的来说，中国现当代文学对中东欧文学的引进、译介一直没有中断，但中东欧地区对中国文学的引介却并没有进入我们的视野。尤其是 1980 年代以来的中国文学，对于中东欧国家还是相对陌生的。2012 年莫言获得诺贝尔文学奖是中国和中东欧文学交流的一个重要契机。由于诺贝尔文学奖在全世界的声誉，中东欧国家对莫言作品翻译的遍地开花的态势，已经显示出中国文学开始逐渐深入地走进中东欧。

为了能更好地了解中东欧国家对中国文学的译介与传播，笔者利用身在中东欧的地理优势，走访了一些汉学家和中文译者；同时，也利用互联网和当地报刊媒体等平台，用中东欧地区的不同语言查询了这些国家对中国当代文学的接受状况，整理了中东欧十个国家对莫言作品的翻译情况。这些资料集中展示了中东欧国家译介莫言作品（乃至中国当代文学）的一些特征：

一是从作品翻译的年份上，在 2012 年莫言获得诺贝尔文学奖之前，除波兰等少数国家外，中东欧地区对以莫言为代表的中国当代文学还是相当陌生的。举一个例子，2006 年斯洛文尼亚译者 Katja Kolšek 和 Andrej Stopar 翻译了中国当代文学部分短篇小说，名为 *Najcvetistocvetov：sodobna kitajska kraka proza*

---

〔1〕　王世家、止庵编：《鲁迅著译编年全集15》，人民出版社 2009 年版，第 75 页。

（《百花齐放：中国当代短篇小说》）。[1]集子中收有王蒙、卢新华、张洁、张抗抗、残雪、余华、格非、王安忆、苏童、莫言的作品。在导言中，译者引用了1950年代提出的"百花齐放、百家争鸣"的口号，意在提请读者注意翻译的多样性。但是，在21世纪的今天，中国当代文学已经繁盛发展的时候，仍然把目光聚焦在新时期的"伤痕文学"，至少说明了对中国当代文学的陌生。而在2012年后，中东欧对莫言作品的翻译则成遍地开花之势。除少数几部外，所有的翻译作品几乎都是在最近两年出现的。莫言成为中东欧国家最熟悉的中国作家。不仅如此，很多国家对莫言作品的翻译，是直接从中文翻译成该国语言，而不是从英语版本转译的。这体现了翻译者对原著的忠实，也是中国文化近些年来在中东欧国家逐渐形成影响的表现之一。

二是与英美国家的译介相比，中东欧地区对莫言作品的选择也有一定的特点。《变》《蛙》《生死疲劳》《酒国》是受关注最多的几部小说。而对于莫言早期的代表作《红高粱》和《丰乳肥臀》，则没有体现出较多的兴趣。至于莫言其他的长篇小说，如《天堂蒜薹之歌》《四十一炮》《檀香刑》等，根本就没有进入中东欧的视野。这说明中东欧对以莫言为代表的中国当代文学的了解还很不全面。对《变》这部具有自传性质的作品的翻译，显示出其重点是在通过自传了解莫言，向读者介绍这位新的诺贝尔文学奖的获得者。对《生死疲劳》和《蛙》的重视，基本上体现了对诺贝尔文学奖得主的翻译程序：首先翻译其获奖作品。虽然，诺贝尔文学奖委员会并没有明确指出是莫言的哪部作品获得了诺贝尔文学奖，但当记者问莫言最想推荐给欧美读者哪部作品时，莫言推荐了《生死疲劳》，"因为这本小说里边有想象力，有童话在里边，也有中国近代的历史变迁。"[2]至于《蛙》和《酒国》这两部小说，在诺贝尔委员会的颁奖词中，是和《丰乳肥臀》一起被诺贝尔文学奖评委会提名小组主席佩尔·瓦斯特伯格所提到的作品。这也使得很多国内的媒体纷纷认为《蛙》是莫言获得诺贝尔文学奖的作品。[3]至于莫言获奖之前，一些译者对《灵药》和《民间音乐》的翻译，仅仅是作为介绍中国当代文学的一

---

〔1〕 See Katja kolšekand Andrej stopar eds., *Najcveti stocretov：sodobna kitajska kratka proza*, Litera, 2006.

〔2〕 "莫言诺奖发布会答记者问 向读者推荐《生死疲劳》"，载中国新闻网。

〔3〕 详参"莫言获诺贝尔奖作品《蛙》"，载光明网；"莫言诺贝尔获奖作品《蛙》年底出版世界语版本"，载人民网。

部分，并未见有什么影响。

三是译者与出版。与莫言作品的英语、日语、法语和瑞典语译者相比，中东欧的译者相对分散，且大多并非专业的当代文学翻译者。现在几乎公认的是，莫言作品获奖的重要原因在翻译。英译者如葛浩文，日文译者如吉田富夫、瑞典文译者如陈安娜等，都对莫言作品的海外传播作出了很大贡献。美国作家约翰·厄普代克甚至认为，"在美国，中国当代小说翻译差不多成了一个人的天下，这个人就是葛浩文。"[1]根据笔者与中东欧译者的交流，大部分的中东欧译者对中国当代文学了解不深，更谈不上研究。多数译者仍然谨守欧洲汉学的传统，醉心于中国古典文学的翻译和研究，如《诗经》《红楼梦》，乃至《围炉夜话》《三十六计》等。对当代文学的翻译只是偶尔为之。另一方面，莫言作品在这一地区的翻译，多为出版社约译。也就是说，出版社针对诺贝尔文学奖这个巨大的传播媒介，从翻译市场的角度出发，选取莫言的某一部作品，邀请译者进行翻译。因此，译者对翻译哪部作品没有主动权，一切都要满足于出版社营利的目的。这既限制了译者的选择和发挥，也影响了译者对所译作品的兴趣。除非出现像 The Dalkey Archive[2]这种非营利性的出版社，才能更好地发挥译者和编选者的才华，对翻译对象有更多的文学上的考虑和建议。

二

以莫言为代表的中国当代文学在中东欧的接受与传播，既有现实的表层因素，又有较为深层的文化动因。现实因素在于两个方面：一是诺贝尔文学奖的巨大影响力，使得中东欧的读者不得不关注莫言和中国当代文学；二是中国近些年来文化软实力的延伸，使得中东欧的读者开始意识到以中国当代文学为代表的中国文化在中国崛起过程中的重要意义。深层动因则在于，中东欧读者对莫言和中国当代文学的接受，体现了欧洲汉学历史性的"接续"。

---

〔1〕　See John Updike, "Bitter Bamboo: Two Novels from China", *The New Yorker*, 2005.

〔2〕　The Dalkey Archive 出版社是一家非营利性出版机构，也是美国最大的翻译文学出版机构。近些年来与塞尔维亚裔作家亚历山大·黑蒙合作，由黑蒙遍选欧洲作家创作的短篇小说，编成《最佳欧洲小说》（2010~2014）结集出版。他们合作的最大亮点在于，出版社除了对多种不同语言的作品进行翻译外，不干涉作家的审美和文化取向，给编者完全的信任。显然，这种良性合作现象在中东欧现在还不可能出现。

这种历史性"接续"的关键点在于西方对中国文化的持续关注：从古代的"丝绸之路"到传教士时期的儒家文化西传，西方世界对东方文明印象深刻。莫言小说中的传统性、民族性，都让西方的读者感觉像是一个"熟悉的陌生人"，其文化上的吸引力自不待言。

莫言获得诺贝尔文学奖后，中东欧国家大都在第一时间进行了报道。兴趣点集中在三个方面：首先，他们好奇莫言作为中国本土的一个非异议人士，获得此奖到底有什么特殊之处？其次，与此相关联的，是不约而同的对莫言作品中魔幻现实主义风格的推重；最后，非常关注莫言小说对中国传统文学和民间文化的继承和发展。如莫言作品中对章回体的借重，对传统讲唱文学的重温等。

作为对中国当代文学还相当陌生的中东欧，其最直接信息源的获得不外乎诺贝尔委员会对莫言获奖的颁奖词。在诺贝尔委员会的颁奖词中，非常明确地打造了一个拉伯雷、斯威夫特、马尔克斯、莫言的文学谱系。但显然，莫言后来居上，"他比拉伯雷、斯威夫特和马尔克斯之后的多数作家都要滑稽和犀利。"个中原因在于，较之于这些前辈，莫言的"魔幻现实主义融合了民间故事、历史与当代社会"。这个评价，一方面看到了莫言写作的国际化的一面（魔幻现实主义），另一方面又体现出本土化、民族性的一面（民间故事、历史与当代社会）。这两个相反相成的因素是莫言走向世界的重要支撑。唯其具有国际化的写作，才能进入西方读者熟悉的视域，使得他们把挑剔的目光转向东方这片古老的土地；而唯其具有民族性，也才能吸引西方的读者逐渐走进中国的文学、社会和传统之中。也正因为如此，一向作为西方作家专利的诺贝尔文学奖才对莫言大家赞赏："莫言生动的向我们展示了一个被人遗忘的农民世界，虽然无情但又充满了愉悦的无私。每一个瞬间都那么精彩。作者知晓手工艺、冶炼技术、建筑、挖沟开渠、放牧和游击队的技巧并且知道如何描述。他似乎用笔尖描述了整个人生。"

曾有论者认为，莫言获得诺贝尔文学奖，是由于他的小说对中国历史和现实的丰富书写与批判性的表现，由于身后的民族文化载力与鲜明的人文主义立场，与"经济崛起""国家强盛"之间并无对应性的关系。[1]这固然体现出作者对诺贝尔文学奖开放眼光的肯定和对汉语新文学一百年来发展的自

---

〔1〕 详参张清华："诺奖之于莫言，莫言之于中国当代文学"，载《文艺争鸣》2012 年第 12 期。

信。但是，如果从传播的角度来看待莫言在中东欧乃至全世界的译介和接受，"经济崛起""国家强盛"作为一种背景化的东西，形如一只"看不见的手"，无处不在。这可以从两个方面进行分解：首先，作为 GDP 世界第二的经济体，中国对于中东欧的经济发展而言，已经成为不可或缺、举足轻重的合作伙伴。在中东欧经济转型，发展陷于停滞状态的困窘形势下，中国是带动其复兴和繁盛的强劲动力。这连带着带动中东欧在文化意识上对中国的开放和拥抱。自 2010 年以来，中东欧和中国的交往日益频繁。2012 年 4 月，中国与中东欧国家领导人在波兰华沙会晤。双方发起关于促进中东欧与中国友好合作的十二项举措。同时，一些中东欧国家（如斯洛文尼亚），以建交周年为契机，以纪录片和图片展的形式，向中国人较为直观地展示其文化面貌。2013年 11 月，中国与中东欧国家领导人在罗马尼亚的布加勒斯特举行会晤，期间发表《中国——中东欧国家合作布加勒斯特纲要》（以下称《纲要》）。《纲要》的第 7 条专列"活跃人文交流合作"项目，给中东欧和中国在文化、旅游和教育等方面的合作建立了制度性保障。其中，决定每两年举行一次中国与中东欧青年政治家论坛和中国——中东欧国家文化合作论坛，从制度上确定了中国和中东欧的文化交往。[1]中东欧国家和中国的文化合作论坛在相互尊重、平等互鉴的基础上，倡导不同文化之间的平等对话，促进各民族文化的多样性发展和共同繁荣，培育市场化运作能力，推动各自的文化机构、专业组织和国际艺术节之间建立直接联系、开展交流与合作。中东欧国家在面对中国时所展现出的开放姿态，是中国当代文学，尤其是莫言的作品能在许多国家得到传播和接受的先决条件。

另一方面，"经济崛起""国家强盛"也体现在以经济做后盾的文化软实力的凸显。这主要表现在以孔子学院为代表的中国文化"走出去"策略。与经济相比，文化的力量相对柔和、感性，也更贴近人心，在相互的交流中最容易给人以潜移默化的力量。作为中国文化传播的平台，孔子学院的作用不可低估。2012 年以后，中东欧国家掀起的"莫言热"，不仅因为莫言是诺贝尔文学奖得主，还与孔子学院以多种形式进行的推介密不可分。如斯洛文尼亚虽然早在 2007 年就翻译了莫言的短篇小说，但是近些年来却出现翻译后继乏人的现象。莫言获奖后，孔子学院以开展讲座、组织交流研讨等形式，让

---

[1]　详参李俊："扬帆中国与中东欧合作"，载《瞭望新闻周刊》2013 年第 48 期。

更多的斯洛文尼亚民众认识、了解以莫言为代表的中国当代文学。保加利亚孔子学院得知汉学家韩裴（Petko Hinov）在翻译莫言的《生死疲劳》后，邀请他到孔子学院为汉学专业的学生和汉学爱好者作关于"论翻译——以莫言小说《生死疲劳》为例"的讲座。[1]把本来属于一个译者的默默无闻的翻译工作转变为对中国文化的宣讲和认识。克罗地亚的孔子学院联合莫言小说《变》的译者 Karolina Švencbir Bouzaza，组织一个特殊的"朗诵会"，用克罗地亚语、英语和汉语分别向观众朗诵这部小说，以直观的方式传达具有浓厚中国意味的文化气氛。在塞尔维亚，则是由孔子学院和塞尔维亚 LAGUNA 出版社共同组织关于莫言的座谈会，专程邀请中国专家主讲。座谈会同时配以多媒体宣传材料，向在场的二百多名贝尔格莱德市民和学生介绍中国现当代文学的现状、中国作家与诺贝尔文学奖的关系、莫言生平与创作和莫言代表作等。[2]讲座还引起了塞尔维亚媒体的广泛关注，电视台和主流报纸进行了采访和报道。随后，由 Ana Jovanovic 翻译的《蛙》在塞尔维亚出版。这种由出版社、孔子学院和当地主流媒介共同推动的文学译介和交流几乎是中东欧进行文化推广的一个良性循环模式。孔子学院在这中间不仅起到了媒介的作用，还以自身为基础，搭建了一个沟通、交流的平台。

现实因素之外，中东欧作为欧洲与中国文化交流的门户，与中国也有着更为久远的历史渊源。根本上说，莫言小说在中东欧的接受，既体现了西方在几个世纪以来对中国文化的持续关注，也是他们拓展关注视野的一个有效窗口。在某种意义上，这反映了以欧洲为代表的西方对东方文化的"重看"和"接续"。对西方而言，传统中国始终是作为东方的神秘"他者"而存在的。可以说，中国和西方的交流历史，也是西方的一些先驱者们逐步揭开中国的神秘面纱的过程：蒙元的强大令西方惧怕，明清的停滞令他们失望，20世纪后的中国如何走向，其实与整个世界都有关涉。当下的中国已然是一个经济巨人，GDP 总量排名世界第二，然而，中国在世界上的地位日益重要的同时，又让西方感到畏惧，近些年来甚嚣尘上的"中国威胁论"便是这种畏惧的一种体现。如何了解中国，从何种视角观照中国，成为许多西方人考虑

---

〔1〕 保加利亚索非亚孔子学院举办主题为"论翻译——以莫言小说《生死疲劳》为例"讲座，2014 年 5 月 13 日。

〔2〕《贝尔格莱德孔子学院举办莫言讲座》，2012 年 11 月 23 日。

的重点。当代文学在西方的传播和接受，让他们看到，从文化视角了解中国是一个重要选项，也是极为重要的契机，因为，文学的每一步前行，都不仅仅只关乎文学。

从历史的角度看，这里显然存在一种"推移"。不仅是研究对象的"推移"，也是研究思维的"推移"。明清时期，西方传教士在中国的传教效果，远没有从中国带回去的文化更让欧洲人震惊。儒家文化在抗衡基督上帝的同时，也给西方人上了生动的一课。几乎每一个有主动意识的传教士都或多或少的在西方传播了儒家文明。进入现代社会以后，虽然西方的研究者仍然把目光聚集在中国古典文化上，但中国社会的变化已吸引他们不得不关注新的发展。一时代有一时代之文学，当代中国的社会变化催生了当代的文化和文学，西方的读者如果想要了解当代的中国，就必须首先明了当代文学在接续传统和走向现代的过程中所具备的独特特质，进而才能解读中国何以在当下的世界上如此重要。对西方而言，这一解读是无比重要的。以莫言为代表的中国当代作家，在其成熟著作中，立足点往往扎根于中国传统的民族文化，而技巧和眼光却带有世界性。莫言作品中中国传统文化和魔幻现实主义的深入结合，不仅可以让西方的读者重温千百年来神秘的东方文化，更看到了一种似曾相识的结合体。在那里，传统不仅走向了现代，传统还进一步和世界潮流汇合。很难分清哪里是传统中国，哪里是魔幻现实主义，哪里是现代中国，所有这一切组成了一个复杂的多面体。如果要说莫言的作品之于西方读者的真正魅力，可能就在于此。

三

总体来看，借助于诺贝尔文学奖这个强大的传播源，莫言小说在中东欧普遍性的被接受，是中国当代文学在中东欧传播的一个良好开端。但也要看到，无论是从翻译的数量和质量上，这一开端都还只是表层的、散碎的，并不能形成一个完整的、能够自我生发和良性循环的译介传播渠道。前述提到，因为地域和语言的复杂性，中国当代文学在中东欧的传播有其不同于英美语言国家的独特性。这就是说，莫言小说在中东欧的传播，既存在着美好的前景和空前的机遇，也存在着一些亟需解决的挑战和问题。

文学交流的机遇离不开整体性的交流和发展。莫言小说在中东欧的译介，主因虽然是由于诺贝尔文学奖的巨大刺激，但其背后却体现出中国经济的强大杠杆功能和中国在国际社会日益扩大的影响力作用。东欧解体之后，中东欧国家的民族性益加凸显。其标志就是对本民族文化和民族语言的认同。与此同时，中东欧各国也加强了自身同外界的经济文化发展。在这样的大背景下，2012年莫言获得诺贝尔文学奖在中东欧国家对中国文化的想象、接触乃至接受上起到了强劲的触发作用。可以说，通过阅读莫言所产生的对当下中国的想象，不仅仅是出于经济往来带动文化交流这样一个简单的因素，这背后其实隐含着中东欧国家对中国作为巨大的经济体"他者"存在的文化审视和想象，中东欧作为一个地缘性强的区域，在面对中国时，其本身就对中国存在一个"想象的共同体"。这个"共同体"不仅是经济上的，也是文化上的。安德森在《想象的共同体》中认为，以小说和报纸为载体的印刷资本主义在建构民族国家想象中起着重要的媒介作用。[1]就现代民族国家而言，把传统与现代结合起来的莫言小说，正向西方读者展示着一个旧而新、传统而现代的中国形象。这是一个中国人用自己的体验和阅历，观察和思考而写下的印记，其中有光明，也有悲苦和阴郁，这既不同于那些身处异乡的中国人笔下的单纯想象与回忆，也不同于意在观察中国的外来者肤浅的了解和认知。它有批判，也有怜悯；有嬉笑怒骂，也有正襟危坐的深刻思考；它并未就所述问题和现象给出现成的答案，但其所述所讲，却给人留下了开放的思绪。这一切，在西方读者头脑中凝聚成一个可感可知的现代中国，一个想象中的共同体。

但这毕竟还仅仅是一个开端。如果说莫言在中东欧国家掀起了中国文学的"热潮"，那么，冷静打量的话，这个"热潮"里尚存着许多可能使它冷却的因子。我们必须发现并辨析这些"冷却因子"，在看到机遇的同时充分估量挑战并且努力使挑战转化成机遇，找到解决问题的办法。这样，当代文学在中东欧的传播才能够形成良性发展的循环，真正达到中国文学"走出去"的目的。

挑战之一是翻译问题。首先大多数中东欧译者并没有对中国当代文学进行深入研究和跟踪分析，"偶尔为之"是其主要特征。这是这些译者与葛浩文、陈安娜、吉田富夫等译者的最大区别。"偶尔为之"造成的后果是，莫言

---

〔1〕 详参［美］本尼迪克特·安德森：《想象的共同体——民族主义的起源与散布》，吴叡人译，上海人民出版社2011年版，第43页。

作品虽然在中东欧呈现遍地开花之势，几乎每个国家都有译介，但译作不多，不系统，总体上呈碎片化、表层化现象，并且很少有研究性的学理支持。基本上每个国家翻译的作品只有一部或几部，绝大多数是介绍性的，远远谈不上深入；其次，由于国家小，人口少，语言单一，读者对译介作品的接受度也相当有限。据笔者在中东欧国家授课和调查的情况，很多汉学系学生对中国当代文学极为陌生。如斯洛文尼亚卢布尔雅那大学汉学系竟然没有教授中国现当代文学的教师，学生自然难以接触到中国当代的作家和作品，调查结果也显示，大多数学生对于中国现当代文学几乎全然不知；最后，就笔者所了解，中东欧国家的译者虽然多是汉学家，但在汉学领域却并不具有很高的权威性。这主要是和欧洲汉学的传统有关。和美国汉学相比，欧洲汉学仍然强调以中国古典文学和哲学研究为中心，对中国现当代文学的关注不多。权威的欧洲汉学家大都以从事中国古典文学和典籍的研究为主，这就决定了当代文学的研究者和译者的尴尬地位。举例来说，2006 年翻译《百花齐放：中国当代短篇小说》的斯洛文尼亚汉学家 Katja Kolšek，2010 年翻译莫言自传性小说《变》的克罗地亚译者 Karolina Švencbir Bouzaza，都是年轻的汉学学习者，对当代文学的翻译还处在尝试阶段。Katja Kolšek 在翻译这部小说集之后便离开了中国当代文学研究领域，从事政治哲学研究。保加利亚的译者 Hinov Petko 甚至直接对笔者说，相对于中国当代文学，他更喜欢《诗经》《围炉夜话》和《红楼梦》，翻译当代文学作品只是偶尔为之的行为。可见，中国文学要真正深入中东欧，选择和培养优秀的译者是当务之急。

当代文学译者的稀缺甚至凋零的现象和这一区域的汉语教育发展也有着很大的关联。1990 年代东欧解体之后，中东欧国家普遍存在着欧化趋势。与1950 年代相比，中国文学与这一区域的交流大大降低。以大学汉学系的发展为例，中东欧很多大学的汉学系建立时间很早，像捷克、斯洛伐克等国的汉学曾经非常发达，1990 年代以来，由于政治和经济的原因，这些汉学系的发展大多陷入停滞状态。前文所说卢布尔雅那大学长期没有中国文学教师便是一个典型的例子。近些年来，随着孔子学院在海外的建立，中国在中东欧的文化推介推动了汉语教育的发展，中国当代作家和研究者与中东欧的文化交流也逐渐增多，正如有研究者所指出的，只有把语言传播、文学交流和文化交流结合起来，形成合力，才能形成深刻的影响。

挑战之二是交流问题。程光炜在谈到当代文学的海外传播的时候，提出了当代作家海外演讲的问题。他认为中国作家到海外去演讲和交流是当代文学海外传播的一个重要方式。"因为演讲可以通过大众媒体迅速提升演讲者在文学受众中的知名度，借此平台使其作品得以畅销，进入读者视野。"〔1〕莫言在获得诺奖之前和之后，在海外多个国家和多所大学进行过访问和演讲，这些访问对象中主要集中在英美国家，显然，莫言的作品也在这些国家和地区得到有效地传播。据何明星的统计，在莫言的所有作品译本中，英译本馆藏最多；其次是莫言的作品在北美传播的最广泛。〔2〕反观中东欧，莫言和这一地区的交流却几乎是空白。莫言去过和中东欧距离最近的意大利、土耳其，却没有能到中东欧国家与作家和同行进行交流。不仅是莫言，中国当代作家整体上与中东欧文化界的交流也不多。2012 年中东欧国家斯洛文尼亚举办国际文学节，邀请了中国诗人王家新参加，这是一个成功的范例。只是类似这样的交流是太少了。程光炜在文章中提到曾获得诺贝尔文学奖的秘鲁作家略萨来中国演讲的"盛况"：不仅"北京的主流媒体、主流翻译界、当代重要作家、以及研究中国现当代文学、西班牙文学的中国人民大学、北京大学和社科院的师生"都参加了演讲，而且连远在上海的大众传媒都迅速报道了这个消息，这足以说明略萨的影响超出了"专业圈子"的范围。相信如果莫言能到中东欧国家进行访问和演讲交流，其对文学译介和接受的推动力当是巨大的。

挑战之三，文学的海外传播缺乏国际经纪人。艾布拉姆斯在名作《镜与灯》中曾提出著名的文学四要素，即作家、作品、世界和欣赏者。这是一部作品从写作到接受的几个必要因素。同样，一部文学作品要成功进行海外传播，也需要类似的几个条件，那就是作家/作品、译者、经纪人、读者。在这几个因素中，经纪人的地位尤其重要。经纪人不生产作品，也不翻译作品，其所作所为完全是一种商业行为，不是文学问题，但是在中国作家作品的海外传播中却起着举足轻重的作用。经纪人的主要功能是推动作品的传播。他的一边是作家/作品，另一边是市场。只有经纪人把市场做好了，做大了，作家的作品才能得到最大多数人的阅读和接受。莫言获得诺贝尔文学奖后，曾

---

〔1〕 程光炜："当代文学海外传播的几个问题"，载《文艺争鸣》2012 年第 8 期。
〔2〕 详参何明星："莫言作品的世界影响地图：基于全球图书馆收藏数据的视角"，载《中国出版》2012 年第 21 期。

有人预测，"莫言效应"可能会引起国外文学界对中国文学的暂时关注，但注定不会持久，[1]原因就与中国作家作品海外传播的代理机制缺位有关。对大多数中国作家而言，国内长期形成的文艺机制使他们对代理人问题显得陌生。作家蒋子丹质疑说："作家还有经纪人，我没听说过"；王安忆表示，杂志的编辑会主动帮助作家发表作品，她也不认为中国需要作家经纪人制度。阎连科则直言自己养不起经纪人。[2]莫言自己则因为授权女儿代理自己引起争议。如果说就国内的现状来说，代理人问题还没有达到至关重要的地步的话，那么当代文学的海外传播则表明，作家要想自己的作品在海外有更多的读者，得到更广泛的推广，寻找合适的代理人是势在必行。莫言的小说在中东欧国家的译介，如果经由好的译者、好的代理人和好的出版机构的手的话，相信会突破当下的表层与散碎，得到更有深度的传播和接受。

---

[1]　详参李兮言："中国作家需要好的海外代理人"，载《时代周报》2013 年 11 月 14 日。
[2]　详参"莫言授权女儿代理自己引关注　作家不需要经纪人吗"，载《北京日报》2013 年 3 月 14 日。

创意文学写作研究

主编插白：高翔博士受学于创意写作，致力于创意写作，是网红诗人，现在语言文化学院任教。他源于创作经验的创意写作研究颇有特色。本书收录了他的三篇文章，论及文学创意写作的内涵与发生机制、文学与创意城市建设的互动关系、西方创意写作工作坊研究热点。理论研究与文学创作运用的是两种不同的思维方式。处理得好可以相互促进，处理得不好则会彼此拖累。希望年轻的高翔处理好二者关系，在创意写作的美学理论分析研究方面步步为营，不断出新。

第一节　创意写作视域下文学创意的内涵与创生机制 [1]

一、"创意" 概念的内涵辨析

近年来，"创意" 成为学界频繁提及的关键词。围绕 "创意" 形成了许多新概念、新领域甚至新学科，如：创意写作、创意产业、创意城市等，不一而足。那么，创意的内涵究竟是怎样的？在全球化、产业化语境下，创意的概念是否发生了嬗变？这是本文首先需要探讨的问题。

1. 古汉语与古代文论中的 "创意"

其实，汉语中 "创意" 一词古已有之，但从词源学角度看，古汉语中 "创意" 一词指涉的是 "作者在创作中表达的主题、思想与意涵"，特指写作

---

〔1〕　作者高翔，文学博士，上海政法学院文艺美学研究中心讲师。本文原载于《雨花·中国作家研究》（下半月）2017 年第 9 期。

行为。如东汉王充的《论衡·超奇》一文写道："孔子得史记以作《春秋》，及其立义创意，褒贬赏诛，不复因史记者，眇思自出于胸中也。"这里的"创意"和"立义"相接，指的是，作者创作表达的意义与思想，是独创的、自发的，并没有完全重复鲁国的史料。及至唐代，李翱在《答朱载言书》中提出了"《六经》创意造言，皆不相师"的观点，这里的"创意"与"造言"相对。"造言"是指形式上的遣词造句，"创意"就是内容和主题的表达。鲁枢元先生则从"说文解字"的角度解读"创意"，所谓"创"，就是"开创""表达"。"意"呢，从"音"从"心"，就是指"根于心而发于言"，是一种"介于心灵与言语之间的心理状态"[1]。因而"创意"就是作者开始表达"内心想法"的一种状态或行为。与鲁枢元先生略有区别，朱光潜认为，古代文论中的"意"是作者的情感与思想这两种元素的动态组合，情感融合着思想，思想融合着情感。"创意"就是"作者的情感与思想的生成和表达"[2]。

由此可见，古代汉语与古代文论中"创意"的含义与我们当下的理解有很大不同。古语的"创意"，与艺术行为中的"构思"一词近义，并没有"新颖性、新奇性"等意涵。而我们在"创意写作""创意设计""广告创意"等表达中指涉的"创意"一词，其词义主要来源于西方术语。

2. 西方心理学术语中的"创意"

在英文中，与创意一词表述相近的单词有，Create（创造、创作）、Creation（造物）、Creative（有创造力的）、Creativity（创造力）。其实，创意一词的表述最初起源于《创世纪》（Genesis）中关于创始（Creation）的圣经故事，最早"创造力"（创意）一词只适用于对神和上帝的赞美，人自身的"创造力"是随着文艺复兴、启蒙运动逐渐被确认的。尤其是进入 20 世纪，西方心理学界开始关注人的"创造力"与"创造性思维"的研究，"创意"的概念、范畴和属性逐渐清晰起来。

《牛津心理学词典》对创意（creativity）的解释是：产生新奇的、原创的、富有价值的、合适的想法或实物，它们是有用的，有吸引力的，有意义

---

[1] 王克俭：《文学创作心理学》，中央民族大学出版社 1997 年版，第 2 页。
[2] 朱光潜：《朱光潜美学文集》（第 2 卷），上海文艺出版社 1982 年版，第 309 页。

的，符合公认标准的。[1]这个定义是比较权威的，我们可以从中提取两个属性，即创意应该具有"新奇性"（Innovative，Novelty，Original，New）、"有用性"（Valuable，Adaptive，Utility）。这两个属性在大多数心理学家那里得到认可。

除了以上两点，霍华德·E. 格鲁伯和多里斯·B. 华莱士两位心理学家提出了补充，"但我们要加上第三个标准，意图或目的——创造性的产品是有目的的行为的结果；以及第四个标准，持续时间——创造性人物要花很多时间来完成艰巨的任务。"[2]在这里，"目的性"是相比于"无意识性"而言的，即创作者拥有明确的目标，创意是事先"设计"和"策划"的结果，是满足了特定需要的。而"长期性"这一特性则强调了"创意"是拥有难度的，是长期积累的结果，创作者应具有"工匠精神"。

如果站在创意产业的角度看，我们可以参照"创意经济"概念的提出者约翰·霍金斯的说法："创意是催生某种新事物的能力……它必须是个人的、原创性的，有意义和有用的……"[3]在这里，霍金斯强调了创意的"个人性"特征（Personal），它是相对于"集体"而言，即"创意"是个人的智慧，一个团队的合作可以诞生"创意群"，但需要承认每个人的"创意贡献"。

3. "创意"的本质内涵

综上，我们可以从两个角度确定"创意"的本质。从结果来看，创意就是一种经由思维加工的新颖的、独特的、有价值的、能够满足特定需要的产品。从"过程"来看，"创意"是一种有明确目标和方向的脑力劳动，它又分为隐性和显性两个层面。隐性创意，特指大脑中创意思维的活动，是那个尚未物化的"思想、观念、形象"，正如画竹时的"胸中之竹"；显性创意，就是我们通常所看到的创意产品，可以是一本书、一幅画、一个发明等，它是创意思维的显化，是"手中之竹""画上之竹"。

---

〔1〕 详参［英］科尔曼：《牛津心理学词典》，上海外语教育出版社 2007 年版，第 179 页。

〔2〕 ［美］罗伯特·J. 斯滕博格主编：《创造力手册》，施建农等译，北京理工大学出版社 2005 年版，第 74 页。

〔3〕 ［英］约翰·霍金斯：《创意经济——如何点石成金》，洪庆福、孙薇薇、刘茂玲译，上海三联书店 2006 年版，第 17 页。

二、从"创意"到"文学创意"的提出

1. 文学创意的定义与属性

在明晰了创意概念的基础上，我们可以进一步提出一个细分概念："文学创意"。从过程看，文学创意，就是指作家有意识有目的地运用创意思维，借助口头的语言或书面的文字符号进行创作，这一过程具有"自发性"（强烈的创作动机）和"设计性"（创意思维引导下的构思、策划）。从结果看，文学创意的产品具有鲜明的新颖性、变革性，同时具有产业延展性，文学价值与经济价值并存。

具体来说，一个好的文学创意具备如下六个属性：

（1）独创性与辐射性。首先，文学创意必须是原创的，而且要是新颖的、独特的，即"创意＝创异"。从文学史的角度看，它不同于前人已写的作品，在某一个元素上具有创新的特质，提出了新观点、采取了新方法，提供了新经验。从横向对比看，它不同于其他人创作的同类型（题材）的作品，它是作者独有的体悟和构思。其次，一个好的文学创意具有辐射性，即它能创造一种新文体、新类型，甚至创生一个新的流派，带动其他创作者仿效、学习，由单个创意激发出更多的创意，形成文学创意群。例如，马尔克斯在《百年孤独》中表现的"魔幻现实主义"的写作创意手法，影响辐射了包括莫言、余华、阎连科在内的许多中国作家。外国文学史上的存在主义小说派、意识流小说派，中国当代文学史上的"寻根文学""知青文学"都是由一个"独创的文学创意"辐射而产生的"创意群效应"。

（2）变革性与约束性。好的文学创意总是"破旧立新"的，总是采取了一种"实验态度"，对前人已有的成果产生"反叛"和"超越"，推动文学史的发展。例如，荒诞派戏剧的理念与表现手法就是对亚里士多德式的传统戏剧的一种颠覆，从而产生了戏剧史的变革。莫言的《红高粱》在"个人体验"和"民间视角"方面的创意，就是对革命小说的反叛，从而革新了历史小说的视野。另一方面，创意又不是天马行空，无中生有的，在变革性的背后还存在约束性。即一个作家无法完全推翻前人的作品，凭空创造一个完全新的东西。广告大师詹姆斯·韦伯·扬在《创意的生成》中说，没有凭空产出的创意。创意本质就是"对旧元素的新组合"。从根本上说，所有的"创意

变革"都遵循"成规"的约束。尼采曾经说过，成规是伟大艺术的产生条件。文学创作的成规是一种类型的规约，[1]是作者、读者、文本三者不断互动所达成的某种"共识"。作家在创新时总是保留了一些承载着历史积淀的共识，例如，武侠小说的"创意变革"总要保留"侠"的元素，保留"仗剑天涯""快意恩仇"的"共识"。同样地，读者根据自己积累的阅读经验，也对文本的内容和形式形成了某种期待，他们希望并且必须看到"某些元素"，才能获得认同感。因此，我们发现，文学创作成规是一种历史生成的经验、一种互动产生的协调性方案，一种创造性的规则。对成规的打破意味着产生了新的成规。总之，创意是在"革新"与"约束"的矛盾中达到动态平衡的。

（3）延展性与开放性。一个好的文学创意是有张力的、有弹性的，它可以不断拉伸、延展，改编为其他任何艺术形式，达到"全产业链"的效果。借用当下火热的"IP"概念，好的文学创意就是一个强大的 IP（原创知识产权）。以 J. K. 罗琳的《哈利·波特》系列为例，其被翻译成近 70 种语言，在全球销量达 3 亿 5 千万册。不仅如此，文学创意的载体由图书还延展到电影、游戏、动漫、服装、文具、主题公园、打造了一个"文学产业链"，创造出1000 亿的商业价值。"哈利波特"这一虚构的文学形象成为人尽皆知的"文化符号"，为英国的旅游业吸引了上百万的游客。近年来，网络小说因其内容的"创意价值"，展现出极好的延展态势。《甄嬛传》被改编为电视剧、越剧、话剧，《鬼吹灯》系列被改编为电影，打造成主题公园，《花千骨》小说被改编为网络剧、手游、动漫，产出大量衍生品。另一方面，文学创意的延展性是与其"开放性"相关联的。正所谓，"一千个读者就有一千个哈姆雷特"，好的创意文本具有足够的包容性和阐释空间，像一面永不干涸的湖水，不同的读者都能获得滋养。正如伊瑟尔所说："文学作品本文中的不确定性与空白绝不像人们想象的那样是作品的缺陷，相反，它们是作品产生效用的基本条件和出发点。"[2]文本的开放性造成了读者的不同解读，甚至争议，从而引发话题性。因此，好的文学创意总是能"创疑"（为读者留下疑问和想象、阐发的空间）和"创议"的（创造议题，引发讨论），尤其是在信息便捷的今天，文学创意不能产生"话题性"和"争议性"，必然失去传播生命力。

---

〔1〕 详参葛红兵："论小说成规"，载《山西大学学报（哲学社会科学版）》2012 年第 3 期。
〔2〕 ［德］伊瑟尔：《阅读行为》，金惠敏译，湖南文艺出版社 1991 年版。

（4）目的性与设计性。尽管有许多纯文学作家声称"我写作从不考虑读者，我不为任何人写作"，但是好的文学创意必须得到读者的确认。正如黑格尔所说："每件艺术品都是和观众所进行的对话"[1]。从接受美学的角度看，文学文本是一种召唤性的语符结构，尤其对于那些进行创意实验的作家来说，对读者是否接受的焦虑感与渴望读者认同的期待感伴随写作始终。好的作家在写作时已预设了可能的读者，也通过文本在培育属于自己的读者群。因此，好的文学创意要考虑读者的需求，尤其是在读者阅读分层化、个性化的今天，在构思时就应具备"读者向度"。例如，在网络文学创意生产中具备的"爽文"类型和满足读者需求的"快感机制"，并非是一种审美的倒退，恰恰反映了文学创意也要考虑"对象性"，它的价值与其他产品相似，都是"满足特定需要的"。另一方面，与目的性相关联的就是"设计性"，相比于"创意神秘论"来说，当下的"文学创意"生产需要事先"设计"，即灵活运用创意思维的方法进行构思、调研。比如美国创意写作课堂教授的"过程写作法"，提出了"故事设计学""诗歌设计学"的概念，即"设计感"需要伴随写作始终。当然，这不是"唯技术论"，而是将"文学创意"的生发更加明晰化、科学化。

（5）地方性与普世性。文学创意虽然是独创的，但不可避免蕴含着历史积淀的文化因子和民族特性。正如小说本质上是一种生成性的地方性知识。文学创意中突破个人性的"地方特征""民族特征"，"文化特征"可以大大提升创意的深度，建构起一个更为庞大的创意空间。例如，莫言小说所创造的"文学意义的高密东北乡"，沈从文用文字搭建的"诗化的湘西"，贾平凹笔下"充满佛道文化气质的乡土世界"。当然，民族性与世界性、地方性与普适性是相辅相成、一体两面的。真正好的文学创意，往往是从"地方性经验"切入，展现"普适性命题"或"普适性结论"。正如莫言的作品在外语世界依然能够被理解，正是由于它所表现的对于"生命""苦难""尊严"的思考，是人性的普世命题。再比如好莱坞的《功夫熊猫》、迪士尼的《花木兰》，内容上表现的是"中国元素"，观念上却传递的是"普世价值"，这也正是美国文化产业成功的秘诀所在。

（6）当下性与超越性。套用克罗齐的话说，一切文学史都是当代文学史，

---

〔1〕　〔德〕黑格尔：《美学》（第 2 卷），朱光潜译，商务印书馆 1979 年版，第 335 页。

一切文学创意都具有当下性。尤其是在网络发达的今天，文学创意总是"应时而生"，最突出的表现就是各种"网络体"的创意段子：淘宝体、马云体、郭敬明体等，文学创意的时效性越来越明显，各种新的文学类型层出不穷：霸道总裁文、重生类型、同人类型等。另一方面，好的文学创意又不拘泥于当下，它能够超越时间的淘洗，沉淀下来。当然，并不是说只有被经典化的文本才是好的文学创意。套用心理学家博登"个人创意"与"历史创意"的概念〔1〕：前者是对个体的心理来说具有突破性的创意，后者是对整个历史而言具有根本新颖性的观念，我们在对"文学创意"价值进行评估时，必须纳入历史的脉络，并采取发展性的、前瞻性的眼光。

三、文学创意的创生机制

从体裁上看，文学创意的表现形式是多样的。一个独创的热门词（"浮云"等流传度极广的新词）、一句富有表现力的语句（"世界那么大，我想去看看"已经申请版权备案）、一个新颖的段子（笑话、寓言、微博故事）、一篇小说、一个戏剧剧本、一首诗，以上这些都隶属于欣赏类文学创意文本，它们是文学创意产品的主体，也是我们需要研究的重点所在。

虽然不同体裁的文学创意拥有各自的特征，但总的来说，所有的文学创意都遵循一定的机制，都是在形式、内容、概念三个层面生成的。

形式创意，即通过对文本的结构、元素的组合方式、表现手法等形式的变革、实验，而达到创意的效果。我们可以参考一个极端的例子——成立于1960年11月的法国文学团体"乌力波"（Oulipo，潜在文学工场）。该团体致力于"系统地、正式地革新文学生产与改编的种种规则"，创造新的规则与形式。1961年，该团体的发起人格诺发表了作品《一百万亿首诗》。这一作品由10首十四行诗组成，每首诗的任一诗行都可以与其他9首相应的诗行互换，因此形成了10的14次方（100万亿）的可能。假如24小时不间断读此书，也需要1亿9千万年才能读完。〔2〕可以说，这是一种对于诗歌的"结构

---

〔1〕 详参 ［美］罗伯特·J. 斯滕博格：《创造力手册》，施建农等译，北京理工大学出版社2005年版，第332页。

〔2〕 详参（法）格诺等著：《乌力波2·潜在文学圣经》，乌力波中国译，新世界出版社2014年版，第284页。

主义"实验。在小说领域，类似的"结构拆分与重组"的实验就更多了，如卡尔维诺的小说《寒冬夜行人》以第二人称呈现的"套盒结构"，法国新小说派作家马克·萨波塔创作的扑克牌小说《作品第一号》，全书 100 多页，却没有装订成册，没有页码，读者可以随机抽取组合，像玩扑克牌那样阅读小说。及至计算机技术普及的当代，形式创意的产生变得更为迅捷。例如，结合软件做成的"超链接小说""文字剧情游戏"，读者可以任意选择路径阅读。

除了结构上的创意，格诺的另一作品《风格练习》则是对文学"如何写"这一形式问题的有益探讨。《风格练习》是格诺对一件日常生活事件的 99 种讲述方式的实践。这件事非常简单：我在公交车上遇见一个脖子很长、戴着奇怪帽子的小伙子，他一直在抱怨。下车后，他的朋友提醒他整理一下扣子。对于这一看似没有任何戏剧性的事件，格诺尝试了"隐喻""梦境""错序""官方信函""喜剧体""十四行诗"等 99 种风格的表述[1]，差不多可以涵盖文学形式创意的所有技法。可以说，自卡夫卡以来，无数现代主义文学大师都对"文学形式"的创意方法进行了深入的探讨。尤其是 80 年代先锋文学所尝试的"碎片化叙事""迷宫叙事""仿像写作"等创作方法都在尝试抵达"文学形式创意"的极限。[2]当然，这种形式创意并不能脱离读者存在，否则就进入了作者"自说自话"的极端，就失去了价值。诚如格诺在《风格练习》的"序言"中所说，"没有读者，就没有文学……文学的魅力在于其张力，就是为读者的阅读提供更多可能性，使得文本处于开放的状态，促使读者与作者携手参与文本的建构。"[3]

再者，语言风格、标点使用、文字排版等细节方面的变化也能产生形式创意。例如，贾平凹的《废都》，有意采取一种"文白结合"的语调，产生与众不同的效果；金宇澄的《繁花》，尝试用"沪语"方言写作，在排版上也大胆地突破"标点"的规范，采用大段叙述的方式，从而产生别致的韵味。当然，形式创意不能盲目追求"异质性"和"惊奇性"，需要为内容和主题服务。

内容创意：即文本表现了作者独特的新的人生经验，建构了奇特丰富的

---

〔1〕 详参（法）格诺等著：《乌力波 2·潜在文学圣经》，乌力波中国译，新世界出版社 2014 年版，第 61 页。

〔2〕 详参刘格：《先锋小说技巧讲堂》（增订版），百花文艺出版社 2012 年版，第 2 页。

〔3〕 详参（法）格诺等著：《乌力波 2·潜在文学圣经》，乌力波中国译，新世界出版社 2014 年版，第 62~63 页。

文学世界，从而产生内容创意。最突出的表现就是"类型文学"的自我更新。天下霸唱的《鬼吹灯》开辟了盗墓小说的先河，以奇崛的想象力构设了一个灵异恐怖的地下世界，J. K. 罗琳凭借《哈利波特》系列所创造的魔法世界，托尔金的《魔戒》与《霍比特人》所想象的精灵世界等，不一而足。这是内容创意的主要表现形式：借助于强大的想象力、变形思维的能力，可称为"幻想式"内容创意。除此之外，真诚地表述个体经验，采取"以情动人"的方式也能产生创意效果，我们称之为"共情式"内容创意。例如，青春小说、校园小说、韩国爱情剧等类型，并没有宏大叙事，但表现出极强的"移情效果"，作家与编剧的情感经验引起了观众的共鸣，也不失为好的创意。

概念创意，也可以称为观念创意、主题创意。它提供了一种新的阐释角度，如杜牧的诗《题乌江亭》"江东子弟多才俊，卷土重来未可知"，一反前人赞赏项羽英雄气节的论调，指出真正的英雄应该有远见和忍辱负重的品格，在主题采取了"逆向思维"的手法，达到了创意效果。诗歌史上的禅诗、哲理诗，小说中的"哲理小说""寓言小说"都属于"概念创意"的范畴。正如米兰·昆德拉说："小说分三种，叙事的，描绘的，还有思索的小说。在思索的小说中，叙述者即思想的人、提出问题的人——整个叙事服从于这种思索。"好的"思索小说"提供了一种新的世界观、文化观，往往能引起思想的变革。同时，概念创意还可以引发形式创意与内容创意，它是文学创意中最深刻的类型。

四、"文学创意"的价值评估体系

在创意产业领域，IP 的概念方兴未艾。所谓 IP，即"Intellectual Property"，翻译为知识产权、原创版权。强势 IP 可为创意产业提供优质的原文本，打造全产业链。如何筛选出优质 IP 呢？文学创意的价值度无疑是最为重要的考量因子。换言之，一个好的文学 IP，首先要具有足够强的"文学创意"。

那么，"文学创意"的价值能够进行系统、科学的量化评估吗？笔者认为是可能的。我们可以将"文学创意内涵、属性与类型"作为理论基础，从文本、读者、市场（产业）三个维度出发，建构文学创意的价值评估模型，为文本的创意价值进行打分，以期对创意产业的创意产业决策、创意文本的批评和筛选提供参考。

文学文本内容的"创意价值"评估体系，可参考三大指标。内容创意评估主指标：类型竞争力指数、传播生命力指数、延展性指数三个指标。其评估方法解释如下：

类型竞争力指数：确定该内容的类型定位，从类型学角度考察其竞争力程度。权重占35%。其中，类型元素热度亚类指标，权重10%，主要指拆分类型元素，识别其跨类、兼类（如：奇幻+都市+治愈）模式，判断其类型元素是否为市场热门类型。类型创新度亚类指标，权重15%，包括纵向与横向对比，考量其在同类型作品中的创新性，新增元素的稀缺性，独创性。类型接受度指标，权重10%，依据类型推测受众特征，包括性别构成、购买力水平、消费偏好等，判断该内容是否为小众类型，评估其市场可接受程度。

传播生命力指数：调研该作品的现有知名度和热度的持续程度，从而判断其创意开发的程度：一般创意，重点创意，超级创意。权重占30%。其中，观读热度亚类指标，权重10%，主要指在线上、线下平台的观看量、阅读量统计，在各排行榜的排名状况。关注热度亚类指标，权重10%，主要指内容携带的话题性、争议性，在线上贴吧、论坛、微信群等讨论的频次，在百度等搜索引擎搜索的频次。在线下被评论家引用、提及的频次。开发热度亚类指标，权重5%，主要指，是否已改编为其他类型，是否已形成品牌效应。粉丝忠诚度亚类指标，权重5%，主要指，通过问卷等形式确定持久追随的粉丝数量，鉴别忠诚度。

延展性指数：该文本在多大程度上适合改编，以及内容在产业链上的衍生空间。权重占35%。其中，系列生产可能性亚类指标，权重5%，指的是，能否推出续集或打造为系列剧集的可能性，确定其成为现象级 IP 的可能性。游戏化程度亚类指标，权重10%，指的是，通过互动叙事、结构语义学等理论评估其可改编为游戏的可行性。衍生品创造空间亚类指标，权重10%。指的是，按照符号学、形象思维学等理论梳理其可开发的符号体系，评估其可开发的玩具、创意产品的种类，判断其是否可以运作为超大规模主题公园品牌。影视化程度亚类指标，权重10%，指的是，确定其改编为电影、电视剧、网络剧等影视载体的可行性。

明晰"文学创意"的概念与内涵，摸清文学创意的独特规律，不仅对于创意写作的学科研究与教学具有深远意义，还能促进文学创意文本的产业化进程。我们可以借鉴国外创意写作领域的"潜能激发""突破作家障碍""自主诗化""创意思维开发"的理念与方法，建立一套针符合"文学创意"思维特征的训练体系与评估体系，形成一个围绕"文学创意"的设计、研发、评测的闭环系统，为作家培养、创意产业发展提供帮助。

第二节　文学与创意城市建设的互动关系研究[1]

20 世纪中后期，随着创意经济时代的到来，城市发展迎来创意化转型的必然趋势。创意城市的理念在欧美等发达国家应运而生，并在全球推广。创意城市的基本内涵是：强调以创意的方式解决城市问题，以文化艺术创意产业和创意阶层为核心推动力，致力于打造多元、包容的创意空间。而创意城市的中国化实践路径，可从建设文学之都切入，主动借鉴联合国文学之都的四类建设模式：文学遗产综合开发模式、文学产业创意引领模式、文学教育普及助推模式和文学、传播多元融合模式，以文学激活创意产业链，打造创意生活圈，助力中国城市的创意化转型。

一、从理念到实践：城市发展的创意化转型之路

麦克尔·哈特在《帝国——全球化的政治秩序》一书里总结了中世纪以来，人类经济文化的范式变迁史，[2]这与城市发展模式的转型过程不谋而合。17 世纪以前，全球主要经济形态是以耕作采集为主的农业模式，生产效率低，人口主要集聚在乡村。直到 1800 年，全世界城市人口仅占总人口的3%。那时的城市类型主要是手工业城市、宗教城市、商贸城市。随着工业革命的到来，特别是 19 世纪末期，大机器生产的普及导致一批"以批量生产工业产品"为经济发展模式的工业城市产生，如伦敦、曼彻斯特、底特律等。这些城市凭借技术革命的红利，大规模生产和对外出口，逐渐发展为巨型城市。这种依托于自然资源和技术变革的工业城市拥有雄厚的经济基础，得以

---

〔1〕　作者高翔，文学博士，上海政法学院文艺美学研究中心讲师。本文原载《岭南师范学院学报》2019 年第 2 期。

〔2〕　详参 [美] 麦克尔·哈特、[意] 安东尼奥·奈格里著：《帝国——全球化的政治秩序》，杨建国、范一亭译，江苏人民出版社 2003 年版。

兴建摩天大楼、铁路和立交 桥等便捷的交通设施，吸引了大批城镇和乡村人口。到 2000 年，世界城市人口已经由 1800 年的 3% 飙升至 50%。城市快速工业化和现代化的进程，带来了诸多危机：如人口膨胀、交通拥堵、人均土地占有率过低、资源枯竭、高能耗、环境污染、社会不公、过度消费等社会矛盾。为了解决这些城市病，20 世纪中期开始，学者和有远见的管理者们提出了新的发展理念。例如，60 年代，城市理论家刘易斯·芒福德就强调：城市最主要的功能是化力为形，化能量为文化，化死物为活的艺术形象，化生物繁衍为社会创造力。[1]他还说，城市是人类之爱的一个器官，因而最优化的城市经济模式应是关怀和陶冶人。[2]在他看来，城市不只是一个生产财富和器物的大工厂，更是我们心灵栖居的家园。他建议借助城市的文化功能来解决崇尚技术主义和僵硬的工具理性导致的城市问题。其中最重要的举措就是坚持人本主义的城市观，大力推广创新并符合人性和生态原则的新技术，复兴历史文化遗产，让城市成为优秀传统文化和生活理想的载体，成为激发人类各方面潜能的创意空间。刘易斯·芒福德的观点具有很强的前瞻性。1972年，联合国人类环境会议发表了《斯德哥尔摩人类环境宣言》，提出了可持续发展战略作为全球倡导理念。在可持续发展的共识下，一批新的城市发展模式开始被提出：如宜居城市（1976 年）、健康城市（1986 年）、遗产城市（1991 年）、低碳城市（2003 年）等。此时人本主义、生态主义和文化经济主导的城市发展理念开始深入人心，这为之后"创意城市"的提出奠定了基础。

到了 90 年代，伴随互联网技术的发展和全球化程度的加深，创意经济开始席卷全球。"创意产业每天为世界创造 220 亿美元的价值，以高于传统产业24 倍的速度增长，创意产业已成为欧美等发达国家的支柱产业。1990 年以前美国城市只有 10% 不到的创意阶层，但是如今这个数字已超过 30%，整个创意产业人员的薪酬是全美所有产业薪酬的将近一半，相当于制造业和服务业

---

〔1〕　详参［美］刘易斯·芒福德：《城市发展史——起源、演变和前景》，宋俊岭、倪文彦译，中国建筑工业出版社 2005 年版，第 227 页。

〔2〕　详参［美］刘易斯·芒福德：《城市发展史——起源、演变和前景》，宋俊岭、倪文彦译，中国建筑工业出版社 2005 年版，第 586 页。

的总和。"〔1〕创意经济学之父佛罗里达据此提出："创意经济时代已经来临，此时，创意成为社会发展的核心推动力，创意人才的集聚程度与创意产业的发达程度成为衡量国家和地区竞争力的核心指标。"〔2〕在这样的背景下，一些发达国家开始从顶层设计上促成创意经济转型，提出了创意国家战略。如，1994 年澳大利亚颁布《Creative Australia：National Cultural Policy》（创意澳大利亚国家文化政策），1997 年英国出台"Creative Britain"（创意英国战略），2011 年欧盟提出"创意欧洲"发展计划。因应创意国家战略的潮流，创意城市的理念与举措应运而生。1998 年英国城市规划理论专家彼德·霍尔出版了《文明中的城市》，从创新发展的角度划分了创意城市的三种模式；2000 年，英国学者查尔斯·兰德利出版了《创意城市：如何打造都市创意生活圈》，提出创意城市发展的五阶段论、十等级论和七要素说，创意城市理念开始系统化。2005 年，美国的佛罗里达教授出版《创意阶层的崛起》，从创意人才和创意社区的角度解读创意城市，并提出了 3T 创意指数模型，引发了全球广泛关注。

"创意城市"从理念设想到实践推广，最重要的推动力是联合国教科文组织（UNESCO）于 2004 年创立的"创意城市网络项目"。该项目负责组织创意城市的评选，促成全球创意城市之间的经验分享和国际合作，大力宣传可持续发展理念，保护边缘化族群和弱势群体的文化多样性，帮助建立创意和创新枢纽，为创意人才提供发展机遇，使得创意和文化产业成为城市发展的核心动力。全球创意城市网络（UCCN）将创意城市划分为七个领域：文学之都、音乐之都、手工艺与民间艺术之都、媒体艺术之都、电影之都、设计之都、美食之都。UCCN 接受全球城市申报，但每个城市只能根据自己的特色申报一个。类似于联合国世界文化遗产的评定，创意城市网络项目组委会将对申报城市进行严格评估和筛选。目前，已有 180 个城市被评为创意城市，涵盖七个领域。其中，中国有 12 座城市入选。设计之都：深圳（2008 年入选）、上海（2010 年入选）、北京（2012 年入选）、武汉（2017 年入选）；手工艺与民间艺术之都：杭州（2012 年入选）、苏州（2014 年入选）、景德镇（2014 年

〔1〕 ［美］理查德·佛罗里达：《创意阶层的崛起》，司徒爱勤译，中信出版社 2010 年版，第 22 页。

〔2〕 ［美］理查德·佛罗里达：《创意阶层的崛起》，司徒爱勤译，中信出版社 2010 年版，第 89 页。

入选）；美食之都：成都（2010 年入选）、顺德（2014 年入选）、澳门（2017 年入选）；电影之都：青岛（2017 年入选）；音乐之都：长沙（2017 年入选）。目前，截至 2019 年 4 月，文学之都尚空缺，南京已经申报；与此同时，西安准备申报音乐之都。

二、创意作为关键词：理解创意城市的四个内涵

从以上的梳理我们可以得知，创意城市不是一个空头概念，而是对应一整套实践系统。那么，创意城市相比非创意城市而言具有哪些可辨别的特质？什么样的城市能够被称为创意城市？换言之，一个创意城市需要具备哪些条件？这一切要围绕关键词"创意"谈起。笔者认为，大体可以从如下四个方面理解：

1. 创意城市强调以"创意"的方式来解决城市问题，并取得传统方式不可替代的效果。何谓创意？心理学家罗伯特·斯腾伯格认为：创意的基本元素是：新颖和实用。即采取新奇的，但是又适用的方法去解决问题，或者产生新发明、新作品。[1]借用兰德利的话来说：如今，单靠科学方法的逻辑思维已经无法解决城市问题，我们必须使用创意思维，发挥文化、艺术的创造力，创造性地解决发展中的危机。创意城市就是解决后工业社会城市问题的新途径。例如，芬兰的首都赫尔辛基地处高纬度，拥有漫长的冬季，冬天的白昼时间很短，人们处在黑暗中，经济停滞，心理受挫，抑郁症案例高发。为了解决这一城市问题，赫尔辛基政府采取了创造性的方式，他们设计了大量以"光"为主题的灯光艺术节，将赫尔辛基营造为充满温暖和力量的四季之城。这一艺术举措，不仅提升了人民的幸福感（赫尔辛基长期名列最高幸福感地区排行榜前列），还刺激了旅游业的发展，焕发了创意经济的新生机。赫尔辛基在 2014 年被授予"设计之都"称号，以作为创意城市的典范进行表彰。[2]实际上，许多欧洲的重工业城市都是利用创意转型的方式解决遗留的制造业衰败的城市问题。例如，汉堡就将废弃机械厂改造为摇滚音乐工厂，将其转

---

〔1〕 详参［美］罗伯特·斯腾伯格、陶德·陆伯特：《创意心理学：唤醒与生俱来的创造力潜能》，曾盼盼译，中国人民大学出版社 2009 年版，第 10 页。

〔2〕 详参［英］查尔斯·兰德利：《创意城市：如何打造都市创意生活圈》，杨幼兰译，清华大学出版社 2009 年版，第 146 页。

换为音乐表演空间，以及青少年艺术教育、艺术活动的场所，重新激发了老工业区的活力。柏林把废弃的莱贝克工厂打造为艺术空间，以极其低廉的房租租给艺术家做工作室，每年举办大量电影、绘画展览和音乐表演活动，以此创造新型创意产业和生活集聚区。一些资源型城市，更是从资源枯竭的危机中寻求创意解决办法，重获新生。例如，西班牙的毕尔巴鄂原本盛产铁矿，但由于洪水侵袭导致城市瘫痪，依靠矿产和造船业都无法继续发展。1997年，它们设计和开放了古根海姆博物馆，并顺利转型为商务展览、艺术旅游、通信为一体的创意之都。

2. 创意城市是以创意产业为支柱产业，以创意经济为核心推动力的城市。创意产业的界定各有不同。创意经济学之父约翰·霍金斯认为：创意是催生某种新事物的能力，它是每个人都可能有的才能和智慧。每个人经过创意劳动，生产出创意的想法或实物，可以创造经济价值。据此，他将创意产业界定为知识产权（IP）的产业，包括：专利、版权、商标和设计。[1]英国政府颁布的《创意英国》战略中，沿袭了霍金斯的观点，从创意产业的源头：个人的创造力出发，将创意产业界定为包括广告、出版、设计、软件、音乐、电影、表演等在内的13大类。而美国则是从产业的终端：创意产品的角度将创意产业界定为以版权为基础的产业，并划分为：核心版权产业（电影、文学、音乐、软件、广告、戏剧等）、部分版权产业（玩具、建筑、服装、工艺品）、边缘版权产业（网络服务、创意产品的运输和通信）、交叉版权产业（电视机、手机、游戏机等）四个大类。从全球创意城市网络（UCCN）的界定来看，创意城市主要以文化艺术产业和相关服务业为主要经济支柱。

3. 创意城市是创意阶层的集聚地，是多元、包容和有活力的创意空间。佛罗里达认为，创意阶层是未来城市发展的核心人才资源。创意城市吸引、培育创意阶层，并为其提供充分的发展机遇。没有创意阶层，就没有人才，也就不可能构成创意城市。何谓创意阶层？"创意阶层是那些投入个体的才智和创造力来获得回报的人群，他们从事着旨在'创造有意义的新形式'的工作。创意阶层分三种人。第一类是超级创意核心群体：包括诗人和小说家、大学教授、艺术家和设计师、科学家和工程师等；第二类是现代社会的思想

---

〔1〕 详参［英］约翰·霍金斯：《创意经济——如何点石成金》，洪庆福、孙薇薇、刘茂玲译，上海三联书店2006年版，第3页。

先锋：包括非虚构作家、编辑、文化界人士、政府智库、社会活动家、舆论制造者等；除此之外还包括，还有广泛分布于各类知识密集型行业的创新专家，如律师、金融分析师、程序员、工商管理人士等，他们运用特定的专业知识创造性地解决问题"。[1]一个城市必须要有足够的吸引力来留住创意阶层，并为其提供充分的发展空间，这样的城市才能成为创意之都。为此，佛罗里达设计了3T模型作为创意指数。即一个创意的城市需要具备：人才（Talent）、技术（Technology）、宽容度（Tolerance）三个指标。其中，宽容度需要特别注意。它指的是一个城市必须有充满包容、活力和接纳多元文化的创意空间。因为，创意阶层倾向于那些自由、多样、容易接受新思想的地方。[2]佛罗里达调研了创意阶层集聚的旧金山湾，越是包容的地方，越有创造力。为此，佛罗里达设计了同性恋指数（同性恋人群数与高科技产业集聚成正相关，与创意阶层成正相关而与工人阶层成负相关)[3]、波西米亚人指数（一个地区的作家、设计师、演员、音乐家、导演、画家、摄影师、雕塑家等的人数比例)[4]；熔炉指数（外国移民人数，国际化程度）、种族（民族）融合指数（不同种族和民族的人口结构）来综合衡量其包容度。

4. 创意城市强调文化艺术创意与技术创新并举，并且以尊重、传承文化资源和可持续发展为根本理念。彼得·霍尔在《文明中的城市》一书中将西方城市的创新发展史概括为三个阶段：单纯依靠科技领域的创新来带动城市发展的"技术—生产创新时代"（18世纪70年代~19世纪70年代）；利用文化领域的创新带动城市发展的"文化—智能创新时代"（20世纪初~20世纪中后期）；依靠文化艺术的创作创意和科学技术的创新创意并举的"文化—技术创新时代"（20世纪90年代以来）。[5]目前，创意城市的发展就是"文化—技术创新"模式，而且主要以文化创意为主导。文化艺术提供核心内容创意，

---

〔1〕 详参［美］理查德·佛罗里达：《创意阶层的崛起》，司徒爱勤译，中信出版社2010年版，第30页。

〔2〕 详参［美］理查德·佛罗里达：《创意阶层的崛起》，司徒爱勤译，中信出版社2010年版，第256页。

〔3〕 详参［美］理查德·佛罗里达：《创意阶层的崛起》，司徒爱勤译，中信出版社2010年版，第294页。

〔4〕 详参［美］理查德·佛罗里达：《创意阶层的崛起》，司徒爱勤译，中信出版社2010年版，第301页。

〔5〕 See Peter Hall, *cities in Civilization*, New York：Pantheon Books, 1998, pp. 13-20.

作为创意源和创意母机。科技创新激活创意场，提升创意产业的消费和体验品质，提供辅助和技术支撑。创意城市并不完全依赖高科技技术的革新，更多的是挖掘本地区的历史文化遗产，并以文学艺术的方式对其进行创意化改造或者"对传统进行发明创造"。整体来看，创意城市建设是高投入、高附加值、可持续发展的，并且需要政府和民间通力合作，发挥全体市民的智慧。

三、文学如何参与创意城市建设

创意城市不只是理念问题，更是实践命题。如果说，城市的创意化转型是城市发展的必然趋势，那么如何建设创意城市则成为了迫在眉睫的"时代之问"。从联合国全球创意城市网络（UCCN）列出的创意城市七大类型来看，文学之都位列其中，并且是最早选出的创意城市类型（爱丁堡 2004 年入选文学之都）。相比于设计、电影、音乐等其他领域，文学之都的建设更多依托于文学传统资源的传承与创意化再造，对高科技、强资本的投入要求不高。这对于我国这样一个拥有极多文化古城的文化资源大国来说，从建设文学之都切入，完成城市创意化转型，是一条值得研究的路径。因此，文学之都可视为创意城市中国化建设的范本之一。

从联合国创意城市网络的官网上看，目前，全球共评选出 28 个文学之都。

其中，欧洲 19 个：英国爱丁堡、曼彻斯特、诺丁汉、诺维奇，爱尔兰都柏林、爱沙尼亚塔尔图、西班牙巴塞罗那、格拉纳达、捷克布拉格、乌克兰利沃夫、波兰克拉科夫、荷兰乌得勒支、德国海德堡、俄罗斯乌里扬诺夫斯克、冰岛雷克雅未克、斯洛文尼亚卢布尔雅那、意大利米兰、挪威利勒哈默尔、葡萄牙奥比杜什。

北美 3 个：加拿大魁北克、美国西雅图、爱荷华市。

亚太地区 3 个：韩国富川、澳大利亚墨尔本、新西兰达尼丁。

非洲 1 个：南非德班。

阿拉伯地区 1 个：伊拉克巴格达。

拉美地区 1 个：乌拉圭蒙得维的亚。

那么，文学之都是怎样评选出来呢？其标准主要侧重于考量文学在促进城市经济发展，提升文化原创力和城市影响力，营造城市创意空间以及服务市民精神文化生活等各方面是否发挥重要作用。换言之，创意城市网络所倡导的理念是：文学，不仅作为一种文化遗产的资源传承，同时也应成为经济发展的创意引擎，以及城市多元文化保护，提升市民认同感、幸福感的创意工具。从 UCCN 的官网文件以及已入选城市的文献调研来看，我们可以将文学之都的评选标准大体总结为如下七个方面：

1. 文学产业化发达程度：评估该城市的文学印刷出版业、数字出版业及相关的文学产业的发达程度。包括企业数量、从业人员数量、技术创新层次；同时考察其生产的文学作品的市场销量、品类和主题的多样化程度以及文化艺术影响力。

2. 文学教育的普及程度与质量：评估该城市的小学、中学和大学中文学教育的广度与深度。是否拥有从基础教育到高等教育的创意阅读、创意写作教育体系，是否有针对青少年专门设计的文学课程和工坊活动，是否有知名的大学开展文学通识课，课程内容是否继承和发扬本地区的文学传统，同时引介国际优秀文学作品。

3. 文学景观的数量与影响力：文学景观，可以分为三类。最常见的是某个现实的存在物是文学作品的原型，经过作家的书写而被世人熟知。例如，寒山寺因张继的《枫桥夜泊》而出名，寒山寺就成为一个带有文学意象性的文学景观；滕王阁、岳阳楼、少林寺、巴黎圣母院、上海滩也是如此。还有一种，是现实中原本不存在，经过作家的创造而产生的虚拟形象或幻想空间，借由现代技术将其在地化和实物化，如迪士尼乐园、哈利波特影视城、西游城等。第三类文学景观，是与作家本人和其写作活动有关的历史遗迹，如莎士比亚故居、都柏林的贝克特酒吧、乔伊斯咖啡馆，或者是后人集中整理、设计和开发的文学展览馆、作家博物馆，比如香港金庸博物馆。文学景观代表着一个城市的文化底蕴，甚至是城市形象的化身，并且能够为旅游、餐饮、艺术品加工、广告等其他创意产业和服务业提供创意符号资源与体验空间。文学之都的建设离不开对文学景观的梳理和保护，以及文学景观的创意化开发。

4. 文学活动的数量与影响力：评估该城市设计、开展文学活动的数量，这些活动可能包括各类文体的交流展示的节庆（诗歌节、戏剧节、小说写作月等），也包括为作家提供的交流活动，为市民提供的文学讲座、书展等阅读活动，以及面向青少年、少数族裔、妇女、儿童的特色文学活动。此外，文学研讨会、文学奖的评选、文学排行榜的发布等文学评价活动也值得关注。

5. 文学服务的载体数量与效果：文学不是高高在上，只有文化精英才能享有的专利。它应该深入到社区，到市民生活中，成为日常化的一部分。其中，文学阅读与写作是公共文化服务的重要内容。文学服务的载体有公共图书馆、书店、私人博物馆、社区中心、民间团体等。评估这些载体的数量、规模、服务的专业化程度以及口碑，也是文学之都评选的指标之一。

6. 文学传播的国际化程度和影响力：评估该城市从事文学翻译出版、文学国际化交流的机构数量，统计每年翻译引进以及出口推介到海外的文学作品数量。还要辨识影响力，看看该城市是否有国际影响力的作家和作品，是否对世界文学的发展有创新贡献，是否包容多元的国际文化。

7. 文学与其他文化艺术媒介的互动程度：评估该地区为促进文学产业化，而推动文学与新媒体技术和电影、音乐、舞蹈、动漫、游戏等其他文化艺术媒介的协同创新程度。例如，文学的影视化、动漫化、游戏化改编，或者网络文学的融媒体创作与传播等。总之，文学之都并不是只有文学产业的城市，相反，它是一个以文学为创意引擎激活整个 IP 文化产业链条的"创意场"。文学作为文化产业的上游，为电影、工艺、动漫等产业提供源文本和创意孵化支撑。被评为文学之都的城市，其整体的文化艺术氛围浓厚，其他创意领域也处在活跃之中。

不过，不同城市在建设文学之都时，总是依据自身的城市文化资源和经济特点来制定建设方案，并不都能同时满足以上七个指标，往往是选择其中一个或多个领域来重点发展，最终形成文学之都的品牌效应，借由文学的介入来完成城市的创意化转型。通过对 28 个全球文学之都的文献研究，笔者将文学之都的建设模式划分为如下四种类型：

1. 文学遗产整合开发型

这类城市本身是文化古都，拥有许多载入史册的文学大师和文学名著、文学景观构筑的"文学遗产符号库"。但是只有文学资源还不够，重要的是这些城市运用创意手法对其进行了整合开发，将文学遗产由封存于历史中的文化资本转化为可以体验、消费的不断生长的审美资本和创意资本。代表城市如下：

英国爱丁堡：爱丁堡对市内的作家故居进行重点保护，并将作家资源进行整合开发。如开设作家博物馆：将民间诗人罗伯特·彭斯、海盗小说家罗伯特·路易斯·斯蒂文森和瓦尔特·司各特三位文学巨匠的手稿、事迹联合展出；在司各特的故乡建设全世界最大的作家纪念碑：司格特纪念碑；围绕著名侦探小说家柯南·道尔建设一系列文学景观，其中最著名的是福尔摩斯商店，出售多种版本的《福尔摩斯探案集》以及福尔摩斯的帽子、雨衣、手杖和各种纪念品，陈列全球读者写给福尔摩斯的信；开发文学咖啡馆、文学酒吧，例如 J. K. 罗琳写作《哈利·波特》的咖啡馆就是一个旅游胜地。[1]文学遗产除了作为旅游观赏、教育纪念的地标作用外，它本身也成为市民创意活动的空间载体。爱丁堡举办了大量的文学节庆活动，例如，爱丁堡国际艺术节、边缘艺术节、国际图书节、戏剧节、电影节等。国际艺术节就设在古城堡里，焕发文化遗产的新创意。节庆活动中，市民们以音乐、舞蹈、戏剧的方式重演、改编爱丁堡作家的作品，而著名的"彭斯之夜"早已成为市民们的诗歌狂欢节。就这样，文学不仅成为创意资源，也成为激发市民生活创造力的创意引擎。

爱尔兰都柏林：都柏林拥有丰厚的文学传统和令人瞩目的文学成就。该城市先后诞生了四位诺贝尔文学奖作家：文艺复兴诗人威廉·叶芝、剧作家萧伯纳、荒诞派剧作家塞缪尔·贝克特和诗人谢默斯·希尼。此外还有开意识流小说先河的现代派小说巨匠詹姆斯·乔伊斯、童话和讽刺小说家斯威夫特、唯美主义作家王尔德、戏剧家萧伯纳。都柏林的街头、码头甚至游船上到处可见作家雕像和画像，都柏林甚至修建了三所以作家命名的大桥：贝克特大桥、乔伊斯大桥、奥凯西大桥，将作家当作城市的文化代言人，将文学作为地标名片。萧伯纳和叶芝等作家故居、作家博物馆、作家展览馆、作家雕像构成了一条"文学遗产旅游专线"。近年来，都柏林还花大力气重建坦普尔巴，重现詹姆斯·乔伊斯、塞缪尔·贝克特曾经写作和留恋的酒吧、咖啡馆，并为国际作家、艺术家提供专门的工作场所，提供税收优惠。这样一来，文学遗产也成为文学产业的载体。

2. 文学产业创意引领型

这些城市商业发达，一般拥有出版业的发展传统。它们通过优先发展以图书出版、数字出版、网络文学、版权运营等文学产业，激活创意产业链，

---

〔1〕 详参花建："'文学之都'的产业化开发"，载《解放日报》2014 年 5 月 12 日。

带动戏剧演出、音乐、电影、设计、展览等相关产业发展，探索文学产业主导的城市创意化转型之路。代表城市如下：

波兰克拉科夫：作为波兰的语言和文学中心，克拉科夫的出版传统可追溯至16世纪。该城市的文学传统浓厚，诞生了约瑟夫·康拉德、亨利克·显克维支和维斯瓦娃·辛波丝卡等著名作家。依托文学资源，该市拥有75家书店和近100家出版公司。克拉科夫的文学出版非常繁荣，它们将出版和文学节庆紧密融合。例如，开办了康拉德艺术节、米沃什艺术节、前卫诗歌节，以及波兰最大的国际图书展。它们还开设了各种文学奖的评选，致力于依托出版产业培育作家新人。这些奖项包括：扬·德乌戈什奖、维斯拉娃·辛波丝卡诗歌奖、跨大西洋奖。

海德堡：海德堡的文化历史可追溯到1386年海德堡大学的创立。围绕大学，海德堡建设了大量书店（平均1万名居民拥有1.5家），以及服务于学生和教师的学术出版产业。近年来，以古籍电子化为主的数字出版也在蓬勃发展。据统计，文学产业产值在该市GDP中占有超过三分之一的比例。2013年，该市创建了"创意产业中心"，支持文学创作创业相关的文创产业发展，并特别鼓励文学与舞蹈、音乐、电影等其他企业项目协同创新。

韩国富川：富川是目前入选的唯一一个亚洲城市。它并没有很深厚悠久的文学传统。其文学发展始于20世纪上半叶的韩国新诗运动。但是依托强大的公共图书馆系统和文学出版产业，富川取得了显著的创意成就。目前，其拥有529家文学出版商，年收入为1030万美元。为了支持文学产业发展，富川颁布了"文化艺术促进条例"，每年拨出450万美元的艺术和文化发展基金，支持作家创作；推出"保存本地书店"活动，扶持书店，鼓励文学消费，以消费促进文学生产；鼓励文学和动画、电影企业合作，支持作家和设计师、制作人跨界融合。此外，它还开展了许多写作课程，有意识地培育市民作家。

3. 文学教育普及助推型

这些城市虽然没有丰富的文学传统和著名的文学景观，但是依托系统的文学创意教育，特别是以创意写作专业为主的写作教育，打通了学校、产业、社区，培育了大量作家作品，激活了整个社会的文化创造力。代表城市如下：

美国爱荷华：爱荷华是个不足10万人的小城，却具有国际文化影响力，这主要得益于爱荷华大学兴起于20世纪20年代的创意写作教育。目前，爱荷华大学拥有创意写作本科、硕士、博士的教育系统，并为全美培育了大量作家、写作教师、记者、编剧。爱荷华大学主要以工作坊的形式开展写作教育，开设了"编剧写作工坊""非虚构写作工坊""翻译工坊"、小说写作工坊"新媒体写作工坊""歌曲填词写作工坊"等一系列分体写作项目。1967年，爱荷华大学还创立了"国际写作项目"，邀请全世界作家定期在爱荷华写作。该项目也成为爱荷华的一张文学名片。创意写作教育不仅在大学展开，还以公益活动的形式在社区、图书馆、独立书店等普及推广。诸如，爱荷华青少年写作项目、退伍军人之声项目、夏季写作节、"一本书、两本书"儿童文学节等都是面对特定群体展开的文学服务项目。创意写作教育助推了文学产业发展，目前，爱荷华每年的创意产业受益为 169 亿美元。同时也培育了创意阶层，爱荷华城有 30% 人口从事创意工作。[1]

南非德班：德班是入选文学之都的唯一非洲城市。由于殖民统治和种族隔离的历史文化背景，德班的文学传统很薄弱。90 年代以来，德班的文学影响力逐步显现出来，其中代表作家是纳丁·戈迪默和库切，两人分别于 1991年和 2003 年获得诺贝尔文学奖。由于长期的种族隔离，居民的文学素养不高。为此德班开办了夸祖鲁·纳塔尔大学（UKZN），着重开展文学阅读普及教育，特别是创意写作教育。纳塔尔大学是世界上较少拥有创意写作博士点的学校。依托创意写作教育，德班培育了大量黑人作家，提升了利用文学发声、对话的机会。创意写作的普及，也促进了独立出版业的发展。

4. 文学传播多元融合型

这些城市拥有多元文化聚集的传统，一般是移民城市，或者具有多种语言写作、多民族写作的历史背景。不同语言、不同民族、不同国家背景的市民通过文学的方式保存、发扬自己的文化传统，文学在这里起到了增进城市文化认同和凝聚力的关键作用。文学的发展所构建的多元、平等、互信包容的创意空间对其经济发展大有裨益。代表城市如下：

伊拉克巴格达：巴格达是唯一入选文学之都的中东城市。巴格达的历史悠久，是阿拉伯文学创作中心，2015 年被评为文学之都。为了加强不同宗教文化背景市民的互信和交流，巴格达同时发行阿拉伯文、英文和法文三种语言的文学刊物和图书；巴格达政府还组织了大量翻译出版社和文学机构，比

---

〔1〕 详参葛红兵、刘卫东："从创意写作到创意城市：美国爱荷华大学创意写作发展的启示"，载《写作》（上旬刊）2017 年第 11 期。

如马莫恩翻译出版社、文化事务社等，还创办了国际文学翻译大会；成立伊拉克作家联盟、伊拉克诗社等，开办国际诗歌节，以翻译文学、诗歌创作等形式增进多语种市民的交流，增进认同感。另一方面，巴格达的女性不平等问题由来已久，为了保护女性权益，政府每年划拨 15 万美元用于支持女性和青年作家，并为妇女作家设立了"娜齐克·马莱卡奖"。

澳大利亚墨尔本：墨尔本只有 180 年的历史，它是一个移民城市。人口构成有欧洲白人，还有来自中、日、印度等亚裔，少量非洲和美洲移民。墨尔本特别重视运用文学的形式，来激发多元文化的创造力。它每年都举行作家节、诗歌节、国际艺术节、电影节、喜剧节、芭蕾节，以及专为移民中的少数族群设立的自由社区节。

创意城市的建设理念，对我国城市的转型发展至关重要。大量的资源型城市、重工业城市、劳动密集型加工业城市等，都亟需探索创意化转型之路。我国是文学传统大国，许多城市拥有丰厚的文学遗产和文学创作活力，借助文学参与城市建设，打造文学之都的路径对我国建设创意城市的策略选择大有启发。以文学促进城市创意转型，我们可以做如下工作：

首先，加强对城市的文学传统的梳理，理清和挖掘文学资源，保护文学景观，对文学遗产进行创意化再造，将文学作为创意资本，主动与旅游、餐饮、房地产、交通等产业对接，激活传统产业的创造力，打造城市的文学 IP 名片，形成城市文化品牌。

其次，以大学为核心，发展创意写作教育，并向中小学基础教育、职业教育延展，形成体系化的文学创意教育社会机制。从而激发文学的创意功能，培育作家、编剧、编辑、策划等创意阶层，将文学原创力注入创意产业链。

再次，注重传统文学出版和网络文学、新媒体文学产业发展，将文学作为创意产业的内容引擎，打通文学、电影、动漫、游戏、音乐产业链。

最后，文学参与城市建设不只是政府的顶层设计，还需要全社会的共同参与。可采取政府政策支持引领，民间社会团体、社区居民协同助力的方式。将文学渗透进城市生活，开设各类创意写作工作坊、文学艺术节庆活动，发挥文学的社会文化服务功能，打造文学创意社区，并加强国际化传播，吸引各类创意阶层，形成有活力的多元文化空间。

第三节　西方创意写作工作坊研究热点梳理[1]

20 世纪 20 年代，创意写作创生于美国爱荷华大学。经过近百年的发展，它已由一门课程逐渐发展为一个涵盖本科、硕士、博士的高等教育学科，并向社区公共文化服务和创意产业延伸。2009 年，创意写作引入中国，从创意写作发展的世界图景看，我国创意写作在学科实践方面做出了有益探索，但在理论建设方面还稍显薄弱。这就需要我们从西方创意写作近百年的理论积淀中汲取养分，借鉴方法和经验资源；关注西方创意写作的研究热点，学习、反思并与我们的本土实践相结合，建构系统化、中国化的创意写作理论体系。

总的来看，西方创意写作研究的热点，始终围绕着工作坊（Workshop）的议题展开。工作坊是创意写作的核心特征，也是一个完整而复杂的意义系统。我们可以从三个属性来进行切入。

首先，创意写作工作坊是一个教学实践空间。围绕这一属性，产生了"谁来教"的问题，即导师身份定位的研究；同时产生了"谁来学"的问题，即面对不同参与者主体，如何建构不同类型、不同定位和目标系统的创意写作工坊；同时还产生了"教什么？怎么教？"的问题，即工坊教学理念、形式、内容和伦理的研究。

其次，创意写作工坊还是一个写作的实践载体。围绕写作的创意过程，产生了"怎么写"——工坊创作论的研究；围绕写作的产出，即作品的阅读、编辑和修订产生了"怎么读"——工坊创意阅读、工坊批评论的研究，以及作品编辑出版的文学产业论的研究。

最后，创意写作工坊还是一个创意活动空间。因为，工坊中的导师、参与者是在沟通交往的创意活动中写作、学习、互动和提升。围绕创意活动的属性，产生了"怎样有创意地教""怎样有创意地写""怎样激发、生成和写出创意"的问题，即创意论的研究。

综合创意写作工坊"三位一体"的属性，笔者将西方工坊研究热点归纳

---

[1]　作者高翔，文学博士，上海政法学院文艺美学研究中心讲师。本文原载《山东青年政治学院学报》2020 年第 1 期。

为三个维度：导师维度——工坊导师身份定位研究；参与者主体维度——六类创意写作工坊与多元化目标定位研究；内容维度——工坊创作论、创意论和教学法研究。

一、导师维度：工坊导师身份定位研究

创意写作工作坊的一个显著特点，就是作家担任导师，作家教作家。这一机制在迈尔斯的 *The Elephants Teach：Creative Writing Since 1880* 一书中阐释的很清晰：二战后，创意写作由课程向系统的学科方向发展。其标志之一就是作家驻校制度的完善和普遍化。1919 年伯克利大学率先开启驻校作家的模式，此举不仅丰富了固有的工作坊高校师生模式，而且在一定程度上保障了作家们自身的物质生活。1945 年，艾略特加入约翰·霍普金斯大学成为驻校诗人，并一手组建了写作研讨会（创意写作工作坊的一种形式）。除了爱荷华大学，斯坦福大学、丹佛大学、康奈尔大学都开始设立创意写作项目，甚至开设创意写作 MFA。之所以这样做，是想为创意写作教师设立一个独立的硕士学位，以便他们能够胜任工坊教学工作。[1]早期的创意写作教师只是知名作家，但到了 70 年代后期，随着创意写作硕士、博士项目的发展，越来越多的创意写作教师都是拥有专业学位的作家。迈尔斯写道：1970 年，创意写作学位项目总数攀升到了 46 个，到 1980 年则超过了 100 个。创意写作项目成了一个能够制造更多创意写作项目的机器……[2]这时，由获得学术认可的创意作家去教授创意写作，培养其他的创意作家，但这些创意作家并非传统意义上的作家，而是能够培养更多非传统作家的创意作家。如今，在美国、英国、澳大利亚的各大高校的创意写作工坊常任教师一般都有创意写作博士学位（或相关的文学、艺术学博士学位），社区学院一级的学校要求创意写作硕士学位。

创意写作工坊导师师资定位问题，既是一个实践问题，更是一个理论研究热点。创意写作教师的职责是什么？禁忌是什么？Cathie Hartigan 和

---

〔1〕 See David G. Myers, *The Elephants Teach：Creative Writing Since 1880*, University of Chicago Press, 2006, p. 180.

〔2〕 See David G. Myers, *The Elephants Teach：Creative Writing Since 1880*, University of Chicago Press, 2006, p. 182.

Margaret James 编写的 *The Creative Writing Student's Handbook*（《创意写作学生指南》）写道：创意教师一般本身就是作家，不一定要求必须是畅销书或获奖的知名作家，但起码要有丰富的写作经验，还需要足够的耐心和热情。因为作为老师，他需要收起艺术家的高傲个性，放下身段，耐心倾听，并对渴望成为作家的学生们报以极大的包容和期待。[1] Joseph Moxley 的观点与此暗合，他认为，创意写作导师虽然是作家，但也需要不断自我更新，不能完全以作家个体的创作经验来指导学生。因为创意写作不是一个固化的知识概念，是一个终身学习和探索的旅程。在这里，作家成为了合作学习者（Co-Learner）。在工坊中，作家导师也在不断学习、反思和校准。[2]

　　创意写作教师的身份定位，应放在不同语境的教育系统中具体认知。为此，Rebecca Manery 对美国高校的创意写作教师做了一份访谈调查，将结果写成了论文，发表在创意写作权威期刊上。该文运用现象学的方法，总结了创意写作教师对自身定位的五种类型：专家实践者、帮助促进者、促使改变的中介、知识的协同建构者。[3] 不同类型的导师对应的教学目标、教学价值观也不相同。

　　实际上，创意写作工坊导师应该具备共通的基础素养：他应该是拥有丰富写作经验的行家。另一方面，他不仅会写作，还会教写作。所以，他还需要具备教学技能，熟练运用各种方法系统提升学生的写作技能。同时，还应该看到在不同类型的工坊中，导师的定位会随之变化。因此，工坊导师还具有某种可塑的素养：如果是面对通识教育的工坊（大学低年级、社区兴趣写作型），他需要是一名耐心的、机智的咨询师和心灵导师，能够针对不同学生的特点和需求，提出相应的咨询建议，并启发学生的心智，帮助他们发现自我，接纳和理解不同的声音；如果是面对职业化的面向产业的专业写作工坊，则要求导师成为一名职业写作教练，能够培养学生输出作品的能力，以应对市场和就业的考验。

---

　　[1]　See Cathie Hartigan, Margaret James., *The Creative Writing Student's Handbook*, Council for World Mission, 2014, p. 4.

　　[2]　See Joseph Michael Moxley eds., *Creative Writing in America: Theory and Pedagogy*, National Council of Teachers of English, 1989, p. 255.

　　[3]　See Rebecca Manery, "Revisiting the Pedagogy and Theory Corral: Creative Writing Pedagogy Teachers' Conceptions of Pedagogic Identity", *New Writing*, Vol. 12, 2015, pp. 205-215.

二、参与者主体维度：六类创意写作工坊研究

除了导师，创意写作工坊的另一个重要元素是参与者。参与者是主体，面对不同群体的不同类型的创意写作工作坊在教学模式、理论基础、活动内容和目的等方面都有不同的侧重。根据西方创意写作的研究热点来看，依照参与者的不同，大致可分为六种工坊类型。

1. 面向高等教育：高校创意写作工坊研究

创意写作诞生于美国的高等教育改革，由课程、项目发展到本科、硕士、博士完整的学科体系，都发生在高校系统内。高校的创意写作工作坊类型多样，其与文学艺术、创意产业密切关联，涵盖了几十种分体写作类型。调研来看，高校创意写作工坊大多设在英文系下，如爱荷华大学，芝加哥大学、东安格利亚大学开设的"创意写作与英语文学"本科、硕士和博士学位。不过近年来，随着创意经济的发展，创意写作工坊越来越与创意产业相关专业结合。整体上看，我们可以将高校创意写作工作坊大致分为两类：

一类是爱荷华模式，以提升写作能力，培育文学素养，鼓励文学创新为目标。包括斯坦福大学、波士顿大学、哥伦比亚大学、东安格利亚大学在内的名校都是这种模式。它们以培养严肃文学作家为目标，无论是教材选取还是课程设置，都注重文学经典，对类型文学、文学产业抱有警惕态度。国内的复旦大学、北京大学、清华大学、同济大学、南京大学的创意写作也都属于这个路子，即保留着文学系的经典文学、精英文学的传统，带有作家班的影子，以培养严肃文学作家为目标。

另一类是以澳洲创意写作教育为代表的模式。它们将创意写作放置于创意产业的具体语境中，将创意写作工坊与具体的产业实践相结合，工坊的目标是培育类型文学作家和创意产业中的写作专业人员。例如，墨尔本大学的创意写作MFA学位直接与数字内容产业对接，课程内容涉及新媒体写作、编辑、营销整个产业链。昆士兰科技大学的创意写作专业则开在创意产业学院，它认为创意写作不是培养传统意义的作家，而是与互联网、出版、广告、时尚、艺术管理、电影、动漫等广阔的创意产业相关的从业人员或专家，简单来说就是佛罗里达所说的"创意阶层"。在国内，上海大学就是践行这一模式，温州大学、广东外语外贸大学、西北大学、山东青年政治学院、上海政

法学院等开设的创意写作专业就属于这种类型。

　　当然，高校的创意写作工作坊并不能完全归类为以上两种模式。很多学校除了有学位课，还有非学历的教育方式，例如夏令营、短期作家工坊、大学写作计划等。实际上，经过近百年的发展，英语国家的创意写作工作坊已经形成了独木成林的"榕树体系"。创意写作工坊从高校创生，而后它不断越过大学的围墙，向基础教育渗透，向社会系统延展。它走进社区、医院、监狱、创意产业园区，形成多元主体的工坊类型。正如 Bishop 所说：现在，人们已经形成了一种共识：即创意写作对各行各业的人都是有益的。因为一旦我们承认写作的自我表达的重要功能，相信每个人都可以成为作家，那么创意写作工坊向各个领域渗透发展就成为一种必然。[1]

　　2. 面对青少年：基础教育创意写作工作坊研究

　　90 年代以来，基础教育创意写作工坊研究逐渐成为西方学界的关注热点。目前，英国、美国、爱尔兰、新加坡、澳大利亚等国家和地区都将创意写作工坊作为中小学课程体系的必修项目。例如，美国国家英文教师委员会早在90 年代初就倡议：全美的高中都应该开设至少一门创意写作课。[2]英国则于1997 年公布了创意国家战略，设置了七个主要改革目标，其中第一条就是：向儿童和青少年推广创意教育，开展"发现你的天赋"计划，每周试点五个小时的文化创意课程（包括创意设计、创意写作等），经过几年的试点，创意写作工坊课逐渐成为英国基础教育的必修课。[3]值得注意的是，该课程和传统的作文课是分开的。后者主要教授语法、单词拼读等语文知识，而创意写作工作坊一直是作为创意教育课的一环。例如，英国教师 Judy Waite 在论文中指出，中小学英文写作教学过度关注语法正确性，过多传授写作知识而不是培养创意思维和写作技能。为此他建立了一个面向青少年的互动创意写作网站，鼓励他们讲故事、写故事，激发创造力。[4]爱尔兰的中小学也普遍开

---

　　〔1〕　See Wendy Bishop, David Starkey, *Keywords in Creative Writing*, Utah State University Press, 2006, p. 163.

　　〔2〕　See Joseph Michael Moxley. *Creative Writing in America*：*Theory and Pedagogy*, National Council of Teachers of English, 1989, p. 49.

　　〔3〕　See DCMS Department for culture, media and sport, *Creative Britain*：*New Talents for the New E-conomy*, DCMS, 2008, p. 2.

　　〔4〕　See Judy Waite, "Wordtaming, the Funfair of Ideas and Creative Writing for the New Generation of Learners", *New Writing*, Vol. 12, 2015, pp. 35–44.

设了爱尔兰语的诗歌创意写作工作坊。爱尔兰教师 Daniel Xerri 的论文详细描述了诗歌工作坊的教学目的和过程，她积极评价了诗歌工坊有利于学生们热爱母语，将其提升到了民族文化保护和传承的高度。[1]此外，新加坡、中国香港地区、中国台湾地区也都陆续在中小学开设了中文创意写作课程。

面向基础教育的创意写作工坊，其教学难点在于如何根据儿童与青少年的认知水平和心理特征进行创意教学。因此，关于儿童和青少年创意写作的专门化教材的研发成为研究应用的热点。其中，学术和实践价值较大的有：英国作家 Sue Palmer 于 2011 年出版的一套针对教授 14 岁以下学生创意写作的指导书：*How to Teach Writing Across the Curriculum*。这套书分为两册，分别面向 6 岁~8 岁和 8 岁~14 岁的学生。在书中，作者认为青少年创意写作工作坊的目的是在轻松愉快的氛围中挖掘孩子的创意潜能，激发孩子写作的兴趣，让他们学会运用写作进行自我表达，并将写作作为一种学习工具。为此，作者建议采取跨学科的教学方法，综合运用游戏、戏剧、音乐、绘画等方式来教学生们写作的技巧，鼓励学生采取聆听、朗读、合作表演、文字涂鸦等方法学习写作，并在大量趣味练习中养成写作习惯，提升写作能力。[2]此外，欧美国家倾向于将创意写作工坊作为一种与语文常规教学互动的课程模式，因此基础教育工坊中的创意练习书非常多。例如，少儿作家 Amanda J Harrington 编写的 *Creative Writing for Kids Book 1-4*，这套书以漫画的方式讲解日记、童话、小说、诗歌等各种文体的写作技巧，配有大量改写、续写的写作练习，以及涂鸦、手工等辅助的创意练习。[3]

近年来，国内学界也开始关注青少年创意写作工坊。其中，中国人民大学出版社陆续翻译了《写作魔法书：妙趣横生的创意写作练习》和《写作魔法书：让故事飞起来》以及《会写作的大脑》等青少年写作练习书。但国内在这方面的研究还属于起步阶段。

3. 面对囚犯改造：监狱创意写作工作坊研究

创意写作除了承担写作教育的功能，还向社会公共文化服务延展。例如，

---

〔1〕 See Daniel Xerri, "Inspiring young people to be creative: Northern Ireland's poetry in motion for schools", *New Writing*, Vol. 14, 2017, pp. 127-137.

〔2〕 See Sue Palmer, *How to Teach Writing Across the Curriculum* (Ages 6-8), Routledge, 2010; Sue Palmer, *How to Teach Writing Across the Curriculm* (Ages 8-14), Routleage, 2010.

〔3〕 See Amanda J. Harrington, *Creative Writing for Kids Book 1-4*, The Wisha Tree, 2016.

近年来，不少美国监狱开始引进作家（诗人）与社工、心理咨询师合作开展"监狱创意写作工坊"。他们试图鼓励服刑者运用写作的方式进行自我反思、忏悔、心灵净化和救赎，同时以工坊为载体，在监狱中营造一种"互相倾听，互助自助"的良性团体氛围。创意写作工坊实际上成为了一种社工矫正技术，既带有个人心理治疗的色彩，也带有一种尊重弱势群体的民主意味。

例如，创意写作教师 Mark Salzman 2003 年出版的创意写作教学研究随笔 *True Notebooks*（《真实笔记》）中，详细记述了他在洛杉矶少管所教授创意写作一年的经历。他认为，监狱创意写作工坊的实践过程不仅有助于囚犯们重新审视自己的过往经验和选择，同时也是对写作教师的一种"改造"，他为写作教师提供了更多看生活的视角。[1]

驻狱诗人导师 Judith Tannenbaum 在他 2000 年出版的著作 *Disguised as a Poem*：*My Years Teaching Poetry at San Quentin*（《伪装成一首诗：我在圣昆廷监狱教诗歌的岁月》）中谈到了监狱创意写作工坊的操作问题：我们需要面临的首要难题是，许多囚犯的文化程度不高。因此，导师首先要鼓励他们用口语讲述自己的故事，然后再教给他们书面表达的技巧。这是一个循序渐进的过程。创意写作在监狱里是一种替代性的文化教育。[2]

由此可见，监狱创意写作工坊不仅具有心理矫正功能，还有文化教育功能，同时它还作为一种非虚构写作资源，成为作家导师的创意宝藏。

4. 面对老人、妇女与少数族裔：社区创意写作工作坊研究

美国创意写作的发展与二战后社区工坊的壮大有着密切的关联。1944 年美国国会通过了《退伍军人权利法案》，规定了退伍军人的教育保障，大批退伍军人进入了当时的社区学院（Community College）学习。这些学校开在社区里，几乎没有门槛，相当于我们国内的电大。由于退伍军人受教育程度有限，不少人还在战场上负伤，能够选择的专业不多。在社区学校的鼓励下，大量退伍军人选择了创意写作专业。社区创意写作工作坊不仅为他们提供了系统提升英语读写能力的机会，更重要的是为他们提供了一种发声机制。他们能够把对战争的反思写下来，把历史的创伤经验表达出来。此后，50 年代的黑

---

〔1〕 See Wendy Bishop, David Starkey, *Keywords in Creative Writing*, Utah State University Press, 2006, p. 168.

〔2〕 See Wendy Bishop, David Starkey, *Keywords in Creative Writing*, Utah State University Press, 2006, p. 169.

人民权运动，60 年代的妇女解放运动都与社区中的创意写作工作坊有着千丝万缕的联系。

2000 年以后，越来越多的学者注意到社区创意写作工坊的巨大社会价值，他们将社区工坊称为"创意写作的传统与未来"。例如，Rebecca Givens Rolland 的论文，详细记述了社区创意写作工作坊与公共文化服务相结合的案例。2001 年波士顿大学创意写作专业毕业生伊芙·布里堡在社区创办了 GRUB 街公益写作中心，该中心主要面向老人、家庭主妇、待业青年、失业者开展包括回忆录写作在内的生活写作（Life Writing）培训，并且鼓励不同职业、不同阶层的社区公民参加。每周该中心都会举办工作坊，老人在其中讲述自己的人生故事、朗诵诗歌，家庭主妇则撰写了爱情小说、剧本，律师、医生、失业者、家庭主妇各个阶层共聚工作坊中，减少了隔阂和误解，增进了社区认同感。[1]

值得关注的是，Terry Ann Thaxton 编写的论文集 *Creative Writing in the Community*（《创意写作进社区》）一书提供了看待社区创意写作工作坊的另一种视角。他认为，高校的创意写作人才培养需要和社区实践相结合。高校学生应该意识到自己的公民身份（Citizenship），要从学校课堂走出来，到社区进行志愿服务，彰显自己的公民服务意识和社会责任感（Civic Responsibility）。[2]一方面，学生在社区实践中进行观察，以服务学习（Service-Learning）的方式积累写作素材，提升洞察力；另一方面，学生在社区开展创意写作工坊实践，应用和反思自己学到的写作技巧，提升表达能力，在行动中树立作为教学艺术家的信心（Teaching Artist）。因此，社区创意写作工坊和高校创意写作专业是相辅相成、相互促进的关系。社区既是高校创意写作学生的第二课堂，也是实习基地。在国内，葛红兵教授于 2013 年创办的社会公益组织"上海华文创意写作中心"就是尝试衔接上海大学的高校创意写作人才培养与社区公共文化服务的互补管道。创意写作专业的教师和研究生到社区捐建助建社区书坊，在书坊中定期开展创意写作工作坊，可谓是非常前沿的社区创意写作工坊实践。

---

〔1〕 See Rebecca Givens Rolland, "Finding the Through-line: A Portrait of an Innovative Creative Writing Organisation", *New Writing*, Vol. 10, 2013, pp. 272-281.

〔2〕 See Terry Ann Thaxton ed., *Creative Writing in the Community: A Guide*, Bloomsbury Academic, 2013.

5. 面对心灵创伤者：作为心理疗愈的创意写作工作坊研究

写作的疗愈功能在柏拉图那里就有说明：写作可以起到宣泄、净化的作用。不过，写作真正作为一种心灵治愈手段展开，则与 60 年代~70 年代兴起的叙事治疗流派密不可分。在美国，有专门的国家诗歌治疗协会（The National Association for Poetry Therapy）。根据 Bishop 的调查，美国的许多医院都开设有诗歌创意写作工作坊。诗歌成为一种缓解病痛和死亡恐惧的手段。例如，许多医院针对患癌的儿童、艾滋病人、生命末期的老人定期开设诗歌创作朗诵会。医院设有专门的诗廊，将病人们的诗歌配备照片挂在走廊里展示。护士、医生、患者和家属都会参加这样的工作坊和展览，有时医院还会协助出版这些作品。"这对那些处于生命末期的人来说，是一种珍贵的精神财富，也是一种鼓励和安慰。"[1]

近年来，创意写作工作坊的疗愈作用成为工坊研究新热点。相关的著作有：Bracher 的 *The Writing Cure：Psychoanalysis, Composition, and the Aims of Education*。他将写作的治疗作用与学生的完型、成长以及审美教育相关联；[2] Fiona Sampson 编辑的（*Creative Writing in Healthand Social Care*）主要探讨了如何运用创意写作工作坊的方法对拥有创伤经验的受害者进行帮助；[3] Gillie Bolton、Victoria Field 和 Kate Thompson 编辑的 *Writing Routes：A Resource Handbook of Therapeutic Writing*，主要讲如何运用自传体、意识流、自我对话等方式开展心灵治愈为目的的工作坊。[4] 而在这一方面，国内的研究近乎空白。可以预见，写作疗愈学与治疗型创意写作工坊将成为国内创意写作研究未来的热门方向之一。

6. 面向文学创意产业：职业作家培训工作坊研究

随着创意产业的勃兴，社会系统提供创意写作职业技能培训的机构越来越多。这些机构由作家、编剧、编辑或文学产业从业人员创办。它们主要提

---

〔1〕 Wendy Bishop, David Starkey, *Keywords in Creative Writing*, Utah State University Press, 2006, p. 170.

〔2〕 See Bracher, *The Writing Cure：Psychoanalysis, Composition, and the Aims of Education*, Carbondale：Southern Illinois University Press, 1999.

〔3〕 See Fiona Sampson ed. , *Creative Writing in Health and Social Care*, Jessica Kingsley Publishers, 2004.

〔4〕 See Gillie Bolton, Victoria Field, Kate Thompson ed. , *Writing Routes：A Resource Handbook of Therapeutic Writing*, Jessica Kingsley Publishers, 2011.

供类型文学写作培训，以写作畅销书为目的，直接导向出版或影视公司。商业化的创意写作工坊与教育系统的创意写作人才培养并不对立，它们互为补充，形成了成熟高效的全民创意写作社会机制。例如，围绕好莱坞，就有2400个创意写作工作坊为下游产业提供剧本、脚本、策划等原创内容，80%以上的编剧、策划师都受过市场的职业创意写作训练。

商业创意写作工坊相比高等学位教育的创意写作训练，门槛更低，形式更为灵活，周期短，适合在职白领等各个阶层的市民。其中，英语国家比较有名的商业创意写作工坊有纽约作家工坊（New York Writers Workshop）、哥谭创意写作工作坊（Gotham Writers' Workshop）、号角创意写作工作坊（Clarion Workshop）、奥德赛创意写作工作坊（OdysseyWriting Workshop）。

其中，哥谭创意写作工坊1993年创建于纽约市，经过二十余年的发展，哥谭写作工坊已经能够提供十多个子类型的写作教学，43门课程，还形成了全球范围的跨越媒介的哥谭全球社区（The global Gotham Community），如今它已经是美国最大的商业写作教育学校。其课程的一大特点是与时俱进，与产业发展相呼应。例如青少年小说（Teen Literature）写作、游戏策划写作等都是近年来选课人数最多的课程。

号角创意写作工作坊（Clarion Workshop）和奥德赛创意写作工作坊（Odyssey Writing Workshop）都是专门针对奇幻、科幻和恐怖类型小说与剧本创作开设的培训机构。其特点是目标明确：出版作品、卖出剧本。这些工作坊高强度、封闭性的课程安排也值得注意。号角工作坊采取强制住宿的模式，学生被要求住在号角公寓里，目的是为了培养小组之间的互动性，打造写作氛围浓厚的"作家社区"。号角工坊课程一般为期六周，进行封闭学习。封闭学习期间全天都有安排，早晨用来进行手稿讨论，下午、晚上和周末则用来进行个人写作，课外的时间也被要求与指导老师进行交流。奥德赛写作工作坊强度更大，甚至打出"疯狂小说"的旗号。他们对申请者有一定评估，要求必须空出两个月的空闲时间，放下一切杂念，树立必胜信心。这种封闭式、职业化，集培训、学习、创作、交流、产业化为一体的工坊模式值得推广，或成为未来趋势。

三、内容维度：工坊创作论、创意论研究

1. 工坊创作论研究热点

创作论，即研究创作的技巧、经验与方法的学问。创意写作工坊的主体内容就是教授创作论，而创作论研究成果的集中体现，就是各种不同类型的工坊指导书。笔者将其划分为："分体写作方法指南""创意写作工坊练习""作家创作经验谈"三种类型。

（1）分体写作方法指南

这类指南是最常见的工坊用书。按照其系统性和阅读难度，又可分为自学指南和标准化教材两种亚型。

其中，自学指南的门槛较低，不需要工坊导师指导，也可以自助学习。其内容通常是围绕某个特定文体的创作技巧进行深入浅出地讲解。自 2012 年起，中国人民大学出版社陆续翻译出版的 50 多本创意写作书目，大多属于这种类型。[1]例如，杰里·克利弗的《小说写作教程：虚构文学速成全攻略》（王著定译，2011 年）、杰克·哈特的《故事技巧：叙事性非虚构文学写作指南》（叶青、曾轶峰译，2012 年）、朱迪思·巴林顿的《回忆录写作》（杨书泳译，2014 年）等；分体创作类型也可能更加细化，例如，弗雷的《悬疑小说创作指导》（修佳明译，2015 年）、劳丽·拉姆森的《开始写吧！科幻、奇幻、惊悚小说创作》（唐奇、张威译，2015 年）。还有将写作过程拆分为不同元素的专项训练指导书，例如：结构方面的专练，有诺亚·卢克曼的《写好前五页—出版人眼中的好作品》（王著定译，2013 年）；人物方面的专练，有维多利亚·林恩·施密特：《经典人物原型 45 种：创造独特角色的神话模型》（吴振寅译，2014 年）。

标准化教材则更为系统，往往涵盖多种主要文体的创作方法，并按照写作过程进行编排，需要在工坊导师指导下使用，对创作论的教授更为科学。例如，Mary Luckhurst, John Singleton 编著的 *The Creative Writing Handbook*：*Techniques for New Writers*。该手册是许多美国大学的本科生创意写作参考教材。主体部分围绕语言风格的创意、自我挖掘的方法、短篇小说写作、长篇小说的创新方法、诗歌的形式问题、新闻报道写作、舞台电台和电影的剧本

---

〔1〕　详参"创意写作书系"，中国人民大学出版社，2012~2018 年。

写作、编辑和改写修订的方法展开，主要是针对分体写作过程中可能出现的问题提供建议和经验提示。结尾部分提供了上百本推荐阅读书目。[1]类似的，还有 Steven Earnshaw 的 *The Handbook of Creative Writing*（"创意写作手册"）。这是英国创意写作专业硕士阶段的通用教材，共有 48 个章节，主体部分介绍分体创作技巧，包括犯罪小说、历史小说、奇幻科幻小说、幽默故事、儿童文学等叙事文学写作；还有诗歌、诗剧、长篇抒情诗的写作；还有舞台剧、电视剧、电台广播剧、电影剧本的写作；作为心理疗愈的治疗性写作，网站写作、后现代的实验性写作等其他新兴的或者相对小众的文体。[2]内容非常全面。

无论是自学指南还是标准化教材，其编写体例基本都是围绕：创意激发——元素训练——修订和出版的过程，以结构主义理论为基础，以成熟化的创作成规为主要内容，讲授写作普遍规律。

（2）创意写作工坊练习

这类书是将创作技巧以趣味练习的形式呈现，主要用于突破作家障碍、激发写作兴趣。例如，Bryan Cohen 的 *1000 Creative Writing Prompts*：*Ideas for Blogs*，*Scripts*，*Stories and More*（《1000 个创意写作练习》），其实是 1000 个创作提示，引导工坊学员去观察、去想象，积累足够多的意象和灵感。[3] K. B. Adams 的 *Build 100 Worlds*：*100 Fantasy Piction Writing Ideas*，*Inspirations and Story Startes.*（《100 种奇幻世界设计练习》）则是设计了 100 个奇幻世界的基本概况，让读者发挥想象补充、续写。[4]人民大学出版社翻译的《开始写吧！虚构文学创作》也是属于写作练习类用书。这类书属于预写作或者创意习惯养成的一种训练方式，其缺点是，缺少讲解，也没有参考的范文。一般学校工坊会用这些练习书当辅助教科书和作业。

（3）作家创作经验谈

与通用教材不同风格的写作指导，就是作家经验谈，一般是作家围绕自

〔1〕 See Mary Luckhurst, John Singleton. eds., *The Creative Writing Handbook*：*Techniques for New Writers*，Palgrave，2000.

〔2〕 See Steven Earnshaw, *The Handbook of Creative Writing*，Edinburgh University Press，2007.

〔3〕 See Bryan Cohen, 1000 Creative Writing Prompts，E-Book，2013.

〔4〕 K. B. Adams, *Build 100 Worlds*：*100 Fantasy Fiction Writing Ideas*，*Inspirations and Story Starters*，Booklocker.com，2015.

己的创作过程谈论创作技巧和方法。最典型的例子是史蒂芬金的 *On Writing*：*A Memoir of the craft*（《写作这回事》）。在创意写作权威期刊中开有专门的作家创作过程自述和访谈栏目。

作家经验谈的本质是作家将自己写作的过程暴露出来，为写作祛魅。如 Dan Disney 的《幻象的怪兽：一份迟到的漫游指南》详细记录了自己写诗的构思过程，包括灵感来源和草稿笔记；[1]Laura Ellen Joyce 的论文讲述自己的小说如何从一个女童谋杀案的新闻获取灵感，由此探讨写作构思中的伦理问题。[2]Derek Neale 的论文则试图超越个体经验的局限，借鉴弗洛伊德的原始场景概念，解释作家的灵感来源。[3]

2. 工坊创意论研究重点

创意写作坚持创意第一性，写作第二性。工坊创意论的研究主要集中在创意激发机制与操作、创意思维培养两个方面。

创意激发在工坊教学中占据重要位置，从欧美教材的编写体例看，开篇必先写如何自主诗化、如何发现自己的声音、如何突破作家障碍。例如，Anne Janzer 指出，写作的过程分为两个部分：一个是创意的激发和生成，是右脑控制的，灵感的产生阶段，称为"The Muse"阶段；第二步是抄写员阶段（The Scribe），就是创意用文字表达和展示出来的过程。其中第一阶段最为重要，因为创意是写作的源泉，写作只不过是创意赋形。[4]纽约大学的故事创意导师迈克尔·拉毕格也说："写作是一个分两步走的过程，通过直觉快速地发现并形成新的写作材料，这样你就可以和大脑的创意随时保持一致；然后运用你分析和重构的能力编辑这些材料。"[5]

创意激发的研究成果主要集中于创意心理学。例如，斯坦福大学教授蒂

---

〔1〕　See Dan Disney, "Phantasmagoric Elegies? A late guide to wandering", *New Writing*, Vol. 13, 2016, pp. 173–179.

〔2〕　See Laura Ellen Joyce, "Writing Violence：JonBenet Ramsey and the Legal, Moral and Aesthetic Implications of Creative Non-Fiction", *New Writing*, Vol. 11, 2014, pp. 202–207.

〔3〕　See Derek Neale, "Writing and Dreaming Primary and Primal Scenes", *New Writing*, Vol. 10, 2013, pp. 39–51.

〔4〕　See Anne Janzer, *The Writer's Process*：*Getting Your Brain in Gear*, Cuesta Park Consulting, 2016.

〔5〕　［美］迈克尔·拉毕格：《开发故事创意》，胡晓钰、毕侃明译，北京联合出版公司 2016 年版，第 159 页。

娜·齐莉格总结的创意机制模型，她认为影响创意生成的因素有六种，分为三大内因：知识、想象力和态度；三大外因：资源、环境和文化。每一种因素都影响着创造力的一个侧面，它们相互作用，催生创意的生成。[1]类似的，美国创造力研究权威罗伯特·斯腾伯格在《创意心理学：唤醒与生俱来的创造力潜能》一书中系统梳理了影响创意表现的六种资源：智力、知识、思维风格、人格、动机、环境，它们共同构成了一个创造力系统。[2]系统谈论创意写作领域创意激发和创意习惯培养的专著有，美国西北大学教授 Jack Heffron 的《作家创意手册》，以及考夫曼编著的《创意写作心理学》两本书都从将写作纳入了创意行为过程中考量。

关于工坊中创意思维的研究，集大成者是斯腾伯格的《创造力手册》以及 Robert Root-Bernstein、Michele Root-Bernstein 合著《创意天才的思维方法：世界著名创意大师的 13 种思维工具》。目前中国创意学领域研究的人很少，这一领域需要拓展。比如，台湾戏剧大师赖声川的《赖声川的创意学》，还有广告创意专家李欣频的《李欣频的人生创意学》系列书。此外，上海大学刘卫东的硕士论文"理解创意写作：创意、文本、新媒体"以及雷勇的博士论文"创意写作学中的创意理论与方法研究"都谈到了创意理论的中国化可能：利用禅修的方法提升创意写作灵性。

西方创意写作工坊研究的热点、难点与创新点，对建构中国化的创意写作工作坊理论与实践体系提供了很好的参考价值。依据我国的国情，结合中文写作的特点、创意写作学科发展的现状，借鉴西方经验，笔者认为，中文创意写作工坊体系的建设应加大如下四个方面的投入：

首先，加强创意写作工坊师资建设。完善和推广中国特色的驻校作家制度，联合地方作协、文联、文学期刊和网络文学企业，尝试在大学建设"驻校作家工作室"，邀请作协签约作家、期刊主编到高校担任创意写作导师、客座教授，依托文学期刊和网络文学平台举办"校企联合工作坊""文学作品孵化工作坊"。加大创意写作硕士、博士点建设，以高校创意写作学科为主体，以文化创意产业为辅助，培养能写能教的创意写作师资队伍。

---

〔1〕 详参［美］蒂娜·齐莉格：《斯坦福大学最受欢迎的创意课》，秦许可译，吉林出版集团 2013 年版，第 10 页。

〔2〕 详参［美］罗伯特·斯腾伯格、陶德·陆伯特：《创意心理学：唤醒与生俱来的创造力潜能》，曾盼盼译，中国人民大学出版社 2009 年版，第 4 页。

　　其次，面向不同参与者，推广各种类型的创意写作工作坊，形成创意写作工坊社会化系统。创意写作工坊从高校走出，渗透到中小学基础教育，进入社区、医院、监狱、工业区、新型人口聚集区、旅游区、偏远地区。将创意写作打造为社会公共文化服务的创意机制。加强疗愈型写作、社会工作矫正型写作、社区和地方非虚构写作的研究与推广工作，依托不同类型的创意写作工坊，建设创意社区、创意城市、创意国家。

　　再次，加强中国化创意理论、创作理论研究，建设中国学派的创意写作教材体系。我们需要以创意本体论整合传统写作学与西方创意写作理论，梳理中国文论与西方文论中对创作有指导意义的理论与方法，在传统基础上创新，将西学与中国话语融合再造，研发基础教育到高等教育、产业化写作教育和严肃文学写作教育兼容的多元化创意写作教材。

　　最后，创意写作工坊应在实践中与时俱进，开展跨学科、跨媒介、跨艺术的创新实验，不断探索。创意写作应借鉴心理学、教育学、社会学、传播学等多学科，开展"创意写作+"的跨学科研究。例如：计算机+创意写作，即人工智能编剧、人工智能诗歌小说创作；心理学+创意写作，即创意写作疗愈学、叙事治疗；翻译学+创意写作，即双语写作、讲好中国故事的探索；同时，创意写作应聚焦游戏、动漫、人工智能写作等新文体的理论探索，在多媒体、VR、AR 等新型媒介语境下探索工坊的教学、创作体系。

越剧研究

　　主编插白：曾嵘是毕业于上海音乐学院的音乐学博士，现为纪录片学院副教授、担任文艺美学研究中心副主任。她以特有的音乐学素养研究南方越剧的审美特征有所成就，曾拿到过上海市哲学社会科学规划项目。这里收有她研究越剧的三篇文章，内容涉及新中国十七年间越剧女性的典型形象、越剧男女合演的历史经验和现实困境、越剧女小生的唱腔研究。期待她在此基础上再接再厉、不断拓展和深化，争取拿到越剧研究的国家社科基金项目。

第一节　"十七年"间越剧女性典型形象研究[1]

　　典型形象是复杂文化现象中深层的思想和观念的外化。不同历史文化环境和不同视角下的典型形象，"他"/"她"的被发现和被塑造，蕴含着丰富和深刻的文化含义。百余年越剧发展史上，有两个重要的历史时段，一是 1938 年上海沦为"孤岛"时期及其之后的解放战争时期；二是社会主义建设的"十七年间"时期。前者是越剧女班在上海站稳脚跟时期，以市场为导向，用贴近观众的民间视角，发展并确立了越剧的剧种风格。越剧全女班 1923 年诞生之后，一代女演员感受到了新旧文化碰撞下的女性群体的生存困境，以舞台为自媒体，发出了来自底层女性的声音，在 20 世纪 40 年代的越剧舞台上，突出塑造了一类"善为人夫"的男性形象，这类与现实生活和传统舞台上的男性形象截然不同的男性形象，寄托了女性群体对男性、家庭和婚姻的艺术

---

　　[1]　作者曾嵘，音乐学博士，上海政法学院文艺美学研究中心副主任、纪录片学院副教授。本文原载《戏剧艺术》2021 年第 1 期。

想象，在对此类男性人物的艺术表达中，越剧生发出尹派、范派、徐派等小生流派，在艺术表现与所表现上，形成了独具一帜的风格。

"十七年间"是越剧发展的黄金期，以"人民越剧"的名义和官方视角，整合民间视角中的典型人物，塑造出具有新时代性格的主流崭新人物形象，获得政治和艺术的双赢。越剧中受到观众热烈欢迎的女性形象，如《西厢记》中的崔莺莺、《红楼梦》中的林黛玉、《情探》中的敫桂英、《春香传》中的春香等，均是"十七年间"形成的。她们美丽多情、温柔善良，成为越剧，乃至中国传统文化的代表性女性形象。相较而言，越剧在女性典型人物的塑造上，缺乏塑造男性人物的想象力，更多从自身的现实感受出发，表达对自身性别形象的认识。典型的女性性格类型有天使型、魔鬼型、苦命型、少女型、花木兰型和反抗型六大类。虽然在个性特征上，六大女性典型人物没有越剧中的男性典型形象那样具有"独此一家"的唯一性，但是正是典型人物与其他剧种和艺术形象通用的时代性和现实性，使得越剧获得了最大范围的共鸣与认可，帮助越剧在"十七年间"达到它的黄金时期，走出上海，走向全国乃至世界。对越剧中女性典型形象的研究，不仅具有艺术学的意义，在社会学和性别研究方面，同样具有启示意义。

视点（point of view）是叙事研究的一个重要概念，视点不是表达本身，是表达的角度。视点不同，相同的事件会呈现截然不同的两个事实。"构成故事环境的各种事实从来不是以它们自身出现，而总是根据某种眼光、某个观察点呈现在我们面前"〔1〕。越剧在1917年进沪演出，特别是新越剧之后，逐渐改变并突出的女性视点是以往研究者忽视的。女性主义文艺理论将女性视点描述如下：女性视点是将女性形象处在主体和看的位置，重视对女性的内在感情和心理的描述，她是选择自己生活道路的主动者，肯定女性主体意识和欲望。而男性视点将女性形象放在客体和被看的位置，女性的选择是被动的或被男性所预设的，对女性意识和欲望持道德批判态度，或将之转化为政治意识。〔2〕并不是女性天然拥有女性视点或者男性就是秉持男性视点，有时女性也会有着男性化视点的倾向，反之亦然。

---

〔1〕 陈顺馨：《中国当代文学的叙事与性别》，北京大学出版社1994年版，第31~33、第65~66页。

〔2〕 详参陈顺馨：《中国当代文学的叙事与性别》，北京大学出版社1994年版，第26页、第31~33页、第65~66页。

新中国成立前只存在民间视角。以市场为导向的戏曲舞台，观众以脚投票，哪个戏班的剧目、典型人物和艺人更符合观众的观剧心理，哪个戏班就卖座好。市场是检验艺人和剧目的唯一标准。新中国成立后，戏曲生态发生巨大变化，剧团也有了国营和民营之分，虽然两者都需要继续面临来自民间视角的检视，而官方视角对戏曲创作演出的影响越来越大。民间与官方的双重视角成为"十七年间"戏曲文化生态的重要特点，并一直持续到现在。

本文从性别视点出发，研究越剧中的典型女性形象，如何在民间和官方的双重视点下建构与发展，这些艺术化的女性群像的塑造背后的性别意蕴。

一、少女型与花木兰型：民间与官方视角融合下的女性形象

少女型和花木兰型女性形象，在早期的越剧剧目中就存在，但是不突出，直到"十七年间"，这两类女性人物在男女平等的性别观下，在民间是官方交织融合的视角下，成为越剧中的典型女性形象。

笔者把吕派创始人吕瑞英作为这两类的代表性演员。与其他流派创始人相比，吕瑞英年龄最小，新中国成立时她刚刚 16 岁，由于出色的政治、业务素质，成为组织重点培养的对象。"我，从一个因遭弃养而被动走上从艺之路的人，变成了事业的接班人，变成了一个有用的人！演戏，从为了糊一口饭吃变成了一项有意义的事业，一切和演戏有关的事也从此都变得积极而有意义了。"[1]吕瑞英翻身的幸福感特别强，因而事业的进取心特别强。她积极学习，对于一般演员不太重视的政治学习，她同样很有兴趣，她认为政治学习的作用很大，从此"告别了'两耳不闻窗外事'的闭目塞听，实在是一项意义和作用深远的教育"[2]。强烈的进取心和良好的政治和文化素质，使得她不仅在专业上成长为流派创始人，还在"文化大革命"后接替袁雪芬成为越剧院第二任院长，全面完成了组织的培养目标。

（一）少女型：从非典型到典型

少女型通常是青春甜美、活泼灵巧的年轻女子，以未婚女子为多。以往的越剧中虽然也有类似的人物，如九斤姑娘等，傅全香也擅长饰演此类人物，

---

[1] 吕瑞英、吕俊编著：《不负阳光——吕瑞英越剧之路》，上海音乐出版社 2011 年版，第 17 页。
[2] 吕瑞英、吕俊编著：《不负阳光——吕瑞英越剧之路》，上海音乐出版社 2011 年版，第 22 页。

但是在越剧中这类女性不是主流，傅全香在出科后经过艰苦的舞台实践得以转型。从现实生活来看，当时的女性十几岁甚至更早就嫁为人妇，小姑独处的时间很短。更为关键的是，女性只能以婚姻关系（妻或妾）或母子关系，在夫权社会中占有一席之地，而不能作为独立的、个体的人而存在于社会。1949 年后，少女型和花木兰式女性人物一起，在男女平等的新社会中焕发出时代光彩。这类女性典型形象的成功塑造，既有着时代进程中，对女性作为社会的一份子的积极肯定，也可见"十七年间""女子半边天"的时代投射。

吕派成长于新中国、新社会，属于第二代流派，唱腔中没有悲情和哀情，有的是抒情和豪情，这是时代赋予越剧艺术的宝贵财富。第二代流派具有的青春朝气，在吕派上表现得非常显著，它一扫越剧基调中悲伤沉郁的气质，好比是"解放区的天是明朗的天"，给人以阳光和春风，特别明媚和温馨，其代表人物就是《打金枝》中的君蕊公主。她出场第一段唱，唱腔第三句对比转折时使用了 7，第四句却不用 7，取而代之的是干脆、稳定的 1，在强拍上并连续使用，完全没有悲伤和阴霾，充满了青春气息、甜美动人。

同类型人物还有《梁山伯与祝英台》中的银心、《西厢记》中的红娘、《箍桶记》中的九斤姑娘等。

袁雪芬曾说过，吕瑞英很适合《打金枝》这类戏，她所具有的甜美和优越性是别人不具备的。[1]吕瑞英自己也认为，女主角积极乐观，遇到问题凭借自己的努力和智慧去解决，自己的命运自己掌控。因此，对这样的女子她由衷地赞美。[2]"这两部作品（《打金枝》和《西厢记》）诞生于我一生中最幸福的年代，从里到外洋溢着烂漫的甜美，这是时代赋予我的，因此，也有人说君蕊公主和红娘之所以成为我的代表作，是因为她们把角色的魅力和演员的魅力浑然天成地结合在一起。"[3]《打金枝》曾获得 1954 年华东区戏曲观摩演出大会表演一等奖，多次招待外宾演出，多次出国演出。吕瑞英饰演的《梁山伯与祝英台》中的银心，曾获得 1952 年第一届全国戏曲观摩演出

---

〔1〕　详参吕瑞英、吕俊编著：《不负阳光——吕瑞英越剧之路》，上海音乐出版社 2011 年版，第151 页。

〔2〕　详参吕瑞英、吕俊编著：《不负阳光——吕瑞英越剧之路》，上海音乐出版社 2011 年版，第120 页。

〔3〕　吕瑞英、吕俊编著：《不负阳光——吕瑞英越剧之路》，上海音乐出版社 2011 年版，第 32页。

大会演员三等奖，随着第一部彩色戏曲电影《梁山伯与祝英台》公演后，聪明伶俐的形象深入人心。少女型这一新型的女性形象得到观众和官方的一致认可，成为新中国女性新形象的代表。

（二）花木兰型："半边天"的时代写照

花木兰是家喻户晓的巾帼英雄。笔者用"花木兰"来指代这样一类女性人物，她们走出父亲和夫家的家门，敢于行动、思考，勇于负责。如《花木兰》的花木兰，《孟丽君》的孟丽君等。越剧早在1921年就演过《孟丽君》，1938年出现花木兰的故事，由于花木兰和孟丽君的故事太过传奇，不具有现实性，加上越剧在此类人物表现形式上手段不足，人物性格不够突出，影响不大。

吕瑞英是位极具创造力的艺术家，除了少女型，她还创造了以穆桂英和梁红玉为代表花木兰式女性形象，同类人物还有竹嫂、柴夫人、徐玉珠、袁玉梅等。吕派在塑造此类人物时，行腔爱用4、7，类似西洋音乐中大调式音阶，节奏爱用切分，易于塑造昂扬向上的情绪。如《穆桂英》"挂帅"第一句中，曲调中4很突出，令人印象深刻，塑造了一个老而弥坚的女英雄形象。

正因吕瑞英需要塑造不同类型的、全新的时代女性形象，因而唱腔必须要突破原有规范，必然从音调、节奏、调性全方面引入新的元素来进行艺术创新。因此，吕派与越剧其他流派唱腔在创作方法、曲调、调式等方面，有着很大的不同，最大的不同在于吕派多数唱腔是专曲专用，没有特征音调。她认为特征腔从某个角度来说是格式化的，会妨碍"这一个"特性人物的刻画，因而她没有创用特征音调，而是根据角色的性格和身份，创作具有独特个性的形象。她在《九斤姑娘》"一斤半两斤半"中，表现九斤轻松对付石二的谜语，曲调融入吟哦北调的曲调，一个爽朗机灵、乡土气息浓郁的乡村姑娘栩栩如生。又如在《火椰村》中"火椰作纸刀做笔"一段唱，可以看出虽然吕派脱胎自袁派，但吕派使用了较多的5、3、i等类似西洋歌曲昂扬的曲调来代替，女主人公愤怒、坚定的性格更为突出。

花木兰式女性形象是时代浪潮的主流形象，越剧其他流派均有此类性格的表现，不同的是各派的表现手法和在流派中所占比例。王派人物中花木兰式女性气质明显。将王派与吕派在表现花木兰式女性人物的唱腔进行对比，王派没有吕派的刚烈和硬气，是一种刚中有柔的气质。如《慧梅》"小鼐哥与慧梅同仇敌忾"一段唱。金派本不太擅长此类人物，1973年，为扮演《龙江颂》中的江水英，在"望北京更使我增添力量"唱段中，金采风一改自己以往风格，搬用了京剧样板戏的成套板式，高音到f^2，唱腔变得高亢、激昂，拖腔也是干脆爽朗，显示了女主人公的革命气质。不过这对金派来说是个特例，越剧引入样板戏元素表现花木兰式形象，也是特殊时期的产物。

二、从苦命型到反抗型：民间与官方视角组合下的女性形象

笔者用"苦命型"指代新中国成立前，越剧中普遍存在的悲剧型女性形象。鲁迅曾借助小说《祝福》，深刻、精炼地指出父权、神权、族权的压迫是女性悲剧命运产生的根本。1946年袁雪芬和她的雪声剧团，将小说改编搬上越剧舞台，越剧《祥林嫂》在新中国成立后经过多次修改，成为越剧四大经典剧目之一，祥林嫂也成为越剧家喻户晓的苦命型女性形象。

（一）苦命型：民间视角下的典型女性形象

从1946年对201名上海工人调查来看，受宿命论的深刻影响，持苦命型人生观的人数量最多，尤其是女工。因而看苦戏是她们"认命"和宣泄情感、平衡情绪的手段。对悲剧根源的认识不同，不仅显示了大众文化与鲁迅为代表的精英文化的差距，更不相同的是性别角度与表现方法。越剧从女性视点出发，发展了强调表现女性不幸生活和悲剧命运的戏，称为"悲旦戏"，1949年之前越剧占比最大的戏就是悲旦戏。剧中女主角以天使型人物为基础，或是遇人不淑，或是受迫害欺凌，命运坎坷。她们"好人没有好报"的悲剧命运直击观众的泪点，引发观众的广泛共鸣。

笔者以姚水娟、袁雪芬、戚雅仙为不同时期悲情戏路的代表，不仅她们三位在表现悲情时，在艺术表现力和表现水平上艺高一筹、个性突出，而且，这三位艺人均有强大的市场影响力。姚水娟是淞沪会战后，第一个进入上海的越剧女班头牌旦角，是越剧改良文戏的代表演员。她从1938年1月到1946年10月因结婚退出舞台，长达八年时间，她领衔的戏班是当时最卖座的戏班之一。这体现在她的戏班所在戏院的座位数量多少和场地的好坏；1938年1月31日初入上海时，在通商剧场（250个座）演出，之后三换场地，到老闸大戏院（491个座）、大中华大剧场（500个座），8月1日进入新开张的天香大戏院。之后她常唱的场子有皇后大戏院（430个座）和卡德大戏院（1200

个座）。

袁雪芬的雪声剧团，[1]更有着骄人的营业业绩。从 1942 年 10 月到 1949 年底，除去中间袁雪芬 2 次休演外，雪声的每部戏演出基本在 3 周及以上，每天日夜两场能演满 3 周，而且部部如此，雪声是第一个做到的。雪声剧团只演出新编剧，传统剧数量少且经过改编演出。演出一周的《碧玉簪》是雪声转场前的特殊时段。与同时期的姚水娟的班子相比，姚的新戏通常能够连续演出 2 周至 3 周，超过 3 周的剧目就不多了。其他戏班，如尹桂芳班、筱丹桂班、商芳臣班，通常连演 1 周至 2 周，偶尔有超过连演 28 场的戏。还在演老戏的戏班，基本是一场一换剧目了。

戚雅仙领衔的合作越剧团，主要红火在 20 世纪 50 年代中后期，单剧经常性地连演 3 个月或 4 个月（详见下）。数量众多的观众群体形成的市场影响力，是民间视角的有力佐证。

1. 姚水娟的悲旦戏

姚水娟入沪半年之后开始着手新剧的编演。她的专职编剧樊篱认为悲情戏是越剧的固有品质，有意识地将创作重心放在悲情戏上。樊篱为姚水娟编剧的 17 部新剧中，16 部是悲剧，首演少则演出 3 场（《花木兰代父从军》《冯小青》《节烈女儿花》），最多的是《蒋老五殉情记》63 场（1940 年 10 月 9 日首演），在当时的越剧演出市场上是第一次。[2]这类苦情戏，戏院以"苦是苦得来""带好手绢来"做号召，受到观众的热烈欢迎。姚水娟悲情戏的成功使得越剧女班在剧目如何吸引上海城市观众，特别是女性观众，如何发出她们的心声，做出了有益的尝试，为剧目和女班的发展指引了方向。

姚水娟的代表作是胡知非编剧的《泪洒相思地》（1942 年 4 月 1 日首演）。剧中女主人公王怜娟，与书生刘青云相爱有孕后，遭刘抛弃，而女父因其有孕将她推入湖中，虽获渔婆救起，终是不治而亡。"落难公子中状元，私定终身后花园"本就是越剧自诞生之初的主要题材，在城市文化环境下，"私定终身"的情节与时俱进为"自由恋爱"。对婚姻和爱情的自主追求，是当时历史条件下女性把握自身命运的仅有手段，因而女性强烈地希望能够掌握"自由

---

[1] 虽然雪声剧团正式定名在 1944 年 9 月，为行文方便，将 1942 年 10 月之后袁雪芬领衔剧团泛称雪声剧团。

[2] 详参黄德君主编：《上海越剧演出广告》，中国戏剧出版社 2009 年版，第 2 页。

恋爱"这一命运之手。在如此背景之下，编剧和观众没有站在传统道德的角度，对未婚而孕的女主角进行批判，相反对她自由恋爱却被抛弃的命运给予了强烈的同情，《泪洒相思地》连演 87 场，创造了当时的演出记录。

姚水娟的悲情戏主要利用唱词的艺术加以突出。如《泪洒相思地》最后一幕，姚水娟从女性生命体验出发，"我为他"十八句连续多对排比式唱词，细腻生动地表现了全情付出却被抛弃的情绪，这个唱段在越迷之中广泛流传。她的"四工腔"，叙述性强，擅用清板，咬字清晰，多用并字，多用强拍，一字一音和一字两个音较多，甩腔和拖腔不多，因而唱腔擅长叙事，整体风格爽朗质朴。就曲调而言，悲旦戏特有的哀情，在技术层面上还未能达到，直到袁雪芬确立的"尺调腔"出现，才解决人物性格与唱腔的矛盾问题。

2. 袁雪芬的悲旦戏

1941 年 12 月的太平洋战争后，租界被日军占领，偏安一隅的短暂平静被打破，民族矛盾加剧，民众生活日益艰难，悲剧在现实中上演。早在 1936 年，14 岁的袁雪芬以二肩旦身份随戏班入沪演出时，当时《新闻报》广告就把袁雪芬称为"悲旦"。[1]"解放前，我善演悲剧，似乎人们的苦难需要我在舞台上抒发。"[2]以袁雪芬为代表的艺人，从正直善良的普通民众角度，感受到战争之下平民的痛苦，通过大量悲旦戏，抒发时人郁积于心的悲苦之情，激发了沪上观众的强烈共鸣。为表现悲剧女主角，突出悲伤、悔恨之情，1944 年 10 月，袁雪芬在《香妃》演出中，长期积累，偶尔得之，唱出了越剧新基本调"尺调腔"。尺调是工尺谱52合尺的简称。"尺调"定弦52，音区下移，曲调中 7 逐渐增多，主音 5 的确立，徵调式成为主要调式，在艺术表现形式上与悲剧性内容统一和谐起来，因而成为越剧的基本腔，极大推动了越剧的发展。至此，女班有了最重要的基本唱腔，乐段结构、曲调走向与旋律框架开始规范化并定型，易唱易学，越剧"调头"成为当时的流行歌曲，在沪上和江浙沪一带广为流传，并为接下来的流派大发展搭建了良好的平台。

袁雪芬用"尺调腔"唱出了"三哭"——"英台哭灵""香妃哭头""一缕麻·哭夫"之后，在观众和同行中影响很大，也标志着越剧旦角流派——袁派的形成。袁派是最早产生的越剧旦角流派，也是影响最大的流派，戚派、

---

〔1〕 详参黄德君主编：《上海越剧演出广告》，中国戏剧出版社 2009 年版，第 737 页。

〔2〕 袁雪芬：《求索人生艺术的真谛：袁雪芬自述》，上海辞书出版社 2002 年版，第 120 页。

吕派、金派和张派等旦角流派，均是在袁派的性格与唱腔的基础上，对其中一种或几种性格进行深入刻画而形成自己的特点，从而形成流派唱腔，从这个角度来看，袁派是旦角流派的孵化器。

相较于施银花、王杏花、姚水娟、筱丹桂等旦角来说，1942年时的袁雪芬还是后起之秀，为什么她能够成为越剧悲旦戏，并且成为新越剧的代表人物呢？有学者认为："从主观上说，是出于她刚正不阿的品质而无法容忍社会的黑暗、艺人的苦难和越剧舞台的种种不良现象，也出于她好学向上的作风，和有幸找到话剧的现实主义精神和演剧方法，运用于越剧艺术的实践。"[1]

袁雪芬及她带领的新越剧改革吸引了大量女学生。她们年轻，有一定文化修养，即将成年或刚刚成年，面临进入社会和婚姻的阶段。这样的观众组成与结构，对越剧的剧目发展影响深远。与姚水娟和越剧早期的悲情戏相比，袁雪芬的悲情戏有些不同。通常悲剧结尾，或女主角悲惨离世，或虽然有个一个团圆的尾巴，但是女主角经历悲惨，看似喜剧实为悲剧，袁雪芬的新剧在两类结局之外有了第三类结局，如《断肠人》《月缺难圆》《家庭怨》，以女主人公自主离开家庭为结尾，表现为"出走的娜拉"的女性形象，表达了作者对现实的批判和不满。另外，袁雪芬的新戏中，女性人物性格中出现了一些时代新亮点。《梅花魂》中为国和亲的陈杏元，《香妃》中誓死抗辱的香妃，《忠魂鹃血》中怒斥叛徒的陈圆圆，《梁红玉》中大义灭亲的梁红玉，她们身上闪烁的高尚品格是以往越剧女性中少有的品格，她们是时代浪潮中新女性的楷模，这些新形象的出现，体现出越剧和越剧观众对时代女性的新认识和新期待。

3. "悲旦"戚雅仙

戚雅仙早在21岁与徐玉兰搭档时，一出《香笺泪》为她带来了"悲旦"之誉。1950年2月她领衔成立合作越剧团，以恩派亚（700个座位）为场子，成功演出了悲剧《龙凤花烛》，演出连演两个月。1951年秋季，戏班进入金都大戏院（1200个座位），从此以金都为驻团场子，逐渐形成自己的基本观众群，单剧的演出期也从两个月延长至三个月，有的剧，如《白蛇传》《玉堂春》《琵琶记》《相思树》等，连演四个月而不衰。合作越剧团从恩派亚时期

---

〔1〕 宋光祖主编：《越剧发展史》，中国戏剧出版社2009年版，第96页。

的中型剧团，在金都时期跻身于上海最卖座的剧团之一。[1]

戚雅仙在观众和同行中，以擅演苦戏的女主角而著称。她回忆到，她自己的童年，就是在笑声少、泪水多中度过的，自己吃过苦，对女子的苦深有体会，所以唱起苦戏来真切感人。[2]她所在的陶叶戏班作为袁雪芬的班底时，与袁雪芬同台了一年多时间。戚雅仙学习袁雪芬的唱腔和表演，在袁派的基础上，用简练的曲调、简洁的节奏，强化了哀婉的情绪，形成别具一格的戚派唱腔。由于戚派脱胎自袁派，流派的底色也是端庄、稳重，典型人物也是传统型女性，其特征性音调156以及其变体，更为凝练，过耳即识，易学易唱，情深味浓。

有意思的是，悲旦戚雅仙首先唱出了欢快的《婚姻曲》。为表现婚姻法颁布的喜悦之情，戚雅仙用"男调腔"来唱出明快明朗的情绪。"男调腔"是戚派常用的对比补充性的曲调，如《白蛇传》"游湖"、《玉堂春》"会审"、《血手印》"公堂"、《林冲》"公堂"等。戚派弟子在演唱特征音调156以及其变体时，唱法上稍带一些尾音上扬，听上去没那么沉重悲伤，有些新鲜的朝气，显示出时代气息。

（二）反抗型：新时代的典型女性形象

新中国成立后，越剧艺人成为光荣的文艺工作者，越剧成了为工农兵服务的"人民越剧"，思想性成为衡量剧目的首要要求，越剧中女性形象最大的改变，是以往越剧中占比很大的苦命型，转型为反抗型女性，成为越剧中的主流形象。这一形象的建构，在以往典型女性天使型、苦命型、少女型基础上，以"爱情+反抗"剧目创作新方法，"苦命型/天使型/少女型+反抗型"的人物塑造方法来实现的，并借此类新型人物，表达出反封建、反暴政的政治诉求，适应了时代要求，赢得了官方与民间的的双重喝彩。

1. 苦命型+反抗型

笔者以傅派创始人傅全香为本类型的代表演员。她与袁雪芬同一个科班，一道学戏，一同入沪演出。袁雪芬偏青衣，傅全香偏花旦。傅派在上世纪40年代中后期已经形成，早期傅派的典型形象与同期袁派类似，也是以悲剧性

---

[1] 详参傅骏主编：《戚雅仙表演艺术》，上海文艺出版社2006年版，第32~33页。

[2] 详参傅骏主编：《戚雅仙表演艺术》，上海文艺出版社2006年版，第4、13页。

女性为主。所不同的是，傅全香的音色甜亮水润，她吸收京剧程派、弹词徐云志的"糯米腔"和周旋歌曲的曲调特色，将唱腔发展得更为柔美婉转，因而她所塑造的女性，在美丽多情方面，更为栩栩如生。不过，傅派的代表性人物，还是完成于新中国成立之后。傅全香塑造了一系列美丽善良却又命运多舛的女性形象，大多具有美——美丽善良、情——痴情专一、怨——受到不公平对待的怨恨和反抗的性格特点，多为苦命+反抗型，在对这一类型人物的塑造中，傅派成熟并广为传唱。

既是巧合，也是必然，傅全香饰演的代表性人物中，最重要的三位女子，敫桂英、杜十娘、李亚仙均是风尘女子——旧社会最底层的不幸女子。傅全香在表现此类人物时，突出了人物性格中婉转痴情和刚烈反抗两个因素：柔的方面，傅派擅用特慢板，小腔多，润腔多，在徐徐的长句中，缓缓地吐露内心深沉的感情。刚的方面：傅派爱用51的四度跳动、65的七度跳动，常用的特征腔635显得力道十足。傅派真假音结合，音域宽，音高，在表现人物的悲愤时有着强大的表现力，如《情探》和《杜十娘》的核心唱段。傅派用刚柔两种因素将悲情与反抗两种性格特质进行有机结合，塑造了符合官方和民间要求的典范女性人物。

2. 天使型+反抗型

笔者把王派创始人王文娟作为本类型的代表演员。和当时一线旦角艺人相比，王文娟年龄要小好几岁，属于后起之秀。1948年和徐玉兰搭档之后，特别是1952年随着玉兰剧团参加中央军委总政文工团越剧队，并且1954年随团加入华东戏曲研究院越剧实验剧团二团后，她在艺术和政治方面一帆风顺，取得了很大成绩，表现在：围绕天使型+反抗型女性人物，她饰演了林黛玉、春香、鲤鱼精、杨开慧、慧梅等人物，创立了王派艺术。她饰演的《西厢记》中的崔莺莺，曾获得1952年第一届全国戏曲观摩演出大会表演二等奖；饰演的《春香传》中的春香，曾获得1954年华东区戏曲观摩演出大会表演一等奖；她曾随团入朝演出，获得朝鲜民主主义人民共和国颁发的国旗勋章和志愿军二等军功章，[1]这是戏曲演员以前从没获得过的政治荣誉，它充分体现了新政权对人民越剧和她个人的肯定。

---

〔1〕 详参《中国越剧大典》编委会编著、钱宏主编：《中国越剧大典》，浙江文艺出版社2006年版，第300页。

王派典型女性形象中，有着较多传统女性的印记，这与她的学艺经历有关。她主要通过近距离观摩表姐竺素娥搭档的旦角——能和越剧"皇帝"搭档的都是一流名旦——来学习。对王文娟产生重要影响的旦角有姚水娟、王杏花和支兰芳。具体来说是姚水娟细腻的表演、王杏花的台风和韵脚、支兰芳的唱调，其他还有邢竹琴的押韵编词，都深深影响了王文娟。她汲取了前辈旦角中传统天使型人物性格，也锻造了王派唱腔行腔质朴平实、真诚味浓的特点。

《春香传》中的春香是王派典型人物，是王文娟所在的中央军委总政文工团越剧队入朝演出后，政治和艺术相结合的成果。《春香传》是典型的才子佳人故事，公子中举解救小姐而大团圆结局，剧中所塑造的春香的性格，是综合了传统女性所有的优点，美丽聪慧，善良体贴，她的突出特点是对丈夫忠贞温顺，对觊觎者的迫害宁死不屈，表现出对反动力量的抗争态度。面对觊觎者的迫害宁死不屈，刑堂上写下"一心"表现出对反动力量的抗争态度。春香的英雄气概和铮铮铁骨，能与女英雄江姐、刘胡兰相媲美。

3. 少女型+反抗型

笔者把张派创始人张云霞作为本类型的代表演员。张云霞是为数不多身处民营戏班的流派创始人，她和民营剧团中早已成名称派的尹桂芳、戚雅仙不同，20世纪50年代初期，她还处于艺术探索时期。她音色甜美清丽，个子小巧活泼，她出演了一系列花旦类的戏，在以往不太重视的行当和人物塑造中，形成自己的特色和流派。她最为称道的是《春草》中的小丫鬟春草，给人留下了深刻的印象，她也被誉为"活春草"。她的另一代表形象是《李翠英》中的李翠英，和春草一样都是聪明伶俐的小姑娘，都是身份低微的丫头，在以往的舞台上她们通常是女主角身旁的配角，几乎不会是主角。她们虽然年龄不大，却智勇双全、富于正义感，是官方视角下"低贱者最可爱"的艺术注解。

张派围绕这类人物形成自成一格的唱腔。张云霞1946年下半年在雪声剧团与袁雪芬同台过，私淑袁雪芬，因而张派唱腔脱胎于袁派。同时她吸收傅派唱腔因素，袁派的端庄淳朴和傅派的俏丽活泼，张云霞进行了融合贯通。另外，她曾经停戏一年多来学习昆曲和西洋发声技巧，加上年少时京剧的基本功，因而转益多师，兼收并蓄，形成自己的演唱风格。如《春草》中"闯堂"一场戏，春草在公堂上讽刺了知府老爷昏庸糊涂，诰命夫人仗势欺人，一段连珠炮的快板，怒怼诰命夫人，最后的结束句，张云霞别出心裁，用铿锵有力的念白一字一顿说出来，形成强烈的对比，一个正义感爆棚的小姑娘、还是一个没大念过书的小姑娘的形象栩栩如生。她常用4、#4等音来强调某种情绪，或着重某个音，起到突出曲调的作用，同时这类偏音的加入，使得曲调新颖多变听。《游龙戏凤》"抗旨出逃"的最后一段，为了表现女主人公挣脱枷锁向往自由的决心，张云霞的唱腔在男调腔基础上进行了大幅度的改变，突破了所有的规范和格式，来表现女主人公坚定的情绪。

三、天使型与魔鬼型：民间与官方视角混合下的女性形象

越剧早期的剧目主要来自三个方面，落地唱书的剧目、移植其他剧种的剧目和改编自民间故事、传书、唱本中的故事，因而剧中的典型女性形象，是传统社会男性视点的选择产物，以天使型和魔鬼型为典型。天使型是男性社会中宜室宜家型传统女性的代称，具有温婉、顺从、善良、贤惠的特点；魔鬼型是以性引诱或蛊惑男性的女子，美貌、风流，女性的性征突出。二者均反映了处于男权社会中被"观看"地位的女性，或以传统贤妻良母式的服务精神，或是以性为观赏目标，为男性和男性社会服务。这两类形象广泛存在于戏曲舞台上，是中国传统社会对女性定位和认识的艺术反映。新越剧改革之前影响最大的两位花旦，姚水娟和筱丹桂，她们饰演的典型女性人物，恰好是天使与魔鬼型女性形象的代表。

"十七年间"用民间和官方的双重视角来看，首先是魔鬼型女性被坚决取缔。"清清白白做人，认认真真唱戏"是很多正直艺人的愿望，这在以市场为主导的戏曲生态下并不能完全实现，直到新中国成立后，色情戏与暴力、迷信类的戏一道，以国家政权的力量才得以取消，彻底消失在历史的舞台。也有观点认为，色情戏和艳情戏不一样，艳情戏有一定的艺术价值，不能等同看待。从女性角度来看，利用女性身体来吸引观众而达到赚钱的目的，不管是艳情还是色情，都是有辱女性的。这也显示出不同性别视点的区别。

天使型作为越剧和传统社会主流女性形象，贯穿在越剧各个历史阶段。天使型女性具有"贤"或称"贤惠"的特质，这是传统社会要求女性作为家庭的一份子，为家族、丈夫和孩子，扶助奉献的态度。长达两千年的封建道德教育使得"贤"这一规训深入人心，以男性为生活重心式的贤妻良母，有

着较高的认可度。它表明中国传统"男尊女卑"的性别观有着很强的稳定态，持续影响当代中国的社会和舞台文化。同时也可以看到，不同时期和不同性别，"贤"的标准不断在变化，表现出对"男尊女卑"性别观的不满与修正。因而天使型典型女性的形成和建构更为复杂，表现为混合视点与混合角度下交错混合的状态。

（一）新中国成立前的天使型女性

早期越剧中天使型女性，多是男性视野中三从四德的女性，贤惠专一，宽宏大量，允许丈夫纳妾，甚至为了成全丈夫的义气献出自己或孩子的生命。女性的"聪明才智"主要体现在"慧眼识俊才"上，爱上才华横溢却落魄潦倒的男主人公，最终通过辅助男性、借助男性的成功达到人生的圆满。"她"是男性视点下理想女性形象，以美丽、贤惠、牺牲来成全男性的功绩，完全以男性的需要而存在。她本身是沉默者，没有思想，没有自我，她的身份是人女、人妻和人母。如《何文秀》中的王兰英，《秦雪梅》中的秦雪梅等。

越剧自从登上上海的都市舞台，从男班小歌班到改良文戏及新越剧，从不自觉到自觉地女性视角出发，对传统天使型女性进行一些新的解读，显现出时代浪潮和城市文化背景下对女性要求的改变。如《碧玉簪》，原版婺剧中，女主角李秀英在"夫为妻纲"的规训下无端受辱却不敢言语，最后伤心至默默死去。1918 年 7 月 20 日男班艺人马潮水把它改编搬上小歌班的舞台，增加了改变剧情走向的"对笔迹"这一关键情节，突出描绘了女主人被冤屈后为己辩白的智慧，迫使男主人公下跪道歉，大大煞了男权之威，长了女子之志。女性人物性格出现的新因素，成为当时小歌班站稳上海舞台第一部成功之剧。同时期的《孟丽君》（1921 年首演）和《梁山伯与祝英台》（1919年全本大戏首演）的女主人公，一个为了爱情一个为了求学，走出父亲的家门，虽然结局有悲有喜，但这些女性人物有了女性自主意识和行动。她们聪敏机智，遇到事情能够积极行动，表现出时代与女性观念的进步。"她"既是天使，但发出自己的声音，不再沉默。不过新中国成立之前越剧中此类女性非常少。

1941 年 3 月 28 日大来剧场首演的《恒娘》连演 64 场，创下当时的演出记录。剧中塑造了一位聪慧的女性恒娘的形象，她御夫有术，帮助邻居雪娘战胜小妾，赢回丈夫的心。故事轻松有趣，而且"教育"意义颇强。恒娘御夫方法很简单，对丈夫采取欲擒故纵的策略，先避开他，让他和小妾一起，自己把家庭治理好；一段时间后，丈夫对小妾的新鲜劲过去了，找个时机，在丈夫面前"盛装"亮相，最终使得丈夫回到自己身边。《恒娘》传递的信息是，女性要拢住丈夫，要靠头脑和美丽，即美而贤。这是也是时代变化中女性对自我的要求。但是她们与旧式性别观中为男性及家庭利益服务和奉献的女性在本质上没有不同，仍然以男性和家庭为生活重心和目标，没有自我，没有个人追求，仍自觉处于旧性别观笼罩之中。

越剧旦角还有一个值得注意的现象，她有生旦兼演的要求。越剧进入上海后，对女扮男装的戏情有独钟，如《花木兰》《孟丽君》《沉香扇》《梁祝》广受欢迎，为越剧吸引观众、站稳上海舞台立有功劳。这些女扮男装的女性，与男子一样能文能武，毫不逊色于男性，是千百年来中国女性的柔弱、顺从形象的反抗。她们的出现，为早期越剧中的女性形象增添了非常光彩的一笔，对此类女性的歌颂和向往，也反映了观众逐渐认识和欣赏女性的个人价值，对"男尊女卑"的性别观而感到不平。

（二）"十七年间"的天使型女性

新中国成立后，华东戏曲研究院越剧实验剧团作为官方的剧团，对于演员的培养实施的是"普遍提高，重点培养"方针。[1]金采风曾是雪声剧团的随团学员，1950年歇夏时与吕瑞英、丁赛君的出色表演，赢得了"东山三鼎甲"的美称时，刚刚19岁。金采风和吕瑞英一样，幸运地成为组织重点培养的对象。当时越剧团的实际负责人伊兵，将吕定位为花旦，她为青衣。这种分类方法是古典大戏和传统社会对女性的认识和定位。安排专人从头教她《何文秀》"哭牌算命"和《盘夫索夫》，前者获得1952年第一届全国戏曲观摩演出大会三等奖，后者获得1954年华东地区戏曲观摩大会一等奖，奖项和吕瑞英一样。

金采风有"活兰贞，神秀英"的美誉。[2]这两位女性，都是传统社会中贤惠体贴的人物，是传统女性的最佳典范。《官人好比天上月》是金派唱腔传

---

〔1〕 详参胡野擒："越剧实验剧团工作总结"，载华东戏曲研究院编：《华东戏曲研究院文件资料汇编》，上海图书馆藏1955年版，第83页。转引自张艳梅：《新中国戏改与当代越剧生态》，浙江大学出版社2016年版，第92页。

〔2〕 详参金采风：《越剧黄金——我与黄沙共此生》，上海文艺出版社2009年版。

唱最广的唱段，传承自老戏《盘夫索夫》，女主人公以月比夫，以星自喻，表现的是传统的夫为妻纲、夫荣妻贵的性别观。施银花、姚水娟等众多名家都擅长唱这一段。将姚水娟的唱段与金采风的对比，明显可以看到：一是金对姚的传承；二是金采风对"四工腔"进行了发展，是一种揉入尺调的"四工腔"，因而唱段更为婉转抒情，更富于女性色彩，既有一种柔弱承欢的小女人色彩，也表现出一定程度女性柔韧坚忍的性格。这种大家闺秀式的婉转，贤惠体贴到忍辱负重的性格色彩，是当时被民间和官方集体赞赏的女性形象。这一形象在《碧玉簪》《彩楼记》中得到淋漓尽致的体现。

"文化大革命"之后，天使型女性"贤"的标准又有了新的发展。金采风在《汉文皇后》和《三夫人》中，吕瑞英在《花中君子》中，女性的气质有了一些变化，唱腔更为深沉隽永，由大家闺秀发展成为女性领袖，顾全大局，勇于牺牲，在情与法、情与秩序、情与大义的挣扎中，永远站在后者的立场。这一性格的发展是时代发展的必然，它是新时期越剧中混合视点甚至男性视点增强的反映。

当然，自新越剧开始，袁雪芬等艺术家学习电影、话剧等现实主义演剧方法，人物的个性越来越鲜明，人物的同质化现象在减少。同样的人物，不仅亚型多元，甚至同一个人物不同流派来演，也是个性纷呈，特色突出的。典型例子就是《梁山伯与祝英台》，尹派、徐派、范派的梁山伯，和袁派、傅派、戚派的祝英台，有着不同的个性，都受到不同观众群体的欢迎。

早期越剧以男性视点为主，越剧女班进入上海后，特别是改良时期和新越剧之后，吸引了大量女性观众，因而从女性视点出发来审视爱情婚姻，进而思考女性自身命运成为可能。"十七年间"越剧中的女性典型形象发展巨大改变，在女性视点与官方视点的双重融合下，以往数量最大的苦命型女性转型为反抗型女性，突出了花木兰式的"半边天"形象，重新"发现"了活泼伶俐的青春型女子。越剧中典型女性形象的变化是新旧性别观念变迁、民间和官方视点下，时人对女性群体认识的艺术反映。

尽管"十七年间"越剧中典型女性的塑造达到高峰，民间与官方的"蜜月"，其保鲜期是有限的。时过境迁，反抗型、花木兰型和少女型典型形象，褪去时代光环，不再是女性的主流形象，民间男性视点下的魔鬼型，女性视点下的苦命型，也被扬弃在历史的长河中。袁雪芬曾说过："我一直有一个愿望：要在舞台上塑造不同时期、不同类型妇女的典型形象，展现中国妇女美好的心灵和高贵的品格。"〔1〕袁雪芬在"十七年间"在塑造了一系列花木兰型和反抗型女性形象之后，〔2〕她倾心刻画了祥林嫂和崔莺莺两个女性形象，从现实主义出发，从女性特定的环境和性格出发，塑造出个性鲜明的女性形象，成为越剧舞台上的经典人物。越剧四大经典剧目之所以能够成为经典传世之作，在于秉持现实主义的艺术创作方法来理解和塑造人物，成功地处理好了性别视点与官方视点的关系，并不一味地迎合哪一方面，这一经验对于当下的越剧创作仍有着积极的启示意义。

除了现实主义的艺术传统是越剧的"命根子"，越剧另一个命根子是女性主义人文关怀，即强烈地关注女性生存状态，批判"男尊女卑"的性别观，推动男女平权，关注每一个女性的个体命运，为仍处于弱势地位的女性群体发声。21世纪的中国女性生存状态固然好于半个世纪之前，但是女性受困于不够发达的社会生产力，不够完善的社会保障体系以及保守性别观，在就业、升职、自我成长方面，与独立自主的女性自我期待之间，仍然存在不小的差距。只要存在性别不公，越剧就应该发出来自女性自己的声音。这一宝贵的历史经验，对当下越剧创作有着积极的指导意义。

第二节　越剧男女合演的历史经验和现实困境〔3〕

所谓男女合演，即男女同台演出。这在中国其他戏曲剧种中不成问题，但在越剧，由于女子越剧独特和强烈的风格与样式，给观众形成越剧即女子越剧的深刻印象，使得越剧男女合演成为长期存在争议和困扰越剧发展的一个难题。

曾经对男女合演的命运有两种推测，一是"取代论"，二是"取消论"，这两种观点截然相反。前者认为，封建社会男女不能同台，导致了女演男，男演女。越剧女演男作为历史产物，将被男女合演所取代；后者认为，男女合演是体制是失误，它不符合越剧的剧种特色，只能作为一种历史现象而存

〔1〕　袁雪芬：《求索人生艺术的真谛——袁雪芬自述》，上海辞书出版社2002年版，第254页。

〔2〕　"十七年间"袁雪芬出演了《西厢记》《双烈记》《火椰村》，重编了《梁山伯与祝英台》《白蛇传》《祥林嫂》，偏重花木兰型和反抗型女性形象。

〔3〕　作者曾嵘，音乐学博士，上海政法学院文艺美学研究中心副主任、纪录片学院副教授。本文原载《上海艺术评论》2020年第6期，原名："越剧男性，想说爱你不容易"。

在，任其自生自灭。[1]现在看来，越剧男女合演在女子越剧的罅隙中，磕磕绊绊走过七十余年，有"祖上也曾阔过"的美好时光，也有冷清萧肃的落寞时刻；既没能取代女子越剧，也没有自我消亡。当然，由于女子越剧具有更大的艺术影响力，当代越剧舞台上形成女子越剧为主、男女合演为辅的演出格局。

目前对男女合演，尽管还有反对的声音，越剧界基本上达成共识："男女合演和女演男两种艺术形式都是越剧本身需要的，是相辅相成、相互补充的。男女合演的出现，是扩大而不是缩小了越剧的题材，是发展而不是损害了越剧的风格，是增强而不是削弱了越剧的表现能力。"[2]但是越剧男女合演发展了七十年，存在三个"很少"的现象：一是男女合演的优秀剧目很少；二是优秀的男小生很少；三是在戏迷中传唱的男小生唱腔很少。与女小生相比，男女合演在出人出戏方面，七十年的表现似乎不尽如人意。

随着浙江越剧团 2012 年培养的新生代 10 名男演员的成长，上海戏剧学院越剧本科班男演员们的毕业，浙江和上海两地的男女合演重新焕发出欣欣向荣的生机。上戏本科班的第十代男演员在继承赵志刚这一辈男演员的优秀剧目，如《家》《陆文龙》《杨乃武》等剧目之后，开始打造属于自己的原创剧目。男女合演的剧目怎么发展是摆在所有越剧人面前的现实问题。本文就男女合演的剧目、音乐和演员存在的问题，管窥男女合演不同历史阶段的成功经验，为当下的男女合演创作提供些许参考。

一、现代戏：题材选择与存在问题

演出现代戏，表现当代生活，开拓剧种的题材，这是越剧男女合演被推上历史舞台的初衷，这也是老一辈越剧前辈主张发展男女合演的重要原因。实践证明，男女合演以其浓郁的男性气质和强烈的真实性，在表现当代生活时有着女子越剧所不及的优势，因此避开女子越剧擅长的传统戏领域，在现代戏和其他非古装戏（包括清装戏、年代戏和一些异域风情戏）方面，拓展艺术空间，扬长、挖潜、避短、开拓是男女合演剧目发展的关键词。

---

[1]　详参尤伯鑫："越剧男女合演的四个关键词"，载《上海戏剧》2014 年第 11 期。

[2]　袁雪芬："热心扶持越剧男女合演——给马彦祥同志的一封信"，载黄德君执行选编：《袁雪芬文集》，中国戏剧出版社 2003 年版，第 124 页。

早在 20 世纪 40 年代初期，越剧舞台上就开始有了现代戏，不过那时候叫时装戏。姚水娟 1940 年底上演的时装戏《蒋老五殉情记》连演 63 场，受到观众的热烈欢迎，是当年演出场次最多的新编剧目。[1]时装戏作为重要的色彩性剧目，各个剧团有意识地与古装戏穿插上演，甚至成立于 1947 年底的少壮剧团，以时装戏为剧团特色，领衔的小生陆锦花被称做"时装小生"而受到观众的欢迎。时装戏多选择流行小说、剧本或热点新闻素材，如张恨水《啼笑因缘》、曹禺《雷雨》，就题材内容而言，仍是越剧擅长的男女爱情婚姻悲剧，在舞台布景、装置、服装和表演上的真实性与传统题材的越剧形成对比，引发观众的观看兴趣。时装戏并不是如一些批评男女合演之人所说，越剧现代戏不受观众欢迎。

当然，新中国成立前时装戏与新中国成立后现代戏在演出语境和演出目的上不尽相同。从 20 世纪 50 年代开始，"人民性"成为越剧剧目创演的出发点，各个越剧团积极投入现代戏的创作与演出中，其中的佼佼者当属浙江越剧二团。浙越二团被誉为全国戏曲团体演现代戏的八面红旗之一，上演了《风雪摆渡》《抢伞》《斗诗亭》《凉亭会》《金沙江畔》《战斗的青春》《海上渔歌》《豹子湾战斗》等剧。满台青春勃发的男演员，将以往传统剧中没有的军人、工人、农民等形象搬上舞台，让观众有些惊讶，有些惊吓，也有些惊喜。这些剧目的表现内容不再限于婚姻爱情，不再聚焦家庭生活，而是拓展到广阔的社会生活中，紧跟时代步伐，颂扬新时代，实现了越剧男女合演的基本目的。尽管男女合演在表演和音乐上进行了初步的探索，取得了一些成功经验，但是更多是为了配合各种运动上演的概念戏，成功的剧虽然不少，但失败的更多，为男女合演带来负面影响。而且，尽管当时看上去还不错的剧目，由于时代烙印非常鲜明，时过境迁，这些剧目几乎没有复排的必要，没能在越剧舞台上留下些许痕迹。这个阶段的实践更多是"试错"，越剧人更明确了哪些剧目不适合越剧。

作为男女合演另一重要院团的上海越剧院，在现代戏的题材选择方向上与浙越二团有些不同。上越初期学习浙越二团的经验，搬演了《风雪摆渡》《红松林》《争儿记》《夺印》等剧，同样没能形成保留剧目。集全团力量重点复排的《祥林嫂》是越剧四大经典剧目之一，是现代戏的代表性剧目，未

---

〔1〕 详参曾嵘："社会性别视角下的越剧研究"，上海戏剧学院 2019 年博士后出站报告。

必是男女合演的代表剧目，因为它在女子越剧的基础上，以祥林嫂为中心，男演员处于配戏地位，其中重要唱段"我老六今年活了三十多"基本是沿用范派唱腔。但是选用名著，以充沛的人文关怀关注一位普通女性的生活与命运，这样的创编思路作为一项成功的经验被保留下来。在20世纪90年代中后期，上海越剧院以赵志刚、许杰、齐春雷等男小生为中心，创排了《早春二月》《舞台姐妹》《家》《玉卿嫂》等剧目，将男女合演和现代戏创作推到一个新阶段。这些剧目就是选用名家名作改编而成，故事顺畅，人物饱满，主配角形象鲜明。这些剧目不再把政治性和教育性作为题材遴选的首要条件，剧目创编回归到以越剧特有的叙述方式——讲好一个故事、演好几个人物、唱好几个唱段上，因而剧目成功率高、复演率高。特别是改编自巴金先生同名小说的《家》，很好地诠释了巴金作品的精神内涵，艺术形式上对越剧的音乐、表演和舞台表现上有了较大突破与创新，是男女合演走向成熟的标志性作品。

在当下的文化语境中，越剧男女合演的现代戏，越来越集中（甚至局限）在歌颂先进人物上。浙江越剧团的男女合演承袭以往以楷模人物为主人公、歌颂新时代好人好事的思路，演出了《巧凤》《金凤与银燕》《日落日出》等剧，还将革命英雄的形象直接搬上越剧舞台，上演了《红色浪漫》《枫叶如花》等剧。上海越剧院也演出了歌颂好法官邹碧华的《燃灯者》，这类剧目的优势是紧跟时代，充分发挥男女合演现代戏的特点，难点是如何找到主旋律剧的表现需要与剧目的可看性间的契合问题，努力平衡人物事迹与舞台所需戏剧性的问题，提高人物形象的真实性和血肉感，避免假大空，提升剧目的艺术性。

二、男小生：怎么让观众"爱"你?

越剧在演出现代戏时比其他剧种多了重"障碍"，那就是越剧本身的剧种风格，以女小生为核心、以世俗家庭爱情生活为中心内容，抒情柔美为基调的越剧剧种风格。女小生是越剧的重要行当，越剧围绕女小生，从女性视角出发，塑造了一类有别于传统社会的理想爱人形象，他们以婚姻爱情为生活重心，俊秀温柔、专一长情，寄托了社会转型中上海近现代女性群体对爱情婚姻的艺术想象。如果说女小生是观众们对美好爱情的梦想，那么对男小生来说就是永远也走不出的梦魇了。

1947年以前越剧和其他很多戏曲一样，以花旦为主要观看对象。同时期的女小生，如屠杏花和竺素娥，一个被称为文武小生，一个称为越剧皇帝，继承男小生的东西较多，个性色彩不太鲜明。1947年之后，尹桂芳、范瑞娟、徐玉兰等女小生先后找到适合自己的典型人物和典型性格，在艺术表现方式上取得突破性发展，小生由配戏地位升为主演，剧目生产转以小生为主，舞台关注的主要对象转移到小生上来。尹派（梁玉书）的体贴温柔，范派（梁山伯）的忠厚实诚，徐派（贾宝玉）的热情潇洒，陆派（方卿）的自尊自爱，毕派（卖油郎）的老实善良，性格鲜明，使得万千观众为之着迷。观赏对象是观众和演员共同选择的结果，既是演员在艺术表现方式上成熟的体现，也代表了观众对这些形象的认可。在这样一个女小生与观众共同打造的梦幻爱情世界，哪里有男小生的立足之地？

当然，观众的观演心理和观赏对象不是一成不变的。如果说，观众们在女小生身上投入的情感愿望，是新中国成立前女性以家庭为生存依托条件下的心理反映，到了20世纪50年代，女子开始大量走出家门，参与到社会建设和活动中来，加上男女平等观念的深入人心，使得女性对男性的评价标准悄然发生改变，引发观众的观演心理慢慢改变。反映在越剧舞台上，是以往不太有的楷模性男性，如屈原（尹桂芳饰）、韩世忠（范瑞娟饰）、刘谌（徐玉兰饰）、李红（毕春芳饰）等人物的出现，特别是南京越剧团竺水招，饰演了一系列勇敢刚毅的男性形象，如《柳毅传书》中的柳毅、《南冠草》中夏完淳等，围绕这类人物，竺水招形成自己的特点。另外，女观众们对待男性的不足，如自尊到敏感的方卿，老实得有点耳根软的许仙，也多了一些宽容。这样的改变为男小生为进入越剧舞台打开了一丝门缝，提供了一点可能。

男女合演七十年中，男小生塑造的人物可谓不少，有让人敬佩的，让人尊重的，让人可怜的，但很少有让人——"爱"的。男女合演剧目的男性人物，和其他艺术形式的类似，高大全的英雄或劳模，与本来的越剧式男性形象相去甚远。是否应该站在观众角度，全面研究和"揣摩"观众对男小生扮演的理想男性性格的要求，发挥男小生的真实感和男性气质浓郁上的长处，展现具有越剧风格的男性人物美感，更好地吸引观众呢？

三、男小生的唱腔：作曲还是编曲？

严格来说，编曲是作曲的一种。不过从越剧男女合演的唱腔发展历史来看，两者又有着明显的区别与意义。越剧男女合演最难翻越的是唱腔关。男小生唱腔继承自女小生，柔婉抒情，男子唱同样的唱腔显得有些娘娘腔，而且在表现阳刚之气的男子时，唱腔缺乏表现力。另外男女对唱的时候存在音域问题，通常男女音域相差四、五度，男演员要与女演员同调演唱，太高不合适。经过多年实践，男女对唱运用了"同腔异调""同调异腔"和"同调同腔"等方法，基本上解决了对唱这一难题，转换衔接自然，对唱得到观众的认可。

最核心的是男腔的创作，既要有越剧韵味，又要符合人物性格，还需要男性气质。越剧男女合演七十年间，浙江越剧二团和上海越剧院走的是不同的两条道路，前者以周大风为代表，以人物塑造为中心，合理选用流派和其他唱腔语言，所谓歌剧式写法；后者以上海越剧院的作曲家为代表，以流派唱腔语言为基础，编写适合人物的唱腔，所谓戏曲编曲式写法。

周大风是最早投入越剧男女合演音乐创作的音乐家，他从 1952 年开始到 1966 年，在浙江越剧二团工作 14 年，探索越剧男女合演的音乐，写了几十部大小剧目音乐，代表作有《罗汉钱》《五姑娘》《金鹰》《风雪摆渡》《斗诗亭》《强者之歌》等，是越剧男腔的主要创造者。他收集整理并油印出版了越剧老调和男班时期的唱腔，钻研越剧名家的唱腔经验，提出"越剧流派"的概念，出版了《越剧流派唱腔》和《越剧唱法研究》，在大量研究、学习基础上，探索和创作了一种与女腔风格协调、适宜男子性格和音域、板式完整、灵活易唱、感情上有所发展的唱腔，称为男腔。

1955 年周大风作曲、浙江越剧二团演出的《两兄弟》在上海公演，普遍反映"改革是成功的，因男女唱的曲调，音域各得其所，越剧风味也较浓，性格和感情也佳"[1]，对新诞生的男腔给予了肯定。也有反对者认为，这不是戏曲，是唱歌，将之戏称为"大风歌"。笔者认为，周大风的男腔解决了男声怎么唱的实际问题，男性气质明显，曲调流畅，韵味尚可。有些唱段是成功的，曲调动听，感情和性格准确，有一定的传唱度。如《春到草原》（1964

---

[1] 周大风："我与男女合演的越剧"，载《文化艺术研究》2010 年第 A1 期。

年）李虹唱段"白龙江水千里长"（周大风曲），弦下腔吸收正调因素，落音sol、mi、sol、do，采用散板—中板—清板—中板连接，节奏、情感转换和对比恰当，很好地表达了医生李虹全心全意为藏民服务的情绪，曲调悠扬好听，演唱者何贤芬曾在电台教唱此曲。

笔者赞成周大风关于戏曲"因时而边，因地而迁，因人而殊，因情而异"的发展论观点，女子越剧就是从四工唱书调到尺调，平均十年一变，"变则兴，不变则湮"。男女合演归根结底还是要男腔能够站稳舞台，站得牢，传得下，流得开。周大风的男腔开了一个好头。男腔的接受存在复杂的观众审美与接受问题，有些老观众不接受新腔，只爱听老腔；有的新观众看戏基本看剧情，唱腔好听就行，不论新旧；有些有欣赏经验的观众，对唱腔的性格、韵味、人物个性甚至时代性，都有要求。随着剧目、音乐、男演员的成熟和艺术水平的提升，男腔韵味会逐步显现，理论上将受到更多观众欢迎。可惜由于"文化大革命"的开始，越剧男腔的实践被迫中断，观众培养也被间断，"文化大革命"后浙江越剧团继续以人物性格和情感为中心，选用流派素材进行男腔唱腔创作，基本是沿用周大风的创腔方法。

和浙江方面相比，上海越剧院的男女合演实验走得比较稳健，发挥本院流派唱腔纷呈和传统功底深厚的优势，注重唱腔、人物、越剧韵味的综合，1960 年创排、1980 年复排的《十一郎》（苏进邹等编曲），有了跨越式的突破。《十一郎》被称作"唱破三关（即唱腔、表演、观众'三关'）"的男女合演佳作。"洞房"《今日里你端端正正做新人》一段唱，表现一对欢喜冤家小儿女式的爱情。男腔在尺调基础上融入范派因素，如"半支箭儿是大媒人"，或者在范派基础上加上新腔，"长空能射雁和鹰"，这样老加新的创腔方式，既熟悉好听，又有新鲜感，也达到了塑造人物的目的。史济华另一唱段"今日喜闻姻缘事"，在尺调基础上，除了范派，大量融入徐派和尹派的唱调，融入不等于镶入，用得妥帖合适，不生硬，"难道说"和最后一个字"珠"采用尹调范唱的方法，很方便，也合适。这两段唱腔，韵味足，在充分展示了不同个性的同时，曲调流畅动听。

《十一郎》中老腔加新调、老腔的糅合、老腔新唱的创腔方式广泛使用，20 世纪 80 年代演出的《花中君子》中"姐弟分别"中，男唱尺调，女唱尺调、弦下调和四宫调糅合的唱腔，男腔韵味足，流畅动听。这个阶段的男女合演剧目还有个特点，以优秀的女演员，如王文娟、吕瑞英、金采风为主，来"带"男演员，为男女合演之剧保驾护航，因而这一阶段的男女合演剧目，成功率高，传唱曲目也较多。如《凄凉辽宫月》《彩楼记》《汉文皇后》等剧，男女合演在女子越剧复兴的大潮下占有一席之地。

以浙越二团周大风和上海越剧院为代表的两种男腔创作之路，各有特点，最大不同在于对传统流派唱腔的认识和运用程度，浙越男女合演唱腔的创新多些，上越男女合演的男腔韵味浓郁些。早些年专家和观众对上越创腔方法更为肯定，对浙江的"大风歌"贬过于褒，现在看来情况有了一些变化。"文化大革命"之后的越剧演出环境发生很大变化，越剧改革引发的越剧歌剧化（或称音乐剧化）呼声导致越剧唱腔的创新步伐越来越大，甚至出现了越歌剧的新形式。最大的变化来自观众。尽管目前年轻观众的总数量仍然不及老年观众，但可以预见不太久的将来，年轻观众人数会超过老年观众的。就笔者了解，在年轻观众中，真正熟悉传统唱腔的并不多，韵味不再是他们对于唱腔的主要评判指标，好听就行，因而新腔的接受度较之老观众大了很多，两种男腔创作之路都是可行的。

四、男小生的培养

七十余年越剧男女合演有过三个黄金时期。第一时期是 20 世纪 50 年代中期到"文化大革命"前；第二时期是 1977 年至 20 世纪 80 年中期。20 世纪 90 年代以上海越剧院的赵志刚为中心，形成男女合演第三个黄金时期。赵志刚以婉转深情的尹派唱腔，稳重潇洒的表演征服了观众，成为首位能与女小生并驾齐驱的男演员，被观众称为"越剧王子"。赵志刚早期通过复排了一些尹派经典戏，学习传统名剧，如《何文秀》《浪荡子》《盘妻·花园会》和《状元打更》，在观众中树立了尹派优秀传人的"江湖地位"。他用十年时间集中演出了一些古装原创剧，如《陆文龙》《血染深宫》《乔少爷造桥》《曹植与甄洛》等之后，充分发挥男演员在现代戏方面的优势，创排了《第一次亲密接触》《疯人院之恋》《被隔离的春天》《藜斋残梦》《家》等剧，开拓了男女合演的题材、创新了舞台形式，同时尹派赵腔也逐渐成熟。其中《家》使他获得当年的梅花奖和文华表演奖，成为他本人和上海越剧院的代表性保留剧目。赵志刚作为男女合演的领军人物，他给男女合演带来的影响是无人可替代的。[1]

有人说，赵志刚是女子越剧的胜利，与男小生的风格无关。这个结论可能下得有点早。男小生和男女合演要站稳舞台，传承女子越剧的技术、流派、风格是必须经过的一步，试想赵志刚出道时不唱尹派，能迅速赢得观众吗？男演员更需要学习和继承传统。赵志刚的成功恰恰为越剧男女合演和男小生提供了一把打开风格关的钥匙。笔者认为，赵志刚能够赢得观众，正是他找到了与越剧和越剧女小生的深层契合点，那是一种"清"的美质，音色清亮，扮相清秀，唱腔婉转多姿，气质清雅，能够与女小生一样处理好刚柔平衡，既能塑造男性人物，又不失剧种风格。[2]赵志刚在以觉新和沙耆为代表的"纠结抗争"型男性人物上，找到自己的典型性格，他在继承尹派唱腔基础上，发展了自己的个性，形成自己的尹派赵腔。赵志刚为越剧男女合演走出了一条成功的道路，将男女合演推至一个新的高度。越剧界象赵志刚这样的男演员太少，甚至赵志刚是一枝独秀，没有形成群体效应。

剧种繁荣的标志是出新戏出新人。1952 年至今，为了男女合演，上海和浙江两地多批多次培养了很多男演员，能够上台的不多，优秀的很少，缺乏领军人物的男女合演前景堪忧。1984 年以浙江小百花越剧团的成立为标志，女子越剧全面复兴，青春靓丽的女演员成为舞台的宠儿。男演员的培养没能跟上，随着"文化大革命"前培养的男演员年龄增大，男女合演剧团急骤减少，目前越剧男女合演仅存上海越剧院三团和浙江越剧院两个专业院团。20世纪 90 年代初期戏曲低谷的出现加剧了男女合演的颓势。男演员招生难、培养难、留下更难，越剧男演员的生存比女演员更为严峻。随着浙江越剧团新生代 10 名男演员和上海戏剧学院越剧本科班男演员们的毕业，男女合演重新呈现出新的气象，期待这些 90 后年轻一辈的男"宝贝"们，给越剧男女合演带来新的力量和希望。

越剧男女合演在戏曲舞台上，经历了七十年的风风雨雨，在它身上凝聚了前辈们的殷殷期待，凝结了主创人员的辛勤心血。衷心祝愿男女合演能够和女子越剧齐头并进，能够与女子越剧错位发展，总结经验，直面困难，继

---

〔1〕 详参尤伯鑫："越剧男女合演的四个关键词　致走过一个甲子的上海越剧男女合演"，载《上海戏剧》2014 年第 11 期。

〔2〕 详参曾嵘："上海男女合演能走多远：由上海越剧院推出'男女合演六台大戏'说起"，载《中国戏剧》2011 年第 2 期。

续前行。

第三节　社会性别视角下的越剧女小生唱腔研究[1]

一、社会性别：一个独特而富于挑战性的研究视角

社会性别（gender）是女性主义的核心概念。"女性主义"由英文"feminism"翻译而来，女性主义研究内容和理论庞杂，流派众多，简单地说就是"对妇女屈从地位的批判性解释"[2]。社会性别"从文化、社会和历史的角度来解释生物性别"[3]，性别实际上是社会文化建构的，"女人的从属地位不是她们自身的生理因素决定的，而是由于男人对这种生物因素的控制生发出来的。"[4]当父系社会取代母系社会，男权文化秩序的建立，生理性别被负载有男权社会属性的涵义。男女两性在各自的性别规定行为中行动，并将这种行为内化而形成社会惯例。性别与种族、阶级的概念一样，表明了社会权利及其意识形态，因而女性主义者波伏娃有句名言："女人并不是生就的，而宁可说是形成的。"[5]

社会性别研究的主要对象是文化中的性别及由性别引发的社会结构、权利、意识与男性关系的问题。它作为20世纪90年代的后现代女性主义的重要内容，成为"新音乐学"（new musicology）的一个组成部分。民族音乐学中的社会性别研究的历史不长，内容主要包括三个方面：音乐中女性参与者研究、女性主义音乐批评和音乐本体中的性别研究。研究初期，以文献资料工作的收集整理和研究文献中的女性音乐家为主，研究她们的音乐活动和表现方式，评价她们的艺术成就。这个时期的研究以历史学的方式方法为主，研究成果改变了人们对女性音乐才能的看法。第二个阶段主要研究性别在生

---

〔1〕 作者曾嵘，音乐学博士，上海政法学院文艺美学研究中心副主任、纪录片学院副教授。本文原载《文化艺术研究》2017年第4期。

〔2〕 汤亚汀："社会性别与音乐"，载《交响》2003年第2期。

〔3〕 See Stanley Sadie, *The New Grove Dictinary of Music and Musicians*（viii），London：Grove，1980，p. 45.

〔4〕 吴小英："社会学中的女性主义流派"，载 http://www.xjass.cn/jj/content/2008-09/22/content-31446. html.

〔5〕 ［法］波伏娃：《第二性》（全译本），陶铁柱译，中国书籍出版社1998年版，第309页。

理和社会结构方面对女性实践的影响，这个阶段的研究通过对音乐本体的性别化解读，更深入地了解社会中的性别关系。1990 年后受各种后现代理论和思潮的影响，以前被忽视的性别的外在显现，也就是性征（sexuality）得到重视。一般认为，90 年代前倾向于较抽象的社会性别研究，之后倾向于较具体的生物或生理性别的研究。[1]另外，研究各个文化形态中的女性个体的活动增多，这个趋势同民族音乐学由宏观叙事向微观叙事、由关注共性和群体向关注差异和个性的转向相一致。

女性主义音乐批评是社会性别研究的重要内容之一，也是女性主义投向学术界和社会意识领域犀利的匕首。女性主义认为，从启蒙思想开始的所有的理论都是以男性为标准的，完全忽视了女性的存在，因而对现存一切秩序体制的确定性和稳固性提出了质疑。埃伦娜·肖沃特把音乐批评分为女性批评模式、男性批评模式两种不同的模式。[2]两者最大的不同是，女性模式从女性视角出发，主要批评社会文化中的男权意识；而男性模式沿用音乐学研究的已有方法，研究对象集中在女性音乐家及其作品上，对两性在创作和音乐表现上的不同加以研究，并追问这种不同的原因。

音乐本体中的性别研究是最具争议的部分。声乐和歌剧由于有文字的明确说明，加上女性主义文学批评的理论可以借鉴，音乐的女性批评有一定的进展，取得了一定的成绩。但在其他音乐形式上，尤其在纯音乐的器乐领域，很多音乐学家认为乐音有着独立的运动模式，是自在和自由存在的，是否承载有感情都是个争论不休的问题，何况性别价值判断。[3]因此他们指责女性主义批评是主观臆断的，只是女性主义者的个人观感。但是，如果我们承认音乐和其它类型的艺术形式一样，是在复杂的历史和意识形态中产生的，不

---

〔1〕 详参汤亚汀："社会性别与音乐"，载《交响》2003 年第 2 期。

〔2〕 详参珍妮·鲍尔斯："女性主义的学术成就及其在音乐学中的影响"，金平译，载《中央音乐学院学报》1997 年第 2 期。

〔3〕 苏珊·麦克拉瑞在《阴性终止》一书中对音乐的性别化研究做了开拓和有益的尝试。她通过对蒙特威尔第的《奥菲欧》、比才的《卡门》、多尼采蒂的《拉美莫尔的露琪亚》、柴可夫斯基的第四交响曲、麦当娜的音乐诸要素的分析，指出作曲家在终止式、大小调、三和弦、调式设计和布局、奏鸣曲式及主副题的意想等方面存在性别选择。而英雄一定是男性的，是文化的主动根源、卓越的创立者，女性则代表易受幻化、无关生死的事物。在音乐叙述中，男性经过一系列的斗争和磨难，最终战胜和征服阴性对立面，表现了一种歧视女性的性别观。贝多芬的交响乐和瓦格纳歌剧的音乐建构和叙述很明显地表现了这种性别倾向。麦克拉瑞对音乐本体的性别分析为民族音乐学的女性主义音乐分析提供了一种有益的尝试，同样，这种分析与研究也是备受争议的。

是处在真空之中的，那么音乐与社会和文化环境间存在必然联系。而社会性别作为一种观念和行为规范，不可能不对人产生作用。因此，讨论音乐中的性别问题并不是无意义的。

有学者认为："作为一个研究音乐的音乐学学科，民族音乐学中社会性别研究对人文学界的贡献应该在于：'性别化'了的音乐声音是怎样的，和如何体现社会文化的，或者，社会文化中的性别观是怎样和如何影响了音乐声音的'性别化'。"[1]笔者也认为这是性别研究中有意义和挑战性问题。为回应这一问题，笔者对越剧女小生唱腔的，从性别视角下进行音乐本体研究，抛砖引玉，请教各位专家学者。

二、唱腔性别化研究的方法

采用社会性别视角来研究越剧女小生，基于越剧和越剧女小生的特质、研究内容和笔者的研究兴趣和目的。要从社会性别视角来审视越剧，看到的东西应是别的视角所看不到的、本质性的东西。笔者第一次听到了 gender（社会性别）一词，是在《当代人类学》的课堂上，才知道它与 sex（生物性别）的区别。有了社会性别这一看待问题的视角，笔者看到了以往没有察觉的问题，看到了性别秩序的处处存在，由此产生了从学术上、从社会性别角度了解女性的愿望，而越剧特有的性质，正好提供了这样一个机会。

越剧是中国南方的代表剧种之一，又有"女子越剧"之称，越剧女小生是其重要和标志性行当。其实越剧 1906 年形成之初，全部是男演员，直到 1923 年全部为女演员的第一副越剧女班才出现。但是女班发展非常迅速，不到二十年的时间，取代男班、一枝独秀地发展起来，上世纪中叶的上海将剧种推至第一个高峰，完成了从浙江山村到繁华都市，从民间小戏到近代剧场艺术的华丽蜕变。这场完美转身最主要的原因就是女子越剧找到了适合自己的、独特的艺术表现方法，它造就了越剧抒情、优美的剧种风格，其中女小生创腔方式是越剧艺术表现特点和剧种风格形成的关键。

从社会性别角度研究越剧和越剧女小生，就本体而言，可以从文本、唱腔和音乐、表演三个方面进行研究，其中女小生唱腔研究——唱腔的性别化研究是其关键。

---

〔1〕 详参在 2017 第二届 EM 研习沙龙中曹本冶教授对社会性别研究的评析。

"戏以曲兴、戏以曲传"，戏曲音乐是塑造人物的重要手段，是剧种风格确立的重要因素。[1]越剧女小生的创腔方式与表现对象紧密联系。越剧中的男主人公，是江南文化中特有的文质彬彬、知书识理的年轻男性形象，外形俊秀斯文，性格温柔体贴，用女小生来扮演，既有男性的气质美，又无男性粗鄙之气。就唱腔的性别化研究而言，提出的问题是女小生本身是女性，自然声音带有女性的甜美，如何用声音来塑造男性人物呢？声音造型上有何特点？

之所以用"声音"而不是"唱腔"一词，笔者认为，"声音"比"唱腔"的涵盖内容更广。笔者认为的"声音"包括自然"声"和艺术"音"。"说话靠声，唱戏靠音。出口谓声，气走丹田谓音。"[2]舞台上表演所用的是将自然"声"经过科学和艺术化的处理后呈现的艺术"音"。女演员在进行异性扮演所用的"音"是在自身自然"声"基础上的艺术"音"，两者都很重要。"声音"包括了异性扮演时音色、旋法和唱法三个因素，也就是说分析"声音"就是分析包括"唱腔"在内的用怎样的音色和唱法，唱怎样的曲调来表现男性精神气质的问题。

女小生们首先遇到的是音色问题。音色是指声音的色泽。音色是男女两性在声音方面最直观、最易感知的因素，也是女小生创腔的基础和前提条件。音色是天生的，性别不同而音色不同。男女声的自然音色有较大的距离，用声音进行性别跨越时，如果演员自然音色偏男声的话，在塑造男性人物时给观众的"这是个男子"的第一感觉会迅速和便利一些。笔者在对不同年龄的越剧女小生演员的访谈中得知，不管先天音色如何，她们都自觉和主动地模仿和追求一种听上去宽厚、有着内在力量的音色，所谓男性的音色。这种音色的获得，要全面和系统地利用咬字、吐字、呼吸、共鸣、喷口以及装饰音等，来模仿男性音色和声音气质，从而为塑造异性服务。

音色模仿是创腔的第一步，是女演员塑造男性人物的基础。音色经过训练是可以改变的，戏曲史上有不少女演员和票友通过合适的演唱技巧和长时间的练习，能够很好地模仿男性音色。很多越剧老生演员的音色与男声可以

---

〔1〕 详参胡芝风：《戏曲舞台艺术创作规律》，文化艺术出版社1997年版，第221页。

〔2〕 周慕莲著，胡度辑录：《周慕莲谈艺录》，中国戏剧出版社1984年版，转引自胡芝风《戏曲舞台艺术创作规律》，文化艺术出版社1997年版，第145页。

乱真，如福建芳华越剧团的老生演员茅胜奎，南京越剧团的商芳臣，上海越剧院的吴小楼、张桂凤等。但是，越剧女小生在音色模仿程度上与越剧老生及其它剧种女小生不同，后两者更接近生活中的男性，而越剧女小生在创腔上的特点之一是音色的适度模仿，形成以自然音色为基础，适度模仿男性音色的音色审美取向。

女小生在音色上适度模仿的原则，既是越剧科班人才培养"速成性"的特点所决定，[1]更是人物塑造的需要和剧种风格的需要。从整个越剧界来看，越剧小生的行当音色多样，既可以"宽、亮、敞"，也可以完全相反，没有统一的行当音色要求。越剧小生行当不会、也不需要象京剧等剧种那样形成有统一标准的行当音色。越剧的美是优美和柔美，并不是壮美。越剧中的青年男性，是种比京昆剧种的小生要秀美，比上海及周边其它地方戏，如沪剧、锡剧、黄梅戏的小生要文气，是种典型的江南文化的温文尔雅、文质彬彬的美。与之相适应的音色也是温柔和儒雅的，是一种有别与其它剧种小生的声音，既有男性的儒雅和帅气，又糅进了越剧柔美的色彩，独具特色的小生音色。这种音色以刻画男性人物的精神和气质为中心任务，形成一种刚柔和谐、自然流畅、以情动人的声音审美风格。

三、社会性别视角下的越剧小生流派唱腔分析

在学习越剧流派唱腔丰硕的研究成果[2]过程中，笔者认识到，其一：以往分析的目的在于总结，因而采用描述式方法，分析结果就是对唱腔各元素进行文字化描述；其二：总结的目的略有不同。一是通过对流派唱腔音乐形态的具体描述，总结其创腔方法，为创作服务，如周大风《越剧流派唱腔》（1981 年出版）；或是为理论研究服务，如连波《越剧唱腔赏析》（2001 年）。两者均采用描述性方法，前者偏重对唱腔的曲、腔、声、字的描述，后者除

---

〔1〕 新中国成立培养越剧演员的科班通常只有三个月，女孩子们学上些基本技术和三、五出戏，就开始上台演出。这一特点，决定了演员在音色上主要靠天生的音色，以本色演唱为主。

〔2〕《中国越剧大典》，周大风著《越剧流派唱腔》，连波编著《越剧唱腔赏析》，上海越剧艺术研究中心编辑的一套流派创始人唱腔精选，卢时俊、高义龙编《上海越剧志》，嵊县文化局编《早期越剧发展史》，应志良著《中国越剧发展史》，钱法成编著《中国越剧》。13 位流派创始人均出版了个人传记（毕春芳的传记尚未公开发行）和唱腔集，对流派风格具有深入研究。笔者编辑出版有《尹桂芳唱腔精选》（连波主编，曾嵘副主编）和《越剧唱段 108 首》。

了着重形态分析之外，结合具体剧目和典型人物，对艺术风格进行文学化描述。本文社会性别视角下的唱腔研究，亦属于理论研究，在以往形态和风格研究基础之上，以性别问题为中心，通过分析并描述唱腔的性别化特征，达到回答社会性别视角下的问题的研究目的。

越剧五大小生流派分别为尹派、范派、徐派、陆派和毕派。流派创始人都是在长期舞台实践中，吸收剧种内外营养，融会贯通，结合自身条件，找到适合自己的创腔方法，形成流派艺术。从自然条件来说，大部分女性的音色是甜、脆、水、亮的，也有些女性的声音天生有些男子气，还有一种情况，既没有典型的女性音色，也不是"假小子"的样子，中性化的。三种条件的演员在创腔时艺术手段是不同的，塑造男性人物形象的途径也不同。艺术手段和方法间并无高下之分，只是运用恰当与否的问题。

（一）男性化音色的创腔方式——以范瑞娟为例

1、范瑞娟的艺术道路[1]和对创腔的影响

范瑞娟（1924～2017 年）是越剧小生流派范派的创始人。她出生在浙江嵊县黄泽镇一个贫苦的雇工之家，一家靠父亲出外做工赚取菲薄的收入维持生计。上世纪二三十年代由于农村普遍的经济萧条，农民生活困难，重男轻女的观念使得女孩的生存特别困难，范瑞娟家乡的女孩只有三条出路，一是做童养媳，二是去城市做童工，三是去唱戏。范瑞娟不愿去做童养媳，去上海做童工交不起押金，别无选择地走上了第三条道路。

1935 年刚满 11 岁的范瑞娟进入龙凤舞台开始了她的艺术人生。初入科班，师父看她眼睛大，眉高眼阔，喉咙咣咣响，让她学小生。[2]她八九岁的时候家里本打算让她去做童工，咬牙供让她读了两年书，童工没做成，念书识字的效果正好用在学戏上。有了这么点文化基础，范瑞娟学戏、背台词比较快，在科班中脱颖而出，第二年科班正式演出后她就挂了头牌。

笔者访谈范瑞娟以前同事、朋友时，她们往往会谈到范瑞娟对事业的专注和用心，这种用心是范瑞娟在科班时期养成的习惯并保持一生的。师父教她的"最要紧的本事是用功""吃戏饭就要一生一世用功"[3]，"用功"两字

---

〔1〕 详见范瑞娟："艺海无崖 搏浪航行"，载《范瑞娟表演艺术》，上海文艺出版社 1989 年版。

〔2〕 详参吴兆苔等整理：《范瑞娟表演艺术》，上海文艺出版社 1998 年版，第 5 页。

〔3〕 吴兆苔等整理：《范瑞娟表演艺术》，上海文艺出版社 1998 年版，第 4～14 页。

是她一辈子的座右铭。特别是 1938 年她随姚水娟的越升舞台来到上海演出后，感到"别人坐的是汽车，我坐的却是'两脚车'。我要把所有的时间省下来，练出用两脚赶汽车的苦功夫。"〔1〕从初到上海的 1938 年至 1941 年的三年，是她向同时期的越剧优秀演员学习吸收的时期。她先后与小生竺素娥、李艳芳、尹树春、尹桂芳、毛佩卿同台演出，竺素娥、尹桂芳这两位当时出色的小生演员的戏给她留下很深的印象。与竺素娥搭班的时候，竺的戏每次都认真看，细心揣摩，看完后用自己的符号记下来，又是背又是练。尹桂芳漂亮和稳健的台风也对范瑞娟日后的艺术发展有影响。1941 年四五月间，范瑞娟顶替突然生病的竺素娥演头肩，由于她平时用心用功，积累了不少戏，顺利代戏了一段时间，歇夏后她正式升为头肩小生挂牌演出。

1944 年，范瑞娟加入雪声剧团，是较早参与袁雪芬"新越剧"改革的成员。两年半"雪声"时期，是范瑞娟在艺术获得长足进步，进入艺术生涯的第一个丰收时期，《祥林嫂》和《一缕麻》就在这个时期初演。1945 年在演出《山伯临终》时，为表现梁山伯悲愤痛苦的情绪，她在越剧老调的基础上吸收融化京剧"反二黄"因素，在琴师周宝才的配合下，发展出了婉转深沉的"弦下腔"，这个曲调通过不断加工，完善丰富，形成继"尺调腔"之后又一个具有多种板式变化的越剧基本腔。范派也初现雏形。1947 年，袁雪芬病休，傅全香再次与范瑞娟搭档组，两人调门相当，音色和唱法有明显区别，是一对好搭档。〔2〕两人组成"东山越艺社"后，沿用原"雪声"剧团的剧务部班底，上演新编戏。新中国成立后，范瑞娟随"东山越艺社"加入华东戏曲研究院越剧实验剧团（后来的上海越剧院的前身），成为一名艺术工作者。20 世纪 50 年代，范瑞娟上演了一系列代表剧目，标志着范派艺术的成熟。

虽然范瑞娟一直是头牌小生，但是她一直没有成立自己的剧团，这大概和她的性格有关。范瑞娟的性格不属于那种活络、能掌管一方事务的类型，她和陌生人话不多，做事稳健、认真执著，也很循规蹈矩。〔3〕和熟悉的人相处，她比较随和，不太讲究什么，为人朴实，因而她不太能当剧团的艺术管

〔1〕　吴兆苔等整理：《范瑞娟表演艺术》，上海文艺出版社 1998 年版，第 13 页。

〔2〕　详参吴兆苔等整理：《范瑞娟表演艺术》，上海文艺出版社 1998 年版，第 20 页。

〔3〕　详参 2007 年 2 月 3 日顾振遐访谈。

理者。她曾说过:"由于我自幼沉默寡言,胆子比较小,所以从小演穷生戏、童生戏就比较多,这对以后形成我自己的戏路和风格,有很大的关系。"〔1〕从她擅演的剧目来看,她的戏路很宽,但演得最好的戏是善良、朴实的书生一类性格的,如《梁山伯与祝英台》中的梁山伯、《李娃传》中的郑元和、《孔雀东南飞》中的焦仲卿、《宝莲灯》中的刘彦昌以及《祥林嫂》中的贺老六等,突出性格是忠厚诚实,这是很多女性观众,特别是下层劳动妇女看重的品质,因此当时杨树浦的纺织女工中有许多范瑞娟的戏迷。

2、范派在音色、唱法和旋法上的特点

范瑞娟的自然音色是越剧女小生五大流派创始人中音色最宽、敞、亮,靠近男性音色。她天生嗓门大、嗓音实、声宏亮、中气足、音域宽,"嗓子响亮得像屋顶都要穿透似的"〔2〕,听她早期的录音,不大会当她成女演员,当然她的音色也不是酷似男性的音色。更为重要的是,她有着强烈的男性声音自觉,很早就在思考"如何使小生的唱腔更富有男性的刚健力度"〔3〕这一问题。

范瑞娟的唱法在流派创始人中也是最有男性感。她认为要在舞台上成功地塑造男性形象,首要在音色上与花旦有区别。她着重声音的厚度和力度,咬字咬得正,咬得硬朗,字头重,字音结实。她演唱时常常使用"O"形的口型,用下唇盖下牙床成"O"形,因而声音显得宽厚和宏亮。她锻炼形成男性感音色,主要有两个途径,一是用"陶瓮发声法",每天对着一只陶瓮练声,练习咬字、喷口的力度,寻找运气和共鸣的方法,使声音富于厚度,增强声音的刚劲;二是学习京剧其它剧种的发声和润腔方法,放宽嗓子,使之听上去稳健厚实。早在1942年,她就买了一架老式唱机,来听京剧和评弹,不但听,而且跟着学,如高庆奎的《逍遥津》、王少楼的《四郎探母》、马连良的《十老安刘》、薛筱卿的《珍珠塔》等,既增强音色的刚健,还积累了旋律素材。〔4〕范瑞娟的唱腔中点头腔用得较多,爱用衬字,以表现男性爽朗、刚劲的气质。〔5〕

〔1〕 吴兆苔等整理:《范瑞娟表演艺术》,上海文艺出版社1998年版,第11页。
〔2〕 吴兆苔等整理:《范瑞娟表演艺术》,上海文艺出版社1998年版,第16页。
〔3〕 吴兆苔等整理:《范瑞娟表演艺术》,上海文艺出版社1998年版,第20页。
〔4〕 详参吴兆苔等整理:《范瑞娟表演艺术》,上海文艺出版社1998年版,第21~22页。
〔5〕 详参连波编著:《范瑞娟唱腔选》,上海音乐出版社2003年版,第55页。

尽管范瑞娟在音色和唱法上追求男性的阳刚气质，实际上作为创腔很重要部分的旋法上，她恰恰是追求与阳刚相反的委婉。将范派、徐派和尹派代表性唱段的第一句（同为回忆性"尺调·慢板"，速度为44/分钟），分别是《盘妻索妻》"洞房悄悄静幽幽，花烛高烧暖心头"、《梁祝·楼台会》"英台说出心头话，肝肠寸断口无言"和《红楼梦》"想当初妹妹从江南初来到"，若以音高为纵坐标，节奏为横坐标，绘成旋律曲线图，那么徐派的曲调线条就是大起大落的，如陡峭的悬崖；尹派曲调就是平缓稳重的，如高原缓坡；而范派的旋律曲线就如参差的犬牙，最为曲折，旋法最婉转。

范瑞娟有很多将唱腔拉长的创造性方法，用曲折绵长的曲调来突出柔婉的情绪，并且这些方法通常搭配、联合使用，增添曲调的抒情华彩。常用方法举例如下：

（1）用连续的音阶式下行花腔，如《单恋》中第一句"看吧"。

（2）常用"同韵加花"的方法延伸乐句的长度，这是范派曲调的常用手法，如《梁祝·临终》中一句"教山伯睹物思人更伤悲"。

（3）曲调擅用付点和前后十六分音符的节奏型，以表现婉转缠绵之情，并连续运用于一个乐句中，更有婉转之感，如《洛神》中一句"哭一声"。

（4）对比方法的灵活运用；

范瑞娟运用停顿、长音等抑扬顿挫、缓急相间的方法给曲调发展更大自由，如《梁祝》"英台说出心头话"中"断"字位的紧缩和小长音的停顿，"言"的长腔。

（5）常用密集的音符群来装饰唱腔。

（6）利用衬词来延长曲调。

范瑞娟擅长移宫换调，宫调转换自然，在调式的变化中发展曲调的对比。如"英台说出心头话"中D徵、A宫、D宫的自如转换，用来增强唱腔的婉转抒情。另外，范瑞娟在结构上引子加上叫头的重叠大引子的使用，（如《单恋》中"看吧！霍姜妻永别了"唱段），加大引腔的缠绵。

以上种种技术的综合使用，使得范派唱腔特别婉转缠绵，在需要抒情的起腔和落腔上，展现得尤为明显，如《梁祝·楼台会》中的起腔和落腔。

范瑞娟首创〔弦下腔〕是范派唱腔和剧种发展的必然。《梁祝》中"英台说出心头话"一句，唱腔乐句长，润腔多且长，婉转多姿。范瑞娟在"台""话"上，声音模拟男性的粗厚，"台"用口腔和鼻腔的共鸣，在气息支持下推出，显得粗犷。"话""肠"用抛腔强调，富有力量。字间如"英台说出"和"我肝肠寸断"，唱得连，字本身强调字调，"心、头"等，唱得棱角分明。范派用宽、亮、敞的音色，有力响亮的发声，唱出一种带棱角的婉转声音。整个乐句流畅深沉，有男性的激扬之势，无重浊之弊。柔为内核，刚为外在，寓刚于柔，刚柔相济。广为传唱的弦下腔唱段还有《祥林嫂》"你到我家五年长""母亲带回英台信"等。

范瑞娟的创腔方式与自身条件、剧中人物性格相契合，得到业界和观众的认可，开创范派小生艺术流派。著名戏剧理论家刘厚生赞扬范瑞娟的表演艺术："创造了一种志诚、淳朴，表面看似无灵气，但却精光闪烁，有如浑金璞玉的风采。"[1]

(二) 女性化音色的创腔方式——以徐玉兰为例

1. 徐玉兰的艺术道路[2]和对创腔的影响

徐玉兰（1921~2017年）是越剧小生流派徐派的创始人。她出身于浙江新登一户汪姓人家，满月时过继给徐家做女儿。她从小受到汪徐两家的疼爱呵护。小玉兰从小性格外向，有点野小子样子，个性自由自在无所顾忌，而且有主见，爱管"闲"事，她的祖母说她"有头脑，明事理"。徐玉兰是第一代越剧女演员中少有的因兴趣自愿投身越剧的演员。她六七岁就跟着祖母到处听书看戏，受祖母的影响，是个小戏迷。她七岁入私塾念书，学堂就在城隍庙旁，经常有戏班来唱戏，为此她没少逃学去看戏。年幼的玉兰很羡慕戏班小姐妹舞刀弄枪、练功吊嗓的梨园生活，觉得新奇有趣，对女孩子能够学戏挣钱更是羡慕，因而十二岁时，玉兰在父母的强烈反对之下，进入东安舞台学戏。由于走上唱戏这条道路是玉兰自己兴趣爱好及挣钱独立的愿望所在，因而她自觉自愿终其一生，视越剧为终身奋斗目标。

徐玉兰良好的家境也是第一代女演员中少有的。她的祖父开了一爿饭馆，父亲是位职员，家境小康。在她学戏、出道的前六年，她的父亲或出资或亲自带班，给她很大的扶持，[3]也培养她能做事、肯担待的性格。她刚学戏的时候，师父根据她的条件给她派的是花旦戏，从天生条件来说徐玉兰演花旦

---

[1] 吴兆芬等整理:《范瑞娟表演艺术》，上海文艺出版社1998年版，第227页。
[2] 详参赵孝思:《徐玉兰传》，上海文艺出版社1994年版，第18页。
[3] 1939年东安舞台在上海演出时徐父因病去世。

比较合适，但是她的父亲出于现实考虑一定要师父改派老生。徐玉兰自己想演小生，她认为自己"野小子"般的性格更适合小生。最终她在科班学的是老生，出科后以老生挂头牌。她随着东安舞台到处流动演出，并四次来上海，与越剧前辈"三花"及男班演员先后同台演出，艺术上成长很快。1941 年徐玉兰顶替合同期满的头肩小生，开始改演小生，与施银花搭档，从此开始了辉煌的小生生涯。徐玉兰在宁波天然舞台唱了两年戏，"红了半爿天"[1]，期间她认识她后来的丈夫俞则人，开始了长达 12 年的恋爱长跑。在恋爱婚姻的问题上，徐玉兰同样表现得有主见、明事理，她非常明确"嫁人要嫁个老实人"[2]，喜欢的是对方的人品、学识而不是其它东西。1944 年徐玉兰和傅全香、1945 年和筱丹桂搭档在上海演出，和当时最优秀的越剧花旦的同台，对徐玉兰艺术特点形成创造了条件。1947 年和筱丹桂合作《是我错》时，徐玉兰扮演赵文骏，一个可爱的"坏"丈夫时，在最后一场的"洞房认错"一段，唱出特征音调，徐派唱腔的初步形成，她也成为与尹桂芳、范瑞娟三甲并立的越剧小生。1947 年 9 月徐玉兰成立玉兰剧团，独立挑班演出，并在1948 年与王文娟开始了半个世纪舞台情侣的艺术生涯。新中国成立后，徐玉兰迎来了艺术上、政治上和生活上的"三丰收"。艺术上，徐派艺术成熟；她演出了《北地王》《追鱼》《春香传》《红楼梦》《西厢记》，徐派的典型性格形成；政治上，她积极参加"地方戏曲学习班"学习，提高政治水平，以极大的热情加入中央军委总政治部文工团，赴朝鲜慰问演出，获得了政治上的各种荣誉；生活上，与相识 12 年的恋人喜结连理，并生下两个孩子，家庭美满幸福。"文化大革命"之后的徐玉兰重新焕发了艺术青春，她演出了《西园记》，成立了自负盈亏的红楼剧团，培养了众多徐派传人。徐玉兰的艺术人生，就如她所说的，是位越剧艺术道路上的纤夫，万里行舟，不断逆水前行，不断收获。[3]

与徐玉兰合作多年的作曲家顾振遐认为"腔如其人"，尹、范、徐三大小生流派，三种性格。徐玉兰的为人按上海话讲是"一括亮相"的，就是很爽

---

〔1〕 徐玉兰："舞台生活往事录"，载《文化娱乐》编辑部编：《越剧艺术家回忆录》，浙江人民出版社 1982 年版，第 46 页。

〔2〕 赵孝思：《徐玉兰传》，上海文艺出版社 1994 年版，第 98 页。

〔3〕 详参赵孝思：《徐玉兰传》，上海文艺出版社 1994 年版，第 111 页。

直，很果断，很热情，没有心机的，她的唱腔和她的人一样爽直热情，[1]她最擅长的也是热情豪放、慷慨激昂一类的男性形象，[2]她的代表作有《红楼梦》《北地王》《追鱼》《春香传》《西厢记》等。

2. 徐派在音色、唱法和旋法上的特点

实际生活中，像范瑞娟这样音色接近男性的情况不是太多，多数女性还是像徐玉兰这样有着典型女性化特征的，她的自然音色薄、细、高，离通常男性宽、敞、亮的音色要求较远，一听就是个姑娘的嗓音。徐玉兰虽然声音给人的第一感觉是女性的，但是她找到了合适自己女演男角的方法，根据自身条件走上一条与范瑞娟条件完全不同创腔之路，在男性声音形象塑造上殊途同归。

徐玉兰吐字坚实，多用头腔共鸣，真假声变换自然，演唱激情四溢，感情充沛，舞台感染力强。徐派在旋法上的男性化特征主要有：

（1）向高音区扩展音域

这种向高音区拓展表现力的方法，是其它剧种的男演员在塑造人物时通常方法，戏曲唱腔中旋律音区男女有别，基本表现出男高女低的特点，男声高亢激昂，高音音色加上男子有力的气息支持，强烈的共鸣，形成真实的男性感，来表现男性的阳刚美。

越剧的常用音域是 $b \sim b^1$，一般不超过 $a \sim d^2$，徐玉兰天生嗓子音域广，她的常用音域是 $b \sim e^2$，甚至 $g \sim g^2$，而且 d^2 这个别的流派通常作为短时值的非骨干音使用的音，却是她的常用音，唱腔在高音区常常围绕 d^2 组织，"几乎无 d^2 不成腔"[3]，在越剧擅长的中低音域基础上加上高音音区的发展，徐派唱腔跌宕起伏、上下飞舞盘旋，矫健多姿。

（2）学习绍剧、京剧和越剧男班的唱腔

徐玉兰向绍剧、京剧和越剧男班唱腔学习，吸收阳刚气质；她在曲调方面吸收了绍剧高亢悲壮的特点，京剧刚健、坚实的技巧，又融合了越剧早期男班唱腔中朴实、淳厚的因素，以强调刚健、昂扬、激越的男性气质。

学习、吸收、融化绍剧的曲调和唱法方面，徐玉兰"初学老生，能唱绍

---

〔1〕 详参 2007 年 2 月 7 日顾振遐访谈。

〔2〕 详参顾振遐编著：《徐玉兰唱腔集成》，上海文艺出版社 1992 年版，第 1~110 页。

〔3〕 顾振遐编著：《徐玉兰唱腔集成》，上海文艺出版社 1992 年版，第 3 页。

兴大班，而且唱得不错，象唱做兼重的《斩经堂》一剧，演来颇受观众称赞"。[1]徐玉兰在表现男性人物的特定情感时融化吸收绍剧激越的曲调，又不失越剧风格。她在《北地王·哭庙》中，第一句的叫头，在形式和落音上与绍剧正工、小工二凡的上句相差无几。但"号"的蜿蜒下行又是越剧弦下调的曲调，"进"的尾音是越剧正板中有的。

徐玉兰在唱法常用的滑腔也是吸收自绍剧的，如《春香传》中李梦龙唱段中的上滑音唱法。徐玉兰40年代初在宁波演出时，每逢歇夏时就跟一个京剧琴师学戏、练唱。她先后学了《贺后骂殿》《上天台》《四郎探母》《吊金龟》等。到上海后，周信芳表演的性格化、节奏感和苍劲深厚的唱腔给她教益很大。[2]开始她吸收京剧唱腔是照抄照搬，唱的完全是京剧的东西。通过一番琢磨、消化，久而久之，化为自己的唱腔。她通常的做法是改变旋律而节奏、调式不变，或改变调式而旋律、节奏不变，或改变节奏而调式、旋律不变，并以唱法相统一，这样听上去既像越剧曲调又有新颖之感。见"哭祖庙"中高拨子的节奏与弦下调的曲调变化结合的例子，用于表现人物强烈的喷薄而出的激情。[3]

徐玉兰用老调节奏明快、旋律朴实来表现男性人物，如"哭祖庙"刘谌的唱段中快清板"神机妙算定汉中"一段，由落地唱书调变化而来，节奏明快有力，旋律朴实刚健。[4]

另外，徐派善唱"快板"，基本调常用"尺调腔"，不太用"弦下腔"，就算用"弦下腔"，也是向上例"哭祖庙"一样，强调音乐的悲越激昂，而不是悲郁哀伤的气质，这也是徐派内在特点所决定的。

徐派代表唱段《红楼梦·洞房》中"合不拢笑口把喜讯接"，集中体现了徐派的性别特点。这一唱段表现了贾宝玉在新婚之夜，以为娶了林妹妹而迸发了火一样的热情和喜悦。大幅度的旋律走动，干脆的节奏，咬字、吐字坚实，发声高亢，强调对比变化，避免旋律长而软，打破节奏工整等，总之，突出音乐的刚健，避免柔媚。若把范瑞娟的唱腔称为"阳柔"的话，徐玉兰

---

〔1〕　落红："缤纷集"，载《绍兴戏报》1941年第17期。

〔2〕　详参徐玉兰："舞台生活往事录"，载《文化娱乐》编辑部编：《越剧艺术家回忆录》，浙江人民出版社1982年版，第55页。

〔3〕　详参周大风编著：《越剧流派唱腔》，浙江人民出版社1981年版，第151~153页。

〔4〕　详参顾振遐编著：《徐玉兰唱腔集成》，上海文艺出版社2013年版，第20~22页。

则是"阴刚"了。但是她的刚健和女老生又不同,是越剧特有的柔性刚健,一种收放有度、刚柔相济的刚健。

念白:咬字坚实有力,对比大,起伏大;

起腔:分四个腔节,分别音区是低、高-低、低-高-低、低,音域达13度,落在最低音上,大起大落。整个唱段采用紧中板,越剧各派都擅长慢板,但紧中板和快板唱得好的不多,徐玉兰是其中突出一位。她采用男班老调旋律,中板和快板爽朗利索。"数遍指头"和"今日移向"两句就运用了四工腔和男调板的因素,显得爽朗。

唱段音程跳动大、多,不仅有八度跳动,七度和五度跳动很常见,如"将"和"喜"、"你"和"林"、"银"和"河"间。字位节奏变化多,七字句,加冠七字句,变化七字句,旋律节奏跳跃活泼,对比大,有新意。

润腔上:"载"用点头腔,"美"和最后的"呀"上的拖腔用断续腔,"春""渡""把"上的滑腔,配合表演上身体和眼神的动作,表现年轻男子轻快,带有点调笑的口吻。

和范派相比,徐派的曲调是突上突下的跳进起伏,范派是拉橡皮筋似的蜿蜒起伏。徐派和范派相反,不强调起腔和落腔,她的句间小腔短小而硬实,显得"有劲"。总的说来,徐玉兰的唱腔被认为是特别具有男性气质的唱腔,1960年周总理看完她演出的"哭祖庙"后说过,"谁说越剧都是软绵绵的,徐玉兰就唱得高亢激昂嘛!"[1]

范、徐两位流派创始人,在各自不同的音色基础上,采用不同的技术手段,音色和唱法的刚+曲调的柔,音色的柔+唱法和旋法的刚,达到刚柔平衡的声音效果,为塑造男性人物服务。其中与音色模仿一样,有个适度的问题。太柔了,男性形象软弱,脂粉气重;太刚了,男性气质重浊,都不是越剧女小生理想的艺术形象。

笔者在对年已85岁的徐玉兰访谈时,曾经问过这样一个问题:"您1941年12月改演小生,在此之前您已经是有名的头牌老生了,老生改小生有困难吗?已经成名的演员改行当,如商芳臣、徐天红,有的成功,有的不成功,您认为最大的问题是什么?"徐老很有兴趣地回答我说:"每个人的条件不一

---

〔1〕 赵孝思:《徐玉兰传》,上海文艺出版社1994年版,第219页。

样，方法不一样的。我科班的功夫好。"〔1〕意思是科班的基础在表演的干净、功架漂亮方面有好处。但是商芳臣是高升舞台出身，功夫也好，徐天红在扮相方面有优势，她们改演小生却没有老本行老生好。笔者认为，正是徐玉兰在自身条件基础上，掌握了声音性别塑造的关键因素，突出表现唱腔的内在刚健，以平衡自身女性化特征，以艺术手段塑造男性真实感；其次，她掌握了音色和表演的适度模仿，而商芳臣和徐天红在模仿上过于向男性化倾斜，人物沉稳过多显得重滞，没有了小生应有的飘逸清雅，因而扮演的男性人物不够吸引观众。

（三）中性化音色的创腔方式——以尹桂芳为例

1. 尹桂芳的艺术道路〔2〕和对创腔的影响

尹桂芳（1919~2000 年）是越剧小生流派尹派的创始人。她又名尹喜花，出生在浙江新昌山村一户贫苦农家，8 岁丧父，一家四口依靠母亲给别人浆洗缝补过活，生活极度艰难。童年的喜花身为长女，迫切希望能帮助母亲挑起家庭重担，抚养弟妹，因此 10 岁时候，她自愿去科班学戏。喜花有着一种浙江山里人的韧性和倔强，她带着强烈的养家糊口的责任来学戏的，因而练起功来非常刻苦，在大华舞台两年，在武功方面打下了很好的基础，而且自觉练功的习惯伴随她一生。17 岁那年，她把自己的名字改为"尹桂芳"，以花自寓，勉励自己不忘童年和少年时的苦难，也希望自己能够给别人带来沁人心脾的清香。

尹派是最早创立的小生流派，她以卓越的艺术才能，走出一条成功扮演男性人物的道路，为越剧开拓了以小生为台柱的演出格局，奠定了女子越剧的剧种特性的基础。初进科班学戏，她学的是花旦，出科后她没有条件以花旦为专一的行当，戏班缺什么她就要演什么，花旦、小丑、小生都演过，在浙江乡间演出时，她演出的丑行"牛皮阿三"很受欢迎，还赢得了个"牛皮阿毛"的绰号。做"百搭"的经历倒也练就了她留心观察、细心揣摩的学习方法，使她一生受益匪浅。有次她顶替他人演出小生，旁边打鼓师父看她功

---

〔1〕 "徐玉兰访谈"，2006 年 12 月 10 日。

〔2〕 详参李惠康：《一代风流尹桂芳》，上海文艺出版社 1995 年版；福建省芳华越剧团、福建省越剧之友联谊会编：《折桂越坛：流芳百世：人民艺术尹桂芳周年祭》，福建美术出版社 2001 年版；李惠康："尹桂芳和尹派艺术世界：写在芳华越剧团建团五十周年"，载《福建艺术》1997 年第 1 期。

架好，有种进退有度的风度，提醒她可以以小生为主业。1934年尹桂芳正式改演小生，开始仍在浙江流动演出，1939年她来到上海，开始了自己的艺术征程。新中国成立前她的艺术道路按照她演出的场所，可以分成三个阶段："三乐"时期、龙门时期和九星时期。在"三乐"期间尹桂芳扮演的是传统男性气质浓郁的小生，她的拿手剧目是《陈琳与寇珠》《天雨花》和《吕布和貂禅》，她扮演的吕布，非常潇洒俊美，很受观众欢迎，她也由头肩小生升至头牌小生。1944年尹桂芳率团进入拥有600个座位的龙门戏院，响应袁雪芬的越剧改革，组建剧务部，上演新编越剧，在体制和机制上为自己下阶段在异性扮演和艺术上的成熟准备了条件，积聚了力量。1946年尹桂芳进入九星剧院，成立芳华剧团，先后演出了《沙漠王子》《云破月圆》《秋海棠》《浪荡子》《双枪陆文龙》等剧。经过多年舞台磨练找到适合自己的性别扮演的方式，塑造了一类潇洒清逸的男性人物，围绕这一典型人物形成系列唱腔和表演，开创了尹派艺术。新中国成立后，尹桂芳重组芳华剧团，演出了《玉蜻蜓》《宝玉与黛玉》《西厢记》《何文秀》《信陵君》等剧，特别是1954年《屈原》的成功演出，她杰出的艺术才能得到了文艺界，不仅是越剧界，还包括话剧、电影界的一致公认。1959年尹桂芳带领芳华支援福建前线，将越剧艺术洒向八闽大地，演出了《盘妻索妻》《红楼梦》《江姐》等代表剧目，标志着尹派艺术的成熟。

尹桂芳艺高、德高，被戏曲界称为"大姐"，是越剧界威望最高的演员。邓颖超曾说过："尹桂芳真是越剧界名副其实的大姐，她品格高。"[1]她胸襟宽厚、博爱仁慈，对同行帮衬、扶掖，对学生关心、爱护，对观众尊重、负责，她心里装着越剧，装着大家，唯独没有自己。和她合作了半个多世纪的作曲家连波说："她对人大方，像酒坛子，对自己很小气，像眼药水。"[2]"她把每个人都当成她的亲人，没有哪个人她不关心，哪家小孩要上学了，哪家生活怎样，她都知道，都放在心里。"[3]她一生有两不说，一是不说"文

〔1〕 沈祖安："永远的尹桂芳"，载福建省芳华越剧团，福建省越剧之友联谊会编：《折桂越坛·流芳百世：人民艺术家尹桂芳周年祭》，福建美术出版社2001年版，第29页。
〔2〕 笔者2007年1月8日~17日在芳华越剧团做田野工作时，连波先生对笔者说过。
〔3〕 2007年1月13日王艳霞访谈。王艳霞是芳华的导演，尹桂芳多年的同事和好友。

化大革命”时候谁批斗过她、打过她；二是不说她接济过、帮过谁。[1]她以她的一生，实践了“清清白白做人，认认真真演戏”的人生准则，尹桂芳是当之无愧的“人民艺术家”。

合作多年的导演王艳霞对尹派唱腔的评价是：“她做事很真，爱人爱得真，所以她的唱也很真，唱是出于肺腑。她的腔不显山露水，以字带声，像发出内心的谈话，唱得朴实，很会抓住观众。”[2]连波老师在谈到尹桂芳演唱《浪荡子》中“叹五更”时，说她唱得亲切，就像和你面对面的交谈，感情真切真挚，非常动人。

尹派唱腔无不是以“真”动人的，尹派唱腔的典型样式一般是这样的：先是饱含真情的叫头，旋律迤逦拖至低音 mi，深情婉转的，上板唱“尺调”“慢板”，质朴温和，真挚倾诉的；然后接清板，她擅长清板，而且她的清板掼调落在 sol 上，比其它流派低，特别深情，娓娓诉说的；然后通过板式变换，或快或慢，表达委婉、曲折而一往情深的感情，最后的落调缠绵婉转，情深意切，如《红楼梦》“宝玉哭灵”“金玉良缘”，《桃花扇》中“追念”等。

2. 尹派在音色、唱法和旋法上的特点

尹桂芳的自然音色是一种中性化的、非典型的女性音色，没有通常女性演员的甜、脆、水、亮，音色略粗，但也没有范瑞娟的宽厚结实，她的音色条件介于范、徐之间，因而她的创腔方法也不同于范、徐。她在演唱上以中低音为主，略粗的中音音色，使她在声音上避免了女小生忌讳的“雌音”。她的中低音音色独具一格，音色醇厚，不求力度、亮度和厚度，用大口，在气息支持下，细而不软，轻而不飘，唱出一种女中音特有的温润如玉般自然亲切的声音。这种中音音色，在表现内在的深情、爱慕、哀怨、悲怆方面有着特殊的力量，特别动人，特别入心。尹桂芳的鼻音较重，唱腔讲究“字重腔轻、以情带声”，唱得外松内紧、吐字清晰。音域不宽，唱腔多在中音区运行，很少用高音，关键的时候高音异峰突起，一闪而出，随即下行，使唱腔平中见奇。

尹桂芳的音色条件和唱法、旋法的处理介于范、徐之间。她的音色弹性

〔1〕 详参王骏：“尹桂芳在福建的一些往事”，载福建省芳华越剧团福建省越剧之友联谊会编：《折桂越坛·流芳百世：人民艺术家尹桂芳周年祭》，福建美术出版社 2001 年版，第 154 页。

〔2〕 2007 年 1 月 13 日王艳霞访谈。

很大，高音音色在《盘妻索妻》中可以柔美，在《屈原》中可以裂帛的刚劲，变化多，在声音造型上尹桂芳是位大师。尹派没有范派曲调那么婉转，没有徐派那样高亢激越，曲调总的来说比较平缓，起伏不是很大。但是，尹派最人称道的是她的起腔和落腔，非常婉转多姿，是柔美的典型。她的起腔不仅是她个人的唱腔特点，也是越剧乃至江南音乐的特点。1937年尹桂芳演出《绣鸳鸯》时，感到一般的起腔不足以表达感情，于是唱出了一句下行的小腔，同行讥笑为"懒惰调"。这句刚刚诞生的新腔，是有些简单，但是这句小腔，有着一种特殊的潜在特质，在深情、真挚的倾诉之前，先饱含感情的、低回婉转地叫上这么一声"娘子啊"或"妹妹啊"，这声呼唤，是男性心中满怀的爱意，是女性心里期待的柔情，非常使人心旌动摇。尹派的落调"si la si re si la sol"，在真情倾诉之后，句尾唱出这句落调，余音袅袅、深情无限的。需要说明的是，尹桂芳的起腔和落调不是形式主义的，它与剧情、情绪紧密相连，为塑造人物服务的，因此它不仅动听，而且动人。很多老观众回忆起尹派，一致说到尹派的起腔和落调，糯糯的，像吃了个宁波汤团一样舒服。

与尹桂芳合作多年的作曲家连波曾经很多次与笔者谈到，他不赞成尹派风格是柔婉这一说法，他认为尹桂芳的唱腔是刚柔兼济的，柔的方面当然体现在她的起腔、落腔之中，她的刚表现在：其一，旋律的异峰突起，如《盘妻索妻》"洞房悄悄静幽幽"中，第三句"喜气"字位加紧，"方"跳进后稍顿，跳进再吐出衬字"啊"，盘旋而下，曲折动听。其二，唱法上字重腔轻，内紧外松。尹桂芳的婉转也是一种有棱角的婉转，唱腔在缠绵的曲调下，蕴涵一种隐而不发的力量。尹桂芳的弟子萧雅在复排《盘妻索妻》时谈到，这本戏听上去好像很柔，其实唱得很累，因为它有着内在的"劲头"，咬字、气息、喷口费力，柔和刚是并时存在的。[1]

尹派唱腔纯朴隽永、低回流畅，自然柔和，寓刚于柔。笔者很赞同这样一句对尹派艺术的评价："阴柔美与阳刚美的浑然一体，要柔有柔，要刚有刚，刚柔相济，才是尹派艺术的完整概念。"[2]

---

[1] 详参2007年3月12日笔者对萧雅访谈。

[2] 李惠康："艺精更番传，德馨交口赞——'芳华'老编导和越坛众姐妹谈尹桂芳"，载李惠康：《一代风流尹桂芳》，上海文艺出版社1995年版，第74页。

综上，从自然条件来说，女演员不出男性化、女性化和中性化这三种情况，因而女演员在进行声音扮演时不脱范、徐、尹三位流派创始人的方法，笔者把这三种方法称之为外刚内柔型（范）、外柔内刚型（徐）、刚柔相济型（尹）。以上三种创腔方式，因为尹桂芳先天条件好，非常具有艺术创造力，经过多年舞台磨练，她找到声音造型上适合自己的刚柔相济的方式，塑造了一类潇洒清逸的男性人物，围绕这一典型人物形成个性化唱腔和表演，开创了尹派艺术。范瑞娟在越剧本身音乐的基础上，发展了把唱腔唱得更为婉转的方法，后于尹桂芳形成了适合自己的外刚内柔的方法。而徐玉兰要吸收其它剧种中刚性的因素融入自己的唱腔不是件容易的事情，因而她外柔内刚的方法形成比较晚。

（四）　陆锦花与毕春芳的创腔方式

后来的越剧女小生们都是根据自身条件，选择其中一种性别跨越方法来实现性别声音塑造，但是在实践中，方式是多样的。

陆锦花（1927~2019 年）创立的越剧小生流派。《陆锦花唱腔选》的编著者项管森认为：陆派的特点是"在平稳中传情""在平淡中出奇"，擅用中音区，飘逸自如，舒展流畅，显得松弛自然；吐字清晰，咬字准，送音远，讲究"字正腔圆"；运腔转调，清丽优美；运气润腔，刚柔调和。[1]陆锦花的表演风格，"具有温文儒雅、真切动人的特点，她擅于准确生动地运用各种舞台表演手段，来刻画人物。一招一式，一举一动，虽朴素淡雅，却能给人以强烈的美感。"她的代表作有《珍珠塔》《情探》《彩楼记》《盘夫索夫》等。

陆锦花的音色与徐玉兰有相似处，声音清丽，也是偏柔的，处理不当很容易有"脂粉气"，因此她在声音平衡上走的也是"内刚"的道路。她多用中音，旋律上并不追求过于婉转，尤其是起腔、落腔和句间小腔等，使用不多。她的唱腔学习马樟花，也就是"四工腔"的旋法和性格，音乐显得爽朗利落。唱法方面，她和范瑞娟一样，采用陶瓮发声法，追求唱法的男性感，气息、共鸣、喷口有力。特别是她的咬字在女小生中很有功夫，四声五音分明、清晰，结合气息共鸣，字字送听。综合旋法的平直爽朗和她出色的咬字，

---

〔1〕　详参项管森编著：《陆锦花唱腔选》，上海音乐出版社2004年版，第4页。

陆锦花的"清板"叙事清晰、清新，辞情重，舒展流畅。

毕春芳（1927~2016年）创立了越剧小生流派毕派。毕派形成时间是五大流派中最晚的，唱腔刚健有力，明朗豪放。毕派在唱法方面特别有特点，发声清脆且富有弹性，善于运用唱法的变化来塑造人物形象。下行小滑腔的弹性唱法，这是毕派区别于越剧其他润腔的独特唱法。这种唱法由本位音迅速下滑一个大二度，或小三度音，从重至轻而后跳，富有弹性，一般用于喜剧人物。

毕春芳的音色属于偏刚的，虽没有范瑞娟的宽，在女声中也是很响亮、厚实的。因此，毕春芳声音平衡选择的是"内柔"的方法。她的柔表现在婉转的旋律上，但毕派的婉转特点在于自然流畅。它不是长线条的圆润线条，如《白蛇传》"娘子是真情真意恩德厚"中，"真情"与"真意"，"薄情"与"薄意"，毕春芳用重复音型的小短线组成乐汇，打破长线条的婉转感觉；句首先跳进，重复后下行，显得流畅自然，唱调不刻意追求婉转，但是自然天成、寓柔于刚。毕派艺术以大众化和通俗化见长。傅骏对毕派艺术的评价是"三轻"：擅演轻喜剧，唱腔轻快流畅，表演轻松自如。她的代表作有《血手印》《玉蜻蜓》《林冲》《红色医生》《王老虎抢亲》《三笑》《卖油郎》等。

女小生成功地在舞台上塑造男性人物的关键，在于创腔上做到刚柔平衡，既能以男性人物站立在舞台中央，又不失艺术表现上与越剧剧种相统一的柔美，让观众既承认和感动于舞台上男性人物，又被女演员精湛和美丽的技艺折服。太过阳刚，失去了女小生存在的必要，太过柔美，男性人物形象无法确立。平衡即在自身条件基础上，偏刚音色的着重在唱腔的婉转上，偏柔音色的在唱腔的阳刚方面，与自然条件形成平衡。三条道路并没有谁高谁低之分，只有从自己条件出发，做到刚柔平衡的话，男性的气质和人物就可以形成。女小生的舞台形象应该是刚柔平衡的，是阴柔美与阳刚美的浑然一体。正如一位戏迷所说，越剧中的男性，多情又柔美，柔中带刚，刚中带柔的，"看的就是这个"[1]。

民族音乐学中的社会性别研究是个有趣而独特的课题，它采用多学科的研究方法审视社会中的性别观念，并且透过音乐这个媒介，来揭示不同性别

---

[1] 2007年2月23日戏迷王雪芳、张素文、王智萍访谈。

中的音乐及音乐文化的内涵。这种综合的多学科的研究方法是崭新而富于想象力的。它不仅能帮助女性主义音乐家分析女性音乐家的作品技术、风格和审美，探索两性创作中的不同，还可解释音乐中的性别意识，并在此基础上进行性别评判。它为民族音乐学开辟了新的研究视角，扩展了研究广度和维度。

影视美学

主编插白： 徐红、马婷均为影视学博士，纪录片学院副教授，文艺美学研究中心研究员。徐红侧重于当下影视美学一般现象的学理分析，马婷在追踪当下热点影视作品评论的同时对此也有所兼顾。这里收录他们关于影视美学现象学理分析的三篇文章，讨论"华语电影"概念的"物质性"与"非物质性"、新时期文化资本重构中跨境合拍影片的审美指向，"合资引进"、技术"狂欢"与青年亚文化的关系，展示了佘山学人在影视美学研究方面的特色。

第一节　论"华语电影"概念的"物质性"与"非物质性"[1]

"华语电影"是当下中国电影的理论语境中广泛运用的一个指称性概念。它主要指集中了中国大陆、中国港澳台地区及海外的制片资源、主要在世界中华文化圈发行与传播的影片，旨在加强和激发中华文化与电影的竞争力与影响力。"华语电影"的概念自从诞生以来，已经获得了学界、业界与官方的广泛认可，成为当下中国电影研究中的一个常见范畴。本文所谓的"物质性"与"非物质性"并非指物理学意义上的构成宇宙万物的一切实体所具备（或不具备）的客观存在的、不以人的意志为转移的特征或特性，而是指"华语电影"作为一个电影文化范畴，是一个既具有切实的实践意义与产业作用（"物质性"）、又具有作为一种语言建构与主体想象的非稳固性特征（"非物质性"）的混杂体。或者说，"华语电影"的概念具有稳定性与流动性、客

---

〔1〕 作者徐红，影视学博士，上海政法学院文艺美学研究中心研究人员，纪录片学院副教授。本文原载《当代电影》2017 年第 12 期。

观效用与主观想象并存的矛盾特性。它是当下电影研究领域既受到热烈欢迎又存在争议的一个理论范畴。海内外学术界围绕"华语电影"概念的辨析，促进了人们对中国电影发展之路的探讨，增进了对中国电影的主体性的认知及其与周围文化环境的相互关系的理解，从而彰显出该范畴深厚的学术意义。

一、"华语电影"概念的"物质性"

（一）产业协作

"华语电影"的概念首先是作为一种电影的生产现象（以及按该观念而生产的大量的电影文本）而发挥意义的。从产业运作的角度来说，"华语电影"泛指中国大陆、中国台湾地区、中国香港地区、中国澳门地区以及海外其它地区的以语言（"华语"）为文化纽带的电影的工业生产与制作。作为这种生产与制作方式的结果，"华语电影"的概念对应于一大批整合了华语文化圈的电影力量而创作的电影文本，代表性的如《大话西游》《卧虎藏龙》《美人鱼》《捉妖记》等多方联合制作的获得了较高票房收入的商业影片。"华语电影"的概念既生成于这些跨文化跨地区的电影协作，反过来又进一步促进了这些地区的合作。该概念自 20 世纪 90 年代提出以来，配合了中国电影日益频繁的"引进来"与"走出去"的产业步伐，见证了海内外华人的电影公司、人才、市场、资金和资源的互通有无，彰显了推动跨地区的电影产业共存共进的协同意义。尽管"华语电影"所覆盖的地区的人们的生活方式、礼仪习俗、政治制度与审美观念存在差异，但在经济与文化要素快速流通的时代，这并没有妨碍跨地区的"华语电影"展开多样化的合作制片、资本运作、市场共享和产业架构。它也是中国电影在面临好莱坞强势电影文化的扩张、团结一切有利资源来壮大自身电影力量的务实之举。在当下中国电影产业化进程中，"华语电影"的主要形式——跨地区的合拍片，已然成为中国电影产业发展的举足轻重的结构性力量，也成为国产电影对峙好莱坞的最主要的票房堡垒。多方联合制片推动了中国电影产业的升级换代，促进了中华文明的对外传播，也为树立与传播积极的国家形象发挥了很大的作用。进入 21 世纪之后，中外合拍片的现象还呈现出合作地区多、影片类型多、合拍数量多、作品质量高的"三多一高"的现象。仅仅 2015 年由中国电影合作制片公司受理的、国家电影局批准立项的中外合拍片就高达 80 部。近年来，随着《美人鱼》《捉妖记》《西游降魔篇》等影片取得了骄人的票房业绩，"华语电影"中的合拍片成为了中国电影市场的主力军。在全球经济、资本与信息加速流通的时代，中国电影被置身于更加多元混杂的文化背景中，"华语电影"应运而生，成为时代浪尖的弄潮儿。

另外，跨地合作的"华语电影"不仅是当下中国电影版图的特征与再现，也是中国电影发展的一种历史经验。海外华人学者傅葆石便采用明确的跨地视角来研究 1935 年至 1950 年间的上海和香港两地的电影工业和历史文化。他指出："至少从 20 世纪第一个 10 年开始，上海和香港的电影业已经在资本、人员和观念各个方面发生了跨界的紧密联系"，并且"这种双城跨界的电影活动在 1937 年至 1950 年间达到了高峰"。在 1937 年日本侵华战争全面爆发之前，上海电影工业是"东方好莱坞"，抗日战争爆发之后，许多中国内地的电影人逃亡至香港，利用香港便利而稳定的电影摄制条件制作影片，让香港日益成为亚洲电影工业的重要城市，并让香港在 20 世纪五六十年代取代了上海成为"东方好莱坞"。中国现代电影工业的兴衰更替和跨地流转为"华语电影"的概念提供了丰富的历史维度。

（二）文化包容

"华语电影"的概念最早是于 1990 年代初由中国香港地区、中国台湾地区学者提出、后来被一些海外华人学者所整合与阐释、如今日渐被包含海内外华人在内的泛中华文化圈所广泛接受的一个电影文化整合观念。它是在"华语文学""华语音乐"等流行文化现象启发之下生成的一个关于华语文化圈中的电影投资、创作与传播现象的一个自觉自发性的文化范畴。它反映了海内外华人学者如何在跨地区、跨文化的语境中重新建构中国电影主体性的集体想象。"华语电影"的概念在其生成、发展与成熟的过程中显示了极强的文化包容性与亲和力。有学者指出："'华语电影'概念所指涉的不仅仅是一种理论概括和辨析，还是面对电影的历史与现实所凸显的一种思维方式和文化观念。伴随全球化文化工业浪潮的影响，国内乃至跨国、跨地域电影产业的运作（尤其是大片生产）成为主流，电影产业的互相渗透、互相影响、互相融合成为一种现实。'华语电影'命名的通约性与合法性便也在这一层面显现出来：以全球性眼光，在宏观意义上整合华语电影，对跨国、跨地域的电影艺术与产业形态进行观照与批评，这无疑是必要的，也是可行的。"[1]

海外华人学者鲁晓鹏最早完整阐述了"华语电影"的概念。他指出：华语电影是用华语（汉语、汉语方言和少数民族语言）拍摄的电影；它也囊括了在海外、世界各地用华语拍摄的电影。[2]他特别对"华语电影"的主要修饰语"华语"的概念进行了界定。他说：华语电影中的"华语"，不等同于汉语。华语不是一个严格的语言学上的概念，而是一个宽泛的语言、文化的概念。华语电影中的"华"，与中华民族中的"华"的意思相同。中华民族是一个多民族、多语言的国家。它包括汉族和汉语，也包括少数民族语言。这个含义上的华语，应当包括中国大陆和中国港澳台地区使用的所有语言和方言。其中自然也包括由北京方言演变成的普通话。[3]"华语电影"与本土主义和民族主义的电影观念不同，是一个能指与所指宽泛、包容性较强、多元开放的概念，它利用语言和文化的广泛认同性将电影文化的边界扩充到国家政治和地理疆界之外，从而提倡一种跨地互动、多元共生的大电影的观念形态。

迄今为止，海内外支持"华语电影"的概念的绝大部分的电影学者均把语言（即所谓的"华语"）作为维系"华语电影"概念的主要因素。众所周知，语言是人类日常交流的主要工具，也是某个民族或社体区别于其他群体的主要标志。它承载着人类文明和思想文化的所有内容，又塑造了人类的行为方式与思维模式。可以说语言是人类思维的物质外壳，没有脱离语言而存在的思想，也没有脱离大脑的思维活动而存在的人类语言。语言确乎是"民族共同体最为核心的象征符号，同一种语言既把一些人凝聚为一个共同体，又把自己与操其他语言的人分离开来。对每个人来说，母语乃是家园感和文化认同的根源性因素之一"[4]。因此，从语言的层面锚定和维系华语电影的共同属性具有相当的安全性与合理度。

但考虑到电影媒介的视觉特性，仅仅从自然语言的角度去思考华语电影的共同属性与区别特征仍然是不够的。因为自然语言主要是一种诉诸人类听

---

[1]　傅莹、韩帮文："'华语'电影命名的通约性"，载《文艺研究》2011年第2期。
[2]　详参鲁晓鹏："华语电影概念探微"，载《电影新作》2014年第5期。
[3]　详参鲁晓鹏："华语电影概念探微"，载《电影新作》2014年第5期。
[4]　周宪："全球本土化中的认同危机与重建"，载周宪主编：《文学与认同：跨学科的反思》，中华书局2008年版，第234页。

觉的音素与音节的存在，电影则是一门视听综合但又以视觉感知为主的"看的艺术"。电影的跨文化和跨语际传播凭借的主要优势是其视觉/画面语言的直观性和普适性，而并非求助于某种统一的语言文字符号。电影符号学家克里斯蒂安·麦茨曾经指出，并非因为电影是一种语言，它才能讲述精彩的故事，而是因为它能讲述精彩的故事，它才成为了一种语言。麦茨所谓的电影语言不是自然语言的约定俗成的符号系统，而是由电影的视听元素所构成的种种成规与惯例。

另外，即使在大多数学者所倡导的"华语电影"的语言（"华语"）内部，也并非指向某种排他性与单一性的语言。例如鲁晓鹏所认为的"华语"，除了包括大陆的普通话外，还包括中国各地的方言、在中国生活的各少数民族的语言、中国港澳台地区和海外地区所使用的汉语及各种方言。中国地广人稠，多民族杂居，各地方的语言与语音形态是非常复杂与多样的。因此"华语"的概念与其说指涉的是某种以汉语为主要形式的语言体系，不如说表征的是由语言所横贯或维系的"中华文化"。"中华文化"成为起源于"华语"又超越了"华语"的更具亲和力、向心力和说服力的表述范畴。

（三）政治认同

当下许多关于"华语电影"的想象与表述中，事实上自然层面上的"语言"的问题并没有成为"华语电影"论述的中心（正如对话或字幕一般不会成为电影艺术探讨的核心问题那样），而是文化的政治认同、身份与立场等问题成为了各方表述的或明或暗的底线。也就是说，隐藏的"华语电影"的"语言"与"文化"问题背后的政治涵义、政治立场和政治诉求往往成为了理论界言说"华语电影"概念的核心。

在大部分国内外学者的表述中，"华语电影"是以中国大陆本土电影为主体、统摄中国港澳台地区以及海外的其他以华语为母语的地区的电影制作，将上述地区全部纳入中华文化的共同体中，强调跨文化、跨地区的电影生产的协同作业，增进彼此文化同根、血脉相连的亲密联系，呈现出一幅地缘广阔、中心溢出、向外辐射的文化政治版图。鲁晓鹏等海外学者亦自觉地将中国大陆的电影容纳入"华语电影"的核心圈中，无论在文化上还是在政治上均体现了维护中华文化同根共生的向心性与归属感。鲁晓鹏明确反对海外华人学者史书美提出的把中国大陆电影排斥在外的"华语语系电影"的概念。

他说："华语语系是一种'话语'，它可以给予力量、话语权，也可以同时让另一部分人失声、丧失话语权、边缘化。在当今全球化的时代，强行将中国大陆的语言和文化与其他地区割裂，是不可能的……我本人也曾采纳华语语系的说法，但是我一直认为它应当包括中国大陆的影视文化。"[1]他既明确了大陆本土电影在"华语电影"中的重要性，也强调了"华语电影"的开放性。他说："华语电影的出发点不是国家和疆界，而是跨越疆界的语言、文化和泛中华性"；"华语电影是一种交流、对话、包容、多元、开放的概念，而不是互相排斥的概念。"[2]"华语电影"将传统意义上的中国电影的内涵与外延加以拓展，超越民族电影或国家电影的限定，与新世纪中国主流社会有关大国政体和文化崛起的跨地区与跨文化的实践与想象是一致的，因此也获得了主流意识形态的肯定与认同。可以说，"华语电影"的观念悬置了大中华文化圈内的不同电影形态的表现差异和观念隔阂，拉近了大陆电影与中国港澳台地区及海外电影的关系，在优化整合不同地区的电影观念和电影资源方面发挥了统一战线的作用。

为了维护"华语电影"概念的文化包容与政治认同，大部分国内外学者都巧妙地回避了"华语电影"内部的不同主体或组成部分的主导权的问题。鲁晓鹏指出："种种迹象表明，似乎只有在恰当的跨国语境中才能理解中国的民族电影。人们必须以复数的形式提及中国电影，并且在影像制作发展过程中把它称作跨国的。"[3]因此，"华语电影"意味着电影制作与传播的跨国性与跨地区性。国内学者杨远婴认为"华语电影"概念的合法性建立在充分尊重"华语电影"内涵构成和文化构成的异质性与差异性的基础之上。她说：中国大陆、中国香港、中国台湾地区的电影作品各有一份和本土意识形态息息相通的思想和艺术过程，而这一过程因其兀自独立的运行，而呈现出外形与内核都互不相同的特征，因此，"华语电影不是一个笼而统之的概念，在其地域文化间充满差异和区别。"[4]尽管考量视角大小有别（海外学者强调

---

〔1〕 鲁晓鹏："华语电影概念探微"，载《电影新作》2014年第5期。

〔2〕 鲁晓鹏："华语电影概念探微"，载《电影新作》2014年第5期。

〔3〕 Sheldon H. Lu, *Transnational Chinaese Cinemas*: *Identity-Nationhood*, *Gender*, Hono Lulu, HI: Universtiy of Hanwalil Press, 1997, p. 3.

〔4〕 杨远婴："世纪末回眸华语电影"，载 http://news.sina.com.cn/covment/1999_11_28/35993.html.

"跨国性"、国内学者强调"地区性"），但海内外学者的理论逻辑基本上是一致的，即他们都提倡"复数"的"华语电影"，都尊重不同地区的电影形态之间的差异与交互。为了追求最大程度的政治认同，大部分学者在"华语电影"内部的主体间的优先性与主次性问题上选择了默认。

二、"华语电影"概念的"非物质性"

"华语电影"的概念自从诞生以来，接受了海内外电影理论界和学术界的广泛检视与探讨，显示出一定的"共识性"与"通约性"。经过中国大陆、中国台湾和香港地区、海外华人学者的学理观照与批评实践，以及电影史的写作操练，加之媒体的广泛采用与传播，"华语电影"概念的本体意义已经渐趋明晰，无论在学术界、电影界或是大众传媒领域，其内涵与外延已约定俗成。[1] 如上所述，"华语电影"概念确乎具备着促进产业协作、文化包容和政治认同的作用，发挥了物质实践般的产业作用与话语效应，存在着合理性与合法性的价值空间。但该概念在享有一定的"共识性"与"通约性"的同时，并不意味着它无懈可击。事实上，该范畴自从诞生以来就一直面临着一些质疑与挑战。围绕"华语电影"概念的学术争议说明了该概念的"非稳定性"。

（一）学术话语

迄今为止，大部分学者关于"华语电影"达成了如下概念性共识：它是鼓励跨国或跨地区的电影产业协作、提倡运用跨地视角展开研究、既追求最大限度的文化与政治认同又提倡多样性呈现的"复数"的电影形态。由于地域间的政治制度、生活方式和文化习俗的不同，"华语电影"是多方利益主体相互协商、共同谋划、求同存异的产物，其不同组成部分内部（特别是作品与文本）并不存在固定和统一的意识形态、创作观念、本质属性与美学追求。这成为了该概念最为人诟病之处。这也引发了在"华语电影"的范畴的统摄之下民族与本土文化被泛文化主义者侵蚀的民粹主义者的忧虑。例如有些国内学者担心海外学者提出的"华语电影"的观念是"去中国化的"和"美国中心主义的"，忧虑西方的理论视角会损害大陆本土电影的"中国性"，需要

---

〔1〕 详参鲁晓鹏："华语电影概念探微"，载《电影新作》2014 年第 5 期。

保持警惕。有学者指出诸如"华语电影"之类的"跨国电影研究","内含着对'民族电影'及其'国家认同'的否定""无论跨国电影研究，还是华语电影论述，都是中国电影研究中的海外背景甚至美国因素，其被西方理论所构筑的话语威权及以美国为中心的跨国主义，原本就是不可置疑的规定性。"[1]这些观点从维护本土电影"民族性"与"纯粹性"出发，提倡一种本土与本民族电影的主体性，与国内大部分学者拥抱"华语电影"的概念的态度形成了差异，也与主张整合海内外的有利资源、做大做强中国电影产业的官方话语显得有点不同。

还有学者指出，一些以合拍片形式出现的"华语影片"，"名义上达到了双方的共商、共享，但中方依旧处于被支配的地位，更不用说分享不到一个商业和文化的主体地位。中方的合作方一般是在价值观和历史观都缺乏主体性、趋附对方价值观和历史观的一群影人……中国的形象都显得单调而漂浮，没有历史感。"[2]"越来越多的国籍不明、身份复杂的电影出现在中国的电影市场上。民族电影、国产电影、中国电影的概念都正在让位于一个定义更加模糊的华语电影、甚至非华语的华人电影。"[3]因此，有人提出合拍片一定要中国人自己写剧本，以中国导演为主，西方导演为辅，应该具备充分的"中国基因"。不仅是学者的质疑，"华语电影"的文化混杂性也引发了管理部门的不安。2012 年国家广电总局电影局副局长张丕民在电影频道研讨会上指出"中美合拍片"存在的问题。他说："现在有很多国外电影，一个完全的美国故事，投点小钱，加上点中国元素，带上个中国演员，就叫'合拍片'了，其实只能算是'贴拍片'，这是非常可怕的。"[4]因此，电影主管部门在合拍片的身份政治问题上严格规定中方的出资比例一般不少于三分之一、必须有中国演员担任主要角色、必须在中国取景等。

上述论点与做法反映了"华语电影"在摸索与发展的过程中所产生的多重焦虑。上述争议都事关中国电影发展道路的设计以及中国电影主体性的建

---

〔1〕 李道新："重建主体性与重写电影史：以鲁晓鹏的跨国电影研究与华语电影论证为中心的反思与批评"，载《当代电影》2014 年第 8 期。

〔2〕 胡谱忠："'华语电影'语境里的合拍片政策刍议"，载孙绍谊、聂伟主编：《华语电影工业：历史流变与跨地合作》，广西师范大学出版社 2012 年版，第 263 页。

〔3〕 尹鸿：《当代电影艺术导论》，高等教育出版社 2007 年版，第 590 页。

〔4〕 张汉澍："好莱坞大打擦边球变味'合拍片'吸金中国市场"，载《21 世纪经济报道》2012 年 8 月 29 日。

构问题。不同理论观点是不同社会利益的话语性产物。在民粹主义的语境中，把中国电影的主体性建构在坚守本土文化的"纯粹性"的基础上、把"华语电影"斥责为"动机不纯"的电影的做法，既体现了一种文化保守主义的态度，也反映了一种本质主义的理论思维。民粹主义者认为本土电影具有本民族所特有的、纯粹性的、不可染指的"文化质素"。这种非黑即白、二元对立的构想不切实际，也会如同用自己的绳索捆住了自己的手脚那样，让本土电影的实践变得非常吃力与为难。西方的理论话语当然不能完全照搬，但也可以适当地合理借鉴。与西方的联系并非否定中国电影在一百多年的发展演变过程中所形成的习俗与传统。如果将"华语电影"的文化多元性视为西方中心主义的或为西方中心主义所伤害，反而暴露了该论调对民族电影的主体性与包容性的极不自信。围绕"华语电影"内部主体间的争议事实上是历史上困扰中国文化的"保守/开放""传统/现代""本土/西方"等传统命题的复现。本土学者对外来学者描写中国电影主体性的焦虑，是当下电影研究领域不同学术体制与学术主体争夺学术话语权的体现。正如有学者所指出的："中国电影民族化，不是禁锢在民族传统文化的时间维和大陆地缘的空间维里原地旋转，而是坚持民族文化生态坐标，坚持民族文化的独立、开放和进取，坚持以实验精神、创作精神、对话精神、先锋精神，鼓舞和活跃民族电影生态氛围，从跨文化的视野出发，在中国现当代进程里中西、古今关系的多元格局和多边演变的系统下，建构具有中国作风、中国气派的现代电影文化生态体系。"[1]因此，中国电影应该具备开放与包容的精神，在吸收"中西""古今"和"多元"文化的基础之上来彰显中国电影的文化特征。"华语电影"的概念正是中国电影在新的历史条件下朝上述目标迈进的一次理论构建。

（二）主体想象

中国电影与外部文化的交互关系不仅体现于电影工业与技术层面的交叠互渗，而且体现于"自我/他者""民族/世界""东方/西方"等范畴的主体性建构上。"华语电影"的概念事关中国电影主体性的语言建构与精神想象。后结构主义者认为，我们生活周围的若干"既定事实"（比如说阶级、性别、艺术的观念、生活中的成见等）并非自然而然的现实存在，而是处于流动不

---

〔1〕 黄会林、绍武：《黄会林绍武文集》（电影研究卷），北京师范大学出版集团、北京师范大学出版社 2009 年版，第 13 页。

居的变化之中，并没有什么一成不变的、本质化的属性与表征。"它们远非牢固地存在于由事实和经验构成的外部世界中，而是'社会所建构的'，也就是说，它们既依赖与种种社会和政治力量，也依赖于不断变化的观察和思维方式。"〔1〕从此意义上说，"华语电影"是 20 世纪末顺应中国电影发展的内外部环境变化而生成的一种崭新的论述、观察与思考中国电影的一种方式。该概念包含了围绕中国电影发展问题的多方面的社会利益动机。

法国精神分析学家雅克·拉康通过引入"他者"和语言机制探讨了人的主体的建构性问题。与弗洛伊德以本我、自我和超我组成的人格结构的主体理论不同，拉康把他者（other）和语言都视作主体性建构的场所。拉康认为，主体形成过程要经历想象界（镜像阶段）与象征界（语言阶段）两个阶段，分别形成了"想象的主体"与"言说的主体"。在镜像阶段，主体并非自我，而是"自我"与"他者"（镜中的影像）的建构性存在，它是一个把自我想象为他者、又把他者指认为自我的过程。拉康认为想象性的自我并不会伴随孩童镜像阶段的结束而消失，相反它会成为一种伴随人生的常见的主体性体验。"想象界是与镜像阶段联系在一起的幻想和形象的领域，它从不会消失，因为它包含着通过他者来实现自我认同的介入性过程（mediation）。"〔2〕在镜像阶段的后期，孩童为了克服丧失"菲勒斯"（变得与母亲一样）的恐惧，被迫进入以语言为基础的、认同于父亲的绝对权威（"父权制"）的象征界。象征界的秩序是由语言建构的，此时孩童不仅仅会认同那个镜中的"他者"和想象的"自我"，而且需要成为"言说的主体"。正如结构主义语言学理论所认为的一个语词只有借助另一个语词才能获得意义一样，主体也必须依赖与他者的关系才能获得界定。拉康将象征阶段的"他者"理解为以语言为基础的"象征界秩序的结构性的配置"。进入象征界意味着孩童变成了"言说的主体"（一个接受语言秩序的主体），同时也成为了感知"匮乏"（lack）的主体。因为语言建立于"匮乏"的基础上，当孩童宣称"我是什么"的时候，实际上是在说"我不是什么"，他在用语言指涉欲望。文化研究学者托里尔·莫依指出："言语主体在说'我是'的时候实际上是在说'我是那个丢失了什

〔1〕　［英］彼得·巴里：《理论入门：文学与文化理论导论》，杨建国译，南京大学出版社 2014 年版，第 32 页。

〔2〕　［英］苏珊·海沃德：《电影研究关键词》，邹赞等译，北京大学出版社 2013 年版，第 382 页。

么东西的人'——她或他所承受的丧失就是与母亲及世界的想象性认同的丧失。按照拉康的理解，'我是'这句话最好被翻译为'我是我所不是'。……作为主体来说话，实际上就是再现被压抑的欲望的存在：言语主体是匮乏的，这就是拉康会说主体是其所不是的原因。"[1]因此，"进入语言既意味这欲望的诞生，也意味着欲望的压抑。进入语言意味着进入社会秩序，但也意味着体验匮乏。"[2]当孩童放弃了对"母亲/他者"的想象性认同、并压抑了对她的原初欲望时，他就变成了遵守语言秩序的象征界的"言说的主体"。

综上所述，根据拉康的理论，无论是在想象阶段还是象征阶段，主体的形成都需要"他者"的介入，也就是说需要通过外在于自我的东西来建构自我。主体要么认同于想象界中的那个虚假的、理想化的自我，要么接受语言（社会）秩序为它设定的、时刻为欲望和匮乏所纠缠的主体。主体的形成要付出分裂的代价，它永远无法将自己建构为一个统一的、永恒的主体。因此，主体永远是去中心的、匮乏的、漂浮的和流动的。拉康的理论启发了我们对中国电影主体性的思考。"华语电影"作为中国电影主体性建构的历史链条上的一个瞬间（或一个阶段），它同样身兼"想象的主体"和"言说的主体"的双重身份，体现出流动的"非物质性"特征。

（三）语言建构

纵观一个多世纪的中国电影发展史，中国电影的主体性经历了早期的商业电影、新中国电影、现实的或浪漫的社会主义电影、第三世界电影、民族主义电影、商业的或艺术的电影、主旋律电影、华语电影、国家主义电影等多种历史身份的建构。在不同的历史阶段，中国电影的主体性被赋予了不同的意义内涵，从而型塑出不同的历史身份。但每一个历史身份和主体都见证了中国电影的自我"言说"的欲望与努力，也印证着中国电影与"他者"电影或文化遭遇之后的介入化（mediation）的主体想象过程。中国电影的主体性既有赖于自我言说的语言建构，也有赖于"他者"电影交接之后的想象性运作。"华语电影"作为历史上中国电影的主体性建构的一个环节，它事实上是20世纪90年代初中国本土电影的票房滑坡和好莱坞大片大举入侵的危机性产物。恶劣的竞争态势要求中国电影联合电影力量与资源共同制作优质的、

---

〔1〕〔英〕苏珊·海沃德：《电影研究关键词》，邹赞等译，北京大学出版社2013年版，第378页。
〔2〕〔英〕苏珊·海沃德：《电影研究关键词》，邹赞等译，北京大学出版社2013年版，第382页。

高技术含量的、有明星号召力的商业大片来对抗好莱坞电影的市场霸权。制片力量的联合同时意味着影片的市场行销在更大空间范围内的拓展与渗透。好莱坞电影作为一个被"凝视"与"欲望"的客体，它的创意、制片与发行经验被"华语电影"的商业大片全方位地想象、学习与模仿。"华语电影"的概念包含着"中国电影/好莱坞电影""中国大陆电影/中国港澳台地区电影/海外华人电影"等多层次的想象关系。因为和海外华人电影学者共同参与了这个概念的"言说"与包装。因此，"华语电影"是传统的中国电影的观念在新的市场经济形势下的一次理论修正与自我调适。这个概念代表了中国电影的主体性在内外力共同作用下的一次历史演进，也证明了中国电影的主体性建构是一种文化政治学的语言实践，它注定是一场延续不断的没有终点的旅行。

综上所述，"华语电影"的概念及其文本是近二十多年来关于中国电影的一个现实的文化现象。它作为一个电影文化的意识形态范畴发挥了与电影的生产力与生产方式一样的作用与效能。该概念可以展开历史化的审视，但不能对之进行本质主义的读解与批判。苛求"华语电影"概念之下的文本与意义生产具备某种统一而固定的文化与美学"质素"，而罔顾该概念意义的生产性与流动性，是陷入了一种理论误区。正如许多历史现实都是语言/文本的建构一样，"华语电影"的概念是特定历史时期的中国电影主体的"言说"和"想象"的产物。它本质上属于一个历史"'偶发性范畴'（存在于时间之中，具有偶然性，依赖于种种环境因素，而不具备绝对性质）"[1]。与克里斯蒂安·麦茨将电影的影像界定为"想象的能指"一样，"华语电影"的概念也建立在双重的"缺席"与"在场"的关系之上。即它既是一种"缺席的在场"（它作为一个语言概念具备了生产性与"物质性"），也是一种"在场的缺席"（尽管它具备生产性，但本质上是一种语言建构与主体想象，体现了意义的"流动性"与"非物质性"）。近年来随着大国崛起、践行"中国梦"以及国家利益优先的主流意识形态的深入，中国香港、台湾地区的区域关系正面临着新一轮的历史重构，在国内学术界"华语电影"概念的呼声和流行度也有所减弱，它似乎正让位于一种"国家主义的电影"的概念与意识形态。

---

〔1〕［英］彼得·巴里：《理论入门：文学与文化理论导论》，杨建国译，南京大学出版社 2014 年版，第 32 页。

这是当下中国电影研究的一个耐人寻味的、值得进一步观察的话题。这种发展态势进一步见证了"华语电影"作为一个"历史偶发性"的语言建构性范畴的本质。

第二节　论新时期文化资本重构中跨境合拍影片的审美指向[1]

伴随着资本全球化的流动和文化的国际传播，中国电影的拍摄和制作很难再保有其地域和文化上的纯粹独立性与封闭性。自 20 世纪 90 年代以来，中国大陆、中国香港地区、中国台湾地区、海外的各类型电影合作项目日益增多，中国大陆的电影工业也经历了由国家计划经济体制大制片厂时代向市场机制转变的历程，在这种融合与合作的时代氛围之下，有一大批合拍影片应运而生，跨境合作越来越成为不可避免的趋势。中国电影的未来走向，跨境合拍影片必然是一个主流制作趋势，这一趋势必然会促进中国电影工业日趋完善，更新中国电影现有的发展格局与观念。跨境合拍片以多元的方式应对着不同国家和地区差异性的政策、满足不同的文化环境中观众的欣赏期待，呈现出独特的美学特征和审美指向，由此给中国电影发展带来的一系列得与失，值得我们深思与探讨。

一、合拍片的产业竞合与文化策略

如果探讨华语电影的中西方文化融合与交流，审美文化认同与跨境传播，香港电影是一个跳不出的话题个案。1997 年香港回归，成为香港电影发展的分水岭。在此之前，香港的大多数类型电影如同美国学者大卫·波德维尔所描述的那样："尽皆过火，尽是癫狂"[2]。他认为："那些张狂的娱人作品，其实都包含出色的创意与匠心独运的技艺，是香港给全球文化最大的贡献。最佳的港片，不仅是娱乐大众的商品，更载满可喜的艺术技巧。"[3]港式独有

---

〔1〕　作者马婷，影视学博士，上海政法学院文艺美学研究中心研究人员，纪录片学院副教授。本文原载《延安职业技术学院学报》2013 年第 4 期。

〔2〕　[美] 大卫·波德维尔：《娱乐的艺术——香港电影的秘密》，何慧玲译，海南出版社 2010 年版。

〔3〕　[美] 大卫·波德维尔：《娱乐的艺术——香港电影的秘密》，何慧玲译，海南出版社 2010 年版。

的功夫片、喜剧片类型不仅培养了大量全亚洲知名的明星以及导演，并透过影片传播向外输出香港独有的文化意识观和价值观。从六七十年代的许氏兄弟（许冠文、许冠英、许冠杰）的喜剧，到成龙的功夫片，再到周星驰的"无厘头"喜剧，王家卫的城市森林宣言，徐克的黄飞鸿系列，吴宇森的英雄本色系列，我们可以看到香港电影蓬勃发展的黄金时代，伴随了一代人的成长，是当之无愧的"东方好莱坞"。港片的受众遍布整个亚洲区域，并向海外辐射。香港电影在商业化运作和明星制的背后，逐渐形成了一种具有广泛包容性和吸引力的大众文化以及市民文化呈现，嬉笑怒骂皆成电影，影片中呈现的独特的城市生活景观具有蓬勃的生命力和娱乐影响力，使香港电影在整个亚洲区域获得了广泛的文化消费认同。但是在 1997 年香港回归之后，香港电影逐渐走向式微，列孚指出"香港电影之死"的核心问题在于："创作力枯竭、人才不继、类型电影偏于单调、市场版图缩小、资金流不足。"[1]这时候，好莱坞的大门并未完全敞开，许多香港电影人开始拓展更广阔的市场，纷纷"北上"，开始关注中国内地逐渐兴起蓬勃的电影市场。在 2003 年，中央政府与香港特别行政区政府签订《内地与香港关于建立更紧密经贸关系的安排》（CEPA）协议，由此，在"北上救市"的大背景下，香港与内地合拍影片达到高峰，知名的导演纷纷试水，开始不再局限于本土本港经验，积极开拓内地的市场，在人才、取景、叙事、拍摄、故事上都进入了一个新的篇章。关于 CEPA 之后的香港电影，观众和学界谈论最多的就是"港味"的消失和淡化。在跨境合拍中，我们发现肆意狂欢和恶搞嘲弄逐渐不见了踪影，为了更好地迎合发行放映区的电影审查制度和市场取向，香港电影人们在影片制作上，有意识地淡化了鬼怪片、僵尸片、黑帮片等受限制的电影类型，在功夫、武侠、都市等传统叙事类型片中，渗透进更多的内地元素或者共通因素，从中我们可以看到，香港电影的这种美学调整，香港电影中那种"过火"与"癫狂"如今已经变质，电影制作更多的是模仿和山寨，吃老本，利益最大化的商业行为。北上试水中，水土不服的情况比比皆是。为了"求同存异"，一些错位与变异的合拍片随之产生。但在不断深化的合拍过程中，两地审美理念与制作风格也在不断地磨合与调整。不同的影像美学风格在不断磨合中提高，逐渐从生涩走向娴熟，逐步为广大观众所接纳。

---

〔1〕 列孚："单边主义让香港电影故步自封"，载《电影艺术》2007 年第 1 期。

和香港电影人相比，台湾地区的大多数影人一直坚定不移地强调电影的艺术和文化成分，由于台湾地区地缘政治的复杂性，多元文化的迷茫寻根与乡土情怀，大多数的台湾地区电影或多或少地忽略了电影的商业性和市场性。20世纪80年代初，以侯孝贤、杨昌德为代表的电影新浪潮运动，目标在于革新陈旧的电影语言，深刻反思台湾地区的历史、社会与文化。新浪潮运动的导演更关注自我情感的宣泄和艺术的表达，忽略了观众的反馈与市场的有效互动。许多的优秀影片在艺术上达到了一定的高度，获得广泛的文化肯定，但由于枯燥的叙事手法和真实记录的拍摄模式，对于本土民众和海外观众欠缺吸引力，而在这种拍片潮流之下，经过几十年的发展，台湾地区的电影市场基本上已经全面萎靡。很多优秀的电影人为了生存，不得不转行为电视台拍摄大量粗制滥造的偶像电视剧。台湾地区电影业从20世纪80年代就开始走下坡路，到21世纪初，基本上已接近消亡的边缘，除了李安和侯孝贤等大师，年青一代的电影人力量储备基本断档。近几年，较知名的商业电影导演朱延平携明星制试水大陆市场，但由于电影制作上的粗疏和叙事上的拼凑，如《刺陵》《大灌篮》等，即使大量当红明星的加盟，观众也不甚买账。在艺术和商业上，都不太成功。而值得一提的是，戴立忍导演的《不能没有你》以及钮承泽导演的《艋舺》，既保留了台湾地区的本土文化特色，又获得了商业上的成功。

伴随着电影工业市场的拓展，海外市场也逐渐关注到了华语电影市场，值得注意的是，2001年，随着李安的《卧虎藏龙》在奥斯卡获得的巨大成功，开启了华语电影的新篇章。此后，《英雄》《十面埋伏》等影片在海外市场也获得好评。而好莱坞也翻拍过港产的《无间道》等影片，我们发现，在新的时代，海内外的影视业是互相渗透影响的，虽然好莱坞的科技奇观化席卷全球，但是我们应该在这股潮流之中，找准自我定位，在影片中营造绚烂多彩的中华民族文化景观，重新定位西方人的东方视角。

二、文化与资本整合背景下的创新与转化

全球化不仅带来了政治、经济的革新，更带来了电影人才、资源、技术、制作的整合潮流，面对日新月异的生活现实、市场现实和观念现实，对于电影制作来说，还是应该采取更加务实的态度采取积极的应对策略，在跨境合拍中，逐步走出"唯票房论"的制作怪圈，能够静下来创作，减少功利心，

以开放包容的心态，在文化与资本重新整合的背景下实现创新与转化。

在文化消费语境中，电影的文化品位和审美情感还是应该放在首位的。在文化表达方面，我们还是需要站在更宏观的视野之下，包容中求合作。电影在意识形态输出上，还是应该以娱乐化的包装表达普世化的情感。好莱坞的影片为什么能够通行全球，一方面是因为奇观化的技术效果和虚拟景观带来的心理满足，而另一方面在精神内核上还是很擅长捕捉和挖掘人类共通的情感，营造不同民族和文化价值体系下人类共同的精神情感需要，这样，才能具有永恒的美学价值和文化传播价值。优秀电影的本质应该是跨越地域和族群的，怎样挖掘不同文化背景下人们共通的情理观，对于电影人来说，找文化认同和情感认同的结合平衡点是非常重要的。先了解本土，了解自身，切忌急功近利，在资本乱局中迷失。想要解决这些问题，我们的电影人就必须在加强地区交流与合作的基础上，摆脱外来意识形态与资本票房枷锁，寻找能够让观众接受的题材，以及艺术的表达方式。也许单纯吸引本土观众不一定能够真正意义上的占领海外市场，但是丧失了本土特色无异于失去立身之本，越想面面俱到，反而得不偿失。

跨境合拍电影如果想在文化与资本的博弈中获得更广泛的文化情感认同，保持自身电影的文化审美品位，就必须一切从当下实际出发，找出适合自己的发展道路，在经验中不断摸索创新，结合不同地区的不同发展特点，进行资源整合，通过文化之间的交流与碰撞获得更广泛的情感共鸣，让地区文化认同逐渐变为世界性更广泛意义上的文化认同和情感认同，达到普适性电影审美的需要。

第三节　"合资引进"、技术"狂欢"与青年亚文化：《速度与激情7》的市场与文化思考[1]

一、《速度与激情7》见证了好莱坞的票房"重心"向中国偏移

2015年环球影业公司出品的影片《速度与激情7》在全球获得了高额的

---

〔1〕　作者徐红，影视学博士，上海政法学院文艺美学研究中心研究人员，纪录片学院副教授。本文原载于《当代电影》2015年第8期。

票房收入，成为了环球影业公司历史上最赚钱的影片之一。不仅如此，《速度与激情7》的中国国内的票房收入超过了其在美国本土的票房收入，这种"墙内开花墙外香"的票房神话再度引起了人们对好莱坞电影的扩张力的关注。根据 Boxofficem ojo 网站的数字统计：

《速度与激情7》在美国本土、海外以及中国地区的票房收入（单位：亿美元）

区域		票房收入	所占比例
全球总收入		15.113	100.0%
美国本土		3.508	23.2%
其他海外市场		7.621	50.4%
中国	内地	3.908	26.4%
	香港	0.076	

根据上表所示，《速度与激情7》在美国本土和海外分别获得了 3.508 亿美元和 11.605 亿美元的票房收入，分别占该片总票房的 23.2% 和 76.8%。在海外票房份额中，《速度与激情7》在中国（含内地与香港地区）获得了近 4 亿美元的票房收入，占该片总票房收入 26.4%，超过了该片在美国本土的票房收入。该片创下了好莱坞在中国发行的影片的国内票房最高纪录，标志着好莱坞电影的票房"重心"向中国的偏移，中国正日渐成为好莱坞电影市场的最主要的逐鹿地。

《速度与激情7》在中国电影市场上的斩获反映了好莱坞电影工业在世界范围内的扩张进程的加剧，同时也证明了中国作为全球最大的消费市场对于美国文化产品贸易的日益突出的重要性。长久以来好莱坞对海外电影市场的倾斜已经成为一个业界共识。这也是好莱坞电影维系自身巨大的产业体量并称霸全球的秘密所在。但近年来的一个显著现象是中国市场正日益成为好莱坞电影海外票房的最主要的组成部分。早在《速度与激情7》之前，2014 年派拉蒙影业公司的《变形金刚4：绝迹重生》在中国的票房收入（3.2 亿美元）便"逆袭"了该片在美国本土的票房数额（2.45 亿美元）。《变形金刚4：绝迹重生》在中国的成功受益于该片融入的诸多的"中国元素"以及制片方取悦中国观众的诸多努力。但《速度与激情7》并不具备明显的"中国元素"，而主要得益于该片对主流的青年观影群体的吸引力。另外，中国电影市场日益开放的总体格局和中美电影资本的合力推动也促进了该片的销售。根据权威媒体的相关报道，中国电影产业的龙头企业中影集团是该片在中国地区的发行商，也是该片的投资方之一，取得了该片约 10%的股份。[1]观众可以发现中影集团的名字确乎出现在该片片头的制片公司的名录中，并排名第 3。

近年来，《速度与激情 7》的制片方——环球国际影业公司（UPI）一直在致力于打中国牌，并凭此大大提升了公司的实力与绩效。2014 年该公司在北京专门成立了新的办公机构，以促进其在中国地区的业务，加大了其在中国本土的媒介内容产品的生产、合作与并购。该公司还计划在北京建立一座占地 300 英亩的电影主题公园。2014 年它与安乐影业公司、万诱引力电影公司共同制作了华语武侠影片《黄飞鸿之英雄有梦》，获得了该片在亚洲地区之外的所有发行权。近年来该公司在中国公开发行的影片还有《速度与激情 6》《神偷奶爸 2》和《侏罗纪世界》等。这些影片在中国都取得了不俗的票房成绩。2015 年该公司凭借其在海外市场的一连串的成功运作，以年度最快速度斩获了 20 亿美金的海外票房收入，创下了好莱坞电影公司海外年度票房收入的记录。该公司的发行主管邓肯·克拉克（Duncan Clark）指出："（我们这些成绩的取得）主要得益于我们战略性的档期选择，使得我们的主打影片获得了足够放映空间来实现海外电影票房潜力的最大化。这也是我们遍布全球的公司团队共同努力的结果。"邓肯·克拉克所谓的"本土团队"自然包括了其北京分公司缔造了《速度与激情 7》的票房神话的中国工作人员。

由此可见，中影集团与环球电影公司的合作是双方互为需要的结果。中影集团作为国内引进好莱坞大片的主要机构，其直接投资好莱坞电影的行为也是近年来中国电影产业"走出去"战略的一种体现，是当下中国电影资本纷纷涌向海外的一个缩影。早在《速度与激情 7》之前，《木乃伊 3》《云图》《功夫梦》等好莱坞商业大片中已经屡见中国资本的影子。2012 年吴征、杨澜夫妇的阳光媒体集团和嘉实基金成立了嘉实七星媒体基金，其主要目标就是投资好莱坞的电影制片产业。[2]2015 年 6 月阿里巴巴集团旗下的阿里影业

---

〔1〕　详参艾米·秦："《速度与激情》票房破 20 亿，成中国最卖座电影"，载《纽约时报》2015年 4 月 30 日。

〔2〕　详参 "中国资本投资海外大片或将成新电影风潮"，载《都市快报》2012 年 2 月 8 日。

公司首次投资好莱坞大片——《碟中谍5：神秘国度》，并与美国派拉蒙影业公司签约成为该片在中国市场推广的合作伙伴。[1]另外国内的博纳影业也有类似的举动。

就目前的状态来说，中国资本投资好莱坞的举措仍然充满了艰险与无奈，这主要体现在以下三个方面。一是好莱坞电影制片行业是一个高风险、高投入的行业，即便是欧美本土电影资本都很难确保每项投资的收益，国内企业投资好莱坞电影需要更谨慎的态度与更高超的技巧。二是在目前的合作领域中，中国企业很难取得项目的话语权与主导权，中国资本往往扮演的是跟投、加磅、分享影片部分发行权益的次要角色，其能否分享这类影片的美国本土票房目前尚不清楚。三是许多好莱坞电影公司之所以接纳中国资本的参与，其目的并非是把中国影片带入欧美电影市场，而是看重了中国本土庞大的电影消费市场，把双方合资的影片引入到中国国内。这也是中国企业与欧美电影公司谈判与博弈的主要筹码。这样一来中国资本在海外投资的电影又变相地变成了一种"出口转内销"的产品，这势必会影响国产电影的市场空间。《速度与激情7》和未来的《碟中谍5》都是这方面的经典案例。

上述的第一方面与第三方面又是相互关联的。正是国际电影制片业的高风险、高投入和高回报需求推动了好莱坞电影向中国市场的扩张，而这些中外合资拍摄的影片能否最终拿到在中国内地的发行权，往往决定了这类影片的成败，这反过来加剧了电影投资的风险性。吴征指出："（嘉实七星媒体基金）投资的主要目标是好莱坞，但不仅限于好莱坞。投资好莱坞大片最重要的一个因素是，好莱坞大片被亚洲的观众普遍接受。因为大多数中国明星在国外并没有什么名气，因此我们大多数的议题还是将好莱坞的东西推向中国，反过来是不行的。"[2]由此可见，对外投资的最终目的仍然是内销。这类合资生产然后又引入国内的背景复杂的电影能否真正带动中国电影的品牌、文化、产品与人才"走出去"还需进一步的观察。

二、《速度与激情7》标志着"合资引进片"对国产电影市场的挤压

如上所述，《速度与激情7》见证了好莱坞电影的票房"重心"向中国的

---

[1] 详参"阿里巴巴首次投资好莱坞，目标《碟中谍》"，载 BBC 中文网，最后访问日期：2015 年 6 月 24 日。

[2] "中国资本投资海外大片或将成新电影风潮"，载《都市快报》2012 年 2 月 8 日。

偏移，凸显了中国市场相对于好莱坞电影产业的突出地位。它反映了好莱坞电影在全球扩张步伐的进一步加剧，也反映了全球化时代电影资本跨国性的复杂流动与深度合作。就电影产品的跨国流通来说，中国资本投资海外电影产业的举措为中国电影的"走出去"创造了可能，但在客观上又促成了中国在批片买断、大片分账等常见的引进外片的形式之上，又催生了一种"出口转内销"式的引进外片的新方式，即一种姑且命名为"合资引进片"的运作模式。根据国内目前相关的电影贸易法规，这种通过中外合资形式共同制作的电影，如果中方占据相当的股份，可以规避国内目前的电影贸易配额制度，外国电影公司在票房分成上可以获得更高的比例，最高可以拿到43%。[1]由此可见，这种制片方式客观上为欧美电影进入中国市场又打开了一道方便之门。这种欧美电影企业"利用中国资本制作电影并进入中国市场"的运作方式无论在动机上还是在客观效果上显然超越了1994年以来中国合理引进欧美大片的初衷。这种中外合资、里外合谋的制片模式虽然促进了中国电影产业的对外交流，但同时也让民族电影产业更加裸露于好莱坞电影公司的"十面围城"之下，促使中国电影产业的格局更趋垄断化和金字塔化。其中特别是国内中小资本规模的电影企业的融资与创作环境将受到影响，因为这些电影公司缺乏必要的实力与好莱坞巨头展开谈判与合作。另外，国产非娱乐性电影的生存空间也会受到一定程度的挤压。

无独有偶，正是《速度与激情7》在国内电影市场高歌猛进的时候，中国第六代电影导演的代表人物王小帅的新片《闯入者》遭遇了票房"滑铁卢"。区区945万人民币的票房收不回该片3100万元的制作、宣传和发行成本。该片认真讲述了一个"文化大革命"时代背景下的个体挣扎和自我救赎的故事，理应在相对于主流娱乐片之外的小众文艺电影市场获得一个相称的、泰而不骄的票房份额（譬如像张艺谋的"文化大革命"题材的影片《归来》那样）。然而正如时评指出的："在商业逻辑支配的院线排片机制下，外有好莱坞大片《速度与激情7》入侵，内有国产青春片《何以笙箫默》《左耳》围堵，加上电影本身涉及政治历史的题材选择、节奏安排和观众层面追求刺激、休闲、社交谈资的观影心理等诸多因素，《闯入者》未能如愿在拼杀激烈的五

---

〔1〕　详参"中国愿与好莱坞合拍电影"，载《参考消息》2012年3月9日。

一档拥有它应有的市场空间。"〔1〕王小帅将该片票房的失利归因于好莱坞大片的冲击、国产艺术电影缺乏政策扶持和国内影院急功近利的排片机制。王小帅说："（国内电影）目前已经显现的一个状态就是，美国'好莱坞'大军压境的态势。观众追美国电影无可非议，国产片怎么和它们有规则的科学竞争？……国产电影很尴尬。每个月都会有美国电影进来，占据主要空间，中国电影怎么去硬碰硬？别说不输给它，要想有一席存活之地，都是值得研究的。"〔2〕

三、《速度与激情7》借力于一种被收编的青年亚文化

《速度与激情7》的成功是中国市场向海外电影更加开放的宏观背景下的一个缩影。面对好莱坞电影的强势渗透，国产电影能否在与好莱坞的深度交集与博弈中壮大自我并绝地反击？或者说，随着中国政治经济综合实力的提升和欧美电影企业对中国电影市场的倚重，中国电影产业能否抓住市场优势的历史机遇，在与好莱坞的合作与竞争中实现本土民族电影的自身崛起？这是跨文化时代中国电影产业建设与提升的一个迫切需要解决的问题。本文认为在目前与狼共舞、内忧外困的大环境中，中国电影需要"站在对手的肩膀上"，深入学习和分析好莱坞电影的产业经验与技巧，才能在博弈中获胜。从这个意义上说，《速度与激情7》作为一部成功的引进片很值得更加深入的分析与研究。

《速度与激情7》究竟是一部什么样的影片？它为什么能在国内市场上大卖？或者说，究竟是什么吸引了观众纷纷去电影院观看这部影片？这些问题也许从影片的显性层面便可以得到一定的解释。该片首先是一部以赛车与动作为主题的好莱坞大片。飙车、爆炸、惊险打斗、网络黑客、比基尼和异域风情赋予了该片大量的奇观与卖点。影片的男主角保罗·沃克在拍摄过程中的突然离世，给影片的制作与营销制造了巨大的悬念和话题效应，也给影迷带来了无限的期待。完成后的影片不负众望，运用CGI技术在银幕上完美"复活"了已故主人公的表演（为此影片另外增加了5000万美元的制片预算），让他的故事和音容笑貌在影迷的激动与唏嘘中华丽谢幕。一位看完此片的影迷在博客上这样写道："如果不是保罗事件，这部电影是不是这样轻而易

〔1〕 常晨："困局中的中国导演王小帅"，载《纽约时报》2015年5月18日。
〔2〕 常晨："困局中的中国导演王小帅"，载《纽约时报》2015年5月18日。

举地打破票房纪录？一部关于速度与激情的系列大片，突然因演员离世的事件，而有了商业电影内容之外所没有的东西：忧伤。生命的忧伤。不少跟着《速度与激情》长大的影迷为此泪腾。"〔1〕

　　除了动作大片的节奏与质感之外，《速度与激情》系列影片从原初表现美国洛杉矶市东区的街头青年赛车亚文化的小众电影被成功地开发为好莱坞主流的商业大片还有许多值得思考之处。其中，电影作为一门主要以年轻观众为主体的娱乐艺术，环球影片公司对青年亚文化的挪用与收编也是该片取得成功的重要因素之一。所谓"青年亚文化"主要是指一种代表处于社会边缘地位的青少年群体利益的、对成人社会秩序和主流社会文化持蔑视和批判态度的、风格显著、张扬、另类前卫的文化形态。在这种文化形式中，青少年运用风格化的形象、符码、仪式和狂欢化的媒介消费来象征性地表达对主流社会体制的异见与抵抗。青年亚文化最初呈现并成长于"二战"后的欧美资本主义社会，并于 20 世纪六七十年代接受了英国伯明翰当代文化研究中心的研究与审视。1976 年英国文化研究学者斯图亚特·霍尔和托尼·杰斐逊编撰的《通过仪式抵抗：战后英国的青年亚文化》是一部具有里程碑意义的关于青年亚文化研究的著作，标志着青年亚文化研究的深入与壮大。

　　本文意指的与《速度与激情》系列影片紧密关联的青年亚文化形态主要是指当代都市街道上兴起的一种既张扬又神秘的赛车文化。这种主要由青少年车迷参与的文化类别，模糊又显著地浮现于大都市夜幕降临的街头，青年车手们在牢笼一般坚固的城市管理体制的缝隙中发泄过剩的激情与精力。它与 20 世纪五六十年代兴起的披头士乐队、光头党、摩托车男孩和朋克音乐等青年亚文化形式在符码风格上保持了一定的延续性。20 世纪 70 年代文化研究学者保罗·威利斯对"摩托车男孩"现象的分析认为，运动、坚固、富有力量感的摩托车非常符合摩托车男孩的文化身份，"摩托车瞬间加速的惊喜，无障排气强烈的重击声符合并象征了男性的自信、阳刚的同伴友情、语言的男子气概以及社会交往的风格"，它表明了摩托车男孩"为了一个人类的象征性目的，驯服了激烈的技术"，也表明了人们对"资本主义中巨大技术"的恐怖。〔2〕

---

〔1〕　保罗·沃克第一次出演《速度与激情》时是 28 岁，本文主要不是从生理年龄，而是从一种文化建构系统的意义上使用"青年亚文化"概念。

〔2〕　详参［英］克里斯·巴安：《文化研究——理论与实践》，孔敏译，北京大学出版社 2013 年版，第 402 页。

机动车所象征的男性阳刚主义的品味气质和团队精神在《速度与激情》系列影片中同样给予了明确的揭示。但随着物质经济的进步，摩托车景观被更加日常化和商业化的汽车景观所取代。这种青年赛车亚文化象征了当代资本主义社会青年的"仪式抵抗"已经移向了当代都市景观和日常生活的内部，并淹没于全球消费主义的后现代文化图景中。当代社会青年不再刻意地主张建立一种与主流文化相对立的、具有阶级革命的潜力与意义的、激进而纯正的青年亚文化（如20世纪六七十年的反体制青年那样），而更多地谋求与主流社会文化与体制的平衡与协商，适应全球消费主义的文化潮流。正是后者为当代青年亚文化融入好莱坞电影产业的文化资本提供了可能。

青少年是一个介于童年与成人之间的生理年龄时期，也是一个以不确定性、模糊性和多样性为标志的文化建构系统，它是一个允许个体在"依赖父母与成人责任""不自觉接受权力体制与自觉接受权力体制"之间过渡的灰色地带，暂时选择或确立自我身份与社会位置。正如文化研究学者塔尔科特·帕森斯所描述的，青少年时期是人生的一个可以"结构性无责任"的延期付款时期。也正因为如此，青年亚文化往往被主流社会文化建构为"问题"和"乐趣"的两套社会话语。所谓"问题"是指将青少年与暴力、犯罪、冒险、冲动相联系，社会公众对青少年冲动性的力量抱以道德恐慌，进而惩戒和约束各种青年亚文化。联想2015年北京大屯路隧道的超跑飙车案，现实生活版的"速度与激情"总是会产生悲剧性效果和社会性恐慌。所谓"乐趣"是指青少年具备乐观阳光、激情浪漫的精神气质，热衷于愉悦、轻松、时尚、休闲的生活方式，从而引起公众的兴趣和浪漫遐想。《速度与激情》系列电影显然压抑了当代青年亚文化中的问题性的一面，而张扬了其乐趣性的一面，呈现了一场又一场充满速度与激情的、刺激观众肾上腺素的技术"狂欢"与视听盛宴。所谓"狂欢"既指车手们充满放纵与宣泄快感的对技术（汽车）的操控、破坏与消费，也意味着个体对主流社会权力秩序的暂时逃避与颠覆，象征着一种通过仪式、游戏和符码的"抵抗"。巴赫金认为，狂欢活动打破了身份、等级、雅俗的社会界限，"不仅是对官方秩序的一种临时拒绝，还携带着建立一个更好世界（一个乌托邦）的允诺。"[1]影片的主人公多米尼克·托雷托（范·迪塞尔饰）率领的车队便是一个多元文化主义的当代社会乌托

---

〔1〕［澳］刘易斯：《文化研究基础理论》，郭镇之等译，清华大学出版社2013年版，第194页。

邦的缩影。这里多种肤色和性别的车手打破了种族、性别、民族、国家的差异与界限，合成了一种全球化的青年亚文化图景。大家为了惩恶扬善、拯救世界的共同理想而一起奋斗。他们操控和享用着各种高超的媒介与技术武器，驾驶着各种名牌的超级跑车狂飙于公路上，体验着超过 200 公里/小时的极限速度。这里汽车已经超越了工具性的范畴，成为人物风格化的符码和躯体的组成部分，象征性地隐喻了个体对"技术/体制"力量的操控与抵抗。例如，影片中多次呈现了主人公多米尼克·托雷托发动引擎与对手德卡特·肖（杰森·斯坦森饰）的汽车对决的镜头。该场景给观众留下深刻印象的不仅是多米尼克的自信、果敢与坚毅，而且是两辆汽车剧烈碰撞后带来的破坏性的快感。电影中的人物对技术（汽车）的既掌控又破坏的态度很值得玩味。

如果说影片中的"技术狂欢"联系了青年亚文化中的充满"乐趣"的一面，那么影片通过对暴力与飙车元素的合法化与叙事化的处理抑制了青年亚文化中的"问题性"的另一面。影片中的汽车显然象征着一种令人不安的力量，它可以被人物所驾驭，也可以对主流社会秩序构成一种威胁。但当它被赋予除暴安良、惩恶扬善的使命时（如影片剧情所揭示的那样），它就被转化为一种积极的正能量。英雄人物可以利用它来行侠仗义、救死扶伤、惩戒坏人，也可以利用它来合法化地蹂躏和破坏生活世界。也就是说，现实生活中引起人们道德恐慌的青少年的飙车与暴力行为被电影的叙事建构为一种充满正义感的行为与力量，让观众在道德安全的底线之上欣赏暴力所带来的视觉愉悦。此时此刻，多米尼克·托雷托的车队已然不再是在城郊荒野地带迷茫逡巡的充满不确定性的披头士骑手（如 1969 年丹尼斯·霍珀导演的公路电影《逍遥骑士》所揭示的那样），而成为了驾着豪车的西部牛仔或太空卫士，肩负着拯救世界的伟大使命。这种被改造了的青年亚文化正是《速度与激情》系列影片的暴力美学的秘密所在。

然而，如果我们仔细甄别影片文本，善恶分明的类型电影叙事虽然抑制了青年亚文化中的问题性的一面，但并没有将之从文本中完全清除。例如，在一个家庭场景的过场戏中，布莱恩·奥康纳（保罗·沃克饰）对他的儿子说："嗨，宝贝，汽车可不能飞。"然而影片证明了汽车完全可以飞，而且可以从地上腾空而起撞向空中的飞机。技术（汽车）是个体躯体的延伸，"汽车/飞机"关联着"地面/空中"、"现实/理想"与"本我/超我"等丰富的二元隐喻，仔细玩味观众便可以体悟到"飞行的汽车"的符码所包含的主人公内在的身份僭越的渴望和对体制霸权秩序的象征性反抗。再如影片的主要反面人物德卡特·肖的暧昧身份亦值得揣摩。美国联邦探员卢克·霍布斯（道恩·强森饰）介绍他是英国特种部队的杀手，曾在军队中服役，并被政府所雇佣，因为知道高层太多的秘密而成为政府清除的对象。他的主要动机是为其弟弟欧文·肖复仇，后来为了共同的目标（对抗多米尼克的团队）与恐怖分子走到了一起。由此可见，德卡特·肖的角色经历了政府特工向恐怖分子的身份转变，是一个来自权力体制内部的反动力量。影片一上来就表现他凶猛强悍、冷血无情、虐杀成性，具有恶魔般的惊人的破坏力。这种超乎常人的力量显然是主流权力体制本身所训练、造就与赋予的。从这个意义上说，德卡特·肖在影片中不仅代表一种道德上的反面角色，而且象征着一种变异了的体制力量。多米尼克的团队与他的生死较量隐含了与失控了的体制性力量作战的意味，如同美国人爱德华·斯诺登与美国中央情报局的复杂关系那样，充满了对主流社会体制的揶揄与反讽。

对青年亚文化的挪用与收编让好莱坞电影完成了符合主流社会价值标准的道德叙事，也让它利用青年亚文化的精神与视觉愉悦在全球电影市场中获得了高额票房。保罗·沃克的突然去世给全世界的影迷留下了无穷遗憾，但也成就了这部电影的神奇。青年才俊的陨落给《速度与激情》系列影片抹上了一道迟暮的忧伤色调，如同影片结尾处用数字技术合成的布莱恩在沙滩上与家人嬉戏的场景的温柔影调所暗示的那样。再放纵激烈的青春也要遵循生老病死的严酷法则，"狂欢"之后回归家庭和传统是青年英雄（也是商业电影）的必然归宿。回顾往昔放纵不羁的烈火青春与峥嵘岁月，影片中多米尼克的"不是朋友，而是家人"的表白是影片最终的注解，也是一次庄严沉重、缓缓来迟的成人仪式。

电影评论

主编插白： 任教于纪录片学院的副教授马婷出身于影视学博士，在追踪当下影视创作热点及对其进行评论方面身手不凡。这里收录她的三篇电影评论：从《一代宗师》看王家卫的诗意江湖与功夫美学、从《刺客聂隐娘》看侯孝贤的文人武侠视界与东方美学传播、国产动漫《姜子牙》的审美突破与叙事偏差，由点及面，专业当行，不避瑕疵，立论求公，初步形成了健康的影视评论风格。

第一节 《一代宗师》：王家卫的诗意江湖与功夫美学[1]

从王家卫一贯的电影风格来看，《一代宗师》所呈现的影像时空、叙事策略、意象风格都与之前的"王氏"电影一脉相承，而王家卫这回借助"武侠电影"的外衣，以一代宗师叶问的人生经历为主线，将经典哲思的影像絮语和精致的功夫动作画面延展开来，进而折射出民国时代整个"武林"的气派和质感，还原了中国式"武侠生存空间"所印证的人文精神与写意情怀。在艺术的表达和追求上，从以往的个人化独白表达到此次武林群像人生的大开大合，王家卫也从自我创作上印证了"见自己，见天地，见众生"的诗意境界。

---

〔1〕 作者马婷，影视学博士，上海政法学院文艺美学研究中心研究人员，纪录片学院副教授。本文原载《电影评介》2014 年第 2 期。

一、从对时间与空间的把握中呈现时代与 "江湖"

海德格尔曾说："一切艺术本身就其本质而言都是诗。"〔1〕作为作者电影的代表导演，王家卫的电影从未受制于任何电影类型的局限，抛去对于叙事逻辑的常规化考量，《一代宗师》可以称之为一部充满着诗意的电影。而"诗"是不能用"小说"所要求的叙事原则去界定的，诗性轻灵，用"故事不完整""叙事松散""不知所云"等来评价《一代宗师》，就显得过于匠气。从大的方面看，几乎所有重量级的华语导演，都会因为种种缘由而主动或被动地去触碰"武侠"这一题材的创作，作为"影像诗人"王家卫的"武侠电影"，则通过对于摄影画面的精雕细刻、人物内心的深层剖析、言有尽而意无穷的旁白、环境气氛的铺设营造、打斗场景的极致唯美，呈现了一个充满着诗意的"江湖"，而在这个"江湖"空间之中，人与人之间的关系与情感，相遇与分离，江湖所奉行所恪守的规矩与原则，无一不镌刻着导演对于那个"逝去武林"的无尽追思。

可以说，探索时间与空间的关系是王家卫电影中所呈现的一贯追求。在他以往的影片中，时间的意象俯拾皆是。如在《阿飞正传》中旭仔与苏丽珍度过的精确"一分钟"时间；亦或是《东邪西毒》的英文电影名称就是时间的灰烬（Ashes Of Time）；《重庆森林》中对于过期凤梨罐头的慨叹；《2046》最初的理解就是 1997 年香港回归之后的 50 年，便是 2046；《花样年华》中对于"年华"的理解等，凡此种种不胜枚举。海德格尔曾说"时间是存在的原始本质。"〔2〕时间感一直是贯穿王家卫电影的一个主线，他的很多电影都会让我们思考时间的存在。而此次所拍的《一代宗师》，王家卫说："功夫就是时间。"〔3〕确实，7 年的案头策划工作、3 年的全国实地走访、3 年的天南海北拍摄取景，亲自上门拜访民间数百位武术名家，费时费心，影片才得以拍摄完成。在现在电影制作工业化的时代，这样精雕细琢一部影片实在是不多见的。在影片中，时间的叙事其实是松而不散，是大时代的洪流携卷着历史中

〔1〕 ［德］马丁·海德格尔：《诗、语言、思》，张月等译，黄河文艺出版社 1989 年版，第 65 页。

〔2〕 ［德］马丁·海德格尔：《黑格尔的精神现象学》，印第安纳大学出版社 1988 年，第 146 页。

〔3〕 张成："《一代宗师》费心血千呼万唤始出来"，载《中国艺术报》2013 年 1 月 9 日。

的每一个人，每一个人也在时代中自觉或者不自觉的创造了属于自己的人生。影片实际上还是以叶问的一生作为主线，如叶问自己说的"如果人生有四季的话，我四十岁之前都是春天"，后来日寇侵占家园，叶问又说"我的家就像从春天一下到了冬天"，以季节来隐喻时间的流逝，人生不同阶段的际遇和体悟。叶问的一生，历经了清朝光绪、宣统、北伐、民国、抗日、内战，最后辗转到了香港落地生根，开班授徒，培养了以李小龙为首的一批武术栋梁之材，最终成为一代宗师。而在大时代的裂变中，武林的没落，武林人士宫二、马三、一线天等，各自不同的机遇和选择，造就了不同的人生，所以，影片才会有"人活这一世，能耐还在其次。有的成了面子，有的成了里子，都是时势使然。"这一"时势使然"道尽了人生无常的喟叹。宫二因为父报仇和女性身份局限而选择奉道，没有走完属于自己的"宗师之路"，宫家的"六十四手"也从此失传。这就好像那个"逝去的武林"和"逝去的时代"，许多高手和武学，因种种原因淹没在浩渺的历史之中，也许并不为人所知。《一代宗师》开始只是叶问的故事，而后来，由叶问延展开来，演变成整个民国武林的故事。王家卫说：从叶问开始，就是从一棵树开始，最后观众看到的是整个武林。戏里面，他们都可能成为宗师，最后却只有两个人成为宗师，这是时势使然。影片充满了对时间流逝的怅然，表露出了对"武林时代"在战争炮火中消逝的感怀。

　　而从《一代宗师》的空间关系来看，空间承载着一定的文化功能，折射着地位权力关系，观念意识形态，并揭示着剧中人物的社会文化认同。如对于金楼堂子的描述："一般人看金楼是个销魂处，反过来看，它是一片英雄地。"金楼是一个具象的特指，从大的意义上来说，"金楼"就像"江湖"，江湖充满争斗，却也有属于自己特定的规矩，为武林人士提供安身立命之本、精神滋养、行为准则以及人际关系。影片中在金楼的比武场景有很多，叶问与各大门派高手，与宫羽田，与宫二的交手，都在金楼，整个剧情的悬念都在交手的一招一式之间，画面上说的是功夫，其实王家卫要说的还是武林的生存之道和人生哲学——藏与让、面子与里子、进与停、一口气和一辈子。民国时期的武林人士，无论南拳北腿，何门何派，最后都无法避免地在历史的洪流之中载浮载沉，家国和个人，传统与现代，在这其中，虽然个人选择和命运都有所不同，而叶问、宫二、一线天、丁连山等最后都汇聚到了香港，颇有些殊途同归的意味。叶问开馆授徒，始终没有再回佛山探访妻子；宫二奉道，开了医馆，最后郁郁而终；一线天成了理发师，丁连山感慨在港岛再也抽不上东北老家讲究的烟草，他们都曾经叱咤风云，但最后却英雄迟暮，归于平淡。曾经的那个天南海北人士汇聚的"江湖"空间也就不复存在了。

二、在相遇与分离中见出偶然与必然

爱情依然是王家卫电影中最为重要的一个标签，虽然这次《一代宗师》以武侠电影为载体，也主要呈现了多场比武决斗的重头戏，但从影片着墨最多的人物"宫二"来说，电影实际上还是讲述了一个爱情故事。叶问与宫羽田"掰饼论艺"之后，宫二在金楼摆下夜宴，与叶问进行武艺切磋，两人招式往来之间，棋逢对手，惺惺相惜。之后宫二回到东北，叶问留在南粤，两人书信往来，情愫暗生。而王家卫的所有影片之中，情感的暧昧暗涌都不会直接地表达出来，叶问乃有妇之夫，宫二最后也信守誓言，为报父仇选择奉道，再加上战火纷飞，时局动荡，叶问最后能做的不过是"留一颗纽扣的念想"罢了，王家卫对于叶与宫的爱情处理方法，很容易让人想起《花样年华》中的暧昧情境，而与《花样年华》中欲说还休欲拒还迎的情感不同的是，宫二与叶问之间的感情，并非如王家卫之前的电影里狭义上的男女之情，这里面还有同为武林高手之间的志同道合彼此欣赏之意。发乎情止乎礼，这就由"有信物的小爱"升华到了"无形的大爱"，江湖儿女内心坦荡，宫二去世前约叶一聚，坦然表白"在最好的时候"遇见叶，是她的运气，可惜没有时间了，"喜欢人不犯法"，可她"也只能到喜欢为止了"，此时王家卫用了面部大特写来展现宫二沧桑的脸颊和刻意的红唇，这又让人联想到在《东邪西毒》中，张曼玉饰演的欧阳锋嫂子，同样的面部大特写，说："在我最美好的时候，我最喜欢的人都不在我身边。"同样的深情而又无奈，令人扼腕叹息。王家卫的爱情表达里最后都没有输赢，只有错过。

"世间所有的相遇，都是久别重逢"。这又是一个有关于人与人之间相遇和分离的故事，中国人的相处，一般都信奉讲究一个"缘"字。人与人之间因为种种因缘际会，得以相识相知，而却又无法把握命运的安排，聚散离合乃人生常态。人的"相遇"总是带有一种偶然性，而偶然之中又有必然，正是我们人生难以摆脱的境遇。从现在公映的影片版本来看，张震饰演的"一线天"这一人物线索并没有完全展开，宫二在火车上掩护一线天逃离日本人的追杀之后，两人的生命轨迹再无交集。这与王家卫过往作品中人与人之间擦肩而过的疏离感是一脉相承的，如《重庆森林》中曾说过："每天都有机会和很多人擦身而过，而你或者对他们一无所知，不过也许有一天他会变成你的朋友或是知己。"亦或是擦身而过的两个人，无限趋近，却无缘相交，只有"0.01公分的距离"。在距离的意义上，宫二与一线天是彼此生命的过客，但随着叙事进展到后半阶段，叶问、宫二、一线天分别从内地不同的地方流落至港，偶然之中似乎蕴藏着必然，这正是武林人士随时势动荡无所依托的相似命运轨迹。正是由于偶然的"相遇"，人与人才产生了相互之间的联系，发展了相互的认知和理解，提供了种种可以叙述和表达的故事和境遇。在《一代宗师》中，王家卫除了展现对于民初武林的想象和认知以外，也传达了人必经的一个认识世界的成长过程。在《东邪西毒》中，欧阳锋说："每个人都会经过这个阶段，见到一座山，就想知道山后面是什么。我很想告诉他，可能翻过山后面，你会发现没什么特别。回望之下，可能会觉得这一边更好。"而到了《一代宗师》，这个认识变成了"一个人只有翻过一座山，才能将眼界大开。"影片以武侠为依托，实则还是阐释着人生的哲学。片中的台词一如王家卫其他电影的台词，深沉而富有哲理，如"宁可一思进，莫在一思停""人生如棋，落子无悔""念念不忘，必有回响"等，都在立足于当下人的情感状态，表达人世的哲理与沧桑。

三、从意象与风格来实现"形意"与"风骨"

《一代宗师》拍摄多年，终于在影迷们的期待之下于2013年初在国内公映，有趣的是，影片的评论呈现两极，爱者鼓掌叫好，憎者狠狠批评，无论学术圈还是网络阵营，"挺宗师派"和"倒宗师派"的各方争议和"嘴仗"在影片热映之时不断升级，尤其是伴随着网络时代微博的互动传播与广泛普及，似乎之前没有哪一部电影收获了这么多两极化的评论。而王家卫电影的有趣之处就在于，影像文本呈现的意象丰富性实在是可以从太多角度进行探讨了，撇开二元对立单纯的好与坏争议不谈，《一代宗师》确实呈现出了和一般武侠电影不一样的武侠世界。正如香港导演王晶在微博里所说："发现不喜欢《一代宗师》的人真是看不懂他的用意。你以为王家卫不能把全片都拍成雨中激斗，子怡火车站八卦掌灭张晋这样的激烈好看吗？但这跟叶伟信就没分别了，必须用极王家卫的风格去把这片拍好，才是真正的成功！能抵受无数压力把片拍成这样，我佩服。1988 年至今，我第一次心服口服。"作为导演风格迥异的惯于拍摄喜剧"无厘头"的王晶在自己的很多影片中都曾"恶搞"过王家卫影片的经典桥段，并加以嘲讽。而此次的夸赞，确实具有一定的代表性和说服力。叶问的故事已经被很多香港导演拍过，而王家卫则用了自己的方式来拍，并拍出了自己的风格和味道，让众多影迷一看，便知道是王家卫作品。而从武侠功夫片的角度说，《一代宗师》在叙事方法、影像品质、武打形式上，相较于之前的很多影片，都有一个全面的提升。在《一代宗师》里，有着形意、八卦、咏春、八极等不同门派的武术大家，王家卫欣赏叶问之余，更寄托了自己对民国武林的消逝，淹没在历史之中的武术名家们的追思之情，《一代宗师》像是他写给民国那个"逝去的武林"的时代挽歌。影片里有很多精雕细琢的功夫演绎镜头，王家卫用特有的镜像语言展现了中国武术的招式之美，不同于现在运用 CG 技术拍摄的飞檐走壁的魔幻大片，是可以让人细细观赏慢慢品味的有余韵的功夫美学。《一代宗师》的制作一如既往的考究，各种运镜下呈现出的唯美构图让人叹为观止，对微观世界和人物特写表情的捕捉增强了影片的内在气场。其中，雨、雪、雾的场景运用与动作场面结合，使得开篇叶问雨中打斗，雪中宫二的功夫呈现，雾中火车站的为父复仇，都拍得极具观赏性。影像语言上，大特写和长镜头的结合，使帧帧画面呈现出油画般的质感，无论是金楼的奢华之美、东北雪景的纯净之美、雨中街头打斗的力量之美，还是寺庙的佛像庄严之美，都让观众感受到一种诗性和哲理交融的意境。

这部影片也有属于自己的"面子"和"里子"，那就是"形意"和"风骨"。形意表现在王家卫对功夫拳法的镜头诠释，一招一式，尽显风采，不是花架子。这从演员的长期准备中就可以看出：梁朝伟 47 岁开始学习咏春，章子怡苦练八卦掌三年，张震最后甚至得到了全国八极拳武术冠军一等奖。致使影片开拍之时，众多演员已经是专业的"练家子"，进而来显示拳路的形意特色和武师自身的"风骨"气度。梁朝伟和张震也在采访中直言武术改变了自己原本的性格。在表演上，逐步贴近角色，使打斗和意念都能体现出一种形神兼备的气势。而风骨则是王家卫对武林宗师气节和仪轨的塑造。没有风骨的突显，宗师的身份也就逊色不少。《一代宗师》想承载的东西太多，影片隐去了常规武侠片中的民族大义及国恨家仇的背景描述，走出了刻意渲染个人英雄主义的俗套，将功夫片从过去"拳头的宣泄"转变为对民国时期武林生态的展现上来。大多数的功夫片是写事件、写事情、写场面、写热闹，而《一代宗师》是写人的内心，它把武林人士的精神特质写出来，寻找和重塑了已经失落的武林风骨和价值观。

一部好的电影是不可能速成的，都需要时间的精心打磨，在电影观赏的速食消费时代，王家卫实际上是在用一种非常笨的办法拍电影，在电影市场票房的推动下，这样耗费时间和精力去拍一部电影的导演已经非常少了，以十年磨一剑的态度和投入，《一代宗师》呈现出的影像质量才得以保证。

第二节　《刺客聂隐娘》：侯孝贤的文人武侠视界与东方美学传播[1]

似乎每一个中国大导演都有一个武侠梦，而侯孝贤的武侠之作则体现了他一以贯之的独特艺术审美和他观察感知世界的角度。侯导八年磨一剑，用足够长的耐心和时间雕琢出的《刺客聂隐娘》，获得了第68届戛纳国际电影节最佳导演奖在内的国内外诸多奖项殊荣。《刺客聂隐娘》不同于传统的武侠电影，它既开拓了类型武侠片在视听语言表现上的多样性，又延展了武侠传奇或武侠电影所呈现出的对于中国"侠"文化的定义和理解，其纪实性、慢节奏的长镜头拍摄手法，为浮躁高速发展的中国电影提供了另一种作者电影艺术电影创作的可能性。

一、从武侠的奇观化想象回归到历史真实的唐风古韵

侯孝贤是台湾地区新电影的一面旗帜，也是把台湾地区电影带入到世界影坛的先驱。他的电影一直是"作者电影"，有一套属于自我表达和个性呈现的电影体系，《刺客聂隐娘》是侯孝贤在三十多年的电影导演生涯中第一次尝试拍摄的武侠类型电影，也是侯孝贤第一部在中国大陆公映的电影，影片在上映前后都曾引发热议，评论两极。

〔1〕　作者马婷，影视学博士，上海政法学院文艺美学研究中心研究人员，纪录片学院副教授。本文原载《新闻研究导刊》2018年第19期。

　　《刺客聂隐娘》虽然可以归类为武侠片，但却和一般电影市场上受票房追捧的商业类型武侠片迥异。它摒弃了声势浩大的打斗场面，快节奏的武打动作，无论是内容上还是表现形式上，都呈现出了和以往武侠片不同的风范。侯孝贤用自己招牌的"长镜头"拍武侠，镜头语言是疏离的、旁观的、克制的，把聂隐娘的悲痛和不忍，政治漩涡中的人物内心的波涛汹涌都留白在了画框之外。他也打破常规，用固定镜头和远景来拍人物动作场面，高手过招，摒弃花哨，还原武术的本来面貌，贯彻他影片中"环境中的人"的美学原则。在节奏上，一目了然，接近于现实环境本身的真实节奏，而不是用快速剪辑刻意营造步步为营的观影紧张感；在情绪上，尽量平静展示剧中人物的爱恨纠葛，人物的接触相处没有多余的刻意的对白，连聂隐娘仅有的一次哭泣也要无声掩面；在动作上，摒弃了传统武侠片奇观化的武术套路，片中也有舞刀弄剑，拳打脚踢，但是最多几个来回就见胜负分晓，没有多余的特技辅助和视觉冲击。一招一式，落在实处。这些都打上了鲜明的侯孝贤电影的标签。

　　严格说来，现代人是不知道真正的"大唐"和"江湖"是怎样的，都是由流传下来的文学作品想象构建而成。侯导痴迷唐代已久，大学时读唐传奇，最喜欢的就是《聂隐娘》一篇。唐代是中国历史上最为强大的时期，而到了晚唐，藩镇割据，盛世已呈现出颓败之相。相较于唐代裴铏所著《传奇》中有关于聂隐娘故事的寥寥千字，电影《刺客聂隐娘》由编剧朱天文八易其稿，只留原作大概，摒弃了原传奇中奇幻诡异的部分，以写实写意的风格来塑造一个精致的想象中的唐代传奇。影片中无论是外景的田野乡间自然风光，还是内景贵族大臣的家居装饰摆设，都共同呈现了一个古代唐朝的瑰丽盛世视觉世界，具备了一种中国古典文化的视觉仪式感。《刺客聂隐娘》不比之前侯导拍摄的《海上花》，《海上花》讲清末的故事，清朝对于当今而言，还是有大量的影像史料可查，痕迹可循，而唐代，只能从流传下来的古画和文物上，从依然保留着曾经大唐风格的日式古建筑中，来尽量地去还原。服饰、建筑、语言等，尽管《聂隐娘》没有达到呈现古意的百分之百，已然是所有唐题材古装影视作品中最具专业度和良心的作品。

二、影像传奇中构建中国传统美学意境，揭示"侠隐"主题

　　电影最初是舶来品，其基本样式、电影语法和艺术特性都不免是西洋派的视角。《刺客聂隐娘》的难能可贵之处，就是在于影像是东方化的、中国化的，导演的着力点并不是在于讲故事、反映人物关系、揭示剧情的起承转合，而是用自然主义的影像构建了一幅极具美感的东方画卷：山野、云雾、风声、水流、虫鸣、青山绿水、炊烟人家，外景拍摄既有中国传统工笔画的精致，又有写意画的留白；内景建筑装饰富丽堂皇，烛光与服饰交相辉映，颜色光影勾勒出了迷人的唐代风韵。对情节的弱化，对故事的淡描，不解释逻辑因果却强调整体意境的描摹，反而使得影片具备了一种中国山水画式的"气韵生动"。再加上传统含蓄和简洁至极的文言文对白，使得观众从光影中找寻到了失传已久的中国古典美学样式。此类的唐朝古风，是之前的类型武侠片中从未这般细致展示过的，这就不由地让我们思考中国传统美学和传统文化是可以怎样通过具体的影像来传承和转化的。唐风古韵，壮美山川，行云流水，鸟雀琴音，极简武学，既有庙堂之争，亦有宫廷之乱。或隐于山林，或居于庙堂，侯孝贤的武侠视界借助于李屏宾的绝美摄影，用简化至极的电影语法，表达出最为典型的中国传统文化内涵和古典印象。画面，讲的是故事，而影像，讲的是风韵。艺术家只是将自己的思想创作表达出来，至于所表达的内容，艺术家则无需解释。而侯孝贤的电影，恰恰就属于这样，可以当成一幅长长的中国画作去欣赏感悟。

侯导受中国传统文化影响很深，为拍摄影片通读了《资治通鉴》，并做了大量唐朝文化搜集的案头工作。他曾经说过选择拍摄《刺客聂隐娘》的原因，就是被"隐"字所吸引，"隐藏的美丽姑娘"，让人浮想联翩。在影片中，聂隐娘多次都是隐藏在屋梁和帷幔幕后，窥探着别人的生活，在她的暗中观察视角之下，串起了田季安、田元氏、聂锋、道姑之间的恩怨情仇，将大唐晚期藩镇割据的险恶政治环境与历史真实勾勒出来。除了拍摄聂隐娘这个角色的主观视角，侯导在电影里很多地方也都采用了隐藏式的拍摄手法，比如伴随电影始终的战鼓声，以及细若游丝的蝉鸣。田季安与胡姬会面之时，镜头在帷幔掩饰之下忽而清晰，忽而虚化，都强化了"隐"字的主题。聂隐娘一袭黑衣，常在暗处观察他人，来无影去无踪，"十步杀一人，千里不留行。事了拂衣去，深藏身与名"[1]，这是侠女该有的常态。然而电影更在于展示聂隐娘的"不杀"。一前一后影片展示了聂隐娘的两次"不杀"：第一次，"见大僚小

---

[1] 出自唐李百《侠客行》。

儿可爱，未忍心下手。"第二次，"因嗣子年幼，杀田季安，魏博必乱，不杀。"

少时因被悔婚身负重伤被道姑救走，十三年后回到家中已是刺客身份，这不是她自主的人生选择。学成后回到家中，沐浴更衣，回忆幼时嘉诚公主教其抚琴，讲青鸾舞镜的故事，追忆起来无尽的悲伤只能化为无声的掩面哭泣。有对故人的思念，亦有回到父母身边却倍感孤独的痛苦；观田季安与幼子嬉戏，与胡姬依偎，与昔人恋人交手，恍如隔世，竟无言以对。在林中救下父亲，受重伤身心俱疲，终于哽咽说出："一个人，没有同类。"与师父决绝于云雾缭绕的高山之上。师父一语道破："剑道无亲，不与圣人同忧。汝剑术已成，却不能斩绝人伦之亲。"最后，隐娘与磨镜少年隐于山林间。

"侠的至高境界为隐"。唐末藩镇割据政治动荡，妖孽横行，国之将乱，那些承载着无数人假想和希冀的侠客，则变成了独立于政治江湖之外自由的化身。不过，大多侠客也不能改变江湖的混乱局面，在权力和派系斗争中，最后只能是落得隐身世外，远离是非之地的宿命，带着自己的爱人，远走他乡，归隐田园。这是电影《刺客聂隐娘》对于"游侠"身份想要表达的另一重人生自由境界。"侠"文化发展到唐代，依然可以是"以武犯禁"，游侠可以凭借自己过人的本领和身手，一定程度上可以凌驾于国家机器和个人意志之上，或替天行道，或为一己之私复仇，而影片展现出的是，聂隐娘的两次"不杀"，则说明即使受到伤害，但聂隐娘没有像自己的师父一样，依旧有自己的恻隐之心和主观判断。电影从多个侧面，较好地塑造了聂隐娘这个人物的性格特质，虽然她手上拿着的是武器，可是她心中装着的是善良和慈悲。这也正是中国古典文化传统中道的体现。她最后决定与磨镜少年一起离开，是自我价值圆满、内心力量强大的离开，她已经可以完全掌握自己的命运，而不是屈从于他人的命令。这样的人物设置，使得侯孝贤所展示的聂隐娘形象就具有了自由和人性解放的意味，这使得聂隐娘不同于唐传奇甚至其它朝代小说中的女性形象，最后的归隐，并不是孤独落寞离去，而是掌握了命运，放下爱恨做出了选择，是一定程度上人生的真正自由价值实现。

三、从青鸾舞镜典故折射的导演创作心境

"青鸾舞镜"这个典故在片中出现了几次，是整个电影的"题眼"，也是侯孝贤真正想要表达的意思。"青鸾见类则鸣，悬镜照之，鸾睹影悲鸣，冲霄

一奋而绝。"[1]影片主要是取青鸾的孤独感，刻画一个人，没有同类的凄凉。从嘉诚公主，到田元氏，再到聂隐娘，都是如此。而聂隐娘的孤独，是只听命于内心，违师命，苦相望，在乱世之中，孤绝地存在着。一身绝学，难了尘缘，在经过数次折磨之后，才终于放下了爱与恨，洒脱而去。

聂隐娘的这种孤独心境，才是侯孝贤着力刻画的，充分表现了他对这个世界的看法与感受。电影内的青鸾是聂隐娘，电影外的青鸾是侯孝贤。或者说，聂隐娘就是他自己，侯导曾说：我拍电影，是背对观众，面对自己。在当今的影视世界里，现实中拥有快节奏生活的观众已经习惯了各种商业化电影快速剪辑的观影娱乐方式。当《刺客聂隐娘》的慢节奏呈现在眼前，就像是品尝过太多工业化的产品，突然有一个原生态的东西放在了眼前，尽管它名义上也被称为武侠电影，而且看上去很商业，但其实它不是，侯孝贤的《刺客聂隐娘》不同于其它电影导演的武侠片之处，它并没有着力于颠覆和迎合，而是在这个喧嚣的时代，它做了自己，多为固定机位的长镜头，节奏之慢、对白之少，在喧嚣的商业内地银幕环境下实属罕见。但只要观众能耐住性子，放慢节奏，就会通过电影发现一番新天地，每一个镜头美到极致，回味悠长。静若止水的镜头感，在片中借聂隐娘的眼睛，于屏障内帷幔内观察，追忆往昔，权衡家国，杀与不杀，都是个人的选择，个人的寂寞。

侯孝贤拍摄的武侠，不是如市场上泛滥的类型动作片，以炫耀性的动作和宏大场面为噱头。尽管《刺客聂隐娘》看起来不那么像侯孝贤之前一贯的用镜风格，但在精神内核层面上却一以贯之。侯孝贤说："电影其实就是你，你身为作者，是你对这个世界的看法、感受。"《刺客聂隐娘》拍摄的就是他对世界的一种感受，这个时代还有这样拍电影的人，侯孝贤便如聂隐娘一样，一个人，没有同类。《刺客聂隐娘》就如同电影工业边缘的老妪及其手织布，观众可能觉得它不好看、不易懂，但却不能否认其独特性和艺术性。况且它的各方面做的都非常精致，摄影、音乐、服饰、人物、故事等，每一个细节都无可挑剔。侯孝贤用行动来告诉业内同仁，该抱以怎样的创作态度。

拍摄本片时，在这样一个电影工业化高速发展的时代，侯导有很多自己的坚持。坚持用胶片拍摄，坚持自然真实地取景，整个拍摄被聂隐娘饰演者舒淇概括为"等风、等云、等鸟飞去"的诗意过程，坚持淡化外在的戏剧冲

---

[1] 出自南朝范泰《鸾鸟诗序》。

突等。侯导如此坚持，除了守护自己的电影理想，应该也想寻觅懂得自己电影的知音，寄情于山水之间，等风起，等雾来，等月升，等日落，在最恰当的时间和最恰当的景物中，发生最恰当的事，才是电影空间呈现里最完美的相遇。而作为观众的我们，需要放慢节奏，冷静来看这一幕幕自然而然发生的故事。角色和故事天人合一，电影和导演天人合一，"大音希声，大象无形"才是解读侯孝贤电影秘密的关键所在。

第三节　封神的标准：国漫《姜子牙》的
审美突破与叙事偏差[1]

《姜子牙》在2020年推迟上映，从开年春节档"大年初一，一战封神"的院线宣传停顿到十一国庆档展映获得目前总票房亚军，因为疫情的原因影院关闭，电影市场经过大半年的偃旗息鼓，国庆档对于"合家欢"类型的优质动画影片期待胜于从前。《姜子牙》虽然因电影市场契机获得了不错的票房收益成绩，但是在观众口碑上却高开低走，评论两级。相较于之前彩条屋动画《哪吒之魔童降世》（以下称《哪吒》）的全方位成功，大大提高了观众们对师出同门的《姜子牙》的期待阈值，但在影片上映之后，对于一脉相承的《姜子牙》，却不能单纯用《哪吒》的成功标准去简单衡量其优劣。

长久以来，观众的固有观念是"动画片"主要是拍给儿童看的，动画片的主要人物角色也是以低幼青少年为主。而《姜子牙》的主角设定是一个沉闷、失败、处于自我怀疑否定的中年人，不再是传统的影视剧中仙风道骨的七十岁才出将入相的老年姜子牙形象，更像是落魄倒霉、职场不顺的中年失败者，更能引发成年电影观众在现实社会职场经历上的"共情"感受，影片在人物关系设定上较之前的封神演义传说也颇具解构性。姜子牙一出场，就背负了太多沉重的心理负担，所以整部影片的基调就是偏深沉阴郁的，对于这样一个连接天庭、妖界、人间的主角人物，太多的羁绊使他的所有行为和选择都套上了无形的枷锁，在银幕前的观众就需要时间去理解他的动机。这样一来，就增加了观影的难度和融入度。以《哪吒》的合家欢心理观影期待

〔1〕作者马婷，影视学博士，上海政法学院文艺美学研究中心研究人员，纪录片学院副教授。本文原载《上海艺术评论》2020年6期。

去影院的观众收获的感触自然也不一样。

无可否认，《姜子牙》在创作上的雄心和制作上的优点，再一次印证了"国漫崛起"并不是一时空谈、无以为继，至少是正遵循着国际标准在不断向顶尖水平靠近。长期以来，我国动漫的制作水准、文化影响、传播效能、规模市场是无法和美漫、日漫相提并论的，但是在《西游记之大圣归来》《大鱼海棠》《白蛇：缘起》等优质动画电影陆续获得市场好评和良好口碑之后，中国的动漫制作者们也找到了可以努力的方向，那就是向中国传统文化故事和历史神话传说寻找改编素材，做具有中国特色和东方审美的动画电影。尤其是《哪吒》的成功，其对于传统故事的颠覆创新和制作上的热血精良，剧情、画风、特技让不少看美漫、日漫长大的 80 后、90 后电影观众直呼看出了民族自豪感，堪称"国漫之光"。而《姜子牙》是又一部承袭前作，野心勃勃的、企图打造"封神宇宙"的电影，依旧遵循前例采用神话改编故事，影片呈现的宏大悠远的世界观、天马行空的想象力、视效一流的美术设计，都让观众眼前一亮，值得去大银幕赏鉴。但随着故事讲述的深入，观众会逐步发现，《姜子牙》所践行的，不同于《哪吒》所指向的少年热血动漫设定，也没有好莱坞惯常的动画标准参照，而是走向了一条截然不同的国内目前没有的"成人向"动画创作探索之路。

从制作上看，《姜子牙》堪称银幕"视觉盛宴"，刷新了国产动画美术设计层面的新标杆。作为一部历时四年二维和三维结合的动画电影，主创者们耗尽心力，在影片中运用了大量传统文化元素，头饰、花纹、人物设计、台词表演等，都是基于对《封神演义》《山海经》等传统经典文化志怪小说的查阅和研究。开篇用具备敦煌壁画美感的 2D 动画形式来呈现"封神之战"讲述前情历史，姜子牙建功立业故事起源的楔子，便可以看出制作团队的匠心和创意。一个短短两分钟的故事背景交代，是普通二维动画制作量的数倍，画面绘制的叠加层次和线条细节非常丰富饱满，一个画面里包含多个图层，工作量巨大，"制作速度有的时候一两天才能画出一帧画面，而电影呈现中短短两分钟的二维动画就花去了制作者们一年多的时间。"[1]导演曾说："做动画，不是一个人的破釜沉舟，而是一群人的齐心协力。"[2]在官方发布的

〔1〕 阙政："两位导演访谈《姜子牙》要解开封神千古悬念"，载《新居周刊》2020 年第 36 期。
〔2〕 2020 年 1 月 23 日《姜子牙》因疫情退出春节档声明。

《姜子牙》三维制作特辑中，有这样一组数据："参与制作人数达 1600 多人，历时超过 1560 天，总镜头数 1851 个，特效镜头超 1300 个，占全片 70%，4000 台电脑同时渲染，角色开发时间历时 18 个月，姜子牙迭代 123 版，美术开发时间 15 个月，场景设计平均迭代轮数 40 次……"〔1〕在这些数据中，除了主创人员，还有国内 40 多家动漫公司参与协作。不难看出，一个动画电影体系分工合作完成的工业化规模雏形已经初现，这虽然不及好莱坞梦工场或皮克斯那么完善的动画工业体系，但是这种大型协作方式已为以后中国动漫产业的发展奠定了良好的工业基础。

二维动画用来交代故事背景，三维动画用来叙述故事主线。电影主体的三维动画部分也完成的相当精彩。很多恢弘场面，如在北海冰天雪地的场景，姜子牙和小九在荒蛮山谷与冤魂之战，玄鸟在夜空中带走冤魂，姜子牙最后通往归墟等画面桥段都非常具有设计美感和造型质感，既有国漫独有的无法复制的古风视觉元素，也有目前动画行业考验技术的无以伦比的细节设计。在人物方面，姜子牙、申公豹、天尊、九尾等主要角色都延续或承接《封神演义》中的经典文学形象。袭击姜子牙的怪物腾蛇，是寄生在枯骨中的世间冤魂聚集，是根据《山海经》记载的神兽创作而来。玄鸟是上古神鸟，也是商王朝的祖先，眼含星宿引渡冤魂，在《山海经》中也是有据可依。玄鸟异兽与魑魅魍魉共存的北海古战场，是东方古典文化神韵与妖异魔幻世界的融合。最值得称道的是关于"四不相"的设定，是既保留了《封神演义》里姜子牙坐骑的经典形象，又参考了现代人喜欢的萌系宠物如猫、狗、雪貂、兔子等十几种动物，经过八十多版修改，才创造出的独一无二的形象。这个宠物设定是非常具有现代意识的，"四不相"的萌宠属性与迪士尼诸多经典动画电影作品属性高度类似，一如《冰雪奇缘》里的宠物"雪宝"，是具有别样的商业可延续性和可开发性的。据悉，片中玄鸟、腾蛇、九尾、十二金尊、归墟等形象设计皆有出处，一闪而过的"巨灵神"也都有完整的详细设定。在古老神话之上赋予现代想象，让观众在银幕上直观地感受到了几千年前人、妖、神混居的神话空间存在。

可以看出，制作团队的技术实力还原了极高的神话场景和角色造型上的质感，将古典神话和现代技艺进行了完美的视效结合，将想象中的"封神世

---

〔1〕《姜子牙》发布三维制作特辑预告片，载 M1905 电影网。

界"用电影化的方式展示在观众眼前。这种东方美学呈现是具有跨文化传播属性的，它用恢弘的场景和华丽的细节呈现了华夏远古时代商周时期神话传说的悠远广阔。将传统文化汇入现代语境，用美术视觉元素完成极富中国特色的动画影像文本。即使将来《姜子牙》拿到国外市场展映，如动画产业发达的美国、日本去交流，从动漫工业化水准上看也是不遑多让不输阵的。有无法取代的中国神话特色元素，也有更有趣的玄幻世界观。因此，在《姜子牙》之后，许多国漫制作者和国漫迷们提出了"封神宇宙"这个口号——"就像国外有'漫威宇宙'，中国也可以有自己的'封神宇宙'。"[1]

　　《封神演义》是中国家喻户晓的古典志怪小说，也是影视剧热衷创编的一个热门 IP，中国大陆、中国港台地区，甚至日本都有很多以该小说原本为题材，改编创作的影视剧和动漫作品。《封神演义》之所以受欢迎，是因为它交涉了一个存在大量鲜活神仙角色的封神世界。这些神仙合起来是一个完整的封神故事体系，单独拎出来又可以有独立的角色剧情发展，除了现在已经做出的哪吒、姜子牙，像《封神演义》里的二郎神杨戬、雷震子、黄天化甚至是申公豹，都可以被独立制作成动画电影故事。至于他们的人物设定角色安排，也并非是一成不变的，比如申公豹这个形象，在《哪吒》里是个干瘦阴险的腹黑小人形象，在《姜子牙》里却是一个忠诚憨厚的壮实青年形象，创作者们完全可以根据古代史实、剧情需要、人物设定的基础上进行合理化的再创作。当然，这种创作并不是无所依托大胆妄为的，对于这些耳熟能详的神话人物，我们还是要根据古典神话、宗教和文化流变的细节去设计，进行合理化的改造。这些人物，一些场景，甚至是一些神化宝物，一旦经过现在动画技术的加持，就会焕发出比原始小说文字精彩百倍的视觉冲击效果来。但是"封神宇宙"的概念即使有了雏形，想要和美国电影工业"漫威宇宙"或者"迪士尼"抗衡也是不现实的，想要构建一个庞大的电影类型体系，本身就需要考验电影工业的全面化、精细化程度，每一个环节都必须紧紧相扣，而且纵观全局，一个完整的产业链条运行需要大量的人力物力、行业经验、技术加持才能共同完成。但是《哪吒》《姜子牙》等动画的出现，也让观众看到中国动画能够摆脱对美漫、日漫的模仿借鉴，不仅在制作水准上毫不逊色，更能挖掘改编传统神话故事，做出有中国特色中国味道中国审美的优质

---

〔1〕　阚丽丽："从'漫威宇宙'到'封神宇宙'的思考"，载《新产经》2019 年第 9 期。

动画作品。

在制作的精细程度和审美创新上，《姜子牙》是有所突破的，但是之所以在口碑上没有一致性的好评，是因为姜子牙这个人物形象没有立住，他本身是迷茫的认知失调的。编导说自己是"把自己的中年危机也夹带私货进去了，做自己的神，不代表叛逆，而是对自己所相信东西的坚持。"〔1〕《姜子牙》原本可以参照《哪吒》的模式，设计一个相对讨巧讨喜的"丧萌"人物形象，讲一个老少皆宜通俗易懂的故事，配合着日益成熟的符合中国观众审美的古典传统画风，将《封神演义》里的宝物类似《哪吒》里的"山河社稷图""指点江山笔"等重新进行电影化游戏化演绎，讨各个年龄层观众的惊奇和喜欢。但是《姜子牙》在故事讲述上却走向了另一个维度，用导演自己的话说就是要做一个"姜子牙的哲学转变"，"姜子牙本身就是没有像大圣、哪吒那样叛逆有个性的，他是由人修炼成神的，在不做魔改的前提下，想更多的呈现中国人议古论今当下面临的困境。"〔2〕导演着力于将"众神之长去神化"，作为一个历史上有真实人物本源、又历经百年戏说演义的人物，导演在姜子牙的人物设定上有所失衡。

影片一上来就抛出了一系列人生矛盾的哲学命题。是爱吾师还是爱真理？是要名利还是存善念？是救一人还是救苍生？这些问题本身就是没有标准答案的，而好的电影在于导演怎样用视听叙事的方法去呈现这一矛盾观念的思辨过程。影片对于仙界的设定，"师尊之上还有师祖"，天外有天人外有人，更是增加了叙事难度。体制与个体的对立，本来可以做进一步的深入探讨，但是电影在剧情上的语焉不详，以及节奏掌控上的欠缺，都增加了观众的疑惑。《姜子牙》的仙界设定是一个表面上虚幻迷离，实际上等级森严的世界，仙界的运行机制是怎样的呢？收服师尊的师祖是什么样"不可说"的神仙呢？更高级别的神仙只有在姜子牙砸毁天梯之后，才会降罪，那么他为什么不能早一点明察秋毫，洞悉师尊的阴谋，来避免人、妖、神界的混战和姜子牙的冤屈呢？从姜子牙拒绝封神到质疑神的权威，再到打碎神的形象，无处不彰显着对真相的追寻和对权威的反抗，但是姜子牙所追寻的真相，"狐妖的真相"和"师尊的真相"无法自圆其说，在追寻真相的明线上，人兽卖萌，兄

〔1〕 阙政："两位导演访谈《姜子牙》要解开封神千古悬念"，载《新民周刊》2020 年第 36 期。
〔2〕 选自《姜子牙独家纪录片》，载腾讯视频。

弟 CP、大叔萝莉等无关叙事的情节描述占据太多时间去炫技，勉强搞笑迎合年轻观众，削弱了真正想要表达的内涵主旨，使剧情发展有些割裂。在具体的体制与个人问题探讨上执行力不足，将观点隐晦的藏进故事的暗线里，碍于电影的时长和市场接受度，它借神话传说的外壳，实际讲述的还是最具现实意义的人间社会。明线和暗线互不兼容，彼此抵消，就造成了叙事逻辑上的不通顺，最后在缺少铺陈的情况下，让姜子牙强行喊出"愿天下再无不公"的口号，削弱了影片应该具有的悲剧色彩和反思精神，无法归纳之前的剧情，也并没有带来真正光明的结局。

有形的梯已不复存在，但无形的梯却仍然牢不可破。艺术作品都是对于现实社会的某种折射，现实系统也是对于文艺作品的捆绑。作为一部探索人物心灵成长的动画电影，《姜子牙》的艺术个人化表达远高于《哪吒》所带来的大众娱乐性，但是它叙事和情节展开上的不足，使得主角心灵的成长、人物的共鸣、意识的思考很难一言以蔽之去总结。《姜子牙》必然是有争议性的，不同经历、不同年龄段的观众去看也会有不一样的感触，正如影片宣传语所说："用你自己的方式，去成为一个真正的神"。这正对应着目前国漫发展的阶段，国漫发展还不似美漫、日漫的集团化、工业化、以制片人中心制为主，而更多是以导演创作者为核心，注重个人理念表达和观念呈现，这也是《姜子牙》所体现出的创新风格。中国的动画制作者们可以用自己的理解方式去讲述中国传统文化的故事，解构神话或建构风云人物，让那些神话、传说、历史拥有现代性的解读空间和展示渠道，拓展中国动画的艺术创作边界，磨砺属于更多部真正属于中国动画的封神之作。中国的神话故事、历史传说是动画电影创作者们的无尽源泉宝库，"封神宇宙"已经在银幕上徐徐展开，《姜子牙》并未一战封神，但是它已经打开了动画宝库的大门，国漫会在此基础之上百尺竿头更进一步，未来可期。

音乐美育与空间美学

主编插白： 艺术教育是高校素质教育的重要组成部分。任教教师在教学实践中产生了相关的理论思考，或许对同行有借鉴意义。这里收录曾嵘副教授和青年教师郭丽娟的三篇关于音乐教育的文章，内容涉及高校音乐鉴赏精品课如何建设、大学生的音乐教学如何开展、音乐在纪录片中如何运用，给人颇多启示。王珏是年轻的美术学博士，杨浦区滨江的空间美学设计论文体现了他的美术学背景，一并附列于本章之后。

第一节 高校艺术通识课教学的新要求与新策略[1]

随着中国高等教育的发展，普通高校艺术教育从无到有，课程数量从单一到多样，开课高校从"985""211"学校到高校普遍开设，课程层次从公共选修课到艺术通识课，逐渐成长、发展并成熟起来，成为学生素质教育的重要组成部分。近几年来，随着高校教育教学的深化，人才要求的提升，互联网技术的发展，后疫情时代的到来，对普通高校音乐教育提出新的要求，音乐教师需要认识到教育环境和条件的改变，改进教学方法，切实提高教学水平。

一、"双一流"背景下教育教学质量提升的要求

2017年，中国高等教育领域继"211工程"和"985工程"之后，以创

---

[1] 作者曾嵘，音乐学博士，上海政法学院文艺美学研究中心副主任、副教授。本文原载《大众文艺》2020年第24期。

建世界一流高校和一流学科为目标的"双一流"工程开始启动，拉开了高校新一轮提升教学质量的序幕。各校在打磨自己的优势学科，增加专业竞争力的同时，对于人才培养基础的高校艺术通识课程，同样提出了更高的要求和目标。

　　课程是人才培养的核心要素，课程质量直接决定人才培养质量。建设高水平的课程本就是艺术教师教学工作的重中之重。目前国家级、市级、校级不同的本科精品课程、重点课程、一流课程，种类很多，总的目标均是打造高质量的本科课堂教学。据笔者所知，各级各类精品课程中很少有音乐鉴赏课的身影。这与音乐教师的课堂教学效果和学生评课结果不一定相符。实际教学中，高校音乐课以课程内容有趣，老师有吸引力，上课生动活泼等，很受学生欢迎，学生选课踊跃，课后对教师的教学评价也很高。但是从教务处和教学督导室的反馈来看，与其他本科课程相比，音乐教师的教学环节设计不够严谨，教学理念不够先进，教学方法不够多样，教学效果检验标准不够明确，按照通常的质量指标来考量，音乐课程尚达不到优秀的水平。音乐鉴赏课要跻身各级精品和重点课程，必须符合高校教育教学的一般要求，借鉴其他学科的教学经验，发挥艺术课程的特点和优势，打造艺术精品课程，跟上高等教育的步伐。

　　面对建设精品课程的目标，音乐课程在做好课堂教学的规范性、科学性的基础上，要以"五新"为抓手：新理念引领艺术课程建设，新目标为导向加强课程建设，新内容抓住学生的注意力，新方法让课堂活起来，新的评价方法让学生忙起来，提升课堂教学质量。

　　新理念：以审美能力培养为重点，以学为中心，发掘学生的潜力和学习动力；新目标：注重艺术知识、能力、素质培养；新内容：紧跟艺术学科前沿动态，关注艺术表演、展演活动，动态更新教学内容体系，以丰富的教学资源体现思想性、科学性与时代性；新方法：充分利用互联网和移动教学工具，根据艺术各门类的规律和接受特点，创新教与学模式；新评价：采用多元化考核评价，过程性考核、表现型考核和总结性考核相结合，对学生的课前预习和阅读、课中互动情况、课后自查和互评的学习过程进行全面考核。

　　在"五新"的框架之下，音乐鉴赏课程可以发挥自己学科的优势和特点。例如，在教学内容上和其他课程相比，它具有较高关注当下艺术形式、作品和演员的需求，教师要关注艺术热点活动和重要演出，紧跟当下艺术活动的实时动态，及时更新教学内容，在提高学生学习兴趣的同时，能够理论结合眼前实际，帮助学生更好地提高艺术鉴别能力。如《声入人心》是 2018 年湖南卫视开播的一档全新音乐类节目，它以全男声的阵容，用美声和流行唱法相结合，演绎高雅音乐。这档看起来很小众的节目，却以高质量吸引了大量观众。它也给我们的艺术课堂带来新的素材，在介绍美声唱法、重唱、歌剧作品和音乐剧作品时，使用《声入人心》的片段，给学生带来的音乐体验非常不一样，它美声流行化的风格，高水平的音乐剧和歌剧唱段，颠覆了年轻学生对传统美声的刻板印象，获得较好的教学效果。

音乐教师要积极参与到精品课程建设中来，以建设促发展，从高校大教育的角度寻找艺术教育的短板，积极向其他学科学习高等教育的教学方法，跳出艺术教育的舒适圈，以积极的态度拥抱新观念、新方法，迎接新挑战。

二、立德树人背景下的思政课程要求

2020 年 5 月，教育部印发《高等学校课程思政建设指导纲要》的通知，全面推进高校课程思政建设，把思想政治教育贯穿高校各类教育教学活动中，建立全面、立体的人才培养体系。纲要明确提出，立德树人是检验高校一切工作的根本标准，而立德树人根本任务，就是培养"价值塑造、知识传授和能力培养"三者一体的合格社会主义接班人。因此，包括音乐教师在内的所有教师，均要承担人才培养的任务，把握课堂教学"主渠道"，和其他教育教学活动形成协同效应，构建全员、全程、全方位的育人大格局。这是新形势下对艺术教育的教学目的、教学方法、教学内容提出的新要求。

音乐教师要认识到，立德树人背景下课程思政对课程建设的方向引导性作用，艺术课程思政建设在教学评估、专业评估和教学绩效考核等方面，有着重要意义。作为大学教师，除了专业学习，平时要加强时政学习，努力成为有理想信念、有道德情操、有扎实学识、有仁爱之心的"四有"型老师，培养自己思政教育的敏感性，善于挖掘艺术课程中的思政元素，构建与艺术教育相契合的思政资源，为艺术课程思政准备条件。

课程思政不是在专业课程上叠加思政内容，不是简单的加法和两层皮的做法。音乐教师要认识到艺术教育内容中，蕴含着丰富的中华优秀传统文化的资源，对于引导学生认识民族文化和传统精神，增强文化自信，有着比其他学科更好的资源和条件。例如，我们通常会说中华民族有着五千年的历史，1987 年河南舞阳贾湖出土的骨笛，经碳 14 测定，距今已有八千余年，将中华民族的文明史推前至八千年前。也就是说，早在八千年前，中原地域的先民们就用鹤骨制造出了具有七声音阶的乐器，笛上可见测量痕迹，说明远古人对于音高有一定的认识。它是我们悠久灿烂的民族文化的一个明证。从艺术角度来谈贾湖骨笛，可能会侧重于它的七声音阶，从课程思政角度出发，强调它对中华文明历史的重要性，突出它八千余年的历史，角度不同，教学效果有所不同，因而在教学内容的选择上，教师要有意识地进行课程思政的设计。

音乐教育是审美教育，不擅长说理，善于表情，因而它的教育效果主要体现在以美育人、以美化人上，如春风化雨，润物无声。例如，古典诗词歌曲是中华艺术宝库的珍品，是传统文化的优秀载体，也是我们进行文化传承、文化自信教育、中华传统美德教育的良好素材。中央电视台《经典永流传》栏目出品的一系列优秀的诗词歌曲，不仅有美声风格的诗歌歌曲，还有流行化的诗歌歌曲，有独唱、重唱和合唱，形式和风格多元。这些古典诗词歌曲，不仅有着优美的词句，含蓄的意境，在艺术层面上令人回味，而且栏目组充分发挥自身优势，在演唱者的选择上下了很大功夫，为课程思政提供了良好的素材。如《离离原上草》一曲，特别选择了 SMA（一种脊髓性肌肉萎缩症）患者来演唱。歌词在白居易的《离离原上草》外，增加了 SMA 患者包珍妮创作的部分歌词，通过对小草的歌颂，表达特殊群体自强不息、抱团取暖的心态。演唱者一位是十一岁的 SMA 小患者和一位已经离世的 SMA 患者的妈妈，小歌者歌声清亮纯净，眼神清澈澄明，动人的歌声让隔着屏幕观看的学生深深感动。歌曲不仅深化了白居易作品的主题，特别的歌者让大家关注到特殊的弱势群体，包珍妮的"如果你的一生已经注定，你还会努力生活吗？我会更努力地生活"的人生态度同时也给了同龄大学生们更多的启示。

音乐教师应巧妙地将艺术课程与思政课程融合交会，将显性教育和隐性教育相统一，提升艺术课程思政的艺术性。

三、"互联网+"背景下教学模式的创新

2013 年以来，教育部采取"高校主体，政府支持，社会参与"的方式，

建设了中国大学 MOOC、智慧树、超星等一批优质慕课平台。笔者所在的高校在《军事理论》《逻辑思维》等缺乏师资的课程，引入慕课作为本科教学的补充。2020 年，突如其来的疫情使得慕课得到突飞猛进的发展。在教育部"停课不停教、停课不停学"的要求下，各个高校全面开展在线教学。据教育部统计，疫情期间全国 1454 所高校开展了在线教学，103 万名教师在线开出了 107 万门课程，合计 1226 万门次课程，[1]参与学生超过 35 亿人次。规模之大、范围之广、程度之深前所未有，创造了在线教学的新高峰，形成了高校教学的新范式。

网上教学是否能够做到传统课堂教学"实质等效"，它的优势和劣势在哪里，如何发挥互联网的优势提升教学效果而不仅仅限于形式，是疫情过后大家讨论的焦点。笔者在 2017 年开始使用超星学习通作为艺术通识课《艺术与人生》《音乐鉴赏》的教学辅助工作，如教学管理，点名、成绩记录，教学资源的上传等。疫情期间，笔者以录播的形式完成了两门艺术通识课的网上授课。就笔者的观察和有限经验，采用网上教学的优势在于，调动学生的主动学习积极性，从以教为中心向以学为中心转变，突出学生的探究性学习和个性化学习。这一效果通过学生的翻转课堂的质量体现出来，大约有百分之二十的学生以录课形式参与了翻转课堂，人数较线下课堂多，录课的质量普遍较好。学生以熟悉的流行音乐体裁、民族乐器、西洋乐器为对象，对其历史发展、艺术特征、经典名曲和当代发展等主题进行评价，通过主动学习和翻转课堂，对某一个主题进行深入了解，效果良好。录课的缺点也是显而易见的，师生不见面，录好了课改动不方便，课上交流依靠微信群，教学反馈滞后等。

笔者主张线上和线下相结合的混合式艺术通识课模式，即课前将相关的教材、背景资料和视频、音频文件上传至课程中心，供学生自主阅读和观看。课堂着重对作品的鉴赏体验分析和难点和重点的讲解，带领学生展开讨论。课后可以布置一些听赏练习，指导学生将课上的知识和感受转换并形成为鉴赏能力。

---

〔1〕 载 2020 年中华人民共和国教育部网站，http://www.moe.gov.cn/fbh/live/2020/51987/mtbd/202005/t20200518_ 455656.html.

四、以鉴赏能力提升为教学中心

目前音乐鉴赏课存在两个"中心"落实不够的问题，即以学生为中心落实不够，以审美能力的培养落实不够。主要原因在于尽管学生经过了多年的音乐教育，但由于各地音乐教育水平参差不齐，实际上学生的音乐水平相差较大。以往《大学音乐鉴赏》课程，以音乐知识的进阶性、体系化为重点，着重对中外音乐基本知识的讲解，因此课程设计以教师讲、学生听为基本教学模式，导致了两个"中心"的问题。同时，音乐鉴赏课作为每年的热门选修课，选课人数众多，建设高阶性课程的要求比较迫切，因此重建课程体系成为当务之急的教学工作。

针对已有问题和新的要求，在延续学科知识体系化讲授的同时，重新设计教学环节，"读、评、思、玩"四位一体，课程重心转移到学生的审美能力培养上来，以学生练习模块为教学重心，具体来说以音乐评论和视频配乐为抓手，实现知识性学习与音乐审美性能力学习的"双并举"，切实达到提升学生音乐素养的既定教学目标。具体做法：

（课前）读：关于各类音乐体裁的历史发展、艺术特征、主要作曲家、作品的介绍，放在课前阅读中进行。阅读材料以教材为主体，教材实用性强，贴近学生实际，适合自主阅读，与超星资料库的曲目同时使用，方便学生结合音乐实例进行音乐聆听与鉴赏。

（课上）评：对学生练习的点评，帮助大家提高练习水平。（课上）思：教师对重点与难点进行讲解，帮助学生理解并掌握各章重点，理解音乐元素，并能够灵活使用工具来进行音乐练习。

（课后）玩：通过音乐软件剪辑、编辑、配乐，训练音乐的敏感性和感受能力；通过给音乐作品增加字幕，训练音乐评论和鉴赏能力。"读、评、思、玩"四个环节中，三个环节以学生为主体，让学生充分"动"起来，积极参与到教学中来。

突出审美体验：通过线上的经典作品鉴赏与线下面对面的音乐鉴赏相结合，突出音乐的体验性，强化音乐的审美感受和能力，使学生能对音乐作品进行专业评鉴。

总之，在提升教育教学质量为目标的"双一流"建设中，国家对培养合格接班人的教育目标下，后疫情时代信息技术与教育教学的深度融合，互联网+教育、智能+教育，新兴技术与艺术教育教学的结合，对高校艺术教学提出了新的更高要求。艺术教师们要以积极的心态，跟上高校教育教学的新步伐，更新教学观念和教学手段，探索教育教学新模式，切实达到提升教学质量的最终目标。

第二节　论音乐审美与大学生素质教育[1]

音乐是人类文明的结晶，通过悦耳动听的声音音响和灵活多变的声音组合形式，感染着人们的心灵，陶冶人们的情操，丰富人们的生活。音乐教育的核心是审美教育，音乐欣赏的过程其实是一种审美活动。在当代大学生素质教育中，音乐审美教育占有重要的地位。

一、音乐审美的概念和意义

审美教育，即美育，是以塑造完美人格为最终目标、以艺术的和现实的美为教育手段而进行的教育方式。被称为"人世楷模，学界泰斗"的近代教育家蔡元培曾这样定义美育："美育者，应用美学理论于教育，以陶养感情为目的者也。"[2]美育是培养和提高人们的审美理想、审美能力及创造美的能力，引导人们按照美的规律来塑造自己的心灵的科学，是关于人类自身美化的科学的、特殊的教育手段。它使人们通过生动具体可感的美的形象和直觉感受，激发和净化感情，潜移默化地起到教育的作用。人民音乐家冼星海曾说："音乐是人生最大的快乐；音乐是生活中的一股清泉；音乐是陶冶性情的熔炉。"它渗透到经济、政治、科学、文化和社会生活的各个领域，贯穿在德育、智育、体育和技术教育的整个过程中，内容丰富多彩，途径非常广阔。法国大文豪巴尔扎克说："音乐是一切艺术中最伟大的一个，它难道不是最深入人心的艺术吗？只有音乐有力量使我们回返到我们的本真。"美，无所不在；美育，无所不在。那么，何为美呢？

---

〔1〕 作者郭丽娟，音乐学硕士，上海政法学院文艺美学研究中心研究人员，纪录片学院讲师。本文原载《当代教育教学》2013年9月号。

〔2〕 蔡元培：《蔡元培美学文选》，北京大学出版社1983年版，第174页。

美，Aesthetics，源于希腊文 aithesis，词根含义为"感觉""感兴趣"，"感性的"，而非 sense（感觉，直觉，感知）。西方学术界一般认为感性知识的完善就是美。而科学意义上的美学，作为一门学科，最初是由被誉为"美学之父"的德国哲学家鲍姆嘉通（A. G. Baumgarten，1714~1762 年）于 1750 年提出的。他把人的精神活动分为知、意和情三个方面。知，即理性认识的逻辑学；意，即意志，相当于人的道德理性范畴研究的伦理学；情，即感性认识的美学。所对应的哲学范畴即真、善、美。黑格尔说："美是理性的感性显现。"梁启超则说："情感教育的最大利器就是艺术——音乐，美术和文学三件法宝。美育即情感教育。"由此可知，美感即情感，它是以各种艺术形式为载体而表现出的个体感性的美感体验。罗丹曾说："艺术就是情感"。音乐，由于其非语义性、非真实性以及虚幻时空性的特质，从而与人之情感具有了异质同构的运动性特点，是最善于表达情感的艺术。因此，音乐教育即情感教育，音乐审美教育就是音乐情感教育，它担负培养人之高尚情操与品格的崇高职责和使命，这是美育的根本目标—培养身心健康、全面发展的人，塑造完美人格。

有关此，许多古今中外音乐教育家不乏精辟的阐述。春秋时的孔子曰："兴于诗，立于礼，成于乐。"意即：诗使人从伦理道德上受到启发并使人兴起；礼把这种感发变为一种行为规范和制度并使人遵从、受到约束而自立于世；而音乐能陶冶人的性情和德行从而使人性格品操完善。他指出了音乐教育的目的是塑造完善高尚的人格。苏霍姆林斯基则直截了当指出："音乐教育的目的不是培养音乐家，而首先是培养人。"德国音乐教育家奥尔夫也曾说过："音乐能够培养学生的想象力和个性，故必须使其成为学校教育的重要组成部分。"日本的铃木镇一则说音乐教育的目的"不是刻意地培养一些少数伟大的杰出的所谓天才，而是希望通过音乐教育，把每一个小孩都提升到拥有一颗高贵的心灵和完美的人格到极优秀的程度，而事实上这也是一个人所应追求的目标。"而 1967 年美国各界权威人士联合发起的《坦格尔伍德宣言》认为：当代教育必须把生活的艺术、个性的建构和创造性的培养作为主要目的，由于音乐特有的特殊审美功能，因此，倡议把音乐教育作为学校课程设置的必修的基础课，旨在把音乐教育延伸到每一个学生，融进每一个青少年心田，从此纵深地推向整个社会。由此，我们不难看出音乐审美教育的重要意义和地位。

二、素质教育的概念和意义

关于素质教育概念的界定，我国理论界、学术界、教育界一直存在着不同的认识和理解，较有代表性的以下几种：

1. 素质教育是为实现教育方针规定的目标，着眼于受教育者群体和社会长远发展的要求，以面向全体学生、全面提高学生的基本素质为根本目的，以注重开发受教育者的潜能，促进受教育者德、智、体、美诸方面生动活泼地发展为基本特征的教育；

2. 素质教育是依据人的发展和社会发展的实际需要，以全面提高学生的基本素质为根本目的，以尊重学生主体性和主动精神，注重开发人的智慧潜能，注重形成人的健全个性为根本特征的教育；

3. 素质教育是教育者基于个体发展和社会发展的需要，利用各种有利条件，通过各种有效途径和方法，以适当的方法引导全体受教育者积极主动地最大限度地开发自身的潜能，提高自身整体素质，并实现个性充分而自由发展的教育；

4. 素质教育是以提高人的素质（包括思想、道德、科学、文化、身体、心理和生活技能素质等）为目的的教育，是一种全面发展的教育，它一种"通识"教育，是面向全体学生的教育，是重视个性发展的教育；

5. 素质教育是以促进学生身心发展为目的，以提高国民的思想道德、科学文化、劳动技术以及身体心理素质为宗旨的基础教育，其三要素为：①面向全体学生；②让学生德、智、体、美全面发展；③让学生主动发展。

各种界定尽管各不相同，但其核心和基本思想是一致的，即面向全体受教育者，提高受教育者的整体素质（德、智、体、美）和促进个体身心和谐发展，因此，从素质教育的涵义界定可看出其主要特征：①教育对象的全体性；②教育目标的全面性；③教育机制的主体发展性；④教育内容的基础性；⑤教育空间的开放性。而最基本的特征就是以审美教育为核心。

三、音乐审美与当代大学生素质教育

中共中央国务院颁布的《关于深化教育改革全面推进素质教育的决定》，把美育正式列入教育内容，从而明确了美育在学校教育中的地位，极大提高音乐教育实施美育的主动性和自觉性，有利于音乐教育真正地实现以审美为核心的教育目标。

音乐审美教育的特点和性质是情感审美，情与美的不解之缘，决定了音乐审美教育的基本方式——以情感人，以美育人。音乐教学的全过程应是一种自觉的审美教程，这个过程应贯穿着所有的审美因素，并以美感的发生为根本内容。只有在长期的反复的美感发生和发展中，音乐审美教育才能影响学生的情感意向，形成审美标准意向和情操，从而使人格得到完善。换句话说，就是只有当学生对所感知的美有深刻的情感体验时，才会产生对美的热爱。因而，我们在对大学生进行音乐审美培养的时候，只有把培养学生对音乐的感受、理解和想象与音乐情感联系起来，才能真正体现音乐审美的意义和价值，从而最终实现音乐培养全面发展的人的根本教育目标。

第三节　纪录片创作中音乐的合理应用[1]

一、纪录片音乐及其特性

音乐是一门艺术，它能够通过人的主观感受来反映客观世界，它是人们对于客观生活的主观感受的表达与组织。音乐也被应用于纪录片中，纪录片音乐分为主观音乐和客观音乐。客观音乐，亦称画内音乐或有声源音乐，即片中出现的音乐是画面中的声源所提供的，如人在唱歌，演奏乐器等。在传统的纪录片中，客观音乐和镜头中的画面一样占有很大的比重，反映出是纪录片最真实的要素。主观音乐，亦称画外音乐或无声源音乐，是针对剧情，塑造人物性格、抒发人物内心情感或渲染环境气氛的需要而创作的音乐。它能够表达创作者对影片所呈现的画面、环境和事件的个人主观态度，是对画面的重要补充、解释和评价，它可以深化画面的内容，加强影片的艺术感染力。

纪录片中的音乐，既具备一般电影音乐的各项特性，又具备独特的个体可感性，它能够与镜头画面和它表现方式进行有机协调与融合，从而有效帮

---

〔1〕作者郭丽娟，音乐学硕士，上海政法学院文艺美学研究中心研究人员，纪录片学院讲师。本文原载《当代教育教学》2015 年 10 月号。

助银幕艺术形象的完美展现。与传统类型电影中凸显角色性格刻画和情节矛盾要求相比较，纪录片音乐一般不需要刻意强化并制造强烈的戏剧冲突，纪录片由于追求"纪实性"，它往往在影片的表现手法上更偏重以客观的态度来体现出一种能够反映客观事实的"轻柔"的表现方式。所以纪录片中的音乐有时会显得与画面配合的有些突兀，它并不一定要求是一个完整的乐曲，而是作为与纪录片画面环境相匹配的一种艺术表现手段，它甚至有时是间断出现的，并且前一章节段与下一章节之间可能没有必然的逻辑联系。

因此，纪录片中音乐具备了下几个特性：第一，纪录片音乐的统一性。在这里所讲的纪录片的统一性包括两种意思：一种是指音乐能够把影片中所出现的不同类型的画面贯穿统一起来，使整个影片具有感官上的连贯性；另一种是指统一纪录片的画面和声音，做到视觉和听觉的有机结合，使整部纪录片达到画面、解说和音乐的浑然一体，做到起承转合的和谐统一。第二，纪录片音乐的从属性。它的从属性主要表现在以下几个方面：首先，音乐要符合整个纪录片的构思和创作理念；其次，音乐要符合特定的场景和背景画面的要求，做到听觉形象辅助体现视觉形象；再次，音乐要服从纪录片的真实性原则、美学思想以及技术要求；最后，音乐要在无形当中烘托整部纪录片主题，既要避免生搬硬套还要避免喧宾夺主的情况发生。第三，纪录片音乐的创造性。纪录片音乐的主观创作要在遵从统一性和从属性的前提下，反映创作者的与众不同的主观表达，在营造出创作者需要的气氛以及起到交代故事情节的作用同时，还要让受众有耳目一新的感觉。这些特性直接提醒了纪录片的创作者们要十分谨慎地选择使用纪录片音乐，不仅要能够正确认识到音乐从属于纪录片主题，还要充分认识到创作过程中音乐与画面的调控性对纪录片音乐创作的重要作用，然而现实当中，很多情况下纪录片音乐却往往不能够被合理运用。

二、传统纪录片创作中缺乏音乐的合理运用

由于受纪录片本身的概念及早期的创作观念约束，传统的纪录片表现形式基本是在纪实主义的影响下完成的，整部影片基本依赖画面和解说，影片中极少甚至不出现音乐元素。伴随着纪录片的发展与创作手法的多样化，音乐的表现与作用逐渐受到现代纪录片创作者的认同与重视。他们逐渐认识到

音乐对影片画面的串联、历史背景的阐释、情节的叙述、主题的升华与情感的表现等方面，起着十分重要的作用。然而由于缺乏对音乐专业知识的了解等原因，纪录片音乐却总是会在影片创作过程当中被人们不合理地应用，甚至有些纪录片为了追求所谓的"真实性"有时甚至故意避开音乐的运用。

传统纪录片创作，由于一味地追求"纪实性"，经常重视镜头画面而忽视影片的声音，对音乐的应用程度更低于语言与音效。在创作上，一些纪录片运用的音乐也并非主动运用的，而是在某种情感、主体特征得不到充分展示时才被动运用的。这些纪录片音乐仍旧秉承了以往的技术手法，依旧以补贴镜头画面为出发点，用音乐去解释解说词，进而使纪录片音乐变成程式化的成分。这些对音乐的不合理与消极运用，造成很多纪录片中音乐元素应用生硬的现象，严重削弱了影片的情感表达效果。例如：在有些影片中，音乐的切入与退出往往显得十分突兀，尤其在音乐的退出表现方式上，有些章节的音乐或被生硬切换，或停留在不恰当的旋律与节奏上，使得影片传达出一种没有结束的感觉；在另一些纪录片中，音乐的情感体现与整部影片的基调、主题、内容严重不符，完全是不合适的搭配，时间轴上的布局安排也不合理，这些拙劣的音乐应用方式都严重阻碍了纪录片中音乐魅力的充分发挥，更加影响了整部纪录片情感的表达。在理论上，人们对纪录片音乐的认识也仅停留在现象层面的探讨。如今的纪录片音乐应当以真实描述故事情节对象为宗旨，并作为情节结构中的重要元素之一，参与整个影片的构成，在处于配角地位的同时还能够体现自身的价值，传达出连贯的情感信息，这样才能更好地为纪录片的主题服务。

三、如何更加合理地运用纪录片音乐

首先，应该淡化纪录片音乐附加功能的角色，从一开始就进入到纪录片所讲述的内容中去。在以往的纪录片创作中，音乐在纪录片中主要有两个基本功能：一是作为解说词的陪衬，为平实的语言描述增加情感色彩；二是当解说词停止时作为声音的填补，让画面不至于停留在无声的尴尬局面。虽然我们不可能舍弃纪录片音乐的这两个基本功能，但如果能淡化其附加功能的角色，从一开始就进入到纪录片创作中去，应该能起到更好的效果。

其次，纪录片音乐在为纪录片服务的同时，应当重视其完整性和独立性，

做到单独播放一部纪录片音乐时，它也是一个有头有尾、起伏跌宕的完整乐曲。虽然我们不能够要求纪录片音乐完全像其他类型电影乐曲那样具有严谨的结构布局和条理性的旋律结构，但我们应当将纪录片音乐同解说词和画面在逻辑上联系起来，形成一条流动发展的线，而不是一些东拼西凑、七零八落的音乐片段的拼凑体。虽然纪录片音乐在功能上不可避免地要配合解说词和画面，但它完全可以起到增强故事内容表述的作用，是一种用音符再次讲解故事的方式。因此，纪录片音乐不能只成为临时的画面陪衬，而是要有针对性的设计安排，力求通过少用和精用，来起到画龙点睛和升华影片主题的效果。

其实，在国外众多的优秀纪录片中，纪录片音乐早已成为情节发展的重要表现形式。如著名纪录片《迁徙的鸟》，这部影片在音乐元素的处理上就十分注重音乐的叙事功能，通过在不同桥段的音乐出现为整个影片的故事内容增添了无尽的感染力，紧紧吸引着观众的注意力。其中一段场景中镜头一直追踪拍摄这些候鸟繁殖的场景和小候鸟的成长过程。影片的创作者为候鸟婴儿创作了灵巧而可爱的曲调，用一种特殊的音色体现了小候鸟小巧活泼和略带呆萌的行动。伴随着小候鸟慢慢长大，音乐加入了人声的独唱以及合唱，在音乐的力量和厚度上不断加强，衬托出一个个茁壮的幼年候鸟即将翱翔在观众面前。接着，当巨大的老鹰向幼鸟袭来时，音乐突然转向恐怖的氛围，预示着不祥的征兆。在这部影片中，音乐伴随着画面一起真实地记录着、反映着鸟类故事的发生与发展，音乐的出色表现，使影片产生一种韵味和意境。即使单独欣赏这一段纪录片的音乐，观众也能从这种跌宕起伏的旋律中产生恰如其分的联想和思考。

最后，音乐对纪录片中故事情节的构建与发展也起到重要的作用。纪录片所纪录的事情都有一定的故事背景，故事背景是影片叙述的重要因素。在影片叙事背景信息的交代方式上，背景音乐是除了旁白、字幕等叙述方式外的一种较隐晦并且感性的方式。背景音乐通常指的是电影中某一首重复出现或者某具体情形下的音乐。纪录片中合理的背景音乐能增强观众对整部影片所讲述故事的背景的理解与认识。情节是影片讲述故事的营养源，是形成整部影片的基本结构。在纪录片中，当创作者使用声画蒙太奇的手法，用音乐将几个不同类型的画面组接起来形成一个整体，自由地把不同空间、时间的画面连成一片，构成一个段落时，音乐就促使影片从一维的平行叙事空间转化为多维的画面叙事空间。音乐在纪录片中还被用来营造真实画面的"临场感"，配合特定的自然环境、人的歌声等，使观众愈发确定纪录片的"真实性"。音乐参与创造影片的叙事情节的同时，也推动了故事的情节发展；纪录片中伴随音乐本身属性的变化，如旋律、节奏等，叙事空间也相应发生了转换。

其实纪录片音乐表现的偏重不在于题材本身，而是对影片题材内容的情感关系，具有丰富的表现性和多方面的描绘功能。音乐的情感基调决定了电影画面的气氛、神韵、情绪。纪录片音乐服务于影片具体空间和叙事情境，与人物性格、情感状态、故事的发展走向有直接的关系。纪录片音乐在渲染气氛、时空转换、揭示人物内心世界等许多方面，具有其他手段无法比拟的突出效果与作用。

由于纪录片自身的特质，以"真实"为核心，合理的纪录片配乐能很大地丰富和提升观众对影片的情感反应，可以强化视觉画面中的情感内容，刺激画面中的运动感，暗示或传达画面不能单独表现的情感。适当的配乐能增强纪录片的说服力和可信度。在纪录片里，音乐作为一种情绪和意境注入影片，有效深化延伸了画面、语言内涵。纪录片中抽象表达的音乐，能借助观众相同的情感体验关联到一定的形象，通过特定的意境，对人物性格、感情以及全片总旋律予以高度概括，触发观众哲理性的思考。音乐在纪录片中，能起到更加深入地体验和挖掘片中人物的内心世界、准确把握作品主题的作用，把音乐提升到通感描绘人物间情感、感受、思绪；表达出创作者对影片主题深刻认识的高度，并站在不同的角度配合画面，反映人物思想。音乐情绪的烘托渲染不仅可使画面形象更加突出和丰满，同时音乐还具有影响画面情感基调的作用能够使人产生出与画面镜头语言截然不同的感受和效果。

音乐本身是一个极富情感特征的艺术表现形式，而这一特征也正是音乐艺术在纪录片中所发挥效能的最佳体现。无论以何种形式来配合画面，纪录片音乐实际上表达的都是人的心声，是入的情感流露，是心灵的呼唤，这是纪录片创作者对所表现内容的真实感受，因此，纪录片音乐要特别注重人性化的情感表达方式，用内心深处的真实情感酿造音乐，坚持音乐的本质特征而不动摇。

第四节　城市滨水区空间的美学重塑[1]

滨水区是城市中与河流、湖泊、海洋毗邻的特定空间区域——既具有自然山水的景观情趣，又有公共活动集中、历史文化丰富的特点，是自然生态系统与人工建设系统交融的城市开放空间。公共空间是城市滨水区的开发主体，滨水地区的空间营造还应以创造吸引人、富有特色的公共空间为主要任务。[2]因此，如何营造出历史特征与现代活力并举的城市滨水区，重塑后的城市滨水区公共空间的如何发挥其社会效能是本文所要讨论的主要问题。

同时，上海的杨浦滨江为主要研究案例。杨浦滨江位于黄浦江黄金水岸线的前走廊，是上海市黄浦江两岸综合开发的重要组成部分。历史上，杨浦滨江是中国近代工业发展的摇篮，拉开了杨浦百年工业文明的序幕。截至目前，杨浦区向公众开放滨水区长达 5.5 公里，杨浦滨江逐渐从以工厂仓库为主的生产岸线转型为以公园绿地为主的生活岸线、生态岸线、景观岸线。

一、工业建筑的景观塑造

《美国大城市的死与生》曾经提到："城市里面极端需要老房子，新老建筑的混合其实是生活费用和生活趣味的混合"，这也是滨水区中工业建筑所带来的景观效果。在改造前，杨浦滨江的南段，杨树浦路以南密布的几十家工厂，沿江边行成宽窄不一的条状带的独立用地与特殊的城市肌理，将城市生活阻挡在距黄浦江半公里开外的地方，形成"临江不见江"的状态。如今，沿江的建筑已经部分拆除，存留的工业建筑逐渐被视觉化、景观化，形成了既新又旧的生活趣味。芦原义信认为街道美学的成立，必须建立内部空间与外部空间。[3]在这里他提及的街道是居住社区，然则滨水区的街道也是街道的一种。套用芦原义信的理论，将工业建筑以内考虑为"内部"，工业建筑以外考虑为"外部"。滨水区工业建筑的景观化是通过转变或消弭建筑的内部空

---

〔1〕　作者王珏，美术学博士，上海政法学院文艺美学研究中心研究人员，纪录片学院讲师。本文原载《建筑技术研究》2020 年第 9 期。

〔2〕　详参刘雪梅、保继刚："国外城市滨水区再开发实践与研究的启示"，载《现代城市研究》2005 年第 9 期。

〔3〕　详参〔日〕芦原义信：《街道的美学》，易培桐译，百花文艺出版社 2006 年版，第 151 页。

间，使让建筑的内部空间与外部空间相互统一，继而融合成滨水区景观的一部分，令公众既可以畅享自然的馈赠，又能饱览兼具工业美学和文化积淀的工业遗址。

1. 观望型

营建方保留了杨浦滨江场地上的工业遗存，同时以边设计、边施工的方式保证示范段在规定的时间正式开放，[1]如今仍有许多未经开放、但留有全貌的工业建筑矗立在杨浦滨江旁，这样的建筑就是观望型建筑。观望型建筑的内部空间成为视觉化的工业景观，点缀城市滨水区，供人们在畅游行走之间观看品评。观望型建筑依托工业建筑醒目且巨大的体量，将场域的工业特征保留下来，这一类型建筑景观为滨水区营造出独特的历史文化氛围，并向人们直观地展现出城市滨水区的视觉特征。杨浦滨江的工业遗存作为滨江区域内最本土的遗迹，能以一种公共纪念碑所没有的方式与区域中公众的日常生活产生联系——即使人们无法接近或进入建筑，他们都能清楚地观测到建筑体，并受到其工业特征的感染和影响，使得滨江区营造出工业氛围的假象。

2. 进入型

进入型的建筑景观就是公众可以进入的工业遗存，工业建筑的内部空间经改造或修缮，实现了功能置换，内部空间的"功能置换"一直是工业遗存改造所强调的观念，即在原有空间的基础上进行改造，形成具有新用途的空间。进入型建筑强调其内部空间的利用与开发，是滨江区公共空间自内向外统一的基础，让滨江的空间得以自外向内实现功能性的延展。从游览层次上来说，建筑内部空间系滨江区公共空间的二级空间，系开放空间自外向内的延伸。在工业时代，建筑的内部空间是以生产为主的"墙内空间"，与外部空间有着明显的边界；而如今，改造后的内部空间在功能上与建筑的外部空间相联系，极大地丰富了人们的游憩内容，使得人们的活动与滨水区自身特点具有相关性，既可以享受以自然景观为主的外部空间，同时还可以享受与区域相关的商业、文化、艺术为主的内部空间。

3. 融合型

融合，物理意义上指熔成或如熔化那样融成一体；心理意义上指不同个

---

〔1〕　详参章明等："涤岸之兴——上海杨浦滨江南段滨水公共空间的复兴"，载《建筑学报》2019 年第 8 期。

体或不同群体在一定的碰撞或接触之后，认知、情感或态度倾向融为一体。而本文的融合是指内外空间的有机整合。融合型建筑景观，即是通过改造将使得建筑的内部空间与外部空间在物理形式上相互融通，即使人们身处建筑内部，也不会有完全的围合感。融合型建筑强调内外一体，形式上通过削减围合界面，打破空间的内外之分，实现滨江区工业建筑内部空间的消解，并达到自内而外的统一。形式上，融合型建筑因其围合面的不完整带来了建筑内外两个领域的整合面；体验上，身处建筑外的人群可以观察到建筑的内部，而身处建筑内的人群又能轻易地感知到建筑外部的空间氛围。建筑的内外空间界线变得模糊不清，内部空间消解于外部空间中，从而给人以始终置身于滨江之中的错觉。

二、公共艺术的二元介入

公共艺术是指发生在公共空间中，公众广泛参与的艺术。国内学者对公共艺术进行了多角度的阐释，其中一种观点认为公共空间中唤起一切审美体验的事物系公共艺术，[1]杨浦滨江的公共艺术也是这样多元化、综合型的公共艺术。杨浦滨江强调公共艺术在地性的阐释与表现，从公共空间中艺术作品排布、公共设施的工业化入手，实现了公共艺术的二元介入，创造出美观、实用、具有人文关怀的公共空间。所谓在地性，是指为某一特定地点而创作的艺术品，作品与其存在环境有必然的联系。[2]

1. 多元化的艺术作品

正如公共艺术家阿马加尼所说，"公共艺术提供一种修复当代生活与我们已然失去的事物之间裂痕的方法。"同时，公共艺术也是公众、艺术家以及营建方三方共举的新型艺术，在此过程中三方的利益都要被保障。公众享有优质环境的诉求，场所保存其历史与记忆的诉求，以及艺术家个人表达的诉求都在作品中予以满足与回应。

涂装物理空间类作品，即以周边利益为主体的考量和原则性思考出发，在保留原有场所的构筑物、建筑不变的情况下，对场地进行有限度的更新，起到美化环境、点缀原有空间的作用。行走于平台之上的人们看到的是琐碎、

---

〔1〕 详参王洪义："公共艺术的概念和历史"，载《公共艺术》2009年第1期。

〔2〕 详参王洪义："公共艺术·在地性·上下文"，载《上海艺术评论》2018年第5期。

繁复的绘画细节，而位于远处高塔或起重机则才能窥见作品的全貌。位于渔人码头附近的作品《自由方块——方块花园》中，意大利艺术家埃斯特·斯托克以大小不一的黑色正方形涂装了江边的一桩建筑，使得原本具有同质化倾向的建筑体成为一个休闲、魔幻的存在。涂装类作品都具有大体量的特征，远超一般尺度，这也契合了滨江地带充沛而宽广的公共空间特质；大体量的涂装作品远看是一座座城市奇观，重构空间的现实特征，为原本陈旧、同质化的空间带来抽象、魔幻等不同特质的视觉体验。

展现历史记忆类作品，即为特定地点而创作的艺术作品，它能连接历史与现实，成为鼓舞人心的在地精神载体，在保存历史记忆、临时存在和非商业化过程中，实现公共艺术服务于社区和大众的终极使命。作品《黄埔货仓》从黄浦沿岸的历史中提取了一系列被丢弃、遗忘甚至碍眼的物件，结合钢管以及船体部件等材料，将其重新演绎并呈现于人们的眼前。船是滨江历史中非常重要的元素，其中作品《时间托运人》[1]以船体为元素、以时间为主题而进行了不同的创作。历史记忆类作品均以滨江区原有的具象元素为依托，具象元素在这一过程中历经了从具象到抽象、单一到多元的艺术转变。原本具象元素所对应的是一个具体而实在的使用功能，经过艺术家的提取与重构，它们逐渐成为代表空间历史的符号化存在，帮助人们连接现在与过去。

艺术家个人表达类作品，以艺术家个人经历或创作动线为主的艺术作品。杨浦滨江中，此类作品并非完全地由艺术家主导，其中相当一部分主导权在于城市艺术空间季的主办方——他们遴选出具有艺术家个人体征、符合"杨浦滨江"这一专题的作品，用于凸显和烘托杨浦滨江的公共空间主题。作品《天外之物》[2]与艺术家之前创作所使用的艺术语言相关，刘建华在之前的作品《迹象》中已使用了水滴这一概念，并以陶瓷为媒介表现出来。杨浦滨江的《天外之物》中，"水滴"概念刚好符合滨江区的自身表达——作品以从天而降的雨滴为造型，作品从自然的形态中提炼出来，有抽象、安静、纯粹之美，并选用了荧光材料作为涂装。个人表达类作品首先在主题或概念上与艺术作品所要放置的场景有所联系，比如滨江之上的艺术作品通常与水、

〔1〕《时间托运人》（Time Shipper），艺术家：奥斯卡尔·大岩（Oscar Oiwa），材料：玻璃、混凝土树池、白玉兰树、草坪、草坪灯，尺寸：3.5M×16M×2.5M，2019。

〔2〕《天外之物》（Extraterrestrial Object），艺术家：刘建华，材料：钢材、荧光漆，尺寸：不详，2019。

船、工厂都有着形似、神似或者异曲同工之共性；其次，机构遴选出艺术家的个体是基于场所的在地性考虑的，因此呈现出来的艺术作品是滨水区的场所精神另类表现，既保留了与场所历史的联系又带来了新的视觉感观。

2. 工业化的公共设施

为保留杨浦滨江特有的工业历史，尊重场地的在地性特征，杨浦滨江以工业美学的风格对场所内的公共设施进行了艺术化营造，把审美与功能结合起来，塑造融实用与艺术、功能与美感为一体的公共设施。根据对原有工业元件的处理方式来划分，通常可分为重制型和改造型。

重置是指将工业元素重新置放于新的空间中。栈道、道路等连接节点的路径在铺装、设计和实施的过程中也结合了地段原有的特征，保留了具有时间痕迹的工业构筑物，展现了场所的历史。与此同时，营建方以局部地面修补、混凝土直磨、机器抛丸、表层固化的施工工艺，保留了码头地面长年累月的斑驳粗糙。

改造是杨浦滨江形成其独有特征的重要方法，是指将原有的工业元件进行组合、改装以形成新的功能和造型。位于杨树浦水厂段至渔人码头之间的纱厂廊架，廊架的主体金属廊桥部分用于将具有高低落差的两个步行区域连接在一起，同时靠近江边的一侧还设有两组座椅，顶部的钢架以及座椅立面的一侧缠有形似砂带的细铁丝。廊架本身既有对于临江步道不同区域的缝合作用，同时还具有原本地域的工业特征。

邦尼·费舍（Bonnie Fisher）提出"没有一个滨水区完全相似于另一个，也不该是，设计应承认每一座场景的内在特征。"[1]虽然城市滨水区的建设在宏观层面有其相似之处，但在微观层面却有着极其多样的表达方式。因而深入挖掘这种细节，并将其融合在空间重塑的设计实施过程中，就能产生出更为多样化的城市滨水区。

三、社会功能的多样表达

社会功能是各种有助于社会对环境的调试或能满足人们社会行动需要的结果，城市滨水区丰富的物理空间为人群实现多样的社会活动奠定了基础。

---

〔1〕［美］邦尼·费舍：《滨水景观的设计》，马青等译，辽宁科学技术出版社 2017 年版，第 47 页。

在提升公共空间舒适度的同时，还帮助在周边地块升值，更显示出再开发机构对营造一个高质量环境的虔诚和认真。[1]

1. 游憩功能

游憩是作为城市的一项基本功能，它是在城市范围内（包括城市区、城市郊区，乃至城市附近周边区域）进行的活动。当人们已经厌倦"混凝土森林"的生活环境，开始向往生态、自然的生活氛围，滨水区因其优越的地理位置和亲水的自然条件满足了人们两方面的需求。[2]

杨浦滨江实现了"还江于民"的愿景——市民既能享受到亲临绿色水岸之酣畅淋漓，杨浦滨江将直接沿着水体的部分开辟为步行道，而让滨水的建设项目后退岸线，为游憩活动营造了充分的物理空间。人们还可以通过杨浦滨江上缤纷多彩的节点空间，感受杨浦特有的工业历史与文化。

天然的地形、地貌在水体的声、光、影、色的作用下，与城市灿烂的历史文化精粹相结合，形成了动人的空间景观。这些景观将日常生活历史化，为本地观众带来脱离物质需求从而从审美的角度来欣赏城市景观的新视野。[3]滨水地的游憩开发不仅能促进城市经济的发展，且作为城市的一项长远投资，会对城市结构、旧城区改造、居民的生活游憩产生深远的影响。[4]

2. 展演功能

展演功能，是指场馆具有举办展览、演出，以及面向公众的其他形式文化活动的功能。在杨浦滨江之上，杨树浦路成群的工业遗址和广阔的开放空间为杨浦滨江的展演功能提供了优质的载体。杨浦一方面外来机构租借滨江区的厂房、场地，举办的演出、展览、艺术活动，以杨浦滨江的船排广场为例，营建方将广场周边大量的原上海船厂（西厂）所遗留下来的厂房，遗留下来的厂房被改造成展览馆、城市剧场，此一层面为基础的以激活场地为目的的常规改造。而另一方面，将公共空间改造成展示当地历史的开放的历史文化展区。以展演为目的的遗迹保护把物件从商业流通中抽离，并通过对它们的存储而人为创造出了一种公共遗产。展演功能是艺术与历史双赢的"化

---

〔1〕　详参刘雪梅、保继刚："国外城市滨水区再开发实践与研究的启示"，载《现代城市研究》2005年第9期。

〔2〕　详参周杰："滨水区休闲空间规划设计研究"，东南大学2004年硕士学位论文。

〔3〕　详参［日］芦原义信：《街道的美学（上）》，尹培桐译，百艺文艺出版社2006年版。

〔4〕　详参方庆、卜菁华："城市滨水区游憩空间设计研究"，载《规划师》2003年第9期。

学反应",历史悠久的场域更容易产生卓越的艺术效果,而展活动能让场域的历史渊源流传,延续城市文脉。

3. 商业功能

由于水运港埠的繁荣,许多城市中心区、港口和仓储业都选择滨水而居,使得城市滨水区出现店铺,成为城市的商务中心。[1]杨浦滨江自南向北在其路段的开始、中间以及结束的不同节点处分别设有大体量的综合型商业中心,如而在滨江步道的路径上设有零散的小规模的以提供餐饮服务为主的小型餐饮机构,从而在滨江路段上实现了商业功能的覆盖。滨水区的商业功能服务于公众日常生活、提升地段的游憩品质,同时也是滨水区地域板块作为商品的价值表征。滨江区中的咖啡馆、小餐厅相比城市中的第三场所更具个性:它们比邻城市水脉,具有更为良好的自然环境;它们扎根于江边的工业遗址,其形态更具个性化。零散的第三场所更容易吸引周边居民的参与。

在我国,滨水区的重塑与开放,是居民继经济水平提升之后,生活品质的又一次飞跃。滨水区的重塑有助于提升城市的美学质量,而美学质量绝非是指单一、断层式的视觉审美,溯源城市历史文脉是城市美学的重要特征。滨水区的空间营造无疑为提升城市的美学质量另辟新径:它既是工业文脉物化于城市实体界面层面的产物,具有独特的城市工业肌理的组织以及相关特定的主题元素,这些肌理组织与主题元素都经过长时间城市生活作用的沉淀,蕴含了一种经时间检验的科学性与大众心里的习惯性。同时,它也是酝酿市民审美的舞台,艺术家、艺术机构以及营造方多方努力,将其打造成一个具有休闲娱乐功能、雅俗共赏的公共场所。

---

〔1〕 详参章海荣:《都市旅游研究前沿热点·专题与案例》,复旦大学出版社 2008 年版,第 133 页。